ANÁLISIS MATRICIAL DE ESTRUCTURAS

MARIO DURÁN LILLO

EDITORIAL
UNIVERSIDAD
DE LA SERENA

ANÁLISIS MATRICIAL DE ESTRUCTURAS
Mario Durán Lillo

ISBN 978-956-7052-67-7
Primera edición: mayo 2019

Editorial Universidad de La Serena
Los Carrera 207 – Fono (56-51) 2204368
editorial@userena.cl
www.editorial.userena.cl

Impreso en Gráfica Lom.

ÍNDICE

AGRADECIMIENTOS

El presente libro corresponde a los Apuntes de Clases de la última parte de la asignatura Análisis Estructural I y todo el contenido de la asignatura Análisis Estructural II que dicté durante más de 30 años para la carrera de Ingeniería Civil de la Universidad de La Serena. La forma de desarrollar y explicar el Análisis Matricial de Estructuras corresponde a mi experiencia como Profesor Asistente del Profesor Dr.-Ing. Georg Thierauf (q.e.p.d.) en la cátedra de Mecánica Estructural y Análisis Estructural en la Universidad de Essen, Alemania, entre los años 1975 y 1980. El Profesor Thierauf fue para mí un verdadero maestro, a quien debo gran parte de mi desarrollo como profesor en el área del Análisis Matricial de Estructuras, continuando mi formación muy temprana en el año 1968, en la Universidad de Chile como estudiante del Profesor Tomás Guendelman en la asignatura "Análisis Computacional de Estructuras" en los años en que el uso de los computadores en Chile parecía más bien una utopía que una realidad por su altísimo costo. Al regresar a Chile en los años 80, me reencontré con Tomás y desde entonces hemos trabajado juntos en diversos proyectos de investigación, memorias de título y trabajos profesionales cultivando una gran amistad. Él ha sido mi otro gran maestro a quien agradezco sus enseñanzas, su amistad y su siempre buena disposición para ayudarme. De hecho, al conocer de mi proyecto de publicar estos apuntes, de forma inmediata se ofreció para escribir el prólogo, lo que para mí representa un gran orgullo.

Son innumerables las personas que han hecho posible la preparación de estos apuntes. Quisiera destacar en primer lugar a Wilma Jeraldo, actual Secretaria del Decanato de la Facultad de Ingeniería, quien hace muchísimos años, cuando comenzaba su desempeño como secretaria en la Universidad de La Serena, tipió una primera versión de estos apuntes, labor muy extenuante debido a la gran cantidad de símbolos, matrices y fórmulas difíciles de escribir en el computador. Por otra parte agradezco a mi colega Jaime Rodríguez, quien se encargó de los dibujos en Autocad para insertarlos en el texto. Muchos exalumnos cooperaron en las correcciones a través de los años, pero deseo destacar especialmente a Esteban Guajardo y Jimmy Jorquera que realizaron una revisión especialmente exhaustiva en el año 2010. Por su parte, en el año 2005 Alejandro Muñoz usando modernos compiladores para Fortran 90 y Fortran 95 desarrolló una versión Windows del programa SMIS, que se utiliza en todos los ejemplos de este libro. Lo increíble es que Alejandro, a pesar de haber transcurrido tantos años desde su egreso, y desempeñándose como ingeniero en Perú en labores muy ajenas al análisis estructural, sigue realizando mantenciones, actualizaciones y modernizaciones al programa.

Finalmente, deseo agradecer a mi familia y, en especial a Dietmut, quien ha sido un soporte fundamental en el desarrollo de mi vida académica.

La Serena, abril de 2019

PRÓLOGO

A fines de abril de 2019, habiendo ya convenido con Mario que sería un gran honor para mí escribir el prólogo de su libro "Análisis Matricial de Estructuras", recibí un mensaje suyo que, en parte, decía lo siguiente: *espero que sea algo sencillo. Basta que digas que me conoces y que la materia del libro es útil.* Esta frase, modesta en su forma y en su fondo, retrata a Mario Durán de cuerpo entero.

Mario Durán fue mi alumno en la Escuela de Ingeniería de la Universidad de Chile en los últimos años de la década de 1960. Al egresar, en 1969, dejé de verlo, pues no hubo ocasión de encontrarnos y, además, porque, después de trabajar tres años en CAP-Vallenar, dio inicio a su largo periplo en Alemania. En 1984, ya de regreso en al país e instalado en la Universidad de La Serena, nos reencontramos casualmente y vimos cuán cerca estaban nuestros intereses académicos y profesionales, lo que nos produjo una cercanía amplia que se extendió fácilmente a todos los integrantes de nuestras respectivas familias, hecho que nos ha permitido hacer trabajos en forma conjunta, publicar en congresos de la especialidad y compartir numerosos eventos de carácter técnico y familiar. A la fecha, llevamos treinta y cinco años de grata cercanía y de entrañable amistad.

En el Departamento de Ingeniería en Obras Civiles de la Facultad de Ingeniería de la Universidad de La Serena, ha dictado diversos cursos especializados, pero, además, le ha correspondido realizar actividades directivas de gran importancia, como: Director del Departamento, en varias oportunidades, Decano de la Facultad de Ingeniería y Miembro de la Junta Directiva de la Universidad. Siempre, al margen de la relevancia de los cargos que ocupó, mantuvo intactas sus condiciones éticas y morales en el más alto nivel: trato afable y respetuoso al interlocutor, fuese este un funcionario, un alumno o un académico.

Mario exhibe una larga trayectoria en su formación. Obtuvo el título de Ingeniero Civil de la Universidad de Chile (1971), posteriormente reconocido en Alemania en su equivalente de *Diplom Ingenieur*, de la Universidad de Bochum (1974). En 1975 fue contratado como Profesor Asistente en la cátedra de Mecánica y Estructuras de la Universidad de Essen, también en Alemania, donde en 1979 obtiene el grado académico de *Doktor Ingenieur*. Posteriormente en 1981 es contratado como Ingeniero especialista en Dinámica de Estructuras en la firma *Zerna, Schultz und Partner, Ingenieurgesellschaft für Bautechnik*, Sociedad de Ingeniería para proyectos estructurales en Bochum, Alemania, donde se desempeña por un período de tres años hasta su regreso a Chile. Gracias a la buena imagen dejada en esa empresa, varios exalumnos de la Universidad de La Serena han desarrollado allí sus prácticas profesionales e incluso dos de ellos han sido contratados en forma permanente.

Pero Alemania no solo le significaría títulos, reconocimientos y trabajo profesional de alta calificación, sino que también le permitiría constituir su familia con Dietmut Graeff, unión de la que a la fecha hay dos hijas y un hijo, Luisa, Carolina y Francisco, todos ellos destacados profesionales en Medicina, Veterinaria e Ingeniería Civil, respectivamente, y en los últimos años, se han sumado los primeros nietos, Christina y Alexander.

Mario es un hombre muy moderado en su actuar, sólido en conocimientos y en principios, excelente guitarrista, cantante, tenista y ciclista que, a sus 72 años, es capaz de trepar en bicicleta, desde la cota cero hasta su casa en La Serena, a buena altura por sobre el nivel del mar. Como docente, destaca por su fino lenguaje y claridad expositiva, que hace parecer sencillos los más complejos desarrollos matemáticos del análisis estructural moderno. Sus alumnos lo aprecian muy sinceramente y siempre se refieren a su persona con respeto y admiración. Las circunstancias me han permitido trabajar con varios de ellos que, con su desempeño profesional, muestran la calidad de las clases en las que fueron alumnos de Mario.

En relación con su libro, que me honro en prologar, puedo afirmar que es extraordinario, y que en él queda plasmada su experiencia -hoy sabiduría- adquirida a lo largo de sus casi cincuenta años de profesión. Lo he venido siguiendo desde sus inicios hasta el último borrador, que me proporcionó Mario poco tiempo atrás.

A partir de hoy, cuando se transforma en un texto que queda disponible para estudiantes y profesionales, verán que es un respetable tratado de análisis estructural, rigurosamente escrito, como es su carácter como persona, que cubre ampliamente todo el espectro temático sobre la materia, desde los desarrollos de la década de 1950, hasta los relacionados con modernas técnicas y métodos que van a la vanguardia en los centros académicos de mayor relevancia mundial.

Su contenido cuenta con desarrollos teóricos completos, seguidos de numerosos ejemplos numéricos apoyados en programas computacionales simbólicos, de amplia cobertura y de manejo muy explícito.

Esta obra será un referente de cabecera para alumnos de cualquier universidad de países hispanoparlantes, y se ubicará, sin duda, en el escritorio de los futuros profesionales que se desempeñen en el área del diseño de obras civiles de alta complejidad y envergadura.

Concluyo señalando que Mario Durán dejará una huella profunda en el Departamento de Ingeniería Civil de la Universidad de La Serena.

Tomás Guendelman
Doctor Honoris Causa
Universidad de La Serena (2008)

1. INTRODUCCIÓN

En este capítulo se reseña el desarrollo histórico del Análisis Estructural hasta llegar a la actual era de la computación y se indican los alcances y la metodología utilizada en el presente libro. La reseña histórica ha sido tomada en su gran parte del libro de Lawo y Thierauf (1980).

1.1. Reseña Histórica

El desarrollo del Análisis Estructural durante todos los tiempos ha dependido de la disponibilidad de medios de cálculo. Los conocimientos de la Teoría de Elasticidad debían ser adaptados para desarrollar "métodos" sencillos que pudieran ser utilizados para el cálculo de estructuras con los medios que se disponía. En el siglo XIX el medio de cálculo disponible para los ingenieros era el tablero de dibujo utilizando la "**estática gráfica**", por ejemplo, los métodos de Culmann (1821-1881).

El primer libro de Análisis Estructural es probablemente el del ingeniero francés Navier (1785-1836) en su publicación "Resumée des Lecons Données á l' Ecole des Ponts et Chausées" (1827), un resumen de las clases dictadas en la escuela de puentes y calzadas. Allí ya indica la necesaria diferenciación entre estructura isostática e hiperestática e indica la posibilidad de la determinación de los esfuerzos internos mediante el cálculo de los desplazamientos de los nudos. Por su parte Clerk Maxwell (1864) muestra un desarrollo completo del cálculo de estructuras de reticulados (enrejados) hiperestáticos. Allí demuestra su conocido Teorema de los desplazamientos recíprocos. Müller-Breslau (1886) muestra por primera vez un cálculo completo de estructuras hiperestáticas. En ese tiempo ya eran conocidos los Teoremas de Menabrea (1858) y Castigliano (1873).

Tempranamente se desarrollaron métodos orientados a la práctica. El método o "Teorema de los 3 Momentos" para vigas continuas había sido desarrollado por Clapeyron en 1857 y Mohr (1860) muestra su aplicación completa.

Entre los años 1880 y 1890 se sentaron las bases del análisis estructural utilizando métodos "cinemáticos". Ello se observa en las publicaciones de Föppl (1880) y Land (1888). Este última muestra la determinación de Líneas de Influencia por método cinemáticos.

Una presentación global de la estática gráfica la desarrolla Müller-Breslau (1892) en su libro "La estática gráfica en las construcciones". En él se tratan no solo sistemas isostáticos, sino también los hiperestáticos. Para el cálculo de reticulados se utiliza el método de Cremona (1830-1903). Para sistemas complejos se utiliza el método de Ritter (1863).

Un primer alejamiento de los métodos gráficos lo presenta Grüning (1925) en su libro "La estática de estructuras planas". En su prólogo indica claramente su preferencia por el "análisis": "*Le doy mi preferencia al análisis y al cálculo antes que los métodos gráficos. De acuerdo a mi experiencia en estudios estructurales, el cálculo es a menudo más rápido y es más fácil de comprobar que el método gráfico".*

Un interesante desarrollo se presenta en la publicación de Lewe (1915). Este introduce un "rectángulo de números" para la representación y solución de vigas continuas y marcos de varios vanos. Con ello se introduce una matriz en el análisis estructural. Los medios para realizar el cálculo eran bastante limitados. La regla de cálculo introducida por Patridge en 1650, se transformó en un símbolo del ingeniero en los siglos XIX y la primera mitad del siglo XX (por lo menos hasta 1970).

Las primeras máquinas calculadoras (que realizaban las 4 operaciones) se empiezan a fabricar con la revolución industrial. Sin embargo, la producción de estas máquinas era bastante reducida y hasta 1880 se habían vendido solo 1500 de ellas en todo el mundo. A pesar de que el principio de funcionamiento de un computador era conocido desde el siglo XIX y que entre 1939 y 1944 se desarrolló el primer gran computador (MARK I en la Universidad de Harvard) para cálculos científicos, hasta fines de los años 60 el ingeniero dependía absolutamente de su regla de cálculo, en algunos casos disponía de una máquina calculadora mecánica y en forma excepcional de una calculadora eléctrica, que a diferencia de las calculadoras portátiles actuales, eran enormes y solo realizaban las 4 operaciones.

Un gran aporte al análisis estructural práctico fue sin lugar a dudas el trabajo de H. Cross (1930) sobre la redistribución de los momentos de empotramiento perfecto entre los nudos mediante un proceso iterativo. Los cálculos se podían realizar con regla de cálculo o máquina calculadora sencilla. En forma no explícita, lo que se realizaba mediante dichos cálculos era en realidad la resolución de un sistema de ecuaciones mediante un método iterativo. El usuario, sin embargo, jamás visualizaba dicho sistema de ecuaciones, sino que desarrollaba un procedimiento sencillo y fácil de recordar. Como "record" en cuanto al número de incógnitas, es de mencionar la cúpula de la estación central de Munich con 672 incógnitas que, aprovechando la simetría, se reducían a la mitad. Una estimación del tiempo ocupado utilizando una máquina calculadora eléctrica (que se utilizaba para la realización de las 4 operaciones) indica que para cada iteración se necesitaron alrededor de 60 horas y el número de iteraciones necesarias (para cada estado de carga) habría sido superior a 50. Ello significa que para cada estado de carga se necesitaban alrededor de 3000 horas. Con los computadores actuales dicho cálculo, incluyendo una variedad de estados de carga distintos, no tomaría más de un par de segundos.

Lo anterior gráfica la fundamental importancia que tuvo en el análisis estructural el desarrollo de la computación. En el año 1953 existían en el mundo solo alrededor de 15 grandes computadores, en 1968 su número había crecido a 30.000 y en el año 1977 había alrededor de 300.000. En la actualidad existen decenas de millones de computadores personales de capacidad comparable o superior a los primeros grandes computadores.

Con el avance de la computación fue necesaria una nueva formulación del análisis estructural. Una primera publicación en ese sentido es la de Argyris (1957) en su "Teoría Matricial de Análisis Estructural", quien más adelante sentaría las bases del "Método de Elementos Finitos" como una continuación natural del Análisis Matricial de Estructuras.

1.2. Alcances y Metodología del Análisis Matricial de Estructuras

El Análisis Matricial de Estructuras es un concepto demasiado amplio, debido a la amplia gama de estructuras posibles de imaginar.

Es necesario realizar una clasificación de las estructuras para limitar el alcance de estos apuntes. Independientemente del material de que está hecha la estructura (estructuras de acero, hormigón, madera, etc) es importante identificar la forma de transmisión de los esfuerzos. Existen estructuras continuas sólidas bi- y tridimensionales y estructuras bi- y tridimensionales formadas por barras. Este último tipo de estructuras son las tratadas en estas notas. El análisis del primer tipo de estructuras entra en el campo del método de los Elementos Finitos.

Por lo tanto, el Análisis Matricial de Estructuras de este texto se limita a estructuras compuestas por elementos que cumplen la **"Teoría de Vigas"**: comportamiento lineal-elástico del material que se supone homogéneo e isótropo, los ejes de las secciones de las barras son los ejes principales y el eje axial coincide con el centro de corte de las secciones. Adicionalmente supondremos, en una primera aproximación, **"deformaciones pequeñas"**. Esto es, se plantea el equilibrio de la estructura y sus elementos en un **"estado indeformado"**. Esta aproximación se dejará de lado en el Capítulo 9, donde se trata el equilibrio en estado deformado.

La metodología de análisis matricial de estructuras utilizada en este libro es la desarrollada por Lawo y Thierauf (1980). Primeramente, en los Capítulos 2 a 4 se plantean las ecuaciones de equilibrio de las estructuras y sus elementos como "cuerpos rígidos" y se introducen los conceptos de estructuras "isostáticas" e "hiperestáticas". En el Capítulo 5 se estudian las deformaciones de los elementos y de las estructuras que sirven de base para el desarrollo del método de desplazamientos en el Capítulo 6. En el Capítulo 7 se estudian los casos especiales de carga (carga distribuidas, deformaciones iniciales, desplazamientos forzados) y en el Capítulo 8 se trata el análisis seudo-tridimensional que se utiliza en el cálculo de estructuras de edificios sometidos a cargas laterales (sismo o viento).

La diferencia de la metodología utilizada en este texto en relación a otros de análisis matricial de estructuras es que en los últimos capítulos se explica directamente el método de desplazamiento del Capítulo 6. En estos apuntes, primeramente, se plantean las ecuaciones de equilibrio y se estudian las deformaciones de los elementos en los Capítulos 2 al 5. El método de desplazamientos del Capítulo 6 es uno de los métodos posibles de análisis matricial de estructuras, si bien el más utilizado en la práctica, pero no el único. Con los antecedentes de los Capítulos 2 al 5 se puede por ejemplo deducir fácilmente el método de las fuerzas matriciales o el método de las matrices de transferencia, que por razones de espacio no se tratarán en estos apuntes.

Para el desarrollo de los ejercicios se utiliza el programa SMIS cuyo manual de uso se entrega en el Anexo C. Este programa realiza simplemente operaciones del álgebra matricial y adicionalmente algunas operaciones específicas del análisis matricial de estructuras. Todos los ejemplos numéricos que aparecen en este libro se desarrollaron con la versión antigua del programa SMIS que funcionaba en ambiente DOS con Fortran 77. Sin embargo, tal como se indica en el Anexo C, este programa fue modificado en el año 2005 para correr en ambiente Windows (utilizando Fortran 90 y Fortran 95) y le hemos denominado SMISW, que además permite el ingreso de datos en pantalla y sin el formato estricto de Fortran 77. De todas maneras, todos los archivos de ingreso de datos de la versión antigua son compatibles con la versión SMISW. Dicho programa, con todos los archivos de ingreso de datos y salida de resultados de todos los ejemplos del libro se pueden bajar desde la página web del Departamento de Ingeniería en Obras Civiles de la Universidad de La Serena (http://www.oocculs.cl/smis/)

2. ESTRUCTURAS DE BARRAS, DIVISIÓN EN ELEMENTOS

Como se indicó en el capítulo anterior, en este libro se tratará el análisis matricial de estructuras formadas por elementos de barra, entendiendo como tales a elementos en forma de línea, en que una dimensión (la longitud) es bastante mayor que las otras dos (ancho y altura de la sección).

La ventaja que tiene este tipo de elementos es que la ecuación diferencial de equilibrio que gobierna el problema es muy sencilla (teoría de vigas) y tiene una solución analítica conocida.

El problema se complica en el caso de una estructura sólida continua, en cuyo caso las ecuaciones diferenciales que gobiernan el problema (mecánica del continuo) son más complejas y no tienen en general una solución analítica conocida. En esos casos, en el análisis estructural moderno se recurre a métodos numéricos para buscar soluciones aproximadas, entre los que destacan el método de **"Elementos Finitos"** y el método de las **"Diferencias Finitas"**.

2.1. Tipos de Estructuras de barras

Los elementos de barra pueden ser rectos o curvos. Generalmente se utilizan elementos rectos, pero no hay inconveniente en utilizar elementos curvos, en la medida de que la ecuación diferencial tenga una solución analítica determinada.

Las características más importantes de un elemento de barra es que posee dos extremos, en los cuales dicho elemento se puede conectar con otros elementos. Dichos extremos se llaman **"nudos"** del elemento, por lo tanto, cada barra poseerá dos nudos: un nudo inicial (o nudo izquierdo) y un nudo final (o nudo derecho).

El análisis estructural es más sencillo si suponemos, en un primer análisis, que la estructura está cargada por fuerzas o momentos puntuales aplicados solo en sus nudos. Más adelante se eliminará dicha restricción para considerar cargas distribuidas o puntuales entre los nudos (Capítulo 7).

Dependiendo de la distribución de los nudos, el tipo de carga y el tipo de construcción de los nudos, las estructuras se pueden clasificar en diferentes tipos (Figura 2.1). El caso más general es el **"marco espacial"**, en que los nudos están ubicados en cualquier posición en el espacio y las cargas que se aplican en los nudos pueden ser fuerzas y/o momentos con componentes en las 3 direcciones coordenadas. Las barras deben poder transmitir dichos esfuerzos: tres fuerzas y tres momentos.

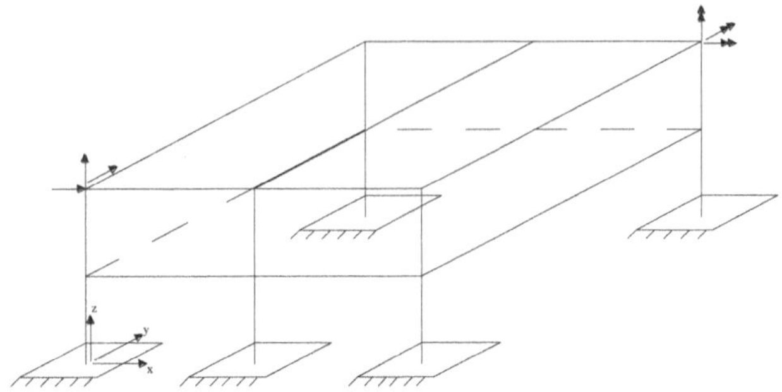

Marco Espacial

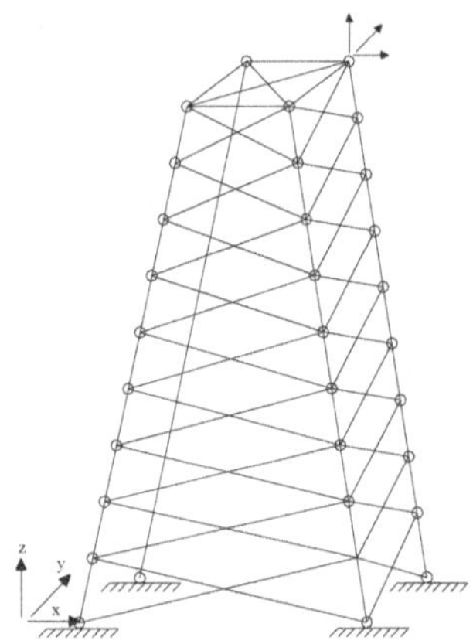

Reticulado Espacial

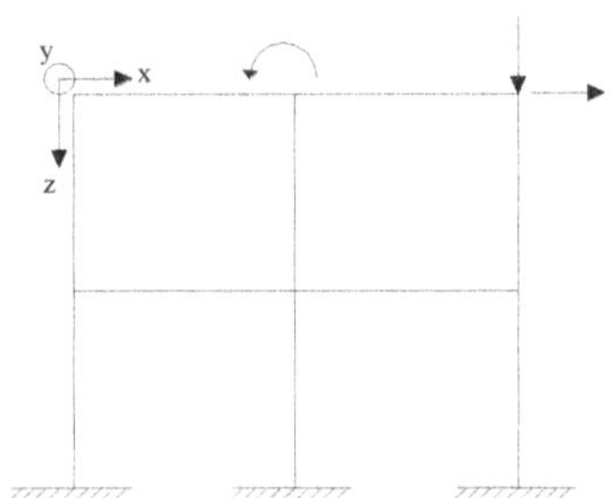

Marco Plano

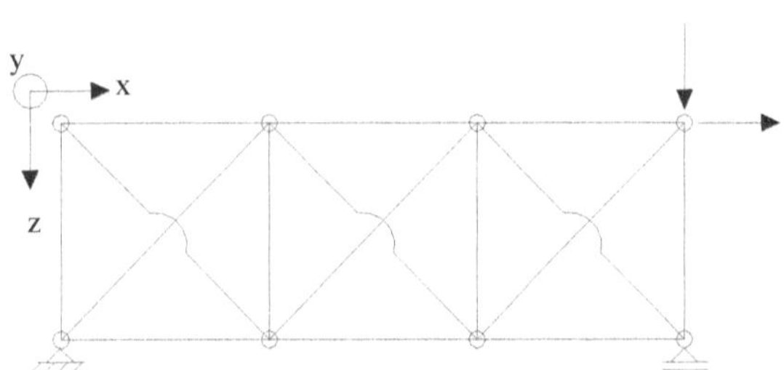

Reticulado Plano

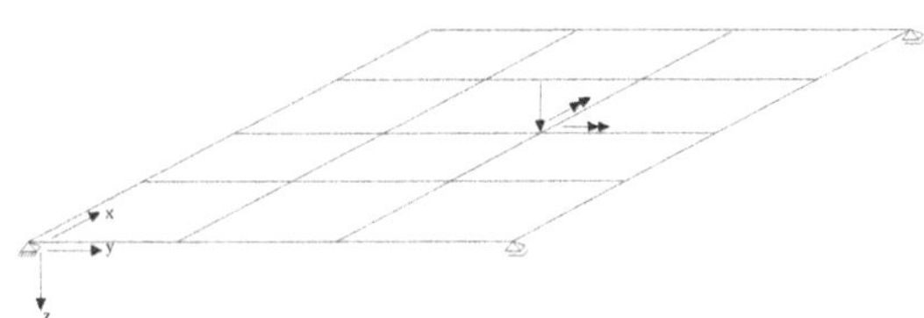

Grilla (Emparrillado)

FIGURA 2.1. Ejemplos de estructuras de barras

Si en el marco espacial consideramos el caso especial en que los nudos donde concurren las barras son rotulados, esto es, dichas uniones están construidas de tal forma que las barras pueden girar libremente en torno a ellas, se habla de un **"reticulado espacial"**. En dicho caso, las barras sólo transmiten fuerza axial y en los nudos sólo se pueden aplicar fuerzas en las 3 direcciones coordenadas, pero no momentos.

Si en un "**reticulado espacial**" se tiene el caso de que todos los nudos están contenidos en un plano y las cargas también están contenidas en el plano, entonces se habla de un **"reticulado plano"**.

Por otra parte, si se considera un **"marco espacial"** en que todos los nudos están contenidos en un plano y las cargas son tales que las fuerzas aplicadas en los nudos sólo tienen componentes en el plano y los momentos aplicados tienen sólo la componente cuyo eje es perpendicular al plano, se habla de un **"marco plano"**. En este caso las barras deben transmitir fuerzas cuyos componentes están en el plano (esfuerzos normales y esfuerzos cortantes) y momentos con eje perpendicular al plano (momentos flectores).

Si se tiene el mismo marco plano, pero dispuesto de tal forma que las cargas aplicadas en los nudos son fuerzas perpendiculares al plano y/o momentos cuyos ejes están contenidos en el plano, se habla de una **"grilla o emparrillado"**. En dicho caso las barras deben transmitir esfuerzos perpendiculares al plano (esfuerzos cortantes) y momentos cuyo eje está contenido en el plano (momentos torsores y flectores). Se puede observar que los modelos de **"marco plano"** y **"grilla"** son complementarios, esto es, las cargas y esfuerzos que son posibles en un caso, en el otro no lo son y vice-versa.

Por razones constructivas o de servicios de las estructuras, a veces se diseñan uniones que no transmiten ciertos esfuerzos a través de ellas. En dicho caso se habla de **"rótulas"**, siendo las más usuales las de momento; pero dichas rótulas se pueden generalizar a otro tipo de uniones. En el caso de una estructura plana, en la Figura 2.2. se muestran los tres tipos de rótula: de esfuerzo normal, de esfuerzo cortante y de momento flector.

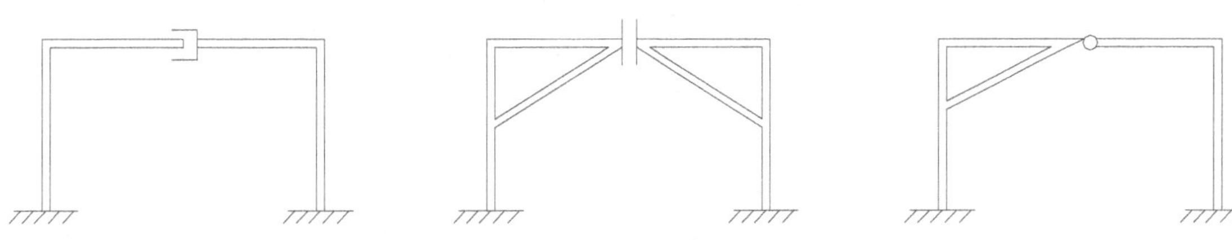

Rótula de Esf. normal | Rótula de Esf. cortante | Rótula de Momento flector

FIGURA 2.2. Rótulas en el Plano

Las estructuras de barras deben estar unidas al suelo (o a su entorno) en uno o varios nudos. El suelo normalmente se considera rígido, aunque es posible considerar su flexibilidad suponiendo los apoyos con resortes, pero que también están conectados a un extremo rígido. En los apoyos los desplazamientos y/o giros en una o varias direcciones son conocidos, normalmente tienen un valor cero, aunque es posible darle un valor determinado en cuyo caso se habla de desplazamientos forzados (por ejemplo, asentamiento de apoyos). En ambos casos, el valor de los desplazamientos o giros es conocido, pero el valor de las fuerzas y/o momentos en la dirección de dichos desplazamientos y/o giros es desconocido y se denominan "**reacciones**" del suelo o entorno sobre la estructura. Mirado desde el punto de vista del suelo o entorno de la estructura estas fuerzas son las "**acciones**" de la estructura sobre el suelo o entorno. En la Figura 2.3 se muestran algunos apoyos típicos en el plano con su respectivo simbolismo y se indican las "**reacciones**" que ellos originan.

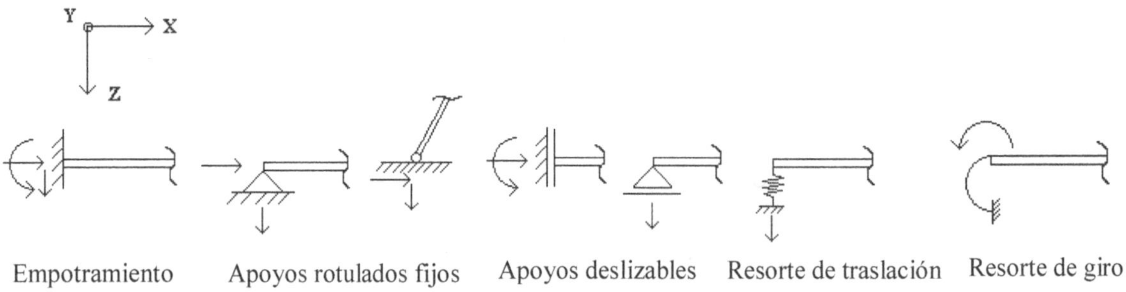

FIGURA 2.3. Representación simbólica de apoyos en el plano con reacciones que originan

2.2. Tabla de coordenadas y tabla de incidencia

Para la descripción de una estructura de barras comenzamos definiendo un sistema de coordenadas cartesiano cuyo origen es arbitrario. Las coordenadas de los nudos se obtienen de las dimensiones de la estructura y de la ubicación que se le quiere dar a cada nudo. Este sistema de coordenadas en el que se definen las coordenadas de todos los nudos de la estructura se denomina "**sistema de coordenadas globales**" *x, y, z*. Como las barras de la estructura tienen cualquier orientación, se define por conveniencia para cada elemento un "**sistema local de coordenadas**", $\bar{x}$, $\bar{y}$, $\bar{z}$ en que el eje $\bar{x}$ coincide con el eje de la barra y los ejes $\bar{y}$, $\bar{z}$ corresponden a los ejes principales de la sección de la barra.

El elemento de barra en su sistema de coordenadas locales representa la base del análisis matricial de la estructura completa, la que se formará como una especie de bloques de un juego de mecano, agregando elemento tras elemento. Las matrices que caracterizan a los distintos tipos de elementos se pueden ordenar en una especie de "**catálogo**" o "**biblioteca**" de elementos (Anexo B). De esta manera cada elemento se puede analizar en 2 sistemas de coordenadas: en "**su**" sistema de coordenadas locales $\bar{x}$, $\bar{y}$, $\bar{z}$ y en el sistema global de coordenadas *x, y, z*. Entre ambos sistemas de coordenadas se pueden encontrar una matriz de transformación o "**giro**" de coordenadas.

Como primer paso en el análisis matricial de una estructura de barras aparece la división de esta en elementos y nudos. Los elementos y nudos se numeran en forma consecutiva partiendo de 1. Mediante una "**tabla de coordenadas**" se indican las coordenadas globales *x, y, z*, de todos los nudos de la estructura ordenados en forma ascendente. La definición de los elementos se realiza mediante una "**tabla de incidencia**" en la que se le asignan a los números de los elementos ordenados en forma ascendente, los números de los nudos inicial y final (nudo izquierdo y nudo derecho) de cada elemento. Eventualmente, como ocurre en el caso de elementos de viga en el espacio que se explica en el Capítulo 3, se necesita un tercer nudo para poder definir la orientación de los ejes principales de la sección del elemento. Es conveniente asignar como nudo izquierdo o inicial al nudo con número menor. El origen del sistema local de coordenadas $\bar{x}, \bar{y}, \bar{z}$, se ubica en dicho nudo. El eje $\bar{x}$ coincide con el eje de la barra y su dirección positiva es desde el nudo izquierdo hacia el nudo derecho.

Ejemplo 2.1

En la Figura 2.4 se muestra un marco plano que consta de 9 nudos y 8 elementos. Por conveniencia de mejor entendimiento del dibujo, los números de los elementos aparecen dentro de un círculo. Las tablas de coordenadas y de incidencia que se obtienen se muestran en la misma Figura 2.4. Nótese que se ha supuesto que el marco plano se ubica en el plano x - z (este supuesto se asumirá en general para marcos y reticulados planos). Por otra parte, el origen de coordenadas se ha ubicado (arbitrariamente) en la esquina superior izquierda de la figura y orientados de tal forma que todos los nudos tienen coordenadas positivas. Lo anterior no es absolutamente necesario, pero es una buena práctica.

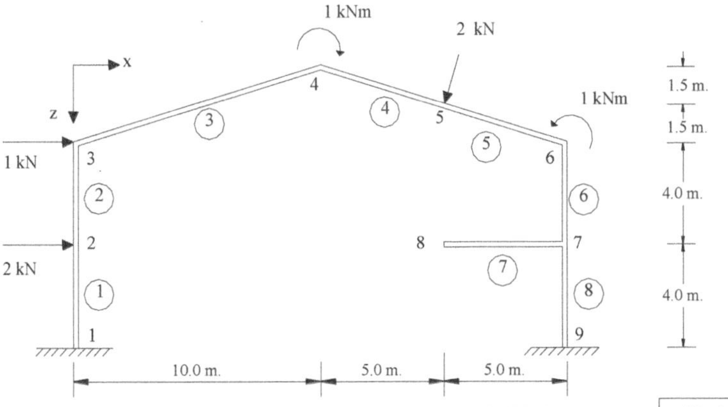

Nota: Se han definido nudos en los puntos de aplicación de cargas, cambios de dirección y puntos donde concurren más de 2 elementos

Elemento	Nudo	
	i	*j*
①	*1*	*2*
②	*2*	*3*
③	*3*	*4*
④	*4*	*5*
⑤	*5*	*6*
⑥	*6*	*7*
⑦	*7*	*8*
⑧	*7*	*9*

Nudo	*x (m)*	*z (m)*
1	*0*	*11*
2	*0*	*7*
3	*0*	*3*
4	*10*	*0*
5	*15*	*1.5*
6	*20*	*3*
7	*20*	*7*
8	*15*	*7*
9	*20*	*11*

FIGURA 2.4. Tabla de coordenadas e incidencia de un marco plano

Ejercicios propuestos

1. *En el reticulado plano indicado numerar nudos y elementos y formar las respectivas tablas de coordenadas e incidencia.*

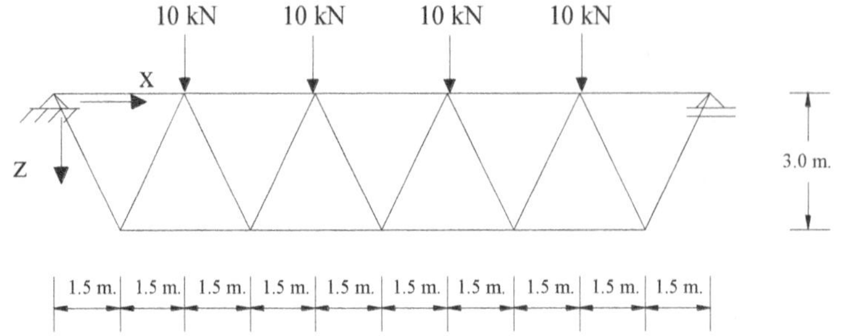

2. *En los marcos planos indicados numerar nudos y elementos y formar las respectivas tablas de coordenadas e incidencia.*

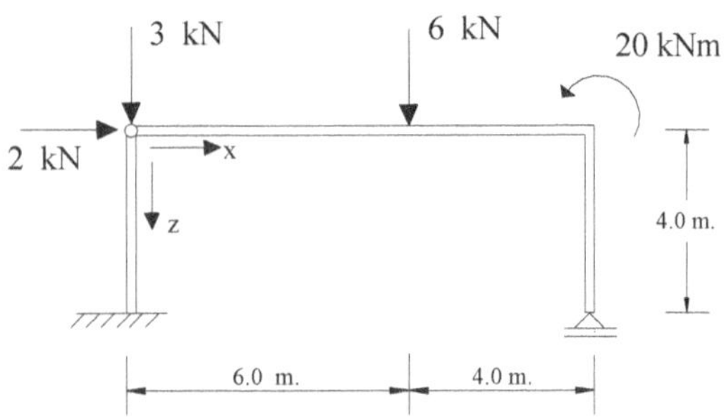

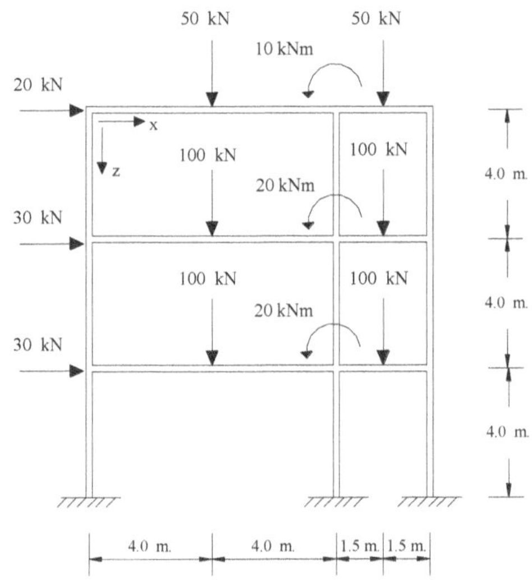

3. *En la estructura espacial indicada numerar nudos y elementos y formar las tablas de coordenadas e incidencia.*

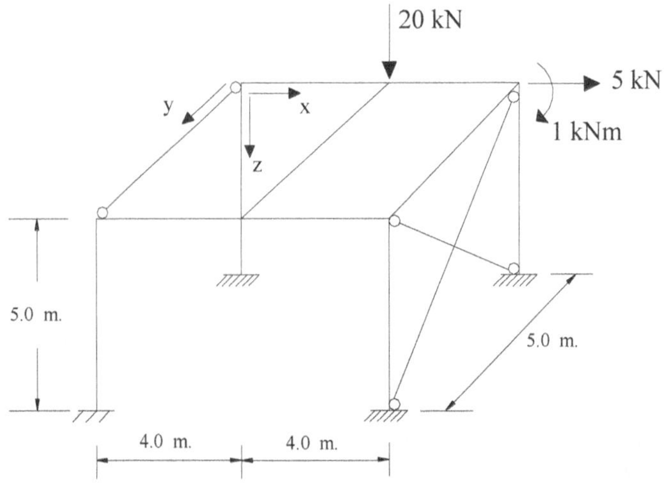

3. ELEMENTO DE BARRA COMO CUERPO RÍGIDO

Considerando un elemento de barra infinitesimal se muestran las ecuaciones de equilibrio. Existen sólo algunos tipos de elementos con los cuales se conforman las estructuras de barras. Utilizando dichos elementos se puede calcular cualquier estructura cualquiera sea su forma, tipología o tamaño.

3.1. Las ecuaciones diferenciales de equilibrio de un elemento de viga en el espacio

Considerando **deformaciones pequeñas**, se pueden formular las ecuaciones de equilibrio de un elemento de viga espacial, de longitud infinitesimal, en estado indeformado. En el capítulo 9 se mostrará el efecto que produce la consideración del equilibrio en estado deformado.

En estructuras de barras se utilizan como incógnitas del análisis los **esfuerzos internos** que se producen en cada sección debido a las cargas externas aplicadas. Estos esfuerzos internos (esfuerzos normales, esfuerzos cortantes y momentos flectores y/o torsores) representan las fuerzas y/o momentos resultantes de la distribución de tensiones internas en cada sección.

En la Figura 3.1. se muestra un elemento de viga espacial de longitud infinitesimal $d\bar{x}$ sometido a cargas en forma de fuerzas y momentos distribuidos en dirección de las coordenadas locales $\bar{x}, \bar{y}, \bar{z}$. $n(\bar{x}), q_y(\bar{x})$ y $q_z(\bar{x})$ representan las fuerzas distribuidas en las direcciones $\bar{x}, \bar{y}$ y $\bar{z}$ respectivamente, mientras que $m_x(\bar{x}), m_y(\bar{x})$ y $m_z(\bar{x})$ representan los momentos distribuidos en dichas direcciones.

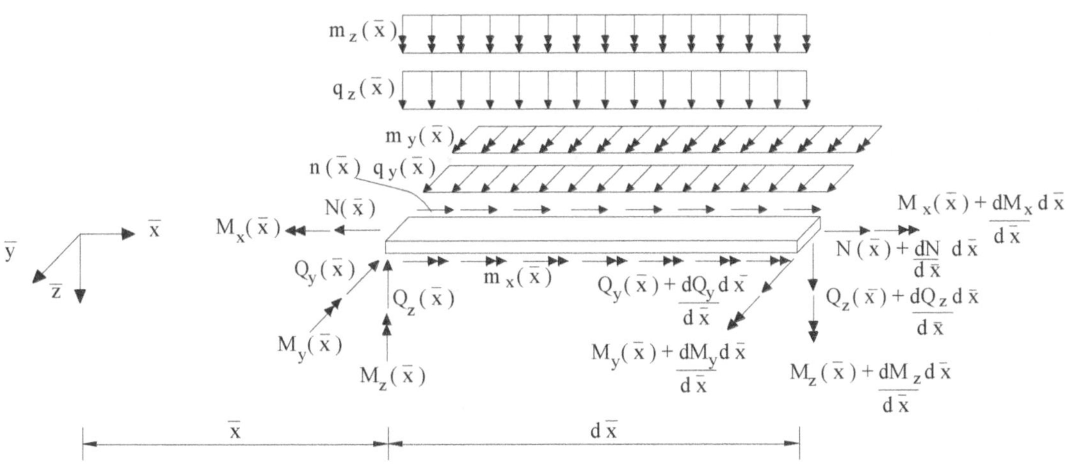

FIGURA 3.1. Elemento de viga espacial de longitud infinitesimal con cargas distribuidas

Las ecuaciones diferenciales de equilibrio para determinar el esfuerzo normal $N(\bar{x})$, los esfuerzos cortantes $Q_y(\bar{x})$ y $Q_z(\bar{x})$, el momento torsor $M_x(\bar{x})$ y los momentos flectores $M_y(\bar{x})$ y $M_z(\bar{x})$ son:

$$\frac{dN(\bar{x})}{d\bar{x}} = -n(\bar{x}) \qquad \frac{dQ_y(\bar{x})}{d\bar{x}} = -q_y(\bar{x}) \qquad \frac{dQ_z(\bar{x})}{d\bar{x}} = -q_z(\bar{x})$$

$$\frac{dM_x(\bar{x})}{d\bar{x}} = -m_x(\bar{x}) \qquad \frac{dM_y(\bar{x})}{d\bar{x}} = Q_z(\bar{x}) - m_y(\bar{x}) \tag{3.1}$$

$$\frac{dM_z(\bar{x})}{d\bar{x}} = -Q_y(\bar{x}) - m_z(\bar{x})$$

Mediante integración de las ecuaciones anteriores se obtienen los esfuerzos internos como funciones de $\bar{x}$. Como se indicó en el Capítulo 2, primeramente, se analizarán los elementos sin carga distribuida. En el Capítulo 7 se estudiará el caso más general de las cargas distribuidas.

3.2. Esfuerzos internos en elementos de barra sin carga distribuida

Como se mencionaba en capítulo 2 podemos clasificar los elementos en diferentes tipos dependiendo de los esfuerzos internos que deben transmitir.

El tipo más general de elemento es el de "**viga espacial**" que se muestra en el capítulo 3.1. Los 6 esfuerzos internos $N(\bar{x}), Q_y(\bar{x}), Q_z(\bar{x}), M_x(\bar{x}), M_y(\bar{x})$ y $M_z(\bar{x})$ que debe transmitir cada sección se muestran en la Figura 3.2. Si suponemos que el elemento de viga está en un plano, sea $\bar{x}$ - $\bar{z}$, y sólo debe transmitir (debido al sistema de cargas aplicadas) los esfuerzos $N(\bar{x})$, $Q(\bar{x}) = Q_z(\bar{x})$ y $M(\bar{x}) = M_y(\bar{x})$, se habla de un elemento de **viga plana** (Figura 3.3).

Es importante destacar que en las Figuras 3.2 y 3.3 se muestran en una "**sección positiva**", esto es una sección cuya normal apunta en la dirección positiva de $\bar{x}$. Se observa que los esfuerzos internos en dicha sección coinciden con la dirección positiva de los ejes $\bar{x}$, $\bar{y}$, $\bar{z}$. Cabe recordar sin embargo, que en una "**sección negativa**", esto es una sección cuya normal apunta en la dirección negativa de $\bar{x}$, por el principio de acción y reacción los esfuerzos internos tienen la dirección contraria a los ejes $\bar{x}$, $\bar{y}$, $\bar{z}$.

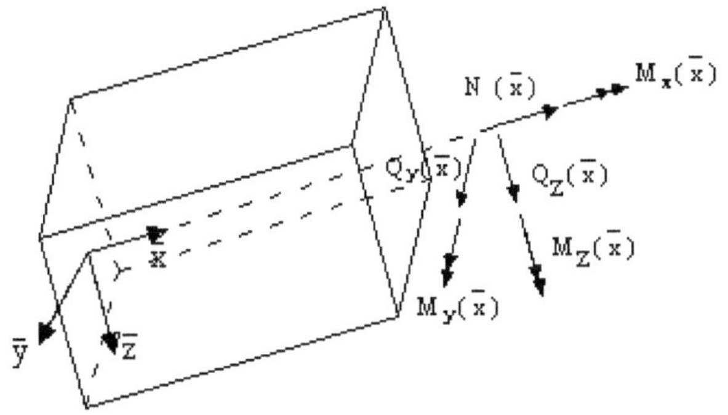

FIGURA 3.2. Viga espacial

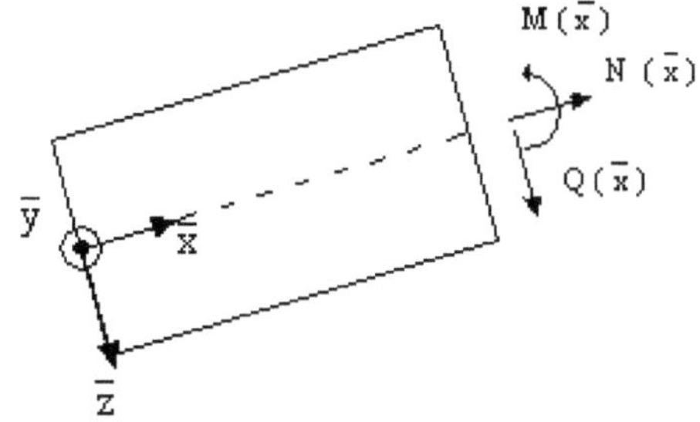

FIGURA 3.3. Viga plana

Si suponemos que el elemento de viga espacial está en un plano $\bar{x}$ - $\bar{y}$ y sólo debe transmitir los esfuerzos $Q_z(\bar{x}), M_x(\bar{x})$ y $M_y(\bar{x})$ se habla de un "**elemento de grilla**" o "**emparrillado**" (Figura 3.4). Por otra parte si el mismo elemento de viga espacial está rotulado en ambos extremos, este solo puede transmitir la fuerza axial $N(\bar{x})$. En este caso se habla de un "**elemento de reticulado**" o "**biela**" (Fig. 3.5)

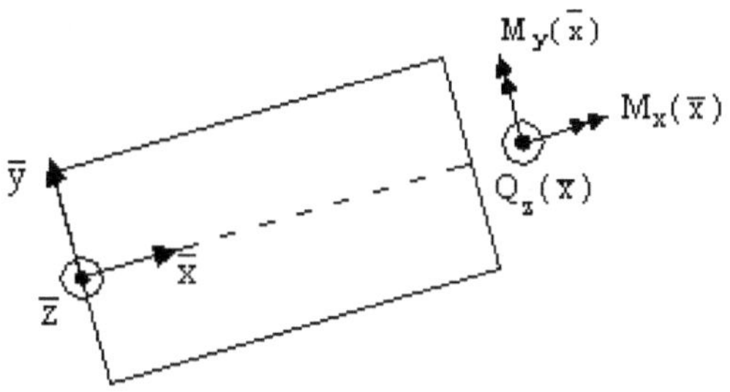

FIGURA 3.4. Elemento de grilla

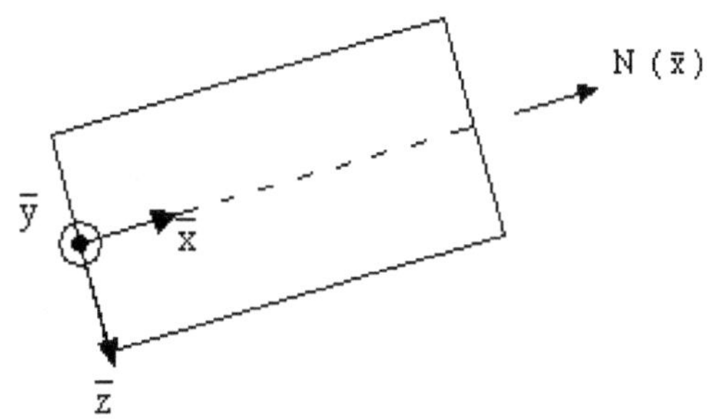

Figura 3.5. Elemento de reticulado

Dentro del "**elemento de reticulado**", que como se decía anteriormente sólo puede transmitir esfuerzo axial, podemos a su vez diferenciar 2 casos: uno en que el elemento está en cualquier posición en el espacio, esto es la transformación entre los sistemas $\bar{x}$, $\bar{y}$, $\bar{z}$ y *x, y, z* se obtiene mediante un giro espacial de coordenadas, en cuyo caso se habla de un "**elemento de reticulado espacial**". El otro caso es en el que el elemento está contenido en el plano *x, z,* de manera que la transformación de coordenadas entre los sistemas $(\bar{x}, \bar{z})$ y (x, z) ocurre en el plano. En dicho caso se habla de un "**elemento de reticulado plano**".

Para el caso del "**elemento de viga espacial**" sin cargas distribuidas, si se integran las ecuaciones (3.1) se obtienen los siguientes esfuerzos internos:

$$N(\bar{x}) = C_1 \qquad Q_y(\bar{x}) = C_2 \qquad Q_z(\bar{x}) = C_3$$
$$M_x(\bar{x}) = C_4 \qquad M_y(\bar{x}) = C_3\bar{x} + C_5 \qquad M_z(\bar{x}) = -C_2\bar{x} + C_6 \tag{3.2}$$

Esto significa que, sin carga distribuida, los esfuerzos normales, cortantes y momento torsor son constantes, mientras que los momentos flectores muestran una variación lineal. Las constantes $C_1,...C_6$ deben ser determinadas por las condiciones de borde de los esfuerzos, que deben ser 6. En forma análoga para los otros elementos el número de constantes y respectivas condiciones de borde son: viga plana y grilla 3, reticulado 1.

3.3. Fuerzas Nodales

Las condiciones de borde de los esfuerzos indicados anteriormente están dadas por las "**fuerzas nodales**" en los nudos izquierdo y derecho del elemento. Estas "**fuerzas nodales**" corresponderán a los esfuerzos internos en la **sección positiva** del nudo derecho y a los esfuerzos internos con signo negativo de la **sección negativa** del nudo izquierdo. Como se indicaba en (3.2) se requiere un número limitado de "**fuerzas nodales**" para determinar los esfuerzos internos del elemento. A este subconjunto de fuerzas nodales se le llamará "**fuerzas nodales linealmente independientes**".

Las "**fuerzas nodales**" de un elemento ⓙ se ordenan en un vector $\underline{\bar{S}}^j$. La barra superior en $\underline{\bar{S}}^j$ es para indicar que dichas fuerzas nodales están en "**coordenadas locales**" del elemento ⓙ. Las "**fuerzas nodales linealmente independientes**" del elemento ⓙ se ordenan en un vector $\underline{F}^j$.

El número de "**fuerzas nodales**" y "**fuerzas nodales linealmente independientes**" de los diferentes tipos de elementos se indican en la Tabla 3.1

TABLA 3.1. Fuerzas nodales

Tipo	*Componentes de* $\underline{\bar{S}}^j$	*Componentes de* $\underline{F}^j$
Viga espacial	*12*	*6*
Viga plana	*6*	*3*
Grilla	*6*	*3*
Reticulado espacial	*6*	*1*
Reticulado plano	*4*	*1*

Como se indicaba en el Capítulo 2 (Figura 2.2), en los nudos de las estructuras de barra pueden aparecer rótulas. En el caso especial en que al nudo con rótula concurran sólo dos elementos con el mismo eje axial y no existe carga aplicada en la rótula, ambos elementos pueden ser transformados en un solo elemento. En dicho elemento se puede incorporar la condición adicional de rótula, por lo que el número de fuerzas nodales linealmente independientes disminuye, pero el número de fuerzas nodales permanece constante.

Una vez definidas las "**fuerzas nodales linealmente independientes**" de un elemento, se pueden encontrar las "**fuerzas nodales en coordenadas locales**" del elemento mediante las ecuaciones de equilibrio. Se obtiene la relación:

$$\underline{\bar{S}}^j = \underline{T}^j \underline{F}^j \qquad (3.3)$$

$\underline{T}^j$ es la matriz de equilibrio del elemento Ⓙ en coordenadas locales. La dimensión de dicha matriz queda definida por la dimensión de los vectores $\underline{\bar{S}}^j$ y $\underline{F}^j$ que se indican en la Tabla 3.1. Así, por ejemplo, para un elemento de viga espacial tendrá 12 filas y 6 columnas, mientras que para un elemento de viga plana tendrá 6 filas y 3 columnas.

Para un mismo tipo de elemento existirán varias posibilidades de elección de las "**fuerzas nodales linealmente independientes**" y por lo tanto diferentes matrices $\underline{T}^j$. En la Figura 3.6 se muestran varias posibilidades de selección de "**fuerzas linealmente independientes**" para un elemento de viga plana.

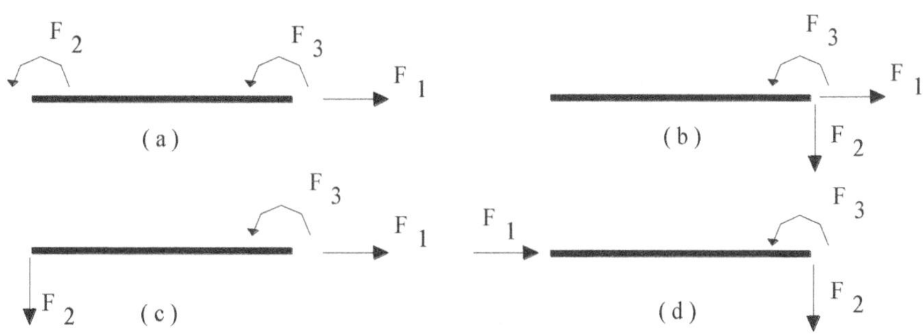

FIGURA 3.6. Fuerzas nodales linealmente independientes para elemento de viga plana

Para determinar la matriz de equilibrio $\underline{T}^j$ es preciso recordar que el vector $\underline{F}^j$ representa un subconjunto del vector $\underline{\bar{S}}^j$, por lo tanto varios componentes de este último vector son idénticamente iguales a las componentes de $\underline{F}^j$. El resto de los componentes se obtiene de las condiciones de equilibrio del elemento, lo que equivale a determinar las "**reacciones**" del elemento isostáticamente apoyado, sometido a las "**cargas**" o "**acciones**" de las fuerzas nodales linealmente independientes. En el ejemplo siguiente se muestra la obtención de la matriz $\underline{T}^j$ para un elemento de **viga plana tipo (a)** de la Fig. 3.6.

Ejemplo 3.1

Se desea determinar la matriz $\underline{T}^j$ *del elemento de viga plana tipo (a) indicado en la Fig. 3.6.*

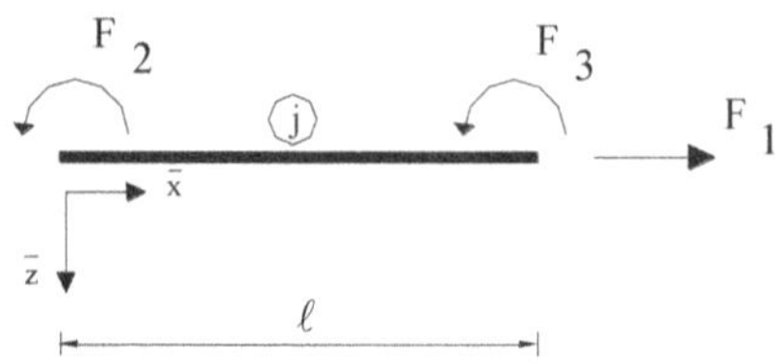

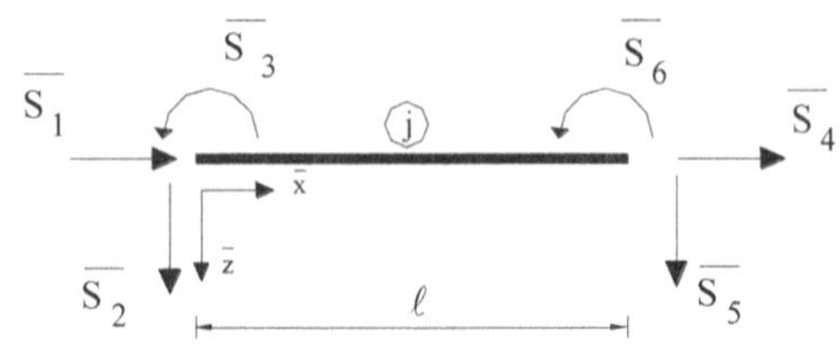

Se observa que $\overline{S}_3 = F_2$ *y* $\overline{S}_4 = F_1$ *y* $\overline{S}_6 = F_3$. *El resto de los componentes de* $\underline{\overline{S}}^j$ *se obtienen como reacciones:*

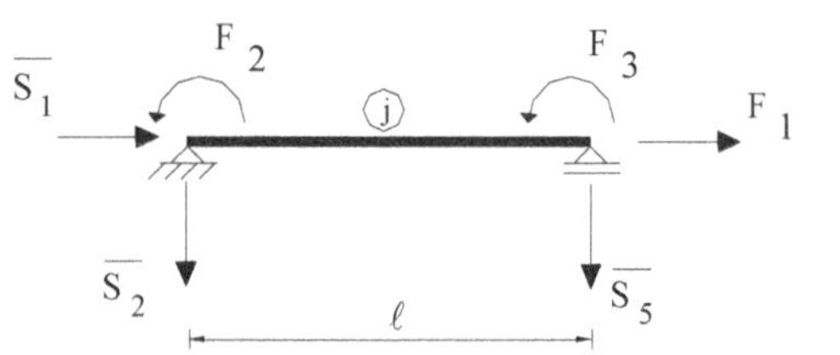

$$\overline{S}_1 = -F_1$$

$$\overline{S}_2 = -\frac{F_2 + F_3}{\ell}$$

$$\overline{S}_5 = \frac{F_2 + F_3}{\ell}$$

El resultado en forma matricial queda:

$$\begin{bmatrix} \overline{S}_1 \\ \overline{S}_2 \\ \overline{S}_3 \\ \overline{S}_4 \\ \overline{S}_5 \\ \overline{S}_6 \end{bmatrix} = \begin{bmatrix} -1 & 0 & 0 \\ 0 & -\frac{1}{l} & -\frac{1}{l} \\ 0 & 1 & 0 \\ \hdashline 1 & 0 & 0 \\ 0 & \frac{1}{l} & \frac{1}{l} \\ 0 & 0 & 1 \end{bmatrix} \begin{bmatrix} F_1 \\ F_2 \\ F_3 \end{bmatrix}$$

$$\underline{\overline{S}}^j \quad = \quad \underline{T}^j \quad \underline{F}^j$$

3.4.- Matrices de giro y equilibrio en coordenadas globales

Como se indica en el Capítulo 2.2, el elemento de barra en sus coordenadas locales $\bar{x}, \bar{y}, \bar{z}$ representa la base del análisis matricial de la estructura completa. Esta última, sin embargo, está definida en un sistema global de coordenadas *x, y, z* cuyos ejes normalmente no son paralelos a los ejes $\bar{x}, \bar{y}, \bar{z}$. Ello se muestra en la Figura 3.7 para un caso plano.

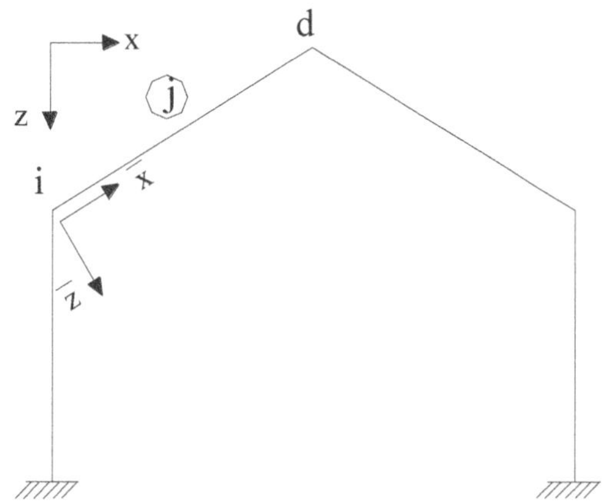

Figura 3.7. Coordenadas locales y globales

Debido a que se deben combinar los distintos elementos que componen la estructura, es necesario definir un vector $\underline{S}^j$ de las "**fuerzas nodales del elemento en coordenadas globales**". La relación entre los vectores $\underline{\bar{S}}^j$ y $\underline{S}^j$ se obtiene con la matriz de giro de coordenadas $\underline{L}^j$.

$$\underline{X}^j = \underline{L}^j \underline{\bar{X}}^j \tag{3.4}$$

en que

$$\underline{X}^j = \begin{bmatrix} x \\ y \\ z \end{bmatrix} \quad \text{y} \quad \underline{\bar{X}}^j = \begin{bmatrix} \bar{x} \\ \bar{y} \\ \bar{z} \end{bmatrix}$$

La matriz de giro de coordenadas $\underline{L}^j$ contiene los cosenos directores de los ejes $\bar{x}, \bar{y}, \bar{z}$ en el sistema de coordenadas *x, y, z:*

$$\underline{L}^j = \begin{bmatrix} \cos\alpha_{11} & \cos\alpha_{21} & \cos\alpha_{31} \\ \cos\alpha_{12} & \cos\alpha_{22} & \cos\alpha_{32} \\ \cos\alpha_{13} & \cos\alpha_{23} & \cos\alpha_{33} \end{bmatrix}$$

En la Figura 3.8 se muestran los ángulos α_{11}, α_{12}, α_{13}, que corresponden al eje $\bar{x}$, los demás ángulos se obtienen de forma similar.

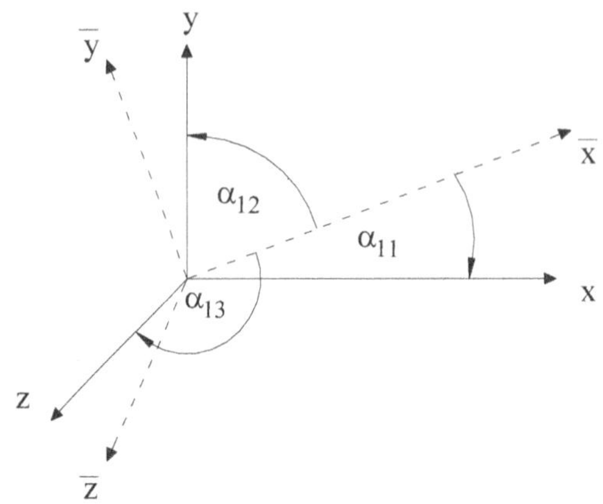

FIGURA 3.8. Giro de coordenadas en el espacio

Para el caso del elemento de viga espacial el vector $\underline{\bar{S}}^j$ tiene 12 componentes que corresponden a las 6 fuerzas nodales de la izquierda y 6 de la derecha. Las 6 fuerzas nodales en cada extremo corresponden a su vez a 3 fuerzas y 3 momentos en la dirección de las coordenadas locales. El vector $\underline{S}^j$ tendrá igualmente 12 componentes, pero en el sistema de coordenadas globales *x, y, z.* Las fuerzas y momentos del lado izquierdo y derecho se giran con la misma matriz $\underline{L}^j$ de manera que:

$$\underline{S}^j = \underline{L}_D^j \underline{\bar{S}}^j \tag{3.5}$$

en que, para el caso de la viga espacial:

$$\underline{L}_D^j = \begin{bmatrix} \underline{L}^j & \underline{0} & \underline{0} & \underline{0} \\ 0 & \underline{L}^j & \underline{0} & \underline{0} \\ \underline{0} & \underline{0} & \underline{L}^j & \underline{0} \\ \underline{0} & \underline{0} & \underline{0} & \underline{L}^j \end{bmatrix} \tag{3.6}$$

En la práctica sería muy engorroso tener que indicar todos los ángulos para formar la matriz $\underline{L}^j$, por lo que para el caso del elemento de viga espacial usualmente se utilizan 3 nudos para definir la posición del sistema local con respecto al sistema global de coordenadas.

En la Figura 3.9 se muestra un elemento de viga espacial en las que aparecen 3 nudos: el nudo izquierdo "***i***" de coordenadas (x_i, y_i, z_i), al derecho "***d***" de coordenadas (x_d, y_d, z_d) y tercer nudo "**c**" de coordenadas (x_c, y_c, z_c).

Conociendo las coordenadas globales de los 3 nudos se pueden determinar las columnas de la matriz de giro $\underline{L}^j$ de la siguiente manera:

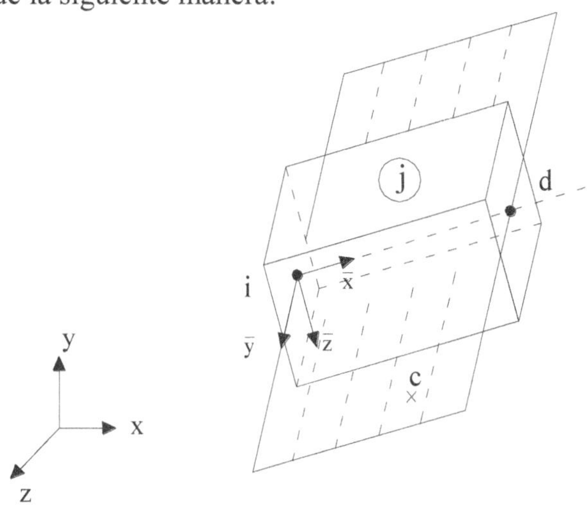

FIGURA 3.9. Sistema de coordenadas locales viga espacial

a) La primera columna de la matriz $\underline{L}^j$ corresponde a los cosenos directores del vector $\bar{x}$, esto es, las componentes del vector unitario que va desde el nudo **"*i*"** al nudo **"*d*"**. Ellas son:

$$c_{11} = \frac{(x_d - x_i)}{l} \qquad c_{12} = \frac{(y_d - y_i)}{l} \qquad c_{13} = \frac{(z_d - z_i)}{l}$$

En que $l_j = \sqrt{(x_d - x_i)^2 + (y_d - y_i)^2 + (z_d - z_i)^2}$ corresponde a la longitud del elemento.

b) La segunda columna de la matriz $\underline{L}^j$ corresponde a los cosenos directores del vector $\bar{y}$, esto es, las componentes del vector unitario **perpendicular a $\bar{x}$, contenido en el plano i-d-c y cuya dirección positiva apunta a la dirección del nudo c.** Ellas son:

$$c_{21} = \frac{u_1}{u} \qquad c_{22} = \frac{u_2}{u} \qquad c_{23} = \frac{u_3}{u}$$

en que

$$u_1 = q(x_d - x_i) + l_j^2(x_c - x_d)$$
$$u_2 = q(y_d - y_i) + l_j^2(y_c - y_d)$$
$$u_3 = q(z_d - z_i) + l_j^2(z_c - z_d)$$

con

$$q = (x_d - x_c)(x_d - x_i) + (y_d - y_c)(y_d - y_i) + (z_d - z_c)(z_d - z_i)$$

y

$$u = \sqrt{u_1^{\,2} + u_2^{\,2} + u_3^{\,2}}$$

c) La tercera columna de $\underline{L}^j$ corresponde a los cosenos directores del vector $\bar{z}$, esto es, las componentes del vector unitario perpendicular a $\bar{x}$ e $\bar{y}$. Se obtiene por el producto vectorial de los vectores unitarios en dirección $\bar{x}$ e $\bar{y}$ ($\hat{i}x\hat{j} = \hat{k}$). Ellas son:

$$c_{31} = c_{12}c_{23} - c_{13}c_{22} \qquad c_{32} = c_{12}c_{21} - c_{11}c_{23} \qquad c_{33} = c_{11}c_{22} - c_{12}c_{21}$$

Para un elemento en el plano la transformación es mucho más sencilla, como se nuestra en la Figura 3.10, la transformación de coordenadas ocurre en el plano *x-z* mediante el ángulo α. El eje $\bar{y}$ coincide con el eje *y*.

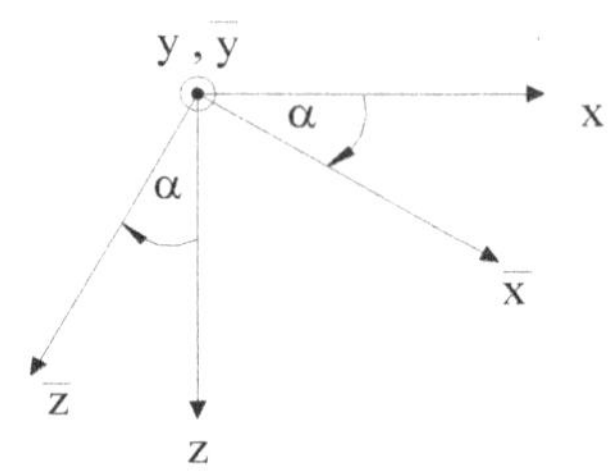

FIGURA 3.10. Giro de coordenadas en el plano x-z

En este caso, la matriz $\underline{L}^j$ queda definida por:

$$\underline{L}^j = \begin{bmatrix} \cos\alpha & -sen\alpha \\ sen\alpha & \cos\alpha \end{bmatrix} \tag{3.7}$$

Para un elemento de reticulado plano, las fuerzas $\bar{S}_1$ y $\bar{S}_2$ se giran a S_1 y S_2 mediante la matriz $\underline{L}^j$ y las fuerzas $\bar{S}_3$ y $\bar{S}_4$ a las fuerzas S_3 y S_4 de igual forma. Por lo tanto para el elemento de reticulado plano la matriz $\underline{L}^j_D$ queda:

$$\underline{L}^j_D = \begin{bmatrix} \underline{L}^j & \underline{0} \\ \underline{0} & \underline{L}^j \end{bmatrix} \tag{3.8}$$

Para un elemento de viga plana (en el plano *x-z*), las fuerzas $\bar{S}_1$ y $\bar{S}_2$ se giran a S_1 y S_2 con la misma matriz $\underline{L}^j$, pero $\bar{S}_3$ coincide con S_3 (el eje y coincide con $\bar{y}$). De la misma manera sucede con las fuerzas $\bar{S}_4$, $\bar{S}_5$ y $\bar{S}_6$. Por lo tanto, la matriz $\underline{L}^j_D$ queda:

$$\underline{L}_D^j = \begin{bmatrix} \underline{L}^j & \underline{0} & \underline{0} & \underline{0} \\ \underline{0} & 1 & \underline{0} & \underline{0} \\ \underline{0} & \underline{0} & \underline{L}^j & \underline{0} \\ \underline{0} & \underline{0} & \underline{0} & 1 \end{bmatrix} = \left[\begin{array}{ccc|ccc} \cos\alpha & -sen\alpha & 0 & 0 & 0 & 0 \\ sen\alpha & \cos\alpha & 0 & 0 & 0 & 0 \\ 0 & 0 & 1 & 0 & 0 & 0 \\ \hline 0 & 0 & 0 & \cos\alpha & -sen\alpha & 0 \\ 0 & 0 & 0 & sen\alpha & \cos\alpha & 0 \\ 0 & 0 & 0 & 0 & 0 & 1 \end{array}\right] \tag{3.9}$$

Para elementos de barra en el plano, los valores de $\cos\alpha$ y senα se obtienen directamente de las coordenadas de los nudos derecho e izquierdo como se muestra en la Figura 3.11

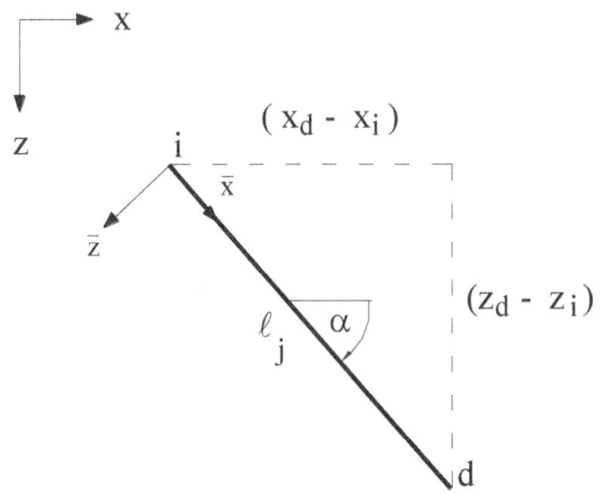

$$\ell_j = \sqrt{(x_d - x_i)^2 + (z_d - z_i)^2}$$
$$\cos\alpha = (x_d - x_i)/\ell_j$$
$$sen\alpha = (z_d - z_i)/\ell_j$$

FIGURA 3.11. Determinación de cosα y senα en el plano

En el anexo B se indican las matrices $\underline{L}_D^j$ de varios tipos de elementos.

Una vez definida la matriz $\underline{L}_D^j$, la relación (3.5) es válida para cualquier tipo de elemento (para cada tipo de elemento en particular solo cambia la matriz $\underline{L}_D^j$).

Una característica importante de las matrices de giro $\underline{L}^j$ es que tienen la propiedad de que su inversa es igual a su traspuesta, esto es, que si se cumple (3.4), también se cumple:

$$(\underline{L}^j)^{-1} = (\underline{L}^j)^T \tag{3.10}$$

$$\underline{\overline{X}}^j = (\underline{L}^j)^T \underline{X}^j \tag{3.11}$$

Por lo tanto, lo mismo se cumple para la matriz $\underline{L}_D^j$:

$$(\underline{L}_D^j)^{-1} = (\underline{L}_D^j)^T \tag{3.12}$$

$$\underline{\overline{S}}^j = (\underline{L}_D^j)^T \underline{S}^j \tag{3.13}$$

Reemplazando la relación (3.3) en (3.5) se obtiene:

$$\underline{S}^j = \underline{L}_D^j \overline{\underline{S}}^j = \underline{L}_D^j \underline{T}^j \underline{F}^j \tag{3.14}$$

Si se define:

$$(\underline{a}^j)^T = \underline{L}_D^j \underline{T}^j \tag{3.15}$$

Tenemos que:

$$\underline{S}^j = (\underline{a}^j)^T \underline{F}^j \tag{3.16}$$

La matriz $(\underline{a}^j)^T$, es la "**matriz de equilibrio del elemento ⓙ en coordenadas globales**". Ella representa la relación entre las fuerzas nodales linealmente independientes $\underline{F}^j$ y las fuerzas nodales en coordenadas globales $\underline{S}^j$ del elemento ⓙ. Se observa que dicha matriz coincide con la matriz $\underline{T}^j$ cuando los sistemas de coordenadas x, y, z y $\bar{x}, \bar{y}, \bar{z}$ coinciden, esto es cuando $\underline{L}_D^j$ es la matriz identidad.

La razón de definir el producto $\underline{L}_D^j \underline{T}^j$ como $(\underline{a}^j)^T$ de acuerdo a (3.15) es puramente formal. Más adelante en el Capítulo 5 se vera que la matriz $\underline{a}^j$ aparece en la compatibilidad de desplazamientos.

En el catálogo de elementos del Anexo B, aparecen las matrices $\underline{T}^j, \underline{L}_D^j$ y $(\underline{a}^j)^T$ de variados tipos de elementos de barra.

Ejercicios propuestos

Para los elementos indicados deducir las matrices $\underline{T}^j$, $\underline{L}_D^j$ y $(\underline{a}^j)^T$.

1.- *Elemento de reticulado plano.*

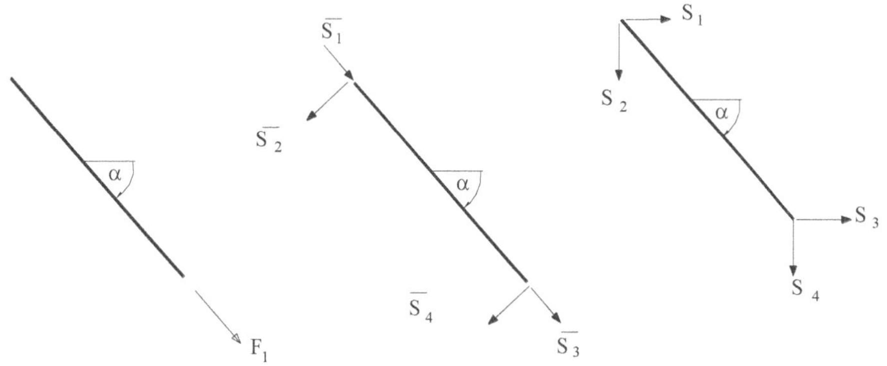

2.- *Elemento de viga con rótula de momento.*

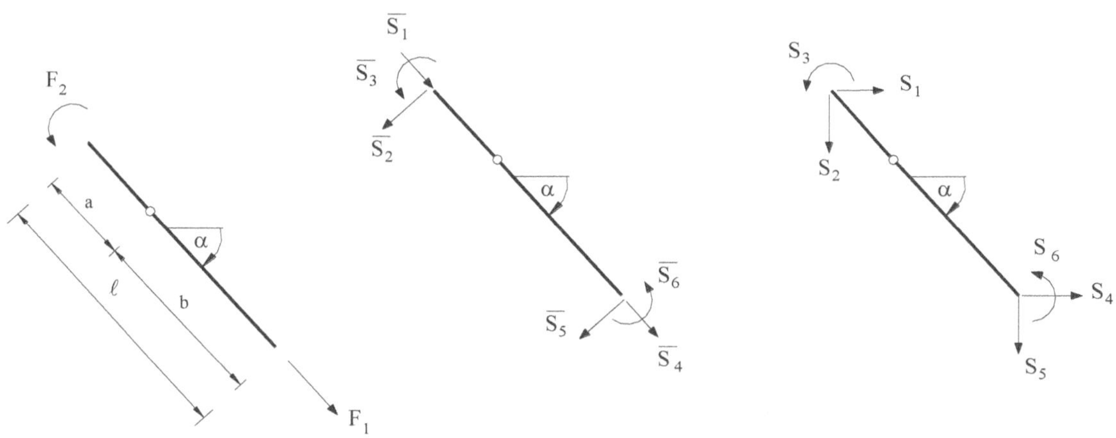

3.- *Elemento de viga con rótula de momento.*

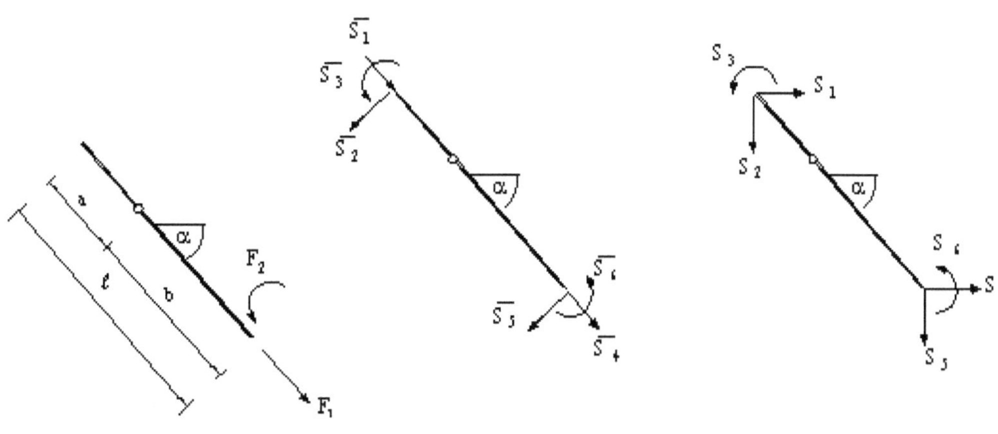

4.- Elemento con rótula de esfuerzo de corte.

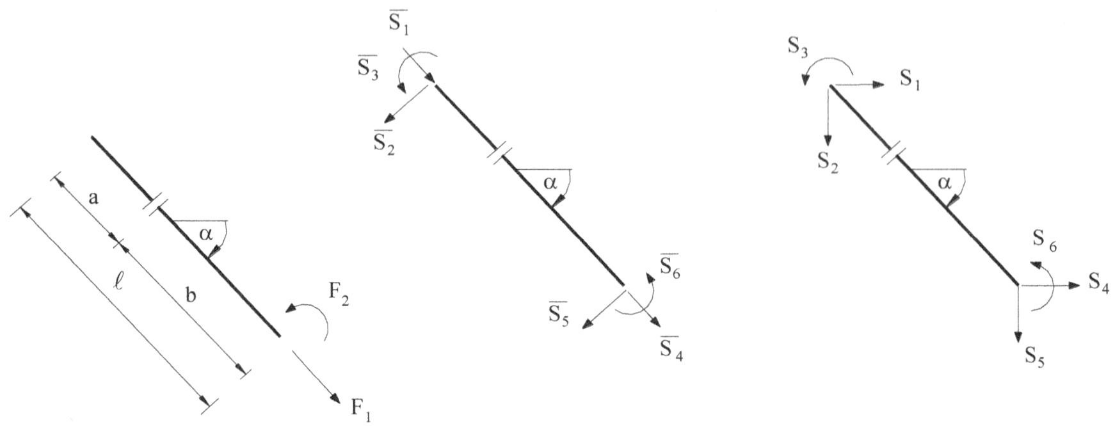

5.- Elemento de viga circular.

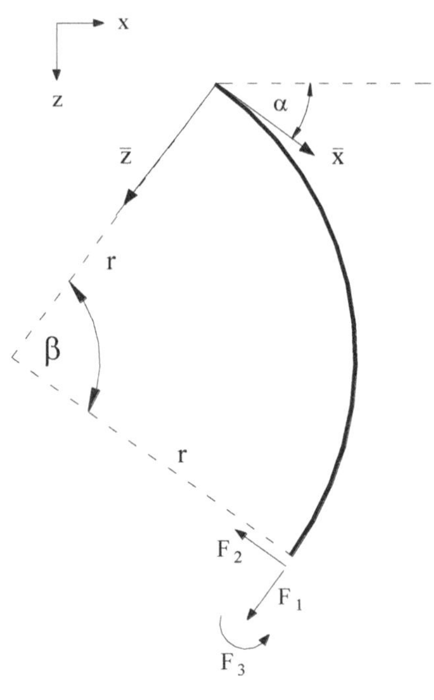

4. EQUILIBRIO DE ESTRUCTURAS

Con la definición de las relaciones de equilibrio de cada tipo de elementos que conforman una estructura, el camino para formular las relaciones de equilibrio de la estructura completa aparecen ya determinados. Primeramente, se considerarán sólo ciertas restricciones en los apoyos de las estructuras. Posteriormente se levantarán dichas restricciones y se podrá considerar cualquier tipo de apoyo y además rótulas internas de cualquier tipo.

4.1. Fundamentos

Un fundamento básico en la derivación de las relaciones de equilibrio es el "**principio de seccionamiento**": **una estructura está en equilibrio si cada una de sus partes, obtenidas mediante seccionamiento arbitrario, están en equilibrio.**

Nos imaginamos la estructura dividida en elementos y nudos. Por el "**principio de acción y reacción**", las fuerzas nodales de los elementos actúan en los nudos con **sentido contrario** (Figura 4.1).

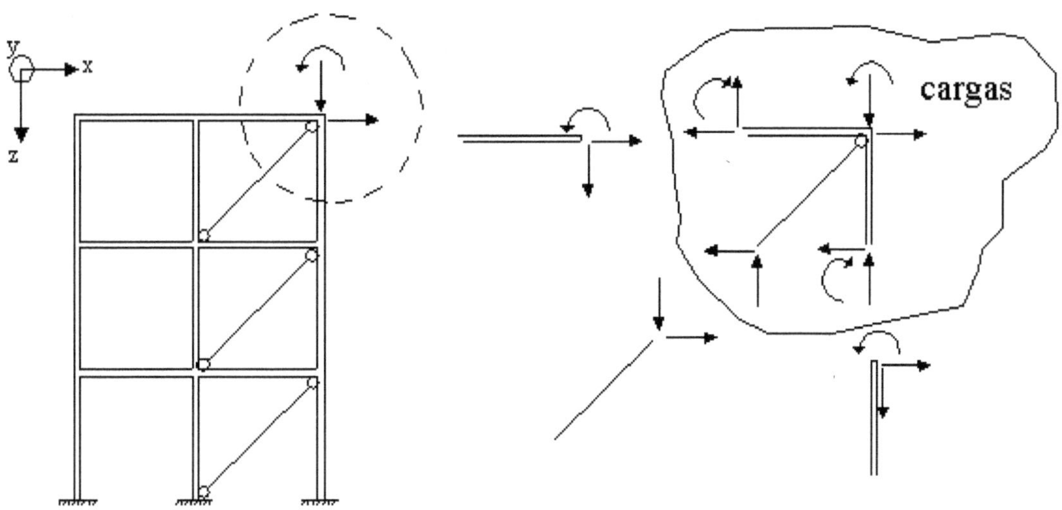

FIGURA 4.1. Principio de acción y reacción entre nudos y elementos

De acuerdo a lo anterior una estructura estará en equilibrio si se cumplen las siguientes condiciones:

a) **Cada elemento**, bajo la acción de sus fuerzas nodales de ambos extremos, está en equilibrio.

b) **Cada nudo**, bajo la acción de las **"fuerzas externas aplicadas"** y de las fuerzas nodales de los elementos que concurren a él, está en equilibrio.

Las "**fuerzas externas aplicadas a los nudos**" podrán ser cargas, cuyos valores deben ser conocidos, o bien "**reacciones**", cuyos valores son desconocidos. Desde el punto de vista del nudo, ambos tipos de fuerzas son similares.

4.2.- Apoyos rígidos sin deslizamientos

En una primera aproximación consideraremos sólo estructuras que estén apoyadas de tal forma que:

a) Su sistema de apoyo impida al movimiento de la estructura como cuerpo rígido.

b) En los nudos que existan apoyos, estén restringidos todos los grados de libertad posibles. Esto significa, por ejemplo, empotramientos en nudos donde concurren elementos de viga o grillas y apoyos fijos no-deslizables en reticulados (Figura 4.2)

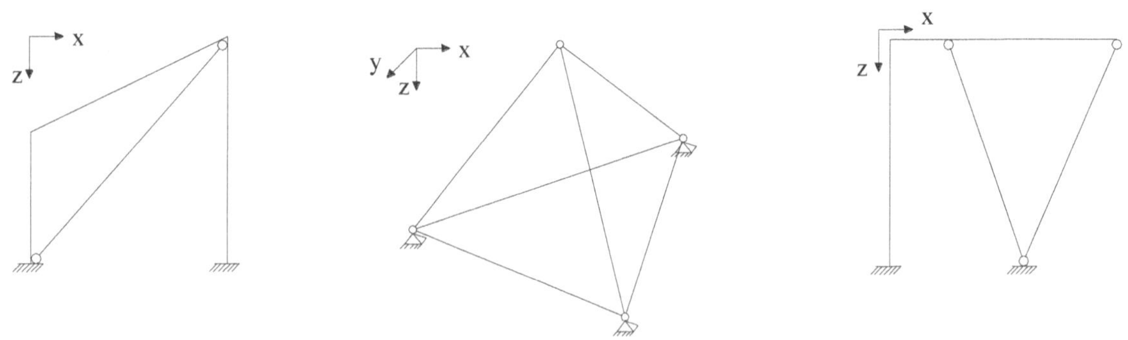

FIGURA 4.2. Apoyos rígidos sin deslizamientos

Como se mencionaba anteriormente, los nudos están sometidos a fuerzas externas. Estas pueden tener un valor conocido (se incluye el valor "**cero**") en cuyo caso hablamos de "**cargas**", o pueden tener un valor desconocido en cuyo caso se trata de "**reacciones**".

De acuerdo a lo anterior clasificamos los nudos en 2 tipos:

- Nudos **internos**, sometidos a "**cargas**".
- Nudos **externos o de borde**, sometidos a "**reacciones**".

Las "**reacciones**" se asumirán como positivas en la dirección de las coordenadas globales de la estructura. En la Figura 4.3 se muestran las reacciones en varios sistemas de apoyos rígidos.

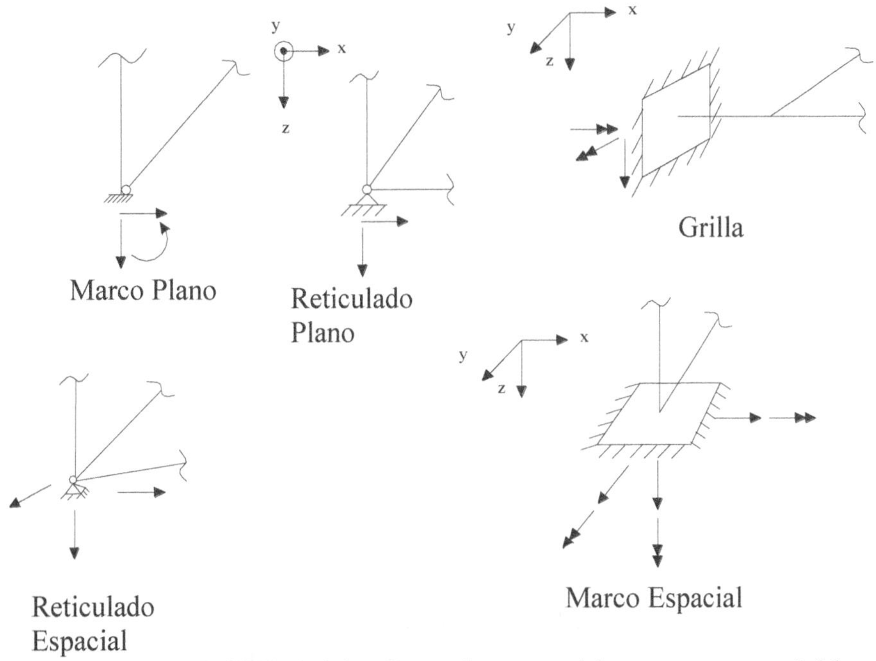

FIGURA 4.3.- Reacciones positivas en apoyos rígidos

Es conveniente recordar el **Principio 4.2**:

"En los puntos de una estructura en que se conocen los desplazamientos, las fuerzas externas asociadas son desconocidas (reacciones). En aquellos puntos en que los desplazamientos son desconocidos, las fuerzas externas asociadas son conocidas (cargas)".

4.3. Equilibrio de estructuras con apoyos rígidos sin deslizamiento

Las condiciones de equilibrio de la estructura completa quedarán determinadas por el equilibrio en todos los nudos de la estructura. Supongamos que la estructura tiene "*nn*" nudos. Entre ellos habrá un número "*nni*" de nudos internos y "*nne*" de nudos externos, de modo que:

$$nn = nni + nne \tag{4.1}$$

Por otra parte, supongamos que ordenamos la numeración de los nudos de tal forma que los primeros nudos sean los internos (*1* a *nni*) y a continuación los nudos externos (*nni* + *1* hasta *nne*).

En cada nudo "*k*" se podrá plantear un número determinado de ecuaciones de equilibrio d_k que dependerá del tipo de elementos que concurren al nudo. Por ejemplo, si a un nudo "*k*" concurre un elemento de viga espacial entonces $d_k = 6$. Si concurre un elemento de viga plana $d_k = 3$. Si sólo concurren elementos de reticulado plano $d_k = 2$.

Debe quedar claro que a los nudos de una estructura pueden concurrir sólo elementos de la misma dimensión. Por ejemplo, en una estructura espacial solo pueden concurrir elementos de viga espacial y reticulado espacial. El número d_k de un nudo corresponde al número de ecuaciones de equilibrio posibles para los elementos concurrentes.

Lo anterior significa que si a un nudo "k" concurren una viga plana y un reticulado plano $d_k = 3$. Si sólo concurren reticulados planos $d_k = 2$.

El número "d_k" corresponderá además al número de **cargas** que se pueden aplicar al nudo "k" si este es nudo **interno**, o bien, será el número de **reacciones** que aparecen en dicho nudo, si es **externo.**

El número total de ecuaciones de equilibrio que se pueden plantear en la estructura completa quedará dado por un número n':

$$n' = \sum_{k=1}^{nn} d_k \qquad (4.2)$$

Si se consideran sólo las ecuaciones de equilibrio de los nudos internos, sin considerar los nudos con reacciones, entonces el número de ecuaciones se reducirá a n:

$$n = \sum_{k=1}^{nni} d_k \qquad (4.3)$$

Las cargas y las reacciones las ordenamos en un vector $\underline{R}'$ siguiendo la numeración de los nudos:

$$\underline{R}' = \begin{bmatrix} R_1 \\ R_2 \\ R_n \\ . \\ . \\ R_{n'} \end{bmatrix} \begin{matrix} \left.\begin{matrix} \\ \\ \\ \end{matrix}\right\} \text{Nudos Internos} \\ \left.\begin{matrix} \\ \\ \\ \end{matrix}\right\} \text{Nudos Externos} \end{matrix} \qquad (4.4)$$

Si sólo consideramos las **cargas** dejando de lado las reacciones, entonces el **vector de cargas** queda:

$$\underline{R} = \begin{bmatrix} R_1 \\ R_2 \\ . \\ . \\ R_n \end{bmatrix}$$

Por otra parte, sea "d'_j" el número de componentes del vector $\underline{S}^{j\,j}$ (o $\overline{S}^{j}$) de cada elemento ⓙ. Este número "d'_j" aparece indicado en la Tabla 3.1, para cada tipo de elemento.

Si existen "*ne*" elementos en la estructura, formamos el vector $\underline{S}$ de la estructura ordenando los vectores $\underline{S}^{j}$ de los elementos desde *1* hasta *ne*:

$$\underline{S} = \begin{bmatrix} \underline{S}^1 \\ \underline{S}^2 \\ \cdot \\ \underline{S}^j \\ \cdot \\ \underline{S}^{ne} \end{bmatrix} = \begin{vmatrix} S_1 \\ S_2 \\ \cdot \\ \cdot \\ \cdot \\ S_{m'} \end{vmatrix} \tag{4.5}$$

en que el número de componentes del vector $\underline{S}$ esta dado por:

$$m' = \sum_{j=1}^{ne} d_j` \tag{4.6}$$

El equilibrio nudo a nudo entre los componentes del vector $\underline{R}'$ y del vector $\underline{S}$ queda ilustrado en la Figura 4.4 en que se muestra el equilibrio de un nudo *k* donde concurren los elementos ⓟ ⓠ y ⓡ.

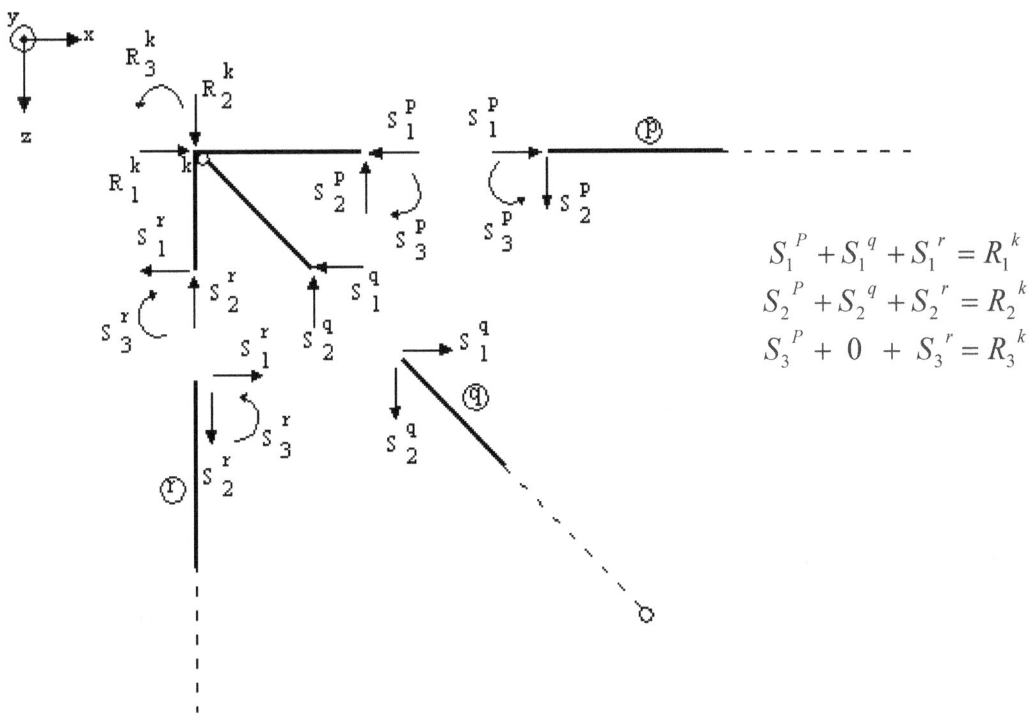

FIGURA 4.4. Equilibrio en un nudo *k*

Si se escriben todas las ecuaciones de equilibrio en todos los nudos k de la estructura, se obtiene una relación matricial.

$$\underline{C}'\,\underline{S} = \underline{R}' \tag{4.7}$$

La matriz $\underline{C}'$ tiene n' filas (igual que $\underline{R}'$) y m' columnas (igual que el número de componentes de $\underline{S}$). Sus elementos son sólo "0" o "1" como se puede observar en el ejemplo mostrado en la Figura 4.4. Esta matriz tipo "**booleana**" (componentes 0 ó 1) se denomina "**matriz de incidencia de la estructura**". Su formación es elemental a partir de la "**tabla de incidencia**" de la estructura indicada en el Capítulo 2.2.

Si en un elemento (j) en la tabla de incidencia aparece el nudo "k" como izquierdo o derecho del elemento, sólo en este caso, la correspondiente componente de $\underline{S}^j$ tendrá el valor 1, en caso contrario el valor 0.

Si sólo consideramos los **nudos internos** de la estructura la relación se reduce a:

$$\underline{C}\,\underline{S} = \underline{R} \tag{4.8}$$

La matriz $\underline{C}$ tiene $\underline{n}$ filas (igual que $\underline{R}$) y $\underline{m}'$ columnas (igual que las componentes de $\underline{S}$). Se denomina "**matriz de incidencia reducida**" de la estructura y es igual que $\underline{C}'$, pero en que se le han eliminado todas las filas correspondientes a los nudos externos (reacciones).

En la Figura 4.5 se muestra esquemáticamente la diferencia entre las matrices $\underline{C}'$ y $\underline{C}$.

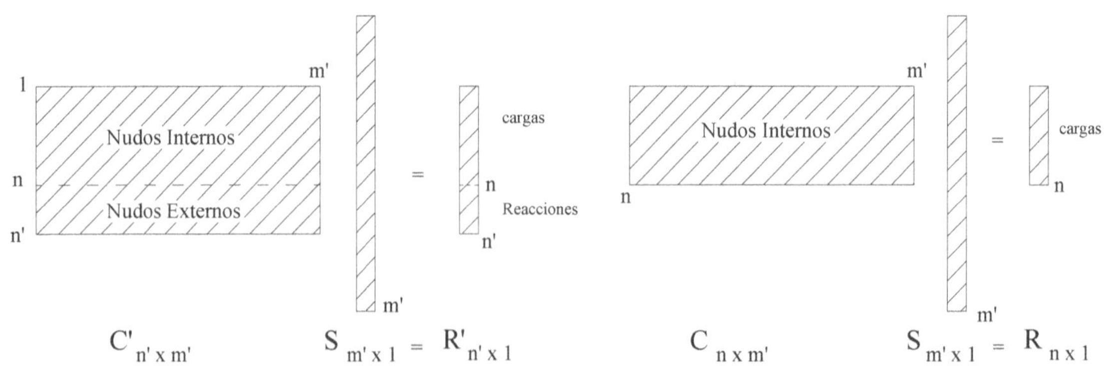

FIGURA 4.5. Matrices $\underline{C}$ y $\underline{C}'$

Sabemos que como dato del problema conocemos el vector de cargas $\underline{R}$ y las incógnitas serían los componentes del vector $\underline{S}$. Sin embargo, sabemos que dentro del vector $\underline{S}^j$ (con los que se forma el vector $\underline{S}$) existen fuerzas linealmente dependientes. Las incógnitas reales son las componentes de $\underline{F}^j$. Por ello formamos el vector de las **fuerzas nodales linealmente independientes de la estructura** $\underline{F}$ **:**

$$\underline{F} = \begin{bmatrix} \underline{F}^1 \\ \underline{F}^2 \\ . \\ . \\ \underline{F}^j \\ . \\ . \\ \underline{F}^{ne} \end{bmatrix} = \begin{bmatrix} F_1 \\ F_2 \\ F_3 \\ . \\ . \\ . \\ . \\ F_m \end{bmatrix} \tag{4.9}$$

En que m es el número de componentes del vector $\underline{F}$. Si "d_j" es el número de componentes del vector $\underline{F}^j$ de cada elemento ⓙ de acuerdo a la tabla 3.1, entonces:

$$m = \sum_{j=1}^{ne} d_j \tag{4.10}$$

Si consideramos que la relación (3.16) se cumple para todos los elementos ⓙ, podemos escribir.

$$\underline{S} = diag\{(\underline{a}^j)^T\}\underline{F} \tag{4.11}$$

En que $diag\{(\underline{a}^j)^T\}$ representa una matriz "**hiperdiagonal**" (ver anexo A), en cuya diagonal se ubican las matrices $(\underline{a}^j)^T$ de los elementos. Si reemplazamos (4.11) en (4.7) obtenemos:

$$\underline{C}'diag\{(\underline{a}^j)^T\}\underline{F} = \underline{R}' \tag{4.12}$$

Si se define:

$$(\underline{a}')^T = \underline{C}'diag\{(\underline{a}^j)^T\} \tag{4.13}$$

Tenemos que:

$$(\underline{a}')^T \underline{F} = \underline{R}' \tag{4.14}$$

La ecuación (4.14) representa la relación de equilibrio de la estructura completa. La matriz $(\underline{a}')^T$ tiene n' filas (igual que el vector $\underline{R}'$) y m columnas (igual al número de componentes de $\underline{F}$). Esta relación es equivalente a (4.7) ($(\underline{a}')^T$ tiene el mismo número de filas que $\underline{C}'$), pero tiene menos incógnitas (la matriz $(\underline{a}')^T$ tiene menos columnas que $\underline{C}'$). La parte derecha de las ecuaciones (4.14) y (4.7) es la misma y contiene las cargas y reacciones de la estructura.

Esto significa que en la ecuación (4.14), las incógnitas están representadas por el vector $\underline{F}$, pero además una parte de $\underline{R}'$ también contiene incógnitas (las reacciones).

Si la ecuación (4.11) la reemplazamos en (4.8) obtenemos:

$$\underline{C}\, diag\{(\underline{a}^{j})^{T}\}\underline{F} = \underline{R} \tag{4.15}$$

Si definimos:

$$\underline{a}^{T} = \underline{C}\, diag\{(\underline{a}^{j})^{T}\} \tag{4.16}$$

Obtenemos la ecuación de equilibrio:

$$\underline{a}^{T}\, \underline{F} = \underline{R} \tag{4.17}$$

Esta ecuación representa la ecuación de equilibrio de la estructura, sin considerar las reacciones. La matriz $\underline{a}^{T}$ la llamaremos "**matriz de equilibrio de la estructura**". Esta matriz tienen n filas (igual que el vector de cargas $\underline{R}$) y m columnas (igual al número de componentes de $\underline{F}$). A diferencia de (4.14), en la ecuación (4.17) las incógnitas están representadas sólo por el vector $\underline{F}$, mientras que $\underline{R}$ es completamente conocido (sólo contiene las cargas de la estructura). En la Figura 4.6 se muestra esquemáticamente la relación (4.17).

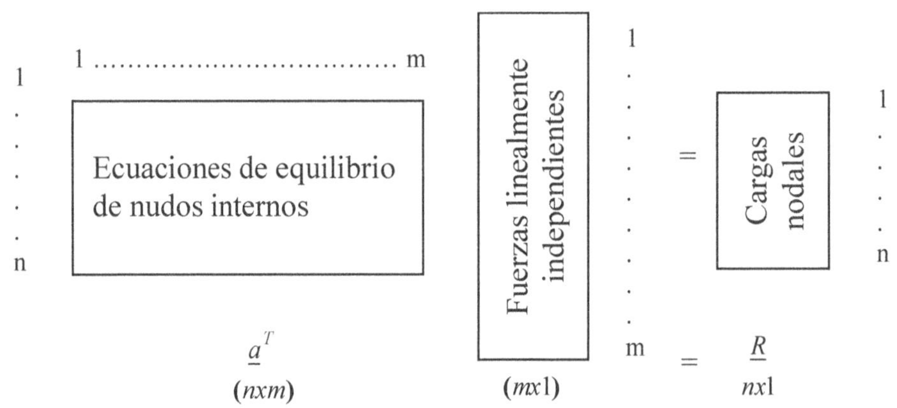

FIGURA 4.6. Ecuaciones de equilibrio de la estructura

En el ejemplo siguiente se muestra la formación de las matrices $\underline{C}'$, $\underline{C}$, $(\underline{a}')^{T}$ y $\underline{a}^{T}$ para un marco plano.

Ejemplo 4.1

Para el marco plano de la Figura 4.7 se pide formar las matrices $\underline{C}'$, $\underline{C}$, $(\underline{a}')^T$, $\underline{a}^T$, $\underline{R}'$ *y* $\underline{R}$

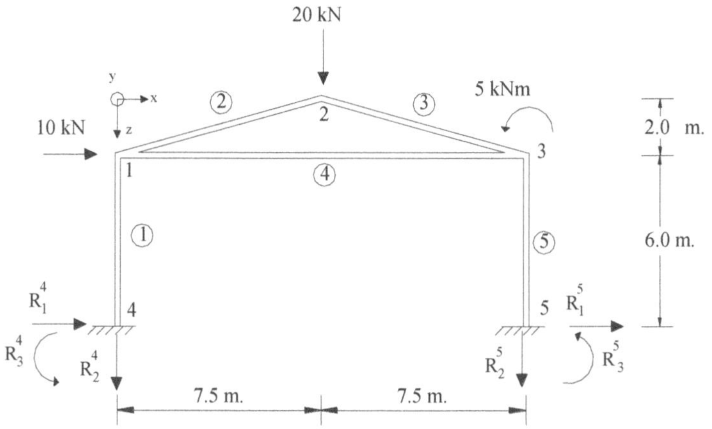

Elemento	Nudo	
	i	*d*
①	*1*	*4*
②	*1*	*2*
③	*2*	*3*
④	*1*	*3*
⑤	*3*	*5*

Nudo	x (m)	z (m)
1	*0*	*2*
2	*7.5*	*0*
3	*15*	*2*
4	*0*	*8*
5	*15*	*8*

FIGURA 4.7. Marco plano

Tabla de coordenadas e incidencia

Las relaciones (4.7) y (4.8) tienen la siguiente forma (los espacios en blanco representan ceros)

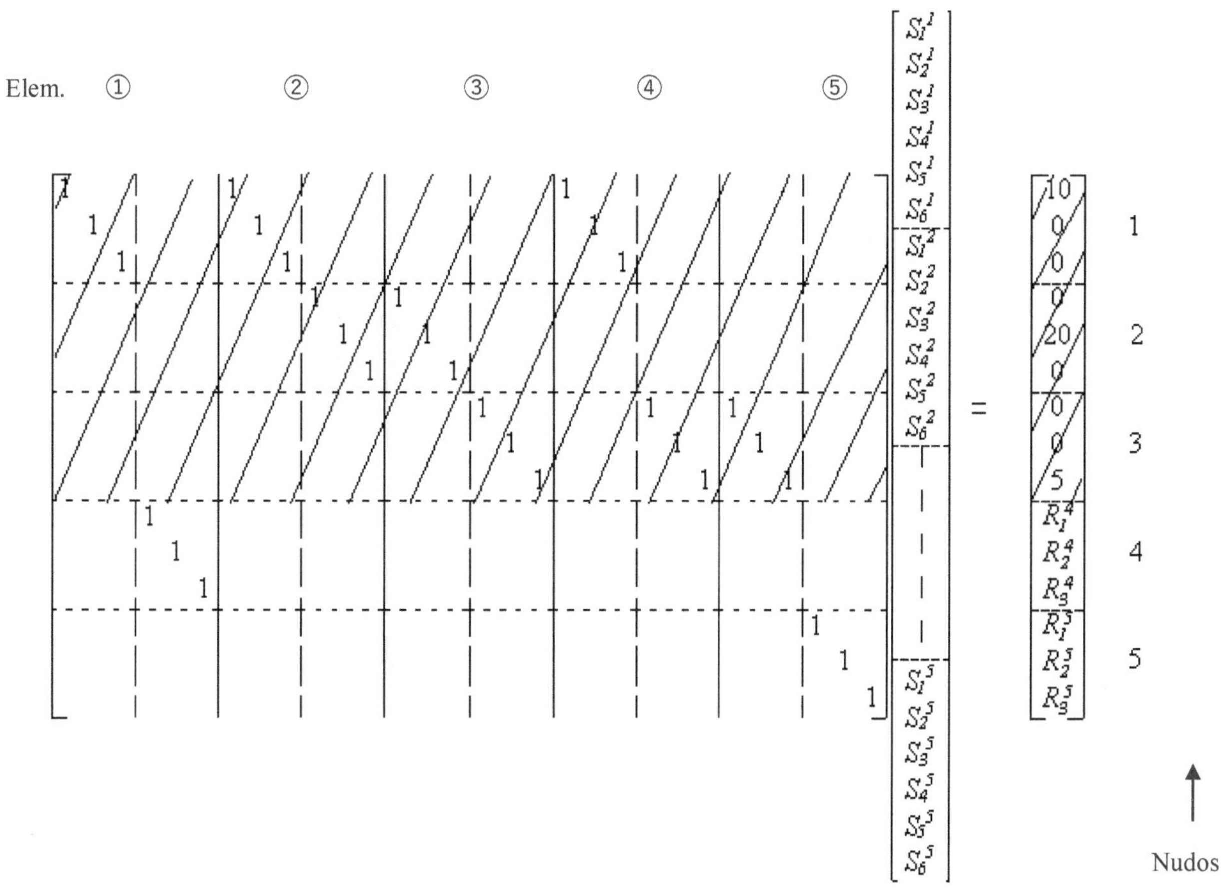

En la matriz $\underline{C}'$ *indicada, lo achurado corresponde a* $\underline{C}$*, lo mismo que en el vector* $\underline{R}'$ *lo achurado corresponde a* $\underline{R}$*. Nótese que la formación de la matriz* $\underline{C}'$ *es elemental a partir de la tabla de incidencia. Por ejemplo, para el elemento ①, los tres "1" a la izquierda aparecen en el nudo 1 (nudo izquierdo) y los tres "1" a la derecha aparecen en el nudo 4 (nudo derecho)*

Las matrices $(\underline{a}^j)^T$ *de los elementos se obtienen del catálogo de elementos del Anexo B. Para todos los elementos se usa elementos de viga plana tipo (b).*

Previo a la formación de las matrices $(\underline{a}^j)^T$ *es conveniente extender la tabla de incidencia para indicar para indicar* ℓ*,* $\cos\alpha$ *y* $\operatorname{sen}\alpha$ *de cada elemento.*

Elemento	*Nudo*		l_j	$\cos\alpha$	$\operatorname{sen}\alpha$
	i	***d***			
①	***1***	***4***	***6***	***0***	***1***
②	***1***	***2***	***7.76***	***0.966***	***-0.258***
③	***2***	***3***	***7.76***	***0.966***	***0.258***
④	***1***	***3***	***15***	***1***	***0***
⑤	***3***	***5***	***6***	***0***	***1***

En que $\ell_j = \sqrt{(x_d - x_i)^2 + (z_d - z_i)^2}$ $\qquad \cos\alpha = (x_d - x_i)/\ell_j \qquad \operatorname{sen}\alpha = (z_d - z_i)/\ell_j$

Con estos valores se obtienen las siguientes matrices:

$$(\underline{a}^1)^T = (\underline{a}^5)^T = \begin{bmatrix} 0 & 1 & 0 \\ -1 & 0 & 0 \\ 0 & 6 & -1 \\ \hline 0 & -1 & 0 \\ 1 & 0 & 0 \\ 0 & 0 & 1 \end{bmatrix} \qquad (\underline{a}^2)^T = \begin{bmatrix} -0.966 & -0.258 & 0 \\ 0.258 & -0.966 & 0 \\ 0 & 7.76 & -1 \\ \hline 0.966 & 0.258 & 0 \\ -0.258 & 0.966 & 0 \\ 0 & 0 & 1 \end{bmatrix}$$

$$(\underline{a}^3)^T = \begin{bmatrix} -0.966 & 0.258 & 0 \\ -0.258 & -0.966 & 0 \\ 0 & 7.76 & -1 \\ \hline 0.966 & -0.258 & 0 \\ 0.258 & 0.966 & 0 \\ 0 & 0 & 1 \end{bmatrix} \qquad (\underline{a}^4)^T = \begin{bmatrix} -1 & 0 & 0 \\ 0 & -1 & 0 \\ 0 & 15 & -1 \\ \hline 1 & 0 & 0 \\ 0 & 1 & 0 \\ 0 & 0 & 1 \end{bmatrix}$$

La matriz hiperdiagonal diag $\{(\underline{a}^j)^T\}$ *queda:*

$$
diag\_\left\{\left(\underline{a}^j\right)^T\right\} = \left[\begin{array}{c|c|c|c|c}
\begin{matrix} 0 & 1 & 0 \\ -1 & 0 & 0 \\ 0 & 6 & -1 \\ 0 & -1 & 0 \\ 1 & 0 & 0 \\ 0 & 0 & 1 \end{matrix} & \underline{0} & \underline{0} & \underline{0} & \underline{0} \\
\hline
\underline{0} & \begin{matrix} -0.966 & -0.258 & 0 \\ 0.258 & -0.966 & 0 \\ 0 & 7.76 & -1 \\ 0.966 & 0.258 & 0 \\ -0.258 & 0.966 & 0 \\ 0 & 0 & 1 \end{matrix} & \underline{0} & \underline{0} & \underline{0} \\
\hline
\underline{0} & \underline{0} & \begin{matrix} -0.966 & 0.258 & 0 \\ -0.258 & -0.966 & 0 \\ 0 & 7.76 & -1 \\ 0.966 & -0.258 & 0 \\ 0.258 & 0.966 & 0 \\ 0 & 0 & 1 \end{matrix} & \underline{0} & \underline{0} \\
\hline
\underline{0} & \underline{0} & \underline{0} & \begin{matrix} -1 & 0 & 0 \\ 0 & -1 & 0 \\ 0 & 15 & -1 \\ 1 & 0 & 0 \\ 0 & 1 & 0 \\ 0 & 0 & 1 \end{matrix} & \underline{0} \\
\hline
\underline{0} & \underline{0} & \underline{0} & \underline{0} & \begin{matrix} 0 & 1 & 0 \\ -1 & 0 & 0 \\ 0 & 6 & -1 \\ 0 & -1 & 0 \\ 1 & 0 & 0 \\ 0 & 0 & 1 \end{matrix}
\end{array}\right]
$$

Los símbolos $\underline{0}$ *indican submatrices cuyos elementos son todos ceros.*

El vector $\underline{R}'$ *se forma con las cargas y las reacciones indicadas. La matriz* $(\underline{a}')^T$ *se obtiene realizando el producto indicado en (4.13). La relación (4.14) queda:*

$$
\left[\begin{array}{ccc|ccc|ccc|ccc|ccc}
0 & -1 & 0 & -0.966 & -0.258 & 0 & & & & -1 & 0 & 0 & & & \\
-1 & 0 & 0 & 0.258 & -0.966 & 0 & & \underline{0} & & 0 & -1 & 0 & & \underline{0} & \\
0 & 6 & -1 & 0 & 7.76 & -1 & & & & 0 & 15 & -1 & & & \\
\hline
 & & & 0.966 & 0.258 & 0 & -0.966 & 0.258 & 0 & & & & & & \\
 & \underline{0} & & -0.258 & 0.966 & 0 & -0.258 & 0.966 & 0 & & \underline{0} & & & \underline{0} & \\
 & & & 0 & 0 & -1 & 0 & 7.76 & -1 & & & & & & \\
\hline
 & & & & & & 0.966 & -0.258 & 0 & 1 & 0 & 0 & 0 & 1 & 0 \\
 & \underline{0} & & & \underline{0} & & 0.258 & 0.966 & 0 & 0 & 1 & 0 & -1 & 0 & 0 \\
 & & & & & & 0 & 7.76 & 1 & 0 & 0 & 1 & 0 & 6 & -1 \\
\hline
0 & -1 & 0 & & & & & & & & & & & & \\
1 & 0 & 0 & & \underline{0} & & & \underline{0} & & & \underline{0} & & & \underline{0} & \\
0 & 0 & 1 & & & & & & & & & & & & \\
\hline
 & & & & & & & & & & & & 0 & -1 & 0 \\
 & \underline{0} & & & \underline{0} & & & \underline{0} & & & \underline{0} & & 1 & 0 & 0 \\
 & & & & & & & & & & & & 0 & 0 & 1
\end{array}\right]
\left[\begin{array}{c}
F_1^1 \\ F_2^1 \\ F_3^1 \\ \hline F_1^2 \\ F_2^2 \\ F_3^2 \\ \hline F_1^3 \\ F_2^3 \\ F_3^3 \\ \hline F_1^4 \\ F_2^4 \\ F_3^4 \\ \hline F_1^5 \\ F_2^5 \\ F_3^5
\end{array}\right]
=
\left[\begin{array}{c}
10 \\ 0 \\ 0 \\ \hline 0 \\ 20 \\ 0 \\ \hline 0 \\ 0 \\ 5 \\ \hline R_1^4 \\ R_2^4 \\ R_3^4 \\ \hline R_1^5 \\ R_2^5 \\ R_3^5
\end{array}\right]
\begin{array}{c}
\\ 1 \\ \\ \\ 2 \\ \\ \\ 3 \\ \\ \\ 4 \\ \\ \\ 5 \\ \uparrow
\end{array}
$$

Nudos

Elem. ① ② ③ ④ ⑤

$$(\underline{a}')^T \qquad\qquad \underline{F} = \underline{R}'$$

Análogamente al caso de la matriz $\underline{C}'$, la parte achurada de la matriz $(\underline{a}')^T$ corresponde a la matriz $\underline{a}^T$. De la misma manera, la parte achurada de $\underline{R}'$ corresponde al vector de cargas $\underline{R}$.

Se observa que la formación de las matrices $(\underline{a}')^T$ y $\underline{a}^T$ se puede realizar directamente con las matrices $(\underline{a}^j)^T$ de los elementos y la tabla de incidencia. En efecto, tomando como ejemplo el elemento 1, este tiene como nudo izquierdo 1 y nudo derecho 4. Ello implica que la parte superior de la matriz $(\underline{a}^1)^T$ va al nudo 1 y la parte inferior de $(\underline{a}^1)^T$ va al nudo 4. Lo mismo sucede con todos los elementos. Por lo tanto, no es necesario formar las matrices $\underline{C}$ ni $\underline{C}'$, como tampoco la matriz diag $\{(\underline{a}^j)^T\}$.

En la práctica es más conveniente utilizar la relación de equilibrio (4.17) en lugar de la (4.14). Esto debido a que la matriz $\underline{a}^T$ es de menor dimensión que la $(\underline{a}')^T$ y que en el vector $\underline{R}'$ aparecen tanto cargas como reacciones. Normalmente podemos asumir que formalmente formaremos siempre primero la matriz $(\underline{a}')^T$ y el vector $\underline{R}'$, pero que inmediatamente **eliminamos todas las filas correspondientes a las reacciones**, obteniendo las matrices $\underline{a}^T$ y el vector $\underline{R}$. Las ecuaciones eliminadas podrán servir en una etapa posterior, cuando se haya calculado el vector $\underline{F}$, para **calcular las reacciones de la estructura.**

4.4. Apoyos Deslizables

El caso más general de apoyos es el de aquellos que permiten ciertos giros o desplazamientos. Recordando el **Principio 4.2**, al permitirse dichos giros o desplazamientos las correspondientes fuerzas asociadas dejan de ser **desconocidas** (reacciones) y pasan a ser **conocidas** (cargas). En la Figura 4.8 se muestran algunas posibilidades de apoyos deslizables en el plano.

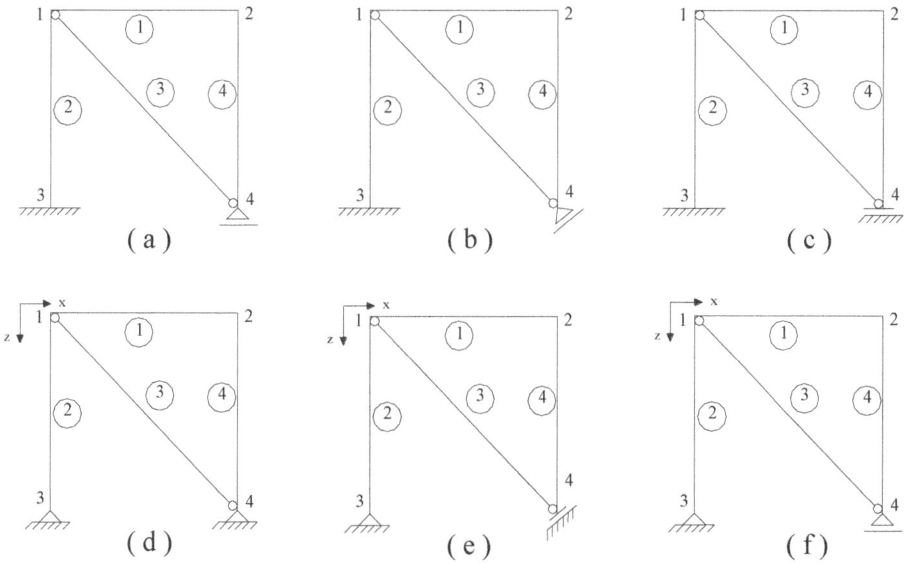

FIGURA 4.8. Apoyos deslizables en el plano

El caso más sencillo de apoyo deslizable es aquel en que los desplazamientos o giros permitidos tienen la dirección de las coordenadas globales, como sucede en los sistemas de apoyo (a), (c), (d) y (f) de la Figura 4.8.

En dicho caso la formación de la matriz $\underline{a}^T$ y el vector de cargas $\underline{R}$ es muy sencilla a partir de la matriz $(\underline{a}')^T$ y el vector $\underline{R}'$ específicamente. Una vez formada la matriz $(\underline{a}')^T$ se deben eliminar las filas que corresponden a los nudos con apoyos rígidos y además las filas de los nudos con apoyos deslizables que corresponden a las **reacciones** dejando las filas que corresponden a los desplazamientos posibles. En el vector $\underline{R}'$ se hace lo mismo eliminando las reacciones, apareciendo como cargas posibles (conocidas) las fuerzas asociadas a los desplazamientos libres en los apoyos.

Así, por ejemplo, para obtener la matriz $\underline{a}^T$ en el ejemplo de la Figura 4.8, caso (a), se deben eliminar de la matriz $(\underline{a}')^T$ todas las filas que corresponden al nudo 3 y en el nudo 4 sólo la fila que corresponde a la reacción vertical en ese nudo. En el caso (c), en el nudo 3 se hace lo mismo que en el caso (a), pero en el nudo 4 se deben eliminar las filas correspondientes a la reacción vertical y al momento de empotramiento. En el caso (d), se deben eliminar en los nudos 3 y 4, las filas correspondientes a las reacciones horizontales y verticales. En el caso (f) en el nudo 3 se eliminan las filas correspondientes a las reacciones horizontal y vertical, pero en el nudo 4 solo la fila correspondiente a la reacción vertical.

En los casos en que la dirección de los desplazamientos o giros permitidos no coincide con las coordenadas globales, se deben realizar transformaciones en las filas de la matriz $(\underline{a}')^T$ para obtener la matriz $\underline{a}^T$.

En la Figura 4.9 se muestra el apoyo del nudo 4 del marco plano de la Figura 4.8, caso (b).

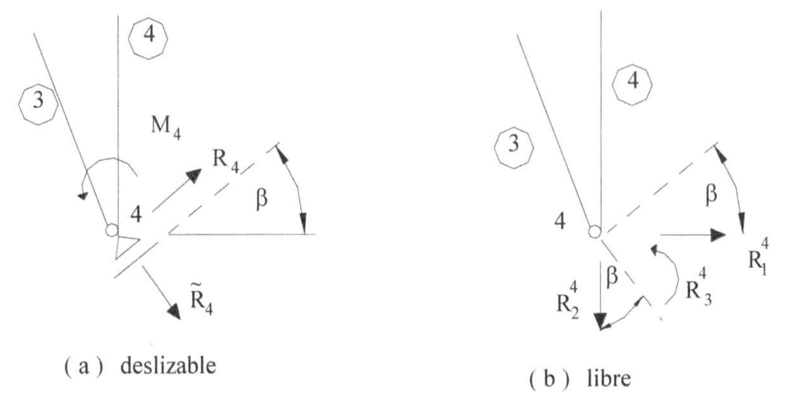

FIGURA 4.9. Apoyo deslizable inclinado

Aparece claro que en el caso del apoyo deslizable mostrado en la Figura 4.9 (a), la única reacción posible es $\widetilde{R}_4$, mientras que R_4 y M_4 son cargas conocidas (pueden ser cero). En la Figura 4.9 (b) se muestran las cargas si el nudo estuviera libre. Se debe recordar que la matriz $(\underline{a}')^T$ contiene las filas correspondientes a esas cargas.

Si comparamos las fuerzas de (a) y (b) de la Figura 4.9 observamos que:

$$R_4 = R_1^4 \cdot \cos\beta - R_2^4 \cdot sen\beta \qquad \text{(i)}$$

$$\widetilde{R}_4 = R_1^4 \cdot sen\beta + R_2^4 \cdot \cos\beta \qquad \text{(ii)} \qquad (4.18)$$

$$M_4 = R_3^4 \qquad \text{(iii)}$$

Las 3 ecuaciones anteriores representan las condiciones de equilibrio en el nudo 4 inclinado en un ángulo β, respecto al eje x.

Las cargas R_1^4, R_2^4, R_3^4 representan a su vez cada una, una determinada fila de la matriz $(\underline{a}')^T$. Por lo tanto, para obtener las respectivas filas de la matriz $\underline{a}^T$ se deberá proceder a lo indicado en (4.18), que se debe interpretar como sigue:

La fila de $(\underline{a}')^T$ correspondiente a R_1^4 se debe multiplicar por cosβ y se le debe restar la fila correspondiente a R_2^4 multiplicada por senβ. A esta nueva fila de la matriz $\underline{a}^T$ le corresponde como carga la fuerza R_4 (conocida). La fila correspondiente a R_3^4 permanece idéntica y como carga le corresponde M_4 (conocido).

Si multiplicamos la fila de $(\underline{a}')^T$ correspondiente a R_1^4 por senβ y le sumamos la fila correspondiente a R_2^4 por cosβ, tendríamos una ecuación que serviría para calcular la reacción $\widetilde{R}_4$. Esta no aparece en la matriz $\underline{a}^T$.

En la Figura 4.10 se muestra el apoyo del nudo 4 del marco plano de la Figura 4.8 (e).

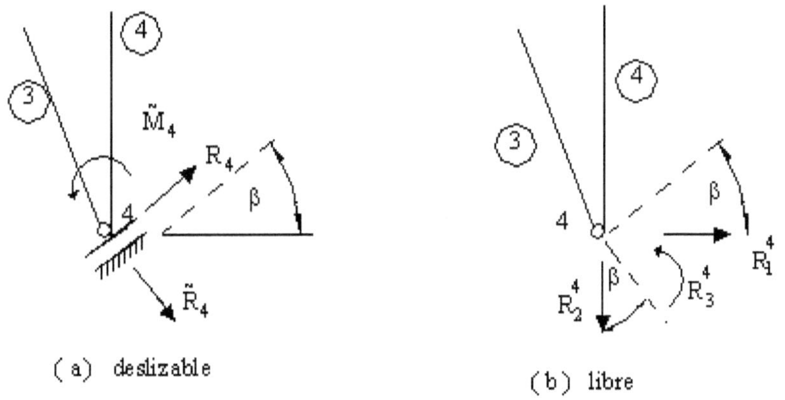

FIGURA 4.10. Apoyo empotrado inclinado

En este caso las reacciones que aparecen en el nudo 4 son $\widetilde{R}_4$ y $\widetilde{M}_4$, mientras que R_4 es una fuerza (carga) conocida. Las relaciones son similares al caso anterior, con la diferencia que $\widetilde{M}_4$ es una reacción (desconocida):

$$R_4 = R_1^4 \cdot \cos\beta - R_2^4 \cdot sen\beta \qquad \text{(i)}$$

$$\widetilde{R}_4 = R_1^4 \cdot sen\beta + R_2^4 \cdot \cos\beta \qquad \text{(ii)} \qquad (4.19)$$

$$\widetilde{M}_4 = R_3^4 \qquad \text{(iii)}$$

Por lo tanto se deben hacer las mismas operaciones que en el caso anterior, con la diferencia que la fila correspondiente a R_3^4 se debe eliminar, pues la fuerza correspondiente es una reacción ($\widetilde{M}_4$). Las ecuaciones (ii) e (iii) no aparecen en $\underline{a}^T$ y pueden ser utilizadas una vez terminado el cálculo de la estructura para obtener el valor de las reacciones $\widetilde{R}_4$ y $\widetilde{M}_4$.

Más adelante, en el ejemplo 4.4, se muestra la obtención de la matriz $\underline{a}^T$ y vector $\underline{R}$ para un problema concreto con apoyo inclinado.

4.5. Rótulas Internas

Como se mencionaba en el Capítulo 2.1 (Figura 2.2), por razones constructivas o de servicio de las estructuras, se diseñan a veces uniones que no pueden transmitir ciertos esfuerzos a través de ellas. Estas uniones especiales se conocen como **rótulas**, aquí las llamaremos **rótulas internas** para diferenciarlas de las condiciones de borde especiales en los apoyos que se trataron en el capítulo anterior. Las rótulas internas más usuales son las de momento, esto es, a través de dicha unión no se puede transmitir **momento**, pero ellas pueden ampliarse a cualquier otro esfuerzo interno como se muestra en la Figura 2.2.

En general podemos decir que una **rótula interna** es cualquier **condición de equilibrio interno adicional** entre las fuerzas nodales de los elementos que concurren a un nudo. La palabra **adicional** se refiere a que en el **nudo sin rótula interna** ya existen ecuaciones de equilibrio entre las fuerzas nodales de los elementos y las cargas aplicadas en el nudo. Podemos imaginar que primeramente formamos la matriz de equilibrio $\underline{a}^T$ **sin considerar las rótulas internas.** Cada condición de rótula representa **una ecuación de equilibrio adicional en la estructura.**

Existen innumerables posibilidades de rótulas internas. En la Figura 4.11, se muestran sólo 2:

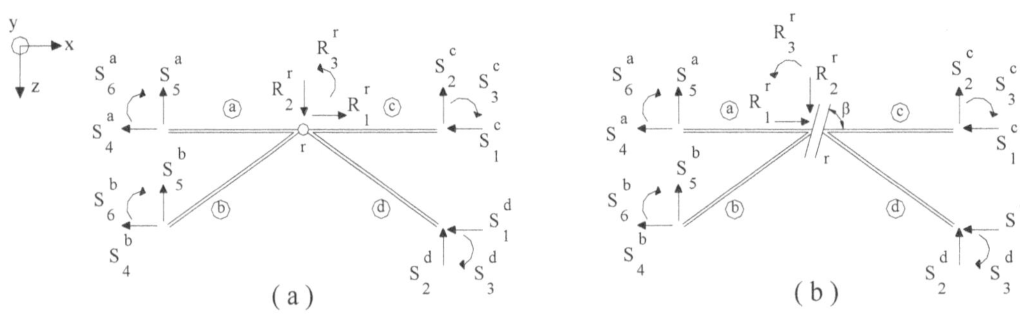

FIGURA 4.11. Rótulas internas en un nudo r

Dentro de las infinitas combinaciones posibles de rótulas internas, en la Figura 4.11 se muestran 2 casos en un nudo r al que concurren 4 barras ⓐ,ⓑ,ⓒ,ⓓ. En dicho nudo existen cargas aplicadas (conocidas) $R_1^r, R_2^r \; y \; R_3^r$ independientes de la condición de rótula. Se verá que la condición de rótula impondrá a dichas cargas ciertas condiciones que deben ser previamente conocidas.

Independiente de la condición de rótula, en el nudo r deben existir las 3 condiciones de equilibrio:

$$S_4^a + S_4^b + S_1^c + S_1^d = \mathrm{R}_1^{\mathrm{r}} \qquad \text{(i)}$$

$$S_5^a + S_5^b + S_2^c + S_2^d = \mathrm{R}_2^{\mathrm{r}} \qquad \text{(ii)}$$

$$S_6^a + S_6^b + S_3^c + S_3^d = \mathrm{R}_3^{\mathrm{r}} \qquad \text{(iii)}$$

Estas 3 condiciones de equilibrio deben estar incorporadas en la matriz $\underline{a}^T$ en forma previa a la consideración de la condición de rótula del nudo r.

La condición de rótula del nudo r para el caso de la rótula de la Figura 4.11 (a) indica que dicha rótula **no puede transmitir momento**, por lo que el momento externo (carga) aplicado en dicho nudo debe estar aplicado de una forma conocida en dicho nudo. Debe saberse, en el caso más general, que parte del momento R_3^r esta aplicado en la parte izquierda y que parte está aplicado en la parte derecha. Esto es:

$$R_3^r = R_3^{ri} + R_3^{rd}$$

Como R_3^r es conocido, sólo debe conocerse R_3^{ri} o bien R_3^{rd}, la otra se obtiene de la diferencia.

La condición adicional, de rótula del nudo r para el caso (a) será entonces:

$$S_6^a + S_6^b = R_3^{ri} \qquad \text{(iv)}$$

O bien:

$$S_3^c + S_3^d = R_3^{rd} \qquad \text{(v)}$$

Debe quedar absolutamente claro que las condiciones (iv) y (v) son 2 **alternativas excluyentes**, esto es, **sólo una de ellas** se puede incluir como condición de rótula del nudo r, ya que se observa que si se combina cualquiera de ellas con la condición (iii) se obtiene la otra alternativa. De las 3 ecuaciones (iii), (iv) y (v) existen sólo 2 linealmente independientes. Como la ecuación (iii) ya está incorporada en la matriz $\underline{a}^T$, sólo se puede incorporar (iv) ó (v) como condición adicional de equilibrio.

Para incorporar la condición adicional de equilibrio (iv) ó (v) en la matriz $\underline{a}^T$ es necesario previamente expresar las fuerzas nodales S^j en función de las fuerzas nodales linealmente independientes F^j. Ello se hace utilizando las respectivas matrices $(\underline{a}^j)^T$ de los elementos.

Para el caso de la condición de rótula del nudo r de la Figura 4.11 (b), se observa que dicha rótula **no puede transmitir un esfuerzo interno en la dirección del ángulo β** indicado. Ello significa una condición determinada (conocida) para las cargas R_1^r y R_2^r. Ellas deben estar aplicadas a la izquierda o a la derecha del nudo r, y en el caso más general, una parte en el lado izquierdo y la otra parte en el lado derecho. Esto es:

$$R_1^r = R_1^{ri} + R_1^{rd}$$

$$R_2^r = R_2^{ri} + R_2^{rd}$$

Como R_1^r y R_2^r son conocidas, sólo debe conocerse adicionalmente R_1^{ri} y R_2^{ri}, o bien, R_1^{rd} y R_2^{rd}.

Supongamos que conocemos R_1^{ri} y R_2^{ri}, en ese caso podemos obtener la carga resultante de ambas cargas (conocidas) en la dirección β (Fig. 4.12).

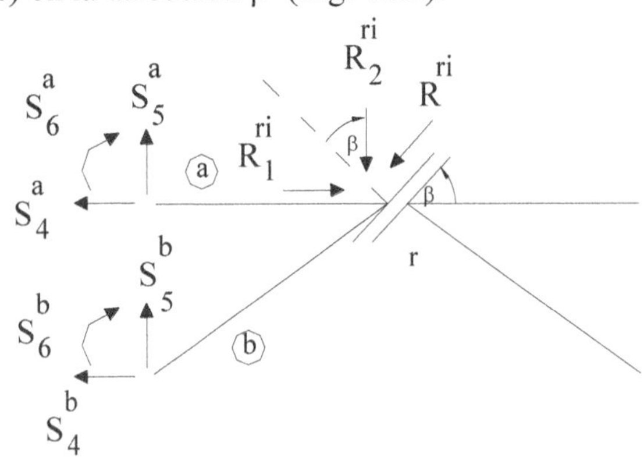

FIGURA 4.12. Rótula interna en el nudo r al lado izquierdo

$$R^{ri} = -R_1^{ri}\cos\beta + R_2^{ri} sen\beta$$

Se debe plantear entonces la ecuación de equilibrio adicional entre las fuerzas nodales S^j de los elementos a la izquierda del nudo *r* y la carga R^{ri}. Dicha ecuación queda:

$$-(S_4^a + S_4^b)\cos\beta + (S_5^a + S_5^b) sen\beta = R^{ri} \qquad \text{(iv)}$$

Esta es la **ecuación adicional** que debe ser incluida, una vez reemplazadas las fuerzas $\underline{S}^j$ por las fuerzas linealmente independientes $\underline{F}^j$ mediante las matrices $(\underline{a}^j)^T$ correspondientes, en la matriz $\underline{a}^T$.

Análogamente se puede hacer lo mismo si se conocen las fuerzas R_1^{rd} y R_2^{rd}. También sería posible que se **conocieran directamente** las cargas R^{rd} y R^{rd} a la izquierda y derecha de la rótula en la dirección β (Fig. 4.13).

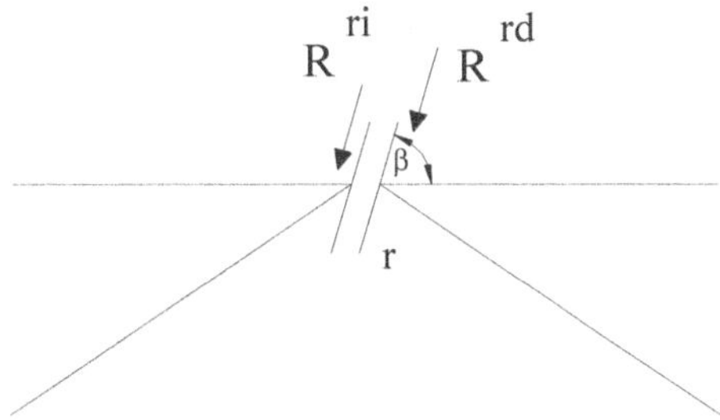

FIGURA 4.13.- Cargas en rótula de corte

En dicho caso, la ecuación (iv) se mantiene, pero los valores R_1^r y R_2^r que se necesitan en (i) y (ii) serían:

$$R_1^r = -(R^{ri} + R^{rd})\cos\beta$$

$$R_2^r = (R^{ri} + R^{rd}) sen\beta$$

Más adelante en el Ejemplo 4.2, se muestra la formación de la matriz $\underline{a}^T$ y el vector $\underline{R}$ para una estructura con **apoyo inclinado** y **rótula interna**.

Como se mencionaba en el Capítulo 3.3, un caso especial de **rótula interna** se produce en el caso de que al nudo con rótula concurran sólo **dos elementos con el mismo eje axial** y **no exista carga aplicada en la rótula** (ver Figura 4.14). En dicho caso ambos elementos pueden ser transformados en un solo elemento donde se incorpora la condición de rótula, por lo que el número de fuerzas linealmente dependientes disminuye.

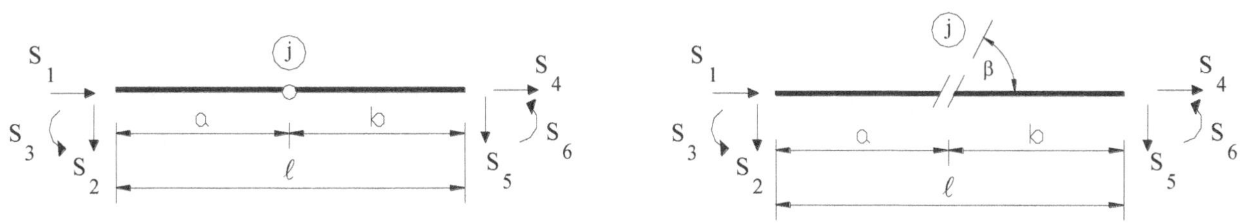

FIGURA 4.14. Elementos con rótula interna

4.6. Matriz de equilibrio de una estructura cualquiera

Con lo visto en los capítulos anteriores, es posible formar las ecuaciones de equilibrio de todo tipo de estructuras de barras, cualquiera que sean sus sistemas de apoyo o sus rótulas internas. En la Figura 4.15 se muestra en forma esquemática la formación de la matriz $\underline{a}^T$ con condiciones de borde de apoyos y rótulas internas.

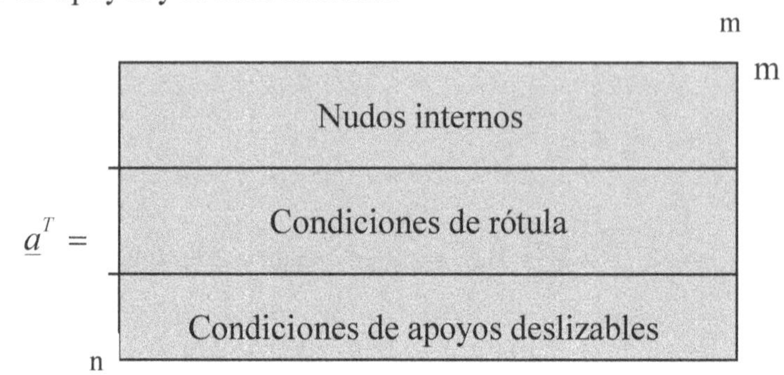

FIGURA 4.15. Matriz $\underline{a}^T$ de una estructura cualquiera

El orden que se había supuesto anteriormente de numerar los nudos de apoyo en último lugar ya no es necesario y lo indicado en la Fig. 4.15 es sólo esquemático.

A continuación se muestran algunos ejemplos de formación de la matriz $\underline{a}^T$ y el correspondiente vector de cargas $\underline{R}$.

Ejemplo 4.2

Formación de la matriz de equilibrio $\underline{a}^T$ y vector de cargas de la estructura indicada.

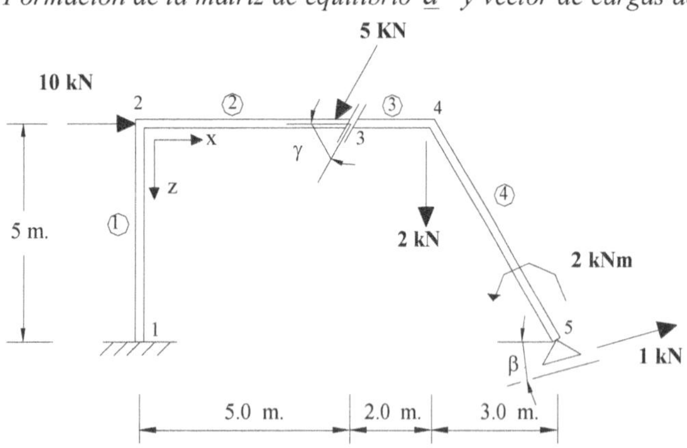

$\beta = 15^{\circ}$ $\quad$ $\gamma = 60^{\circ}$

sen $\beta = 0.259$ $\quad$ $sen\gamma = 0.866$

cos $\beta = 0.966$ $\quad$ $\cos\gamma = 0.500$

FIGURA 4.16. Marco plano con apoyo inclinado y rótula interna

Nudo	*x (m)*	*z (m)*
1	*0*	*5*
2	*0*	*0*
3	*5*	*0*
4	*7*	*0*
5	*10*	*5*

Elemento	*Nudo*		l_j	*cosα*	*senα*
	i	***d***			
①	*1*	*2*	*5*	*0*	*-1*
②	*2*	*3*	*5*	*1*	*0*
③	*3*	*4*	*2*	*1*	*0*
④	*4*	*5*	*5.831*	*0.514*	*0.857*

Del catálogo de elementos del Anexo B y eligiendo elementos de viga plana tipo (b), tenemos que:

$$(\underline{a}^1)^T = \left[\begin{array}{ccc} 0 & -1 & 0 \\ 1 & 0 & 0 \\ 0 & 5 & -1 \\ \hline 0 & 1 & 0 \\ -1 & 0 & 0 \\ 0 & 0 & 1 \end{array}\right] \qquad (\underline{a}^2)^T = \left[\begin{array}{ccc} -1 & 0 & 0 \\ 0 & -1 & 0 \\ 0 & 5 & -1 \\ \hline 1 & 0 & 0 \\ 0 & 1 & 0 \\ 0 & 0 & 1 \end{array}\right] \qquad (\underline{a}^3)^T = \left[\begin{array}{ccc} -1 & 0 & 0 \\ 0 & -1 & 0 \\ 0 & 2 & -1 \\ \hline 1 & 0 & 0 \\ 0 & 1 & 0 \\ 0 & 0 & 1 \end{array}\right]$$

$$(\underline{a}^4)^T = \left[\begin{array}{ccc} -0.514 & 0.857 & 0 \\ -0.857 & -0.514 & 0 \\ 0 & 5.831 & -1 \\ \hline 0.514 & -0.857 & 0 \\ 0.857 & 0.514 & 0 \\ 0 & 0 & 1 \end{array}\right]$$

La matriz $(\underline{a}')^T$ *que se obtiene es:*

Elem → ① ② ③ ④

Nudos ↓ 1 2 3 4 5

$$(\underline{a}')^T = \left[\begin{array}{ccc|ccc|ccc|ccc}
0 & -1 & 0 & & & & & & & & & \\
1 & 0 & 0 & & \underline{0} & & & \underline{0} & & & \underline{0} & \\
0 & 5 & -1 & & & & & & & & & \\ \hline
0 & 1 & 0 & -1 & 0 & 0 & & & & & & \\
-1 & 0 & 0 & 0 & -1 & 0 & & \underline{0} & & & \underline{0} & \\
0 & 0 & 1 & 0 & 5 & -1 & & & & & & \\ \hline
& & & 1 & 0 & 0 & -1 & 0 & 0 & & & \\
& \underline{0} & & 0 & 1 & 0 & 0 & -1 & 0 & & \underline{0} & \\
& & & 0 & 0 & 1 & 0 & 2 & -1 & & & \\ \hline
& & & & & & 1 & 0 & 0 & -0.514 & 0.857 & 0 \\
& \underline{0} & & & \underline{0} & & 0 & 1 & 0 & -0.857 & -0.514 & 0 \\
& & & & & & 0 & 0 & 1 & 0 & 5.831 & -1 \\ \hline
& & & & & & & & & 0.514 & -0.857 & 0 \\
& \underline{0} & & & \underline{0} & & & \underline{0} & & 0.857 & 0.514 & 0 \\
& & & & & & & & & 0 & 0 & 1
\end{array}\right]$$

a) Condiciones de apoyo

i) Las 3 ecuaciones del nudo 1 (empotrado) deben ser eliminadas.

ii) En el nudo 5 se tiene que:

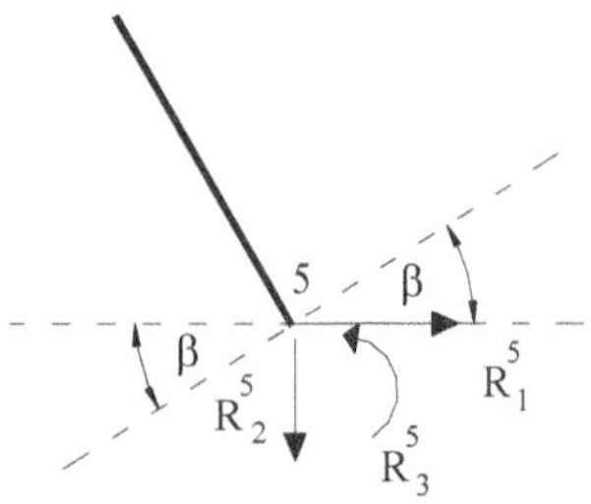

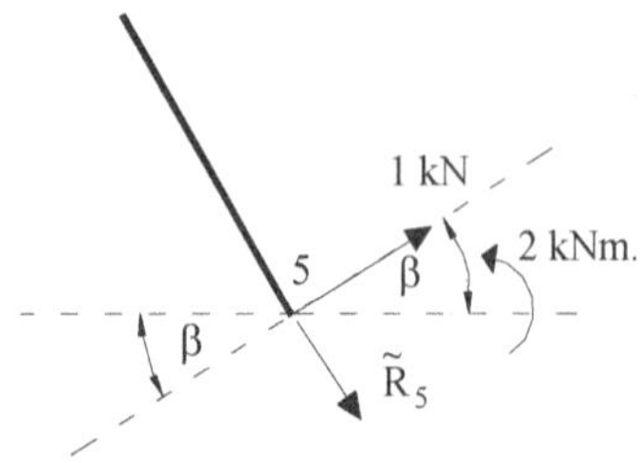

$$R_1^5 \cos\beta - R_2^5 sen\beta = 1 \qquad (i)$$

$$R_1^5 sen\beta + R_2^5 \cos\beta = \widetilde{R}_5 \qquad (ii)$$

$$R_3^5 = 2 \qquad (iii)$$

Las ecuaciones (i) y (iii) se deben incluir en $\underline{a}^T$. *La ecuación (ii) no se utiliza.*

La ecuación (i) indica que en la matriz $\underline{a}^T$ *debe aparecer una fila que se obtiene de multiplicar la primera fila del nudo 5 de* $(\underline{a}')^T$ *por cosβ y restarle la segunda fila del nudo 5 de* $(\underline{a}')^T$ *por senβ. La ecuación queda:*

$$(0{,}514\ \cos\beta - 0{,}857\ sen\beta)\ F_1^4 + (-0{,}857\ \cos\beta - 0{,}514\ sen\beta)\ F_2^4 = 1$$

Reemplazando los valores de cosβ y senβ se obtiene:

$$0{,}275\ F_1^4 - 0{,}961\ F_2^4 = 1 \qquad (iv)$$

La ecuación (iii) queda idéntica, esto se escribe en la tercera fila del nudo 5 de $(\underline{a}')^T$ *sin modificaciones.*

$$F_3^4 = 2 \qquad (v)$$

Las ecuaciones (iv) y (v) son las condiciones de borde del apoyo 5 que aparecen en la matriz $\underline{a}^T$.

b) Condición de Rótula

En el nudo 3 se tiene que:

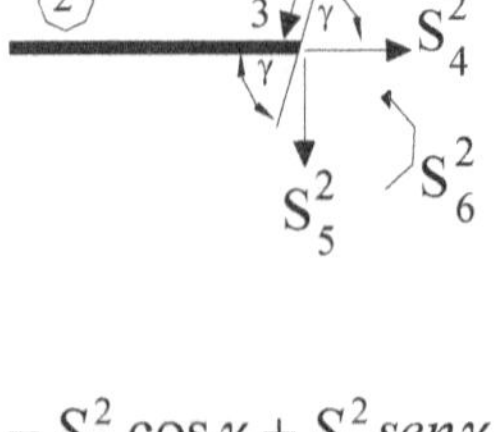

La condición de rótula es:

$$-S_4^2 \cos\gamma + S_5^2 sen\gamma = 5 \qquad (i)$$

De la matriz $(\underline{a}^2)^T$ *se tiene que:*

$$S_4^2 = F_1^2 \qquad\qquad S_5^2 = F_2^2 \qquad\qquad (ii)$$

Reemplazando (ii) en (i) y los valores $\cos\gamma = 0{,}5$ *y* $sen\gamma = 0{,}866$:

$$-F_1^2 \cdot 0.5 + F_2^2 \cdot 0.866 = 5 \qquad\qquad (iii)$$

La ecuación (iii) es la que debe incorporarse como condición de rótula en el nudo 3.

Es necesario recordar que independientemente de la condición de rótula, que es una ***condición adicional*** *de equilibrio, se mantienen las ecuaciones de equilibrio normales del nudo 3, en las que participan los 2 elementos que concurren a él y las cargas (en coordenadas globales) aplicadas en ese nudo. En este caso.*

$$R_x^3 = -5\cos\gamma = -2.5$$

$$R_z^3 = 5sen\gamma = 4.33$$

$$M^3 = 0 = 0$$

La ecuación de equilibrio $\underline{a}^T\ \underline{F} = \underline{R}$ *de este ejemplo queda:*

Elem. → / *Nudos* ↓		①			②			③			④		$\underline{F}$		$\underline{R}$	*Nudos*
	0	1	0	-1	0	0							F_1^1		10	
2	-1	0	0	0	-1	0		0			0		F_2^1		0	2
	0	0	1	0	5	-1							F_3^1		0	
				1	0	0	-1	0	0				F_1^2		-2.5	
3		0		0	1	0	0	-1	0		0		F_2^2		4.33	3
				0	0	1	0	2	-1				F_3^2		0	
rótula 3		0		-0.5	0.866	0		0			0		F_1^3	=	5	*rótula 3*
							1	0	0	-0.514	0.857	0	F_2^3		0	
4		0			0		0	1	0	-0.857	-0.514	0	F_3^3		2	4
							0	0	1	0	5.831	-1	F_1^4		0	
5		0			0			0		0.275	-0.961	0	F_2^4		1	5
										0	0	1	F_3^4		2	

$$\underline{a}^T \qquad\qquad\qquad \underline{F} = \underline{R}$$

Ejemplo 4.3

Formar matriz $\underline{a}^T$ y vector $\underline{R}$ de la estructura:

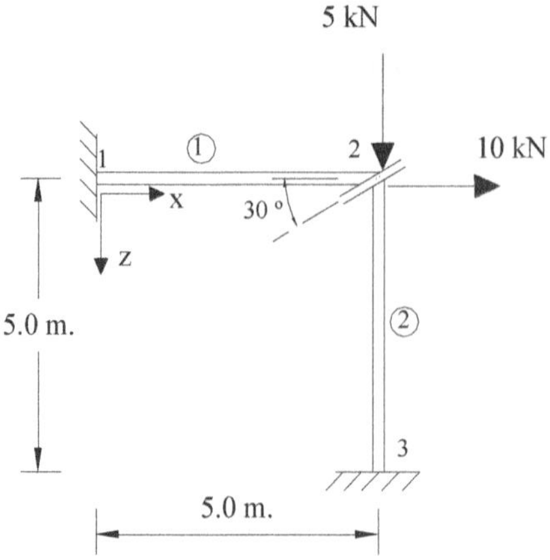

Nudo	*x (m)*	*z (m)*
1	*0*	*0*
2	*5*	*0*
3	*5*	*5*

Elemento	*Nudo*		l_i	*cosα*	*senα*
	i	*d*			
①	*1*	*2*	*5*	*1*	*0*
②	*2*	*3*	*5*	*0*	*1*

Usando elementos de viga plana tipo (a) del Anexo B se tiene que:

$$(\underline{a}^1)^T = \begin{bmatrix} -1 & 0 & 0 \\ 0 & -1/5 & -1/5 \\ 0 & 1 & 0 \\ \hline 1 & 0 & 0 \\ 0 & 1/5 & 1/5 \\ 0 & 0 & 1 \end{bmatrix} \qquad (\underline{a}^2)^T = \begin{bmatrix} 0 & 1/5 & 1/5 \\ -1 & 0 & 0 \\ 0 & 1 & 0 \\ \hline 0 & -1/5 & -1/5 \\ 1 & 0 & 0 \\ 0 & 0 & 1 \end{bmatrix}$$

Condición de rótula en nudo 2:

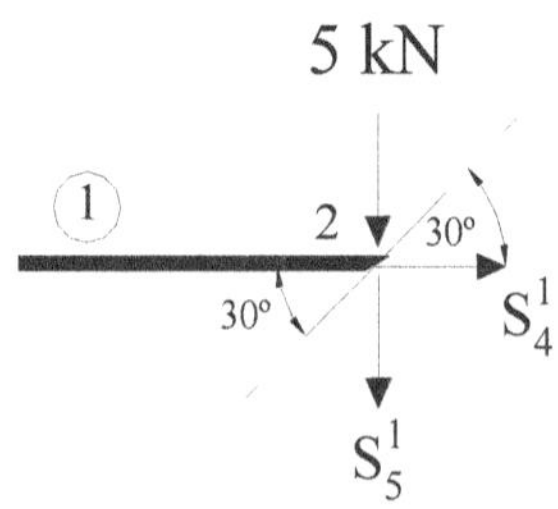

$$-S_4^1 \cos 30 + S_5^1 sen 30 = 5 sen 30 \qquad (i)$$

De la matriz $(\underline{a}^1)^T$ se tiene que:

$$S_4^1 = F_1^1 \qquad S_5^1 = \frac{1}{5} F_2^1 + \frac{1}{5} F_3^1 \qquad (ii)$$

Reemplazando (ii) en (i) y los valores sen 30 =1/2 y cos 30 = $\sqrt{3}/2$ *queda:*

$$-\frac{\sqrt{3}}{2}F_1^1+\frac{1}{10}F_2^1+\frac{1}{10}F_3^1=2.5 \qquad (iii)$$

La ecuación (iii) debe incorporarse en $\underline{a}^T$.

Condiciones de Apoyo

Los nudos 1 y 3 deben ser eliminados. Así la relación $\underline{a}^T\ \underline{F} = \underline{R}$ *queda:*

Elem. ⟶ ① ②

$$\begin{array}{c} \textit{Nudos} \\ \downarrow \\ 2 \\ \\ \textit{rótula } 2 \end{array}
\left[\begin{array}{ccc|ccc} 1 & 0 & 0 & 0 & 1/5 & 1/5 \\ 0 & 1/5 & 1/5 & -1 & 0 & 0 \\ 0 & 0 & 1 & 0 & 1 & 0 \\ \hline -\sqrt{3}/2 & 1/10 & 1/10 & 0 & 0 & 0 \end{array}\right]
\left[\begin{array}{c} F_1^1 \\ F_2^1 \\ F_3^1 \\ \hline F_1^2 \\ F_2^2 \\ F_3^2 \end{array}\right]
=
\left[\begin{array}{c} 10 \\ 5 \\ 0 \\ \hline 2.5 \end{array}\right]
\begin{array}{c} \textit{Nudos} \\ \downarrow \\ 2 \\ \\ \textit{rótula } 2 \end{array}$$

$$\underline{a}^T \qquad\qquad \underline{F} = \underline{R}$$

Ejemplo 4.4

Formar la matriz $\underline{a}^T$ *y vector* $\underline{R}$ *de la estructura.*

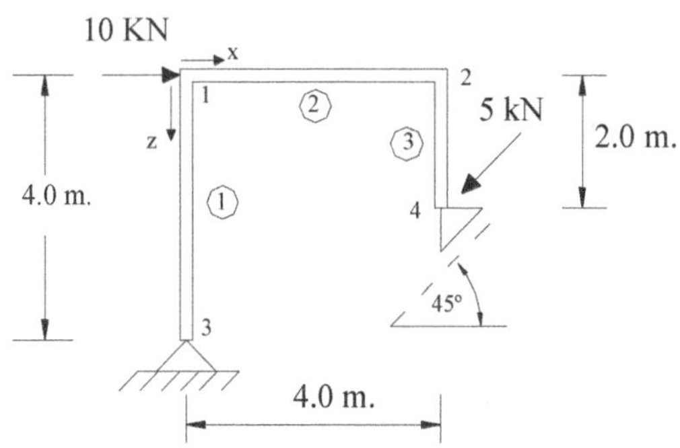

Nudo	*x (m)*	*z (m)*
1	*0*	*0*
2	*4*	*0*
3	*0*	*4*
4	*4*	*2*

Elemento	*Nudo*		l_j	*cosα*	*senα*	*a*	*b*
	i	***d***					
①	*1*	*3*	*4*	*0*	*1*	*4*	*0*
②	*1*	*2*	*4*	*1*	*0*	*-*	*-*
③	*2*	*4*	*2*	*0*	*1*	*2*	*0*

Usando elementos de viga plana con rótula al extremo derecho del Anexo B (valores a y b se indican en tabla) para los elementos ①y ③elemento de viga plana tipo (a) para elemento ②se tiene:

$$(\underline{a}^{1})^{T} = \begin{bmatrix} 0 & \frac{1}{4} \\ -1 & 0 \\ 0 & 1 \\ \hdashline 0 & -\frac{1}{4} \\ 1 & 0 \\ 0 & 0 \end{bmatrix} \qquad (\underline{a}^{2})^{T} = \begin{bmatrix} -1 & 0 & 0 \\ 0 & -\frac{1}{4} & -\frac{1}{4} \\ 0 & 1 & 0 \\ \hdashline 1 & 0 & 0 \\ 0 & \frac{1}{4} & \frac{1}{4} \\ 0 & 0 & 1 \end{bmatrix} \qquad (\underline{a}^{3})^{T} = \begin{bmatrix} 0 & \frac{1}{2} \\ -1 & 0 \\ 0 & 1 \\ \hdashline 0 & -\frac{1}{2} \\ 1 & 0 \\ 0 & 0 \end{bmatrix}$$

Condiciones de borde

a) *El nudo 3* ***desaparece*** *debido a que se supone empotrado. La rótula en ese nudo se supone (debido al uso del elemento ①con rótula en ese extremo) que está al interior del elemento:*

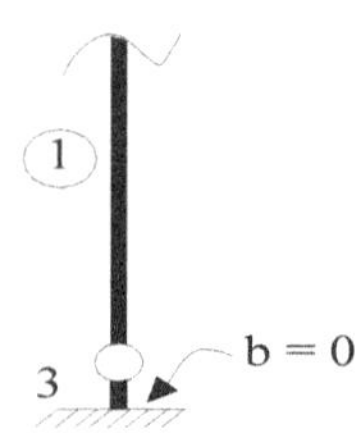

En el nudo 4, debido a que hemos supuesto el elemento ③con rótula en ese extremo, lo suponemos ***empotrado deslizable****.*

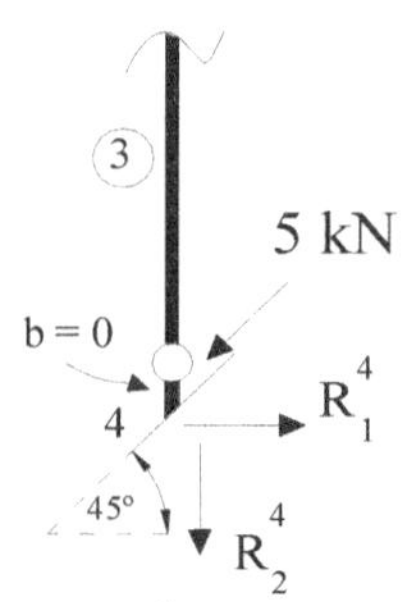

$$R_1^4 \cos 45^{o} \ - \ R_2^4 \ sen\, 45 \ = \ -5 \qquad (i)$$

Como el único elemento que concurre al nudo 4 es el elemento 3 y usando la matriz $(\underline{a}^{3})^{T}$ *se tiene que:*

$$R_1^4 = S_4^3 = -\frac{1}{2} F_2^3 \qquad (ii)$$

$$R_2^4 = S_5^3 = F_1^3 \qquad (iii)$$

Reemplazando (ii) y (iii) en (i) queda:

$$-\frac{1}{\sqrt{2}} F_1^3 - \frac{1}{2\sqrt{2}} F_2^3 = -5 \qquad (iv)$$

La ecuación (iv) es la que queda como condición de apoyo del nudo 4. La relación $\underline{a}^T\,\underline{F} = \underline{R}$ *es:*

Elem. → ① ② ③

Nudo ↓

$$
\begin{array}{c}
1\\ \\ \\ 2\\ \\ \\ 4
\end{array}
\left[\begin{array}{cc|ccc|cc}
0 & 1/4 & -1 & 0 & 0 & & \\
-1 & 0 & 0 & -1/4 & -1/4 & \underline{0} & \\
0 & 1 & 0 & 1 & 0 & & \\
\hline
 & & 1 & 0 & 0 & 0 & 1/2 \\
 & \underline{0} & 0 & 1/4 & 1/4 & -1 & 0 \\
 & & 0 & 0 & 1 & 0 & 1 \\
\hline
 & \underline{0} & & \underline{0} & & -1/\sqrt{2} & -1/2\sqrt{2}
\end{array}\right]
\left[\begin{array}{c}
F_1^1\\ F_2^1\\ \hline F_2^1\\ F_2^2\\ F_3^2\\ \hline F_1^3\\ F_2^3
\end{array}\right]
=
\left[\begin{array}{c}
10\\ 0\\ 0\\ \hline 0\\ 0\\ 0\\ \hline -5
\end{array}\right]
\begin{array}{c}
\\ 1\\ \\ 2\\ \\ \\ 4
\end{array}
$$

$$\underline{a}^T \qquad\qquad \underline{F} = \underline{R}$$

Ejemplo 4.5

Formar matriz $\underline{a}^T$ *y vector* $\underline{R}$ *de la estructura:*

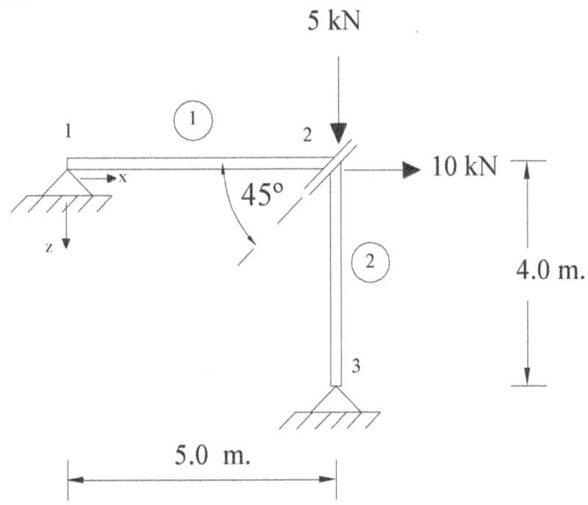

Nudo	*x (m)*	*z (m)*
1	***0***	***0***
2	***5***	***0***
3	***5***	***4***

Elemento	*Nudo*		l_j	*cosα*	*senα*	*a*	*b*
	i	***d***					
①	***1***	***2***	***5***	***1***	***0***	***0***	***5***
②	***2***	***3***	***4***	***0***	***1***	***4***	***0***

Del catálogo de elementos del Anexo B usamos elementos de viga plana con rótula a la izquierda (a = 0) para el elemento ① y elemento con rótula a la derecha (b = 0) para el elemento ②.

$$
(\underline{a}^1)^T = \left[\begin{array}{cc}
-1 & 0\\
0 & -1/5\\
0 & 0\\
\hline
1 & 0\\
0 & 1/5\\
0 & 1
\end{array}\right]
\qquad
(\underline{a}^2)^T = \left[\begin{array}{cc}
0 & 1/4\\
-1 & 0\\
0 & 1\\
\hline
0 & -1/4\\
1 & 0\\
0 & 0
\end{array}\right]
$$

Condición de rótula nudo 2

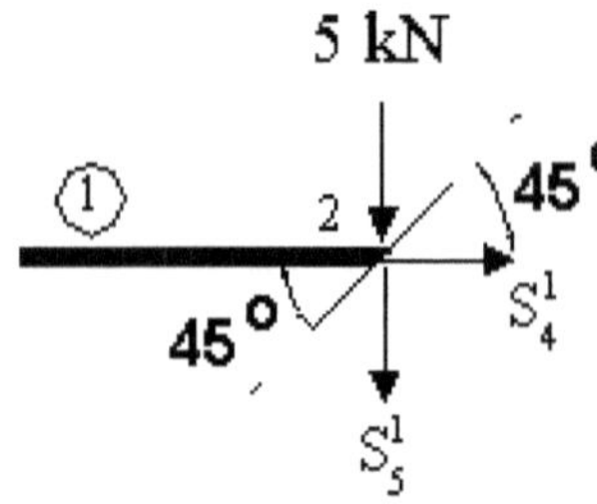

$$-S_4^1\cos 45 + S_5^1 sen45 = 5sen45 \qquad (i)$$

De $(\underline{a}^1)^T$ *se tiene que:*

$$S_4^1 = F_1^1 \qquad y \qquad S_5^1 = \frac{1}{5}F_2^1 \qquad (ii)$$

Reemplazando (ii) en (i) queda:

$$-\frac{1}{\sqrt{2}}F_1^1 + \frac{1}{5\sqrt{2}}F_2^1 = \frac{5}{\sqrt{2}} \qquad (iii)$$

La ecuación (iii) es la condición de rótula del nudo 2.

Condiciones de borde

Los nudos 1 y 3 se eliminan por considerarse ***empotrados****. La rótula se ha considerado al interior del elemento.*

Elem. → ① ②

Nudos ↓ 2 ... *Rótula 2*

$$\begin{bmatrix} 1 & 0 & 0 & 1/4 \\ 0 & 1/5 & -1 & 0 \\ 0 & 1 & 0 & 1 \\ -1/\sqrt{2} & 1/5\sqrt{2} & 0 & 0 \end{bmatrix} \begin{bmatrix} F_1^1 \\ F_2^1 \\ F_1^2 \\ F_2^2 \end{bmatrix} = \begin{bmatrix} 10 \\ 5 \\ 0 \\ 5/\sqrt{2} \end{bmatrix}$$

Nudos ↓ 2 ... *Rótula 2*

$$\underline{a}^T \qquad \underline{F} = \underline{R}$$

Ejemplo 4.6

Formar matriz $\underline{a}^T$ *y vector* $\underline{R}$ *de la estructura.*

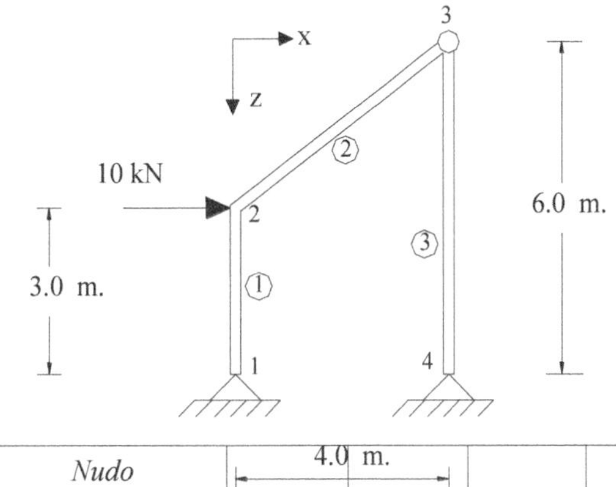

Nudo	*x (m)*	*z (m)*
1	*0*	*6*
2	*0*	*3*
3	*4*	*0*
4	*4*	*6*

Elemento	*Nudo*		l_j	*cosα*	*senα*	*a*	*b*
	i	*d*					
①	*1*	*2*	*3*	*0*	*-1*	*0*	*3*
②	*2*	*3*	*5*	*0.8*	*-0.6*	*5*	*0*
③	*3*	*4*	*6*	*0*	*1*	*6*	*0*

Del catálogo de elementos del Anexo B usamos elementos de viga con rótula a la izquierda (a = 0) para el elemento ① y elementos con rótula a la derecha para los elementos ② y ③.

$$(\underline{a}^1)^T = \begin{bmatrix} 0 & -1/3 \\ 1 & 0 \\ 0 & 0 \\ \hline 0 & 1/3 \\ -1 & 0 \\ 0 & 1 \end{bmatrix} \qquad (\underline{a}^2)^T = \begin{bmatrix} -0.8 & -0.6/5 \\ 0.6 & -0.8/5 \\ 0 & 1 \\ \hline 0.8 & 0.6/5 \\ -0.6 & 0.8/5 \\ 0 & 0 \end{bmatrix} \qquad (\underline{a}^3)^T = \begin{bmatrix} 0 & 1/6 \\ -1 & 0 \\ 0 & 1 \\ \hline 0 & -1/6 \\ 1 & 0 \\ 0 & 0 \end{bmatrix}$$

Condiciones de borde

Los nudos 1 y 4 se eliminan por estar empotrados (rótula incorporada al elemento).

Elem. → ① ② ③

Nudos ↓ 2, 3

$$\begin{bmatrix} 0 & 1/3 & -0.8 & -0.6/5 & & \\ -1 & 0 & 0.6 & -0.8/5 & \multicolumn{2}{c}{\underline{0}} \\ 0 & 1 & 0 & 1 & & \\ \hline & & 0.8 & 0.6/5 & 0 & 1/6 \\ \multicolumn{2}{c}{\underline{0}} & -0.6 & 0.8/5 & -1 & 0 \\ & & 0 & 0 & 0 & 1 \end{bmatrix} \begin{bmatrix} F_1^1 \\ F_2^1 \\ \hline F_1^2 \\ F_2^2 \\ \hline F_1^3 \\ F_2^3 \end{bmatrix} = \begin{bmatrix} 10 \\ 0 \\ 0 \\ \hline 0 \\ 0 \\ 0 \end{bmatrix}$$

$$\underline{a}^T \qquad \underline{F} = \underline{R}$$

Ejemplo 4.7

Formar matriz $\underline{a}^T$ *y vector* $\underline{R}$ *de la estructura:*

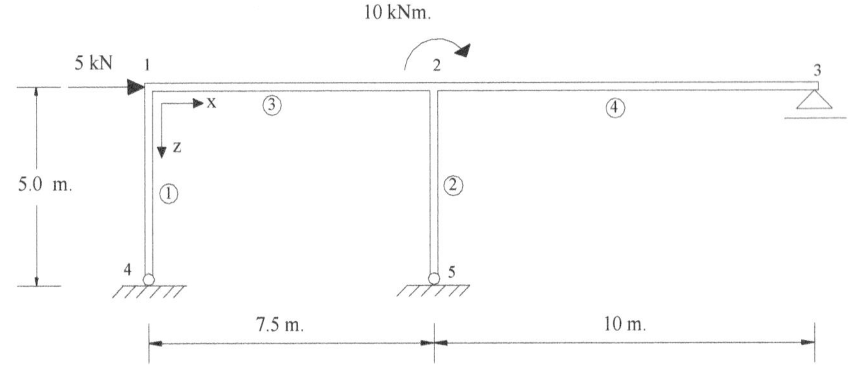

Nudo	*x (m)*	*z (m)*
1	*0*	*0*
2	*7.5*	*0*
3	*17.5*	*0*
4	*0*	*5*
5	*7.5*	*5*

Elemento	*Nudo*		l_i	*cosα*	*senα*	*a*	*b*
	i	*d*					
①	*1*	*4*	*5*	*0*	*1*	*5*	*0*
②	*2*	*5*	*5*	*0*	*1*	*5*	*0*
③	*1*	*2*	*7.5*	*1*	*0*	*-*	*-*
④	*2*	*3*	*10*	*1*	*0*	*10*	*0*

①, ② y ④ Elementos con rótula derecha
③ elemento viga tipo (a).

$$(\underline{a}^1)^T = (\underline{a}^2)^T = \begin{bmatrix} 0 & 1/5 \\ -1 & 0 \\ 0 & 1 \\ \hline 0 & -1/5 \\ 1 & 0 \\ 0 & 0 \end{bmatrix} \qquad (\underline{a}^3)^T = \begin{bmatrix} -1 & 0 & 0 \\ 0 & -1/7.5 & -1/7.5 \\ 0 & 1 & 0 \\ \hline 1 & 0 & 0 \\ 0 & 1/7.5 & 1/7.5 \\ 0 & 0 & 1 \end{bmatrix} \qquad (\underline{a}^4)^T = \begin{bmatrix} -1 & 0 \\ 0 & -1/10 \\ 0 & 1 \\ \hline 1 & 0 \\ 0 & 1/10 \\ 0 & 0 \end{bmatrix}$$

Condiciones de borde

Los nudos 4 y 5 se eliminan. En el nudo 3 sólo queda la ecuación de equilibrio en dirección x (primera fila de nudo 3).

Elem. → ① ② ③ ④

Nudo (1, 2, 3x)

$$\begin{array}{c} 1 \\ \\ \\ 2 \\ \\ \\ 3x \end{array} \left[\begin{array}{cc|cc|ccc|cc} 0 & 1/5 & & & -1 & 0 & 0 & & \\ -1 & 0 & \underline{0} & & 0 & -1/7.5 & -1/7.5 & \underline{0} & \\ 0 & 1 & & & 0 & 1 & 0 & & \\ \hline & & 0 & 1/5 & 1 & 0 & 0 & -1 & 0 \\ \underline{0} & & -1 & 0 & 0 & 1/7.5 & 1/7.5 & 0 & -1/10 \\ & & 0 & 1 & 0 & 0 & 1 & 0 & 1 \\ \hline \underline{0} & & \underline{0} & & & \underline{0} & & 1 & 0 \end{array}\right] \begin{bmatrix} F_1^1 \\ F_2^1 \\ F_1^2 \\ F_2^2 \\ F_1^3 \\ F_2^3 \\ F_3^3 \\ F_1^4 \\ F_2^4 \end{bmatrix} = \begin{bmatrix} 5 \\ 0 \\ 0 \\ \hline 0 \\ 0 \\ -10 \\ \hline 0 \end{bmatrix} \begin{array}{c} 1 \\ \\ \\ 2 \\ \\ \\ 3x \end{array}$$

$$\underline{a}^T \qquad\qquad \underline{F} = \underline{R}$$

4.7. Hiperestaticidad o redundancia de estructuras

Como se observó en el capítulo anterior siempre podemos formar la matriz de equilibrio $\underline{a}^T$ de una estructura de barras, independientemente de si la estructura es isostática o hiperestática. En los ejemplos vistos anteriormente varios de ellos son hiperestáticos y otros son isostáticos.

En general podemos decir que la matriz de equilibrio de una estructura $\underline{a}^T$ es una **matriz rectangular** con **n filas** y **m columnas**. Si **n = m** la estructura es **isostática**. Si **n < m** la estructura es **hiperestática**. Si n > m se trata de un **mecanismo**.

De esta manera conociendo las dimensiones de la matriz $\underline{a}^T$ podemos ver si la estructura es isostática. La **diferencia entre el número de columnas m y el número de filas n indica el grado** r **de hiperestaticidad de la estructura.**

Existen además definiciones especiales para indicar la hiperestaticidad externa de la estructura. Esto es tomar la estructura como un cuerpo rígido y observar sólo las ecuaciones de equilibrio global (3 en el plano, 6 en el espacio) entre las cargas y las reacciones en los apoyos.

Una estructura podría ser de esta manera externamente isostática, pero internamente hiperestática.

Sobre estos casos especiales no profundizaremos, pero debemos recordar que la matriz de equilibrio $\underline{a}^T$ siempre nos indicará la hiperestaticidad global del sistema.

4.8. Esfuerzos internos en estructuras isostáticas

Como se indicaba en el Capítulo anterior, si n = m, esto es **si la matriz $\underline{a}^T$ es cuadrada y no singular**, podemos resolver al sistema de ecuaciones $\underline{a}^T \underline{F} = \underline{R}$ directamente. En ese caso el sistema es **isostático**.

Hacemos hincapié en que la matriz $\underline{a}^T$ no sólo debe ser cuadrada, sino que además, no ser singular, esto es tener inversa $(\underline{a}^T)^{-1}$. Lo anterior porque existen casos en que las ecuaciones de equilibrio son linealmente dependientes y por lo tanto las filas de $\underline{a}^T$ son linealmente dependientes y la matriz es singular.

Si la matriz $\underline{a}^T$ es cuadrada y no singular la ecuación de equilibrio (4.17) tiene solución directa.

$$\underline{a}^T \underline{F} = \underline{R} \qquad \longrightarrow \underline{F}$$

Una vez determinado $\underline{F}$, se tienen los $\underline{F}^{j}$ de todos los elementos de la estructura. Para el cálculo de las fuerzas nodales en coordenadas locales $\overline{\underline{S}}^{j}$ de cada elemento se utiliza la relación (3.3):

$$\overline{\underline{S}}^{j} = \underline{T}^{j}\underline{F}^{j}$$

Para determinar los "**esfuerzos internos**" en los extremos izquierdo y derecho de cada elemento, que se utilizan en el diseño y con los cuales se dibujan los diagramas de esfuerzos internos como **esfuerzo normal**, **esfuerzo cortante** y **momento flector**, es conveniente recordar lo indicado en el Capítulo 3.3. Allí se indica que:

"Las **fuerzas nodales** (en coordenadas locales) corresponderán a los esfuerzos internos en la **sección positiva** del nudo derecho y a los esfuerzos internos con **signo negativo** de la **sección negativa** del nudo izquierdo".

Esto significa que una vez determinadas las fuerzas nodales $\overline{\underline{S}}^{j}$ del elemento ⓙ los esfuerzos internos en el nudo izquierdo son **iguales** a las componentes de $\overline{\underline{S}}^{j}$ en ese nudo **con signo negativo** y en el nudo derecho son **iguales** a las componentes de $\overline{\underline{S}}^{j}$ de ese nudo **sin cambio de signo**.

Para efecto de entender los resultados especialmente al dibujar los diagramas es conveniente recordar el sistema local de coordenadas del elemento. En el caso de vigas planas, al indicar los nudos izquierdo y derecho se está definiendo cual es la fibra inferior que determina la convención positiva de esfuerzos internos (momento positivo = fibra inferior traccionada).

En forma resumida, los pasos a seguir para determinar los esfuerzos internos en una estructura isostática son los siguientes:

1.- Numeración de nudos y elementos.
2.- Formación de las tablas de coordenadas y de incidencia.
3.- Elección de tipos de elementos a utilizar de acuerdo al catálogo de elementos del Anexo B.
4.- Formación de las matrices $(\underline{a}^{j})^{T}$ de los elementos.
5.- Formación de la matriz $\underline{a}^{T}$ considerando las condiciones de apoyo y condiciones de rótula y formación del correspondiente vector de cargas $\underline{R}$.
6.- Resolución del sistema de ecuaciones $\underline{a}^{T}\,\underline{F} = \underline{R}$.
7.- Calculo de $\overline{\underline{S}}^{j} = \underline{T}^{j}\,\underline{F}^{j}$.
8.- Cambio de signo de los $\overline{\underline{S}}^{j}$ en los extremos izquierdo. En estructuras planas: dibujar diagramas de esfuerzos internos.

En los ejemplos que se muestran a continuación se utilizará el programa SMIS (ver Anexo C) para realizar las operaciones matriciales.

Ejemplo 4.8

Resolver la estructura isostática indicada y dibujar diagramas de esfuerzos internos.

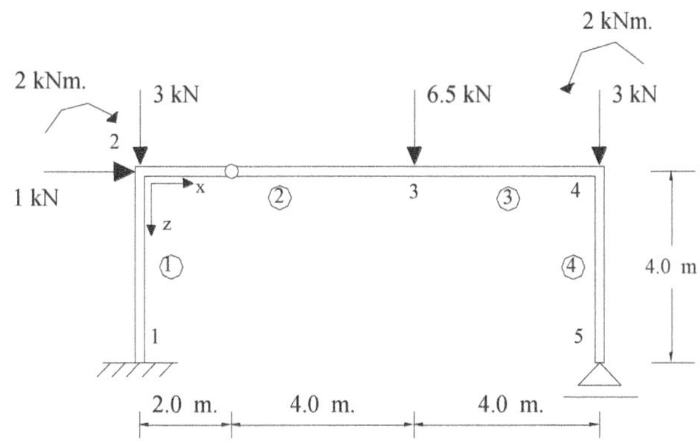

Nudo	*x (m)*	*z (m)*
1	*0*	*4*
2	*0*	*0*
3	*6*	*0*
4	*10*	*0*
5	*10*	*4*

Elemento	*Nudo*		l_i	*cosα*	*senα*	*a*	*b*
	i	*d*					
①	*1*	*2*	*4*	*0*	*-1*	-	-
②	*2*	*3*	*6*	*1*	*0*	*2*	*4*
③	*3*	*4*	*4*	*1*	*0*	-	-
④	*4*	*5*	*4*	*0*	*1*	-	-

② Elemento con rótula.
①, ③, ④ Elemento de viga tipo (b).

$$(\underline{a}^1)^T = \begin{bmatrix} 0 & -1 & 0 \\ 1 & 0 & 0 \\ 0 & 4 & -1 \\ \hdashline 0 & 1 & 0 \\ -1 & 0 & 0 \\ 0 & 0 & 1 \end{bmatrix} \quad (\underline{a}^2)^T = \begin{bmatrix} -1 & 0 \\ 0 & -0.5 \\ 0 & 1 \\ \hdashline 1 & 0 \\ 0 & 0.5 \\ 0 & 2 \end{bmatrix} \quad (\underline{a}^3)^T = \begin{bmatrix} -1 & 0 & 0 \\ 0 & -1 & 0 \\ 0 & 4 & -1 \\ \hdashline 1 & 0 & 0 \\ 0 & 1 & 0 \\ 0 & 0 & 1 \end{bmatrix} \quad (\underline{a}^4)^T = \begin{bmatrix} 0 & 1 & 0 \\ -1 & 0 & 0 \\ 0 & 4 & -1 \\ \hdashline 0 & -1 & 0 \\ 1 & 0 & 0 \\ 0 & 0 & 1 \end{bmatrix}$$

Condiciones de apoyo

Se elimina nudo 1 y segunda fila del nudo 5.

Elem → 1, 2, 3, 4 (columnas); *Nudos* ↓ 2, 3, 4, 5 (filas)

$$
\begin{array}{c}
2\\ \\ \\ 3\\ \\ \\ 4\\ \\ \\ 5\\ \\
\end{array}
\left[\begin{array}{ccc|cc|ccc|ccc}
0 & 1 & 0 & -1 & 0 & & & & & & \\
-1 & 0 & 0 & 0 & -0.5 & & \underline{0} & & & \underline{0} & \\
0 & 0 & 1 & 0 & 1 & & & & & & \\
\hline
 & & & 1 & 0 & -1 & 0 & 0 & & & \\
 & \underline{0} & & 0 & 0.5 & 0 & -1 & 0 & & \underline{0} & \\
 & & & 0 & 2 & 0 & 4 & -1 & & & \\
\hline
 & & & & & 1 & 0 & 0 & 0 & 1 & 0 \\
 & \underline{0} & & & \underline{0} & 0 & 1 & 0 & -1 & 0 & 0 \\
 & & & & & 0 & 0 & 1 & 0 & 4 & -1 \\
\hline
 & & & & & & & & 0 & -1 & 0 \\
 & \underline{0} & & & \underline{0} & & \underline{0} & & 0 & 0 & 1
\end{array}\right]
\left[\begin{array}{c}
F_1^1\\ F_2^1\\ F_3^1\\ \hline F_1^2\\ F_2^2\\ \hline F_1^3\\ F_2^3\\ F_3^3\\ \hline F_1^4\\ F_2^4\\ F_3^4
\end{array}\right]
=
\left[\begin{array}{c}
1\\ 3\\ -2\\ \hline 0\\ 6.5\\ 0\\ \hline 0\\ 3\\ 2\\ \hline 0\\ 0
\end{array}\right]
\begin{array}{c}
2\\ \\ \\ 3\\ \\ \\ 4\\ \\ \\ 5\\ \\
\end{array}
$$

$$\underline{a}^T \quad \underline{F} = \underline{R}$$

La entrada de datos del programa SMIS será:

```
START
LOAD  AT    (11F6.0)              11    11
       1.          -1.
 -1.                    -.5
             1.          1.
                   1.         -1.
                         .5         -1.
                         2.          4.   -1.
                               1.                     1.
                                     1.        -1.
                                           1.         4.   -1.
                                                     -1.
                                                            1.
PRINT AT

LOAD  R                           11     1
  1.   3.   -2.         6.5                1.    2.
PRINT R
SOLVE AT    R
PRINT R
STOP
```

Nótese que en la línea LOAD AT se introdujo a partir de la columna 13 el formato (11F6.0), ello con el objeto de ingresar sólo 11 valores por línea (el formato por defecto es 12F6.0, esto es 12 valores por línea).

El resultado de la ejecución del programa SMIS es:

```
0 START
  SMIS (REV.2.0 - 25.04.2000 - DEPTO. OOCC - ULS)
  SMIS (FECHA DE EJECUCION : 2/ 8/2000  )
  SMIS (HORA  DE EJECUCION :12:53: 3    )

0 LOAD   AT     (11F6. 0)
 NUMER.LINEAS:  11    NUM. COLUMNAS:  11

0 PRINT  AT
            1           2           3           4           5           6

   1  0.0000E+00  0.1000E+01  0.0000E+00  -.1000E+01  0.0000E+00  0.0000E+00
   2  -.1000E+01  0.0000E+00  0.0000E+00  0.0000E+00  -.5000E+00  0.0000E+00
   3  0.0000E+00  0.0000E+00  0.1000E+01  0.0000E+00  0.1000E+01  0.0000E+00
   4  0.0000E+00  0.0000E+00  0.0000E+00  0.1000E+01  0.0000E+00  -.1000E+01
   5  0.0000E+00  0.0000E+00  0.0000E+00  0.0000E+00  0.5000E+00  0.0000E+00
   6  0.0000E+00  0.0000E+00  0.0000E+00  0.0000E+00  0.2000E+01  0.0000E+00
   7  0.0000E+00  0.0000E+00  0.0000E+00  0.0000E+00  0.0000E+00  0.1000E+01
   8  0.0000E+00  0.0000E+00  0.0000E+00  0.0000E+00  0.0000E+00  0.0000E+00
   9  0.0000E+00  0.0000E+00  0.0000E+00  0.0000E+00  0.0000E+00  0.0000E+00
  10  0.0000E+00  0.0000E+00  0.0000E+00  0.0000E+00  0.0000E+00  0.0000E+00
  11  0.0000E+00  0.0000E+00  0.0000E+00  0.0000E+00  0.0000E+00  0.0000E+00

            7           8           9          10          11

   1  0.0000E+00  0.0000E+00  0.0000E+00  0.0000E+00  0.0000E+00
   2  0.0000E+00  0.0000E+00  0.0000E+00  0.0000E+00  0.0000E+00
   3  0.0000E+00  0.0000E+00  0.0000E+00  0.0000E+00  0.0000E+00
   4  0.0000E+00  0.0000E+00  0.0000E+00  0.0000E+00  0.0000E+00
   5  -.1000E+01  0.0000E+00  0.0000E+00  0.0000E+00  0.0000E+00
   6  0.4000E+01  -.1000E+01  0.0000E+00  0.0000E+00  0.0000E+00
   7  0.0000E+00  0.0000E+00  0.0000E+00  0.1000E+01  0.0000E+00
   8  0.1000E+01  0.0000E+00  -.1000E+01  0.0000E+00  0.0000E+00
   9  0.0000E+00  0.1000E+01  0.0000E+00  0.4000E+01  -.1000E+01
  10  0.0000E+00  0.0000E+00  0.0000E+00  -.1000E+01  0.0000E+00
  11  0.0000E+00  0.0000E+00  0.0000E+00  0.0000E+00  0.1000E+01

0 LOAD   R
 NUMER.LINEAS:  11    NUM. COLUMNAS:  1

0 PRINT  R
            1

   1  0.1000E+01
   2  0.3000E+01
   3  -.2000E+01
   4  0.0000E+00
   5  0.6500E+01
   6  0.0000E+00
   7  0.0000E+00
   8  0.3000E+01
   9  0.2000E+01
  10  0.0000E+00
  11  0.0000E+00

0 SOLVE  AT      R
 SKALAR =     0.0000000E+00

0 PRINT  R

            1

   1  -.6500E+01
   2  0.1000E+01
   3  -.9000E+01
   4  0.0000E+00
   5  0.7000E+01
   6  0.0000E+00
   7  -.3000E+01
   8  0.2000E+01
   9  -.6000E+01
  10  0.0000E+00
  11  0.0000E+00

0 STOP
```

Por lo tanto el vector $\underline{F}$ *resultante es:*

$$\underline{F}^T = \left[-6.5 \quad 1 \quad -9 \,\vdots\, 0 \quad 7 \,\vdots\, 0 \quad -3 \quad 2 \,\vdots\, -6 \quad 0 \quad 0\right]$$

Esto significa que:

$$\underline{F}^1 = \begin{bmatrix} -6.5 \\ 1 \\ -9 \end{bmatrix} \qquad \underline{F}^2 = \begin{bmatrix} 0 \\ 7 \end{bmatrix} \qquad \underline{F}^3 = \begin{bmatrix} 0 \\ -3 \\ 2 \end{bmatrix} \qquad \underline{F}^4 = \begin{bmatrix} -6 \\ 0 \\ 0 \end{bmatrix}$$

Por otra parte, del catálogo de elementos del Anexo B, las matrices $\underline{T}^j$ *son:*

$$\underline{T}^1 = \begin{bmatrix} -1 & 0 & 0 \\ 0 & -1 & 0 \\ 0 & 4 & -1 \\ \hline 1 & 0 & 0 \\ 0 & 1 & 0 \\ 0 & 0 & 1 \end{bmatrix} \quad \underline{T}^2 = \begin{bmatrix} -1 & 0 \\ 0 & -0.5 \\ 0 & 1 \\ \hline 1 & 0 \\ 0 & 0.5 \\ 0 & 2 \end{bmatrix} \quad \underline{T}^3 = \begin{bmatrix} -1 & 0 & 0 \\ 0 & -1 & 0 \\ 0 & 4 & -1 \\ \hline 1 & 0 & 0 \\ 0 & 1 & 0 \\ 0 & 0 & 1 \end{bmatrix} \quad \underline{T}^4 = \begin{bmatrix} -1 & 0 & 0 \\ 0 & -1 & 0 \\ 0 & 4 & -1 \\ \hline 1 & 0 & 0 \\ 0 & 1 & 0 \\ 0 & 0 & 1 \end{bmatrix}$$

Haciendo los productos $\overline{\underline{S}}^j = \underline{T}^j\,\underline{F}^j$ *se obtiene:*

$$\overline{\underline{S}}^1 = \begin{bmatrix} 6.5 \\ -1 \\ 13 \\ \hline -6.5 \\ 1 \\ -9 \end{bmatrix} \quad \overline{\underline{S}}^2 = \begin{bmatrix} 0 \\ -3.5 \\ 7 \\ \hline 0 \\ 3.5 \\ 14 \end{bmatrix} \quad \overline{\underline{S}}^3 = \begin{bmatrix} 0 \\ 3 \\ -14 \\ \hline 0 \\ -3 \\ 2 \end{bmatrix} \quad \overline{\underline{S}}^4 = \begin{bmatrix} 6 \\ 0 \\ 0 \\ \hline -6 \\ 0 \\ 0 \end{bmatrix}$$

Por lo tanto los esfuerzos internos de los elementos serán:

Elemento	N_i	Q_i	M_i	N_d	Q_d	M_d
①	-6.5	1	-13	-6.5	1	-9
②	0	3.5	-7	0	3.5	14
③	0	-3	14	0	-3	2
④	-6	0	0	-6	0	0

Los diagramas de esfuerzo son:

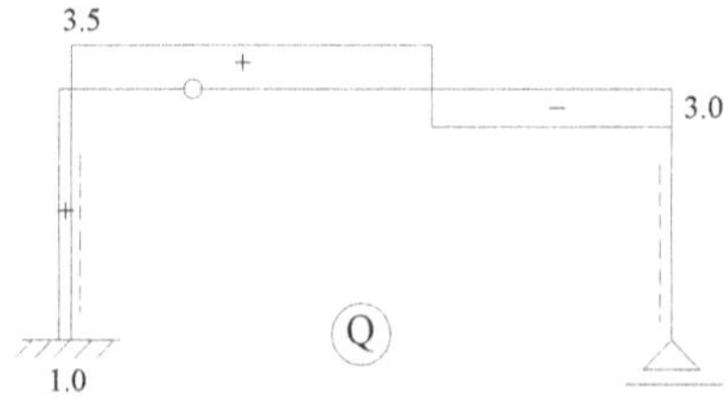

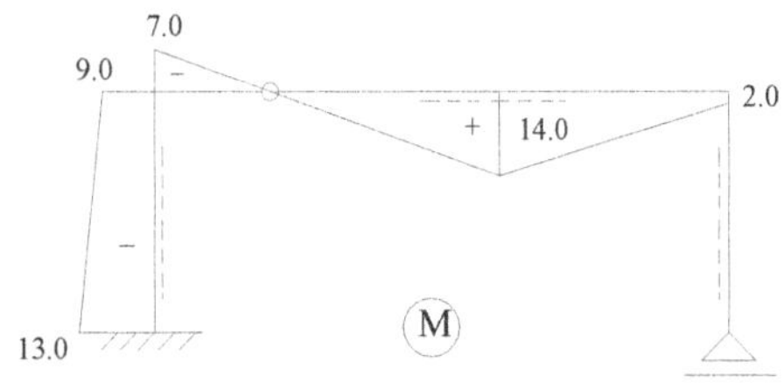

Ejemplo 4.9

Resolver la estructura isostática del Ejemplo 4.2 y dibujar diagramas de esfuerzos internos. En el Ejemplo 42 se muestra la obtención de la matriz $\underline{a}^T$ *y vector de cargas* $\underline{R}$

La entrada de datos del programa SMIS es:

```
START
LOAD  AT                          12    12
    1.          -1.
 -1.                    -1.
        1.          5.   -1.
                  1.               -1.
                  1.               -1.
                         1.          2.   -1.
                  -.5   .866
                                   1.               -.514 .857
                                           1.        -.857 -.514
                                           1.        5.831 -1.
                                                   .275 -.961
                                                              1.
PRINT AT
LOAD R                            12     1
10.              -2.5 4.33          5.          2.          1.  2.
PRINT R
SOLVE AT    R
PRINT R
STOP
```

El archivo de salida del programa SMIS es:

```
START

  SMIS (REV.3.0 - 02.01.2001 - DEPTO. OOCC - ULS)
  SMIS (FECHA DE EJECUCION : 9/ 7/2002  )
  SMIS (HORA  DE EJECUCION :13:14:14    )



 LOAD   AT
 NUMER.LINEAS:  12    NUM. COLUMNAS:  12


 PRINT  AT

            1           2           3           4           5           6
  1  0.0000E+00  0.1000E+01  0.0000E+00  -.1000E+01  0.0000E+00  0.0000E+00
  2  -.1000E+01  0.0000E+00  0.0000E+00  0.0000E+00  -.1000E+01  0.0000E+00
  3  0.0000E+00  0.0000E+00  0.1000E+01  0.0000E+00  0.5000E+01  -.1000E+01
  4  0.0000E+00  0.0000E+00  0.0000E+00  0.1000E+01  0.0000E+00  0.0000E+00
  5  0.0000E+00  0.0000E+00  0.0000E+00  0.0000E+00  0.1000E+01  0.0000E+00
  6  0.0000E+00  0.0000E+00  0.0000E+00  0.0000E+00  0.0000E+00  0.1000E+01
  7  0.0000E+00  0.0000E+00  0.0000E+00  -.5000E+00  0.8660E+00  0.0000E+00
  8  0.0000E+00  0.0000E+00  0.0000E+00  0.0000E+00  0.0000E+00  0.0000E+00
  9  0.0000E+00  0.0000E+00  0.0000E+00  0.0000E+00  0.0000E+00  0.0000E+00
 10  0.0000E+00  0.0000E+00  0.0000E+00  0.0000E+00  0.0000E+00  0.0000E+00
 11  0.0000E+00  0.0000E+00  0.0000E+00  0.0000E+00  0.0000E+00  0.0000E+00
 12  0.0000E+00  0.0000E+00  0.0000E+00  0.0000E+00  0.0000E+00  0.0000E+00
```

```
            7           8           9           10          11          12
  1  0.0000E+00  0.0000E+00  0.0000E+00  0.0000E+00  0.0000E+00  0.0000E+00
  2  0.0000E+00  0.0000E+00  0.0000E+00  0.0000E+00  0.0000E+00  0.0000E+00
  3  0.0000E+00  0.0000E+00  0.0000E+00  0.0000E+00  0.0000E+00  0.0000E+00
  4  -.1000E+01  0.0000E+00  0.0000E+00  0.0000E+00  0.0000E+00  0.0000E+00
  5  0.0000E+00  -.1000E+01  0.0000E+00  0.0000E+00  0.0000E+00  0.0000E+00
  6  0.0000E+00  0.2000E+01  -.1000E+01  0.0000E+00  0.0000E+00  0.0000E+00
  7  0.0000E+00  0.0000E+00  0.0000E+00  0.0000E+00  0.0000E+00  0.0000E+00
  8  0.1000E+01  0.0000E+00  0.0000E+00  -.5140E+00  0.8570E+00  0.0000E+00
  9  0.0000E+00  0.1000E+01  0.0000E+00  -.8570E+00  -.5140E+00  0.0000E+00
 10  0.0000E+00  0.0000E+00  0.1000E+01  0.0000E+00  0.5831E+01  -.1000E+01
 11  0.0000E+00  0.0000E+00  0.0000E+00  0.2750E+00  -.9610E+00  0.0000E+00
 12  0.0000E+00  0.0000E+00  0.0000E+00  0.0000E+00  0.0000E+00  0.1000E+01

LOAD    R
NUMER.LINEAS:  12      NUM. COLUMNAS:   1

PRINT   R


            1
  1  0.1000E+02
  2  0.0000E+00
  3  0.0000E+00
  4  -.2500E+01
  5  0.4330E+01
  6  0.0000E+00
  7  0.5000E+01
  8  0.0000E+00
  9  0.2000E+01
 10  0.0000E+00
 11  0.1000E+01
 12  0.2000E+01

SOLVE   AT      R
SKALAR =    0.0000000E+00

PRINT   R

            1
  1  -.4671E+01
  2  0.8091E+01
  3  -.1411E+02
  4  -.1909E+01
  5  0.4671E+01
  6  0.9252E+01
  7  0.5910E+00
  8  0.3415E+00
  9  0.9935E+01
 10  -.1119E+01
 11  -.1361E+01
 12  0.2000E+01


STOP
```

Por lo tanto el vector $\underline{F}$ resultante es:

$$\underline{F}^{T} = \left[-4.671 \quad 8.091 \quad -14.11 \;\vdots\; -1.909 \quad 4.671 \quad 9.252 \;\vdots\; 0.591 \quad 0.342 \quad 9.935 \;\vdots\; -1.119 \quad -1.361 \quad 2 \right]$$

y los $\underline{F}^{j}$ serán:

$$\underline{F}^{1} = \begin{bmatrix} -4.671 \\ 8.091 \\ -14.11 \end{bmatrix} \qquad \underline{F}^{2} = \begin{bmatrix} -1.909 \\ 4.671 \\ 9.252 \end{bmatrix} \qquad \underline{F}^{3} = \begin{bmatrix} 0.591 \\ 0.342 \\ 9.935 \end{bmatrix} \qquad \underline{F}^{4} = \begin{bmatrix} -1.119 \\ -1.361 \\ 2 \end{bmatrix}$$

Las matrices $\underline{T}^{j}$ de los elementos (tipo b) son:

$$\underline{T}^{1} = \begin{bmatrix} -1 & 0 & 0 \\ 0 & -1 & 0 \\ 0 & 5 & -1 \\ \hdashline 1 & 0 & 0 \\ 0 & 1 & 0 \\ 0 & 0 & 1 \end{bmatrix} \qquad \underline{T}^{2} = \begin{bmatrix} -1 & 0 & 0 \\ 0 & -1 & 0 \\ 0 & 5 & -1 \\ \hdashline 1 & 0 & 0 \\ 0 & 1 & 0 \\ 0 & 0 & 1 \end{bmatrix} \qquad \underline{T}^{3} = \begin{bmatrix} -1 & 0 & 0 \\ 0 & -1 & 0 \\ 0 & 2 & -1 \\ \hdashline 1 & 0 & 0 \\ 0 & 1 & 0 \\ 0 & 0 & 1 \end{bmatrix} \qquad \underline{T}^{4} = \begin{bmatrix} -1 & 0 & 0 \\ 0 & -1 & 0 \\ 0 & 5.831 & -1 \\ \hdashline 1 & 0 & 0 \\ 0 & 1 & 0 \\ 0 & 0 & 1 \end{bmatrix}$$

Haciendo los productos $\overline{\underline{S}}^{j} = \underline{T}^{j} \; \underline{F}^{j}$ se obtiene:

$$\overline{\underline{S}}^{1} = \begin{bmatrix} 4.671 \\ -8.09 \\ 54.565 \\ \hdashline -4.671 \\ 8.091 \\ -14.11 \end{bmatrix} \qquad \overline{\underline{S}}^{2} = \begin{bmatrix} 1.909 \\ -4.671 \\ 14.103 \\ \hdashline -1.909 \\ 4.671 \\ 9.252 \end{bmatrix} \qquad \overline{\underline{S}}^{3} = \begin{bmatrix} -0.591 \\ -0.342 \\ -9.251 \\ \hdashline 0.591 \\ 0.342 \\ 9.935 \end{bmatrix} \qquad \overline{\underline{S}}^{4} = \begin{bmatrix} 1.119 \\ 1.361 \\ -9.935 \\ \hdashline -1.119 \\ -1.361 \\ 2 \end{bmatrix}$$

Los esfuerzos internos en la convención clásica serán:

Elemento	***N_i***	***Q_i***	***M_i***	***N_d***	***Q_d***	***M_d***
①	-4,671	8.091	-54.565	-4.671	8.091	-14.10
②	-1.909	4.671	-14.10	-1.909	4.671	9.25
③	0.591	0.342	9.25	0.591	0.342	9.93
④	-1.119	-1.361	9.93	-1.119	-1.361	2

Los diagramas de esfuerzo son:

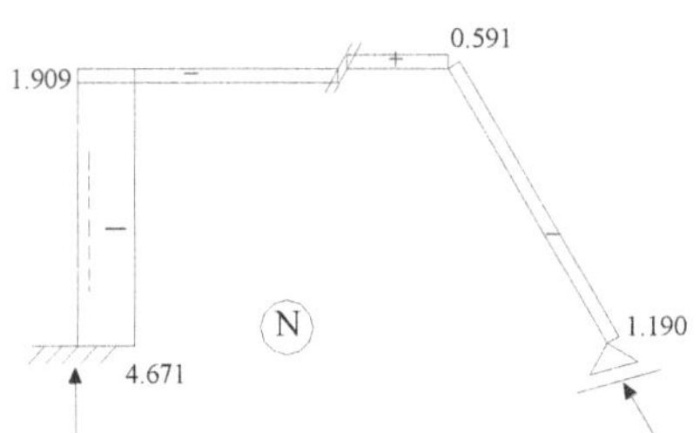

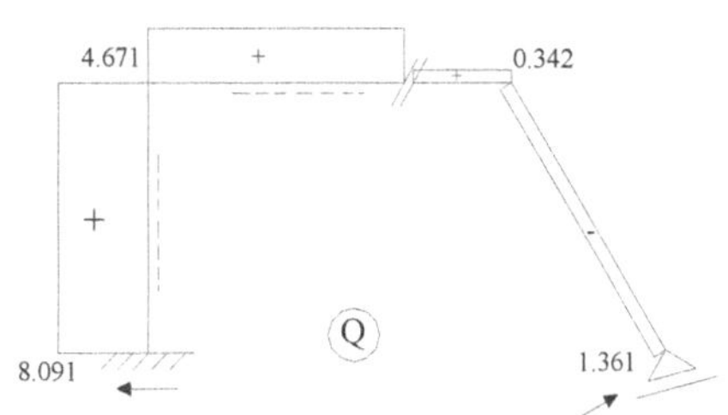

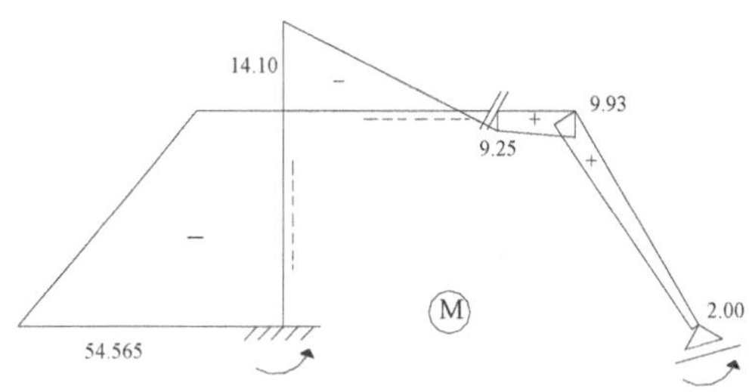

Ejemplo 4.10

Resolver la estructura isostática del Ejemplo 4.4 y dibujar diagramas de esfuerzos internos.

En el Ejemplo 4.4 se muestra la obtención de la matriz $\underline{a}^{T}$ y vector de cargas $\underline{R}$.

La entrada de datos del programa SMIS es:

```
START

LOAD  AT     (7F6.0)                      7     7
      .25    -1.
 -1.                 -.25  -.25
      1.           1.
             1.                      .5
                    .25   .25  -1.
                          1.         1.
                               -.707 -.3536
PRINT AT
LOAD  R                           7     1
 10.                                    -5.
PRINT R
SOLVE AT     R
PRINT R
STOP
```

El archivo de salida del programa SMIS es:

```
0 START

  SMIS (REV.2.0 - 25.04.2000 - DEPTO. OOCC - ULS)
  SMIS (FECHA DE EJECUCION : 7/ 8/2000  )
  SMIS (HORA  DE EJECUCION :13:12:49    )

0 LOAD    AT      (7F6.0 )
 NUMER.LINEAS:   7    NUM. COLUMNAS:   7

0 PRINT   AT

            1           2           3           4           5           6

   1  0.0000E+00  0.2500E+00  -.1000E+01  0.0000E+00  0.0000E+00  0.0000E+00
   2  -.1000E+01  0.0000E+00  0.0000E+00  -.2500E+00  -.2500E+00  0.0000E+00
   3  0.0000E+00  0.1000E+01  0.0000E+00  0.1000E+01  0.0000E+00  0.0000E+00
   4  0.0000E+00  0.0000E+00  0.1000E+01  0.0000E+00  0.0000E+00  0.0000E+00
   5  0.0000E+00  0.0000E+00  0.0000E+00  0.2500E+00  0.2500E+00  -.1000E+01
   6  0.0000E+00  0.0000E+00  0.0000E+00  0.0000E+00  0.1000E+01  0.0000E+00
   7  0.0000E+00  0.0000E+00  0.0000E+00  0.0000E+00  0.0000E+00  -.7070E+00

            7

   1  0.0000E+00
   2  0.0000E+00
   3  0.0000E+00
   4  0.5000E+00
   5  0.0000E+00
   6  0.1000E+01
   7  -.3536E+00

0 LOAD    R
 NUMER.LINEAS:   7    NUM. COLUMNAS:   1

0 PRINT   R
            1

   1  0.1000E+02
   2  0.0000E+00
   3  0.0000E+00
   4  0.0000E+00
   5  0.0000E+00
   6  0.0000E+00
   7  -.5000E+01

0 SOLVE   AT      R
 SKALAR =    0.0000000E+00
```

```
0 PRINT  R

           1

  1  0.4310E+01
  2  -.5517E+01
  3  -.1138E+02
  4  0.5517E+01
  5  -.2276E+02
  6  -.4310E+01
  7  0.2276E+02

0 STOP
```

Por lo tanto el vector $\underline{F}$ *resultante es:*

$$\underline{F} = [4.31 \quad -5.517 \; \vdots \; -11.38 \quad 5.517 \quad -22.76 \; \vdots \; -4.31 \quad 22.76]$$

Esto es:

$$\underline{F}^{1} = \begin{bmatrix} 4.31 \\ -5.517 \end{bmatrix} \qquad \underline{F}^{2} = \begin{bmatrix} -11.38 \\ 5.517 \\ -22.76 \end{bmatrix} \qquad \underline{F}^{3} = \begin{bmatrix} -4.31 \\ 22.76 \end{bmatrix}$$

Las matrices $\underline{T}^{j}$ *de los elementos son:*

$$\underline{T}^{1} = \begin{bmatrix} -1 & 0 \\ 0 & -1/4 \\ 0 & 1 \\ \hline 1 & 0 \\ 0 & 1/4 \\ 0 & 0 \end{bmatrix} \qquad \underline{T}^{2} = \begin{bmatrix} -1 & 0 & 0 \\ 0 & -1/4 & -1/4 \\ 0 & 1 & 0 \\ \hline 1 & 0 & 0 \\ 0 & 1/4 & 1/4 \\ 0 & 0 & 1 \end{bmatrix} \qquad \underline{T}^{3} = \begin{bmatrix} -1 & 0 \\ 0 & -1/2 \\ 0 & 1 \\ \hline 1 & 0 \\ 0 & 1/2 \\ 0 & 0 \end{bmatrix}$$

Haciendo los productos $\underline{T}^{j} \cdot \underline{F}^{j}$ *obtenemos los esfuerzos nodales* $\underline{\bar{S}}^{j}$*:*

$$\underline{\bar{S}}^{1} = \begin{bmatrix} -4.31 \\ 1.379 \\ -5.517 \\ \hline 4.31 \\ -1.379 \\ 0 \end{bmatrix} \qquad \underline{\bar{S}}^{2} = \begin{bmatrix} 11.38 \\ 4.311 \\ 5.517 \\ \hline -11.38 \\ -4.311 \\ -22.76 \end{bmatrix} \qquad \underline{\bar{S}}^{3} = \begin{bmatrix} 4.31 \\ -11.38 \\ 22.76 \\ \hline -4.31 \\ 11.38 \\ 0 \end{bmatrix}$$

Los esfuerzos internos en la convención clásica son:

Elemento	N_i	Q_i	M_i	N_d	Q_d	M_d
①	*4.31*	*-1.379*	*5.517*	*4.31*	*-1.379*	*0*
②	*-11.38*	*-4.311*	*-5.517*	*-11.38*	*-4.311*	*-22.76*
③	*-4.31*	*11.38*	*-22.76*	*-4.31*	*11.38*	*0*

Nótese que los elementos ① y ③ están orientados de arriba hacia abajo. Los diagramas de esfuerzo son:

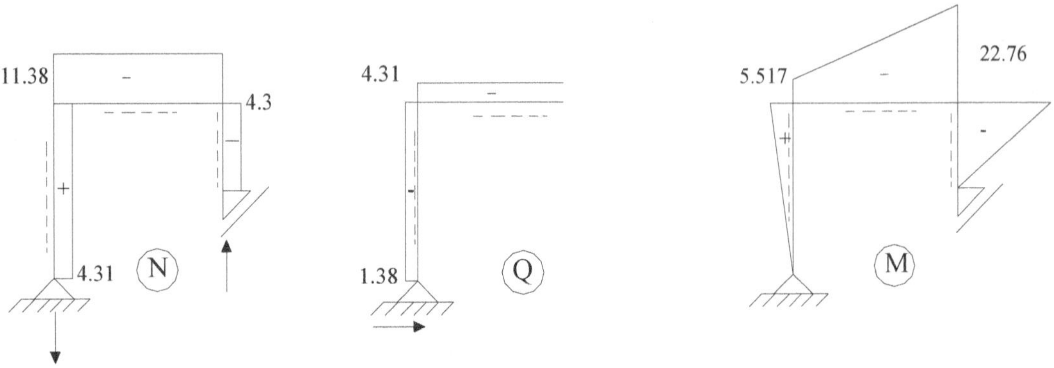

Ejemplo 4.11

Resolver la estructura isostática del Ejemplo 4.5 y dibujar diagramas de esfuerzos internos.

En el Ejemplo 4.5 se muestra la obtención de la matriz $\underline{a}^T$ y vector de cargas $\underline{R}$.

La entrada de datos del programa SMIS es:

```
START
LOAD  AT      (4F12.0)                 4     4
      1.                                  .25
             .2           -1.
             1.                            1.
-.7071067812 .1414213562
PRINT AT
LOAD  R       (4F12.0)                 4     1
   10.          5.                      3.535533906
PRINT R
SOLVE AT      R
PRINT R
STOP
```

El archivo de salida del programa SMIS para este ejemplo es:

```
0 START

  SMIS (REV.2.0 - 25.04.2000 - DEPTO. OOCC - ULS)
  SMIS (FECHA DE EJECUCION : 8/ 8/2000  )
  SMIS (HORA  DE EJECUCION :11:10:35    )


0 LOAD   AT     (4F12. 0)
 NUMER.LINEAS:   4    NUM. COLUMNAS:   4


0 PRINT  AT

           1           2           3           4

   1  0.1000E+01  0.0000E+00  0.0000E+00  0.2500E+00
   2  0.0000E+00  0.2000E+00  -.1000E+01  0.0000E+00
   3  0.0000E+00  0.1000E+01  0.0000E+00  0.1000E+01
   4  -.7071E+00  0.1414E+00  0.0000E+00  0.0000E+00

0 LOAD   R      (4F12. 0)
 NUMER.LINEAS:   4    NUM. COLUMNAS:   1
```

```
0 PRINT  R

           1

   1  0.1000E+02
   2  0.5000E+01
   3  0.0000E+00
   4  0.3536E+01
0 SOLVE  AT     R
 SKALAR =   0.1000000E-05


0 PRINT  R

            1

   1  -.6500E+02
   2  -.3000E+03
   3  -.6500E+02
   4  0.3000E+03

0 STOP
```

Por lo tanto el vector $\underline{F}$ *resultante es:*

$$\underline{F}^T = [-65 \quad -300 \;\vdots\; -65 \quad 300]$$

Esto significa que:

$$\underline{F}^1 = \begin{bmatrix} -65 \\ \hdashline -300 \end{bmatrix} \qquad \underline{F}^2 = \begin{bmatrix} -65 \\ \hdashline 300 \end{bmatrix}$$

Las matrices $\underline{T}^j$ *de los elementos son:*

$$\underline{T}^1 = \begin{bmatrix} -1 & 0 \\ 0 & -1/5 \\ 0 & 0 \\ \hdashline 1 & 0 \\ 0 & 1/5 \\ 0 & 1 \end{bmatrix} \qquad \underline{T}^2 = \begin{bmatrix} -1 & 0 \\ 0 & -1/4 \\ 0 & 1 \\ \hdashline 1 & 0 \\ 0 & 1/4 \\ 0 & 0 \end{bmatrix}$$

Haciendo los productos $\underline{T}^j \;\; \underline{F}^j$ *se obtienen los esfuerzos nodales* $\underline{\bar{S}}^J$*:*

$$\underline{\bar{S}}^1 = \begin{bmatrix} 65 \\ 60 \\ 0 \\ \hdashline -65 \\ -60 \\ -300 \end{bmatrix} \qquad \underline{\bar{S}}^2 = \begin{bmatrix} 65 \\ -75 \\ 300 \\ \hdashline -65 \\ 75 \\ 0 \end{bmatrix}$$

Los esfuerzos internos en la convención clásica son:

Elemento	N_i	Q_i	M_i	N_d	Q_d	M_d
①	-65	-60	0	-65	-60	-300
②	-65	75	-300	-65	75	0

Los diagramas de esfuerzo son:

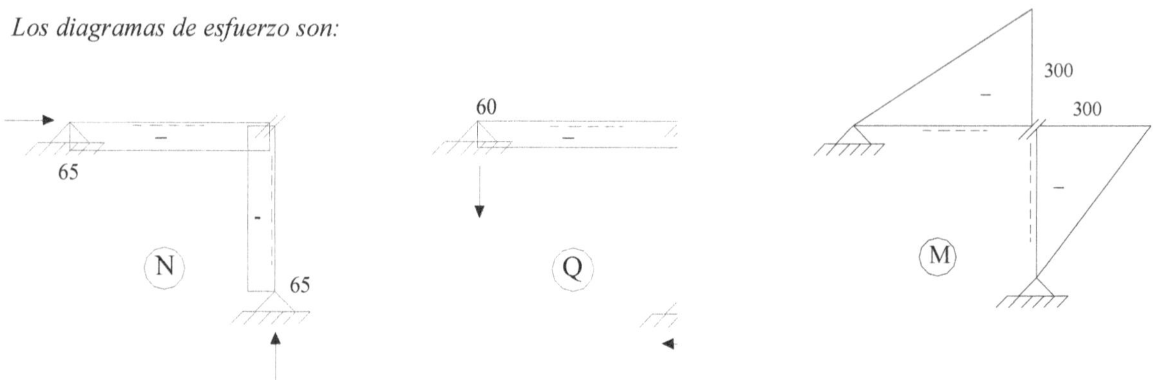

Ejemplo 4.12

Resolver la estructura isostática del Ejemplo 4.6 y dibujar diagramas de esfuerzos internos.

En el Ejemplo 4.6 se muestra la obtención de la matriz $\underline{a}^T$ *y vector de cargas* $\underline{R}$.

La entrada de datos del programa SMIS es:

```
START
LOAD  AT    (6F6.0)                 6     6
      .33333-.8   -.12
 -1.        .6   -.16
      1.          1.
            .8    .12         .16667
           -.6    .16   -1.
                               1.
PRINT AT
LOAD  R                             6     1
   10.
PRINT R
SOLVE AT     R
PRINT R
STOP
```

El archivo de salida del programa SMIS para este ejemplo es:

```
0 START

  SMIS (REV.2.0 - 25.04.2000 - DEPTO. OOCC - ULS)
  SMIS (FECHA DE EJECUCION : 8/ 8/2000  )
  SMIS (HORA  DE EJECUCION :11:53:38    )

0 LOAD   AT     (6F6.0 )
 NUMER.LINEAS:   6    NUM. COLUMNAS:   6
```

```
0 PRINT  AT

            1           2           3           4           5           6

   1  0.0000E+00  0.3333E+00  -.8000E+00  -.1200E+00  0.0000E+00  0.0000E+00
   2  -.1000E+01  0.0000E+00  0.6000E+00  -.1600E+00  0.0000E+00  0.0000E+00
   3  0.0000E+00  0.1000E+01  0.0000E+00  0.1000E+01  0.0000E+00  0.0000E+00
   4  0.0000E+00  0.0000E+00  0.8000E+00  0.1200E+00  0.0000E+00  0.1667E+00
   5  0.0000E+00  0.0000E+00  -.6000E+00  0.1600E+00  -.1000E+01  0.0000E+00
   6  0.0000E+00  0.0000E+00  0.0000E+00  0.0000E+00  0.0000E+00  0.1000E+01

0 LOAD   R
 NUMER.LINEAS:    6     NUM. COLUMNAS:    1
0 PRINT  R

            1

   1  0.1000E+02
   2  0.0000E+00
   3  0.0000E+00
   4  0.0000E+00
   5  0.0000E+00
   6  0.0000E+00

0 SOLVE  AT      R
 SKALAR =     0.0000000E+00


0 PRINT  R

            1

   1  0.7500E+01
   2  0.3000E+02
   3  0.4500E+01
   4  -.3000E+02
   5  -.7500E+01
   6  0.0000E+00

0 STOP
```

Por lo tanto el vector $\underline{F}$ resultante es:

$$\underline{F}^T = [7.5 \quad 30 \mid 4.5 \quad -30 \mid -7.5 \quad 0]$$

Esto significa:

$$\underline{F}^1 = \begin{bmatrix} 7.5 \\ 30 \end{bmatrix} \qquad \underline{F}^2 = \begin{bmatrix} 4.5 \\ -30 \end{bmatrix} \qquad \underline{F}^3 = \begin{bmatrix} -7.5 \\ 0 \end{bmatrix}$$

Las matrices $\underline{T}^j$ son:

$$\underline{T}^1 = \begin{bmatrix} -1 & 0 \\ 0 & -1/3 \\ 0 & 0 \\ \hdashline 1 & 0 \\ 0 & 1/3 \\ 0 & 1 \end{bmatrix} \qquad \underline{T}^2 = \begin{bmatrix} -1 & 0 \\ 0 & -1/5 \\ 0 & 1 \\ \hdashline 1 & 0 \\ 0 & 1/5 \\ 0 & 0 \end{bmatrix} \qquad \underline{T}^3 = \begin{bmatrix} -1 & 0 \\ 0 & -1/6 \\ 0 & 1 \\ \hdashline 1 & 0 \\ 0 & 1/6 \\ 0 & 0 \end{bmatrix}$$

Haciendo los productos $\underline{T}^j \; \underline{F}^j$ se obtienen los esfuerzos nodales $\underline{\overline{S}}^J$:

$$\underline{\overline{S}}^1 = \begin{bmatrix} -7.5 \\ -10 \\ 0 \\ \hline 7.5 \\ 10 \\ 30 \end{bmatrix} \qquad \underline{\overline{S}}^2 = \begin{bmatrix} -4.5 \\ 6 \\ -30 \\ \hline 4.5 \\ -6 \\ 0 \end{bmatrix} \qquad \underline{\overline{S}}^3 = \begin{bmatrix} 7.5 \\ 0 \\ 0 \\ \hline -7.5 \\ 0 \\ 0 \end{bmatrix}$$

Los esfuerzos internos en la convención clásica son:

Elemento	N_i	Q_i	M_i	N_d	Q_d	M_d
①	7.5	10	0	7.5	10	30
②	4.5	-6	30	4.5	-6	0
③	-7.5	0	0	-7.5	0	0

Los diagramas de esfuerzo son:

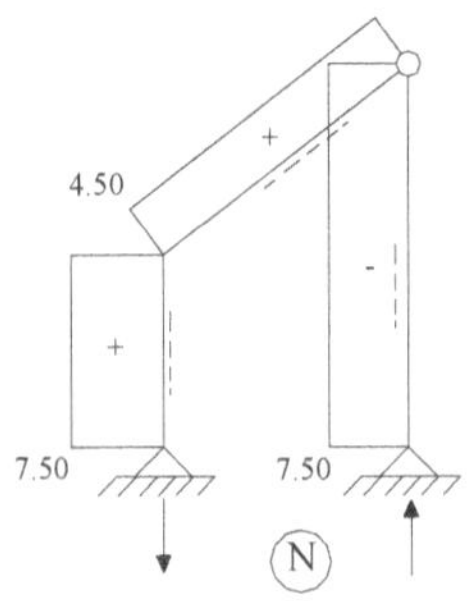

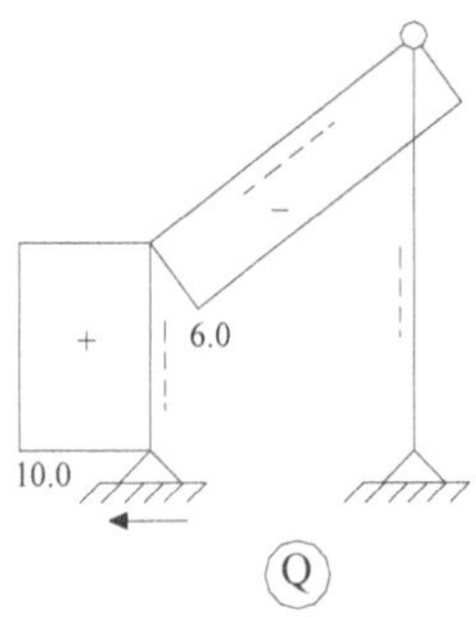

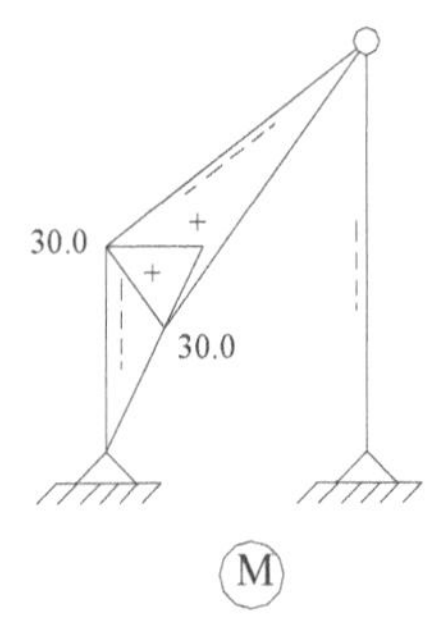

Ejemplo 4.13

Resolver la grilla isostática indicada y dibujar diagramas de momento torsor, momento flector y esfuerzo de corte.

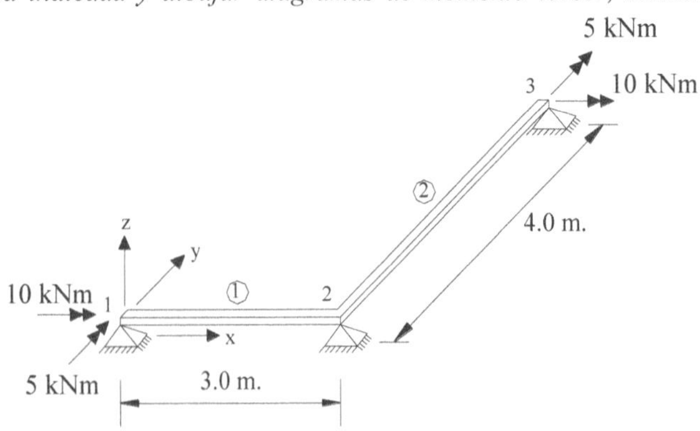

Nudo	x (m)	y (m)
1	**0**	**0**
2	**3**	**0**
3	**3**	**4**

Elemento	Nudo		l_i	cosα	senα
	i	d			
①	**1**	**2**	**3**	**1**	**0**
②	**2**	**3**	**4**	**0**	**1**

Usando elementos de grilla tipo (a) del Anexo B, tenemos que:

$$(\underline{a}^{1})^{T}=\left[\begin{array}{ccc} 0 & -1/3 & -1/3 \\ -1 & 0 & 0 \\ 0 & 1 & 0 \\ \hdashline 0 & 1/3 & 1/3 \\ 1 & 0 & 0 \\ 0 & 0 & 1 \end{array}\right] \qquad (\underline{a}^{2})^{T}=\left[\begin{array}{ccc} 0 & -1/4 & -1/4 \\ 0 & -1 & 0 \\ -1 & 0 & 0 \\ \hdashline 0 & 1/4 & 1/4 \\ 0 & 0 & -1 \\ 1 & 0 & 0 \end{array}\right]$$

Condición de apoyo

Los nudos 1, 2 y 3 no son desplazables en dirección z, por lo que se elimina la primera fila correspondiente a cada nudo.

Elem. → ① ②

Nudos ↓ *Nudos* ↓

$$\begin{array}{c} 1 \\ \\ 2 \\ \\ 3 \\ \\ \end{array}\left[\begin{array}{ccc:ccc} -1 & 0 & 0 & & & \\ 0 & 1 & 0 & & \underline{0} & \\ \hdashline 1 & 0 & 0 & 0 & -1 & 0 \\ 0 & 0 & 1 & -1 & 0 & 0 \\ \hdashline & \underline{0} & & 0 & 0 & -1 \\ & & & 1 & 0 & 0 \end{array}\right]\left[\begin{array}{c} F_1^1 \\ F_2^1 \\ F_3^1 \\ \hdashline F_1^2 \\ F_2^2 \\ F_3^2 \end{array}\right]=\left[\begin{array}{c} 10 \\ 5 \\ \hdashline 0 \\ 0 \\ \hdashline 10 \\ 5 \end{array}\right]\begin{array}{c} 1 \\ \\ 2 \\ \\ 3 \\ \\ \end{array}$$

$$\underline{a}^{T} \qquad \underline{F} = \underline{R}$$

La solución del sistema de ecuaciones es:

$$\underline{F}^{T}=\left[-10 \quad 5 \quad 5 \;\vdots\; 5 \quad -10 \quad -10\right]$$

Por lo tanto:

$$\underline{F}^{1}=\left[\begin{array}{c} -10 \\ 5 \\ 5 \end{array}\right] \qquad \underline{F}^{2}=\left[\begin{array}{c} 5 \\ -10 \\ -10 \end{array}\right]$$

Las matrices $\underline{T}^{1}$ *y* $\underline{T}^{2}$ *son:*

$$\underline{T}^{1}=\left[\begin{array}{ccc} 0 & -1/3 & -1/3 \\ -1 & 0 & 0 \\ 0 & 1 & 0 \\ \hdashline 0 & 1/3 & 1/3 \\ 1 & 0 & 0 \\ 0 & 0 & 1 \end{array}\right] \qquad \underline{T}^{2}=\left[\begin{array}{ccc} 0 & -1/4 & -1/4 \\ -1 & 0 & 0 \\ 0 & 1 & 0 \\ \hdashline 0 & 1/4 & 1/4 \\ 1 & 0 & 0 \\ 0 & 0 & 1 \end{array}\right]$$

Haciendo los productos $\underline{T}^{j} \cdot \underline{F}^{j}$ *se obtiene los esfuerzos nodales* $\overline{\underline{S}}^{j}$

$$\overline{\underline{S}}^{1} = \begin{bmatrix} -10/3 \\ 10 \\ 5 \\ \hdashline 10/3 \\ -10 \\ 5 \end{bmatrix} \qquad \overline{\underline{S}}^{2} = \begin{bmatrix} 5 \\ -5 \\ -10 \\ \hdashline -5 \\ 5 \\ -10 \end{bmatrix}$$

Considerando los esfuerzos internos del borde derecho positivos en la dirección del sistema local de coordenadas, se tiene que:

Elemento	Q_i	M_i^T	M_i^F	Q_d	M_d^T	M_d^F
①	*10/3*	*-10*	*-5*	*10/3*	*-10*	*5*
②	*-5*	*5*	*10*	*-5*	*5*	*-10*

Los diagramas de esfuerzos internos son:

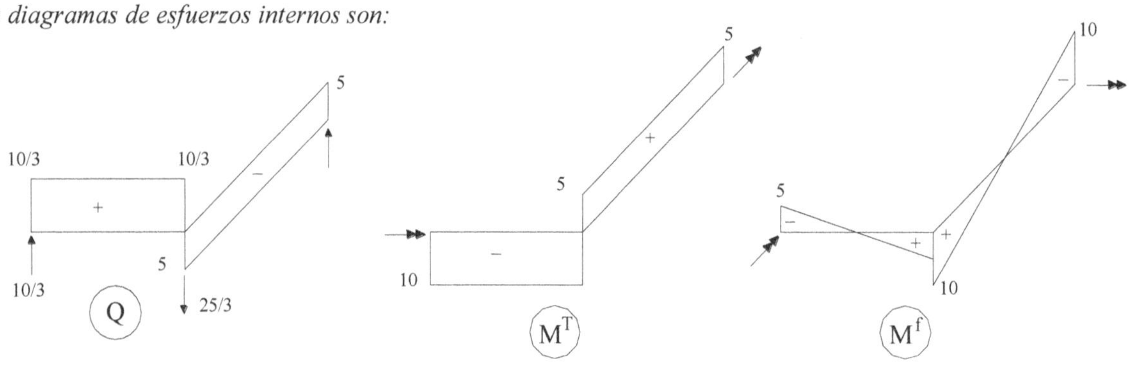

5. MATRICES DE FLEXIBILIDAD, DESPLAZAMIENTO DE ESTRUCTURAS ISOSTÁTICAS

Para calcular los desplazamientos que experimenta una estructura sometida a un sistema de cargas cualquiera, es necesario conocer, además de la topología de la estructura (geometría, dimensiones), otras propiedades de los elementos. Ellas son: características de las secciones de los elementos y propiedades del material.

Entre las características de las secciones y dependiendo del tipo de elemento se necesita el área, eventualmente área equivalente al corte, momentos de inercia a flexión c/r a uno o dos ejes principales y/o momento de inercia a torsión.

Para las propiedades del material se supondrá un material lineal - elástico en el que se cumple la ley de Hooke:

$$\sigma = E\varepsilon \qquad\qquad E > 0 \tag{5.1}$$

para una tracción uniaxial. E es el módulo de elasticidad del material, σ la tensión axial y ε la deformación axial unitaria.

La relación entre las tensiones tangenciales τ y la deformación angular γ está dada por:

$$\tau = G\gamma \tag{5.2}$$

En que G es el módulo de cizalle o módulo de corte y está dado por:

$$G = \frac{E}{2(1+\mu)} \tag{5.3}$$

en que μ es el coeficiente de Poisson.

En lo demás, se supondrá conocida **la teoría de vigas** y la **teoría de torsión de barras** (ver p.ej. "Mecánica de Materiales" de Gere - Timoshenko, 1986 y "Elasticidad" de L. Ortiz Berrocal. 1998).

Es sabido que para cada fuerza o momento en una estructura, sean estas fuerzas o momentos de tipo externo (cargas) o internos (esfuerzos internos) está asociado un desplazamiento o giro en la misma dirección y sentido de la fuerza o momento, de modo que el producto de la fuerza (o momento) por el desplazamiento (o giro) nos indica el trabajo realizado por dicha fuerza o momento.

De esta manera podemos definir vectores de desplazamientos nodales de los elementos y de la estructura en correspondencia bi-unívoca con los vectores de fuerzas de los elementos y de la estructura. Así definimos los siguientes vectores de desplazamiento:

$\underline{v}^j$: vector de deformaciones o desplazamientos nodales linealmente independientes del elemento (j) asociados al vector de fuerzas nodales linealmente independientes $\underline{F}^j$.

$\underline{v}$: vector de deformaciones o desplazamientos linealmente independientes de **todos los elementos** de la estructura asociados al vector de fuerzas nodales linealmente independientes de la estructura $\underline{F}$.

$\underline{\overline{u}}^j$: vector de desplazamientos nodales en coordenadas locales del elemento (j) asociados al vector de fuerzas nodales en coordenadas locales $\underline{\overline{S}}^j$.

$\underline{u}^j$: vector de desplazamientos nodales en coordenadas globales del elemento (j) asociados al vector de fuerzas nodales en coordenadas globales $\underline{S}^j$.

$\underline{u}$: vector de desplazamientos nodales en coordenadas globales de **todos los elementos** de la estructura asociados al vector de fuerzas nodales en coordenadas globales de todos los elementos de la estructura $\underline{S}$.

$\underline{r}$: vector de desplazamientos de los nudos de la estructura asociados al vector de cargas $\underline{R}$.

En este capítulo se determinarán las relaciones entre los esfuerzos internos y las deformaciones de los elementos, así como las relaciones entre varios tipos de desplazamientos de los elementos y de la estructura en general.

5.1. Matrices de flexibilidad

Como se mencionaba anteriormente a cada vector de fuerzas le corresponde un vector de desplazamientos asociados. De esta manera, a las fuerzas nodales linealmente independientes de un elemento $\underline{F}^j$ le corresponde un vector de desplazamientos linealmente independientes o deformaciones del elemento $\underline{v}^j$. Entre ambos vectores existe una relación:

$$\underline{v}^j = \underline{f}^j \ \underline{F}^j \qquad (5.4)$$

En que $\underline{f}^j$ es la "**matriz de flexibilidad del elemento (j)**". Esta relación es **bi-univoca** es decir, conocidos los $\underline{F}^j$ se pueden determinar los $\underline{v}^j$ y de igual manera si se conocen los $\underline{v}^j$ se pueden obtener los $\underline{F}^j$.

Lo anterior significa que la matriz $\underline{f}^j$ es una matriz cuadrada, no singular (invertible), cuya dimensión es igual al número de fuerzas nodales linealmente independientes del elemento (ver Tabla 3.1).

En la Figura 5.1 se muestran los elementos de viga plana tipos (a) y (b) con sus fuerzas linealmente independientes $\underline{F}^j$ y correspondientes desplazamientos linealmente independientes $\underline{v}^j$. Se han incluido los apoyos isostáticos que indican que las reacciones en dichos apoyos corresponden a las fuerzas linealmente dependientes. Las fuerzas $\underline{F}^j$ se pueden suponer como cargas en el sistema apoyado isostáticamente y los $\underline{v}^j$ son los desplazamientos nodales que se producen.

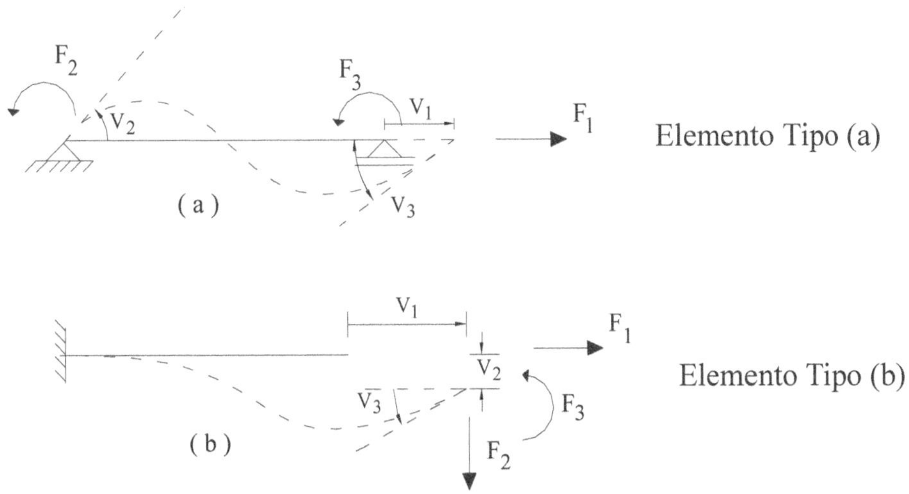

FIGURA 5.1. Deformaciones $\underline{v}^j$ de elemento de viga plana

Las componentes de la matriz $\underline{f}^j$ se puede obtener utilizando el **"Principio de los Trabajos Virtuales"** o **"método de la carga unitaria"**.

En efecto si n es la dimensión de la matriz $\underline{f}^j$, la fila i de la relación (5.4) será:

$$\underline{v}_i^j = f_{i1}^j F_1^j + f_{i2}^j F_2^j + \dots\dots\dots + f_{in}^j F_n^j \tag{5.5}$$

De esta manera la componente f_{ik}^j de la matriz $\underline{f}^j$ será igual al desplazamiento linealmente independiente v_i^j cuando se hace $F_k^j = 1$ y todos los demás $F_\ell^j = 0$ para $\ell \neq k$.

Por ejemplo para calcular la componente f_{23}^j de cualquiera de los elementos de viga plana de la Figura 5.1, se deberá calcular el desplazamiento v_2 que se produce debido al sistema de cargas $F_3 = 1$ con $F_1 = F_2 = 0$.

Para calcular los desplazamientos $v_i^{\,j} = f_{ik}^{j}$ debido a una carga unitaria $F_k^{\,j} = 1$ se puede hacer uso del método de la carga unitaria. De esta forma se obtiene que:

"La componente f_{ik}^{j} de la matriz de flexibilidad $\underline{f}^{\,j}$ de un elemento Ⓙ es igual al trabajo virtual de las fuerzas internas debido a una carga real $F_k^{\,j} = 1$ por las deformaciones debido a una carga virtual $F_i^{\,j} = 1$ o viceversa".

Para el caso más general de una viga en el espacio esto significa que:

$$f_{ik}^{j} = \int_0^{\ell} \left(\frac{N_i N_k}{EA} + \kappa_y \frac{Q_{yi} Q_{yk}}{GA} + \kappa_z \frac{Q_{zi} Q_{zk}}{GA} + \frac{M_{xi} M_{xk}}{GI_T} + \frac{M_{yi} M_{yk}}{EI_y} + \frac{M_{zi} M_{zk}}{EI_z} \right) d\overline{x} \qquad (5.6)$$

en que

N_i, Q_{yi}, Q_{zi}, M_{xi}, M_{yi}, M_{zi} : esfuerzos internos debido a $F_i = 1$

N_k, Q_{yk}, Q_{zk}, M_{xk}, M_{yk}, M_{zk} : esfuerzos internos debido a $F_k = 1$

A : Sección de la barra.

I_T : Momento resistente a torsión

I_y : Momento de inercia con respecto a eje $\overline{y}$

I_z : Momento de inercia con respecto a eje $\overline{z}$

E : Modulo de elasticidad

G : Módulo de corte o cizalle

κ_y : Factor de deformación por corte en dirección y

κ_z : Factor de deformación por corte en dirección z

Los factores de deformación por corte más usuales se indican en la Tabla 5.1

Tabla 5.1. Factores de deformación por corte

Forma de la sección	κ_Z
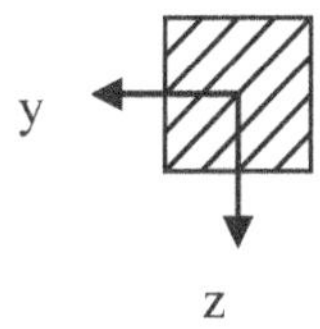	6/5
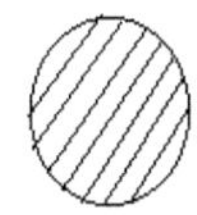	4/3
	$\approx \dfrac{A}{A_{alma}}$

En la práctica es común utilizar **"áreas de corte"** A_{Qy} y A_{Qz} de la sección en lugar de los factores κ, definiéndose:

$$A_{Qy} = \frac{A}{\kappa_y}$$
$$A_{Qz} = \frac{A}{\kappa_z} \tag{5.7}$$

A continuación, se mostrará la deducción de las matrices de flexibilidad de algunos elementos.

Ejemplo 5.1

Deducir la matriz de flexibilidad $\underline{f}^{j}$ *de un elemento de viga espacial.*

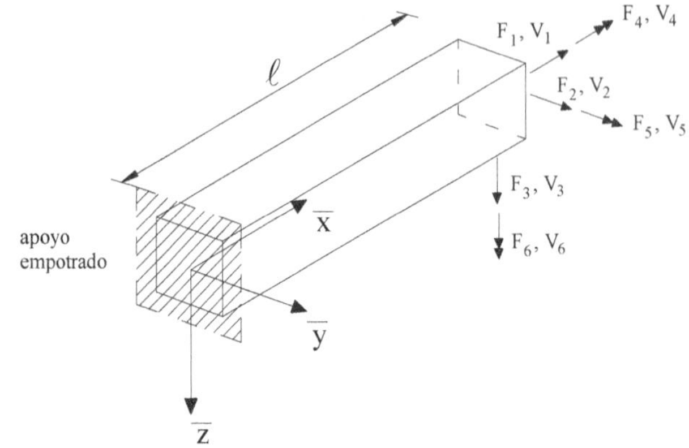

FIGURA 5.2. Viga espacial empotrada - libre

En la Figura 5.2 se muestra un elemento de viga espacial empotrado a la izquierda y con las fuerzas F_i *(como cargas) a la derecha. Los esfuerzos internos debido a* $F_i = 1$ $(i = 1, \ldots 6)$ *son:*

Para $F_1 = 1$ *resulta* $N(\bar{x}) = 1$ *(resto 0)*

Para $F_2 = 1$ *resulta* $Q_y(\bar{x}) = 1$, $M_z(\bar{x}) = \ell - \bar{x}$ *(resto 0)*

Para $F_3 = 1$ *resulta* $Q_z(\bar{x}) = 1$, $M_y(\bar{x}) = -\ell + \bar{x}$ *(resto 0)*

Para $F_4 = 1$ *resulta* $M_x(\bar{x}) = 1$ *(resto 0)*

Para $F_5 = 1$ *resulta* $M_y(\bar{x}) = 1$ *(resto 0)*

Para $F_6 = 1$ *resulta* $M_z(\bar{x}) = 1$ *(resto 0)*

Reemplazando en (5.6) se obtiene:

$$f_{11} = \frac{\ell}{EA} \qquad f_{12} = f_{13} = f_{14} = f_{15} = f_{16} = 0$$

$$f_{22} = \kappa_y \frac{\ell}{GA} + \frac{\ell^3}{3EI_z} \qquad f_{23} = f_{24} = f_{25} = 0 \qquad f_{26} = \frac{\ell^2}{2EI_z}$$

$$f_{33} = \kappa_z \frac{\ell}{GA} + \frac{\ell^3}{3EI_y} \qquad f_{34} = f_{36} = 0 \qquad f_{35} = -\frac{\ell^2}{2EI_y}$$

$$f_{44} = \frac{\ell}{GI_T} \qquad f_{45} = f_{46} = 0$$

$f_{55} = \dfrac{\ell}{EI_y}$ $\qquad f_{56} = 0$

$f_{66} = \dfrac{\ell}{EI_z}$

De esta forma se ha obtenido la matriz $\underline{f}^j$ *de un elemento de viga espacial:*

$$\underline{f}^{\,j} = \begin{bmatrix} \dfrac{\ell}{EA} & 0 & 0 & 0 & 0 & 0 \\ & \kappa_y \dfrac{\ell}{GA} + \dfrac{\ell^3}{3EI_z} & 0 & 0 & 0 & \dfrac{\ell^2}{2EI_z} \\ & & \kappa_z \dfrac{\ell}{GA} + \dfrac{\ell^3}{3EI_y} & 0 & -\dfrac{\ell^2}{2EI_y} & 0 \\ & & & \dfrac{\ell}{GI_T} & 0 & 0 \\ & \textit{simétrica} & & & \dfrac{\ell}{EI_y} & 0 \\ & & & & & \dfrac{\ell}{EI_z} \end{bmatrix} \tag{5.8}$$

De la ecuación (5.6) se observa por simple permutación de los índices i, k que la matriz $\underline{f}^j$ es simétrica, esto es:

$$f_{ik} = f_{ki} \tag{5.9}$$

Esto se conoce normalmente como el Teorema de Maxwell ($\delta_{ik} = \delta_{ki}$).

Si se analizan las componentes f_{22} y f_{33} de la matriz de flexibilidad en que aparece la influencia de la deformación por corte, se observa que:

$$f_{22} = \frac{\kappa_y \ell}{GA} + \frac{\ell^3}{3EI_z} = \frac{\ell^3}{3EI_z}(1 + \beta_y) \tag{5.10}$$

$$f_{33} = \frac{\kappa_z \ell}{GA} + \frac{\ell^3}{3EI_y} = \frac{\ell^3}{3EI_y}(1 + \beta_z) \tag{5.11}$$

en que:

$$\beta_y = \kappa_y \frac{3EI_z}{\ell^2 GA} \qquad \text{y} \qquad \beta_z = \kappa_z \frac{3EI_y}{\ell^2 GA} \tag{5.12}$$

Estos factores β_y y β_z son muy pequeños cuando las barras son muy esbeltas, esto es, su largo es mucho mayor que su altura. Por ejemplo si suponemos una barra de sección rectangular de largo $\ell = \lambda h$ en que h es la altura, y suponiendo un coeficiente de Poisson $\mu = 1/4$ se obtiene que:

$$\beta = \frac{3}{4\lambda^2} \tag{5.13}$$

Se observa que para $\lambda >> 1$ el factor β se hace muy pequeño, por lo que para cálculos manuales rápidos normalmente se desprecia. Sin embargo, en un programa computacional debiera ser siempre considerado.

Ejemplo 5.2

Deducir la matriz de flexibilidad $\underline{f}^j$ de un elemento de viga plana tipo (a).

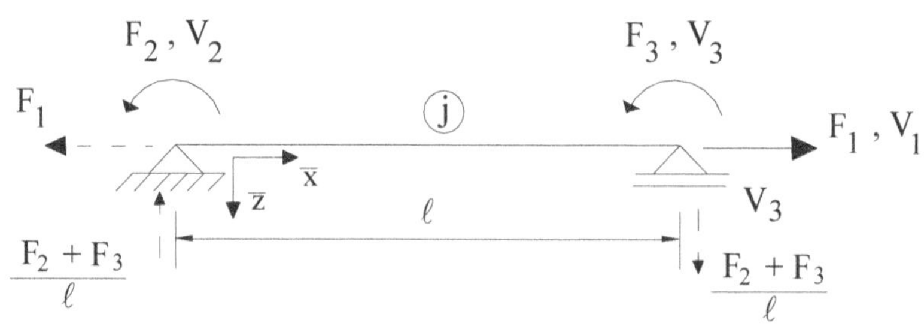

FIGURA 5.3. Viga plana tipo (a)

En la Fig. 5.3 se muestra el elemento de viga tipo (a) apoyado isostáticamente con las fuerzas linealmente independientes F_1, F_2 y F_3 como cargas. Con línea punteada se indican las reacciones que corresponden a las fuerzas linealmente dependientes.

Los esfuerzos internos son:

$$N(\bar{x}) = F_1 \qquad Q(\bar{x}) = \frac{F_2 + F_3}{\ell} \qquad M(\bar{x}) = \frac{F_2 + F_3}{\ell}\bar{x} - F_2$$

Por lo tanto se tiene que:

para $F_1 = 1$ *y* $F_2 = F_3 = 0 \qquad N(\bar{x}) = 1 \qquad Q(\bar{x}) = 0 \qquad M(\bar{x}) = 0$

para $F_2 = 1$ *y* $F_1 = F_3 = 0$ $\quad N(\bar{x}) = 0 \quad Q(\bar{x}) = \frac{1}{\ell} \quad M(\bar{x}) = \frac{\bar{x}}{\ell} - 1$

para $F_3 = 1$ *y* $F_1 = F_2 = 0$ $\quad N(\bar{x}) = 0 \quad Q(\bar{x}) = \frac{1}{\ell} \quad M(\bar{x}) = \frac{\bar{x}}{\ell}$

La ecuación (5.6) para el caso plano se reduce a:

$$f_{ik}^{j} = \int_0^{\ell} \left(\frac{N_i N_k}{EA} + \kappa \frac{Q_i Q_k}{GA} + \frac{M_i M_k}{EI} \right) d\bar{x} \qquad (5.14)$$

Reemplazando se obtiene:

$$f_{11} = \frac{\ell}{EA} \qquad f_{12} = f_{13} = 0$$

$$f_{22} = \frac{\ell}{3EI} + \kappa \frac{1}{\ell GA} = \frac{\ell}{3EI}(1+\beta) \qquad f_{23} = -\frac{\ell}{6EI} + \kappa \frac{1}{\ell GA} = -\frac{\ell}{6EI}(1-2\beta)$$

$$f_{33} = \frac{\ell}{3EI} + \kappa \frac{1}{\ell GA} = \frac{\ell}{3EI}(1+\beta)$$

En que β *es el factor según (5.12) :*

$$\beta = \kappa \frac{3EI}{\ell^2 GA} = \frac{3EI}{\ell^2 GA_Q} \qquad (5.15)$$

En que de acuerdo a (5.7) $A_Q = A / \kappa$

Por lo tanto la matriz $\underline{f}^j$ de un elemento de viga plana tipo (a) es:

$$\underline{f}^j = \begin{bmatrix} \frac{\ell}{EA} & 0 & 0 \\ & \frac{\ell}{3EI}(1+\beta) & -\frac{\ell}{6EI}(1-2\beta) \\ \textit{simétrica} & & \frac{\ell}{3EI}(1+\beta) \end{bmatrix} \qquad (5.16)$$

Para una esbeltez λ alta, el factor β de acuerdo a (5.13) es muy pequeño por lo que para cálculos manuales se desprecia. En ese caso $\underline{f}^j$ está dada por:

$$\underline{f}^j = \begin{bmatrix} \frac{\ell}{EA} & 0 & 0 \\ & \frac{\ell}{3EI} & -\frac{\ell}{6EI} \\ simétrica & & \frac{\ell}{3EI} \end{bmatrix} \tag{5.17}$$

Las matrices de flexibilidad para otros tipos de elementos se muestran en el Anexo B.

5.2. Relaciones entre desplazamientos

Así como entre los distintos sistemas de fuerzas existen relaciones que llamamos **"relaciones de equilibrio"** entre los diferentes tipos de desplazamientos existen relaciones que comúnmente se denominan **"relaciones de compatibilidad"**.

Estas relaciones de compatibilidad entre desplazamientos se pueden deducir fácilmente haciendo uso del **"Principio de los Trabajos Virtuales"**. Este principio se puede aplicar a un elemento o a la estructura completa.

Supongamos una estructura sometida a un conjunto de cargas que producen desplazamientos nodales $\underline{r}$ y deformaciones de los elementos $\underline{v}$. Si a esta estructura le aplicamos un sistema de **cargas virtuales** $\underline{\hat{R}}$, ellas producen un conjunto de **fuerzas internas virtuales** $\underline{\hat{F}}$. Entre ambos sistemas de fuerza se cumple la relación de equilibrio (4.17).

$$\underline{a}^T \underline{\hat{F}} = \underline{\hat{R}} \tag{5.18}$$

El principio de los trabajos virtuales indica que:

$$\underline{\hat{F}}^T \underline{v} = \underline{\hat{R}}^T \underline{r} \tag{5.19}$$

Si se reemplaza (5.18) en (5.19) se obtiene:

$$\underline{\hat{F}}^T \underline{v} = \left(\underline{a}^T \underline{\hat{F}}\right)^T \underline{r}$$

o bien

$$\underline{\hat{F}}^T \left(\underline{v} - \underline{a}\,\underline{r}\right) = 0 \tag{5.20}$$

La relación (5.20) dice que el producto escalar del vector $\hat{\underline{F}}$ y el vector $(\underline{v}-\underline{a}\,\underline{r})$ es cero. Como el vector $\hat{\underline{F}}$ es **virtual**, se pueden descartar los casos especiales $\hat{\underline{F}}=\underline{0}$ o que ambos vectores sean ortogonales, por lo que necesariamente se debe cumplir:

$$\underline{v}=\underline{a}\,\underline{r} \tag{5.21}$$

La ecuación (5.21) representa la relación de compatibilidad entre los desplazamientos nodales de la estructura $\underline{r}$ y las deformaciones (o desplazamientos linealmente independientes) de los elementos $\underline{v}$. Si se compara dicha relación con la ecuación (4.17)

$$\underline{a}^T\,\underline{F}=\underline{R}$$

Se observa que entre ambas ecuaciones existe una similitud que se denomina **relación contragrediente**.

De igual manera usando el principio de los **trabajos virtuales** se pueden demostrar que se cumplen las siguientes **relaciones contragredientes**:

de (3.3) $\quad \underline{\bar{S}}^j=\underline{T}^j\,\underline{F}^j \qquad$ se deduce $\underline{v}^j=\left(\underline{T}^j\right)^T\,\underline{\bar{u}}^j \qquad$ (5.22)

de (3.5) $\quad \underline{S}^j=\underline{L}_D{}^j\,\underline{\bar{S}}^j \qquad$ se deduce $\underline{\bar{u}}^j=\left(\underline{L}_D{}^j\right)^T\,\underline{u}^j \qquad$ (5.23)

de (3.16) $\quad \underline{S}^j=\left(\underline{a}^j\right)^T\,\underline{F}^j \qquad$ se deduce $\underline{v}^j=\underline{a}^j\,\underline{u}^j \qquad$ (5.24)

de (4.8) $\quad \underline{R}=\underline{C}\,\underline{S} \qquad$ se deduce $\underline{u}=\underline{C}^T\,\underline{r} \qquad$ (5.25)

Todas las relaciones (5.21) a (5.25) podrían deducirse directamente observando la compatibilidad de desplazamientos. Sin embargo, el camino indicado a partir de las correspondientes relaciones de equilibrio es mucho más sencillo. En el ejemplo siguiente se muestra una deducción directa de una relación de compatibilidad de desplazamientos.

Ejemplo 5.3

Deducir la relación de compatibilidad de desplazamientos entre $\underline{v}^j$ *y* $\bar{\underline{u}}^j$ *para un elemento de viga plana tipo (*$\underline{a}$*).*

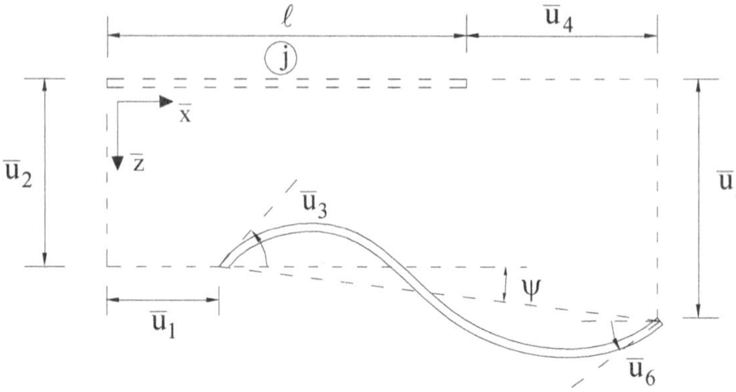

En la figura se muestra un elemento de viga plana en su configuración deformada debido a desplazamientos nodales $\bar{u}_1 \ldots \bar{u}_6$ *en coordenadas locales.*

Utilizando un elemento de viga plana tipo (a), el significado de las deformaciones o desplazamientos linealmente independientes $\underline{v}^j$ *es el siguiente:*

v_1 : *alargamiento del elemento (en dirección* $\bar{x}$*)*

v_2 : *giro del nudo izquierdo con respecto a la línea que une el nudo izquierdo y el derecho.*

v_3 : *giro del nudo derecho con respecto a la línea que une el nudo izquierdo y el derecho.*

Por lo tanto se tiene que:

$$v_1 = \bar{u}_4 - \bar{u}_1 \qquad v_2 = \bar{u}_3 + \psi \qquad v_3 = \bar{u}_6 + \psi$$

reemplazando $\psi = \dfrac{\bar{u}_5 - \bar{u}_2}{\ell}$ *se tiene*

$$v_1 = \bar{u}_4 - \bar{u}_1 \qquad v_2 = \bar{u}_3 + \frac{\bar{u}_5 - \bar{u}_2}{\ell} \qquad v_3 = \bar{u}_6 + \frac{\bar{u}_5 - \bar{u}_2}{\ell}$$

y en forma matricial :

$$\begin{bmatrix} v_1 \\ v_2 \\ v_3 \end{bmatrix} = \begin{bmatrix} -1 & 0 & 0 & 1 & 0 & 0 \\ 0 & -1/\ell & 1 & 0 & 1/\ell & 0 \\ 0 & -1/\ell & 0 & 0 & 1/\ell & 1 \end{bmatrix} \begin{bmatrix} \bar{u}1 \\ \bar{u}2 \\ \bar{u}3 \\ \bar{u}4 \\ \bar{u}5 \\ \bar{u}6 \end{bmatrix}$$

$$\underline{v}^j \quad = \quad \left(\underline{T}^j\right)^T \quad \bar{\underline{u}}^j$$

Se observa que se cumple la ecuación (5.22).

5.3. Desplazamientos de estructuras isostáticas

Como se indica en el Capítulo 4.8, en el caso de estructuras isostáticas la matriz de equilibrio $\underline{a}^T$ es cuadrada y no - singular, por lo que el sistema de ecuaciones (4.17).

$$\underline{a}^T \underline{F} = \underline{R}$$

se puede resolver directamente (la matriz $\underline{a}^T$ es **invertible**). De allí se obtienen los esfuerzos internos $\underline{F}$. Para el cálculo de las deformaciones se recurre a las ecuaciones (5.4): $\underline{v}^j = \underline{f}^j \underline{F}^j$ que en forma resumida para todos los elementos se puede escribir como:

$$\underline{v} = \underline{f}\,\underline{F} \tag{5.26}$$

en que

$$\underline{f} = diag\{\underline{f}^j\} \tag{5.27}$$

Reemplazando (5.26) se obtiene:

$$\underline{a}\,\underline{r} = \underline{f}\,\underline{F} \tag{5.28}$$

La ecuación (5.28) se cumple siempre, independientemente de si el sistema es o no isostático. Sin embargo, en el caso isostático la matriz $\underline{a}$ es invertible por lo que el sistema de ecuaciones (5.28) se puede resolver directamente, si $\underline{F}$ es conocido:

$$\underline{r} = \underline{a}^{-1}\,\underline{f}\,\underline{F} \tag{5.29}$$

La ecuación (5.29) significa que para sistemas isostáticos los desplazamientos nodales $\underline{r}$ pueden ser determinados una vez calculadas las fuerzas internas $\underline{F}$, resolviendo el sistema de ecuaciones (5.28).

Ejemplo 5.4

En la estructura isostática del Ejemplo 4.8 determinar los desplazamientos nodales y dibujar, en forma aproximada, la configuración deformada. Despreciar deformación por esfuerzo de corte.

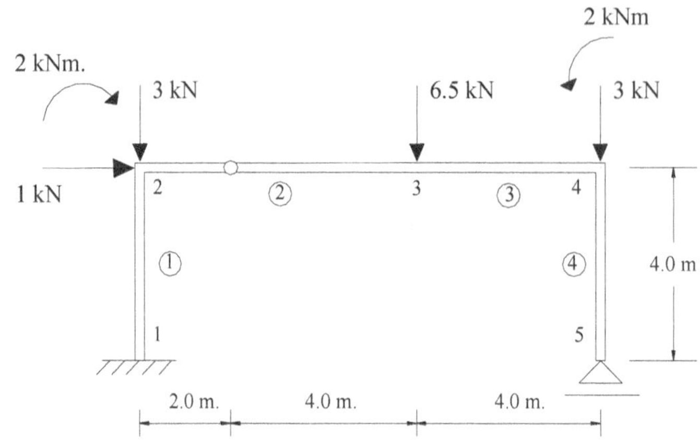

$E = 2.1 \times 10^8\ kN/m^2$ $\qquad A = 0.012\ m^2$ $\qquad I = 3 \times 10^{-4}\ m^4$

En el Ejemplo 4.8 se muestra la formación de la matriz $\underline{a}^T$, *el vector* $\underline{R}$ *y la solución* $\underline{F}$:

$$\underline{F}^T = [-6.5 \quad 1 \quad -9 \mid 0 \quad 7 \mid 0 \quad -3 \quad 2 \mid -6 \quad 0 \quad 0]$$

Ahora se debe formar la matriz $\underline{f}^j$ *de los elementos utilizados : ①, ③ y ④ son elementos de viga plana tipo (b), y el elemento ② es un elemento de viga con rótula tipo (a). Las matrices de flexibilidad de estos elementos, de acuerdo al Anexo B (depreciando la deformación por esfuerzo de corte) son:*

$$\underline{f}^1 = \underline{f}^3 = \underline{f}^4 = 10^{-6} \begin{bmatrix} 1.5873 & 0 & 0 \\ 0 & 338.6243 & -126.9841 \\ 0 & -126.9841 & 63.4921 \end{bmatrix}$$

$$\underline{f}^2 = 10^{-6} \begin{bmatrix} 2.3810 & 0 \\ 0 & 95.2381 \end{bmatrix}$$

y la matriz $\underline{f} = diag\ \{\underline{f}^j\}$ es en este caso una matriz de 11 filas y 11 columnas.

La entrada de datos completa para el programa SMIS es:

```
START
LOAD  AT    (11F6.0)              11    11
       1.          -1.
 -1.                    -.5
             1.          1.
                   1.          -1.
                        .5          -1.
                         2.          4.    -1.
                               1.                      1.
                                     1.          -1.
                                           1.          4.    -1.
                                                       -1.
                                                              1.
PRINT AT                            1
 *** MATRIZ DE EQUILIBRIO ***
TRANS AT    A
LOAD  R                           11    1
  1.   3.   -2.         6.5                 3.    2.
PRINT R                             1
 *** VECTOR DE CARGAS ***
SOLVE AT    R
PRINT R                             1
 *** VECTOR F ***
LOAD  F1    (3F12.0)                3     3
1.5873
            338.6243    -126.9841
            -126.9841     63.4921
PRINT F1                            1
 *** MATRIZ DE FLEXIBILIDAD ELEMENTOS 1,3 Y 4 ***
LOAD  F2    (2F12.0)                2     2
2.3810
             95.2381
PRINT F2                            1
 *** MATRIZ DE FLEXIBILIDAD ELEMENTO 2 ***
ZERO  F                           11    11
STOSM F     F1                      1     1
STOSM F     F2                      4     4
STOSM F     F1                      6     6
STOSM F     F1                      9     9
PRINT F                             1
 *** MATRIZ DE FLEXIBILIDAD f DE LA ESTRUCTURA (*1.E6) ***
SCALE F                                               -6  1.
MULT  F     R     FF
PRINT FF                            1
 *** PRODUCTO f*F ***
SOLVE A     FF
SCALE FF                                               5  1.
PRINT FF                            1
 *** VECTOR DE DESPLAZAMIENTOS NODALES r (*1.E-5) ***
STOP
```

La salida del programa SMIS es:

```
0 START

  SMIS (REV.2.0 - 25.04.2000 - DEPTO. OOCC - ULS)
  SMIS (FECHA DE EJECUCION :14/ 8/2000  )
  SMIS (HORA  DE EJECUCION :19:13: 0    )

0 LOAD   AT     (11F6. 0)
 NUMER.LINEAS:  11    NUM. COLUMNAS:  11
```

```
0 PRINT  AT

 *** MATRIZ DE EQUILIBRIO ***
              1           2           3           4           5           6

   1  0.0000E+00  0.1000E+01  0.0000E+00  -.1000E+01  0.0000E+00  0.0000E+00
   2  -.1000E+01  0.0000E+00  0.0000E+00  0.0000E+00  -.5000E+00  0.0000E+00
   3  0.0000E+00  0.0000E+00  0.1000E+01  0.0000E+00  0.1000E+01  0.0000E+00
   4  0.0000E+00  0.0000E+00  0.0000E+00  0.1000E+01  0.0000E+00  -.1000E+01
   5  0.0000E+00  0.0000E+00  0.0000E+00  0.0000E+00  0.5000E+00  0.0000E+00
   6  0.0000E+00  0.0000E+00  0.0000E+00  0.0000E+00  0.2000E+01  0.0000E+00
   7  0.0000E+00  0.0000E+00  0.0000E+00  0.0000E+00  0.0000E+00  0.1000E+01
   8  0.0000E+00  0.0000E+00  0.0000E+00  0.0000E+00  0.0000E+00  0.0000E+00
   9  0.0000E+00  0.0000E+00  0.0000E+00  0.0000E+00  0.0000E+00  0.0000E+00
  10  0.0000E+00  0.0000E+00  0.0000E+00  0.0000E+00  0.0000E+00  0.0000E+00
  11  0.0000E+00  0.0000E+00  0.0000E+00  0.0000E+00  0.0000E+00  0.0000E+00
              7           8           9          10          11

   1  0.0000E+00  0.0000E+00  0.0000E+00  0.0000E+00  0.0000E+00
   2  0.0000E+00  0.0000E+00  0.0000E+00  0.0000E+00  0.0000E+00
   3  0.0000E+00  0.0000E+00  0.0000E+00  0.0000E+00  0.0000E+00
   4  0.0000E+00  0.0000E+00  0.0000E+00  0.0000E+00  0.0000E+00
   5  -.1000E+01  0.0000E+00  0.0000E+00  0.0000E+00  0.0000E+00
   6  0.4000E+01  -.1000E+01  0.0000E+00  0.0000E+00  0.0000E+00
   7  0.0000E+00  0.0000E+00  0.0000E+00  0.1000E+01  0.0000E+00
   8  0.1000E+01  0.0000E+00  -.1000E+01  0.0000E+00  0.0000E+00
   9  0.0000E+00  0.1000E+01  0.0000E+00  0.4000E+01  -.1000E+01
  10  0.0000E+00  0.0000E+00  0.0000E+00  -.1000E+01  0.0000E+00
  11  0.0000E+00  0.0000E+00  0.0000E+00  0.0000E+00  0.1000E+01

0 TRANS  AT     A

0 LOAD   R
 NUMER.LINEAS:  11     NUM. COLUMNAS:  1

0 PRINT  R

 *** VECTOR DE CARGAS ***

              1

   1  0.1000E+01
   2  0.3000E+01
   3  -.2000E+01
   4  0.0000E+00
   5  0.6500E+01
   6  0.0000E+00
   7  0.0000E+00
   8  0.3000E+01
   9  0.2000E+01
  10  0.0000E+00
  11  0.0000E+00

0 SOLVE  AT     R
 SKALAR =    0.0000000E+00

0 PRINT  R
 *** VECTOR F ***

              1

   1  -.6500E+01
   2  0.1000E+01
   3  -.9000E+01
   4  0.0000E+00
   5  0.7000E+01
   6  0.0000E+00
   7  -.3000E+01
   8  0.2000E+01
   9  -.6000E+01
  10  0.0000E+00
  11  0.0000E+00

0 LOAD   F1     (3F12. 0)
 NUMER.LINEAS:  3     NUM. COLUMNAS:  3
```

```
0 PRINT  F1

 *** MATRIZ DE FLEXIBILIDAD ELEMENTOS 1,3 Y 4 ***

            1           2           3

   1  0.1587E+01  0.0000E+00  0.0000E+00
   2  0.0000E+00  0.3386E+03  -.1270E+03
   3  0.0000E+00  -.1270E+03  0.6349E+02

0 LOAD   F2     (2F12. 0)
 NUMER.LINEAS:   2    NUM. COLUMNAS:   2

0 PRINT  F2

 *** MATRIZ DE FLEXIBILIDAD ELEMENTO 2 ***

            1           2

   1  0.2381E+01  0.0000E+00
   2  0.0000E+00  0.9524E+02

0 ZERO   F
    11 LINEAS    11 COLUMNAS

0 STOSM  F       F1
 NUM.DE FILA :    1 NUM.DE COLUMNA:    1
0 STOSM  F       F2
 NUM.DE FILA :    4 NUM.DE COLUMNA:    4
0 STOSM  F       F1
 NUM.DE FILA :    6 NUM.DE COLUMNA:    6
0 STOSM  F       F1
 NUM.DE FILA :    9 NUM.DE COLUMNA:    9

0 PRINT  F

 *** MATRIZ DE FLEXIBILIDAD f DE LA ESTRUCTURA (*1.E6) ***

            1           2           3           4           5           6

   1  0.1587E+01  0.0000E+00  0.0000E+00  0.0000E+00  0.0000E+00  0.0000E+00
   2  0.0000E+00  0.3386E+03  -.1270E+03  0.0000E+00  0.0000E+00  0.0000E+00
   3  0.0000E+00  -.1270E+03  0.6349E+02  0.0000E+00  0.0000E+00  0.0000E+00
   4  0.0000E+00  0.0000E+00  0.0000E+00  0.2381E+01  0.0000E+00  0.0000E+00
   5  0.0000E+00  0.0000E+00  0.0000E+00  0.0000E+00  0.9524E+02  0.0000E+00
   6  0.0000E+00  0.0000E+00  0.0000E+00  0.0000E+00  0.0000E+00  0.1587E+01
   7  0.0000E+00  0.0000E+00  0.0000E+00  0.0000E+00  0.0000E+00  0.0000E+00
   8  0.0000E+00  0.0000E+00  0.0000E+00  0.0000E+00  0.0000E+00  0.0000E+00
   9  0.0000E+00  0.0000E+00  0.0000E+00  0.0000E+00  0.0000E+00  0.0000E+00
  10  0.0000E+00  0.0000E+00  0.0000E+00  0.0000E+00  0.0000E+00  0.0000E+00
  11  0.0000E+00  0.0000E+00  0.0000E+00  0.0000E+00  0.0000E+00  0.0000E+00


            7           8           9          10          11

   1  0.0000E+00  0.0000E+00  0.0000E+00  0.0000E+00  0.0000E+00
   2  0.0000E+00  0.0000E+00  0.0000E+00  0.0000E+00  0.0000E+00
   3  0.0000E+00  0.0000E+00  0.0000E+00  0.0000E+00  0.0000E+00
   4  0.0000E+00  0.0000E+00  0.0000E+00  0.0000E+00  0.0000E+00
   5  0.0000E+00  0.0000E+00  0.0000E+00  0.0000E+00  0.0000E+00
   6  0.0000E+00  0.0000E+00  0.0000E+00  0.0000E+00  0.0000E+00
   7  0.3386E+03  -.1270E+03  0.0000E+00  0.0000E+00  0.0000E+00
   8  -.1270E+03  0.6349E+02  0.0000E+00  0.0000E+00  0.0000E+00
   9  0.0000E+00  0.0000E+00  0.1587E+01  0.0000E+00  0.0000E+00
  10  0.0000E+00  0.0000E+00  0.0000E+00  0.3386E+03  -.1270E+03
  11  0.0000E+00  0.0000E+00  0.0000E+00  -.1270E+03  0.6349E+02

0 SCALE  F
  SCALAR =  0.1000000E-05

0 MULT   F      R      FF
```

```
0 PRINT  FF

 *** PRODUCTO f*F ***
            1

   1  -.1032E-04
   2  0.1481E-02
   3  -.6984E-03
   4  0.0000E+00
   5  0.6667E-03
   6  0.0000E+00
   7  -.1270E-02
   8  0.5079E-03
   9  -.9524E-05
  10  0.0000E+00
  11  0.0000E+00

0 SOLVE  A       FF
 SKALAR =    0.0000000E+00
0 SCALE  FF
  SCALAR =  0.1000000E+06
0 PRINT  FF

 *** VECTOR DE DESPLAZAMIENTOS NODALES r (*1.E-5) ***
            1

   1  0.1481E+03
   2  0.1032E+01
   3  -.6984E+02
   4  0.1481E+03
   5  0.2010E+03
   6  0.1826E+02
   7  0.1481E+03
   8  0.9524E+00
   9  0.6906E+02
  10  0.4244E+03
  11  0.6906E+02

0 STOP
```

Se observa que el vector de desplazamientos nodales está dado por:

$$\underline{r} = 10^{-5}\begin{bmatrix} 148.1 \\ 1.032 \\ -69.84 \\ \hdashline 148.1 \\ 201.0 \\ 18.26 \\ \hdashline 148.1 \\ 0.952 \\ 69.06 \\ \hdashline 424.4 \\ 69.06 \end{bmatrix}(m, rad) = \begin{bmatrix} r_{2x} \\ r_{2z} \\ \theta_2 \\ \hdashline r_{3x} \\ r_{3z} \\ \theta_3 \\ \hdashline r_{4x} \\ r_{4z} \\ \theta_4 \\ \hdashline r_{5x} \\ \theta_5 \end{bmatrix}$$

La configuración deformada es:

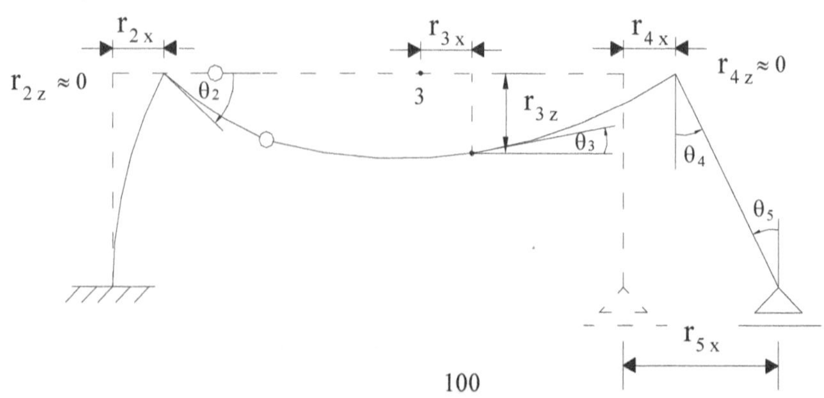

5.4.- Línea elástica en función de desplazamientos nodales

Cuando es necesario conocer los desplazamientos de todos los puntos de un elemento de barra, por ejemplo, en la determinación de líneas de influencia, se debe determinar la ecuación de la línea elástica en función de los desplazamientos nodales.

Una vez determinados los desplazamientos nodales de la estructura $\underline{r}$ se procede a identificar mediante la tabla de incidencia los desplazamientos de los elementos en coordenadas globales, $\underline{u} = \underline{C}^T \underline{r}$, y posteriormente en coordenadas locales $\underline{\bar{u}}^j = (\underline{L}_D^j)^T \underline{u}^j$.

Recordando que hemos supuesto preliminarmente que no existen cargas entre los nudos del elemento, reconocemos que cada punto del elemento de barra experimenta 2 desplazamientos: un desplazamiento axial $u(\underline{\bar{x}})$ y un desplazamiento transversal o elástica propiamente tal $w(\underline{\bar{x}})$.

Las ecuaciones diferenciales para la determinación de $u(\underline{\bar{x}})$ y $w(\underline{\bar{x}})$ son independientes y dependen de distintas condiciones de borde.

La ecuación diferencial para el desplazamiento axial está dada por:

$$EA\,u'(\bar{x}) = 0 \tag{5.30}$$

Las condiciones de borde se muestran en la Figura 5.4

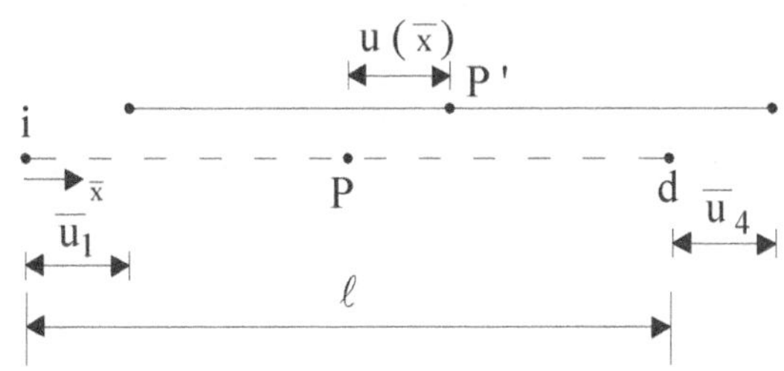

FIGURA 5.4. Desplazamiento axial de un elemento

La solución de la ecuación (5.30) es:

$$u(\bar{x}) = C_1\bar{x} + C_2 \tag{5.31}$$

Con las condiciones de borde $u(0) = \bar{u}_1$ y $u(\ell) = \bar{u}_4$ se obtiene que:

$$C_1 = \frac{\bar{u}_4 - \bar{u}_1}{\ell} \qquad \text{y} \qquad C_2 = \bar{u}_1 \tag{5.32}$$

Por lo tanto, se puede escribir que:

$$u(\bar{x}) = L_1(\bar{x})\,\bar{u}_1 + L_4(\bar{x})\,\bar{u}_4 \tag{5.33}$$

con

$$L_1(\bar{x}) = 1 - \frac{\bar{x}}{\ell}$$
$$L_4(\bar{x}) = \frac{\bar{x}}{\ell} \tag{5.34}$$

La ecuación (5.33) representa la función del desplazamiento axial $u(\bar{x})$ en función de los desplazamientos axiales $\bar{u}_1$ y $\bar{u}_4$. Las funciones $L_1(\bar{x})$ y $L_2(\bar{x})$ se llaman funciones de forma y corresponden de acuerdo a (5.34) a polinomios lineales.

La ecuación diferencial para el desplazamiento transversal (línea elástica) está dada por:

$$EI\, w^{IV}(\bar{x}) = 0 \tag{5.35}$$

Con las condiciones de borde de la Figura 5.5

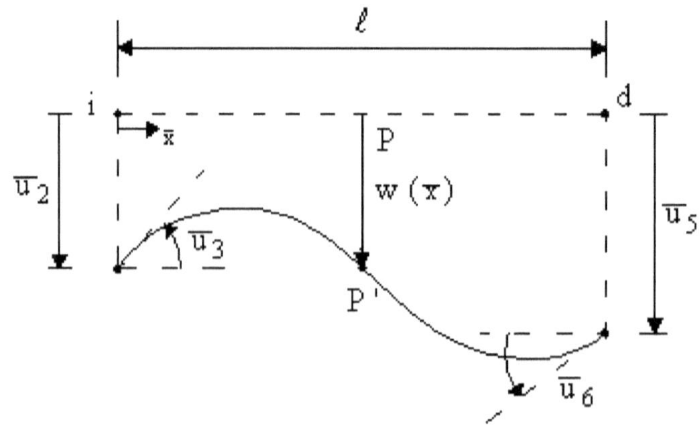

FIGURA 5.5. Desplazamiento transversal de un elemento de viga

La solución de la ecuación (5.35) es un polinomio cúbico de la forma:

$$w(\bar{x}) = d_1 + d_2\bar{x} + d_3\bar{x}^2 + d_4\bar{x}^3 \tag{5.36}$$

en que los coeficientes d_1, d_2, d_3, d_4 se obtienen de las condiciones de borde $w(0) = \bar{u}_2$, $w'(0) = -\bar{u}_3$, $w(\ell) = \bar{u}_5$ y $w'(\ell) = -\bar{u}_6$. En forma matricial:

$$\begin{bmatrix} 1 & 0 & 0 & 0 \\ 0 & 1 & 0 & 0 \\ 1 & \ell & \ell^2 & \ell^3 \\ 0 & 1 & 2\ell & 3\ell^2 \end{bmatrix} \begin{bmatrix} d_1 \\ d_2 \\ d_3 \\ d_4 \end{bmatrix} = \begin{bmatrix} \bar{u}_2 \\ -\bar{u}_3 \\ \bar{u}_5 \\ -\bar{u}_6 \end{bmatrix} \tag{5.37}$$

Resolviendo el sistema de ecuaciones y reemplazando los coeficientes d_1, d_2, d_3 y d_4 obtenidos en (5.37) resulta:

$$w(\bar{x}) = H_2(\bar{x})\bar{u}_2 + H_3(\bar{x})\ \bar{u}_3 + H_5(\bar{x})\bar{u}_5 + H_6(\bar{x})\bar{u}_6 \tag{5.38}$$

con :

$$\begin{aligned} H_2(\bar{x}) &= 1 - \frac{3\bar{x}^2}{\ell^2} + \frac{2\bar{x}^3}{\ell^3} \\ H_3(\bar{x}) &= -\bar{x} + \frac{2\bar{x}^2}{\ell} - \frac{\bar{x}^3}{\ell^2} \\ H_5(\bar{x}) &= \frac{3\bar{x}^2}{\ell^2} - \frac{2\bar{x}^3}{\ell^3} \\ H_6(\bar{x}) &= \frac{\bar{x}^2}{\ell} - \frac{\bar{x}^3}{\ell^2} \end{aligned} \tag{5.39}$$

La ecuación (5.38) representa la línea elástica del elemento de viga en función de los desplazamientos nodales $\bar{u}_2$, $\bar{u}_3$, $\bar{u}_5$ y $\bar{u}_6$. Las funciones $H_2(\bar{x})$, $H_3(\bar{x})$, $H_5(\bar{x})$ y $H_6(\bar{x})$ son polinomios cúbicos y se llaman funciones de forma o polinomios de interpolación ***"Hermitianos"***.

Estos polinomios Hermitianos se pueden entender como casos especiales de la línea elástica. Así por ejemplo $H_2(\bar{x})$ corresponde a la ecuación de la línea elástica de una viga en que $\bar{u}_2 = 1$ y $\bar{u}_3 = \bar{u}_5 = \bar{u}_6 = 0$. De forma similar se entienden los polinomios $H_3(\bar{x})$, $H_5(\bar{x})$ y $H_6(\bar{x})$ haciendo el correspondiente desplazamiento o giro igual a 1 y los demás igual a cero.

En la Figura 5.6 se muestra la representación gráfica de los polinomios $H_2(\bar{x})$, $H_3(\bar{x})$, $H_5(\bar{x})$ y $H_6(\bar{x})$.

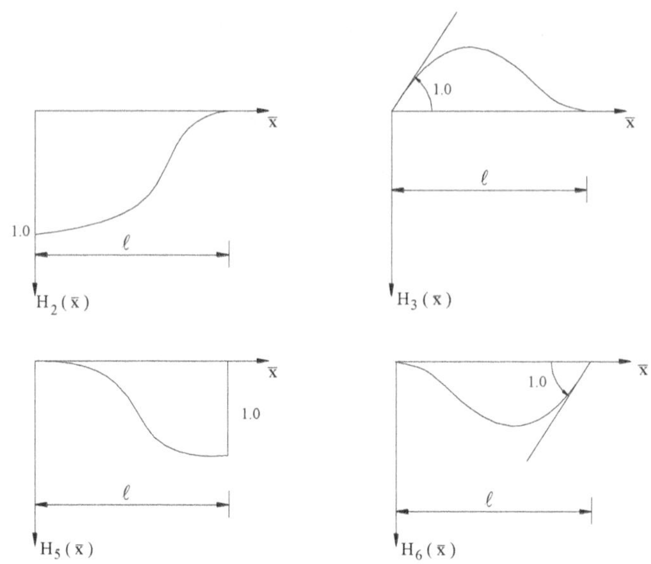

Figura 5.6.- Polinomios Hermitianos viga

Ejemplo 5.5

En la estructura analizada en los Ejemplos 4.8 y 5.4 determinar las funciones de desplazamiento del elemento ①.

Del vector de desplazamientos nodales $\underline{r}$ *se obtienen los desplazamientos en coordenadas globales* $\underline{u}^1$ *y en coordenadas locales* $\underline{\bar{u}}^1$ *del elemento ①.*

De la tabla de incidencia del Ejemplo 4.10 se tiene que para el elemento ① $\cos\alpha = 0$ *y* $\operatorname{sen}\alpha = -1$, *por lo que:*

$$\underline{L}_D^1 = \begin{bmatrix} 0 & 1 & 0 & & & \\ -1 & 0 & 0 & & \underline{0} & \\ 0 & 0 & 1 & & & \\ & & & 0 & 1 & 0 \\ & \underline{0} & & -1 & 0 & 0 \\ & & & 0 & 0 & 1 \end{bmatrix}$$

Del vector $\underline{r}$ y la tabla de incidencia se obtiene que:

$$\underline{u}^1 = 10^{-5}\begin{bmatrix} 0 \\ 0 \\ 0 \\ \hline 148.1 \\ 1.032 \\ -69.84 \end{bmatrix} \qquad \Rightarrow \qquad \bar{\underline{u}}^1 = (\underline{L}_D^{\,1})^T\,\underline{u}^1 = 10^{-5}\begin{bmatrix} 0 \\ 0 \\ 0 \\ \hline -1.032 \\ 148.1 \\ -69.84 \end{bmatrix}$$

Luego las componentes de $\bar{\underline{u}}^1$ son:

$$\bar{u}_1 = 0 \qquad \bar{u}_2 = 0 \qquad \bar{u}_3 = 0 \qquad \bar{u}_4 = -1.032 * 10^{-5}$$

$$\bar{u}_5 = 148.1 * 10^{-5} \qquad \bar{u}_6 = -69.84 * 10^{-5}$$

Por lo tanto, con $\ell = 4$ m, se tiene que:

$$u(\bar{x}) = (1-\frac{\bar{x}}{4}) * 0 + \frac{\bar{x}}{4} * (-1.032 * 10^{-5}) = -0.258 * 10^{-5}\ \bar{x} \quad (m)$$

$$w(\bar{x}) = (1 - 3*\frac{\bar{x}^2}{16} + 2*\frac{\bar{x}^3}{64})*0 + (-\bar{x} + 2*\frac{\bar{x}^2}{4} - \frac{\bar{x}^3}{16})*0 + (3*\frac{\bar{x}^2}{16} - 2*\frac{\bar{x}^3}{64})*148.1*10^{-5} + (\frac{\bar{x}^2}{4} - \frac{\bar{x}^3}{16})*-69.84*10^{-5}$$

$$= (10.31*\bar{x}^2 - 0.263*\bar{x}^3) * 10^{-5} \quad (m)$$

Ejercicios propuestos

1.- Deducir las matrices de flexibilidad de un elemento de reticulado y de un elemento de viga con rótula. Comparar con las matrices de flexibilidad del Anexo B

2.- Deducir la matriz de flexibilidad de un elemento de viga con rótula de corte (ver Ejercicios propuestos del Capítulo 3).

3.- Para el marco isostático del Ejercicio 4.3 determinar los desplazamientos nodales y dibujar en forma aproximada la configuración deformada. Utilizar $EI = 5000\ kNm^2$ y $EA = 10^6\ kN$ para todos los elementos.

6. EL MÉTODO DE LOS DESPLAZAMIENTOS

Con las ecuaciones matriciales de los capítulos anteriores es posible plantear un sistema de ecuaciones lineales para el cálculo de los desplazamientos nodales de una estructura sometida a cualquier estado de carga. Este sistema de ecuaciones es la base fundamental del **"Método de los desplazamientos"** para el cálculo de cualquier tipo de estructura y es independiente de la hiperestaticidad del sistema.

El método se llama **"Método de desplazamiento"**, porque se calculan primero los desplazamientos ya que ellos son las incógnitas del sistema de ecuaciones. En un paso posterior, una vez determinados los desplazamientos nodales, se calculan las fuerzas internas de la estructura.

6.1. La ecuación fundamental del método de los desplazamientos

La primera relación básica para desarrollar el método de desplazamientos es la ecuación (5.4) entre las fuerzas nodales linealmente independientes de un element (j) ,$\underline{F}^j$, y las correspondientes deformaciones o desplazamientos linealmente independientes del elemento (j) $\underline{v}^j$:

$$\underline{v}^j = \underline{f}^j \underline{F}^j$$

La matriz $\underline{f}^j$ es una matriz cuadrada, simétrica y no-singular, esto es, existe su inversa, por lo que se puede plantear la relación:

$$\underline{F}^j = \underline{k}_r^j \underline{v}^j \qquad (6.1)$$

En que se define:

$$\underline{k}_r^j = (\underline{f}^j)^{-1} \qquad (6.2)$$

La matriz $\underline{k}_r^j$ se denomina **"matriz de rigidez reducida"** del elemento (j). Esta matriz se obtiene directamente mediante inversión de la matriz $\underline{f}^j$ de cada elemento. El apelativo **"reducida"** tiene relación con el hecho de que más adelante se definirá una **matriz de rigidez** del elemento de **mayor dimensión**, pero que a diferencia de $\underline{k}_r^j$, es singular, esto es, **no invertible.** Las matrices $\underline{k}_r^j$ de los diferentes tipos de elementos se indican en el Anexo B. Si se escriben las relaciones (6.1) para todos los elementos de una estructura se obtiene:

$$\underline{F} = \underline{k}_r \underline{v} \qquad (6.3)$$

en que en forma similar a (5.27), la matriz $\underline{k}_r$ de la estructura se define como:

$$\underline{k}_r = diag\{\underline{k}_r^j\} \tag{6.4}$$

La matriz $\underline{k}_r$ es una matriz hiperdiagonal, similar a la matriz $\underline{f}$. La relación (6.3) representa la relación inversa de la relación (5.26).

Una segunda relación básica para desarrollar el método de desplazamiento la representa la relación (5.21) entre los desplazamientos nodales de la estructura $\underline{r}$ y las deformaciones de los elementos $\underline{v}$:

$$\underline{v} = \underline{a}\,\underline{r}$$

Reemplazando esta relación en (6.3) se obtiene:

$$\underline{F} = \underline{k}_r \underline{a}\,\underline{r} \tag{6.5}$$

Esta relación (6.5) se utilizará más adelante en la determinación de los esfuerzos internos $\underline{F}$ cuando se conocen los desplazamientos nodales $\underline{r}$.

La tercera relación básica para desarrollar el método de desplazamientos es la ecuación de equilibrio (4.17) entre las fuerzas internas $\underline{F}$ y las cargas nodales $\underline{R}$:

$$\underline{a}^T \underline{F} = \underline{R}$$

Reemplazando (6.5) en la ecuación de equilibrio (4.17) se obtiene la ecuación fundamental del método de desplazamientos:

$$\underline{a}^T \underline{k}_r \underline{a}\,\underline{r} = \underline{R} \tag{6.6}$$

Definiendo:

$$\underline{K} = \underline{a}^T \underline{k}_r \underline{a} \tag{6.7}$$

se tiene:

$$\underline{K}\,\underline{r} = \underline{R} \tag{6.8}$$

La relación (6.8) representa la expresión fundamental del método de desplazamientos. La matriz $\underline{K}$ obtenida de (6.7) se llama **matriz de rigidez de la estructura**. Esta matriz es **cuadrada** y **simétrica**:

$$\underline{K}^T = (\underline{a}^T \underline{k}_r \underline{a})^T = \underline{a}^T \underline{k}_r{}^T (\underline{a}^T)^T = \underline{a}^T \underline{k}_r \underline{a} = \underline{K}$$

Por otra parte, la matriz $\underline{k}_r$ es una **matriz definida positiva** (ver Anexo A) y las filas de la matriz $\underline{a}^T$ son linealmente independientes de lo que se deduce que el producto $\underline{a}^T \underline{k}_r \underline{a}$ también es una matriz definida positiva.

Por lo anterior, el sistema de ecuaciones (6.8) tiene siempre una solución. Más aún, debido a la propiedad definida positiva de la matriz $\underline{K}$, se puede aplicar en la resolución de (6.8) el **método de descomposición de Cholesky** indicado en el Anexo A, que solo se puede utilizar para este tipo de matrices.

Mediante el método de Cholesky, primeramente se descompone la matriz $\underline{K}$ en una matriz triangular inferior y una triangular superior (una es la traspuesta de la otra) cuyo producto es la matriz $\underline{K}$. Este primer paso es el que requiere mayor tiempo computacional. En un segundo paso se resuelve el sistema para un vector de cargas $\underline{R}$ utilizando la descomposición obtenida, lo que se realiza en una pequeña fracción de tiempo (sustitución hacia abajo y hacia arriba).

Ello significa que el vector $\underline{R}$ se utiliza sólo en el segundo paso, por lo que el método es apropiado para una resolución para **varios estados de carga** simultáneos. En la práctica entonces, el sistema (6.8) se resuelve para un vector $\underline{R}$ que posee varias columnas, cada una de ellas representando un estado de cargas diferente.

En este contexto es importante recordar que al suponer un comportamiento lineal - elástico del material y considerando deformaciones pequeñas (las ecuaciones de equilibrio se plantean en estado indeformado de la estructura) es válido el **"Principio de Superposición"**. Este principio dice que:

"En una estructura con comportamiento lineal los esfuerzos internos y desplazamientos dependen linealmente de las cargas. La suma de los esfuerzos internos (o desplazamientos) debido a estados de carga individuales es igual a los esfuerzos internos (o desplazamientos) debido a la suma de los estados de carga".

Este principio se muestra en forma esquemática en la Figura 6.1

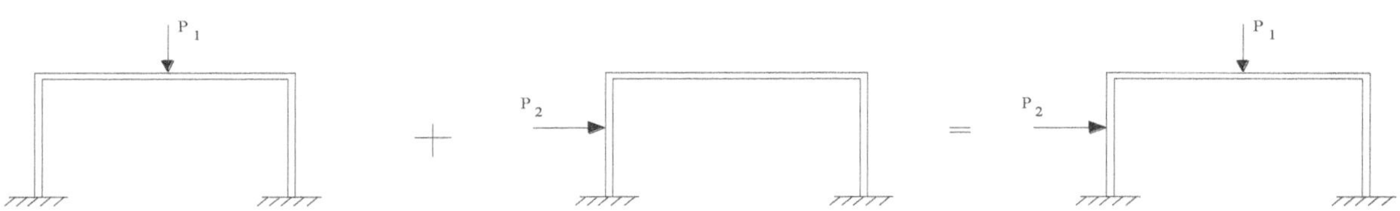

FIGURA 6.1.- Principio de superposición en estructuras lineales

El resumen de los pasos a seguir por el método de desplazamientos para una estructura cualquiera, según lo visto hasta ahora, sería:

1) Formación de matriz $\underline{a}^T$.
2) Formación de matriz $\underline{k}_r$.
3) Formación de los productos matriciales $\underline{b} = \underline{k}_r\, \underline{a}$ y $\underline{K} = \underline{a}^T\, \underline{k}_r \underline{a} = \underline{a}^T\, \underline{b}$.
4) Descomposición de $\underline{K}$ (Cholesky).
5) Formación del vector de cargas $\underline{R}$.
6) Determinación de $\underline{r}$ de $\underline{K}\, \underline{r} = \underline{R}$ (Cholesky).
7) Determinación de $\underline{F} = \underline{k}_r \underline{a}\, \underline{r} = \underline{b}\, \underline{r}$.
8) Determinación de fuerzas nodales $\overline{\underline{S}}^j = \underline{T}^j\, \underline{F}^j$.

Es de hacer notar que para un primer estado de carga se deben ejecutar todos los pasos de 1) hasta 8). Para estados de carga adicionales se debe partir solo desde el paso 5). Se debe recordar que el paso 6) no representa la solución completa de un sistema de ecuaciones sino la sustitución hacia abajo y hacia arriba en el método de Cholesky.

También se debe recordar que este método no reconoce diferencias entre estructuras isostáticas e hiperestáticas. Es obvio que si la estructura es isostática (la matriz $\underline{a}^T$ es cuadrada), es más rápido y numéricamente más exacto, resolver directamente el sistema $\underline{a}^T\, \underline{F} = \underline{R}$.

Ejemplo 6.1

Resolver la estructura (hiperestática) indicada. Despreciar deformación por esfuerzo de corte. Dibujar diagramas de esfuerzos internos.

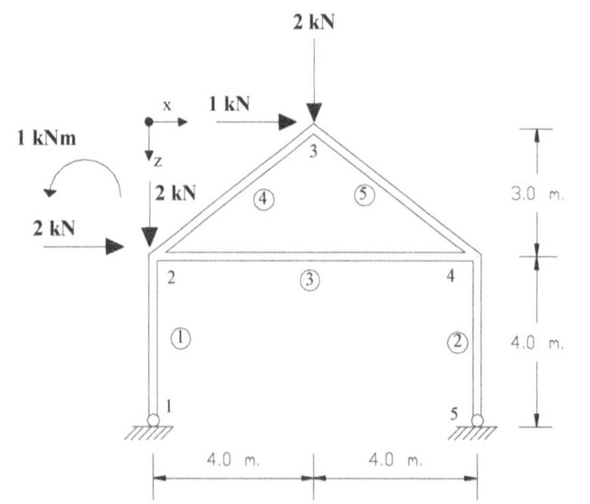

EI = 5000 kN m^2

EA = 10^6 kN

Nudo	*x (m)*	*z (m)*
1	*0*	*7*
2	*0*	*3*
3	*4*	*0*
4	*8*	*3*
5	*8*	*7*

Elemento	*Nudo*		l_j	*cosα*	*senα*
	i	*d*			
①	*1*	*2*	*4*	*0*	*-1*
②	*4*	*5*	*4*	*0*	*1*
③	*2*	*4*	*8*	*1*	*0*
④	*2*	*3*	*5*	*0.8*	*-0.6*
⑤	*3*	*4*	*5*	*0.8*	*0.6*

Usando elementos de viga tipo (a) del Anexo B para todos los elementos se tiene que:

$$(\underline{a}^1)^T = \begin{bmatrix} 0 & -1/4 & -1/4 \\ 1 & 0 & 0 \\ 0 & 1 & 0 \\ \hdashline 0 & 1/4 & 1/4 \\ -1 & 0 & 0 \\ 0 & 0 & 1 \end{bmatrix} \qquad (a^2)^T = \begin{bmatrix} 0 & 1/4 & 1/4 \\ -1 & 0 & 0 \\ 0 & 1 & 0 \\ \hdashline 0 & -1/4 & -1/4 \\ 1 & 0 & 0 \\ 0 & 0 & 1 \end{bmatrix} \qquad (\underline{a}^3)^T = \begin{bmatrix} -1 & 0 & 0 \\ 0 & -1/8 & -1/8 \\ 0 & 1 & 0 \\ \hdashline 1 & 0 & 0 \\ 0 & 1/8 & 1/8 \\ 0 & 0 & 1 \end{bmatrix}$$

$$(\underline{a}^4)^T = \begin{bmatrix} -0.8 & -0.6/5 & -0.6/5 \\ 0.6 & -0.8/5 & -0.8/5 \\ 0 & 1 & 0 \\ \hdashline 0.8 & 0.6/5 & 0.6/5 \\ -0.6 & 0.8/5 & 0.8/5 \\ 0 & 0 & 1 \end{bmatrix} \qquad (\underline{a}^5)^T = \begin{bmatrix} -0.8 & 0.6/5 & 0.6/5 \\ -0.6 & -0.8/5 & -0.8/5 \\ 0 & 1 & 0 \\ \hdashline 0.8 & -0.6/5 & -0.6/5 \\ 0.6 & 0.8/5 & 0.8/5 \\ 0 & 0 & 1 \end{bmatrix}$$

La matriz $\underline{a}^T$ *y el vector* $\underline{R}$ *son:*

$$\underline{a}^T = \begin{array}{c|ccc|ccc|ccc|ccc|ccc|}
\text{Nudos} \backslash \text{Elementos} & & ① & & & ② & & & ③ & & & ④ & & & ⑤ & \\
\hline
1 & 0 & 1 & 0 & & \underline{0} & & & \underline{0} & & & \underline{0} & & & \underline{0} & \\
\hdashline
 & 0 & 1/4 & 1/4 & & & & -1 & 0 & 0 & -0.8 & -0.6/5 & -0.6/5 & & & \\
2 & -1 & 0 & 1 & & \underline{0} & & 0 & -1/8 & -1/8 & 0.6 & -0.8/5 & -0.8/5 & & \underline{0} & \\
 & 0 & 0 & 1 & & & & 0 & 1 & 0 & 0 & 1 & 0 & & & \\
\hdashline
 & & & & & & & & & & 0.8 & 0.6/5 & 0.6/5 & -0.8 & 0.6/5 & 0.6/5 \\
3 & & \underline{0} & & & \underline{0} & & & \underline{0} & & -0.6 & 0.8/5 & 0.8/5 & -0.6 & -0.8/5 & -0.8/5 \\
 & & & & & & & & & & 0 & 0 & 1 & 0 & 1 & 0 \\
\hdashline
 & & & & 0 & 1/4 & 1/4 & 1 & 0 & 0 & & & & 0.8 & -0.6/5 & -0.6/5 \\
4 & & \underline{0} & & -1 & 0 & 0 & 0 & 1/8 & 1/8 & & \underline{0} & & 0.6 & 0.8/5 & 0.8/5 \\
 & & & & 0 & 1 & 0 & 0 & 0 & 1 & & & & 0 & 0 & 1 \\
\hdashline
5 & & \underline{0} & & 0 & 0 & 1 & & \underline{0} & & & \underline{0} & & & \underline{0} & \\
\hline
\end{array} \qquad \underline{R} = \begin{bmatrix} 0 \\ \hdashline 2 \\ 2 \\ 1 \\ \hdashline 1 \\ 2 \\ 0 \\ \hdashline 0 \\ 0 \\ 0 \\ \hdashline 0 \end{bmatrix}$$

Por otra parte, considerando un elemento de viga tipo (a) del Anexo B se tiene que, despreciando la deformación por esfuerzo de corte:

$$\underline{k}_r^j = \begin{bmatrix} \frac{EA}{\ell} & 0 & 0 \\ 0 & \frac{4EI}{\ell} & \frac{2EI}{\ell} \\ 0 & \frac{2EI}{\ell} & \frac{4EI}{\ell} \end{bmatrix}$$

La matriz $\underline{k}_r = diag\ \{\underline{k}_r^j\}$ *queda:*

$$\underline{k}_r = 10^3\ x \left[\begin{array}{c|c|c|c|c} \begin{matrix} 250 & 0 & 0 \\ 0 & 5 & 2.5 \\ 0 & 2.5 & 5 \end{matrix} & \underline{0} & \underline{0} & \underline{0} & \underline{0} \\ \hline \underline{0} & \begin{matrix} 250 & 0 & 0 \\ 0 & 5 & 2.5 \\ 0 & 2.5 & 5 \end{matrix} & \underline{0} & \underline{0} & \underline{0} \\ \hline \underline{0} & \underline{0} & \begin{matrix} 125 & 0 & 0 \\ 0 & 2.5 & 1.25 \\ 0 & 1.25 & 2.5 \end{matrix} & \underline{0} & \underline{0} \\ \hline \underline{0} & \underline{0} & \underline{0} & \begin{matrix} 200 & 0 & 0 \\ 0 & 4 & 2 \\ 0 & 2 & 4 \end{matrix} & \underline{0} \\ \hline \underline{0} & \underline{0} & \underline{0} & \underline{0} & \begin{matrix} 200 & 0 & 0 \\ 0 & 4 & 2 \\ 0 & 2 & 4 \end{matrix} \end{array}\right]$$

La entrada de datos para el programa SMIS es:

```
START
LOAD  A1T   (3F6.0)                 6     3
      -.25  -.25
1.
       1.
      .25    .25
-1.
             1.
PRINT A1T                           1
 *** MATRIZ (a1)T ***
LOAD  A2T   (3F6.0)                 6     3
      .25    .25
-1.
       1.
      -.25  -.25
1.
             1.
PRINT A2T                           1
 *** MATRIZ (a2)T ***
LOAD  A3T   (3F6.0)                 6     3
-1.
      -.125 -.125
       1.
1.
       .125  .125
             1.
```

```
PRINT A3T                                1
 *** MATRIZ (a3)T ***
LOAD  A4T   (3F6.0)                      6     3
-.8   -.12  -.12
 .6   -.16  -.16
        1.
 .8    .12   .12
-.6    .16   .16
              1.
PRINT A4T                                1
 *** MATRIZ (a4)T ***
LOAD  A5T   (3F6.0)                      6     3
-.8    .12   .12
-.6   -.16  -.16
        1.
 .8   -.12  -.12
 .6    .16   .16
              1.
PRINT A5T                                1
 *** MATRIZ (a5)T ***
LOADLMF1                                 1     6
     0     0     1     2     3     4
PRINT F1                                 1     1
 *** FILAS DE (a1)T ***
LOADLMC1                                 1     3
     1     2     3
PRINT C1                                 1     1
 *** COLUMNAS DE (a1)T ***
LOADLMF2                                 1     6
     8     9    10     0     0    11
PRINT F2                                 1     1
 *** FILAS DE (a2)T ***
LOADLMC2                                 1     3
     4     5     6
PRINT C2                                 1     1
 *** COLUMNAS DE (a2)T ***
LOADLMF3                                 1     6
     2     3     4     8     9    10
PRINT F3                                 1     1
 *** FILAS DE (a3)T ***
LOADLMC3                                 1     3
     7     8     9
PRINT C3                                 1     1
 *** COLUMNAS DE (a3)T ***
LOADLMF4                                 1     6
     2     3     4     5     6     7
PRINT F4                                 1     1
 *** FILAS DE (a4)T ***
LOADLMC4                                 1     3
    10    11    12
PRINT C4                                 1     1
 *** COLUMNAS DE (a4)T ***
LOADLMF5                                 1     6
     5     6     7     8     9    10
PRINT F5                                 1     1
 *** FILAS DE (a5)T ***
LOADLMC5                                 1     3
    13    14    15
PRINT C5                                 1     1
 *** COLUMNAS DE (a5)T ***
ZERO  AT                                11    15
MERGE AT    A1T   F1    C1
MERGE AT    A2T   F2    C2
MERGE AT    A3T   F3    C3
MERGE AT    A4T   F4    C4
MERGE AT    A5T   F5    C5
PRINT AT                                 1
 *** MATRIZ DE EQULIBRIO DE ESTRUCTURA aT ***
LOAD  R                                 11     1
       2.    2.   1.    1.    2.
PRINT R                                  1
 *** VECTOR DE CARGAS ***
LOAD  KR1   (3F6.0)                      3     3
250.
      5.    2.5
      2.5   5.
```

```
PRINT KR1                          1
 *** MATRICES kr1  y kr2 ***
LOAD  KR3   (3F6.0)                3    3
125.
      2.5   1.25
      1.25  2.5
PRINT KR3                          1
 *** MATRIZ kr3 ***
LOAD  KR4   (3F6.0)                3    3
200.
      4.    2.
      2.    4.
PRINT KR4                          1
 *** MATRICES kr4 y kr5 ***
ZERO  KR                          15   15
MERGE KR    KR1   C1    C1              1    3
MERGE KR    KR3   C3    C3
MERGE KR    KR4   C4    C4              1    3
PRINT KR
SCALE KR                                          3  1.
TRANS AT    A
MULT  KR    A     KRA
MULT  AT    KRA   K
PRINT K                            1
 *** MATRIZ DE RIGIDEZ DE LA ESTRUCTURA ***
SOLVE K     R
PRINT R                            1
 *** DESPLAZAMIENTOS NODALES DE LA ESTRUCTURA r ***
MULT  KRA   R     F
PRINT F                            1
 *** FUERZAS NODALES LINEALMENTE INDEPENDIENTES F ***
STOP
```

Nótese que para la formación de las matrices $\underline{a}^T$ *y* $\underline{k}_r$ *solo se cargan las matrices de los elementos* $(\underline{a}^j)^T$ *y* $\underline{k}_r$. *Las matrices* $\underline{a}^T$ *y* $\underline{k}_r$ *se contruyeron mediante la instrucción MERGE y las matrices fila F1 a F5 y C1 a C5 que indican los índices de las líneas y columnas donde se almacenan las matrices de los respectivos elementos.*

La salida de datos del programa SMIS es:

```
START

 SMIS (REV.2.0 - 25.04.2000 - DEPTO. OOCC - ULS)

 SMIS (FECHA DE EJECUCION :28/ 8/2000  )

 SMIS (HORA  DE EJECUCION :18:50:20    )
LOAD   A1T    (3F6.0 )
NUMER.LINEAS:   6    NUM. COLUMNAS:   3
PRINT  A1T

*** MATRIZ (a1)T ***


            1           2           3
  1  0.0000E+00  -.2500E+00  -.2500E+00
  2  0.1000E+01  0.0000E+00  0.0000E+00
  3  0.0000E+00  0.1000E+01  0.0000E+00
  4  0.0000E+00  0.2500E+00  0.2500E+00
  5  -.1000E+01  0.0000E+00  0.0000E+00
  6  0.0000E+00  0.0000E+00  0.1000E+01

LOAD   A2T    (3F6.0 )
NUMER.LINEAS:   6    NUM. COLUMNAS:   3
```

```
PRINT  A2T

*** MATRIZ (a2)T ***


           1          2          3
  1  0.0000E+00  0.2500E+00  0.2500E+00
  2  -.1000E+01  0.0000E+00  0.0000E+00
  3  0.0000E+00  0.1000E+01  0.0000E+00
  4  0.0000E+00  -.2500E+00  -.2500E+00
  5  0.1000E+01  0.0000E+00  0.0000E+00
  6  0.0000E+00  0.0000E+00  0.1000E+01

LOAD   A3T    (3F6.0 )
NUMER.LINEAS:   6    NUM. COLUMNAS:   3

PRINT  A3T

*** MATRIZ (a3)T ***


           1          2          3
  1  -.1000E+01  0.0000E+00  0.0000E+00
  2  0.0000E+00  -.1250E+00  -.1250E+00
  3  0.0000E+00  0.1000E+01  0.0000E+00
  4  0.1000E+01  0.0000E+00  0.0000E+00
  5  0.0000E+00  0.1250E+00  0.1250E+00
  6  0.0000E+00  0.0000E+00  0.1000E+01

LOAD   A4T    (3F6.0 )
NUMER.LINEAS:   6    NUM. COLUMNAS:   3

PRINT  A4T

*** MATRIZ (a4)T ***


           1          2          3
  1  -.8000E+00  -.1200E+00  -.1200E+00
  2  0.6000E+00  -.1600E+00  -.1600E+00
  3  0.0000E+00  0.1000E+01  0.0000E+00
  4  0.8000E+00  0.1200E+00  0.1200E+00
  5  -.6000E+00  0.1600E+00  0.1600E+00
  6  0.0000E+00  0.0000E+00  0.1000E+01

LOAD   A5T    (3F6.0 )
NUMER.LINEAS:   6    NUM. COLUMNAS:   3

PRINT  A5T

*** MATRIZ (a5)T ***


           1          2          3
  1  -.8000E+00  0.1200E+00  0.1200E+00
  2  -.6000E+00  -.1600E+00  -.1600E+00
  3  0.0000E+00  0.1000E+01  0.0000E+00
  4  0.8000E+00  -.1200E+00  -.1200E+00
  5  0.6000E+00  0.1600E+00  0.1600E+00
  6  0.0000E+00  0.0000E+00  0.1000E+01

LOADLM F1
NUMER.LINEAS:   1    NUM. COLUMNAS:   6

PRINT  F1

*** FILAS DE (a1)T ***


          1     2     3     4     5     6
  1 *     0     0     1     2     3     4

LOADLM C1
NUMER.LINEAS:   1    NUM. COLUMNAS:   3
```

```
PRINT  C1

*** COLUMNAS DE (a1)T ***


          1     2     3
  1 *     1     2     3

LOADLM F2
NUMER.LINEAS:   1    NUM. COLUMNAS:   6

PRINT  F2

*** FILAS DE (a2)T ***


          1     2     3     4     5     6
  1 *     8     9    10     0     0    11

LOADLM C2
NUMER.LINEAS:   1    NUM. COLUMNAS:   3

PRINT  C2

*** COLUMNAS DE (a2)T ***


          1     2     3
  1 *     4     5     6

LOADLM F3
NUMER.LINEAS:   1    NUM. COLUMNAS:   6

PRINT  F3

*** FILAS DE (a3)T ***


          1     2     3     4     5     6
  1 *     2     3     4     8     9    10

LOADLM C3
NUMER.LINEAS:   1    NUM. COLUMNAS:   3

PRINT  C3

*** COLUMNAS DE (a3)T ***


          1     2     3
  1 *     7     8     9

LOADLM F4
NUMER.LINEAS:   1    NUM. COLUMNAS:   6

PRINT  F4

*** FILAS DE (a4)T ***


          1     2     3     4     5     6
  1 *     2     3     4     5     6     7

LOADLM C4
NUMER.LINEAS:   1    NUM. COLUMNAS:   3

PRINT  C4

*** COLUMNAS DE (a4)T ***


          1     2     3
  1 *    10    11    12

LOADLM F5
NUMER.LINEAS:   1    NUM. COLUMNAS:   6
```

```
PRINT  F5

*** FILAS DE (a5)T ***


          1     2     3     4     5     6
  1 *     5     6     7     8     9    10

LOADLM C5
NUMER.LINEAS:   1    NUM. COLUMNAS:   3

PRINT  C5

*** COLUMNAS DE (a5)T ***


          1     2     3
  1 *    13    14    15

ZERO   AT
   11 LINEAS    15 COLUMNAS

MERGE  AT     A1T     F1     C1
    6 FILAS      3 COLUMNAS
  FILAS    0   0   1   2   3   4
COLUMNAS   1   2   3

MERGE  AT     A2T     F2     C2
    6 FILAS      3 COLUMNAS
  FILAS    8   9  10   0   0  11
COLUMNAS   4   5   6

MERGE  AT     A3T     F3     C3
    6 FILAS      3 COLUMNAS
  FILAS    2   3   4   8   9  10
COLUMNAS   7   8   9

MERGE  AT     A4T     F4     C4
    6 FILAS      3 COLUMNAS
  FILAS    2   3   4   5   6   7
COLUMNAS  10  11  12
 MERGE  AT     A5T     F5     C5
    6 FILAS      3 COLUMNAS
  FILAS    5   6   7   8   9  10
COLUMNAS  13  14  15

PRINT  AT

*** MATRIZ DE EQULIBRIO DE ESTRUCTURA aT ***


            1           2           3           4           5           6
  1  0.0000E+00  0.1000E+01  0.0000E+00  0.0000E+00  0.0000E+00  0.0000E+00
  2  0.0000E+00  0.2500E+00  0.2500E+00  0.0000E+00  0.0000E+00  0.0000E+00
  3  -.1000E+01  0.0000E+00  0.0000E+00  0.0000E+00  0.0000E+00  0.0000E+00
  4  0.0000E+00  0.0000E+00  0.1000E+01  0.0000E+00  0.0000E+00  0.0000E+00
  5  0.0000E+00  0.0000E+00  0.0000E+00  0.0000E+00  0.0000E+00  0.0000E+00
  6  0.0000E+00  0.0000E+00  0.0000E+00  0.0000E+00  0.0000E+00  0.0000E+00
  7  0.0000E+00  0.0000E+00  0.0000E+00  0.0000E+00  0.0000E+00  0.0000E+00
  8  0.0000E+00  0.0000E+00  0.0000E+00  0.0000E+00  0.2500E+00  0.2500E+00
  9  0.0000E+00  0.0000E+00  0.0000E+00  -.1000E+01  0.0000E+00  0.0000E+00
 10  0.0000E+00  0.0000E+00  0.0000E+00  0.0000E+00  0.1000E+01  0.0000E+00
 11  0.0000E+00  0.0000E+00  0.0000E+00  0.0000E+00  0.0000E+00  0.1000E+01


            7           8           9          10          11          12
  1  0.0000E+00  0.0000E+00  0.0000E+00  0.0000E+00  0.0000E+00  0.0000E+00
  2  -.1000E+01  0.0000E+00  0.0000E+00  -.8000E+00  -.1200E+00  -.1200E+00
  3  0.0000E+00  -.1250E+00  -.1250E+00  0.6000E+00  -.1600E+00  -.1600E+00
  4  0.0000E+00  0.1000E+01  0.0000E+00  0.0000E+00  0.1000E+01  0.0000E+00
  5  0.0000E+00  0.0000E+00  0.0000E+00  0.8000E+00  0.1200E+00  0.1200E+00
  6  0.0000E+00  0.0000E+00  0.0000E+00  -.6000E+00  0.1600E+00  0.1600E+00
  7  0.0000E+00  0.0000E+00  0.0000E+00  0.0000E+00  0.0000E+00  0.1000E+01
  8  0.1000E+01  0.0000E+00  0.0000E+00  0.0000E+00  0.0000E+00  0.0000E+00
  9  0.0000E+00  0.1250E+00  0.1250E+00  0.0000E+00  0.0000E+00  0.0000E+00
 10  0.0000E+00  0.0000E+00  0.1000E+01  0.0000E+00  0.0000E+00  0.0000E+00
 11  0.0000E+00  0.0000E+00  0.0000E+00  0.0000E+00  0.0000E+00  0.0000E+00
```

```
           13          14          15
  1  0.0000E+00  0.0000E+00  0.0000E+00
  2  0.0000E+00  0.0000E+00  0.0000E+00
  3  0.0000E+00  0.0000E+00  0.0000E+00
  4  0.0000E+00  0.0000E+00  0.0000E+00
  5  -.8000E+00  0.1200E+00  0.1200E+00
  6  -.6000E+00  -.1600E+00  -.1600E+00
  7  0.0000E+00  0.1000E+01  0.0000E+00
  8  0.8000E+00  -.1200E+00  -.1200E+00
  9  0.6000E+00  0.1600E+00  0.1600E+00
 10  0.0000E+00  0.0000E+00  0.1000E+01
 11  0.0000E+00  0.0000E+00  0.0000E+00

LOAD   R
NUMER.LINEAS:  11    NUM. COLUMNAS:   1

PRINT  R

*** VECTOR DE CARGAS ***


           1
  1  0.0000E+00
  2  0.2000E+01
  3  0.2000E+01
  4  0.1000E+01
  5  0.1000E+01
  6  0.2000E+01
  7  0.0000E+00
  8  0.0000E+00
  9  0.0000E+00
 10  0.0000E+00
 11  0.0000E+00

LOAD   KR1    (3F6.0 )
NUMER.LINEAS:   3    NUM. COLUMNAS:   3


PRINT  KR1

*** MATRICES kr1  y kr2 ***
           1           2           3
  1  0.2500E+03  0.0000E+00  0.0000E+00
  2  0.0000E+00  0.5000E+01  0.2500E+01
  3  0.0000E+00  0.2500E+01  0.5000E+01

LOAD   KR3    (3F6.0 )
NUMER.LINEAS:   3    NUM. COLUMNAS:   3

PRINT  KR3

*** MATRIZ kr3 ***


           1           2           3
  1  0.1250E+03  0.0000E+00  0.0000E+00
  2  0.0000E+00  0.2500E+01  0.1250E+01
  3  0.0000E+00  0.1250E+01  0.2500E+01

LOAD   KR4    (3F6.0 )
NUMER.LINEAS:   3    NUM. COLUMNAS:   3

PRINT  KR4

*** MATRICES kr4 y kr5 ***
           1           2           3
  1  0.2000E+03  0.0000E+00  0.0000E+00
  2  0.0000E+00  0.4000E+01  0.2000E+01
  3  0.0000E+00  0.2000E+01  0.4000E+01

ZERO   KR
   15 LINEAS     15 COLUMNAS

MERGE  KR      KR1     C1      C1
    3 FILAS      3 COLUMNAS
  FILAS    1   2   3
COLUMNAS   1   2   3
```

```
MERGE  KR      KR3    C3      C3
   3 FILAS      3 COLUMNAS
  FILAS    7   8   9
COLUMNAS   7   8   9

MERGE  KR      KR4    C4      C4
   3 FILAS      3 COLUMNAS
  FILAS   10  11  12
COLUMNAS  10  11  12

PRINT  KR


             1           2           3           4           5           6
   1  0.2500E+03  0.0000E+00  0.0000E+00  0.0000E+00  0.0000E+00  0.0000E+00
   2  0.0000E+00  0.5000E+01  0.2500E+01  0.0000E+00  0.0000E+00  0.0000E+00
   3  0.0000E+00  0.2500E+01  0.5000E+01  0.0000E+00  0.0000E+00  0.0000E+00
   4  0.0000E+00  0.0000E+00  0.0000E+00  0.2500E+03  0.0000E+00  0.0000E+00
   5  0.0000E+00  0.0000E+00  0.0000E+00  0.0000E+00  0.5000E+01  0.2500E+01
   6  0.0000E+00  0.0000E+00  0.0000E+00  0.0000E+00  0.2500E+01  0.5000E+01
   7  0.0000E+00  0.0000E+00  0.0000E+00  0.0000E+00  0.0000E+00  0.0000E+00
   8  0.0000E+00  0.0000E+00  0.0000E+00  0.0000E+00  0.0000E+00  0.0000E+00
   9  0.0000E+00  0.0000E+00  0.0000E+00  0.0000E+00  0.0000E+00  0.0000E+00
  10  0.0000E+00  0.0000E+00  0.0000E+00  0.0000E+00  0.0000E+00  0.0000E+00
  11  0.0000E+00  0.0000E+00  0.0000E+00  0.0000E+00  0.0000E+00  0.0000E+00
  12  0.0000E+00  0.0000E+00  0.0000E+00  0.0000E+00  0.0000E+00  0.0000E+00
  13  0.0000E+00  0.0000E+00  0.0000E+00  0.0000E+00  0.0000E+00  0.0000E+00
  14  0.0000E+00  0.0000E+00  0.0000E+00  0.0000E+00  0.0000E+00  0.0000E+00
  15  0.0000E+00  0.0000E+00  0.0000E+00  0.0000E+00  0.0000E+00  0.0000E+00
             7           8           9          10          11          12
   1  0.0000E+00  0.0000E+00  0.0000E+00  0.0000E+00  0.0000E+00  0.0000E+00
   2  0.0000E+00  0.0000E+00  0.0000E+00  0.0000E+00  0.0000E+00  0.0000E+00
   3  0.0000E+00  0.0000E+00  0.0000E+00  0.0000E+00  0.0000E+00  0.0000E+00
   4  0.0000E+00  0.0000E+00  0.0000E+00  0.0000E+00  0.0000E+00  0.0000E+00
   5  0.0000E+00  0.0000E+00  0.0000E+00  0.0000E+00  0.0000E+00  0.0000E+00
   6  0.0000E+00  0.0000E+00  0.0000E+00  0.0000E+00  0.0000E+00  0.0000E+00
   7  0.1250E+03  0.0000E+00  0.0000E+00  0.0000E+00  0.0000E+00  0.0000E+00
   8  0.0000E+00  0.2500E+01  0.1250E+01  0.0000E+00  0.0000E+00  0.0000E+00
   9  0.0000E+00  0.1250E+01  0.2500E+01  0.0000E+00  0.0000E+00  0.0000E+00
  10  0.0000E+00  0.0000E+00  0.0000E+00  0.2000E+03  0.0000E+00  0.0000E+00
  11  0.0000E+00  0.0000E+00  0.0000E+00  0.0000E+00  0.4000E+01  0.2000E+01
  12  0.0000E+00  0.0000E+00  0.0000E+00  0.0000E+00  0.2000E+01  0.4000E+01
  13  0.0000E+00  0.0000E+00  0.0000E+00  0.0000E+00  0.0000E+00  0.0000E+00
  14  0.0000E+00  0.0000E+00  0.0000E+00  0.0000E+00  0.0000E+00  0.0000E+00
  15  0.0000E+00  0.0000E+00  0.0000E+00  0.0000E+00  0.0000E+00  0.0000E+00
            13          14          15
   1  0.0000E+00  0.0000E+00  0.0000E+00
   2  0.0000E+00  0.0000E+00  0.0000E+00
   3  0.0000E+00  0.0000E+00  0.0000E+00
   4  0.0000E+00  0.0000E+00  0.0000E+00
   5  0.0000E+00  0.0000E+00  0.0000E+00
   6  0.0000E+00  0.0000E+00  0.0000E+00
   7  0.0000E+00  0.0000E+00  0.0000E+00
   8  0.0000E+00  0.0000E+00  0.0000E+00
   9  0.0000E+00  0.0000E+00  0.0000E+00
  10  0.0000E+00  0.0000E+00  0.0000E+00
  11  0.0000E+00  0.0000E+00  0.0000E+00
  12  0.0000E+00  0.0000E+00  0.0000E+00
  13  0.2000E+03  0.0000E+00  0.0000E+00
  14  0.0000E+00  0.4000E+01  0.2000E+01
  15  0.0000E+00  0.2000E+01  0.4000E+01
SCALE  KR
 SCALAR =  0.1000000E+04

TRANS  AT     A

MULT   KR     A      KRA

MULT   AT     KRA    K
```

```
PRINT  K

*** MATRIZ DE RIGIDEZ DE LA ESTRUCTURA ***

              1           2           3           4           5           6
   1  0.5000E+04  0.1875E+04  0.0000E+00  0.2500E+04  0.0000E+00  0.0000E+00
   2  0.1875E+04  0.2541E+06  -.9577E+05  0.1155E+04  -.1282E+06  0.9577E+05
   3  0.0000E+00  -.9577E+05  0.3224E+06  -.1429E+04  0.9577E+05  -.7231E+05
   4  0.2500E+04  0.1155E+04  -.1429E+04  0.1150E+05  0.7200E+03  0.9600E+03
   5  0.0000E+00  -.1282E+06  0.9577E+05  0.7200E+03  0.2563E+06  0.6256E-02
   6  0.0000E+00  0.9577E+05  -.7231E+05  0.9600E+03  0.6256E-02  0.1446E+06
   7  0.0000E+00  -.7200E+03  -.9600E+03  0.2000E+04  0.1440E+04  0.0000E+00
   8  0.0000E+00  -.1250E+06  0.0000E+00  0.0000E+00  -.1282E+06  -.9577E+05
   9  0.0000E+00  0.0000E+00  -.1172E+03  0.4688E+03  -.9577E+05  -.7231E+05
  10  0.0000E+00  0.0000E+00  -.4688E+03  0.1250E+04  0.7200E+03  -.9600E+03
  11  0.0000E+00  0.0000E+00  0.0000E+00  0.0000E+00  0.0000E+00  0.0000E+00
              7           8           9          10          11
   1  0.0000E+00  0.0000E+00  0.0000E+00  0.0000E+00  0.0000E+00
   2  -.7200E+03  -.1250E+06  0.0000E+00  0.0000E+00  0.0000E+00
   3  -.9600E+03  0.0000E+00  -.1172E+03  -.4688E+03  0.0000E+00
   4  0.2000E+04  0.0000E+00  0.4688E+03  0.1250E+04  0.0000E+00
   5  0.1440E+04  -.1282E+06  -.9577E+05  0.7200E+03  0.0000E+00
   6  0.0000E+00  -.9577E+05  -.7231E+05  -.9600E+03  0.0000E+00
   7  0.8000E+04  -.7200E+03  0.9600E+03  0.2000E+04  0.0000E+00
   8  -.7200E+03  0.2541E+06  0.9577E+05  0.1155E+04  0.1875E+04
   9  0.9600E+03  0.9577E+05  0.3224E+06  0.1429E+04  0.0000E+00
  10  0.2000E+04  0.1155E+04  0.1429E+04  0.1150E+05  0.2500E+04
  11  0.0000E+00  0.1875E+04  0.0000E+00  0.2500E+04  0.5000E+04

SOLVE  K      R
SKALAR =    0.5000000E-02
PRINT  R

*** DESPLAZAMIENTOS NODALES DE LA ESTRUCTURA r ***
              1
   1  -.3242E-02
   2  0.9661E-02
   3  0.5001E-05
   4  -.7617E-03
   5  0.9670E-02
   6  0.2252E-04
   7  0.4056E-03
   8  0.9663E-02
   9  0.1100E-04
  10  -.8697E-03
  11  -.3189E-02

MULT   KRA    R       F

PRINT  F

*** FUERZAS NODALES LINEALMENTE INDEPENDIENTES F ***
              1
   1  -.1250E+01
   2  0.1073E-05
   3  0.6200E+01
   4  -.2750E+01
   5  0.5797E+01
   6  -.9537E-06
   7  0.2659E+00
   8  -.2989E+01
   9  -.3124E+01
  10  -.5811E+00
  11  -.2212E+01
  12  0.1228E+00
  13  -.2563E+01
  14  -.1228E+00
  15  -.2674E+01
STOP
```

Del resultado obtenido con el programa SMIS se observa que:

$$\underline{F}^{T} = \left[-1.25 \quad 0 \quad 6.20 \;\vdots\; -2.75 \quad 5.80 \quad 0 \;\vdots\; 0.27 \quad -2.99 \quad -3.12 \;\vdots\; -0.58 \quad -2.21 \quad 0.121 \;\vdots\; -2.56 \quad -0.12 \quad -2.67 \right]$$

Esto es los vectores $\underline{F}^j$ son:

$$\underline{F}^1 = \begin{bmatrix} -1.25 \\ 0 \\ 6.20 \end{bmatrix} \quad \underline{F}^2 = \begin{bmatrix} -2.75 \\ 5.80 \\ 0 \end{bmatrix} \quad \underline{F}^3 = \begin{bmatrix} 0.27 \\ -2.99 \\ -3.12 \end{bmatrix} \quad \underline{F}^4 = \begin{bmatrix} -0.58 \\ -2.21 \\ 0.12 \end{bmatrix} \quad \underline{F}^5 = \begin{bmatrix} -2.56 \\ -0.12 \\ -2.67 \end{bmatrix}$$

Recordando que los elementos usados corresponden al tipo de viga plana tipo (a), se pueden dibujar de inmediato los diagramas de esfuerzo normal y momento flector de la estructura ($N = F_1^j$, $M_i = -F_2^j$, $M_d = F_3^j$):

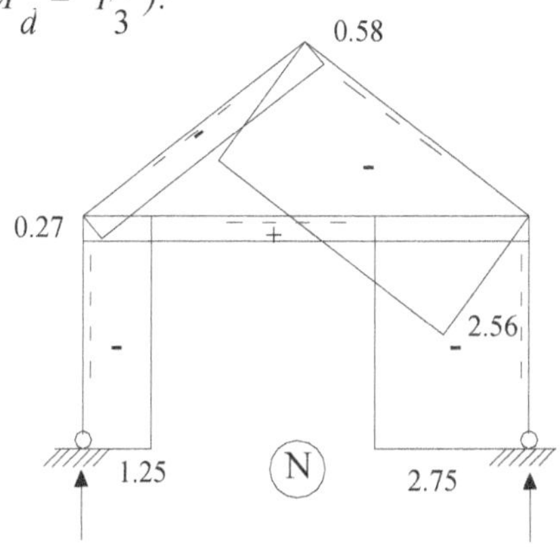

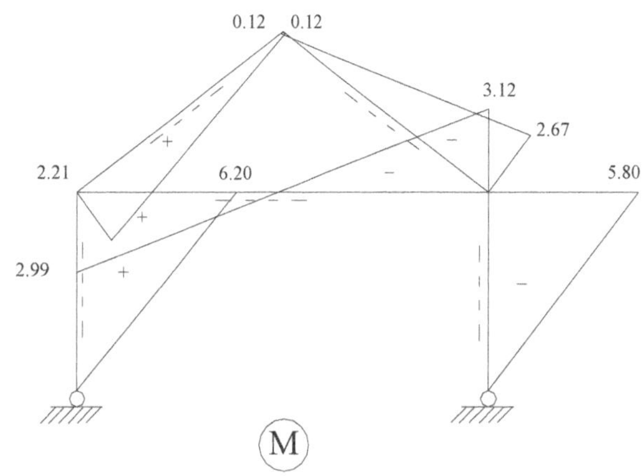

Los esfuerzos cortantes se pueden obtener calculando los productos $\underline{\bar{S}}^j = \underline{T}^j \underline{F}^j$, o bien, determinarse directamente de la relación:

$$Q^j = \frac{M_d^j - M_i^j}{\ell^j} \tag{6.9}$$

Esta relación (6.9) es válida para vigas planas sin carga entre los nudos. Para el elemento de viga plana tipo (a), se tiene que $M_i^j = -F_2^j$ y $M_d^j = F_3^j$, por lo que:

$$Q^j = \frac{F_2^j + F_3^j}{\ell^j} \tag{6.10}$$

Usando la relación (6.10) se obtiene que:

$Q^1 = 1.55$ $\quad Q^2 = 1.45$ $\quad Q^3 = -0.76$ $\quad Q^4 = -0.42$ $\quad Q^5 = -0.56$

El diagrama de esfuerzo de corte es entonces:

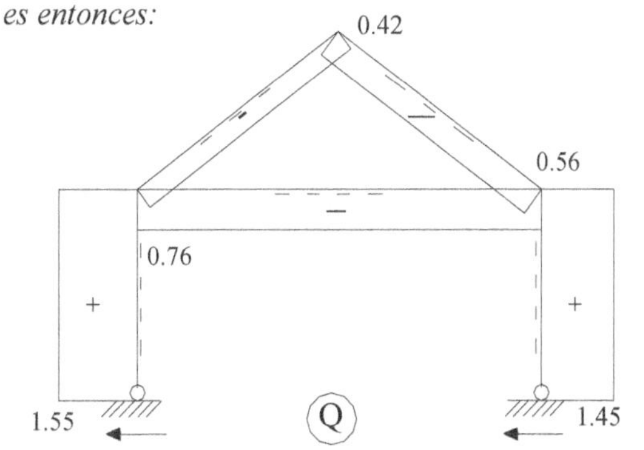

Al finalizar un problema es conveniente revisar los resultados. Una primera comprobación es el equilibrio global de la estructura:

$$\sum x \;\equiv\; 2 + 1 - 1.55 - 1.45 = 0 \quad \surd$$

$$\sum z \;\equiv\; 2 + 2 - 1.25 - 2.75 = 0 \quad \surd$$

$$\sum M_1 \;\equiv\; 2 \,x\, 4 - 1 + 1 \cdot 7 + 2 \cdot 4 - 2.75 \cdot 8 = 0 \quad \surd$$

Una comprobación más detallada es la revisión del equilibrio de cada nudo. Por ejemplo en el nudo 2:

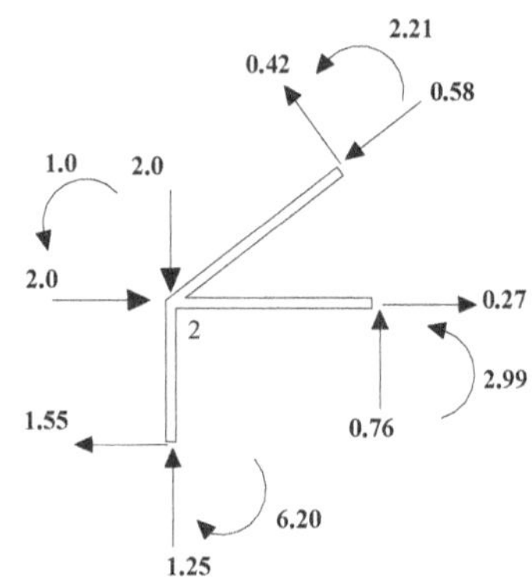

$$\sum x \;\equiv\; 2 - 0.58 \,x\, 0.8 - 0.42 \,x\, 0.6 + 0.27 - 1.55 = 0.004 \sim 0 \quad \surd$$

$$\sum z \;\equiv\; 2 - 1.25 - 0.76 - 0.42 \,x\, 0.8 + 0.58 \,x\, 0.6 = 0.002 \sim 0 \quad \surd$$

$$\sum M_2 \;\equiv\; 1 + 2.21 + 2.99 - 6.20 = 0 \quad \surd$$

Ejemplo 6.2

Resolver la estructura hiperestática del Ejemplo 4.3, despreciando la deformación por esf. de corte. Dibujar la configuración deformada y los diagramas de esfuerzos internos.

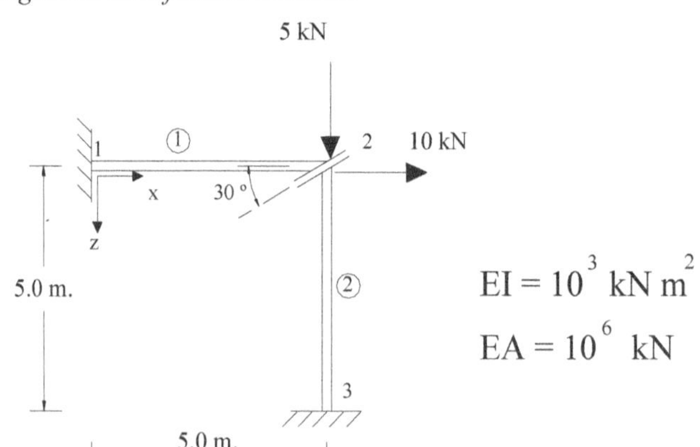

La matriz $\underline{a}^T$ y vector de cargas $\underline{R}$ aparecen deducidos en el Ejemplo 4.3. Recordando que para la formación de la matriz $\underline{a}^T$ se usaron elementos de viga plana tipo (a), se deben usar el mismo tipo de elementos para las matrices $\underline{k}_r^{\,j}$ (sin consideración de deformación por esf. de corte):

$$\underline{k}_r^1 = \underline{k}_r^2 = \begin{bmatrix} \dfrac{EA}{\ell} & 0 & 0 \\ 0 & \dfrac{4EI}{\ell} & \dfrac{2EI}{\ell} \\ 0 & \dfrac{2EI}{\ell} & \dfrac{4EI}{\ell} \end{bmatrix} = 10^3 \begin{bmatrix} 200 & 0 & 0 \\ 0 & 0.8 & 0.4 \\ 0 & 0.4 & 0.8 \end{bmatrix}$$

La entrada de datos para el programa SMIS es:

```
START
LOAD  AT    (6F12.0)                4     6
    1.                                                .2          .2
            .2          .2         -1.
                        1.                            1.
-.8660254038  .1        .1
PRINT AT                            1
 *** MATRIZ DE EQUILIBRIO  aT ***
LOAD  R                             4     1
 10.   5.         2.5
PRINT R                             1
 *** VECTOR DE CARGAS ***
LOAD  KR1   (3F6.0)                 3     3
200.
      .8    .4
      .4    .8
PRINT KR1                           1
 *** MATRICES kr1  y kr2 ***
ZERO  KR                            6     6
STOSM KR    KR1                     1     1
STOSM KR    KR1                     4     4
PRINT KR
SCALE KR                                                3  1.
TRANS AT    A
MULT  KR    A     KRA
MULT  AT    KRA   K
PRINT K                             1
 *** MATRIZ DE RIGIDEZ DE LA ESTRUCTURA ***
SOLVE K     R
PRINT R                             1
 *** DESPLAZAMIENTOS NODALES DE LA ESTRUCTURA r ***
MULT  KRA   R     F
PRINT F                             1
 *** FUERZAS NODALES LINEALMENTE INDEPENDIENTES F ***
STOP
```

Los resultados entregados por el programa SMIS son:

```
 START

  SMIS (REV.2.0 - 25.04.2000 - DEPTO. OOCC - ULS)

  SMIS (FECHA DE EJECUCION :25/ 8/2000  )

  SMIS (HORA  DE EJECUCION : 9:53:20    )


 LOAD   AT     (6F12. 0)
 NUMER.LINEAS:   4    NUM. COLUMNAS:   6

 PRINT  AT
*** MATRIZ DE EQUILIBRIO  aT ***


             1           2           3           4           5           6
   1  0.1000E+01  0.0000E+00  0.0000E+00  0.0000E+00  0.2000E+00  0.2000E+00
   2  0.0000E+00  0.2000E+00  0.2000E+00  -.1000E+01  0.0000E+00  0.0000E+00
   3  0.0000E+00  0.0000E+00  0.1000E+01  0.0000E+00  0.1000E+01  0.0000E+00
   4  -.8660E+00  0.1000E+00  0.1000E+00  0.0000E+00  0.0000E+00  0.0000E+00

 LOAD   R
 NUMER.LINEAS:   4    NUM. COLUMNAS:   1
```

```
PRINT  R

*** VECTOR DE CARGAS ***


           1
  1  0.1000E+02
  2  0.5000E+01
  3  0.0000E+00
  4  0.2500E+01


LOAD   KR1    (3F6.0 )
NUMER.LINEAS:   3    NUM. COLUMNAS:   3

PRINT  KR1

*** MATRICES kr1  y kr2 ***


           1           2           3
  1  0.2000E+03  0.0000E+00  0.0000E+00
  2  0.0000E+00  0.8000E+00  0.4000E+00
  3  0.0000E+00  0.4000E+00  0.8000E+00

ZERO   KR
    6 LINEAS     6 COLUMNAS

STOSM  KR     KR1
NUM.DE FILA :   1 NUM.DE COLUMNA:   1

STOSM  KR     KR1
NUM.DE FILA :   4 NUM.DE COLUMNA:   4

PRINT  KR


           1           2           3           4           5           6
  1  0.2000E+03  0.0000E+00  0.0000E+00  0.0000E+00  0.0000E+00  0.0000E+00
  2  0.0000E+00  0.8000E+00  0.4000E+00  0.0000E+00  0.0000E+00  0.0000E+00
  3  0.0000E+00  0.4000E+00  0.8000E+00  0.0000E+00  0.0000E+00  0.0000E+00
  4  0.0000E+00  0.0000E+00  0.0000E+00  0.2000E+03  0.0000E+00  0.0000E+00
  5  0.0000E+00  0.0000E+00  0.0000E+00  0.0000E+00  0.8000E+00  0.4000E+00
  6  0.0000E+00  0.0000E+00  0.0000E+00  0.0000E+00  0.4000E+00  0.8000E+00

SCALE  KR
 SCALAR =   0.1000000E+04

TRANS  AT     A

MULT   KR     A      KRA

MULT   AT     KRA    K

PRINT  K

*** MATRIZ DE RIGIDEZ DE LA ESTRUCTURA ***


           1           2           3           4
  1  0.2001E+06  0.0000E+00  0.2400E+03  -.1732E+06
  2  0.0000E+00  0.2001E+06  0.2400E+03  0.4800E+02
  3  0.2400E+03  0.2400E+03  0.1600E+04  0.1200E+03
  4  -.1732E+06  0.4800E+02  0.1200E+03  0.1500E+06

SOLVE  K      R
SKALAR =    0.2000960E+00

PRINT  R

*** DESPLAZAMIENTOS NODALES DE LA ESTRUCTURA r ***


           1
  1  0.3353E+00
  2  0.2727E-04
  3  -.7934E-01
  4  0.3872E+00
```

```
MULT   KRA    R       F

PRINT  F

*** FUERZAS NODALES LINEALMENTE INDEPENDIENTES F ***


           1
  1  -.3148E+01
  2  0.1473E+02
  3  -.1700E+02
  4  -.5453E+01
  5  0.1700E+02
  6  0.4874E+02

STOP
```

Por lo tanto, los vectores de desplazamiento nodales $\underline{r}$ *y fuerzas nodales linealmente independientes son:*

$$\underline{r} = \begin{bmatrix} 0.335 \\ \sim 0 \\ -0.079 \\ 0.387 \end{bmatrix} \begin{matrix} r_{2x} \\ r_{2z} \\ \theta_2 \\ \Delta_2 \end{matrix} \; (m, rad) \qquad \underline{F} = \begin{bmatrix} -3.15 \\ 14.73 \\ -17.0 \\ \hdashline -5.45 \\ 17.0 \\ 48.74 \end{bmatrix} (kN, kNm)$$

La configuración deformada es:

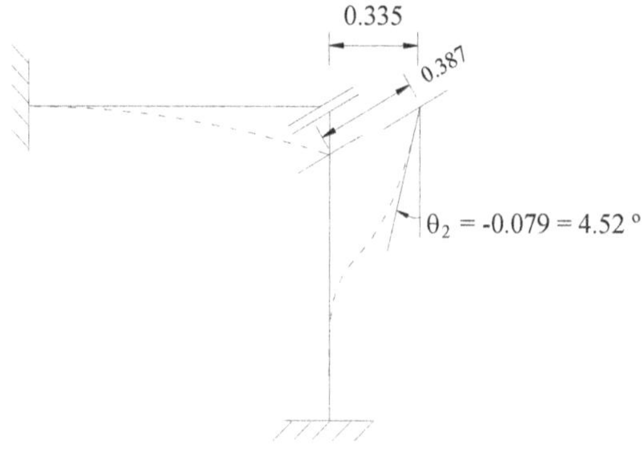

Los diagramas de esfuerzo normal y momento flector son:

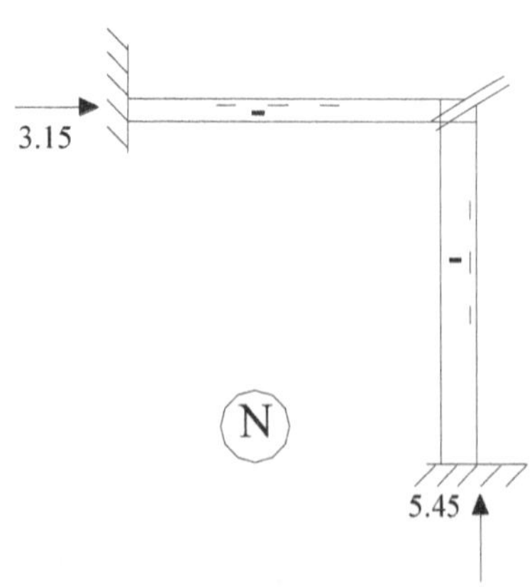

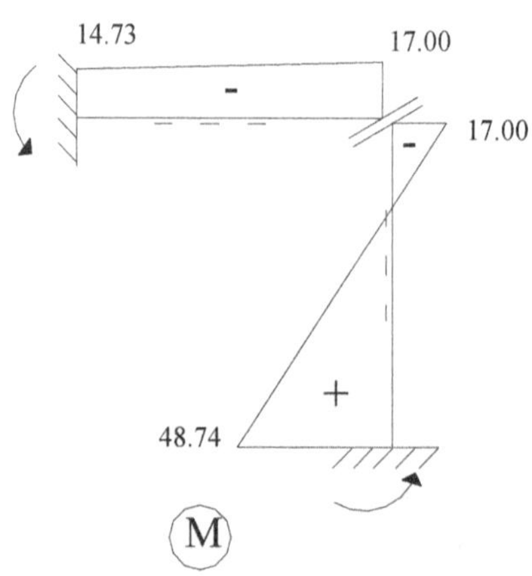

Por otra parte utilizando la relación (6.10) se tiene que Q_1= -0.45 Q_2=13.15 por lo que el diagrama de esfuerzo de este es:

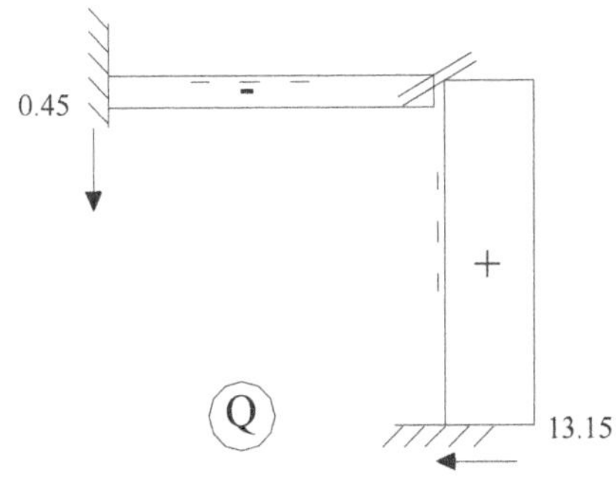

Comprobación de equilibrio global

$\sum x \equiv 10+3.15-13.15 = 0$ √

$\sum z \equiv 5+0.45-5.45 = 0$ √

$\sum M_1 \equiv 14.73-5x5+5.45x5-13.15x5+48.74 = -0.03 \approx 0$ √

Ejemplo 6.3

Resolver la estructura hiperestática del Ejemplo 4.7, despreciando la deformación por esf. de corte. Dibujar diagramas de esfuerzos internos.

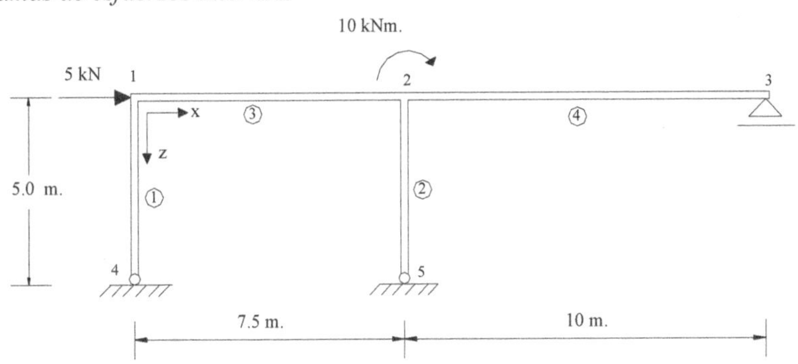

$$EI_3 = EI_4 = EI$$
$$EI_2 = EI_1 = 2EI$$
$$\frac{A_1}{I_1} = \frac{A_2}{I_2} = 150 \left[\frac{1}{m^2}\right]$$
$$\frac{A_3}{I_3} = \frac{A_4}{I_4} = 200 \left[\frac{1}{m^2}\right]$$

La formación de la matriz de equilibrio $\underline{a}^T$ y vector de carga $\underline{R}$ se muestra en el Ejemplo 4.7. Recordando que para los elementos ①, ② y ④ se utilizó elementos de viga con rótula en el extremo derecho ($a = \ell$, $b = 0$) y para el elemento ③ un elemento de viga plana tipo (a), del Anexo B se tiene que:

$$\underline{k}_r^1 = \underline{k}_r^2 = \frac{6EI_1}{5}\begin{bmatrix} \frac{A_1}{I_1} & 0 \\ 0 & \frac{1}{2} \end{bmatrix} = \frac{12EI}{5}\begin{bmatrix} \frac{150}{6} & 0 \\ 0 & \frac{1}{2} \end{bmatrix} = EI\begin{bmatrix} 60 & 0 \\ 0 & 1.2 \end{bmatrix}$$

$$\underline{k}_r^3 = \frac{EI_3}{7.5}\begin{bmatrix} A_3/I_3 & 0 & 0 \\ 0 & 4 & 2 \\ 0 & 2 & 4 \end{bmatrix} = \frac{EI}{7.5}\begin{bmatrix} 200 & 0 & 0 \\ 0 & 4 & 2 \\ 0 & 2 & 4 \end{bmatrix} = EI\begin{bmatrix} 80/3 & 0 & 0 \\ 0 & 8/15 & 4/15 \\ 0 & 4/15 & 8/15 \end{bmatrix}$$

$$\underline{k}_r^4 = \frac{6EI_4}{10}\begin{bmatrix} A_4/6I_4 & 0 \\ 0 & 1/2 \end{bmatrix} = \frac{6EI}{10}\begin{bmatrix} 200/6 & 0 \\ 0 & 1/2 \end{bmatrix} = EI\begin{bmatrix} 20 & 0 \\ 0 & 0.3 \end{bmatrix}$$

Nótese que para la formación de la matriz $\underline{k}_r$ *se ha dejado como factor el valor de EI. Luego de hacer el producto* $\underline{K} = \underline{a}^T\underline{k}_r\underline{a}$, *la matriz* $\underline{K}$ *tendrá como factor el mismo valor EI y al resolver la ecuación* $\underline{K}\underline{r} = \underline{R}$, *los desplazamientos nodales deberán ser divididos por dicho factor. Sin embargo, para el cálculo de los esfuerzos internos* $\underline{F} = \underline{k}_r\underline{a}\underline{r}$ *el factor EI se elimina. En general siempre es conveniente realizar dicha factorización al formar la matriz* $\underline{K}$, *pues la solución numérica es más sencilla y computacionalmente más estable.*

La entrada de datos para el programa SMIS es:

```
START
LOAD  AT    (9F8.0)                7     9
          .2                       -1.
  -1.                                   -.133333-.133333
          1.                                1.
                           .2      1.                      -1.
                 -1.                     .133333 .133333       -1.
                            1.                      1.          1.
                                                           1.
PRINT AT                           1
 *** MATRIZ DE EQUILIBRIO  aT ***
LOAD  R                            7     1
  5.                           -10.
PRINT R                            1
 *** VECTOR DE CARGAS ***
LOAD  KR1   (2F6.0)                2     2
 60.
       1.2
PRINT KR1                          1
 *** MATRICES kr1  y kr2 ***
LOAD  KR3   (3F12.0)               3     3
26.66667
            .5333333    .266667
            .266667     .5333333
PRINT KR3                          1
 *** MATRIZ kr3 ***
LOAD  KR4   (2F6.0)                2     2
 20.
        .3
PRINT KR4                          1
 *** MATRIZ kr4 ***
ZERO  KR                           9     9
STOSM KR    KR1                    1     1
STOSM KR    KR1                    3     3
STOSM KR    KR3                    5     5
STOSM KR    KR4                    8     8
PRINT KR
TRANS AT    A
MULT  KR    A     KRA
MULT  AT    KRA   K
PRINT K                            1
 *** MATRIZ DE RIGIDEZ DE LA ESTRUCTURA ***
WRITE EJE6-3                       1
K
SOLVE K     R
PRINT R                            1
 *** DESPLAZAMIENTOS NODALES DE LA ESTRUCTURA r ***
MULT  KRA   R     F
```

```
PRINT F                             1
 *** FUERZAS NODALES LINEALMENTE INDEPENDIENTES F ***
STOP
```

El resultado del programa SMIS es:

```
 START

SMIS (REV.4.5 - 14.03.2017 - DEPTO. OOCC - ULS)

SMIS (FECHA DE EJECUCION : 17/04/2019  )

SMIS (HORA  DE EJECUCION : 12:43:21)

 LOAD   AT     (9F8.0 )
 NUMER.LINEAS:   7    NUM. COLUMNAS:   9

 PRINT  AT

 *** MATRIZ DE EQUILIBRIO  aT ***

            1           2           3           4           5           6
   1  0.0000E+00  0.2000E+00  0.0000E+00  0.0000E+00  -.1000E+01  0.0000E+00
   2  -.1000E+01  0.0000E+00  0.0000E+00  0.0000E+00  0.0000E+00  -.1333E+00
   3  0.0000E+00  0.1000E+01  0.0000E+00  0.0000E+00  0.0000E+00  0.1000E+01
   4  0.0000E+00  0.0000E+00  0.0000E+00  0.2000E+00  0.1000E+01  0.0000E+00
   5  0.0000E+00  0.0000E+00  -.1000E+01  0.0000E+00  0.0000E+00  0.1333E+00
   6  0.0000E+00  0.0000E+00  0.0000E+00  0.1000E+01  0.0000E+00  0.0000E+00
   7  0.0000E+00  0.0000E+00  0.0000E+00  0.0000E+00  0.0000E+00  0.0000E+00
            7           8           9
   1  0.0000E+00  0.0000E+00  0.0000E+00
   2  -.1333E+00  0.0000E+00  0.0000E+00
   3  0.0000E+00  0.0000E+00  0.0000E+00
   4  0.0000E+00  -.1000E+01  0.0000E+00
   5  0.1333E+00  0.0000E+00  -.1000E+00
   6  0.1000E+01  0.0000E+00  0.1000E+01
   7  0.0000E+00  0.1000E+01  0.0000E+00

 LOAD   R
 NUMER.LINEAS:   7    NUM. COLUMNAS:   1

 PRINT  R

 *** VECTOR DE CARGAS ***

            1
   1  0.5000E+01
   2  0.0000E+00
   3  0.0000E+00
   4  0.0000E+00
   5  0.0000E+00
   6  -.1000E+02
   7  0.0000E+00

 LOAD   KR1    (2F6.0 )
 NUMER.LINEAS:   2    NUM. COLUMNAS:   2

 PRINT  KR1

 *** MATRICES kr1  y kr2 ***

            1           2
   1  0.6000E+02  0.0000E+00
   2  0.0000E+00  0.1200E+01

 LOAD   KR3    (3F12. 0)
 NUMER.LINEAS:   3    NUM. COLUMNAS:   3

 PRINT  KR3

 *** MATRIZ kr3 ***

            1           2           3
   1  0.2667E+02  0.0000E+00  0.0000E+00
   2  0.0000E+00  0.5333E+00  0.2667E+00
   3  0.0000E+00  0.2667E+00  0.5333E+00
```

```
LOAD   KR4    (2F6.0 )
 NUMER.LINEAS:   2    NUM. COLUMNAS:   2

 PRINT  KR4

 *** MATRIZ kr4 ***

            1          2
   1  0.2000E+02  0.0000E+00
   2  0.0000E+00  0.3000E+00

 ZERO   KR
     9 LINEAS      9 COLUMNAS

 STOSM  KR      KR1
 NUM.DE FILA :    1 NUM.DE COLUMNA:   1


 STOSM  KR      KR1
 NUM.DE FILA :    3 NUM.DE COLUMNA:   3


 STOSM  KR      KR3
 NUM.DE FILA :    5 NUM.DE COLUMNA:   5

 STOSM  KR      KR4
 NUM.DE FILA :    8 NUM.DE COLUMNA:   8

 PRINT  KR

            1          2          3          4          5          6
   1  0.6000E+02 0.0000E+00 0.0000E+00 0.0000E+00 0.0000E+00 0.0000E+00
   2  0.0000E+00 0.1200E+01 0.0000E+00 0.0000E+00 0.0000E+00 0.0000E+00
   3  0.0000E+00 0.0000E+00 0.6000E+02 0.0000E+00 0.0000E+00 0.0000E+00
   4  0.0000E+00 0.0000E+00 0.0000E+00 0.1200E+01 0.0000E+00 0.0000E+00
   5  0.0000E+00 0.0000E+00 0.0000E+00 0.0000E+00 0.2667E+02 0.0000E+00
   6  0.0000E+00 0.0000E+00 0.0000E+00 0.0000E+00 0.0000E+00 0.5333E+00
   7  0.0000E+00 0.0000E+00 0.0000E+00 0.0000E+00 0.0000E+00 0.2667E+00
   8  0.0000E+00 0.0000E+00 0.0000E+00 0.0000E+00 0.0000E+00 0.0000E+00
   9  0.0000E+00 0.0000E+00 0.0000E+00 0.0000E+00 0.0000E+00 0.0000E+00
            7          8          9
   1  0.0000E+00 0.0000E+00 0.0000E+00
   2  0.0000E+00 0.0000E+00 0.0000E+00
   3  0.0000E+00 0.0000E+00 0.0000E+00
   4  0.0000E+00 0.0000E+00 0.0000E+00
   5  0.0000E+00 0.0000E+00 0.0000E+00
   6  0.2667E+00 0.0000E+00 0.0000E+00
   7  0.5333E+00 0.0000E+00 0.0000E+00
   8  0.0000E+00 0.2000E+02 0.0000E+00
   9  0.0000E+00 0.0000E+00 0.3000E+00

 TRANS  AT      A

MULT   KR      A       KRA

 MULT   AT      KRA     K

 PRINT  K

 *** MATRIZ DE RIGIDEZ DE LA ESTRUCTURA ***

            1          2          3          4          5          6
   1  0.2671E+02 0.0000E+00 0.2400E+00 -.2667E+02 0.0000E+00 0.0000E+00
   2  0.0000E+00 0.6003E+02 -.1067E+00 0.0000E+00 -.2844E-01 -.1067E+00
   3  0.2400E+00 -.1067E+00 0.1733E+01 0.0000E+00 0.1067E+00 0.2667E+00
   4  -.2667E+02 0.0000E+00 0.0000E+00 0.4671E+02 0.0000E+00 0.2400E+00
   5  0.0000E+00 -.2844E-01 0.1067E+00 0.0000E+00 0.6003E+02 0.7667E-01
   6  0.0000E+00 -.1067E+00 0.2667E+00 0.2400E+00 0.7667E-01 0.2033E+01
   7  0.0000E+00 0.0000E+00 0.0000E+00 -.2000E+02 0.0000E+00 0.0000E+00
            7
   1  0.0000E+00
   2  0.0000E+00
   3  0.0000E+00
   4  -.2000E+02
   5  0.0000E+00
   6  0.0000E+00
   7  0.2000E+02
```

```
WRITE  EJE6-3
Nø DE MATRICES :  1  ARCHIVO EXTERNO : EJE6-3 (Nota: Se guarda matriz K en archivo externo EJE6-3)
 MATRICES : K

SOLVE  K       R
SKALAR =   0.2671467E-04

PRINT  R

*** DESPLAZAMIENTOS NODALES DE LA ESTRUCTURA r ***

             1
  1  0.1432E+03
  2  -.6470E-01
  3  -.1682E+02
  4  0.1431E+03
  5  0.5490E-01
  6  -.1961E+02
  7  0.1431E+03

MULT   KRA    R       F

PRINT  F

*** FUERZAS NODALES LINEALMENTE INDEPENDIENTES F ***

             1
  1  0.3882E+01
  2  0.1419E+02
  3  -.3294E+01
  4  0.1082E+02
  5  -.2163E+01
  6  -.1419E+02
  7  -.1493E+02
  8  0.0000E+00
  9  -.5885E+01

STOP
```

Por lo tanto el vector de las fuerzas nodales linealmente independientes es:

$$\underline{F}^T = \left[3.88 \quad 14.18 \;\vdots -3.29 \quad 10.81 \;\vdots -2.16 \quad -14.18 \quad -14.93 \;\vdots\; 0 \quad -5.88\right]$$

Los diagramas de esfuerzo normal y momento flector son:

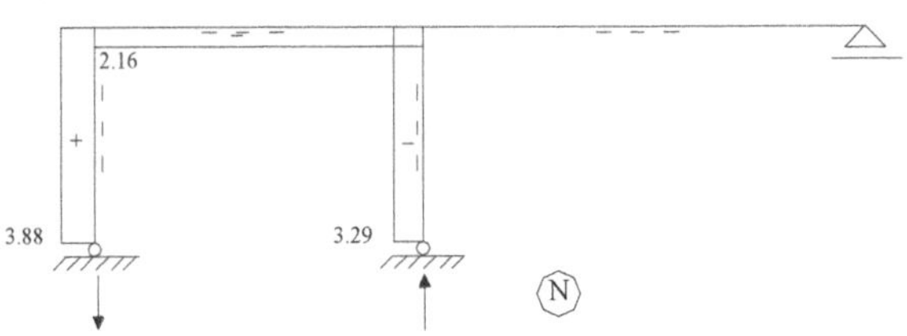

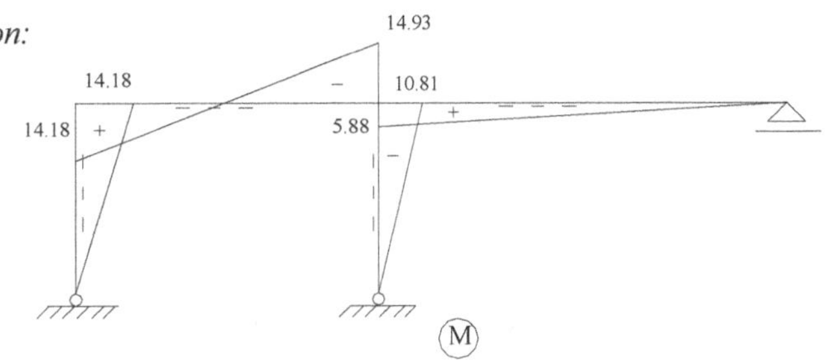

Los esfuerzos de corte se obtienen con la relación 6.10

$$Q^1 = \frac{14.18}{5} = 2.84 \qquad Q^2 = \frac{10.81}{5} = 2.16 \qquad Q^3 = \frac{-14.18-14.93}{7.5} = -3.88 \qquad Q^4 = \frac{-5.88}{10} = -0.59$$

El diagrama de esfuerzo de corte es:

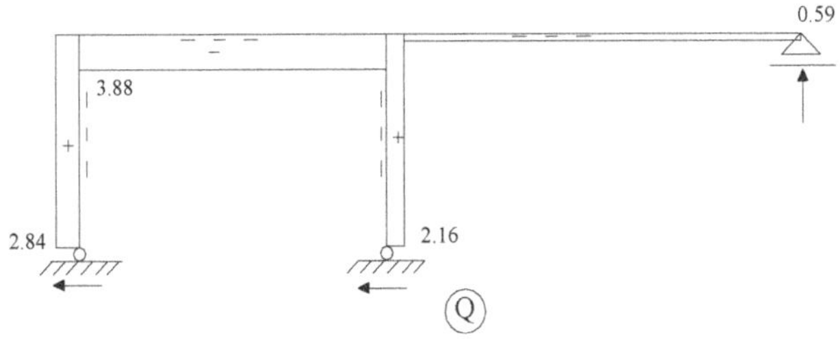

Nótese que una vez formada la matriz K, ésta se almacenó en un archivo externo que se denominó EJE6-3, mediante la instrucción WRITE, debido a que esta matriz será utilizada posteriormente en otro ejemplo en este capítulo (Ejemplo 6.20) y será leída mediante la instrucción READ

Comprobación de equilibrio global

$\sum X \equiv 5 - 2.84 - 2.16 = 0$ √ $\sum Z \equiv 3.88 - 3.29 - 0.59 = 0$ √ $\sum M_4 \equiv -5x5 - 10 + 3.29x7.5 + 0.59x17.5 = 0$ √

6.2.- El método de desplazamientos directo

La obtención de la matriz de rigidez de una estructura formando las matrices $\underline{a}^T$ y $\underline{k}_r$ y luego realizando el producto $\underline{a}^T \underline{k}_r \underline{a}$ es un procedimiento un tanto engorroso. Si se recuerdan las definiciones de las matrices $\underline{a}^T$ y $\underline{k}_r$ es posible formar la matriz de rigidez de la estructura de una manera más directa.

En efecto, reemplazando la definición (4.16) de la matriz $\underline{a}^T$ y la definición (6.4) de la matriz $\underline{k}_r$ en (6.7) se tiene que:

$$\underline{K} = \underline{a}^T \underline{k}_r \underline{a} = \underline{C}\, diag\,\{(\underline{a}^j)^T\}\, diag\,\{\underline{k}_r^j\}\, diag\,\{\underline{a}^j\}\, \underline{C}^T \qquad (6.11)$$

El producto de las tres matrices hiperdiagonales que aparecen en (6.11) es también una matriz hiperdiagonal. Por lo tanto se puede escribir:

$$\underline{K} = \underline{C}\ diag\,\{(\underline{a}^j)^T\, \underline{k}_r^j\, \underline{a}^j\}\, \underline{C}^T \qquad (6.12)$$

Definiendo:

$$\underline{k}^j = (\underline{a}^j)^T\, \underline{k}_r^j \underline{a}^j \qquad (6.13)$$

Se obtiene que:

$$\underline{K} = \underline{C}\ diag\,\{\underline{k}^j\}\, \underline{C}^T \qquad (6.14)$$

La matriz $\underline{k}^j$ se denomina **"matriz de rigidez del elemento ⓙ en coordenadas globales"**. El significado físico de dicha matriz $\underline{k}^j$ se puede deducir de las siguientes relaciones.

De (3.16), (5.24) y (6.1) se tiene que:

$$\underline{S}^j = (\underline{a}^j)^T \underline{F}^j = (\underline{a}^j)^T \underline{k}_r^j\, \underline{v}^j = (\underline{a}^j)^T \underline{k}_r^j\, \underline{a}^j\, \underline{u}^j$$

Por lo tanto:

$$\underline{S}^j = \underline{k}^j\, \underline{u}^j \qquad (6.15)$$

Esto es, la matriz $\underline{k}^j$ representa la relación entre los desplazamientos nodales del elemento ⓙ en coordenadas globales $\underline{u}^j$ y las fuerzas nodales del elemento en estas mismas coordenadas. Su dimensión es mayor que la de la matriz $\underline{k}_r^j$ ya que es igual al número de fuerzas nodales del elemento. Como las matrices $(\underline{a}^j)^T$ y $\underline{k}_r^j$ pueden ser deducidas para cualquier tipo de elemento, haciendo el producto (6.13) se puede obtener las correspondientes matrices de rigidez $\underline{k}^j$ de cualquier elemento. En el Anexo B aparecen indicadas dichas matrices de los elementos más utilizados.

Las matrices de rigidez $\underline{k}^j$ de los elementos son (a diferencia de las matrices de rigidez reducida $\underline{k}_r^j$) **singulares.** Ello es debido a que se obtienen del producto de las matrices $(\underline{a}^j)^T$ con $\underline{k}_r^j$. Las primeras tienen más filas que columnas, por lo que dichas filas son **linealmente dependientes.** Por lo tanto el producto $\underline{k}^j = (\underline{a}^j)^T \underline{k}_r^j \underline{a}^j$ tiene **filas y columnas linealmente dependientes**, esto es, es una **matriz singular.**

La matriz $\underline{k}^j$ es (al igual que $\underline{k}_r^j$) **simétrica**:

$$(\underline{k}^j)^T = ((\underline{a}^j)^T \underline{k}_r{}^j \underline{a}^j)^T = (\underline{a}^j)^T \underline{k}_r{}^j \underline{a}^j = \underline{k}^j$$

La obtención de la matriz de rigidez de la estructura partiendo de las matrices $\underline{k}^j$ de los elementos y utilizando la relación (6.14) se llama **método de desplazamientos directo.**

Debido a que la matriz de incidencia $\underline{C}$ es una matriz booleana (solo contiene 0 y 1) y sólo refleja la tabla de incidencia, en la práctica el producto (6.14) no se realiza, sino que la matriz $\underline{K}$ se forma a partir de las matrices $\underline{k}^j$ de los elementos y la tabla de incidencia. El siguiente ejemplo ilustra en forma esquemática el procedimiento.

Ejemplo 6.4

Formar esquemáticamente la matriz de rigidez de la estructura indicada por el método directo.

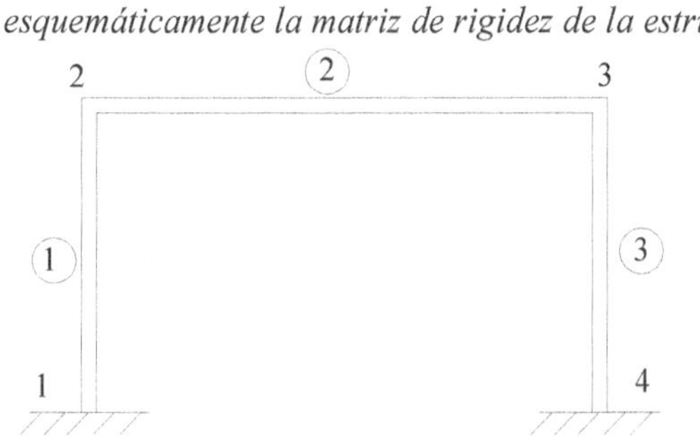

Tabla de Incidencia

Elemento	*Nudo*	
	i	*d*
①	*1*	*2*
②	*2*	*3*
③	*3*	*4*

En forma esquemática la matriz $\underline{C}$ *de la estructura es:*

$$\begin{array}{cc} & \text{Nudo/ Elem} \quad ① \qquad\qquad ② \qquad\qquad ③ \\ \underline{C} = & \begin{array}{c} 2 \\ 3 \end{array}\left[\begin{array}{cc|cc|cc} \underline{0} & \underline{I}_3 & \underline{I}_3 & \underline{0} & \underline{0} & \underline{0} \\ \hline \underline{0} & \underline{0} & \underline{0} & \underline{I}_3 & \underline{I}_3 & \underline{0} \end{array}\right] \end{array}$$

en que $\underline{I}_3$ *son matrices unitarias de dimensiones 3x3.*

Por conveniencia, la matriz $\underline{k}^j$ *de un elemento que relaciona los desplazamientos nodales* $\underline{u}^j$ *y las fuerzas nodales* $\underline{S}^j$ *se puede particionar de modo que:*

$$\underline{S}^j = \left[\begin{array}{c} \underline{S}_i^{\,j} \\ \hline \underline{S}_d^{\,j} \end{array}\right] = \left[\begin{array}{c|c} \underline{k}_{ii}^{\,j} & \underline{k}_{id}^{\,j} \\ \hline \underline{k}_{di}^{\,j} & \underline{k}_{dd}^{\,j} \end{array}\right] \left[\begin{array}{c} \underline{u}_i^{\,j} \\ \underline{u}_d^{\,j} \end{array}\right]$$

En que $\underline{S}_i^{\,j}$ *y* $\underline{u}_i^{\,j}$ *representan a las fuerzas nodales y desplazamientos nodales del nudo izquierdo, mientras que* $\underline{S}_d^{\,j}$ *y* $\underline{u}_d^{\,j}$ *son las fuerzas nodales y desplazamientos nodales del nudo derecho. Las matrices* $\underline{k}_{ii}^{\,j}$, $\underline{k}_{id}^{\,j}$, $\underline{k}_{di}^{\,j}$ *y* $\underline{k}_{dd}^{\,j}$ *tienen dimensión 3x3.*

De esta manera:

$$\underline{k}^1 = \left[\begin{array}{c|c} \underline{k}_{11}^1 & \underline{k}_{12}^1 \\ \underline{k}_{21}^1 & \underline{k}_{22}^1 \end{array}\right] \qquad \underline{k}^2 = \left[\begin{array}{c|c} \underline{k}_{22}^2 & \underline{k}_{23}^2 \\ \underline{k}_{32}^2 & \underline{k}_{33}^2 \end{array}\right] \qquad \underline{k}^3 = \left[\begin{array}{c|c} \underline{k}_{33}^3 & \underline{k}_{34}^3 \\ \hline \underline{k}_{43}^3 & \underline{k}_{44}^3 \end{array}\right]$$

Por lo tanto, la matriz $diag\{\underline{k}^j\}$ *es:*

$$diag\{\underline{k}^j\} = \begin{bmatrix} \underline{k}_{11}^1 & \underline{k}_{12}^1 & & & & \\ \underline{k}_{21}^1 & \underline{k}_{22}^1 & & & \underline{0} & \\ & & \underline{k}_{22}^2 & \underline{k}_{23}^2 & & \\ & & \underline{k}_{32}^2 & \underline{k}_{33}^2 & & \\ \underline{0} & & & & \underline{k}_{33}^3 & \underline{k}_{34}^3 \\ & & & & \underline{k}_{43}^3 & \underline{k}_{44}^3 \end{bmatrix}$$

Considerando que todos los elementos de las matrices $\underline{C}$ *y* $diag\{\underline{k}^j\}$ *son sub-matrices de 3x3, se tiene que:*

$$\underline{C} \cdot diag\{\underline{k}^j\} = \left[\begin{array}{c|c|c|c|c|c} \underline{k}_{21}^1 & \underline{k}_{22}^1 & \underline{k}_{22}^2 & \underline{k}_{23}^2 & \underline{0} & \underline{0} \\ \hline \underline{0} & \underline{0} & \underline{k}_{32}^2 & \underline{k}_{33}^2 & \underline{k}_{33}^3 & \underline{k}_{34}^3 \end{array}\right]$$

Finalmente el producto $\underline{C}\ diag\{\underline{k}^j\}\ \underline{C}^T$ *queda:*

$$\underline{K} = \underline{C}\ diag\{\underline{k}^j\}\ \underline{C}^T = \begin{array}{c} \\ 2 \\ 3 \end{array}\begin{array}{c} \text{Nudo} \rightarrow \\ \downarrow \end{array}\begin{bmatrix} \underline{k}_{22}^1 + \underline{k}_{22}^2 & \underline{k}_{23}^2 \\ \underline{k}_{32}^2 & \underline{k}_{33}^2 + \underline{k}_{33}^3 \end{bmatrix}$$

(columnas: nudo 2, nudo 3)

Lo anterior indica que la matriz de rigidez $\underline{K}$ se puede formar directamente de la tabla de incidencia. En la posición 22 de la matriz $\underline{K}$ aparecen las submatrices con subíndice 22: la parte derecha del elemento ① y la parte izquierda del elemento ②. En la posición 23 aparecen las submatrices con subíndice 23 : solo el elemento ②. En la posición 32 de igual forma solo la submatriz $\underline{k}_{32}^2$ del elemento ②. En la posición 33 aparecen las submatrices con subíndice 33: la parte derecha del elemento ② y la izquierda del elemento ③. Los nudos 1 y 4 no aparecen por estar empotrados.

El ejemplo anterior se puede extender, al caso más general en que en la tabla de incidencia se especifiquen los grados de libertad asociados a los elementos.

Ejemplo 6.5

Formar esquemáticamente la matriz de rigidez de la estructura para los grados de libertad indicados.

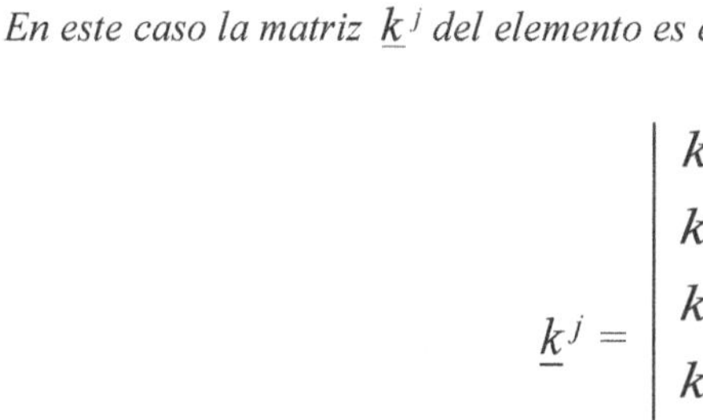

Tabla de Incidencia

Elemento	Grados de libertad					
	1	2	3	4	5	6
①	0	0	1	2	3	4
②	2	3	4	5	6	7
③	5	6	7	8	0	0

En este caso la matriz $\underline{k}^j$ *del elemento es en forma esquemática:*

$$\underline{k}^j = \begin{bmatrix} k_{11}^j & k_{12}^j & k_{13}^j & k_{14}^j & k_{15}^j & k_{16}^j \\ k_{21}^j & k_{22}^j & k_{23}^j & k_{24}^j & k_{25}^j & k_{26}^j \\ k_{31}^j & k_{32}^j & k_{33}^j & k_{34}^j & k_{35}^j & k_{36}^j \\ k_{41}^j & k_{42}^j & k_{43}^j & k_{44}^j & k_{45}^j & k_{46}^j \\ k_{51}^j & k_{52}^j & k_{53}^j & k_{54}^j & k_{55}^j & k_{56}^j \\ k_{61}^j & k_{62}^j & k_{63}^j & k_{64}^j & k_{65}^j & k_{66}^j \end{bmatrix}$$

La tabla de incidencia indica entonces en qué lugar de la matriz de rigidez de la estructura se introduce cada componente de la matriz de rigidez del elemento. En el caso 0 indica que esa componente no aparece en la matriz de rigidez.

La matriz de rigidez de la estructura es en forma esquemática.

Grados de libertad →, ↓

$\underline{K} =$

	1	2	3	4	5	6	7	8
1	k_{33}^1	k_{34}^1	k_{35}^1	k_{36}^1				
2		$k_{44}^1 + k_{11}^2$	$k_{45}^1 + k_{12}^2$	$k_{46}^1 + k_{13}^2$	k_{14}^2	k_{15}^2	k_{16}^2	
3			$k_{55}^1 + k_{22}^2$	$k_{56}^1 + k_{23}^2$	k_{24}^2	k_{25}^2	k_{26}^2	
4				$k_{66}^1 + k_{33}^2$	k_{34}^2	k_{35}^2	k_{36}^2	
5					$k_{44}^2 + k_{11}^3$	$k_{45}^2 + k_{12}^3$	$k_{46}^2 + k_{13}^3$	k_{14}^3
6						$k_{55}^2 + k_{22}^3$	$k_{56}^2 + k_{23}^3$	k_{24}^3
7							$k_{66}^2 + k_{33}^3$	k_{34}^3
8	*simétrica*							k_{44}^3

Ejemplo 6.6

Resolver la estructura del Ejemplo 6.1 por el método directo.

Definiendo los grados de libertad de acuerdo a la numeración de los nudos del Ejemplo 6.1 de la siguiente forma:

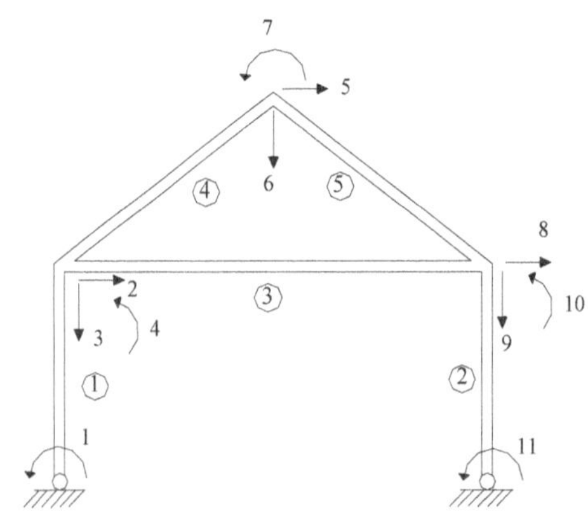

La tabla de incidencia en término de grados de libertad es:

Elemento	*Grados de libertad*					
	1	***2***	***3***	***4***	***5***	***6***
①	***0***	***0***	***1***	***2***	***3***	***4***
②	***8***	***9***	***10***	***0***	***0***	***11***
③	***2***	***3***	***4***	***8***	***9***	***10***
④	***2***	***3***	***4***	***5***	***6***	***7***
⑤	***5***	***6***	***7***	***8***	***9***	***10***

Las matrices de rigidez de los elementos se forman con los datos de ℓ, *cosα*, *senα*, *EI*, *EA* *de cada elemento. Notése que ahora* ***no existe*** *diferencia entre los elementos de viga tipo (a) o (b). La matriz* $\underline{k}^j$ *es la* ***misma.***

La entrada de datos para el programa SMIS es la siguiente:

```
START
FORMKDK1                             6
  5.                     1000.      1000.
  0.         7.       0.            3.
PRINT K1                             1
 *** MATRIZ DE RIGIDEZ DEL ELEMENTO 1 ***
FORMKDK2                             6
  5.                     1000.      1000.
  8.         3.       8.            7.
PRINT K2                             1
 *** MATRIZ DE RIGIDEZ DEL ELEMENTO 2 ***
FORMKDK3                             6
  5.                     1000.      1000.
  0.         3.       8.            3.
PRINT K3                             1
 *** MATRIZ DE RIGIDEZ DEL ELEMENTO 3 ***
FORMKDK4                             6
  5.                     1000.      1000.
  0.         3.       4.            0.
PRINT K4                             1
 *** MATRIZ DE RIGIDEZ DEL ELEMENTO 4 ***
FORMKDK5                             6
  5.                     1000.      1000.
  4.         0.       8.            3.
PRINT K5                             1
 *** MATRIZ DE RIGIDEZ DEL ELEMENTO 5 ***
LOADLMIN     (6I6)                   5     6
     0     0     1     2     3     4
     8     9    10     0     0    11
     2     3     4     8     9    10
     2     3     4     5     6     7
     5     6     7     8     9    10
PRINT IN                             1     1
 *** TABLA DE INCIDENCIA (grados de libertad) ***
ZERO  K                             11    11
ADDSTFK      K1    IN                1     1
ADDSTFK      K2    IN                2     1
ADDSTFK      K3    IN                3     1
ADDSTFK      K4    IN                4     1
ADDSTFK      K5    IN                5     1
PRINT K                              1
 *** MATRIZ DE RIGIDEZ DE LA ESTRUCTURA ***
LOAD  R                             11     1
        2.     2.   1.      1.    2.
PRINT R                              1
 *** VECTOR DE CARGAS ***
SOLVE K      R
PRINT R                              1
 *** DESPLAZAMIENTOS NODALES DE LA ESTRUCTURA r ***
FORCEMK1     IN    R     S1          1     1
FORCEMK2     IN    R     S2          2     1
FORCEMK3     IN    R     S3          3     1
FORCEMK4     IN    R     S4          4     1
FORCEMK5     IN    R     S5          5     1
PRINT S1
PRINT S2
PRINT S3
PRINT S4
PRINT S5
STOP
```

Los resultados que entrega el programa SMIS son:

```
START
  SMIS (REV.2.0 - 25.04.2000 - DEPTO. OOCC - ULS)

 SMIS (FECHA DE EJECUCION :28/ 8/2000  )

 SMIS (HORA  DE EJECUCION :12:42: 3    )
```

```
 FORMKD K1
  TYPE = 6      NUMBER =  1
0  I =    0.5000E+01    SHEAR AREA =    0.0000E+00
   L =    0.4000E+01             E =    0.1000E+04
  NU =    0.0000E+00
0             CROSS-SECTIONAL AREA =    0.1000E+04
0 X1 =    0.0000E+00            Y1 =    0.7000E+01
  X2 =    0.0000E+00            Y2 =    0.3000E+01
  A  =    0.0000E+00             B =    0.0000E+00

 PRINT  K1

 *** MATRIZ DE RIGIDEZ DEL ELEMENTO 1 ***

            1           2           3           4           5           6
  1  0.9375E+03  0.0000E+00  -.1875E+04  -.9375E+03  0.0000E+00  -.1875E+04
  2  0.0000E+00  0.2500E+06  0.0000E+00  0.0000E+00  -.2500E+06  0.0000E+00
  3  -.1875E+04  0.0000E+00  0.5000E+04  0.1875E+04  0.0000E+00  0.2500E+04
  4  -.9375E+03  0.0000E+00  0.1875E+04  0.9375E+03  0.0000E+00  0.1875E+04
  5  0.0000E+00  -.2500E+06  0.0000E+00  0.0000E+00  0.2500E+06  0.0000E+00
  6  -.1875E+04  0.0000E+00  0.2500E+04  0.1875E+04  0.0000E+00  0.5000E+04

 FORMKD K2
  TYPE = 6      NUMBER =  1
0  I =    0.5000E+01    SHEAR AREA =    0.0000E+00
   L =    0.4000E+01             E =    0.1000E+04
  NU =    0.0000E+00
0             CROSS-SECTIONAL AREA =    0.1000E+04
0 X1 =    0.8000E+01            Y1 =    0.3000E+01
  X2 =    0.8000E+01            Y2 =    0.7000E+01
  A  =    0.0000E+00             B =    0.0000E+00
  PRINT  K2

 *** MATRIZ DE RIGIDEZ DEL ELEMENTO 2 ***

            1           2           3           4           5           6
  1  0.9375E+03  0.0000E+00  0.1875E+04  -.9375E+03  0.0000E+00  0.1875E+04
  2  0.0000E+00  0.2500E+06  0.0000E+00  0.0000E+00  -.2500E+06  0.0000E+00
  3  0.1875E+04  0.0000E+00  0.5000E+04  -.1875E+04  0.0000E+00  0.2500E+04
  4  -.9375E+03  0.0000E+00  -.1875E+04  0.9375E+03  0.0000E+00  -.1875E+04
  5  0.0000E+00  -.2500E+06  0.0000E+00  0.0000E+00  0.2500E+06  0.0000E+00
  6  0.1875E+04  0.0000E+00  0.2500E+04  -.1875E+04  0.0000E+00  0.5000E+04

 FORMKD K3
  TYPE = 6      NUMBER =  1
0  I =    0.5000E+01    SHEAR AREA =    0.0000E+00
   L =    0.8000E+01             E =    0.1000E+04
  NU =    0.0000E+00
0             CROSS-SECTIONAL AREA =    0.1000E+04
0 X1 =    0.0000E+00            Y1 =    0.3000E+01
  X2 =    0.8000E+01            Y2 =    0.3000E+01
  A  =    0.0000E+00             B =    0.0000E+00


 PRINT  K3


 *** MATRIZ DE RIGIDEZ DEL ELEMENTO 3 ***

            1           2           3           4           5           6
  1  0.1250E+06  0.0000E+00  0.0000E+00  -.1250E+06  0.0000E+00  0.0000E+00
  2  0.0000E+00  0.1172E+03  -.4688E+03  0.0000E+00  -.1172E+03  -.4688E+03
  3  0.0000E+00  -.4688E+03  0.2500E+04  0.0000E+00  0.4688E+03  0.1250E+04
  4  -.1250E+06  0.0000E+00  0.0000E+00  0.1250E+06  0.0000E+00  0.0000E+00
  5  0.0000E+00  -.1172E+03  0.4688E+03  0.0000E+00  0.1172E+03  0.4688E+03
  6  0.0000E+00  -.4688E+03  0.1250E+04  0.0000E+00  0.4688E+03  0.2500E+04

 FORMKD K4
  TYPE = 6      NUMBER =  1
0  I =    0.5000E+01    SHEAR AREA =    0.0000E+00
   L =    0.5000E+01             E =    0.1000E+04
  NU =    0.0000E+00
0             CROSS-SECTIONAL AREA =    0.1000E+04
0 X1 =    0.0000E+00            Y1 =    0.3000E+01
  X2 =    0.4000E+01            Y2 =    0.0000E+00
  A  =    0.0000E+00             B =    0.0000E+00
```

```
 PRINT  K4

*** MATRIZ DE RIGIDEZ DEL ELEMENTO 4 ***


              1           2           3           4           5           6
    1  0.1282E+06  -.9577E+05  -.7200E+03  -.1282E+06  0.9577E+05  -.7200E+03
    2  -.9577E+05  0.7231E+05  -.9600E+03  0.9577E+05  -.7231E+05  -.9600E+03
    3  -.7200E+03  -.9600E+03  0.4000E+04  0.7200E+03  0.9600E+03  0.2000E+04
    4  -.1282E+06  0.9577E+05  0.7200E+03  0.1282E+06  -.9577E+05  0.7200E+03
    5  0.9577E+05  -.7231E+05  0.9600E+03  -.9577E+05  0.7231E+05  0.9600E+03
    6  -.7200E+03  -.9600E+03  0.2000E+04  0.7200E+03  0.9600E+03  0.4000E+04

 FORMKD K5
  TYPE = 6      NUMBER =  1
0  I =    0.5000E+01    SHEAR AREA =    0.0000E+00
   L =    0.5000E+01             E =    0.1000E+04
  NU =    0.0000E+00
0             CROSS-SECTIONAL AREA =    0.1000E+04
0 X1 =    0.4000E+01            Y1 =    0.0000E+00
  X2 =    0.8000E+01            Y2 =    0.3000E+01
  A  =    0.0000E+00             B =    0.0000E+00

 PRINT  K5
 *** MATRIZ DE RIGIDEZ DEL ELEMENTO 5 ***

              1           2           3           4           5           6
    1  0.1282E+06  0.9577E+05  0.7200E+03  -.1282E+06  -.9577E+05  0.7200E+03
    2  0.9577E+05  0.7231E+05  -.9600E+03  -.9577E+05  -.7231E+05  -.9600E+03
    3  0.7200E+03  -.9600E+03  0.4000E+04  -.7200E+03  0.9600E+03  0.2000E+04
    4  -.1282E+06  -.9577E+05  -.7200E+03  0.1282E+06  0.9577E+05  -.7200E+03
    5  -.9577E+05  -.7231E+05  0.9600E+03  0.9577E+05  0.7231E+05  0.9600E+03
    6  0.7200E+03  -.9600E+03  0.2000E+04  -.7200E+03  0.9600E+03  0.4000E+04

 LOADLM IN      (6I6)
 NUMER.LINEAS:   5    NUM. COLUMNAS:   6

 PRINT  IN

 *** TABLA DE INCIDENCIA (grados de libertad) ***


             1     2     3     4     5     6
    1 *      0     0     1     2     3     4
    2 *      8     9    10     0     0    11
    3 *      2     3     4     8     9    10
    4 *      2     3     4     5     6     7
    5 *      5     6     7     8     9    10

 ZERO   K
    11 LINEAS    11 COLUMNAS

 ADDSTF K       K1      IN
0PRIMERA LINEA :    1
 NUM. DE LINEAS:    1

 ADDSTF K       K2      IN
0PRIMERA LINEA :    2
 NUM. DE LINEAS:    1

 ADDSTF K       K3      IN
0PRIMERA LINEA :    3
 NUM. DE LINEAS:    1

 ADDSTF K       K4      IN
0PRIMERA LINEA :    4
 NUM. DE LINEAS:    1

 ADDSTF K       K5      IN
0PRIMERA LINEA :    5
 NUM. DE LINEAS:    1
```

```
PRINT  K

*** MATRIZ DE RIGIDEZ DE LA ESTRUCTURA ***

            1           2           3           4           5           6
  1  0.5000E+04  0.1875E+04  0.0000E+00  0.2500E+04  0.0000E+00  0.0000E+00
  2  0.1875E+04  0.2541E+06  -.9577E+05  0.1155E+04  -.1282E+06  0.9577E+05
  3  0.0000E+00  -.9577E+05  0.3224E+06  -.1429E+04  0.9577E+05  -.7231E+05
  4  0.2500E+04  0.1155E+04  -.1429E+04  0.1150E+05  0.7200E+03  0.9600E+03
  5  0.0000E+00  -.1282E+06  0.9577E+05  0.7200E+03  0.2563E+06  0.0000E+00
  6  0.0000E+00  0.9577E+05  -.7231E+05  0.9600E+03  0.0000E+00  0.1446E+06
  7  0.0000E+00  -.7200E+03  -.9600E+03  0.2000E+04  0.1440E+04  0.0000E+00
  8  0.0000E+00  -.1250E+06  0.0000E+00  0.0000E+00  -.1282E+06  -.9577E+05
  9  0.0000E+00  0.0000E+00  -.1172E+03  0.4688E+03  -.9577E+05  -.7231E+05
 10  0.0000E+00  0.0000E+00  -.4688E+03  0.1250E+04  0.7200E+03  -.9600E+03
 11  0.0000E+00  0.0000E+00  0.0000E+00  0.0000E+00  0.0000E+00  0.0000E+00
            7           8           9          10          11
  1  0.0000E+00  0.0000E+00  0.0000E+00  0.0000E+00  0.0000E+00
  2  -.7200E+03  -.1250E+06  0.0000E+00  0.0000E+00  0.0000E+00
  3  -.9600E+03  0.0000E+00  -.1172E+03  -.4688E+03  0.0000E+00
  4  0.2000E+04  0.0000E+00  0.4688E+03  0.1250E+04  0.0000E+00
  5  0.1440E+04  -.1282E+06  -.9577E+05  0.7200E+03  0.0000E+00
  6  0.0000E+00  -.9577E+05  -.7231E+05  -.9600E+03  0.0000E+00
  7  0.8000E+04  -.7200E+03  0.9600E+03  0.2000E+04  0.0000E+00
  8  -.7200E+03  0.2541E+06  0.9577E+05  0.1155E+04  0.1875E+04
  9  0.9600E+03  0.9577E+05  0.3224E+06  0.1429E+04  0.0000E+00
 10  0.2000E+04  0.1155E+04  0.1429E+04  0.1150E+05  0.2500E+04
 11  0.0000E+00  0.1875E+04  0.0000E+00  0.2500E+04  0.5000E+04

LOAD   R
NUMER.LINEAS:  11    NUM. COLUMNAS:   1
PRINT  R

*** VECTOR DE CARGAS ***

            1
  1  0.0000E+00
  2  0.2000E+01
  3  0.2000E+01
  4  0.1000E+01
  5  0.1000E+01
  6  0.2000E+01
  7  0.0000E+00
  8  0.0000E+00
  9  0.0000E+00
 10  0.0000E+00
 11  0.0000E+00

SOLVE  K       R
SKALAR =    0.5000000E-02

PRINT  R

*** DESPLAZAMIENTOS NODALES DE LA ESTRUCTURA r ***

            1
  1  -.3242E-02
  2  0.9662E-02
  3  0.5000E-05
  4  -.7618E-03
  5  0.9672E-02
  6  0.2252E-04
  7  0.4057E-03
  8  0.9664E-02
  9  0.1100E-04
 10  -.8699E-03
 11  -.3189E-02

FORCEM K1      IN       R       S1

FORCEM K2      IN       R       S2

FORCEM K3      IN       R       S3

FORCEM K4      IN       R       S4

FORCEM K5      IN       R       S5
```

```
PRINT  S1

          1
  1  -.1550E+01
  2  -.1250E+01
  3  0.2267E-05
  4  0.1550E+01
  5  0.1250E+01
  6  0.6202E+01

PRINT  S2

          1
  1  0.1450E+01
  2  0.2750E+01
  3  0.5798E+01
  4  -.1450E+01
  5  -.2750E+01
  6  0.1848E-05


PRINT  S3

          1
  1  -.2659E+00
  2  0.7642E+00
  3  -.2989E+01
  4  0.2659E+00
  5  -.7642E+00
  6  -.3124E+01
PRINT  S4
          1
  1  0.7155E+00
  2  -.1419E-01
  3  -.2212E+01
  4  -.7155E+00
  5  0.1419E-01
  6  0.1228E+00

PRINT  S5

          1
  1  0.1715E+01
  2  0.1986E+01
  3  -.1228E+00
  4  -.1715E+01
  5  -.1986E+01
  6  -.2674E+01

STOP
```

Nótese que las matrices de rigidez de los elementos $\underline{k}^j$ fueron formadas directamente por el programa mediante la instrucción FORMKD, para lo cual se le debe indicar los valores del momento de inercia, módulo de elasticidad, área de la sección y área de corte de la sección (si se entrega un área de corte igual a cero no considera deformacion por esfuerzo de corte). Además se deben indicar las coordenadas del nudo izquierdo y nudo derecho (estas coordenadas sirven sólo para determinar la longitud del elemento y los valores de cosα y senα).

La tabla de incidencia en términos de grados de libertad fue ingresada con el nombre IN como una matriz de números enteros (instrucción LOADLM).

La matriz $\underline{K}$ fue formada a partir de las matrices de los elementos $\underline{k}^j$ y la tabla de incidencia IN, mediante la instrucción ADDSTF.

Si se compara la matriz $\underline{K}$ así obtenida con la del Ejemplo 6.1, se observa que ambas matrices son idénticas. Con el mismo vector de cargas $\underline{R}$ el vector de desplazamientos $\underline{r}$ resultantes por el método directo es idéntico con el obtenido en el Ejemplo 6.1 con el método $\underline{a}^T\ \underline{k}_r\ \underline{a}$.

Para el cálculo de las fuerzas nodales, se debén identificar los desplazamientos nodales de los elementos $\underline{u}^j$ *mediante la tabla de incidencia (en terminos de grados de libertad) y luego multiplicar dichos desplazamientos por las respectivas matrices de rigidez* $\underline{k}^j$ *de acuerdo a la ecuación (6.15).*

La operación anterior es ejecutada automáticamente por el programa SMIS mediante la instrucción FORCEM. El resultado que se obtiene son la fuerzas nodales en coordenadas globales $\underline{S}^j$*.*

6.3. Matrices de rigidez en coordenadas globales y locales

De acuerdo a la ecuación (6.13) la matriz de rigidez en coordenadas globales de cualquier tipo de elemento está definida por:

$$\underline{k}^j = (\underline{a}^j)^T \, \underline{k}_r^j \, \underline{a}^j$$

Esta matriz, como se explica en el Capítulo 6.2, representa la base del método de desplazamientos directo.

Recordando la definición (3.15) de la matriz $(\underline{a}^j)^T$:

$$(\underline{a}^j)^T = \underline{L}_D{}^j \, \underline{T}^J$$

y reemplazando en la definición de $\underline{k}^j$ se tiene que:

$$\underline{k}^j = \underline{L}_D{}^j \underline{T}^J \; \underline{k}_r^j \, (\underline{T}^j)^T (\underline{L}_D{}^j)^T$$

Definiendo:

$$\underline{\bar{k}}^j = \underline{T}^j \; \underline{k}_r^j \, (\underline{T}^j)^T \qquad (6.16)$$

Se tiene que:

$$\underline{k}^j = \underline{L}_D{}^j \; \underline{\bar{k}}^j \; (\underline{L}_D{}^j)^T \qquad (6.17)$$

La matriz $\underline{\bar{k}}^j$ se llama **"matriz de rigidez del elemento ⓙ en coordenadas locales"**. La ecuación (6.17) representa la transformación de la matriz $\underline{\bar{k}}^j$ en coordenadas locales a la misma matriz en coordenadas globales.

Es posible entonces deducir primeramente la matriz de rigidez en coordenadas locales $\underline{\bar{k}}^j$ mediante la operación (6.16) y posteriormente mediante el giro de coordenadas indicado en (6.17) transformar la matriz a coordenadas globales.

La ventaja del procedimiento anterior es que el producto (6.16) es más sencillo de realizar que el producto indicado en (6.13), ya que las matrices $\underline{T}^j$ sólo dependen de la longitud del elemento (no aparecen las expresiones senα y cosα). Además existen muchos problemas en que las coordenadas globales y locales coinciden. En ese caso las matrices $\underline{k}^j$ y $\overline{\underline{k}}^j$ son idénticas (la matriz $\underline{L}_D{}^j$ es unitaria).

El significado físico de las matrices de rigidez en coordenadas locales $\overline{\underline{k}}^j$ se deduce de las siguientes relaciones.

De (3.3) se tiene que:

$$\overline{\underline{S}}^j = \underline{T}^j \underline{F}^j$$

Por otra parte de (6.1):

$$\underline{F}^j = \underline{k}_r^j \underline{v}^j$$

De (5.22):

$$\underline{v}^j = \left(\underline{T}^j\right)^T \overline{\underline{u}}^j$$

Reemplazando (5.22) y (6.1) en (3.3) se obtiene:

$$\overline{\underline{S}}^j = \underline{T}^j \underline{k}_r^j \left(\underline{T}^j\right)^T \overline{\underline{u}}^j \qquad (6.18)$$

Con la definición (6.16) resulta entonces que:

$$\overline{\underline{S}}^j = \overline{\underline{k}}^j \; \overline{\underline{u}}^j \qquad (6.19)$$

La ecuación (6.19) indica que la matriz de rigidez del elemento ⓙ en coordenadas locales $\overline{\underline{k}}^j$ representa la relación entre los desplazamientos nodales en coordenadas locales $\overline{\underline{u}}^j$ y las fuerzas nodales del elemento en esas mismas coordenadas.

Las matrices de rigidez en coordendas locales de los elementos más utilizados aparecen indicadas en el Anexo B.

Ejemplo 6.7

Deducir la matriz de rigidez en coordenadas locales de un elemento de viga plana.

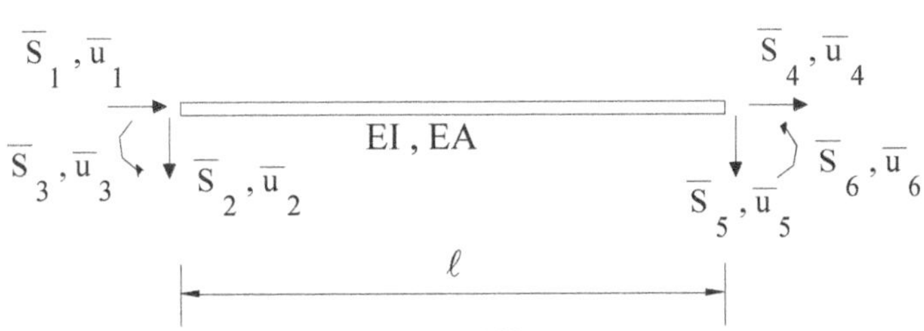

Del Anexo B se tiene que utilizando, por ejemplo, un elemento tipo (a), las matrices $\underline{T}^j$ *y* $\underline{k}_r^{\,j}$ *son:*

$$\underline{T}^j = \begin{bmatrix} -1 & 0 & 0 \\ 0 & -1/\ell & -1/\ell \\ 0 & 1 & 0 \\ \hdashline 1 & 0 & 0 \\ 0 & 1/\ell & 1/\ell \\ 0 & 0 & 1 \end{bmatrix} \qquad \underline{k}_r^{\,j} = \begin{bmatrix} \frac{EA}{\ell} & 0 & 0 \\ 0 & \frac{4EI}{\ell} & \frac{2EI}{\ell} \\ 0 & \frac{2EI}{\ell} & \frac{4EI}{\ell} \end{bmatrix}$$

Haciendo los productos se obtiene que:

$$\underline{T}^j\,\underline{k}_r^{\,j} = \begin{bmatrix} -\frac{EA}{\ell} & 0 & 0 \\ 0 & -\frac{6EI}{\ell^2} & \frac{6EI}{\ell^2} \\ 0 & \frac{4EI}{\ell} & \frac{2EI}{\ell} \\ \hdashline \frac{EA}{\ell} & 0 & 0 \\ 0 & \frac{6EI}{\ell^2} & \frac{6EI}{\ell^2} \\ 0 & \frac{2EI}{\ell} & \frac{4EI}{\ell} \end{bmatrix}$$

$$\overline{\underline{k}}^j = \underline{T}^j\,\underline{k}_r^{\,j}\,(\underline{T}^j)^T = \begin{bmatrix} \frac{EA}{\ell} & 0 & 0 & -\frac{EA}{\ell} & 0 & 0 \\ & \frac{12EI}{\ell^3} & -\frac{6EI}{\ell^2} & 0 & -\frac{12EI}{\ell^3} & -\frac{6EI}{\ell^2} \\ & & \frac{4EI}{\ell} & 0 & \frac{6EI}{\ell^3} & \frac{2EI}{\ell} \\ & & & \frac{EA}{\ell} & 0 & 0 \\ & & & & \frac{12EI}{\ell^3} & \frac{6EI}{\ell^2} \\ \textit{simétrica} & & & & & \frac{4EI}{\ell} \end{bmatrix}$$

Ejemplo 6.8

Deducir la matriz de rigidez en coordenadas locales de un elemento de viga con rótula en su extremo derecho.

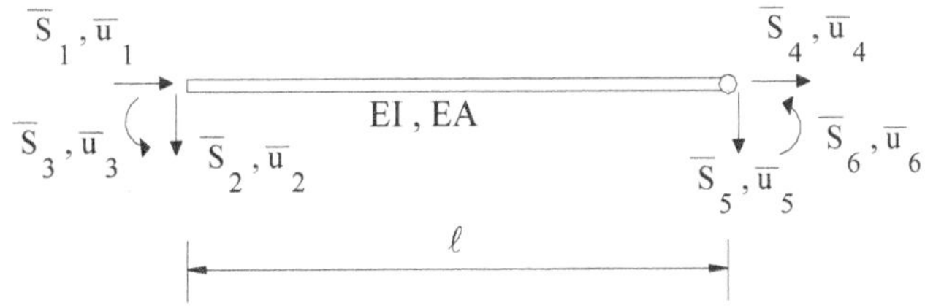

Del Anexo B se tiene que utilizando un elemento de viga con rótula tipo (a), con $a = \ell$ *y* $b = 0$ *se tiene que las matrices* $\underline{T}^j$ *y* $\underline{k}_r^{\,j}$ *son:*

$$\underline{T}^j = \begin{bmatrix} -1 & 0 \\ 0 & -1/\ell \\ 0 & 1 \\ \hline 1 & 0 \\ 0 & 1/\ell \\ 0 & 0 \end{bmatrix} \qquad \underline{k}_r^{\,j} = \begin{bmatrix} \dfrac{EA}{\ell} & 0 \\ 0 & \dfrac{3EI}{\ell} \end{bmatrix}$$

Haciendo los productos se obtiene:

$$\underline{T}^j\, \underline{k}_r^{\,j} = \begin{bmatrix} -\dfrac{EA}{\ell} & 0 \\ 0 & -\dfrac{3EI}{\ell^2} \\ 0 & \dfrac{3EI}{\ell} \\ \hline \dfrac{EA}{\ell} & 0 \\ 0 & \dfrac{3EI}{\ell^2} \\ 0 & 0 \end{bmatrix}$$

$$\bar{\underline{k}}^j = \underline{T}^j\, \underline{k}_r^{\,j}\, (\underline{T}^j)^T = \begin{bmatrix} \dfrac{EA}{\ell} & 0 & 0 & -\dfrac{EA}{\ell} & 0 & 0 \\ & \dfrac{3EI}{\ell^3} & -\dfrac{3EI}{\ell^2} & 0 & -\dfrac{3EI}{\ell^3} & 0 \\ & & \dfrac{3EI}{\ell} & 0 & \dfrac{3EI}{\ell^2} & 0 \\ & & & \dfrac{EA}{\ell} & 0 & 0 \\ & & & & \dfrac{3EI}{\ell^3} & 0 \\ \textit{simétrica} & & & & & 0 \end{bmatrix}$$

Ejemplo 6.9

Resolver la estructura indicada despreciando la deformación por corte. Dibujar diagramas de esfuerzo de corte y momento flector.

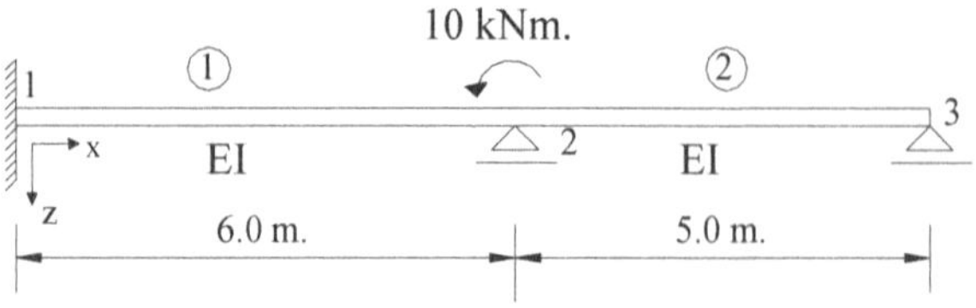

Como no existe carga axial, tampoco existen los desplazamientos r_{2x} *y* r_{3x}. *Utilizando elemento con rótula en el extremo derecho del elemento elemento ②, tampoco el giro* θ_3 *.aparece como incógnita. Por lo tanto el único grado de libertad existente es el giro sobre el apoyo 2* (θ_2)*.*

Al no considerar la componente axial, la matriz de rigidez en coordenadas del elemento se reduce a:

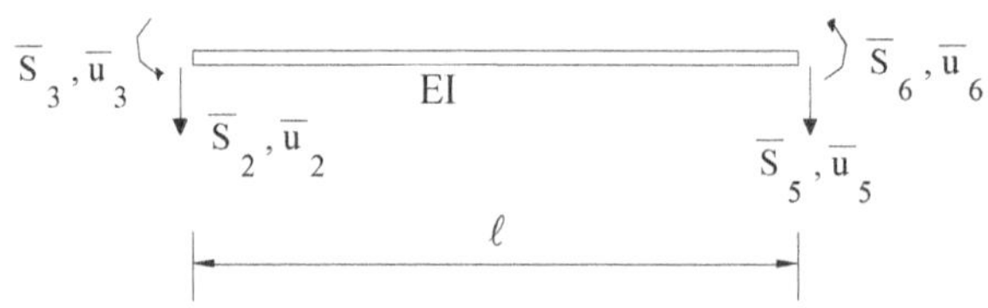

En las correspondientes matrices $\bar{\underline{k}}^j$ *se eliminan entonces la* 1^a *y* 4^a *fila así como la* 1^a *y* 4^a *columna.*

Las matrices $\bar{\underline{k}}^1$ *y* $\bar{\underline{k}}^2$ *que se obtienen son:*

$$\bar{\underline{k}}^1 = EI\begin{bmatrix} \frac{12}{216} & -\frac{6}{36} & -\frac{12}{216} & -\frac{6}{36} \\ & \frac{4}{6} & \frac{6}{36} & \frac{2}{6} \\ & & \frac{12}{216} & \frac{6}{36} \\ Sim. & & & \frac{4}{6} \end{bmatrix} \qquad \bar{\underline{k}}^2 = EI\begin{bmatrix} \frac{3}{125} & -\frac{3}{25} & -\frac{3}{125} & 0 \\ & \frac{3}{5} & \frac{3}{25} & 0 \\ & & \frac{3}{125} & 0 \\ Sim. & & & 0 \end{bmatrix}$$

La tabla de incidencia en términos de grados de libertad es:

Tabla de Incidencia

Elemento	$\bar{u}_2$	$\bar{u}_3$	$\bar{u}_5$	$\bar{u}_6$
①	*0*	*0*	*0*	θ
②	*0*	θ	*0*	*0*

Por lo tanto la matriz de rigidez de la estructura está dada por:

$$\underline{K} = EI\left[\frac{4}{6} + \frac{3}{5}\right] = EI\left[\frac{38}{30}\right]$$

El vector de cargas es $\underline{R} = [10]$

La solución del sistema de es $\underline{r} = [\theta_2] = \frac{1}{EI}\left[\frac{300}{38}\right]$

De acuerdo a la tabla de incidencia se tiene entonces que:

$$\underline{\bar{u}}^1 = \begin{bmatrix} \bar{u}_2 \\ \bar{u}_3 \\ \bar{u}_5 \\ \bar{u}_6 \end{bmatrix} = \frac{1}{EI}\begin{bmatrix} 0 \\ 0 \\ 0 \\ 300/38 \end{bmatrix} \qquad \underline{\bar{u}}^2 = \begin{bmatrix} \bar{u}_2 \\ \bar{u}_3 \\ \bar{u}_5 \\ \bar{u}_6 \end{bmatrix} = \frac{1}{EI}\begin{bmatrix} 0 \\ 300/38 \\ 0 \\ 0 \end{bmatrix}$$

Haciendo los productos $\underline{\bar{S}}^1 = \underline{\bar{k}}^1\ \underline{\bar{u}}^1$ *y* $\underline{\bar{S}}^2 = \underline{\bar{k}}^2\ \underline{\bar{u}}^2$ *resulta:*

$$\underline{\bar{S}}^1 = \begin{bmatrix} -1.316 \\ 2.632 \\ \hdashline 1.316 \\ 5.263 \end{bmatrix} \qquad \underline{\bar{S}}^2 = \begin{bmatrix} -0.947 \\ 4.737 \\ \hdashline 0.947 \\ 0 \end{bmatrix}$$

Los diagramas de esfuerzo de corte y momento flector son:

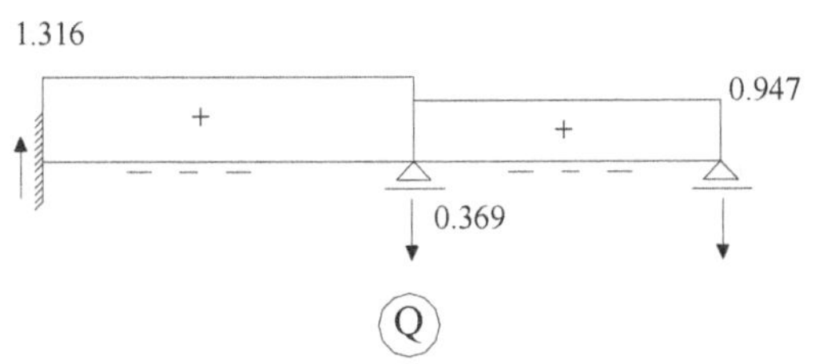

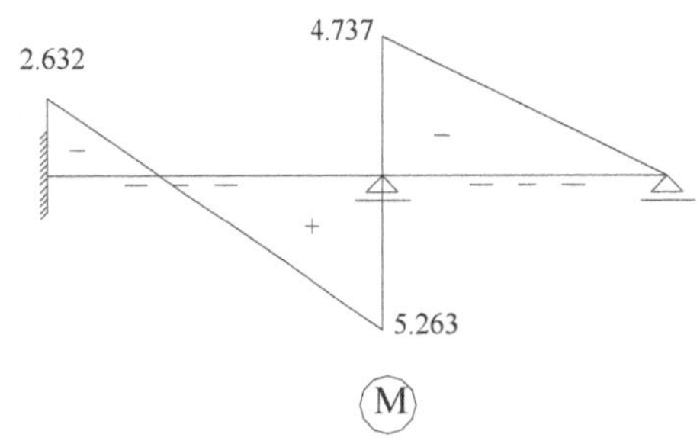

Nota: *El giro* $\bar{u}_6$ *del elemento* ② *aparece igual a cero, debido a que se considera elemento con rótula a la derecha, así dicho giro no aparece como incógnita. Sin embargo, debido a la condición de rótula se tiene que:*

$$\bar{S}_6 = \frac{2EI}{l}\left(-\frac{3}{l}\bar{u}_2 + \bar{u}_3 + \frac{3}{l}\bar{u}_5 + 2\bar{u}_6\right) = 0$$

Lo cual permite determinar:

$$\bar{u}_6 = \frac{3}{2l}\bar{u}_2 - \frac{1}{2}\bar{u}_3 - \frac{3}{2l}\bar{u}_5$$

En este caso se obtiene:

$$\bar{u}_6 = \frac{1}{EI}\left(\frac{3}{2\cdot 5}0 - \frac{1}{2}\frac{300}{38} - \frac{3}{2\cdot 5}0\right) = \frac{1}{EI}\left(-\frac{150}{38}\right)$$

Es importante tener presente que en el caso de usar elemento con rótula en los extremos de los elementos ocurre lo anteriormente señalado, donde el giro en la rótula no aparece como incógnita del problema, ya que depende de los desplazamientos linealmente independientes previamente calculados, siendo en general un valor distinto de cero.

6.4.- El método de los ángulos de giro matricial

El método de los ángulos de giro, ampliamente conocido en el análisis estructural clásico, no es otra cosa que el método de desplazamiento aplicado a estructuras planas formadas por elementos de viga, bajo determinadas simplificaciones. La solución iterativa del sistema de ecuaciones originado por este método da origen a los conocidos métodos de análisis tales como el Método de Cross, el Método de Kani y otros.

Las simplificaciones en que se basa este método, aplicable a sistemas planos formados por vigas, son:

a) Se utiliza un elemento de viga plana tipo (a).
b) Se desprecia la deformación por esfuerzo de corte.
c) Se desprecia la deformación por esfuerzo axial.

El elemento de viga plana tipo (a) se muestra en la Figura 6.2 (a). Al despreciar la deformación axial ($v_1 = 0$), las incógnitas del problema son sólo los **giros de los extremos** ($\varphi_i = v_2$, $\varphi_d = v_3$ y los correspondientes momentos $M_i = F_2$ y $M_d = F_3$ (Figura 6.2.b). Por ello el método se llama **método de los ángulos de giro.**

(a) Viga plana tipo a) (b) Método ángulos de giro

FIGURA 6.2.- Elemento del método de los ángulos de giro

Nota: *Normalmente en el método de los ángulos de giro sólo se consideran elementos de viga, en cuyo caso las incógnitas son los giros de los extremos. En este libro se incluyen además algunas estructuras formadas principalmente por vigas, que tienen algunos refuerzos en forma de* ***elementos de reticulado****. En este caso, para ese elemento* ***se considera su deformación axial****, porque es su* ***única incógnita*** *(no están definidos los giros de los extremos).*

Es importante tener presente que despreciar la deformación axial de un elemento ($v_1 = 0$) no significa que la fuerza axial (F_1) sea cero. Simplemente dicha fuerza axial no aparece como incógnita del problema. Al finalizar el cálculo es posible determinar las fuerzas axiales de los elementos considerando el equilibrio de fuerzas en los nudos de la estructura.

La matriz de rigidez reducida de los elementos de viga tipo (a) al despreciar la deformación por corte y la deformación axial ($v_1 = 0$) queda:

$$\underline{k}_r^j = \frac{2EI}{\ell}\begin{bmatrix} 2 & 1 \\ 1 & 2 \end{bmatrix} \tag{6.20}$$

Si se tiene un elemento con **rótula en un extremo,** la única incógnita que queda es el giro del extremo sin rótula. La matriz de rigidez de ese tipo de elemento es:

$$\underline{k}_r^j = \frac{2EI}{\ell}[3/2] \tag{6.21}$$

Para los elementos de reticulado la matriz de rigidez reducida es:

$$\underline{k}_r^j = \left[\frac{EA}{\ell}\right] \tag{6.22}$$

Con las matrices $\underline{k}_r^j$ indicadas en (6.20) - (6.22) se puede formar la matriz $\underline{k}_r = diag\{\underline{k}_r^j\}$.

La otra característica importante del método de los angulos de giro matricial es la obtención en forma rápida de la matriz de compatibilidad de la estructura $\underline{a}$ de la relación (5.21):

$$\underline{v} = \underline{a}\ \underline{r}$$

Debido a que en el vector $\underline{v}$ sólo aparecen los giros de los extremos de los elementos (a excepción de los elementos de reticulado en que aparecen sus alargamientos), es relativamente sencilla la obtención de la matriz $\underline{a}$. Una vez obtenida la matriz $\underline{a}$, la matriz de rigidez se forma mediante el producto $\underline{K} = \underline{a}^T\,\underline{k}_r\,\underline{a}$, se resuelve el sistema de ecuaciones $\underline{K}\,\underline{r} = \underline{R}$ y posteriormente se calculan los esfuerzos internos (en este caso los momentos en los extremos de los elementos de viga y la fuerza axial de los reticulados) mediante el producto $\underline{F} = \underline{k}_r\underline{a}\underline{r}$.

6.4.1. Método de los ángulos de giro sin desplazamientos

Un caso especialmente fácil de resolver por el método de los ángulos de giro matricial es aquel en que en el vector de desplazamientos $\underline{r}$ **sólo se consideran los giros de los nudos**, suponiendo que las demás componentes son nulas o se desprecian. En dicho caso la matriz $\underline{a}$ es una **matriz booleana** (solo contiene 0 y 1) y es muy fácil de formar.

Ejemplo 6.10

Resolver la estructura del Ejemplo 6.9 por el método de los ángulos de giro matricial.

Tomando el elemento ② como elemento con rótula, las matrices $\underline{k}_r^j$ *de los elementos son:*

$$\underline{k}_r^1 = \frac{2EI}{6}\begin{bmatrix} 2 & 1 \\ 1 & 2 \end{bmatrix} \qquad \underline{k}_r^2 = \frac{2EI}{5}\begin{bmatrix} \frac{3}{2} \end{bmatrix}$$

La matriz $\underline{k}_r$ *es entonces:*

$$\underline{k}_r = 2EI\begin{bmatrix} \frac{2}{6} & \frac{1}{6} & 0 \\ \frac{1}{6} & \frac{2}{6} & 0 \\ 0 & 0 & \frac{3}{10} \end{bmatrix}$$

Como el elemento ② se supuso con rótula en el extremo correspondiente al nudo 3, la única componente del vector $\underline{r}$ *es el giro* θ_2. *La matriz* $\underline{a}$ *se obtiene entonces de la relación* $\underline{v} = \underline{a}\ \underline{r}$:

$$\underbrace{\begin{bmatrix} \varphi_i^1 \\ \varphi_d^1 \\ \varphi_i^2 \end{bmatrix}}_{\underline{v}} = \underbrace{\begin{bmatrix} 0 \\ 1 \\ 1 \end{bmatrix}}_{\underline{a}} \underbrace{[\theta_2]}_{\underline{r}}$$

Haciendo el producto $\underline{a}^T\ \underline{k}_r\ \underline{a}$ *se tiene:*

$$\underline{k}_r = 2EI\begin{bmatrix} \frac{2}{6} & \frac{1}{6} & 0 \\ \frac{1}{6} & \frac{2}{6} & 0 \\ 0 & 0 & \frac{3}{10} \end{bmatrix} \qquad \begin{bmatrix} 0 \\ 1 \\ 1 \end{bmatrix} = \underline{a}$$

$$\underline{a}^T = [0 \quad 1 \quad 1] \quad \underbrace{2EI\begin{bmatrix} \frac{1}{6} & \frac{2}{6} & \frac{3}{10} \end{bmatrix}}_{\underline{a}^T\ \underline{k}_r} \underbrace{2EI\begin{bmatrix} \frac{19}{30} \end{bmatrix}}_{\underline{K}=\underline{a}^T\ \underline{k}_r\ \underline{a}}$$

Con el vector de cargas $\underline{R} = [10]$ *resolviendo* $\underline{K}\ \underline{r} = \underline{R}$ *se obtiene*

$$\underline{r} = [\theta_2] = \frac{1}{2EI}\begin{bmatrix} \frac{300}{19} \end{bmatrix}$$

Haciendo el producto $\underline{F} = \underline{k}_r\ \underline{a}\ \underline{r}$ *(recordando que* $\underline{k}_r\ \underline{a} = (\underline{a}^T\ \underline{k}_r)^T$:

$$\underline{F} = 2EI \begin{bmatrix} \frac{1}{6} \\ \frac{2}{6} \\ \frac{3}{10} \end{bmatrix} \frac{1}{2EI} \begin{bmatrix} \frac{300}{19} \end{bmatrix} = \begin{bmatrix} \frac{50}{19} \\ \frac{100}{19} \\ \frac{90}{19} \end{bmatrix} = \begin{bmatrix} 2.632 \\ 5.263 \\ 4.737 \end{bmatrix} = \begin{bmatrix} M_i^1 \\ M_d^1 \\ M_i^2 \end{bmatrix}$$

El vector $\underline{F}$ indica los momentos a la izquierda y derecha de los elementos. El esfuerzo de corte se obtiene de la relación (6.10):

$$Q^1 = 1.316 \qquad Q^2 = 0.947$$

Se observa que los resultados son idénticos con los del Ejemplo 6.9.

Ejemplo 6.11

Resolver el marco indicado por el método de los ángulos de giro matricial. Dibujar diagramas de momento, esfuerzo de corte y esfuerzo normal.

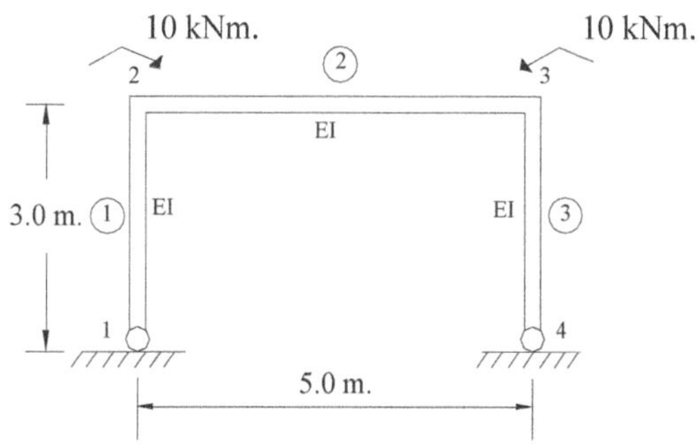

Usando elementos con rótula para los elementos ① y ③ se tiene que:

$$\underline{k}_r^1 = \underline{k}_r^3 = \frac{2EI}{3} \begin{bmatrix} \frac{3}{2} \end{bmatrix} \qquad \underline{k}_r^2 = \frac{2EI}{5} \begin{bmatrix} 2 & 1 \\ 1 & 2 \end{bmatrix}$$

Por lo tanto la matriz $\underline{k}_r$ es:

$$\underline{k}_r = 2EI \begin{bmatrix} 1/2 & 0 & 0 & 0 \\ 0 & 2/5 & 1/5 & 0 \\ 0 & 1/5 & 2/5 & 0 \\ 0 & 0 & 0 & 1/2 \end{bmatrix}$$

Las componentes de $\underline{r}$ son los giros nodales θ_2 y θ_3, por lo tanto la matriz $\underline{a}$ se obtiene de:

$$\underbrace{\begin{bmatrix} \varphi_d^1 \\ \varphi_i^2 \\ \varphi_d^2 \\ \varphi_i^3 \end{bmatrix}}_{\underline{v}} = \underbrace{\overset{\theta_2=1 \quad \theta_3=1}{\begin{bmatrix} 1 & 0 \\ 1 & 0 \\ 0 & 1 \\ 0 & 1 \end{bmatrix}}}_{\underline{a}} \underbrace{\begin{bmatrix} \theta_2 \\ \theta_3 \end{bmatrix}}_{\underline{r}}$$

En forma práctica la matriz $\underline{a}$ se obtiene por columnas: La primera columna corresponde a los giros de los extremos de los elementos φ_i y φ_d al hacer $\theta_2 = 1$ y $\theta_3 = 0$. La segunda columna se obtiene en forma similar haciendo $\theta_3 = 1$ y $\theta_2 = 0$.

La matriz de rigidez resulta:

$$\underline{k}_r = 2EI \begin{bmatrix} \frac{1}{2} & 0 & 0 & 0 \\ 0 & \frac{2}{5} & \frac{1}{5} & 0 \\ 0 & \frac{1}{5} & \frac{2}{5} & 0 \\ 0 & 0 & 0 & \frac{1}{2} \end{bmatrix} \qquad \begin{bmatrix} 1 & 0 \\ 1 & 0 \\ 0 & 1 \\ 0 & 1 \end{bmatrix} = \underline{a}$$

$$\underline{a}^T = \begin{bmatrix} 1 & 1 & 0 & 0 \\ 0 & 0 & 1 & 1 \end{bmatrix} \underbrace{2EI \begin{bmatrix} \frac{1}{2} & \frac{2}{5} & \frac{1}{5} & 0 \\ 0 & \frac{1}{5} & \frac{2}{5} & \frac{1}{2} \end{bmatrix}}_{\underline{a}^T \underline{k}_r} \underbrace{2EI \begin{bmatrix} \frac{9}{10} & \frac{1}{5} \\ \frac{1}{5} & \frac{9}{10} \end{bmatrix}}_{\underline{K}=\underline{a}^T \underline{k}_r \underline{a}}$$

El sistema de ecuaciones $\underline{K}\ \underline{r} = \underline{R}$ queda:

$$\underbrace{2EI \begin{bmatrix} 9/10 & 1/5 \\ 1/5 & 9/10 \end{bmatrix}}_{\underline{K}} \underbrace{\begin{bmatrix} \theta_2 \\ \theta_3 \end{bmatrix}}_{\underline{r}} = \underbrace{\begin{bmatrix} -10 \\ 10 \end{bmatrix}}_{\underline{R}}$$

La solución del sistema es:

$$\underline{r} = \begin{bmatrix} \theta_2 \\ \theta_3 \end{bmatrix} = \frac{1}{2EI} \begin{bmatrix} -14.286 \\ 14.286 \end{bmatrix}$$

Haciendo el producto $\underline{F} = \underline{k}_r\, \underline{a}\, \underline{r}$ *se tiene:*

$$\underline{F} = 2EI \begin{bmatrix} \frac{1}{2} & 0 \\ \frac{2}{5} & \frac{1}{5} \\ \frac{1}{5} & \frac{2}{5} \\ 0 & \frac{1}{2} \end{bmatrix} \frac{1}{2EI} \begin{bmatrix} -14.286 \\ 14.286 \end{bmatrix} = \begin{bmatrix} -7.143 \\ -2.857 \\ 2.857 \\ 7.143 \end{bmatrix} = \begin{bmatrix} M_d^1 \\ M_i^2 \\ M_d^2 \\ M_i^3 \end{bmatrix}$$

De la relación (6.10) se obtienen los esfuerzos de corte:

$$Q^1 = -2.381 \qquad Q^2 = 0 \qquad Q^3 = 2.381$$

Los diagramas de momento y esfuerzo de corte son:

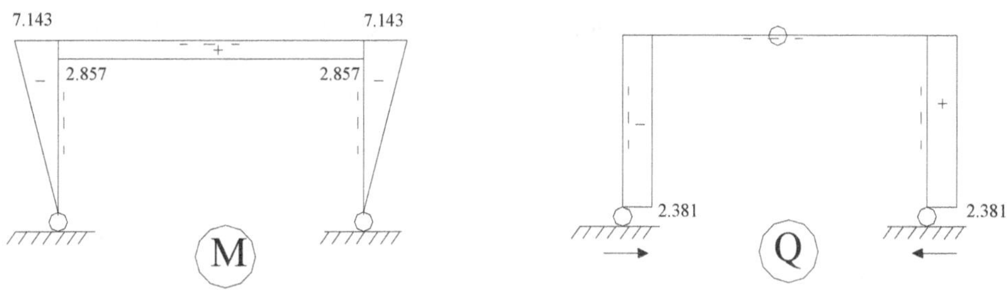

De los equilibrios de los nudos 2 y 3:

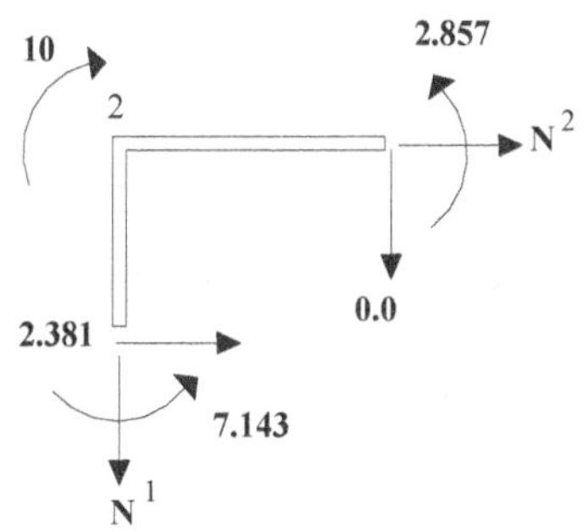

$N^1 + 0 = 0 \Rightarrow N^1 = 0$
$N^2 + 2.381 = 0 \Rightarrow N^2 = -2.381$
$7.143 + 2.857 = 10$

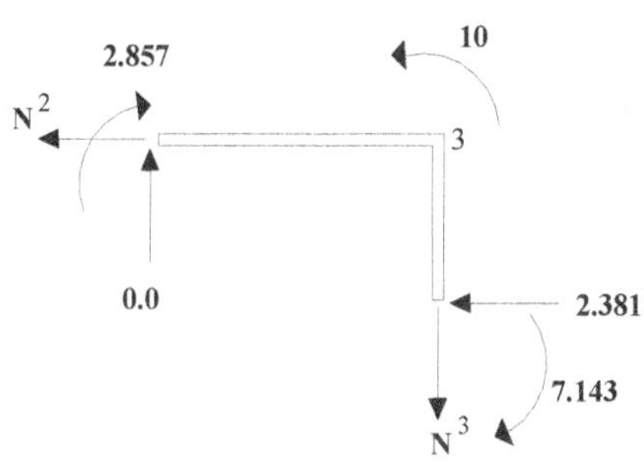

$N^2 + 2.381 = 0 \Rightarrow N^2 = -2.381$
$N^3 - 0 = 0 \Rightarrow N^3 = 0$
$7.143 + 2.857 = 10$

Por lo tanto el diagrama de esfuerzo normal es:

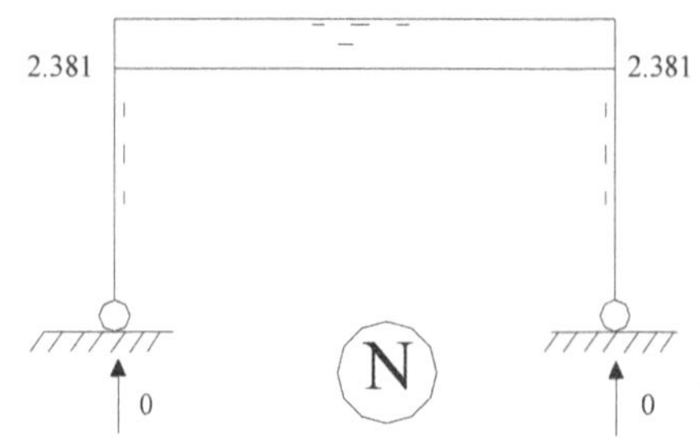

6.4.2. Método de los ángulos de giro con desplazamientos

En el caso de que en el vector de desplazamientos $\underline{r}$ no sólo aparezcan giros, sino que también traslaciones de nudos, la matriz $\underline{a}$ deja de ser booleana.

En la Figura 6.3 se muestran los giros del extremo izquierdo y derecho de un elemento debido a un desplazamiento relativo de ambos extremos, suponiendo que los nudos mismos no giran.

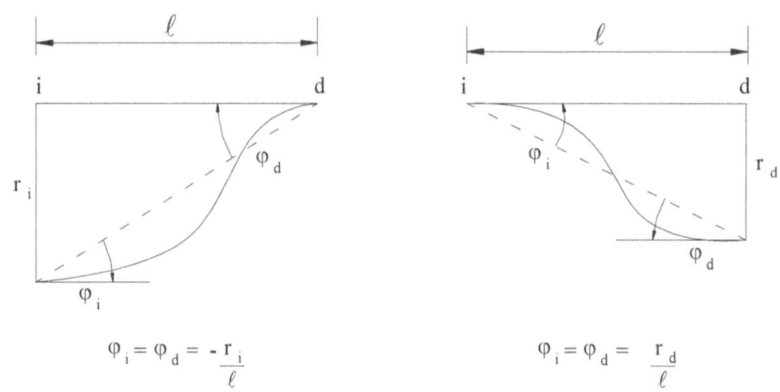

FIGURA 6.3.- Giros internos debido a desplazamientos nodales

Considerando los giros internos que se producen en los extremos de las barras debido a los desplazamientos de los nudos indicados en la Figura 6.3, es posible determinar la matriz $\underline{a}$ de la ralación $\underline{v} = \underline{a}\,\underline{r}$.

Para deducir la matriz $\underline{a}$ se deben identificar primeramente los desplazamientos $\underline{r}$ posibles y luego se forma la matriz $\underline{a}$ columna tras columna, haciendo la respectiva componente del vector $\underline{r}$ igual a 1 y todas las demás componentes igual a 0. Este procedimiento se muestra en los ejemplos siguientes.

Ejemplo 6.12

Resolver el marco del Ejemplo 6.11 para la carga horizontal indicada. Dibujar diagramas de momento, esfuerzo de corte y esfuerzo normal.

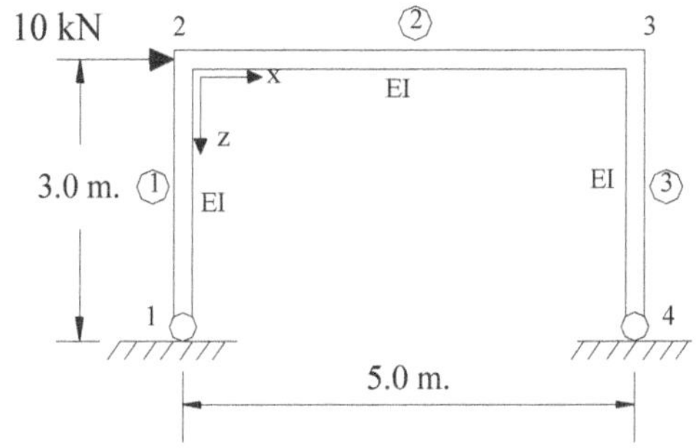

La matriz $\underline{k}_r$ *es idéntica a la del ejemplo 6.11, pues la estructura no ha cambiado:*

$$\underline{k}_r = 2EI \begin{bmatrix} \frac{1}{2} & 0 & 0 & 0 \\ 0 & \frac{2}{5} & \frac{1}{5} & 0 \\ 0 & \frac{1}{5} & \frac{2}{5} & 0 \\ 0 & 0 & 0 & \frac{1}{2} \end{bmatrix}$$

En este caso sin embargo debido a la carga aplicada, existen desplazamientos de los nudos. La incógnita adicional es $r_{2x} = r_{3x}$.

Las componentes del vector $\underline{r}$ *son entonces* $\underline{r} = \begin{bmatrix} r_{2x} \\ \theta_2 \\ \theta_3 \end{bmatrix}$

Las columnas de la matriz $\underline{a}$ *se obtienen calculando los giros internos de los extremos de los elementos debido a* $r_{2x} = 1$ $(con \theta_2 = \theta_3 = 0)$, $\theta_2 = 1$ *(con* $r_{2x} = \theta_3 = 0$*)* *y* $\theta_3 = 1$ *(con* $r_{2x} = \theta_2 = 0$*). Las configuraciones deformadas son:*

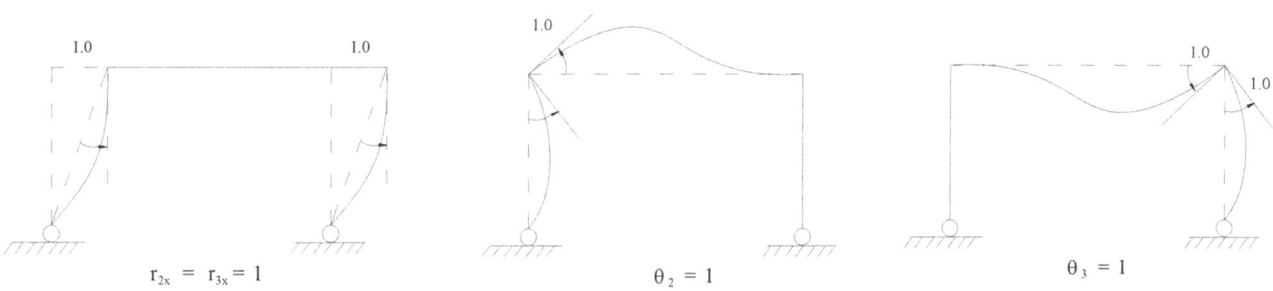

De esta manera la matriz $\underline{a}$ se obtiene de:

$$\underbrace{\begin{bmatrix} \varphi_d^i \\ \varphi_i^2 \\ \varphi_d^2 \\ \varphi_i^3 \end{bmatrix}}_{\underline{v}} = \underbrace{\overset{r_{2x}=1 \quad \theta_2=1 \quad \theta_3=1}{\begin{bmatrix} 1/3 & 1 & 0 \\ 0 & 1 & 0 \\ 0 & 0 & 1 \\ 1/3 & 0 & 1 \end{bmatrix}}}_{\underline{a}} \underbrace{\begin{bmatrix} r_{2x} \\ \theta_2 \\ \theta_3 \end{bmatrix}}_{\underline{r}}$$

Haciendo el producto $\underline{a}^T \underline{k}_r \underline{a}$ se tiene que:

$$\underline{k}_r = 2EI \begin{bmatrix} 1/2 & 0 & 0 & 0 \\ 0 & 2/5 & 1/5 & 0 \\ 0 & 1/5 & 2/5 & 0 \\ 0 & 0 & 0 & 1/2 \end{bmatrix} \begin{bmatrix} 1/3 & 1 & 0 \\ 0 & 1 & 0 \\ 0 & 0 & 1 \\ 1/3 & 0 & 1 \end{bmatrix} = \underline{a}$$

$$\underline{a}^T = \begin{bmatrix} 1/3 & 0 & 0 & 1/3 \\ 1 & 1 & 0 & 0 \\ 0 & 0 & 1 & 1 \end{bmatrix} \underbrace{2EI \begin{bmatrix} 1/6 & 0 & 0 & 1/6 \\ 1/2 & 2/5 & 1/5 & 0 \\ 0 & 1/5 & 2/5 & 1/2 \end{bmatrix}}_{\underline{a}^T \underline{k}_r} \underbrace{2EI \begin{bmatrix} 1/9 & 1/6 & 1/6 \\ & 9/10 & 1/5 \\ sim & & 9/10 \end{bmatrix}}_{\underline{K}=\underline{a}^T \underline{k}_r \underline{a}}$$

Con el vector de cargas $\underline{R} = \begin{bmatrix} 10 \\ 0 \\ 0 \end{bmatrix}$ *y resolviendo* $\underline{K}\underline{r} = \underline{R}$ *se obtiene:*

$$\underline{r} = \frac{1}{2EI} \begin{bmatrix} 165 \\ -25 \\ -25 \end{bmatrix}$$

Haciendo el producto $\underline{F} = \underline{k}_r \, \underline{a} \, \underline{r} = (\underline{a}^T \underline{k}_r)^T \underline{r}$ *se tiene:*

$$\underline{F} = 2EI \begin{bmatrix} 1/6 & 1/2 & 0 \\ 0 & 2/5 & 1/5 \\ 0 & 1/5 & 2/5 \\ 1/6 & 0 & 1/2 \end{bmatrix} \frac{1}{2EI} \begin{bmatrix} 165 \\ -25 \\ -25 \end{bmatrix} = \begin{bmatrix} 15 \\ -15 \\ -15 \\ 15 \end{bmatrix} = \begin{bmatrix} M_d^1 \\ M_i^2 \\ M_d^2 \\ M_i^3 \end{bmatrix}$$

De la relación (6.10) se determinan los esf. de corte.

$$Q^1 = \frac{15}{3} = 5 \qquad Q^2 = \frac{-30}{5} = -6 \qquad Q^3 = \frac{15}{3} = 5$$

Los esfuerzos axiales en las barras se determinan por las condiciones de equilibrio de nudos:

Nudo 2

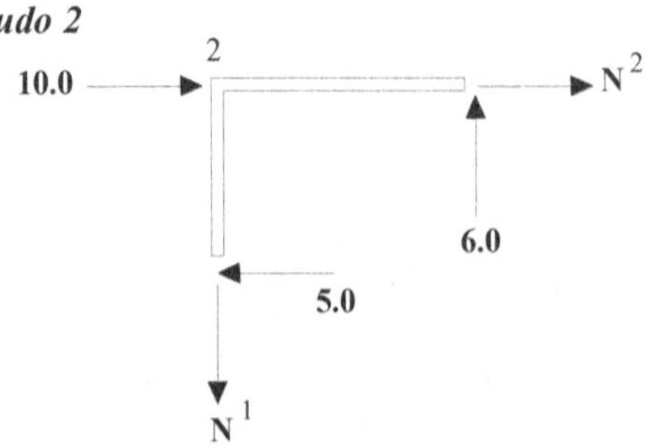

$N^1 = 6$
$N^2 = 5 - 10 = -5$

Nudo 3

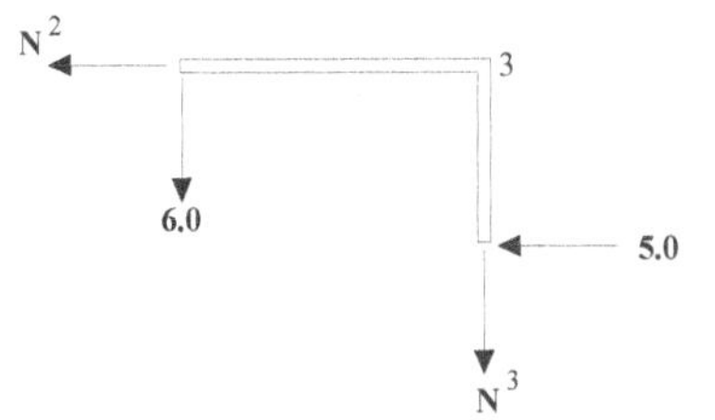

$N^2 = -5$
$N^3 = -6$

Los diagramas de esfuerzos internos son:

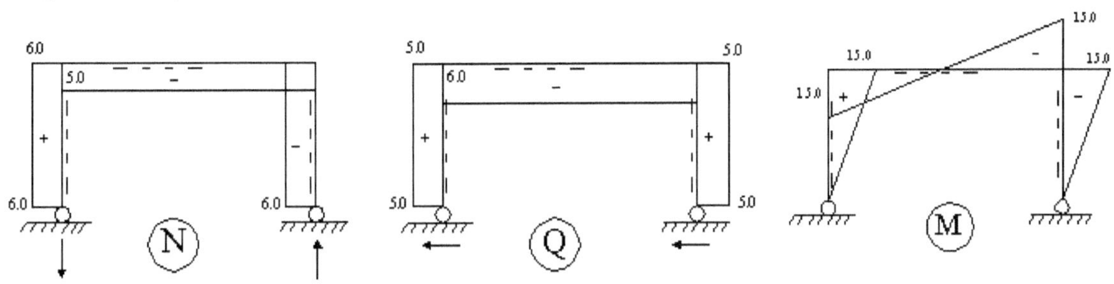

6.4.3. Dependencia lineal de desplazamientos

Al considerar los nudos desplazables en el método de los ángulos de giro, debido al desprecio de la deformación axial resulta que sólo ciertos desplazamientos nodales son posibles. Los demás son **linealmente dependiente** o son cero.

El número de desplazamientos nodales posibles se puede comprobar fácilmente conociendo la hiperestaticidad del sistema que es igual a la diferencia entre el número de filas y el número de columnas de la matriz $\underline{a}$. Como el número de filas de $\underline{a}$ es conocida (igual al número de deformaciones o fuerzas internas linealmente independiente de los elementos), se determina el número de columnas que corresponde al número de componentes del vector $\underline{r}$ que incluye los giros y desplazamientos nodales.

Así en el Ejemplo 6.12, la hiperestaticidad del sistema es 1, el número de filas de $\underline{a}$ es 4, por lo tanto el número de componentes del vector $\underline{r}$ es 3. Esto significa que además de los giros θ_2 y θ_3 existe un desplazamiento linealmente independiente. En este caso, debido a que $r_{2Z} = r_{3Z} = 0$, los desplazamientos posibles son r_{2X} ó r_{3X}. Se elije uno de ellos y el otro es linealmente dependiente.

Ejemplo 6.13

En el marco de la figura indicar los desplazamientos linealmete independientes posibles, al despreciar la deformación axial de los elementos. Mostrar todas las posibilidades y encontrar la dependencia lineal de los otros desplazamientos.

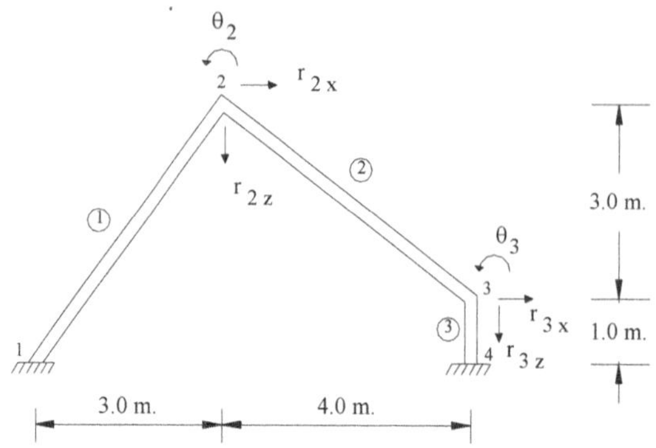

El vector $\underline{v}$ *tiene 6 componentes y el sistema es 3 veces hiperestático, por lo que el vector* $\underline{r}$ *tiene 3 componentes: Los giros* θ_2 *y* θ_3 *y un desplazamiento. Las alternativas son:*

a) $r_{2x}, \theta_2, \theta_3$ *b)* $r_{2z}, \theta_2, \theta_3$ *c)* $r_{3x}, \theta_2, \theta_3$

a) *alternativa* $r_{2x}, \theta_2 \; y \, \theta_3$

Haciendo $r_{2x} = 1$ *con* $\theta_2 = \theta_3 = 0$ *se obtiene la siguiente configuración deformada.*

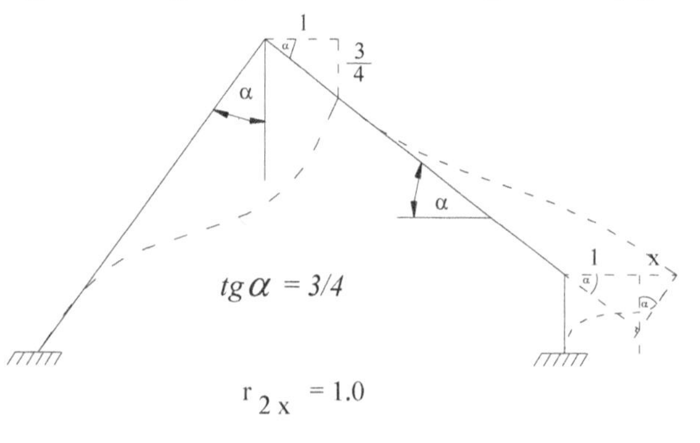

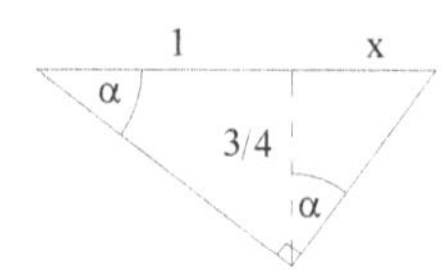

$$tg\,\alpha = \frac{3}{4} = \frac{x}{3/4} \Rightarrow x = \frac{9}{16}$$

$$r_{3x} = 1 + x = 1 + \frac{9}{16} = \frac{25}{16}$$

Por lo tanto la dependencia lineal es:

$$r_{2z} = \frac{3}{4} r_{2x} \qquad r_{3x} = \frac{25}{16} r_{2x} \qquad r_{3z} = 0$$

b) *alternativa* $r_{2z}, \theta_2, \theta_3$

Haciendo $r_{2z} = 1$ *con* $\theta_2 = \theta_3 = 0$, *la configuración deformada es:*

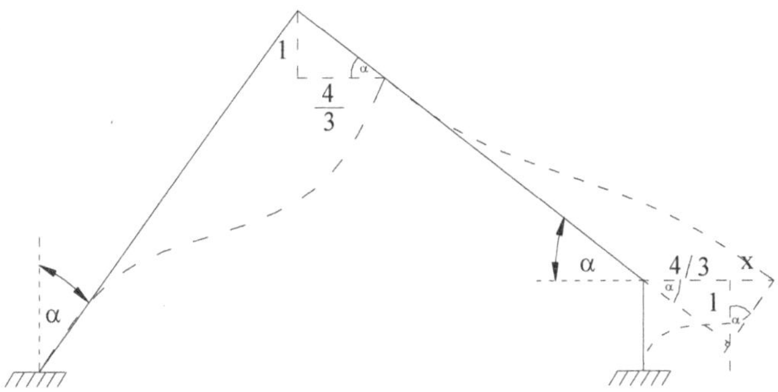

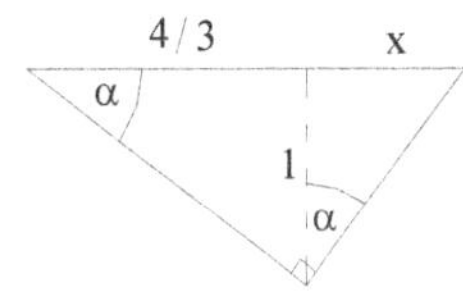

$$r_{2z} = 1.0$$

$$tg\ \alpha = 3/4$$

$$tg\ \alpha = \frac{3}{4} = x$$

$$r_{3x} = \frac{4}{3} + x = \frac{4}{3} + \frac{3}{4} = \frac{25}{12}$$

La dependencia lineal es:

$$r_{2x} = \frac{4}{3} r_{2Z} \qquad r_{3x} = \frac{25}{12} r_{2Z} \qquad r_{3z} = 0$$

c) *alternativa* $r_{3x}, \theta_2\ y\ \theta_3$

Haciendo r_{3x} *= 1 con* $\theta_2 = \theta_3 = 0$, *la configuración deformada es*

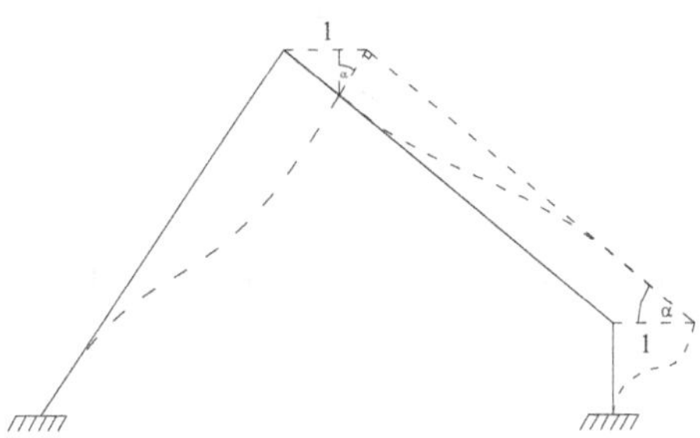

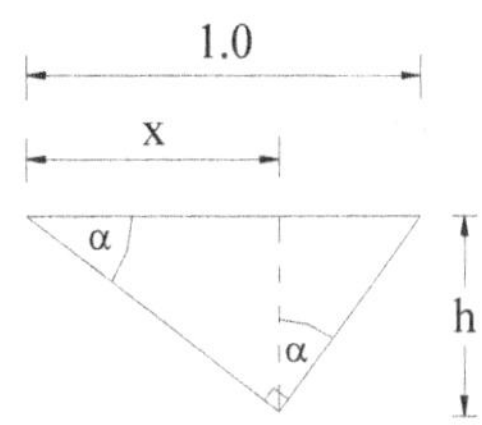

$$tg\,\alpha = \frac{3}{4} = \frac{h}{x} \Rightarrow h = \frac{3}{4}x$$

$$tg\,\alpha = \frac{3}{4} = \frac{1-x}{h} \Rightarrow 1 - x = \frac{3}{4}h = \frac{9}{16}x \Rightarrow x = \frac{16}{25}$$

$$\Rightarrow h = \frac{12}{25}$$

La dependencia lineal es:

$$r_{2X} = \frac{16}{25} r_{3X} \qquad r_{2Z} = \frac{12}{25} r_{3X} \qquad r_{3Z} = 0$$

Es evidente que las 3 alternativas a), b) y c) son equivalentes. De una de ellas es posible deducir cualquiera de las otras.

Así por ejemplo partiendo de la dependencia lineal obtenida en a):

$$i)\ r_{2Z} = \frac{3}{4} r_{2X} \qquad ii)\ r_{3X} = \frac{25}{16} r_{2X} \qquad iii)\ r_{3Z} = 0$$

Si queremos obtener la alternativa b), basta despejar r_{2X} *y* r_{3X} *en función de* r_{2Z}.

En efecto de i) $r_{2X} = \frac{4}{3} r_{2Z}$

Reemplazando en ii) $r_{3X} = \frac{25}{16}\frac{4}{3} r_{2Z} = \frac{25}{12} r_{2Z}$

Por otra parte si deseamos obtener la alternativa c), basta despejar r_{2X} *y* r_{2Z} *en función de* r_{3X}.

De ii) $r_{2X} = \frac{16}{25} r_{3X}$

Reemplazando en i) $r_{2Z} = \frac{3}{4}\frac{16}{25} r_{3X} = \frac{12}{25} r_{3X}$

La dependencia lineal debe ser considerada al formar el vector de cargas $\underline{R}$ que puede tener componentes correspondientes a desplazamientos que son **linealmente dependientes**, esto es, no aparecen en el vector $\underline{r}$.

Para ello debemos recordar que el vector de cargas $\underline{R}$ tiene componentes que corresponden exactamente con las componentes del vector $\underline{r}$. El trabajo que realizan las cargas $\underline{R}$ está dado por:

$$W = \underline{R}^T \underline{r} = R_1\, r_1 + R_2\, r_2 + \ldots.. + R_n\, r_n \qquad (6.23)$$

Si existen cargas correspondientes a desplazamientos que son linealmente dependientes (no aparecen en el vector $\underline{r}$), se debe introducir la dependencia lineal en (6.23) para obtener el vector de cargas modificado.

Así por ejemplo si un desplazamiento r_i es linealmente dependiente de otros 2 desplazamientos:

$$r_i = \alpha\, r_j + \beta\, r_k \qquad (i)$$

en que α y β son dos constantes.

Si se observa sólo el trabajo realizado por las cargas aplicadas en las direcciones de r_i, r_j y r_k se tiene que según (6.23):

$$W = R_i\, r_i + R_j\, r_j + R_k\, r_k \qquad \text{(ii)}$$

reemplazando (i) en (ii) queda:

$$W = R_i\,(\alpha \cdot r_j + \beta\, r_k) + R_j\, r_j + R_k\, r_k$$

$$= (R_j + \alpha\, R_i) r_j + (R_k + \beta\, R_i) r_k$$

$$W = \widetilde{R}_j\, r_j + \widetilde{R}_k\, r_k$$

Esto es, en la dirección de r_j se debe considerar una carga $\widetilde{R}_j = R_j + \alpha\, R_i$ y en la dirección de r_k una carga $\widetilde{R}_k = R_k + \beta\, R_i$.

Ahora bien, si varios desplazamientos son linealmente dependiente de otro:

$$r_j = \alpha\, r_i \qquad r_k = \beta\, r_i \qquad r_\ell = \gamma\, r_i \qquad \text{(i)}$$

en que α, β y γ son constantes, el trabajo realizado sólo por la cargas aplicadas en las direcciones de r_i, r_j, r_k y r_ℓ es:

$$W = R_i\, r_i + R_j\, r_j + R_k\, r_k + R_\ell\, r_\ell \qquad \text{(ii)}$$

Reemplazando (i) en (ii) se tiene:

$$W = (R_i + \alpha\, R_j + \beta\, R_k + \gamma\, R_\ell)\, r_i$$

$$= \widetilde{R}_i\, r_i$$

esto es, en la dirección de r_i se debe considerar una carga $\widetilde{R}_i = R_i + \alpha\, R_j + \beta\, R_k + \gamma\, R_\ell$.

De (6.23) se observa que si un desplazamiento es cero, una posible carga en la dirección de dicho desplazamiento no realiza trabajo por lo que no aparece en el vector de cargas $\underline{R}$.

Ejemplo 6.14

Formar los vectores de carga correspondientes a las distintas alternativas de desplazamientos linealmente independientes del Ejemplo 6.13 para el sistema de cargas indicado.

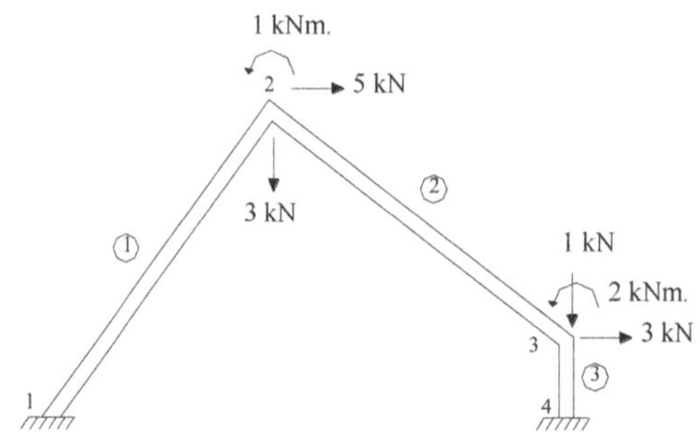

Para la alternativa (a) debido a que:

$$r_{2Z} = \frac{3}{4} r_{2X} \qquad r_{3X} = \frac{25}{16} r_{2X} \qquad r_{3Z} = 0$$

se tiene que:

$$\widetilde{R}_{2X} = R_{2X} + \frac{3}{4} R_{2Z} + \frac{25}{16} R_{3X} = 5 + \frac{3}{4} 3 + \frac{25}{16} 3 = \frac{191}{16}$$

Por lo tanto el vector de carga correspondiente a

$$\underline{r} = \begin{bmatrix} r_{2X} \\ \theta_2 \\ \theta_3 \end{bmatrix} \qquad es \qquad \underline{R} = \begin{bmatrix} 191/16 \\ 1 \\ 2 \end{bmatrix}$$

Para la alternativa (b) con:

$$r_{2X} = \frac{4}{3} r_{2Z} \qquad r_{3X} = \frac{25}{12} r_{2Z} \qquad r_{3Z} = 0$$

Se tiene que:

$$\widetilde{R}_{2Z} = R_{2Z} + \frac{4}{3} R_{2X} + \frac{25}{12} R_{3X} = 3 + \frac{4}{3} 5 + \frac{25}{12} 3 = \frac{191}{12}$$

Por lo tanto el vector de cargas correspondiente a

$$\underline{r} = \begin{bmatrix} r_{2Z} \\ \theta_2 \\ \theta_3 \end{bmatrix} \qquad es \qquad \underline{R} = \begin{bmatrix} 191/12 \\ 1 \\ 2 \end{bmatrix}$$

Para la alternativa (c) con:

$$r_{2X} = \frac{16}{25} r_{3X} \qquad r_{2Z} = \frac{12}{25} r_{3X} \qquad r_{3Z} = 0$$

Se tiene que:

$$\widetilde{R}_{3X} = R_{3X} + \frac{16}{25} R_{2X} + \frac{12}{25} R_{2Z} = 3 + \frac{16}{25} 5 + \frac{12}{25} 3 = \frac{191}{25}$$

Por lo tanto el vector de cargas correspondiente a

$$\underline{r} = \begin{bmatrix} r_{3X} \\ \theta_2 \\ \theta_3 \end{bmatrix} \qquad es \qquad \underline{R} = \begin{bmatrix} 191/25 \\ 1 \\ 2 \end{bmatrix}$$

A continuación se mostrarán algunos ejemplos de utilización del método de los ángulos de giro matricial. Algunos de ellos ya han sido calculados anteriormente con lo cual se podrá ver la diferencia en los resultados que se producen por despreciar la deformación axial de los elementos.

Ejemplo 6.15

Resolver la estructura de los Ejemplos 6.1 y 6.6 por el método de los ángulos de giro matricial.

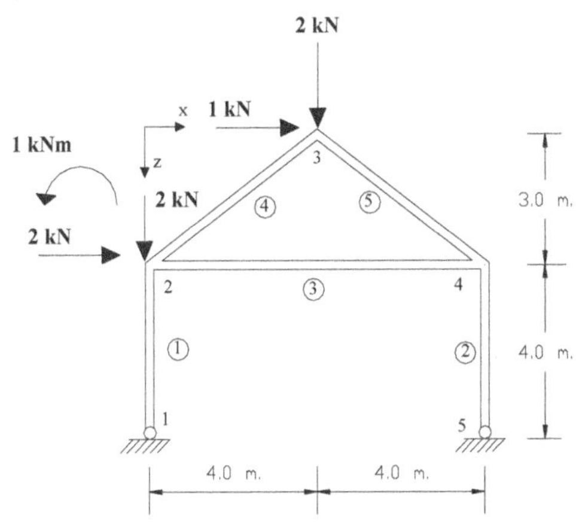

EI = 5000 kN m²

Las matrices de rigidez reducida de los elementos son:

$$\underline{k}_r^1 = \underline{k}_r^2 = \frac{2EI}{4}\left[\frac{3}{2}\right] = 2EI\left[\frac{3}{8}\right]$$

$$\underline{k}_r^3 = \frac{2EI}{8}\begin{bmatrix} 2 & 1 \\ 1 & 2 \end{bmatrix} = 2EI\begin{bmatrix} 1/4 & 1/8 \\ 1/8 & 1/4 \end{bmatrix}$$

$$\underline{k}_r^4 = \underline{k}_r^5 = \frac{2EI}{5}\begin{bmatrix} 2 & 1 \\ 1 & 2 \end{bmatrix} = 2EI\begin{bmatrix} 2/5 & 1/5 \\ 1/5 & 2/5 \end{bmatrix}$$

Por lo tanto la matriz $\underline{k}_r$ *es:*

$$\underline{k}_r = 2EI\begin{bmatrix} 3/8 & & & & & & & \\ & 3/8 & & & & & \underline{0} & \\ & & 1/4 & 1/8 & & & & \\ & & 1/8 & 1/4 & & & & \\ & & & & 2/5 & 1/5 & & \\ & \underline{0} & & & 1/5 & 2/5 & & \\ & & & & & & 2/5 & 1/5 \\ & & & & & & 1/5 & 2/5 \end{bmatrix}$$

El número de filas de la matriz $\underline{a}$ *coincide con la dimensión de la matriz* $\underline{k}_r$*, esto es 8. El sistema es* ***4 veces hiperestático****, por lo que el número de columnas de* $\underline{a}$ *debe ser 8 - 4 = 4. Por lo tanto el vector* $\underline{r}$ *además de contener los giros* θ_2, θ_3 *y* θ_4*, debe incluir un desplazamiento. Este puede ser* r_{2X}, r_{3X} *ó* r_{4X}*. Los desplazamientos* r_{2Z}, r_{3Z} *y* r_{4Z} *son cero.*

Usando r_{2X}, θ_2, θ_3 *y* θ_4 *como componentes del vector* $\underline{r}$*, las configuraciones deformadas son:*

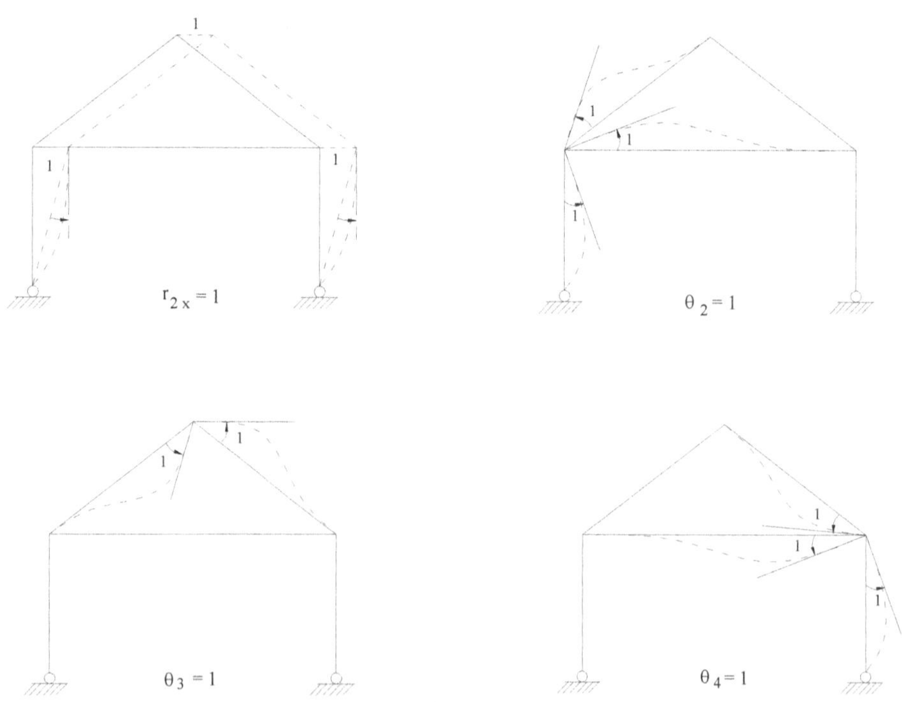

La matriz $\underline{a}$ *se obtiene de*

$$r_{2x} = 1 \quad \theta_2 = 1 \quad \theta_3 = 1 \quad \theta_4 = 1$$

$$\underbrace{\begin{bmatrix} \varphi_d^1 \\ \varphi_i^2 \\ \varphi_i^3 \\ \varphi_d^3 \\ \varphi_i^4 \\ \varphi_d^4 \\ \varphi_i^5 \\ \varphi_d^5 \end{bmatrix}}_{\underline{v}} = \underbrace{\begin{bmatrix} 1/4 & 1 & 0 & 0 \\ 1/4 & 0 & 0 & 1 \\ 0 & 1 & 0 & 0 \\ 0 & 0 & 0 & 1 \\ 0 & 1 & 0 & 0 \\ 0 & 0 & 1 & 0 \\ 0 & 0 & 1 & 0 \\ 0 & 0 & 0 & 1 \end{bmatrix}}_{\underline{a}} \underbrace{\begin{bmatrix} r_{2x} \\ \theta_2 \\ \theta_3 \\ \theta_4 \end{bmatrix}}_{\underline{r}}$$

La dependencia lineal es:

$$r_{3x} = r_{2x} \qquad r_{4x} = r_{2x} \qquad \text{con} \qquad r_{2z} = r_{3z} = r_{4z} = 0$$

Por lo tanto: $\widetilde{R}_{2x} = R_{2x} + R_{3x} + R_{4x} = 2 + 1 + 0 = 3$

El vector de cargas es entonces:

$$\underline{R} = \begin{bmatrix} 3 \\ 1 \\ 0 \\ 0 \end{bmatrix}$$

Las operaciones matriciales se realizan con el programa SMIS. La entrada de datos es:

```
START
LOAD  KR1                         1     1
.375
PRINT KR1                         1
 *** MATRICES kr1  y kr2 ***
LOAD  KR3   (2F6.0)               2     2
.25   .125
.125  .25
PRINT KR3                         1
 *** MATRIZ kr3 ***
LOAD  KR4   (2F6.0)               2     2
.4    .2
.2    .4
PRINT KR4                         1
 *** MATRICES kr4 y kr5 ***
ZERO  KR                          8     8
STOSM KR    KR1                   1     1
STOSM KR    KR1                   2     2
STOSM KR    KR3                   3     3
STOSM KR    KR4                   5     5
STOSM KR    KR4                   7     7
PRINT KR
LOAD  A     (4F6.0)               8     4
.25   1.
.25               1.
      1.
                  1.
      1.
            1.
```

```
              1.
                    1.
PRINT A                             1
 *** MATRIZ DE COMPATIBILIDAD a ***
MULT  KR     A     KRA
TRMULTA      KRA   K
PRINT K                             1
 *** MATRIZ DE RIGIDEZ DE LA ESTRUCTURA ***
LOAD  R                             4      1
 3.    1.
PRINT R                             1
 *** VECTOR DE CARGAS ***
SOLVE K      R
PRINT R                             1
 *** DESPLAZAMIENTOS NODALES DE LA ESTRUCTURA r ***
MULT  KRA    R     F
PRINT F                             1
 *** FUERZAS NODALES LINEALMENTE INDEPENDIENTES F ***
STOP
```

El resultado del programa SMIS es:

```
START

 SMIS (REV.2.0 - 25.04.2000 - DEPTO. OOCC - ULS)

 SMIS (FECHA DE EJECUCION : 8/ 9/2000  )

 SMIS (HORA  DE EJECUCION :12:59:41    )


LOAD   KR1
NUMER.LINEAS:   1    NUM. COLUMNAS:   1
PRINT  KR1

*** MATRICES kr1  y kr2 ***


           1
  1  0.3750E+00

LOAD   KR3    (2F6.0 )
NUMER.LINEAS:   2    NUM. COLUMNAS:   2

PRINT  KR3

*** MATRIZ kr3 ***


           1            2
  1  0.2500E+00  0.1250E+00
  2  0.1250E+00  0.2500E+00

LOAD   KR4    (2F6.0 )
NUMER.LINEAS:   2    NUM. COLUMNAS:   2

PRINT  KR4

*** MATRICES kr4 y kr5 ***


           1            2
  1  0.4000E+00  0.2000E+00
  2  0.2000E+00  0.4000E+00

ZERO   KR
    8 LINEAS     8 COLUMNAS
```

```
STOSM  KR      KR1
NUM.DE FILA :    1 NUM.DE COLUMNA:    1

STOSM  KR      KR1
NUM.DE FILA :    2 NUM.DE COLUMNA:    2

STOSM  KR      KR3
NUM.DE FILA :    3 NUM.DE COLUMNA:    3

STOSM  KR      KR4
NUM.DE FILA :    5 NUM.DE COLUMNA:    5

STOSM  KR      KR4
NUM.DE FILA :    7 NUM.DE COLUMNA:    7

PRINT  KR


            1            2            3            4            5            6
   1  0.3750E+00   0.0000E+00   0.0000E+00   0.0000E+00   0.0000E+00   0.0000E+00
   2  0.0000E+00   0.3750E+00   0.0000E+00   0.0000E+00   0.0000E+00   0.0000E+00
   3  0.0000E+00   0.0000E+00   0.2500E+00   0.1250E+00   0.0000E+00   0.0000E+00
   4  0.0000E+00   0.0000E+00   0.1250E+00   0.2500E+00   0.0000E+00   0.0000E+00
   5  0.0000E+00   0.0000E+00   0.0000E+00   0.0000E+00   0.4000E+00   0.2000E+00
   6  0.0000E+00   0.0000E+00   0.0000E+00   0.0000E+00   0.2000E+00   0.4000E+00
   7  0.0000E+00   0.0000E+00   0.0000E+00   0.0000E+00   0.0000E+00   0.0000E+00
   8  0.0000E+00   0.0000E+00   0.0000E+00   0.0000E+00   0.0000E+00   0.0000E+00
            7            8
   1  0.0000E+00   0.0000E+00
   2  0.0000E+00   0.0000E+00
   3  0.0000E+00   0.0000E+00
   4  0.0000E+00   0.0000E+00
   5  0.0000E+00   0.0000E+00
   6  0.0000E+00   0.0000E+00
   7  0.4000E+00   0.2000E+00
   8  0.2000E+00   0.4000E+00

LOAD   A      (4F6.0 )
NUMER.LINEAS:   8     NUM. COLUMNAS:   4
PRINT  A

*** MATRIZ DE COMPATIBILIDAD a ***


            1            2            3            4
   1  0.2500E+00   0.1000E+01   0.0000E+00   0.0000E+00
   2  0.2500E+00   0.0000E+00   0.0000E+00   0.1000E+01
   3  0.0000E+00   0.1000E+01   0.0000E+00   0.0000E+00
   4  0.0000E+00   0.0000E+00   0.0000E+00   0.1000E+01
   5  0.0000E+00   0.1000E+01   0.0000E+00   0.0000E+00
   6  0.0000E+00   0.0000E+00   0.1000E+01   0.0000E+00
   7  0.0000E+00   0.0000E+00   0.1000E+01   0.0000E+00
   8  0.0000E+00   0.0000E+00   0.0000E+00   0.1000E+01

MULT   KR     A       KRA

TRMULT A      KRA     K

PRINT  K

*** MATRIZ DE RIGIDEZ DE LA ESTRUCTURA ***


            1            2            3            4
   1  0.4688E-01   0.9375E-01   0.0000E+00   0.9375E-01
   2  0.9375E-01   0.1025E+01   0.2000E+00   0.1250E+00
   3  0.0000E+00   0.2000E+00   0.8000E+00   0.2000E+00
   4  0.9375E-01   0.1250E+00   0.2000E+00   0.1025E+01

LOAD   R
NUMER.LINEAS:   4     NUM. COLUMNAS:   1
```

```
PRINT  R

*** VECTOR DE CARGAS ***
             1
  1  0.3000E+01
  2  0.1000E+01
  3  0.0000E+00
  4  0.0000E+00

SOLVE  K       R
SKALAR =   0.4687500E-07

PRINT  R

*** DESPLAZAMIENTOS NODALES DE LA ESTRUCTURA r ***

             1
  1  0.9659E+02
  2  -.7593E+01
  3  0.4074E+01
  4  -.8704E+01

MULT   KRA     R       F

PRINT  F

*** FUERZAS NODALES LINEALMENTE INDEPENDIENTES F ***


             1
  1  0.6208E+01
  2  0.5792E+01
  3  -.2986E+01
  4  -.3125E+01
  5  -.2222E+01
  6  0.1111E+00
  7  -.1111E+00
  8  -.2667E+01

STOP
```

Por lo tanto el vector de fuerzas internas $\underline{F}$ está dado por:

$$\underline{F}^T = [6.208 \,\vdots\, 5.792 \,\vdots\, -2.986 - 3.125 \,\vdots\, -2.222 \quad 0.111 \,\vdots\, -0.111 - 2.667]$$

Los esfuerzos de corte se determinan con la relación (6.10):

$$Q^1 = \frac{6.208}{4} = 1.55 \qquad Q^2 = \frac{5.792}{4} = 1.45 \qquad Q^3 = \frac{-2.986 - 3.125}{8} = -0.76$$

$$Q^4 = \frac{-2.222 + 0.111}{5} = -0.42 \qquad Q^5 = \frac{-0.111 - 2.667}{5} = -0.56$$

Los esfuerzos axiales se obtienen del equilibrio de nudos:

Nudo 3

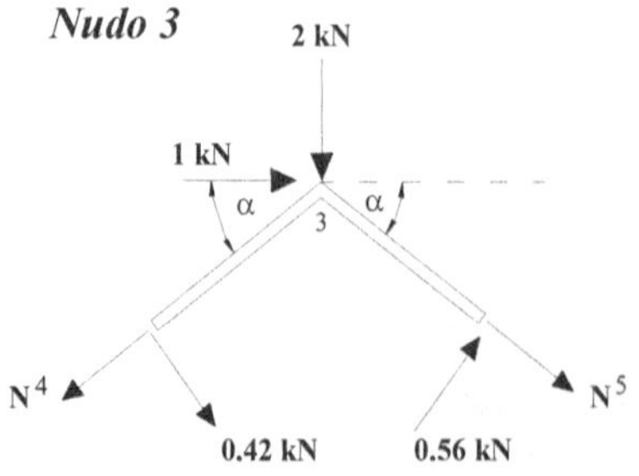

$$N^4 \cdot 0.8 - N^5 0.8 = 1 + 0.42 \cdot 0.6 + 0.56 \cdot 0.6 = 1.59$$

$$N^4 \cdot 0.6 + N^5 x 0.6 = -2 - 0.42 x 0.8 + 0.56 x 0.8 = -1.89$$

$$N^4 = -0.58 \qquad N^5 = -2.57$$

Nudo 2

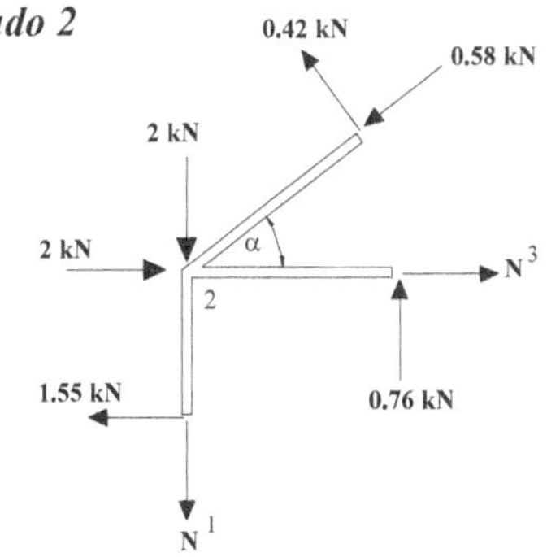

$$N^1 = 0.76 + 0.42x0.8 - 0.58x0.6 - 2 = -1.25$$

$$N^3 = -2 + 1.55 + 0.58x0.8 + 0.42x0.6 = 0.27$$

Nudo 4

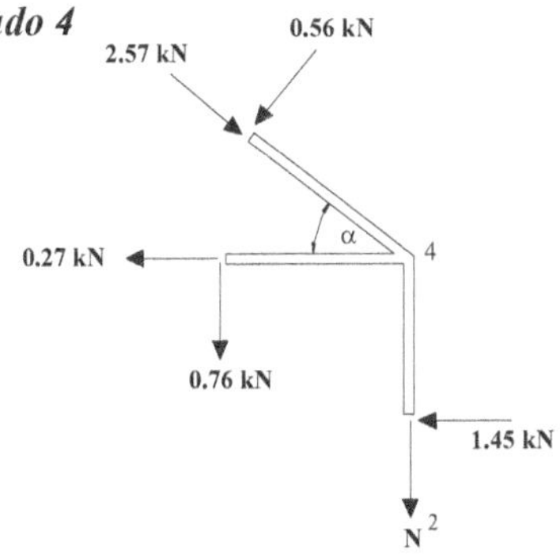

$$N^2 = -0.76 - 2.57x0.6 - 0.56x0.8 = -2.75$$

$$0.27 + 1.45 + 0.56x0.6 - 2.57x0.8 = 0$$

Los diagramas de esfuerzos son:

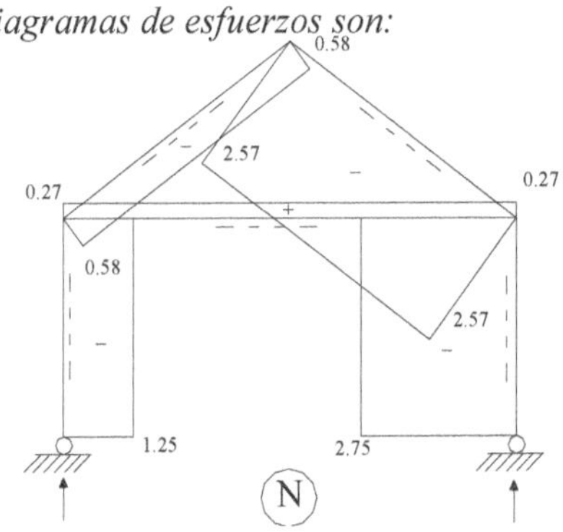

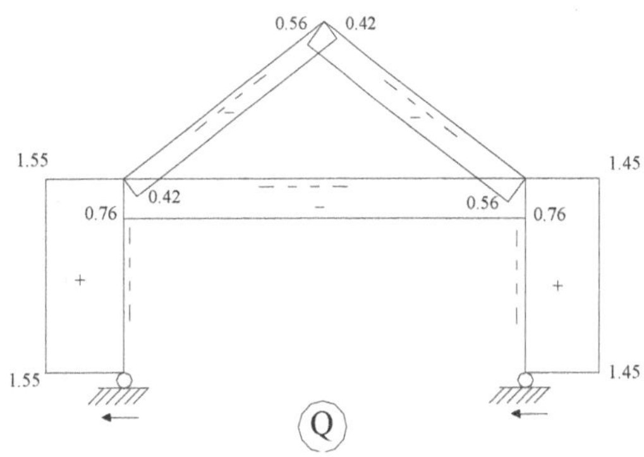

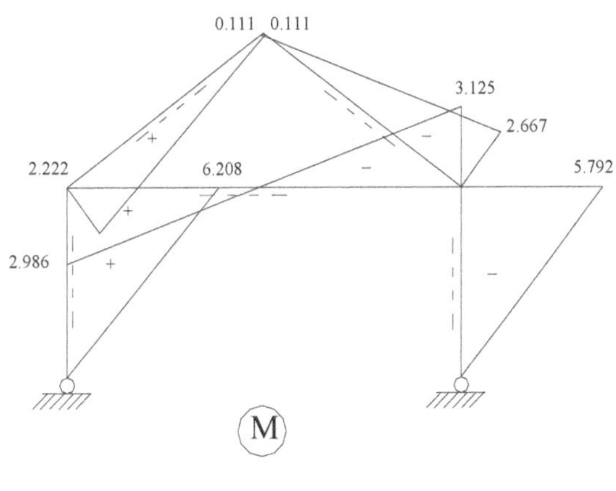

Comparando con los resultados obtenidos en los Ejemplos 6.1 y 6.6 en los cuales se considera la deformación axial de los elementos se observa que la diferencia es mínima.

Ejemplo 6.16

Resolver la estructura del Ejemplo 6.3 por el método de los ángulos de giro matricial.

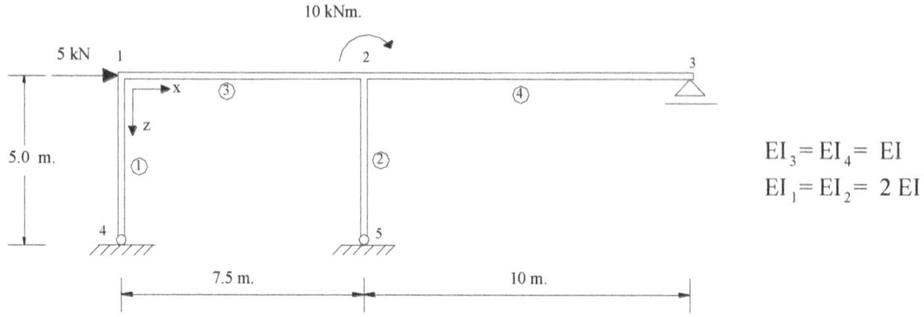

Las matrices de rigidez reducida de los elementos son:

$$\underline{k}_r^1 = \underline{k}_r^2 = \frac{2 \cdot 2EI}{5}\begin{bmatrix} \frac{3}{2} \end{bmatrix} = 2EI\begin{bmatrix} \frac{6}{10} \end{bmatrix}$$

$$\underline{k}_r^3 = \frac{2EI}{7.5}\begin{bmatrix} 2 & 1 \\ 1 & 2 \end{bmatrix} = 2EI\begin{bmatrix} 2/7.5 & 1/7.5 \\ 1/7.5 & 2/7.5 \end{bmatrix}$$

$$\underline{k}_r^4 = \frac{2EI}{10}\begin{bmatrix} \frac{3}{2} \end{bmatrix} = 2EI[3/20]$$

Por lo tanto la matriz $\underline{k}_r$ *es:*

$$\underline{k}_r = 2EI\begin{bmatrix} 6/10 & & & & \\ & 6/10 & & & \\ & & 2/7.5 & 1/7.5 & \\ & & 1/7.5 & 2/7.5 & \\ & & & & 3/20 \end{bmatrix}$$

El número de filas de la matriz $\underline{a}$ *es igual a la dimensión de la matriz* $\underline{k}_r$*, esto es, 5. El sistema es 2 veces hiperestático, por lo que el número de columnas de* $\underline{a}$ *es 5 - 2 = 3. Por lo tanto además de* θ_1 *y* θ_2 *existe un desplazamiento linealmente independiente posible. Este es* $r_{1x} = r_{2x} = r_{3x}$.

La configuración deformada para $r_{2x} = 1$ *(con* $\theta_1 = \theta_2 = 0$*) es:*

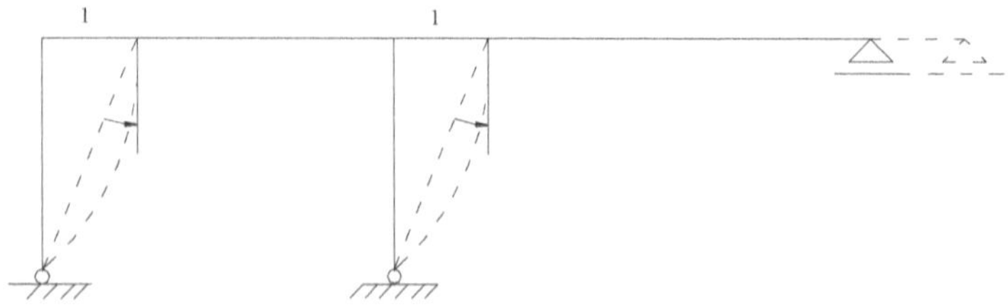

$r_{2x} = 1.0$

La matriz $\underline{a}$ se obtiene de:

$$\underbrace{\begin{bmatrix} \varphi_i^1 \\ \varphi_i^2 \\ \varphi_i^3 \\ \varphi_d^3 \\ \varphi_i^4 \end{bmatrix}}_{\underline{v}} = \underbrace{\overset{\begin{matrix} r_{2X}=1 & \theta_1=1 & \theta_2=1 \end{matrix}}{\begin{bmatrix} 1/5 & 1 & 0 \\ 1/5 & 0 & 1 \\ 0 & 1 & 0 \\ 0 & 0 & 1 \\ 0 & 0 & 1 \end{bmatrix}}}_{\underline{a}} \underbrace{\begin{bmatrix} r_{2x} \\ \theta_1 \\ \theta_2 \end{bmatrix}}_{\underline{r}}$$

El vector de cargas es:

$$\underline{R} = \begin{bmatrix} 5 \\ 0 \\ -10 \end{bmatrix}$$

La entrada de datos para el programa SMIS es:

```
START
LOAD  KR1                             1     1
 .6
PRINT KR1                             1
 *** MATRICES kr1  y kr2 ***
LOAD  KR3   (2F12.0)                  2     2
.2666667    .1333333
.1333333    .2666667
PRINT KR3                             1
 *** MATRIZ kr3 ***
LOAD  KR4                             1     1
 .15
PRINT KR4                             1
 *** MATRIZ kr4 ***
ZERO  KR                              5     5
STOSM KR    KR1                       1     1
STOSM KR    KR1                       2     2
STOSM KR    KR3                       3     3
STOSM KR    KR4                       5     5
PRINT KR                              1
 *** MATRIZ kr ***
LOAD  A     (3F6.0)                   5     3
 .2    1.
 .2          1.
       1.
             1.
             1.
PRINT A                               1
 *** MATRIZ DE COMPATIBILIDAD  a  ***

LOAD  R                               3     1
 5.         -10.
PRINT R                               1
 *** VECTOR DE CARGAS ***
MULT  KR    A     KRA
TRMULTA     KRA   K
PRINT K                               1
 *** MATRIZ DE RIGIDEZ DE LA ESTRUCTURA ***
SOLVE K     R
PRINT R                               1
 *** DESPLAZAMIENTOS NODALES DE LA ESTRUCTURA r ***
MULT  KRA   R     F
PRINT F                               1
 *** FUERZAS NODALES LINEALMENTE INDEPENDIENTES F ***
STOP
```

El resultado obtenido por el programa SMIS es:

```
START

 SMIS (REV.2.0 - 25.04.2000 - DEPTO. OOCC - ULS)

 SMIS (FECHA DE EJECUCION :11/ 9/2000  )

 SMIS (HORA  DE EJECUCION : 9: 0:11    )

LOAD   KR1
NUMER.LINEAS:   1    NUM. COLUMNAS:   1

PRINT  KR1

*** MATRICES kr1  y kr2 ***


           1
  1  0.6000E+00

LOAD   KR3    (2F12. 0)
NUMER.LINEAS:   2    NUM. COLUMNAS:   2

PRINT  KR3

*** MATRIZ kr3 ***


           1           2
  1  0.2667E+00  0.1333E+00
  2  0.1333E+00  0.2667E+00

LOAD   KR4
NUMER.LINEAS:   1    NUM. COLUMNAS:   1

PRINT  KR4

*** MATRIZ kr4 ***


           1
  1  0.1500E+00

ZERO   KR
    5 LINEAS     5 COLUMNAS

STOSM  KR     KR1
NUM.DE FILA :   1 NUM.DE COLUMNA:   1

STOSM  KR     KR1
NUM.DE FILA :   2 NUM.DE COLUMNA:   2

STOSM  KR     KR3
NUM.DE FILA :   3 NUM.DE COLUMNA:   3

STOSM  KR     KR4
NUM.DE FILA :   5 NUM.DE COLUMNA:   5

PRINT  KR

*** MATRIZ kr ***
           1           2           3           4           5
  1  0.6000E+00  0.0000E+00  0.0000E+00  0.0000E+00  0.0000E+00
  2  0.0000E+00  0.6000E+00  0.0000E+00  0.0000E+00  0.0000E+00
  3  0.0000E+00  0.0000E+00  0.2667E+00  0.1333E+00  0.0000E+00
  4  0.0000E+00  0.0000E+00  0.1333E+00  0.2667E+00  0.0000E+00
  5  0.0000E+00  0.0000E+00  0.0000E+00  0.0000E+00  0.1500E+00

LOAD   A      (3F6.0 )
NUMER.LINEAS:   5    NUM. COLUMNAS:   3
```

```
PRINT  A
*** MATRIZ DE COMPATIBILIDAD  a  ***

           1           2           3
  1  0.2000E+00  0.1000E+01  0.0000E+00
  2  0.2000E+00  0.0000E+00  0.1000E+01
  3  0.0000E+00  0.1000E+01  0.0000E+00
  4  0.0000E+00  0.0000E+00  0.1000E+01
  5  0.0000E+00  0.0000E+00  0.1000E+01

LOAD   R
NUMER.LINEAS:   3    NUM. COLUMNAS:   1

PRINT  R

*** VECTOR DE CARGAS ***

           1
  1  0.5000E+01
  2  0.0000E+00
  3  -.1000E+02


MULT   KR      A       KRA

TRMULT A       KRA     K

PRINT  K

*** MATRIZ DE RIGIDEZ DE LA ESTRUCTURA ***

           1           2           3
  1  0.4800E-01  0.1200E+00  0.1200E+00
  2  0.1200E+00  0.8667E+00  0.1333E+00
  3  0.1200E+00  0.1333E+00  0.1017E+01

SOLVE  K       R
SKALAR =    0.4800000E-07

PRINT  R

*** DESPLAZAMIENTOS NODALES DE LA ESTRUCTURA r ***

           1
  1  0.2862E+03
  2  -.3359E+02
  3  -.3921E+02

MULT   KRA     R       F

PRINT  F

*** FUERZAS NODALES LINEALMENTE INDEPENDIENTES F ***

           1
  1  0.1419E+02
  2  0.1081E+02
  3  -.1419E+02
  4  -.1493E+02
  5  -.5881E+01

STOP
```

Por lo tanto el vector $\underline{F}$ está dado por:

$$\underline{F}^T = [14.19 \mid 10.81 \mid -14.19 - 14.93 \mid -5.88]$$

Con la relación (6.10) los esfuerzos de corte resultan:

$$Q^1 = \frac{14.19}{5} = 2.84 \qquad Q^2 = \frac{10.81}{5} = 2.16$$

$$Q^3 = \frac{-14.19 - 14.93}{7.5} = -3.88 \qquad Q^4 = \frac{-5.88}{10} = -0.59$$

Los esfuerzos normales de obtienen del equilibrio de nudos:

Nudo 1

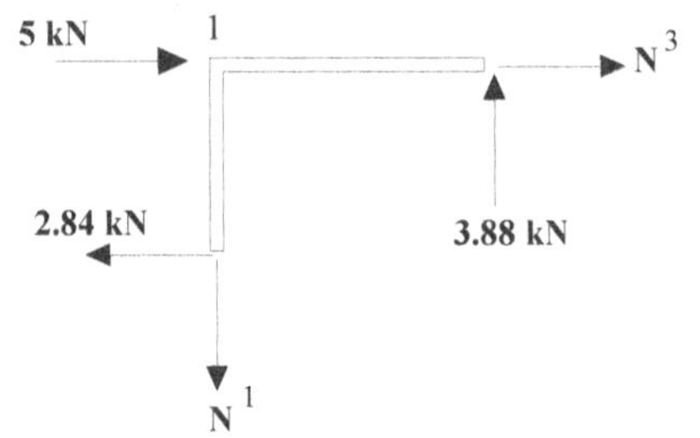

$N^1 = 3.88$

$N^3 = 2.84 - 5 = -2.16$

Nudo 2

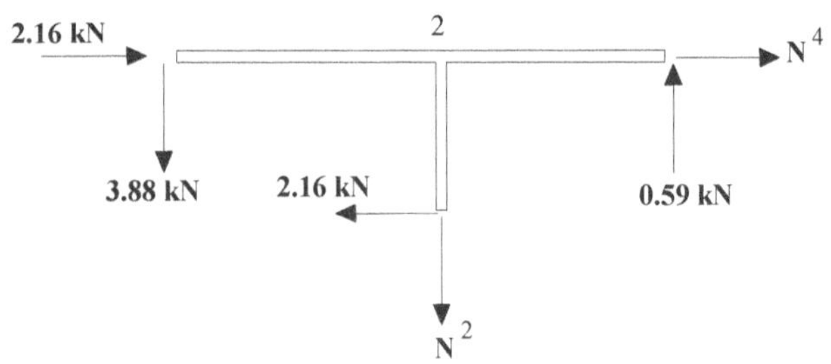

$N^4 = 2.16 - 2.16 = 0$

$N^2 = 0.59 - 3.88 = -3.29$

Los diagramas de esfuerzos internos son:

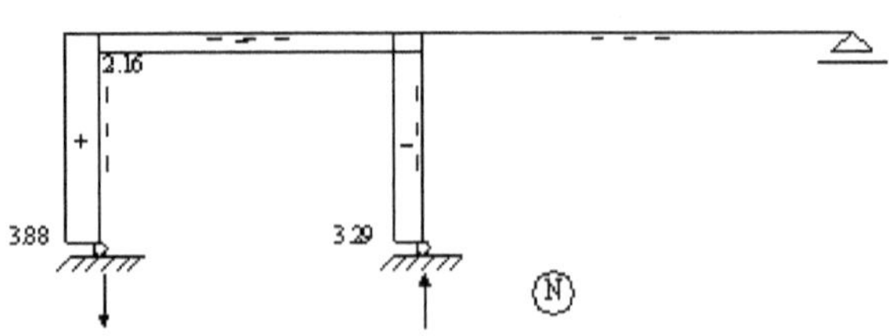

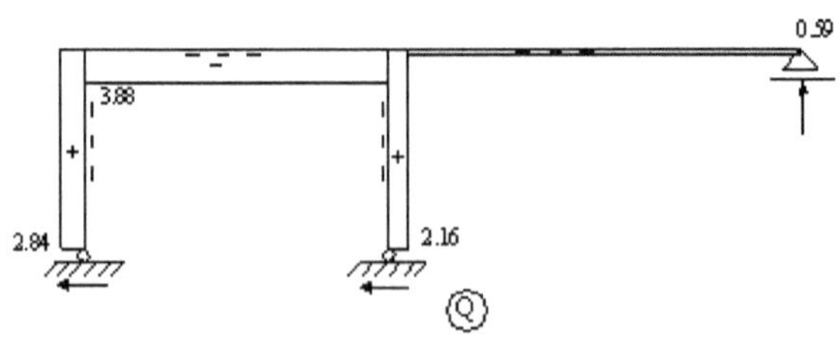

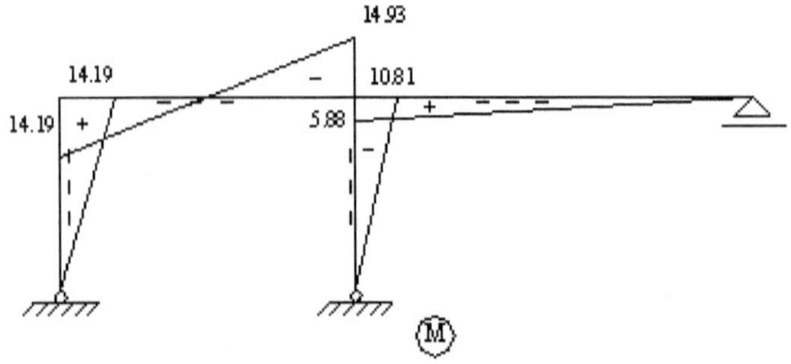

Comprobación de equilibrio de momentos de ***Nudo 2.***

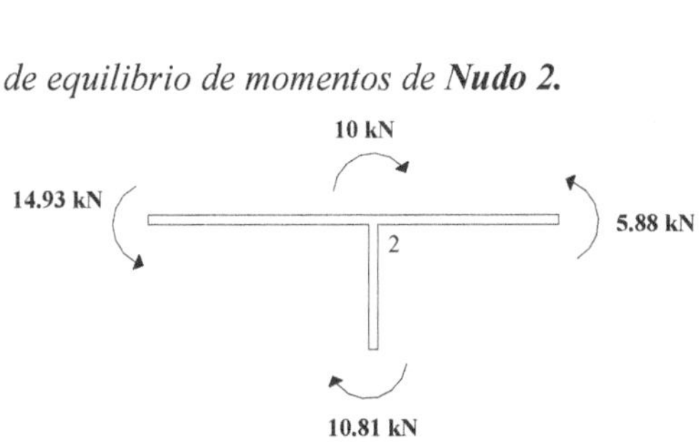

$$14.93 + 5.88 - 10 - 10.81 = 0$$

Se observa que si se comparan los resultados con los del Ejemplo 6.3, en que se consideró la deformación axial de los elementos, las diferencias son despreciables.

Ejemplo 6.17

Calcular la estructura indicada por el método de los ángulos de giro matricial (despreciando la deformación axial en los elementos de viga ①y ②). El elemento ③es una barra de reticulado.

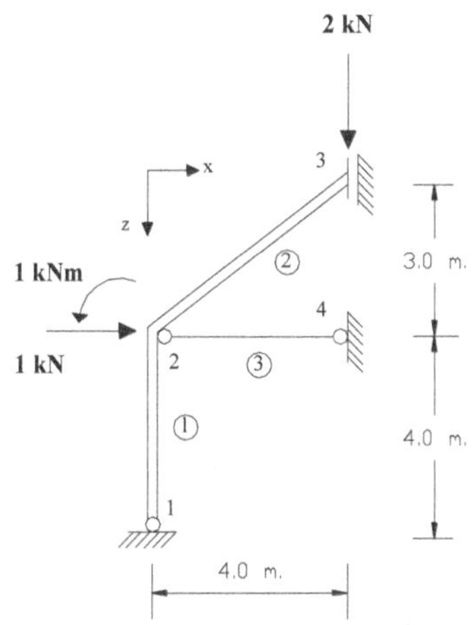

Elementos ①y ②: EI = 4000 $[kNm^2]$

Elemento ③: EA= 20000$[kN]$
(reticulado)

Usando elemento de viga con rótula para el elemento ①, las matrices de rigidez reducida son:

$$\underline{k}_r^1 = \frac{2EI}{4}[3/2] = EI[3/4] \qquad \underline{k}_r^2 = \frac{2EI}{5}\begin{bmatrix} 2 & 1 \\ 1 & 2 \end{bmatrix} = EI\begin{bmatrix} 4/5 & 2/5 \\ 2/5 & 4/5 \end{bmatrix}$$

$$\underline{k}_r^3 = \frac{EA}{4}[1] = EI \cdot \frac{EA}{EI}[1/4] = EI[5/4]$$

Por lo tanto la matriz $\underline{k}_r$ *es:*

$$\underline{k}_r = EI\begin{bmatrix} 3/4 & & & \\ & 4/5 & 2/5 & \\ & 2/5 & 4/5 & \\ & & & 5/4 \end{bmatrix}$$

El número de filas de la matriz $\underline{a}$ *es igual a la dimensión de* $\underline{k}_r$*, esto es 4. El sistema es 2 veces hiperestático por lo que el número de columnas de* $\underline{a}$ *debe ser* $4-2=2$*. Por lo tanto, además del giro* θ_2 *existe un desplazamiento linealmente independiente posible:* r_{2x} *ó* r_{3z} *(los desplazamientos* r_{2z} *y* r_{3x} *son cero).*

Eligiendo r_{2X} *como desplazamiento linealmente independiente, la configuración deformada debido a* $r_{2X} = 1$ *es:*

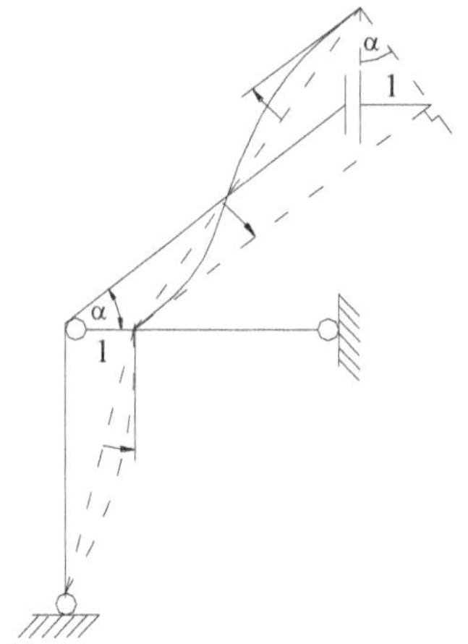

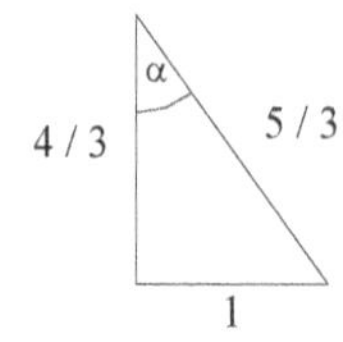

$$\cos\alpha = 4/5$$
$$sen\alpha = 3/5$$

La dependencia lineal de r_{3Z} *queda:*

$$r_{3Z} = -\frac{4}{3} r_{2X}$$

El vector de cargas es:

$$\widetilde{R}_{2X} = R_{2X} - \frac{4}{3} R_{3Z} = 1 - \frac{4}{3} 2 = -\frac{5}{3}$$
$$M_2 = 1$$

Esto es:

$$\underline{R} = \begin{bmatrix} -5/3 \\ 1 \end{bmatrix}$$

La matriz $\underline{a}$ *se obtiene de:*

$$\underbrace{\begin{bmatrix} \varphi_d^1 \\ \varphi_i^2 \\ \varphi_d^2 \\ \delta^3 \end{bmatrix}}_{\underline{v}} = \underbrace{\begin{bmatrix} 1/4 & 1 \\ -1/3 & 1 \\ -1/3 & 0 \\ -1 & 0 \end{bmatrix}}_{\underline{a}} \underbrace{\begin{bmatrix} r_{2x} \\ \theta_2 \end{bmatrix}}_{\underline{r}} \qquad (r_{2X} = 1 \quad \theta_2 = 1)$$

Nótese que para el elemento ③ su incógnita es el alargamiento δ_3.

El producto $\underline{a}^T \ \underline{k}_r \ \underline{a}$ *queda:*

$$\underline{k}_r = EI\begin{bmatrix} 3/4 & & & \\ & 4/5 & 2/5 & \\ & 2/5 & 4/5 & \\ & & & 5/4 \end{bmatrix} \qquad \begin{bmatrix} 1/4 & 1 \\ -1/3 & 1 \\ -1/3 & 0 \\ -1 & 0 \end{bmatrix} = \underline{a}$$

$$\underline{a}^T = \begin{bmatrix} 1/4 & -1/3 & -1/3 & -1 \\ 1 & 1 & 0 & 0 \end{bmatrix} \quad \underbrace{EI\begin{bmatrix} 3/16 & -2/5 & -2/5 & -5/4 \\ 3/4 & 4/5 & 2/5 & 0 \end{bmatrix}}_{\underline{a}^T \underline{k}_r} \quad \underbrace{EI\begin{bmatrix} 1.563 & -17/80 \\ -17/80 & 31/20 \end{bmatrix}}_{\underline{K}=\underline{a}^T \underline{k}_r \underline{a}}$$

Resolviendo $\underline{K}\underline{r} = \underline{R}$ *se obtiene:* $\underline{r} = \dfrac{1}{EI}\begin{bmatrix} -0.997 \\ 0.508 \end{bmatrix}$

Haciendo el producto $\underline{F} = \underline{k}_r \underline{a}\underline{r} = \left(\underline{a}^T \underline{k}_r\right)^T \underline{r}$ *se tiene que:*

$$\underline{F} = EI\begin{bmatrix} 3/16 & 3/4 \\ -2/5 & 4/5 \\ -2/5 & 2/5 \\ -5/4 & 0 \end{bmatrix} \frac{1}{EI}\begin{bmatrix} -0.997 \\ 0.508 \end{bmatrix} = \begin{bmatrix} 0.194 \\ 0.805 \\ 0.602 \\ 1.246 \end{bmatrix} = \begin{bmatrix} M_d^1 \\ M_i^2 \\ M_d^2 \\ N^3 \end{bmatrix}$$

Con la relación (6.10) se calculan los esfuerzos de corte de los elementos ① y ②

$$Q^1 = \frac{0.194}{4} = 0.049 \qquad\qquad Q^2 = \frac{0.805 + 0.602}{5} = 0.281$$

Los esfuerzos normales se obtienen del equilibrio de nudos:

Nudo 2

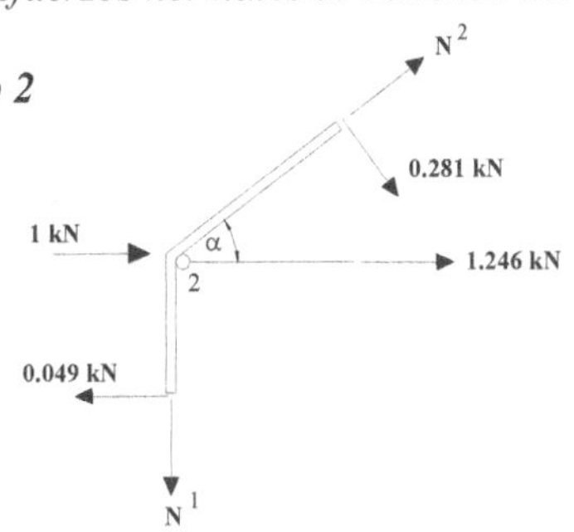

$$N^2 x0.8 = 0.049 - 1 - 1.246 - 0.281x0.6 = -2.366$$
$$N^2 = -2.96$$
$$N^1 = N^2 x0.6 - 0.281x0.8 = -2$$

Los diagramas de esfuerzo son:

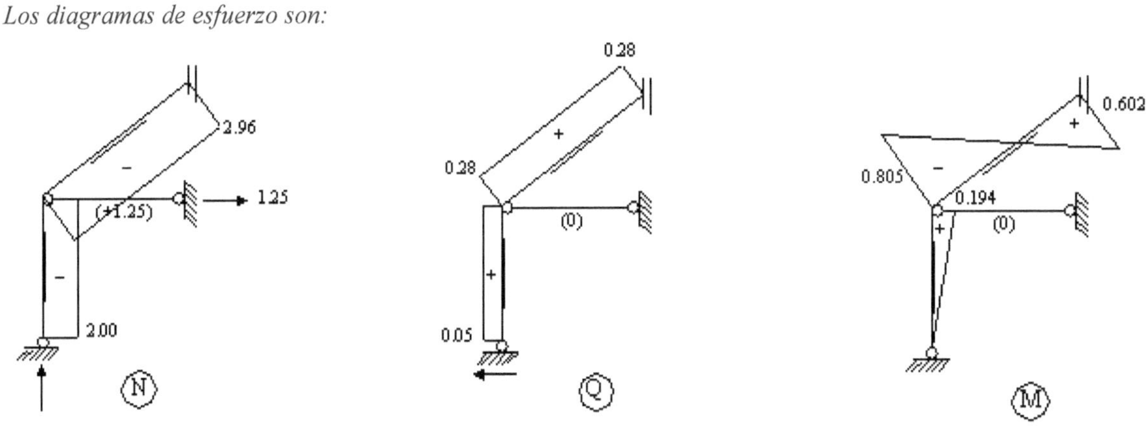

6.5. Reducción de la matriz de rigidez

Una vez que se ha formado la matriz de rigidez de una estructura es posible reducir su dimensión por consideraciones respecto a los desplazamientos, que llamaremos **"condensación cinemática"**, o bien por consideraciones respecto a las cargas, que llamaremos **"condensación estática"**.

6.5.1. Condensación cinemática

Como se veía en el capítulo anterior, en el método de los ángulos de giro matricial al despreciar la deformación axial de los elementos ciertos desplazamientos nodales deben ser cero y otros son linealmente dependientes. A continuación se mostrarán las operaciones que se deben realizar en la matriz de rigidez una vez ya formada para considerar dichos casos especiales.

a) Desplazamiento cero

En este caso simplemente se asume que el correspondiente grado de libertad no existe, por lo que se debe eliminar la respectiva fila y columna de la matriz de rigidez.

b) Desplazamiento linealmente dependiente

Si un desplazamiento r_i es linealmente dependiente de otros 2 desplazamientos r_j y r_k entonces:

$$r_i = \alpha\, r_j + \beta\, r_k \qquad \text{(i)}$$

En que α y β son dos constantes. Las filas del sistema de ecuaciones $\underline{K}\,\underline{r} = \underline{R}$ correspondiente a las filas i, j y k son:

$$k_{i1}r_1 + k_{i2}r_2 + \ldots + k_{ii}r_i + \ldots + k_{ij}r_j + \ldots + k_{ik}r_k + \ldots k_{in}r_n = R_i$$

$$k_{j1}r_1 + k_{j2}r_2 + \ldots + k_{ji}r_i + \ldots + k_{jj}r_j + \ldots + k_{jk}r_k + \ldots + k_{jn}r_n = R_j \qquad \text{(ii)}$$

$$k_{k1}r_1 + k_{k2}r_2 + \ldots + k_{ki}r_i + \ldots + k_{kj}r_j + \ldots + k_{kk}r_k + \ldots + k_{kn}r_n = R_k$$

Si se recuerda lo indicado en el Capítulo 6.4.3 en el sentido de que como el desplazamiento r_i es linealmente dependiente, la carga asociada a él debe ser incluída en las cargas asociadas a los desplazamientos r_j y r_k. Esto es:

$$\widetilde{R}_j = R_j + \alpha\, R_i$$

$$\widetilde{R}_k = R_k + \beta\, R_i \qquad \text{(iii)}$$

Lo anterior significa que de las 3 filas de la matriz de rigidez que se indican en (ii) sólo quedan 2 que corresponden a las líneas j y k modificadas de acuerdo a (iii). Esto es, la nueva fila j es la fila j original más la fila i multiplicada por α. De igual manera la nueva fila k es la fila k original más la fila i multiplicada por β.

A su vez lo indicado en (i) expresa que la misma operación se realiza en las columnas. Esto es, de las 3 columnas i, j, k solo quedan las columnas j y k modificadas. La nueva columna j es igual a la columna j original las la columna i multiplicada por α y la nueva columna k es igual a la columna k original más la columna i multiplicada por β.

Es importante destacar que lo indicado anteriormente se puede utilizar para considerar apoyos inclinados en el Método Directo de formación de la matriz de rigidez. Al existir un apoyo inclinado, se deben girar las ecuaciones de la misma forma a lo explicado en el Capítulo 4 para cambiar las filas de la matriz $\underline{a}^T$ (Ecuación 4.18), pero esta vez se modifican las filas y columnas de la matriz de rigidez $\underline{K}$.

Ejemplo 6.18

Formar la matriz de rigidez de la estructura del Ejemplo 6.17 ***considerando la deformación axial*** *de los elementos. Luego condensarla para el caso en que se desprecie la deformación axial.*

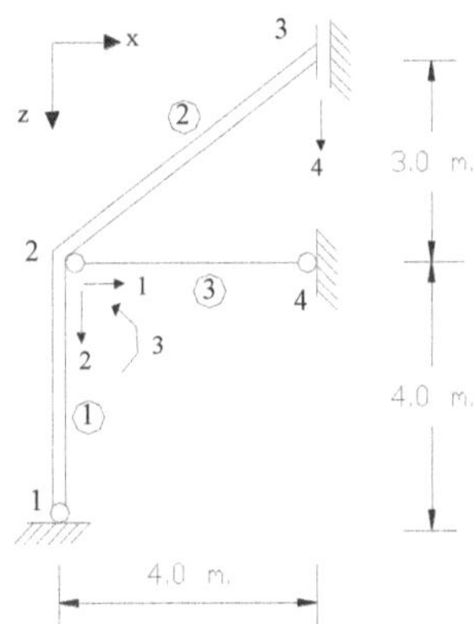

Elementos ① y ②: EI = 4000 [kNm²]
EA = 4x10⁵[kN]

Elemento ③ : EA = 20.000 [kN]

La tabla de incidencia en términos de grados de libertad es:

Elemento	Grados de libertad					
	1	*2*	*3*	*4*	*5*	*6*
①	*0*	*0*	*0*	*1*	*2*	*3*
②	*1*	*2*	*3*	*0*	*4*	*0*
③	*1*	*2*	*0*	*0*	-	-

Nótese que para el elemento ③ no están definidos los giros (la matriz de rigidez del elemento es 4x4*)*

La formación de la matriz de rigidez de la estructura y las operaciones de condensación se realizan usando el programa SMIS. La entrada de datos es:

```
START
FORMKRK1                        6
.4                    10000.     40.
           7.                    3.                    4.
PRINT K1                        1
 *** MATRIZ DE RIGIDEZ k1 (rotula izquierda) ***
FORMKDK2                        6
.4                    10000.     40.
           3.          4.
PRINT K2                        1
 *** MATRIZ DE RIGIDEZ k2 ***
FORMKDK3                        4
                      10000.      2.
           3.          4.         3.
PRINT K3                        1
 *** MATRIZ DE RIGIDEZ k3 (reticulado) ***
LOADLMIN12  (6I6)               2     6
                     1     2    3
     1     2     3           4
PRINT IN12                      1     1
 *** TABLA DE INCIDENCIA ELEMENTOS 1 Y 2 ***
LOADLMIN3   (6I6)               1     4
     1     2
PRINT IN3                       1     1
 *** TABLA DE INCIDENCIA ELEMENTO 3 ***
ZERO  KK                        4     4
ADDSTFKK    K1    IN12          1     1
ADDSTFKK    K2    IN12          2     1
ADDSTFKK    K3    IN3
SCALE KK                                          -3 .25
PRINT KK                        1
 *** MATRIZ DE RIGIDEZ ORIGINAL 4x4 ***
LOADLMDEL                       1     1
     2
PRINT DEL                       1     1
 *** INDICES DE FILAS Y COLUMNAS A BORRAR ***
DELRC KK    KK2   DEL   DEL
PRINT KK2                       1
 *** MATRIZ DE RIGIDEZ SIN FILA Y COLUMNA 2 ***
LOAD  TR    (2F12.0)            3     2
  1.
            1.
-1.3333333
PRINT TR                        1
*** MATRIZ DE TRANSFORMACION ***
MULT  KK2   TR    KT
PRINT KT                        1
 *** MATRIZ OBTENIDA POR COMBINACION DE COLUMNAS ***
TRMULTTR    KT    K
PRINT K                         1
 *** MATRIZ DE RIGIDEZ DESPRECIANDO DEF. AXIAL ***
STOP
```

La salida del programa SMIS es la siguiente:

```
START

  SMIS (REV.3.0 - 02.01.2001 - DEPTO. OOCC - ULS)

  SMIS (FECHA DE EJECUCION :16/ 4/2019  )

  SMIS (HORA  DE EJECUCION :12: 3:24    )

FORMKR K1

 *** ELEMENTO DE VIGA CON ROTULA ***
  TYPE = 6      NUMBER =  1
0  I =    0.4000E+00    SHEAR AREA =   0.0000E+00
   L =    0.4000E+01             E =   0.1000E+05
  NU =    0.0000E+00
0              CROSS-SECTIONAL AREA =   0.4000E+02
0 X1 =    0.0000E+00            Y1 =   0.7000E+01
  X2 =    0.0000E+00            Y2 =   0.3000E+01
  A  =    0.0000E+00             B =   0.4000E+01

 PRINT  K1
```

```
*** MATRIZ DE RIGIDEZ k1 (rotula izquierda) ***

            1           2           3           4           5           6
   1  0.1875E+03  -.0000E+00  -.0000E+00  -.1875E+03  0.0000E+00  -.7500E+03
   2  -.0000E+00  0.1000E+06  -.0000E+00  0.0000E+00  -.1000E+06  -.0000E+00
   3  -.0000E+00  -.0000E+00  0.0000E+00  0.0000E+00  0.0000E+00  0.0000E+00
   4  -.1875E+03  0.0000E+00  0.0000E+00  0.1875E+03  -.0000E+00  0.7500E+03
   5  0.0000E+00  -.1000E+06  0.0000E+00  -.0000E+00  0.1000E+06  0.0000E+00
   6  -.7500E+03  -.0000E+00  0.0000E+00  0.7500E+03  0.0000E+00  0.3000E+04

FORMKD K2
  TYPE = 6      NUMBER =  1
0  I =    0.4000E+00     SHEAR AREA =    0.0000E+00
   L =    0.5000E+01              E =    0.1000E+05
  NU =    0.0000E+00
0               CROSS-SECTIONAL AREA =    0.4000E+02
0 X1 =    0.0000E+00             Y1 =    0.3000E+01
  X2 =    0.4000E+01             Y2 =    0.0000E+00
  A  =    0.0000E+00              B =    0.0000E+00

 PRINT  K2

 *** MATRIZ DE RIGIDEZ k2 ***

            1           2           3           4           5           6
   1  0.5134E+05  -.3822E+05  -.5760E+03  -.5134E+05  0.3822E+05  -.5760E+03
   2  -.3822E+05  0.2905E+05  -.7680E+03  0.3822E+05  -.2905E+05  -.7680E+03
   3  -.5760E+03  -.7680E+03  0.3200E+04  0.5760E+03  0.7680E+03  0.1600E+04
   4  -.5134E+05  0.3822E+05  0.5760E+03  0.5134E+05  -.3822E+05  0.5760E+03
   5  0.3822E+05  -.2905E+05  0.7680E+03  -.3822E+05  0.2905E+05  0.7680E+03
   6  -.5760E+03  -.7680E+03  0.1600E+04  0.5760E+03  0.7680E+03  0.3200E+04

 FORMKD K3
  TYPE = 4      NUMBER =  1
0  I =    0.0000E+00     SHEAR AREA =    0.0000E+00
   L =    0.4000E+01              E =    0.1000E+05
  NU =    0.0000E+00
0               CROSS-SECTIONAL AREA =    0.2000E+01
0 X1 =    0.0000E+00             Y1 =    0.3000E+01
  X2 =    0.4000E+01             Y2 =    0.3000E+01
  A  =    0.0000E+00              B =    0.0000E+00

 PRINT  K3

 *** MATRIZ DE RIGIDEZ k3 (reticulado) ***

            1           2           3           4
   1  0.5000E+04  0.0000E+00  -.5000E+04  -.0000E+00
   2  0.0000E+00  0.0000E+00  -.0000E+00  -.0000E+00
   3  -.5000E+04  -.0000E+00  0.5000E+04  0.0000E+00
   4  -.0000E+00  -.0000E+00  0.0000E+00  0.0000E+00

 LOADLM IN12    (6I6)
 NUMER.LINEAS:   2    NUM. COLUMNAS:   6

 PRINT  IN12

 *** TABLA DE INCIDENCIA ELEMENTOS 1 Y 2 ***

           1     2     3     4     5     6
   1 *     0     0     0     1     2     3
   2 *     1     2     3     0     4     0

 LOADLM IN3     (6I6)
 NUMER.LINEAS:   1    NUM. COLUMNAS:   4

 PRINT  IN3

 *** TABLA DE INCIDENCIA ELEMENTO 3 ***

           1     2     3     4
   1 *     1     2     0     0

 ZERO    KK
     4 LINEAS       4 COLUMNAS

 ADDSTF KK      K1      IN12
0PRIMERA LINEA :     1
```

```
 NUM. DE LINEAS:     1

 ADDSTF KK      K2      IN12
0PRIMERA LINEA :     2
 NUM. DE LINEAS:     1

 ADDSTF KK      K3      IN3
0PRIMERA LINEA :     0
 NUM. DE LINEAS:     0

 SCALE  KK
  SCALAR =  0.2500000E-03

 PRINT  KK

 *** MATRIZ DE RIGIDEZ ORIGINAL 4x4 ***

            1           2           3           4
   1  0.1413E+02  -.9554E+01  0.4350E-01  0.9554E+01
   2  -.9554E+01  0.3226E+02  -.1920E+00  -.7261E+01
   3  0.4350E-01  -.1920E+00  0.1550E+01  0.1920E+00       ( MATRIZ KK)
   4  0.9554E+01  -.7261E+01  0.1920E+00  0.7261E+01

 LOADLM DEL
 NUMER.LINEAS:   1     NUM. COLUMNAS:   1

 PRINT  DEL

 *** INDICES DE FILAS Y COLUMNAS A BORRAR ***

          1
   1 *     2

 DELRC  KK      KK2     DEL     DEL
    1 FILAS      1 COLUMNAS
   FILAS    2
 COLUMNAS   2

 PRINT  KK2

 *** MATRIZ DE RIGIDEZ SIN FILA Y COLUMNA 2 ***

            1           2           3
   1  0.1413E+02  0.4350E-01  0.9554E+01
   2  0.4350E-01  0.1550E+01  0.1920E+00           (MATRIZ KK2)
   3  0.9554E+01  0.1920E+00  0.7261E+01

 LOAD   TR      (2F12. 0)
 NUMER.LINEAS:   3     NUM. COLUMNAS:   2

 PRINT  TR
*** MATRIZ DE TRANSFORMACION ***

            1           2
   1  0.1000E+01  0.0000E+00
   2  0.0000E+00  0.1000E+01              (MATRIZ TR)
   3  -.1333E+01  0.0000E+00

 MULT   KK2     TR      KT

 PRINT  KT
 *** MATRIZ OBTENIDA POR COMBINACION DE COLUMNAS ***

            1           2
   1  0.1393E+01  0.4350E-01
   2  -.2125E+00  0.1550E+01              (MATRIZ KT)
   3  -.1280E+00  0.1920E+00

TRMULT TR      KT      K

 PRINT  K
 *** MATRIZ DE RIGIDEZ DESPRECIANDO DEF. AXIAL ***

            1           2
   1  0.1564E+01  -.2125E+00
   2  -.2125E+00  0.1550E+01              (MATRIZ K)
 STOP
```

El programa SMIS permite formar la matriz de rigidez $\underline{K}$ de la estructura para los valores de E, I y A indicados. Para efectos de comparación con el Ejemplo 6.17, antes de imprimir la matriz $\underline{K}$ se multiplica por el factor $1/EI = 0.25x10^{-3}$. Se observa que la matriz de la estructura que considera la deformación axial de los elementos es:

$$\underline{KK} = EI \begin{matrix} \\ r_{2X} \\ r_{2Z} \\ \theta_2 \\ r_{3Z} \end{matrix} \begin{matrix} r_{2X} & r_{2Z} & \theta_2 & r_{3Z} \\ \end{matrix} \begin{bmatrix} 14.13 & -9.554 & 0.0435 & 9.554 \\ & 32.26 & -0.192 & -7.261 \\ & & 1.55 & 0.192 \\ simétrica & & & 7.261 \end{bmatrix}$$

En que los grados de libertad corresponden a r_{2x}, r_{2z}, θ_2 y r_{3Z}.

Para despreciar la deformación axial se debe primeramente eliminar la fila y columna correspondiente a r_{2z} (r_{2z} = 0). En el programa SMIS se usa la instrucción DELRC. La matriz queda:

$$\underline{KK2} = EI \begin{matrix} r_{2X} \\ \theta_2 \\ r_{3Z} \end{matrix} \overset{\begin{matrix} r_{2X} & \theta_2 & r_{3Z} \end{matrix}}{\begin{bmatrix} 14.13 & 0.0435 & 9.554 \\ & 1.55 & 0.192 \\ simétrica & & 7.261 \end{bmatrix}}$$

Debido a la dependencia lineal $r_{3z} = -\frac{4}{3} r_{2x}$ (ver Ejemplo 6.17) se debe multiplicar la columna correspondiente a r_{3Z} por -4/3 y sumarla a la columna correspondiente a r_{2x}. La misma operación se debe realizar con las filas.

Matricialmente la operación de combinación indicada en la columnas corresponde a multiplicar la matriz $\underline{KK2}$ por la matriz:

$$\underline{TR} = \begin{bmatrix} 1 & 0 \\ 0 & 1 \\ -4/3 & 0 \end{bmatrix}$$

El resultado de combinación de columnas queda entonces:

$$\underline{KT} = \underline{KK2} \; x \; \underline{TR} = EI \begin{bmatrix} 1.393 & -0.0435 \\ -0.2125 & 1.55 \\ -0.128 & 0.192 \end{bmatrix}$$

La operación de combinación de filas se realiza multiplicando la matriz anterior por la traspuesta de la matriz $\underline{TR}$.

$$\underline{K} = \underline{TR}^T x \; \underline{KT} = EI \begin{bmatrix} 1.564 & -0.2125 \\ -0.2125 & 1.55 \end{bmatrix}$$

Esta matriz es idéntica con la obtenida en el Ejemplo 6.17 por el método de los ángulos de giro.
En el archivo de salida del programa SMIS se han incluído indicaciones que muestran los pasos realizados para obtener la matriz de rigidez mediante las operaciones indicadas:

- *Formar la matriz original KK*

- *Eliminar la fila 2 y columna 2 de la matriz KK obteniendo la matriz KK2*
- *Formar la matriz TR para combinar las columnas 1 y 3 de la matriz KK2*
- *Multiplicar la matriz KK2 por TR para obtener la matriz KT*
- *Multiplicar la matriz TR^T por KT para combinar las filas 1 y 3 de la matriz KT*

6.5.2. Condensación estática

Usualmente las estructuras no están sometidas a cargas en todos sus nudos ni en todas direcciones. Esto significa que el vector de cargas $\underline{R}$ tiene muchas componentes que son cero. En dicho caso se puede realizar también una condensación de la matriz de rigidez reduciéndola sólo a los grados de libertad asociados a cargas distintas de cero. Esta condensación, como tiene que ver con las cargas asociadas, se llama: **"condensación estática"**.

Esquemáticamente pensemos que el vector de cargas $\underline{R}$ de la estructura o podemos particionar en dos partes:

$$\underline{R} = \begin{bmatrix} \underline{R}_1 \\ \underline{0} \end{bmatrix}$$

en que $\underline{R}_1$ son las cargas distintas de cero. Formalmente hemos supuesto que las cargas $\underline{R}_1$ están ubicadas en la parte superior del vector $\underline{R}$ (ello significaría reordenar las filas del vector $\underline{R}$). Como se verá mas adelante (Capítulo 8), no necesariamente la condensación se reduce a casos en que hayan cargas cero, sino que en caso de que existieran $(\underline{R}_2 \neq \underline{0})$, también se modificaría el vector $\underline{R}_1$.

De la misma manera el vector de desplazamientos $\underline{r}$ se particiona de la misma forma que el vector de cargas $\underline{R}$:

$$\underline{r} = \begin{bmatrix} \underline{r}_1 \\ \underline{r}_2 \end{bmatrix}$$

en que $\underline{r}_1$ corresponde a los desplazamientos de los grados de libertad asociados a las cargas $\underline{R}_1$, mientras que $\underline{r}_2$ corresponde a los desplazamientos de los grados de libertad asociados a las cargas $\underline{R}_2$, que normalmente se asumen como cero, esto es, $\underline{R}_2 = \underline{0}$.

El sistema de ecuaciones $\underline{K}\,\underline{r} = \underline{R}$ se puede escribir entonces como:

$$\left[\begin{array}{c:c} \underline{K}_{11} & \underline{K}_{12} \\ \hdashline \underline{K}_{21} & \underline{K}_{22} \end{array}\right] \begin{bmatrix} \underline{r}_1 \\ \underline{r}_2 \end{bmatrix} = \begin{bmatrix} \underline{R}_1 \\ \underline{0} \end{bmatrix} \qquad (6.24)$$

en que las submatrices $\underline{K}_{11}$, $\underline{K}_{12}$, $\underline{K}_{21}$ y $\underline{K}_{22}$ son las submatrices que se obtienen de particionar la matriz $\underline{K}$ de acuerdo a los grados de libertad $\underline{r}_1$ y $\underline{r}_2$. Eventualmente se requeriría de un intercambio de filas y columnas de la matriz $\underline{K}$ para obtener el sistema de ecuaciones como se indica en (6.24). Nótese que por simetría se debe cumplir que $\underline{K}_{21}$ = $\underline{K}_{12}^{T}$.

El sistema de ecuaciones (6.24) se puede descomponer en 2 sistemas de ecuaciones:

$$\underline{K}_{11}\underline{r}_1 + \underline{K}_{12}\underline{r}_2 = \underline{R}_1 \tag{6.25}$$

$$\underline{K}_{21}\underline{r}_1 + \underline{K}_{22}\underline{r}_2 = \underline{0} \tag{6.26}$$

De (6.26) se puede despejar $\underline{r}_2$:

$$\underline{r}_2 = -\underline{K}_{22}^{-1}\underline{K}_{21}\underline{r}_1 \tag{6.27}$$

Si se reemplaza (6.27) en (6.25) se obtiene:

$$(\underline{K}_{11} - \underline{K}_{12}\underline{K}_{22}^{-1}\underline{K}_{21})\,\underline{r}_1 = \underline{R}_1 \tag{6.28}$$

Definiendo:

$$\underline{\widetilde{K}}_{11} = \underline{K}_{11} - \underline{K}_{12}\underline{K}_{22}^{-1}\underline{K}_{21} \tag{6.29}$$

el sistema de ecuaciones (6.28) queda:

$$\underline{\widetilde{K}}_{11}\underline{r}_1 = \underline{R}_1 \tag{6.30}$$

De esta forma se ha reducido la dimensión del sistema de ecuaciones a los grados de libertad $\underline{r}_1$ asociados a las cargas distintas de cero. La operación de condensación estática de la matriz de rigidez se resume en 2 pasos:

a) Partición de la matriz $\underline{K}$ de acuerdo a (6.24) y
b) Condensación de acuerdo a (6.29).

Una vez que se resuelve el sistema de ecuaciones (6.30) y se determinan los desplazamientos $\underline{r}_1$, los desplazamientos $\underline{r}_2$ se obtienen de (6.27) con lo que se tiene el vector de desplazamiento $\underline{r}$ completo.

Ejemplo 6.19

Formar la matriz de rigidez de la estructura de los Ejemplos 6.1 y 6.6 y condensarla a los grados de libertad con cargas no cero. Resolver el sistema de ecuaciones reducido y determinar los vectores de desplazamientos $\underline{r}_1$, $\underline{r}_2$ *y* $\underline{r}$ *y las fuerzas nodales de los elementos* $\underline{S}^j$.

La formación de la matriz de rigidez $\underline{K}$ $(11x11)$ *se hará en forma idéntica al Ejemplo 6.6. Los grados de libertad con carga distinta de cero son: 2,3,4,5 y 6. El vector de cargas correspondiente a dichos grados de libertad es:*

$$\underline{R}_1 = \begin{bmatrix} 2 \\ 2 \\ 1 \\ 1 \\ 2 \end{bmatrix}$$

Las filas y columnas de la matriz de rigidez $\underline{K}$ *deben ser previamente reordenadas para dejar en primer lugar los grados de libertadd 2,3,4,5 y 6.* ***Este intercanbio de filas y columnas se realiza en el programa SMIS mediante la instrucción EXRC. La entrada de datos es:***

```
START
FORMKDK1                        6
   5.                    1000.     1000.
   0.         7.         0.        3.
PRINT K1                        1
 *** MATRIZ DE RIGIDEZ DEL ELEMENTO 1 ***
FORMKDK2                        6
   5.                    1000.     1000.
   8.         3.         8.        7.
PRINT K2                        1
 *** MATRIZ DE RIGIDEZ DEL ELEMENTO 2 ***
FORMKDK3                        6
   5.                    1000.     1000.
   0.         3.         8.        3.
PRINT K3                        1
 *** MATRIZ DE RIGIDEZ DEL ELEMENTO 3 ***
FORMKDK4                        6
   5.                    1000.     1000.
   0.         3.         4.        0.
PRINT K4                        1
 *** MATRIZ DE RIGIDEZ DEL ELEMENTO 4 ***
FORMKDK5                        6
   5.                    1000.     1000.
   4.         0.         8.        3.
PRINT K5                        1
 *** MATRIZ DE RIGIDEZ DEL ELEMENTO 5 ***
LOADLMIN     (6I6)              5     6
     0     0     1     2     3     4
     8     9    10     0     0    11
     2     3     4     8     9    10
     2     3     4     5     6     7
     5     6     7     8     9    10
PRINT IN                        1     1
 *** TABLA DE INCIDENCIA (grados de libertad) ***
ZERO  K                        11    11
ADDSTFK      K1     IN          1     1
ADDSTFK      K2     IN          2     1
ADDSTFK      K3     IN          3     1
ADDSTFK      K4     IN          4     1
ADDSTFK      K5     IN          5     1
PRINT K                         1
 *** MATRIZ DE RIGIDEZ DE LA ESTRUCTURA ***
LOADLMGL                        1    11
     2     3     4     5     6    1     7     8     9    10    11
PRINT GL                        1     1
 *** INTERCAMBIO DE FILAS Y COLUMNAS ***
EXRC  K      GL     GL
RMVSM K      K11                1     1     5     5
RMVSM K      K21                6     1     6     5
RMVSM K      K22                6     6     6     6
INVERTK22
MULT  K22    K21    K211
SCALE K211                                     -1.
TRMULTK21    K211   K121
ADD   K11    K121
PRINT K11                       1
 *** MATRIZ DE RIGIDEZ CONDENSADA ***
```

```
LOAD  R1                                5     1
  2.    2.   1.     1.    2.
PRINT R1                                1
 *** VECTOR DE CARGAS R1 ***
SOLVE K11   R1
PRINT R1                                1
 *** DESPLAZAMIENTOS r1 ***
MULT  K211  R1     R2
PRINT R2                                1
 *** DESPLAZAMIENTOS r2 ***
ZERO  R                                11     1
LOADLMINR1                              1     5
     2     3     4     5     6
PRINT INR1                              1     1
 *** COMPONENTES r1 ***
LOADLMINR2                              1     6
     1     7     8     9    10    11
PRINT INR2                              1     1
 *** COMPONENTES r2 ***
LOADLMIC                                1     1
     1
MERGE R      R1     INR1  IC
MERGE R      R2     INR2  IC
PRINT R                                 1
 *** DESPLAZAMIENTOS NODALES r ***
FORCEMK1     IN     R     S1            1     1
FORCEMK2     IN     R     S2            2     1
FORCEMK3     IN     R     S3            3     1
FORCEMK4     IN     R     S4            4     1
FORCEMK5     IN     R     S5            5     1
PRINT S1
PRINT S2
PRINT S3
PRINT S4
PRINT S5
STOP
```

Los resultados que entrega el programa SMIS son:

```
 START

  SMIS (REV.2.0 - 25.04.2000 - DEPTO. OOCC - ULS)

  SMIS (FECHA DE EJECUCION :15/ 9/2000  )

  SMIS (HORA  DE EJECUCION :18:32:32    )
 FORMKD K1
  TYPE = 6      NUMBER =  1
0  I =    0.5000E+01    SHEAR AREA =   0.0000E+00
   L =    0.4000E+01             E =   0.1000E+04
  NU =    0.0000E+00
0              CROSS-SECTIONAL AREA =   0.1000E+04
0 X1 =    0.0000E+00            Y1 =   0.7000E+01
  X2 =    0.0000E+00            Y2 =   0.3000E+01
  A  =    0.0000E+00             B =   0.0000E+00

 PRINT  K1
 *** MATRIZ DE RIGIDEZ DEL ELEMENTO 1 ***

            1           2           3           4           5           6
   1  0.9375E+03  0.0000E+00  -.1875E+04  -.9375E+03  0.0000E+00  -.1875E+04
   2  0.0000E+00  0.2500E+06  0.0000E+00  0.0000E+00  -.2500E+06  0.0000E+00
   3  -.1875E+04  0.0000E+00  0.5000E+04  0.1875E+04  0.0000E+00  0.2500E+04
   4  -.9375E+03  0.0000E+00  0.1875E+04  0.9375E+03  0.0000E+00  0.1875E+04
   5  0.0000E+00  -.2500E+06  0.0000E+00  0.0000E+00  0.2500E+06  0.0000E+00
   6  -.1875E+04  0.0000E+00  0.2500E+04  0.1875E+04  0.0000E+00  0.5000E+04

 FORMKD K2
  TYPE = 6      NUMBER =  1
0  I =    0.5000E+01    SHEAR AREA =   0.0000E+00
   L =    0.4000E+01             E =   0.1000E+04
  NU =    0.0000E+00
0              CROSS-SECTIONAL AREA =   0.1000E+04
0 X1 =    0.8000E+01            Y1 =   0.3000E+01
  X2 =    0.8000E+01            Y2 =   0.7000E+01
  A  =    0.0000E+00             B =   0.0000E+00
```

```
PRINT  K2

*** MATRIZ DE RIGIDEZ DEL ELEMENTO 2 ***

           1           2           3           4           5           6
   1  0.9375E+03  0.0000E+00  0.1875E+04  -.9375E+03  0.0000E+00  0.1875E+04
   2  0.0000E+00  0.2500E+06  0.0000E+00  0.0000E+00  -.2500E+06  0.0000E+00
   3  0.1875E+04  0.0000E+00  0.5000E+04  -.1875E+04  0.0000E+00  0.2500E+04
   4  -.9375E+03  0.0000E+00  -.1875E+04  0.9375E+03  0.0000E+00  -.1875E+04
   5  0.0000E+00  -.2500E+06  0.0000E+00  0.0000E+00  0.2500E+06  0.0000E+00
   6  0.1875E+04  0.0000E+00  0.2500E+04  -.1875E+04  0.0000E+00  0.5000E+04

FORMKD K3
  TYPE = 6      NUMBER =  1
0  I =    0.5000E+01    SHEAR AREA =   0.0000E+00
   L =    0.8000E+01             E =   0.1000E+04
  NU =    0.0000E+00
0           CROSS-SECTIONAL AREA =   0.1000E+04
0 X1 =    0.0000E+00            Y1 =   0.3000E+01
  X2 =    0.8000E+01            Y2 =   0.3000E+01
  A  =    0.0000E+00             B =   0.0000E+00

PRINT  K3

*** MATRIZ DE RIGIDEZ DEL ELEMENTO 3 ***

           1           2           3           4           5           6
   1  0.1250E+06  0.0000E+00  0.0000E+00  -.1250E+06  0.0000E+00  0.0000E+00
   2  0.0000E+00  0.1172E+03  -.4688E+03  0.0000E+00  -.1172E+03  -.4688E+03
   3  0.0000E+00  -.4688E+03  0.2500E+04  0.0000E+00  0.4688E+03  0.1250E+04
   4  -.1250E+06  0.0000E+00  0.0000E+00  0.1250E+06  0.0000E+00  0.0000E+00
   5  0.0000E+00  -.1172E+03  0.4688E+03  0.0000E+00  0.1172E+03  0.4688E+03
   6  0.0000E+00  -.4688E+03  0.1250E+04  0.0000E+00  0.4688E+03  0.2500E+04

FORMKD K4
  TYPE = 6      NUMBER =  1
0  I =    0.5000E+01    SHEAR AREA =   0.0000E+00
   L =    0.5000E+01             E =   0.1000E+04
  NU =    0.0000E+00
0           CROSS-SECTIONAL AREA =   0.1000E+04
0 X1 =    0.0000E+00            Y1 =   0.3000E+01
  X2 =    0.4000E+01            Y2 =   0.0000E+00
  A  =    0.0000E+00             B =   0.0000E+00

PRINT  K4

*** MATRIZ DE RIGIDEZ DEL ELEMENTO 4 ***

           1           2           3           4           5           6
   1  0.1282E+06  -.9577E+05  -.7200E+03  -.1282E+06  0.9577E+05  -.7200E+03
   2  -.9577E+05  0.7231E+05  -.9600E+03  0.9577E+05  -.7231E+05  -.9600E+03
   3  -.7200E+03  -.9600E+03  0.4000E+04  0.7200E+03  0.9600E+03  0.2000E+04
   4  -.1282E+06  0.9577E+05  0.7200E+03  0.1282E+06  -.9577E+05  0.7200E+03
   5  0.9577E+05  -.7231E+05  0.9600E+03  -.9577E+05  0.7231E+05  0.9600E+03
   6  -.7200E+03  -.9600E+03  0.2000E+04  0.7200E+03  0.9600E+03  0.4000E+04

FORMKD K5
  TYPE = 6      NUMBER =  1
0  I =    0.5000E+01    SHEAR AREA =   0.0000E+00
   L =    0.5000E+01             E =   0.1000E+04
  NU =    0.0000E+00
0           CROSS-SECTIONAL AREA =   0.1000E+04
0 X1 =    0.4000E+01            Y1 =   0.0000E+00
  X2 =    0.8000E+01            Y2 =   0.3000E+01
  A  =    0.0000E+00             B =   0.0000E+00

PRINT  K5

*** MATRIZ DE RIGIDEZ DEL ELEMENTO 5 ***

           1           2           3           4           5           6
   1  0.1282E+06  0.9577E+05  0.7200E+03  -.1282E+06  -.9577E+05  0.7200E+03
   2  0.9577E+05  0.7231E+05  -.9600E+03  -.9577E+05  -.7231E+05  -.9600E+03
   3  0.7200E+03  -.9600E+03  0.4000E+04  -.7200E+03  0.9600E+03  0.2000E+04
   4  -.1282E+06  -.9577E+05  -.7200E+03  0.1282E+06  0.9577E+05  -.7200E+03
   5  -.9577E+05  -.7231E+05  0.9600E+03  0.9577E+05  0.7231E+05  0.9600E+03
   6  0.7200E+03  -.9600E+03  0.2000E+04  -.7200E+03  0.9600E+03  0.4000E+04
```

```
 LOADLM IN      (6I6)
 NUMER.LINEAS:   5    NUM. COLUMNAS:   6

 PRINT  IN

 *** TABLA DE INCIDENCIA (grados de libertad) ***

            1     2     3     4     5     6
   1 *      0     0     1     2     3     4
   2 *      8     9    10     0     0    11
   3 *      2     3     4     8     9    10
   4 *      2     3     4     5     6     7
   5 *      5     6     7     8     9    10

 ZERO   K
    11 LINEAS    11 COLUMNAS

 ADDSTF K      K1      IN
0PRIMERA LINEA :    1
 NUM. DE LINEAS:    1

 ADDSTF K      K2      IN
0PRIMERA LINEA :    2
 NUM. DE LINEAS:    1

 ADDSTF K      K3      IN
0PRIMERA LINEA :    3
 NUM. DE LINEAS:    1

 ADDSTF K      K4      IN
0PRIMERA LINEA :    4
 NUM. DE LINEAS:    1

 ADDSTF K      K5      IN
0PRIMERA LINEA :    5
 NUM. DE LINEAS:    1

 PRINT  K

 *** MATRIZ DE RIGIDEZ DE LA ESTRUCTURA ***

              1           2           3           4           5           6
    1  0.5000E+04  0.1875E+04  0.0000E+00  0.2500E+04  0.0000E+00  0.0000E+00
    2  0.1875E+04  0.2541E+06  -.9577E+05  0.1155E+04  -.1282E+06  0.9577E+05
    3  0.0000E+00  -.9577E+05  0.3224E+06  -.1429E+04  0.9577E+05  -.7231E+05
    4  0.2500E+04  0.1155E+04  -.1429E+04  0.1150E+05  0.7200E+03  0.9600E+03
    5  0.0000E+00  -.1282E+06  0.9577E+05  0.7200E+03  0.2563E+06  0.0000E+00
    6  0.0000E+00  0.9577E+05  -.7231E+05  0.9600E+03  0.0000E+00  0.1446E+06
    7  0.0000E+00  -.7200E+03  -.9600E+03  0.2000E+04  0.1440E+04  0.0000E+00
    8  0.0000E+00  -.1250E+06  0.0000E+00  0.0000E+00  -.1282E+06  -.9577E+05
    9  0.0000E+00  0.0000E+00  -.1172E+03  0.4688E+03  -.9577E+05  -.7231E+05
   10  0.0000E+00  0.0000E+00  -.4688E+03  0.1250E+04  0.7200E+03  -.9600E+03
   11  0.0000E+00  0.0000E+00  0.0000E+00  0.0000E+00  0.0000E+00  0.0000E+00

              7           8           9          10          11
    1  0.0000E+00  0.0000E+00  0.0000E+00  0.0000E+00  0.0000E+00
    2  -.7200E+03  -.1250E+06  0.0000E+00  0.0000E+00  0.0000E+00
    3  -.9600E+03  0.0000E+00  -.1172E+03  -.4688E+03  0.0000E+00
    4  0.2000E+04  0.0000E+00  0.4688E+03  0.1250E+04  0.0000E+00
    5  0.1440E+04  -.1282E+06  -.9577E+05  0.7200E+03  0.0000E+00
    6  0.0000E+00  -.9577E+05  -.7231E+05  -.9600E+03  0.0000E+00
    7  0.8000E+04  -.7200E+03  0.9600E+03  0.2000E+04  0.0000E+00
    8  -.7200E+03  0.2541E+06  0.9577E+05  0.1155E+04  0.1875E+04
    9  0.9600E+03  0.9577E+05  0.3224E+06  0.1429E+04  0.0000E+00
   10  0.2000E+04  0.1155E+04  0.1429E+04  0.1150E+05  0.2500E+04
   11  0.0000E+00  0.1875E+04  0.0000E+00  0.2500E+04  0.5000E+04

LOADLM GL
 NUMER.LINEAS:   1    NUM. COLUMNAS:  11

 PRINT  GL

 *** INTERCAMBIO DE FILAS Y COLUMNAS ***

            1     2     3     4     5     6     7     8     9    10    11
   1 *      2     3     4     5     6     1     7     8     9    10    11

 EXRC   K      GL      GL
```

```
RMVSM  K      K11
NUM.DE FILA :   1 NUM.DE COLUMNA:   1
    5 FILAS       5 COLUMNAS

RMVSM  K      K21
NUM.DE FILA :   6 NUM.DE COLUMNA:   1
    6 FILAS       5 COLUMNAS

RMVSM  K      K22
NUM.DE FILA :   6 NUM.DE COLUMNA:   6
    6 FILAS       6 COLUMNAS

INVERT K22
SKALAR =   0.5000000E-02

MULT   K22    K21    K211

SCALE  K211
 SCALAR = -0.1000000E+01

TRMULT K21    K211   K121

ADD    K11    K121

PRINT  K11

*** MATRIZ DE RIGIDEZ CONDENSADA ***

           1           2           3           4           5
  1 0.1837E+06  -.9590E+05  0.4440E+03  -.1834E+06  0.5448E+05
  2 -.9590E+05  0.3223E+06  -.1171E+04  0.9592E+05  -.7235E+05
  3 0.4440E+03  -.1171E+04  0.9692E+04  0.4213E+03  0.1100E+04
  4 -.1834E+06  0.9592E+05  0.4213E+03  0.1834E+06  -.5434E+05
  5 0.5448E+05  -.7235E+05  0.1100E+04  -.5434E+05  0.1038E+06

LOAD   R1
NUMER.LINEAS:  5    NUM. COLUMNAS:  1

PRINT  R1

*** VECTOR DE CARGAS R1 ***

           1
  1 0.2000E+01
  2 0.2000E+01
  3 0.1000E+01
  4 0.1000E+01
  5 0.2000E+01

SOLVE  K11    R1
SKALAR =   0.1837418E+00

PRINT  R1

*** DESPLAZAMIENTOS r1 ***


           1
  1 0.9661E-02
  2 0.5001E-05
  3 -.7618E-03
  4 0.9671E-02
  5 0.2252E-04
MULT   K211   R1     R2

PRINT  R2

*** DESPLAZAMIENTOS r2 ***

           1
  1 -.3242E-02
  2 0.4057E-03
  3 0.9664E-02
  4 0.1100E-04
  5 -.8698E-03
  6 -.3189E-02
```

```
ZERO   R
   11 LINEAS      1 COLUMNAS

LOADLM INR1
NUMER.LINEAS:   1    NUM. COLUMNAS:   5

PRINT  INR1

*** COMPONENTES r1 ***

          1     2     3     4     5
  1 *     2     3     4     5     6

LOADLM INR2
NUMER.LINEAS:   1    NUM. COLUMNAS:   6

PRINT  INR2

*** COMPONENTES r2 ***

          1     2     3     4     5     6
  1 *     1     7     8     9    10    11

LOADLM IC
NUMER.LINEAS:   1    NUM. COLUMNAS:   1

MERGE  R      R1     INR1   IC
    5 FILAS     1 COLUMNAS
  FILAS    2   3   4   5   6
COLUMNAS   1

MERGE  R      R2     INR2   IC
    6 FILAS     1 COLUMNAS
  FILAS    1   7   8   9  10  11
COLUMNAS   1

PRINT  R

*** DESPLAZAMIENTOS NODALES r ***

          1
  1  -.3242E-02
  2  0.9661E-02
  3  0.5001E-05
  4  -.7618E-03
  5  0.9671E-02
  6  0.2252E-04
  7  0.4057E-03
  8  0.9664E-02
  9  0.1100E-04
 10  -.8698E-03
 11  -.3189E-02

FORCEM K1      IN     R      S1
FORCEM K2      IN     R      S2
FORCEM K3      IN     R      S3
FORCEM K4      IN     R      S4
FORCEM K5      IN     R      S5

PRINT  S1

          1
  1  -.1550E+01
  2  -.1250E+01
  3  -.3902E-06
  4  0.1550E+01
  5  0.1250E+01
  6  0.6201E+01
PRINT  S2

          1
  1  0.1449E+01
  2  0.2750E+01
  3  0.5798E+01
  4  -.1449E+01
  5  -.2750E+01
  6  -.2712E-05
```

```
PRINT  S3

              1
   1  -.2659E+00
   2  0.7641E+00
   3  -.2989E+01
   4  0.2659E+00
   5  -.7641E+00
   6  -.3124E+01

PRINT  S4

              1
   1  0.7155E+00
   2  -.1425E-01
   3  -.2212E+01
   4  -.7155E+00
   5  0.1425E-01
   6  0.1228E+00
PRINT  S5

              1
   1  0.1716E+01
   2  0.1986E+01
   3  -.1228E+00
   4  -.1716E+01
   5  -.1986E+01
   6  -.2674E+01

STOP
```

Se observa que la matriz de rigidez condensada K_{11} *tiene la dimensión* $5x5$. *La solución del sistema de ecuaciones* $\underline{\widetilde{K}}_{11}\underline{r}_1 = \underline{R}_1$ *entrega el vector de desplazamientos* $\underline{r}_1$ *indicado. Posteriormente mediante la operación (6.27) se calcula el vector* $\underline{r}_2$. *Ambos vectores se introducen posteriormente en el vector de desplazamiento* $\underline{r}$ *considerando la permutación de filas y columnas realizada en la matriz* $\underline{K}$: $\underline{r}_1$ *corresponde a los grados de libertad 2, 3, 4, 5 y 6, mientras que* $\underline{r}_2$ *a los grados de libertad restantes (1, 7, 8, 9, 10 y 11).*

El vector de desplazamientos $\underline{r}$ *obtenido coincide con el de los Ejemplos 6.1 y 6.6. Por lo tanto el posterior cálculo de las fuerzas nodales es idéntico al del Ejemplo 6.6.*

Ejemplo 6.20

Condensar la matriz de rigidez de la estructura del Ejemplo 6.3 a los grados de libertad cargados y calcular los desplazamientos $\underline{r}_1$, $\underline{r}_2$ *y* $\underline{r}$.

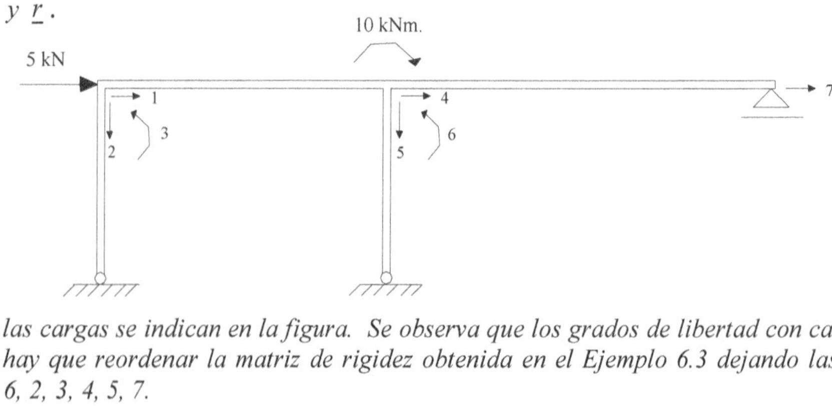

Los grados de libertad y las cargas se indican en la figura. Se observa que los grados de libertad con carga son el 1 y el 6, por lo tanto hay que reordenar la matriz de rigidez obtenida en el Ejemplo 6.3 dejando las filas y columnas en el orden: 1, 6, 2, 3, 4, 5, 7.

La matriz de rigidez original es la misma formada en el Ejemplo 6.3 por lo que ésta se lee desde un archivo externo $(EJ6-3)$ *mediante la instrucción READ.*

La entrada de datos del programa SMIS es la siguiente:

```
START
READ  EJ6-3
K
PRINT K                        1
 *** MATRIZ DE RIGIDEZ ORIGINAL ***
LOADLMPER                      1     7
     1     6     2     3     4     5     7
PRINT PER                      1     1
 *** PERMUTACION DE FILAS Y COLUMNAS ***
EXRC  K     PER   PER
RMVSM K     K11                1     1     2     2
RMVSM K     K21                3     1     5     2
RMVSM K     K22                3     3     5     5
INVERTK22
MULT  K22   K21   K211
SCALE K211                                        -1.
TRMULTK21   K211  K121
ADD   K11   K121
```

```
PRINT K11                                1
 *** MATRIZ DE RIGIDEZ CONDENSADA ***
LOAD  R1                                 2      1
  5.   -10.
PRINT R1                                 1
 *** VECTOR DE CARGAS R1 ***
SOLVE K11   R1
PRINT R1                                 1
 *** DESPLAZAMIENTOS r1 ***
MULT  K211  R1    R2
PRINT R2                                 1
 *** DESPLAZAMIENTOS r2 ***
ZERO  R                                  7      1
LOADLMINR1                               1      2
     1     6
PRINT INR1                               1      1
 *** COMPONENTES r1 ***
LOADLMINR2                               1      5
    2     3     4     5     7
PRINT INR2                               1      1
 *** COMPONENTES r2 ***
LOADLMIC                                 1      1
    1
MERGE R      R1    INR1  IC
MERGE R      R2    INR2  IC
PRINT R                                  1
 *** DESPLAZAMIENTOS NODALES r ***
STOP
```

El resultado del programa SMIS es:

```
 START

  SMIS (REV.2.0 - 25.04.2000 - DEPTO. OOCC - ULS)

  SMIS (FECHA DE EJECUCION :25/ 9/2000  )

  SMIS (HORA  DE EJECUCION :19: 7: 6    )

 READ   EJ6-3

 Nø DE MATRICES :  1  ARCHIVO EXTERNO : EJ6-3

  MATRICES : K

 PRINT  K

 *** MATRIZ DE RIGIDEZ ORIGINAL ***

             1           2           3           4           5           6
   1  0.2671E+02  0.0000E+00  0.2400E+00  -.2667E+02  0.0000E+00  0.0000E+00
   2  0.0000E+00  0.6003E+02  -.1067E+00  0.0000E+00  -.2844E-01  -.1067E+00
   3  0.2400E+00  -.1067E+00  0.1733E+01  0.0000E+00  0.1067E+00  0.2667E+00
   4  -.2667E+02  0.0000E+00  0.0000E+00  0.4671E+02  0.0000E+00  0.2400E+00
   5  0.0000E+00  -.2844E-01  0.1067E+00  0.0000E+00  0.6003E+02  0.7667E-01
   6  0.0000E+00  -.1067E+00  0.2667E+00  0.2400E+00  0.7667E-01  0.2033E+01
   7  0.0000E+00  0.0000E+00  0.0000E+00  -.2000E+02  0.0000E+00  0.0000E+00
             7
   1  0.0000E+00
   2  0.0000E+00
   3  0.0000E+00
   4  -.2000E+02
   5  0.0000E+00
   6  0.0000E+00
   7  0.2000E+02

 LOADLM PER
 NUMER.LINEAS:   1     NUM. COLUMNAS:   7

PRINT  PER
*** PERMUTACION DE FILAS Y COLUMNAS ***

          1     2     3     4     5     6     7
   1 *    1     6     2     3     4     5     7

 EXRC   K       PER    PER
```

```
RMVSM  K      K11
NUM.DE FILA :   1 NUM.DE COLUMNA:   1
    2 FILAS      2 COLUMNAS

RMVSM  K      K21
NUM.DE FILA :   3 NUM.DE COLUMNA:   1
    5 FILAS      2 COLUMNAS

RMVSM  K      K22
NUM.DE FILA :   3 NUM.DE COLUMNA:   3
    5 FILAS      5 COLUMNAS

INVERT K22
SKALAR =   0.6002845E-04

MULT   K22    K21    K211

SCALE  K211
 SCALAR = -0.1000000E+01

TRMULT K21    K211   K121

ADD    K11    K121

PRINT  K11

*** MATRIZ DE RIGIDEZ CONDENSADA ***

           1          2
  1  0.6268E-01  0.2027E+00
  2  0.2027E+00  0.1990E+01

LOAD   R1
NUMER.LINEAS:   2    NUM. COLUMNAS:   1
 PRINT  R1

*** VECTOR DE CARGAS R1 ***

           1
  1  0.5000E+01
  2  -.1000E+02

SOLVE  K11    R1
SKALAR =   0.6267929E-07

PRINT  R1

*** DESPLAZAMIENTOS r1 ***

           1
  1  0.1432E+03
  2  -.1961E+02

MULT   K211   R1     R2

PRINT  R2

*** DESPLAZAMIENTOS r2 ***

           1
  1  -.6470E-01
  2  -.1682E+02
  3  0.1431E+03
  4  0.5489E-01
  5  0.1431E+03

ZERO   R
    7 LINEAS     1 COLUMNAS

LOADLM INR1
NUMER.LINEAS:   1    NUM. COLUMNAS:   2

PRINT  INR1

*** COMPONENTES r1 ***

          1     2
  1 *     1     6
```

```
 LOADLM INR2
 NUMER.LINEAS:   1    NUM. COLUMNAS:   5

 PRINT  INR2

 *** COMPONENTES r2 ***

          1     2     3     4     5
   1 *    2     3     4     5     7

LOADLM IC
 NUMER.LINEAS:   1    NUM. COLUMNAS:   1

 MERGE  R      R1      INR1   IC
     2 FILAS      1 COLUMNAS
   FILAS    1   6
 COLUMNAS   1

 MERGE  R      R2      INR2   IC
     5 FILAS      1 COLUMNAS
   FILAS    2   3   4   5   7
 COLUMNAS   1

 PRINT  R
*** DESPLAZAMIENTOS NODALES r ***
            1
   1  0.1432E+03
   2  -.6470E-01
   3  -.1682E+02
   4  0.1431E+03
   5  0.5489E-01
   6  -.1961E+02
   7  0.1431E+03

 STOP
```

Se observa que la matriz original $(7x7)$ *queda condensada los grados de libertad 1 y 6* $(2x2)$. *Con el vector de cargas* $R_1 = \begin{bmatrix} 5 \\ -10 \end{bmatrix}$ *se obtienen los desplazamientos* $\underline{r}_1 = \dfrac{1}{EI}\begin{bmatrix} 143.2 \\ -19.61 \end{bmatrix}$

Mediante la operación (6.27) se calculan los desplazamientos $\underline{r}_2$. *Si se introducen estos vectores* $\underline{r}_1$ *y* $\underline{r}_2$ *en un vector* $\underline{r}$ *de acuerdo al orden 1, 6 y 2, 3, 4, 5, 7 respectivamente, se obtiene el mismo resultado del Ejemplo 6.3.*

6.6.- Simetría y Antimetría

Otra forma de reducir el tamaño del sistema de ecuaciones a resolver para calcular una estructura, es aprovechar su **simetría**, si es que la posee.

Si una estructura plana es simétrica, esto es posee un eje de simetría, cualquier estado de cargas puede descomponerse en un estado de cargas simétrico más un estado de cargas antimétrico (Fig. 6.4)

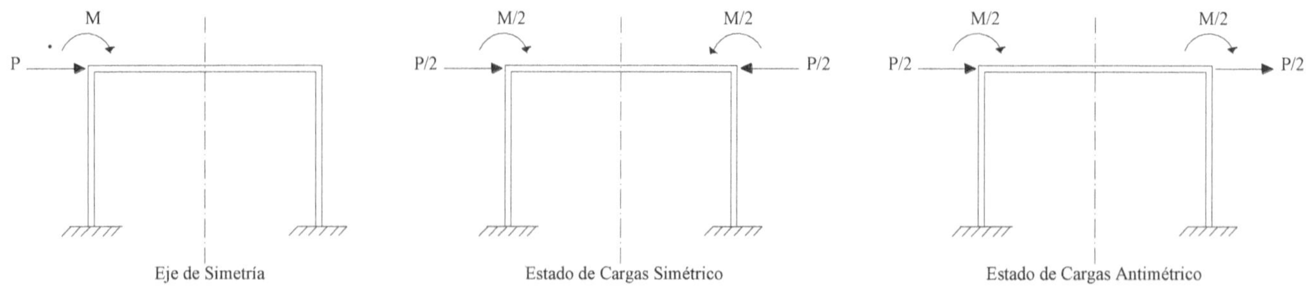

FIGURA 6.4. Descomposición de un estado de cargas

La ventaja de realizar la descomposición indicada es el hecho de que la estructura simétrica bajo un estado de cargas simétrico se deforma de manera simétrica con respecto al eje de simetría. Del mismo modo la estructura simétrica bajo un estado de carga antimétrico se deforma de manera antimétrica con respecto al eje de simetría. Este comportamiento se muestra en la Figura 6.5.

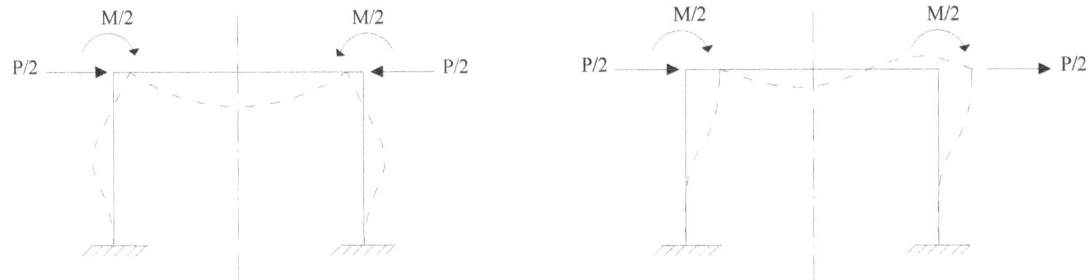

FIGURA 6.5.- Deformaciones bajo cargas simétricas y antimétricas

Debido al comportamiento de la deformación con respecto al eje simetría se deduce el comportamiento de los esfuerzos internos con respecto a dicho eje:

a) Bajo un estado de carga simétrico el esfuerzo normal y el momento flector son simétricos mientras que el esfuerzo de corte es antimétrico.
b) Bajo un estado de carga antimétrico el esfuerzo normal y el momento flector son antimétricos mientras que el esfuerzo de corte es simétrico.

Del comportamiento a) se deduce que:

c) Bajo un estado de carga simétrico, en los puntos de intersección de la estructura con el eje de simetría los esfuerzos en la dirección de dicho eje son cero.

Del comportamiento b) se deduce que:

d) Bajo un estado de carga antimétrico, en los puntos de intersección de la estructura con el eje de simetría los esfuerzos perpendiculares a dicho eje y los momentos flectores son cero.

Debido a lo indicado anteriormente, en el caso de una estructura simétrica es posible dividir la estructura en 2 partes iguales y se calcula solo una de ellas, colocando apoyos en el eje de simetría que respeten c) o d) según sea el caso. Posteriormente, los esfuerzos de la otra parte se determinan considerando lo indicado en a) para el caso simétrico o b) para el caso antimétrico (ver Fig 6.6).

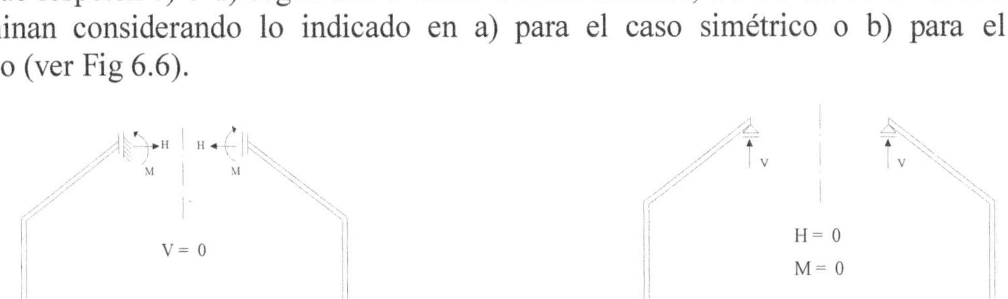

FIGURA 6.6. Descomposición de una estructura simétrica en 2 partes

Si en el eje de simetría existe un elemento considerando lo indicado en a) y b), dicho elemento sólo puede asumir determinados esfuerzos: para el caso simétrico sólo puede tener esfuerzo axial y para el caso antimétrico sólo puede tener esfuerzo de corte y momento flector. Además las propiedades de la sección de dicho elemento (área y momento de inercia) son sólo la mitad de los valores de la sección del elemento completo (Figura 6.7).

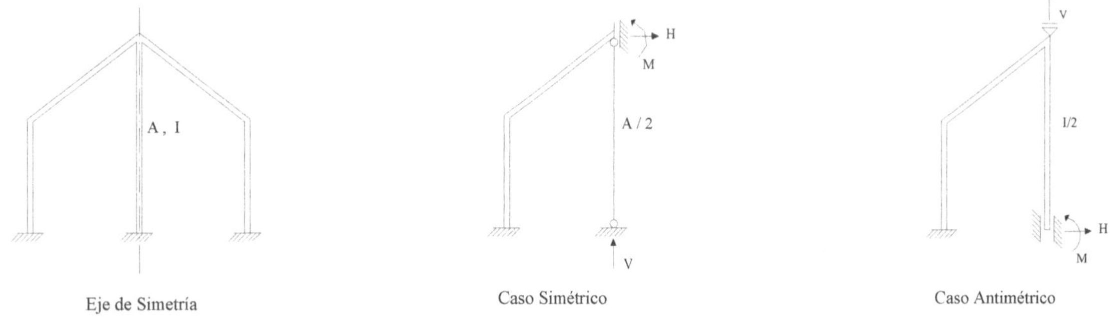

FIGURA 6.7. Descomposición de una estructura simétrica con elemento en el eje de simetría

Ejemplo 6.21

Calcular la estructura de los Ejemplos 6.1 y 6.6 aprovechando la simetría de la estructura. Comparar los resultados con los del Ejemplo 6.6.

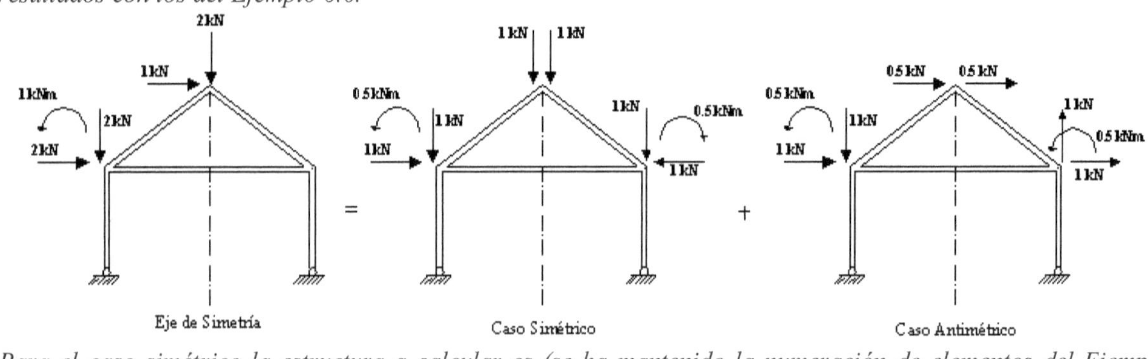

Para el caso simétrico la estructura a calcular es (se ha mantenido la numeración de elementos del Ejemplo 6.6):

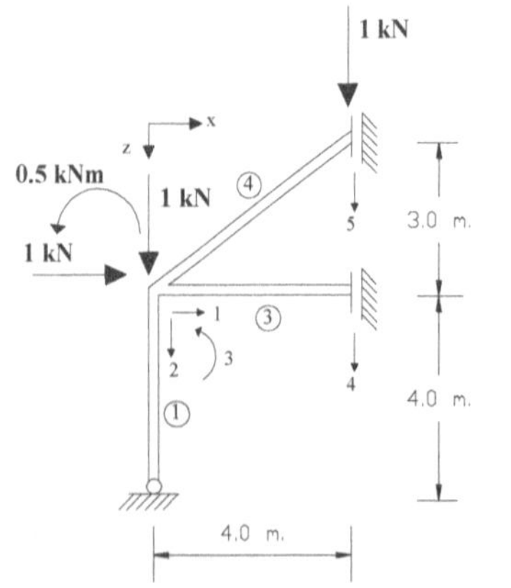

EI = 5000 kNm²
EA = 10⁶ kN

La tabla de incidencia en término de grados de libertad es (suponiendo el elemento ① con rótula en extremo)

Elemento	Grados de libertad					
	1	2	3	4	5	6
①	0	0	0	1	2	3
③	1	2	3	0	4	0
④	1	2	3	0	5	0

Para el caso antimétrico la estructura a calcular es:

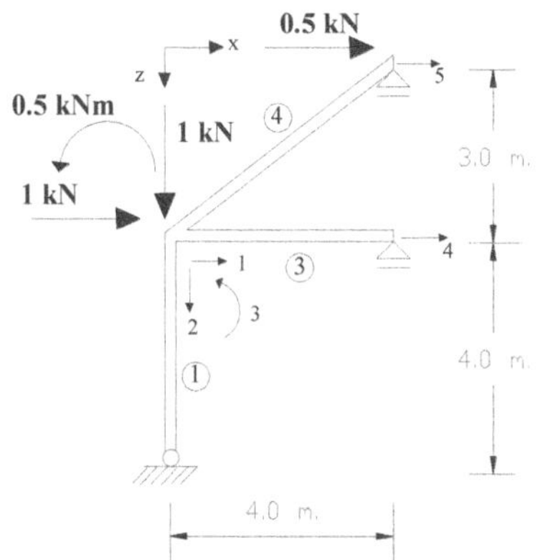

EI = 5000 kNm²
EA = 10⁶ kN

Usando elementos con rótula en su extremo izquierdo para el elemento ① y con rótula en su extremo derecho para los elementos ② y ③, la tabla de incidencia en término de grados de libertad es:

Elemento	Grados de libertad					
	1	2	3	4	5	6
①	0	0	0	1	2	3
③	1	2	3	4	0	0
④	1	2	3	5	0	0

Ambos casos se calcularán con el programa SMIS y se suman los esfuerzos que se obtienen en ambos casos para los elementos ①, ③ y ④. La entrada de datos es la siguiente:

```
START
REMARK                             3
 ****************************************
 *******  CASO SIMETRICO  ***************
 ****************************************
FORMKRK1                           6
   5.                     1000.      1000.
   0.         7.          0.         3.                    4.
PRINT K1                           1
 *** MATRIZ DE RIGIDEZ DEL ELEMENTO 1 ***
FORMKDK3                           6
   5.                     1000.      1000.
   0.         3.          4.         3.
PRINT K3                           1
 *** MATRIZ DE RIGIDEZ DEL ELEMENTO 3 ***
FORMKDK4                           6
   5.                     1000.      1000.
   0.         3.          4.         0.
PRINT K4                           1
 *** MATRIZ DE RIGIDEZ DEL ELEMENTO 4 ***
LOADLMIN      (6I6)                3     6
     0     0     0     1     2     3
     1     2     3     0     4     0
```

```
     1     2     3     0     5     0
PRINT IN                         2     1
 *** TABLA DE INCIDENCIA (grados de libertad) ***
         ***  CASO SIMETRICO  ***
ZERO  K                          5     5
ADDSTFK     K1    IN             1     1
ADDSTFK     K3    IN             2     1
ADDSTFK     K4    IN             3     1
PRINT K                          2
 *** MATRIZ DE RIGIDEZ DE LA ESTRUCTURA ***
         ***  CASO SIMETRICO  ***
LOAD  R                          5     1
  1.   1.   .5          1.
PRINT R                          1
 *** VECTOR DE CARGAS ***
SOLVE K     R
PRINT R                          2
 *** DESPLAZAMIENTOS NODALES DE LA ESTRUCTURA r ***
              *** CASO SIMETRICO ***
FORCEMK1    IN    R     S1S      1     1
FORCEMK3    IN    R     S3S      2     1
FORCEMK4    IN    R     S4S      3     1
PRINT S1S                        1
 *** ESFUERZOS ELEMENTO 1 CASO SIMETRICO ***
PRINT S3S                        1
 *** ESFUERZOS ELEMENTO 3 CASO SIMETRICO ***
PRINT S4S                        1
 *** ESFUERZOS ELEMENTO 4 CASO SIMETRICO ***
REMARK                           3
 ****************************************
 *******  CASO ANTIMETRICO  *************
 ****************************************
FORMKRK3                         6
  5.                    1000.      1000.
  0.          3.        4.         3.          4.
PRINT K3                         1
 *** MATRIZ DE RIGIDEZ DEL ELEMENTO 3 ***
FORMKRK4                         6
  5.                    1000.      1000.
  0.          3.        4.         0.          5.
PRINT K4                         1
 *** MATRIZ DE RIGIDEZ DEL ELEMENTO 4 ***
LOADLMIN    (6I6)                3     6
     0     0     0     1     2     3
     1     2     3     4     0     0
     1     2     3     5     0     0
PRINT IN                         2     1
 *** TABLA DE INCIDENCIA (grados de libertad) ***
         ***  CASO ANTIMETRICO  ***
ZERO  K                          5     5
ADDSTFK     K1    IN             1     1
ADDSTFK     K3    IN             2     1
ADDSTFK     K4    IN             3     1
PRINT K                          2
 *** MATRIZ DE RIGIDEZ DE LA ESTRUCTURA ***
         ***  CASO ANTIMETRICO  ***
LOAD  R                          5     1
  1.   1.   .5          .5
PRINT R                          1
 *** VECTOR DE CARGAS ***
SOLVE K     R
PRINT R                          2
 *** DESPLAZAMIENTOS NODALES DE LA ESTRUCTURA r ***
              *** CASO ANTIMETRICO ***
FORCEMK1    IN    R     S1A      1     1
FORCEMK3    IN    R     S3A      2     1
FORCEMK4    IN    R     S4A      3     1
PRINT S1A                        1
 *** ESFUERZOS ELEMENTO 1 CASO ANTIMETRICO ***
PRINT S3A                        1
 *** ESFUERZOS ELEMENTO 3 CASO ANTIMETRICO ***
PRINT S4A                        1
 *** ESFUERZOS ELEMENTO 4 CASO ANTIMETRICO ***
ADD   S1S   S1A
ADD   S3S   S3A
ADD   S4S   S4A
PRINT S1S                        1
 *** ESFUERZOS ELEMENTO 1 (suma simetrico y antimetrico) ***
```

```
PRINT S3S                                1
 *** ESFUERZOS ELEMENTO 3 (suma simetrico y antimetrico) ***
PRINT S4S                                1
 *** ESFUERZOS ELEMENTO 4 (suma simetrico y antimetrico) ***
STOP
```

Los resultados que se obtienen con el programa SMIS son:

```
START

  SMIS (REV.3.0 - 02.01.2001 - DEPTO. OOCC - ULS)

  SMIS (FECHA DE EJECUCION :17/ 4/2019  )

  SMIS (HORA  DE EJECUCION :16:25:36    )

 REMARK
 ****************************************
 *******  CASO SIMETRICO  ****************
 ****************************************

 FORMKR K1

 *** ELEMENTO DE VIGA CON ROTULA ***
  TYPE = 6      NUMBER =  1
0  I =   0.5000E+01    SHEAR AREA =   0.0000E+00
   L =   0.4000E+01             E =   0.1000E+04
  NU =   0.0000E+00
0              CROSS-SECTIONAL AREA =  0.1000E+04
0 X1 =   0.0000E+00            Y1 =   0.7000E+01
  X2 =   0.0000E+00            Y2 =   0.3000E+01
  A  =   0.0000E+00             B =   0.4000E+01

 PRINT  K1

 *** MATRIZ DE RIGIDEZ DEL ELEMENTO 1 ***

          1           2           3           4           5           6
  1  0.2344E+03  -.0000E+00  -.0000E+00  -.2344E+03  0.0000E+00  -.9375E+03
  2  -.0000E+00  0.2500E+06  -.0000E+00  0.0000E+00  -.2500E+06  -.0000E+00
  3  -.0000E+00  -.0000E+00  0.0000E+00  0.0000E+00  0.0000E+00  0.0000E+00
  4  -.2344E+03  0.0000E+00  0.0000E+00  0.2344E+03  -.0000E+00  0.9375E+03
  5  0.0000E+00  -.2500E+06  0.0000E+00  -.0000E+00  0.2500E+06  0.0000E+00
  6  -.9375E+03  -.0000E+00  0.0000E+00  0.9375E+03  0.0000E+00  0.3750E+04

 FORMKD K3
  TYPE = 6      NUMBER =  1
0  I =   0.5000E+01    SHEAR AREA =   0.0000E+00
   L =   0.4000E+01             E =   0.1000E+04
  NU =   0.0000E+00
0              CROSS-SECTIONAL AREA =  0.1000E+04
0 X1 =   0.0000E+00            Y1 =   0.3000E+01
  X2 =   0.4000E+01            Y2 =   0.3000E+01
  A  =   0.0000E+00             B =   0.0000E+00

 PRINT  K3

 *** MATRIZ DE RIGIDEZ DEL ELEMENTO 3 ***

          1           2           3           4           5           6
  1  0.2500E+06  0.0000E+00  0.0000E+00  -.2500E+06  -.0000E+00  0.0000E+00
  2  0.0000E+00  0.9375E+03  -.1875E+04  -.0000E+00  -.9375E+03  -.1875E+04
  3  0.0000E+00  -.1875E+04  0.5000E+04  -.0000E+00  0.1875E+04  0.2500E+04
  4  -.2500E+06  -.0000E+00  -.0000E+00  0.2500E+06  0.0000E+00  -.0000E+00
  5  -.0000E+00  -.9375E+03  0.1875E+04  0.0000E+00  0.9375E+03  0.1875E+04
  6  0.0000E+00  -.1875E+04  0.2500E+04  -.0000E+00  0.1875E+04  0.5000E+04

 FORMKD K4
  TYPE = 6      NUMBER =  1
0  I =   0.5000E+01    SHEAR AREA =   0.0000E+00
   L =   0.5000E+01             E =   0.1000E+04
  NU =   0.0000E+00
0              CROSS-SECTIONAL AREA =  0.1000E+04
0 X1 =   0.0000E+00            Y1 =   0.3000E+01
  X2 =   0.4000E+01            Y2 =   0.0000E+00
  A  =   0.0000E+00             B =   0.0000E+00
```

```
PRINT  K4
*** MATRIZ DE RIGIDEZ DEL ELEMENTO 4 ***

           1           2           3           4           5           6
  1  0.1282E+06  -.9577E+05  -.7200E+03  -.1282E+06  0.9577E+05  -.7200E+03
  2  -.9577E+05  0.7231E+05  -.9600E+03  0.9577E+05  -.7231E+05  -.9600E+03
  3  -.7200E+03  -.9600E+03  0.4000E+04  0.7200E+03  0.9600E+03  0.2000E+04
  4  -.1282E+06  0.9577E+05  0.7200E+03  0.1282E+06  -.9577E+05  0.7200E+03
  5  0.9577E+05  -.7231E+05  0.9600E+03  -.9577E+05  0.7231E+05  0.9600E+03
  6  -.7200E+03  -.9600E+03  0.2000E+04  0.7200E+03  0.9600E+03  0.4000E+04

LOADLM IN     (6I6)
NUMER.LINEAS:   3    NUM. COLUMNAS:   6

PRINT  IN
*** TABLA DE INCIDENCIA (grados de libertad) ***
        ***  CASO SIMETRICO  ***

           1     2     3     4     5     6
  1 *      0     0     0     1     2     3
  2 *      1     2     3     0     4     0
  3 *      1     2     3     0     5     0

ZERO   K
    5 LINEAS     5 COLUMNAS

ADDSTF K      K1     IN
OPRIMERA LINEA :    1
 NUM. DE LINEAS:    1

ADDSTF K      K3     IN
OPRIMERA LINEA :    2
 NUM. DE LINEAS:    1

ADDSTF K      K4     IN
OPRIMERA LINEA :    3
 NUM. DE LINEAS:    1

PRINT  K
*** MATRIZ DE RIGIDEZ DE LA ESTRUCTURA ***
        ***  CASO SIMETRICO  ***

           1           2           3           4           5
  1  0.3784E+06  -.9577E+05  0.2175E+03  0.0000E+00  0.9577E+05
  2  -.9577E+05  0.3232E+06  -.2835E+04  -.9375E+03  -.7231E+05
  3  0.2175E+03  -.2835E+04  0.1275E+05  0.1875E+04  0.9600E+03
  4  0.0000E+00  -.9375E+03  0.1875E+04  0.9375E+03  0.0000E+00
  5  0.9577E+05  -.7231E+05  0.9600E+03  0.0000E+00  0.7231E+05

LOAD   R
NUMER.LINEAS:   5    NUM. COLUMNAS:   1

PRINT  R
*** VECTOR DE CARGAS ***

           1
  1  0.1000E+01
  2  0.1000E+01
  3  0.5000E+00
  4  0.0000E+00
  5  0.1000E+01

SOLVE  K       R
SKALAR =    0.3784072E+00

PRINT  R

*** DESPLAZAMIENTOS NODALES DE LA ESTRUCTURA r ***
             *** CASO SIMETRICO ***

           1
  1  -.1063E-05
  2  0.8000E-05
  3  0.5403E-04
  4  -.1001E-03
  5  0.2252E-04

FORCEM K1      IN       R       S1S
```

```
FORCEM K3     IN      R      S3S

FORCEM K4     IN      R      S4S

PRINT  S1S

*** ESFUERZOS ELEMENTO 1 CASO SIMETRICO ***

           1
  1  -.5041E-01
  2  -.2000E+01
  3  0.0000E+00
  4  0.5041E-01
  5  0.2000E+01
  6  0.2016E+00

PRINT  S3S

*** ESFUERZOS ELEMENTO 3 CASO SIMETRICO ***

           1
  1  -.2659E+00
  2  -.8276E-08
  3  0.6754E-01
  4  0.2659E+00
  5  0.8276E-08
  6  -.6754E-01

PRINT  S4S

*** ESFUERZOS ELEMENTO 4 CASO SIMETRICO ***

           1
  1  0.1215E+01
  2  -.1000E+01
  3  0.2308E+00
  4  -.1215E+01
  5  0.1000E+01
  6  0.1228E+00

REMARK
*****************************************
*******  CASO ANTIMETRICO  **************
*****************************************

FORMKR K3

*** ELEMENTO DE VIGA CON ROTULA ***
 TYPE = 6      NUMBER =  1
0  I =   0.5000E+01    SHEAR AREA =   0.0000E+00
   L =   0.4000E+01             E =   0.1000E+04
  NU =   0.0000E+00
0            CROSS-SECTIONAL AREA =   0.1000E+04
0 X1 =   0.0000E+00            Y1 =   0.3000E+01
  X2 =   0.4000E+01            Y2 =   0.3000E+01
  A  =   0.4000E+01             B =   0.0000E+00

PRINT  K3

*** MATRIZ DE RIGIDEZ DEL ELEMENTO 3 ***

           1           2           3           4           5           6
  1  0.2500E+06  0.0000E+00  0.0000E+00  -.2500E+06  -.0000E+00  0.0000E+00
  2  0.0000E+00  0.2344E+03  -.9375E+03  -.0000E+00  -.2344E+03  -.0000E+00
  3  0.0000E+00  -.9375E+03  0.3750E+04  -.0000E+00  0.9375E+03  0.0000E+00
  4  -.2500E+06  -.0000E+00  -.0000E+00  0.2500E+06  0.0000E+00  -.0000E+00
  5  -.0000E+00  -.2344E+03  0.9375E+03  0.0000E+00  0.2344E+03  0.0000E+00
  6  0.0000E+00  -.0000E+00  0.0000E+00  -.0000E+00  0.0000E+00  0.0000E+00

FORMKR K4

*** ELEMENTO DE VIGA CON ROTULA ***
 TYPE = 6      NUMBER =  1
0  I =   0.5000E+01    SHEAR AREA =   0.0000E+00
   L =   0.5000E+01             E =   0.1000E+04
  NU =   0.0000E+00
0            CROSS-SECTIONAL AREA =   0.1000E+04
```

```
0 X1 =    0.0000E+00           Y1 =    0.3000E+01
  X2 =    0.4000E+01           Y2 =    0.0000E+00
  A  =    0.5000E+01           B  =    0.0000E+00

 PRINT  K4
 *** MATRIZ DE RIGIDEZ DEL ELEMENTO 4 ***

           1            2            3            4            5            6
   1  0.1280E+06  -.9594E+05  -.3600E+03  -.1280E+06  0.9594E+05  -.0000E+00
   2  -.9594E+05  0.7208E+05  -.4800E+03  0.9594E+05  -.7208E+05  -.0000E+00
   3  -.3600E+03  -.4800E+03  0.3000E+04  0.3600E+03  0.4800E+03  0.0000E+00
   4  -.1280E+06  0.9594E+05  0.3600E+03  0.1280E+06  -.9594E+05  0.0000E+00
   5  0.9594E+05  -.7208E+05  0.4800E+03  -.9594E+05  0.7208E+05  0.0000E+00
   6  -.0000E+00  -.0000E+00  0.0000E+00  0.0000E+00  0.0000E+00  0.0000E+00

 LOADLM IN      (6I6)
 NUMER.LINEAS:   3    NUM. COLUMNAS:   6

 PRINT  IN

 *** TABLA DE INCIDENCIA (grados de libertad) ***
         ***  CASO ANTIMETRICO  ***
           1     2     3     4     5     6
   1 *     0     0     0     1     2     3
   2 *     1     2     3     4     0     0
   3 *     1     2     3     5     0     0

 ZERO   K
     5 LINEAS      5 COLUMNAS

 ADDSTF K        K1       IN
0PRIMERA LINEA :    1
 NUM. DE LINEAS:    1

 ADDSTF K        K3       IN
0PRIMERA LINEA :    2
 NUM. DE LINEAS:    1

 ADDSTF K        K4       IN
0PRIMERA LINEA :    3
 NUM. DE LINEAS:    1

 PRINT  K
 *** MATRIZ DE RIGIDEZ DE LA ESTRUCTURA ***
         ***  CASO ANTIMETRICO  ***

            1            2            3            4            5
   1  0.3783E+06  -.9594E+05  0.5775E+03  -.2500E+06  -.1280E+06
   2  -.9594E+05  0.3223E+06  -.1417E+04  0.0000E+00  0.9594E+05
   3  0.5775E+03  -.1417E+04  0.1050E+05  0.0000E+00  0.3600E+03
   4  -.2500E+06  0.0000E+00  0.0000E+00  0.2500E+06  0.0000E+00
   5  -.1280E+06  0.9594E+05  0.3600E+03  0.0000E+00  0.1280E+06

 LOAD   R
 NUMER.LINEAS:   5    NUM. COLUMNAS:   1

 PRINT  R
 *** VECTOR DE CARGAS ***

            1
   1  0.1000E+01
   2  0.1000E+01
   3  0.5000E+00
   4  0.0000E+00
   5  0.5000E+00

 SOLVE  K       R
 SKALAR =    0.3782776E+00

 PRINT  R
 *** DESPLAZAMIENTOS NODALES DE LA ESTRUCTURA r ***
              *** CASO ANTIMETRICO ***
            1
   1  0.9665E-02
   2  -.3000E-05
   3  -.8160E-03
   4  0.9665E-02
   5  0.9673E-02
```

```
FORCEM K1      IN      R      S1A
FORCEM K3      IN      R      S3A
FORCEM K4      IN      R      S4A

PRINT  S1A

*** ESFUERZOS ELEMENTO 1 CASO ANTIMETRICO ***
          1
  1  -.1500E+01
  2  0.7501E+00
  3  0.0000E+00
  4  0.1500E+01
  5  -.7501E+00
  6  0.6001E+01
PRINT  S3A

*** ESFUERZOS ELEMENTO 3 CASO ANTIMETRICO ***

          1
  1  -.1068E-03
  2  0.7643E+00
  3  -.3057E+01
  4  0.1068E-03
  5  -.7643E+00
  6  0.0000E+00

PRINT  S4A
*** ESFUERZOS ELEMENTO 4 CASO ANTIMETRICO ***

          1
  1  -.5000E+00
  2  0.9858E+00
  3  -.2443E+01
  4  0.5000E+00
  5  -.9858E+00
  6  0.0000E+00

ADD    S1S    S1A

ADD    S3S    S3A

ADD    S4S    S4A

PRINT  S1S
*** ESFUERZOS ELEMENTO 1 (suma simetrico y antimetrico) ***

          1
  1  -.1551E+01
  2  -.1250E+01
  3  0.0000E+00
  4  0.1551E+01
  5  0.1250E+01
  6  0.6202E+01

PRINT  S3S
*** ESFUERZOS ELEMENTO 3 (suma simetrico y antimetrico) ***

          1
  1  -.2660E+00
  2  0.7643E+00
  3  -.2990E+01
  4  0.2660E+00
  5  -.7643E+00
  6  -.6754E-01

PRINT  S4S
*** ESFUERZOS ELEMENTO 4 (suma simetrico y antimetrico) ***

          1
  1  0.7154E+00
  2  -.1416E-01
  3  -.2213E+01
  4  -.7154E+00
  5  0.1416E-01
  6  0.1228E+00

STOP
```

Se observa que los resultados obtenidos de sumar los esfuerzos de los elementos ①, ③ y ④ para los casos simétricos y antimétrico coinciden con los resultados del Ejemplo 6.6 para dichos elementos. Nótese que para el elemento ③ sólo se pueden comparar los esfuerzos del extremo izquierdo. El extremo derecho de dicho elemento en el presente ejemplo corresponde al centro de dicho elemento en el Ejemplo 6.6.

Ejemplo 6.22

Resolver la estructura indicada aprovechando su simetría. Usando método de los ángulos de giro matricial (se desprecia la deformación axial de los elementos).

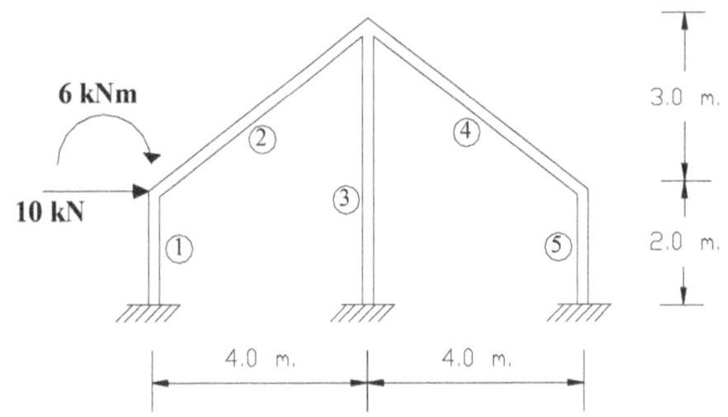

Todos los elementos tienen igual EI.

La descomposición en caso simétrico y antimétrico es:

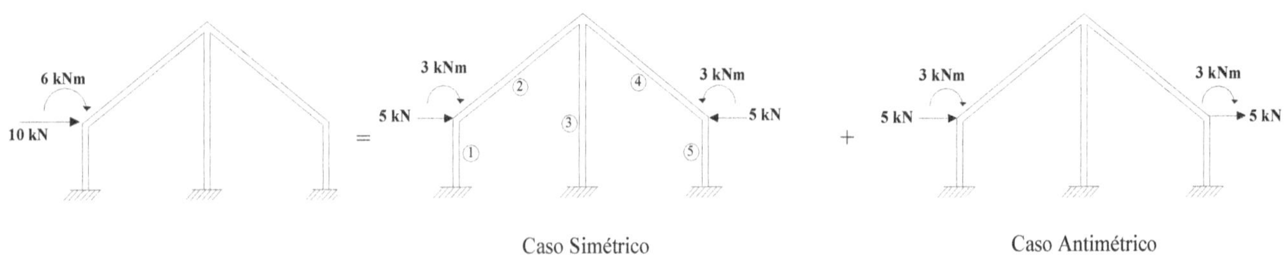

a) Caso Simétrico

Despreciar la deformación axial de los elementos (equivale suponer una sección con área infinita), el nudo 3 no

se puede desplazar verticalmente, por lo que queda empotrado y el elemento ③ desaparece del modelo. El nudo 2 tampoco puede desplazarse por lo que la única incógnita que queda es el giro θ_2 de dicho nudo. La matriz $\underline{a}$ queda:

$$\underbrace{\begin{bmatrix} \varphi_i^1 \\ \varphi_d^1 \\ \hdashline \varphi_i^2 \\ \varphi_d^2 \end{bmatrix}}_{\underline{v}} = \underbrace{\begin{bmatrix} 0 \\ 1 \\ \hdashline 1 \\ 0 \end{bmatrix}}_{\underline{a}} \underbrace{[\theta_2]}_{\underline{r}}$$

Las matrices $\underline{k}_r^j$ de los elementos son:

$$\underline{k}_r^1 = \frac{2EI}{2}\begin{bmatrix} 2 & 1 \\ 1 & 2 \end{bmatrix} \qquad \underline{k}_r^2 = \frac{2EI}{5}\begin{bmatrix} 2 & 1 \\ 1 & 2 \end{bmatrix}$$

El producto $\underline{a}^T\ \underline{k}_r\ \underline{a}$ queda:

$$\underline{k}_r = EI\begin{bmatrix} 2 & 1 & & \\ 1 & 2 & & \\ & & 4/5 & 2/5 \\ & & 2/5 & 4/5 \end{bmatrix} \begin{bmatrix} 0 \\ 1 \\ 1 \\ 0 \end{bmatrix} = \underline{a}$$

$$\underline{a}^T = [0 \quad 1 \quad 1 \quad 0] \underbrace{EI[1 \quad 2 \quad 4/5 \quad 2/5]}_{\underline{a}^T \underline{k}_r} \underbrace{EI\,[14/5]}_{\underline{K}=\underline{a}^T \underline{k}_r \underline{a}}$$

Con el vector de cargas $\underline{R} = [-3]$ el vector de desplazamientos $\underline{r}$ resulta:

$$\underline{r} = \frac{1}{EI}\left[-\frac{3\times 5}{14}\right] = \frac{1}{EI}\left[-\frac{15}{14}\right]$$

Los esfuerzos internos $\underline{F}$ (que corresponden a los momentos en los extremos de ambos elementos) se obtienen de $\underline{F} = \underline{k}_r \underline{a}\ \underline{r} = (\underline{a}^T\ \underline{k}_r)^T\ \underline{r}$:

$$\underline{F} = EI\begin{bmatrix} 1 \\ 2 \\ 4/5 \\ 2/5 \end{bmatrix} \frac{1}{EI}\left[-\frac{15}{14}\right] = \begin{bmatrix} -15/14 \\ -30/14 \\ -12/14 \\ -6/14 \end{bmatrix} = \begin{bmatrix} M_i^1 \\ M_d^1 \\ \hdashline M_i^2 \\ M_d^2 \end{bmatrix}$$

Los Esfuerzos de corte de los elementos son:

$$\underline{Q}^1 = \frac{-15/14 - 30/14}{2} = -45/28 \qquad Q^2 = \frac{-12/14 - 6/14}{5} = -18/70$$

Los esfuerzos axiales se obtienen del equilibrio de nudos:

Nudo 2

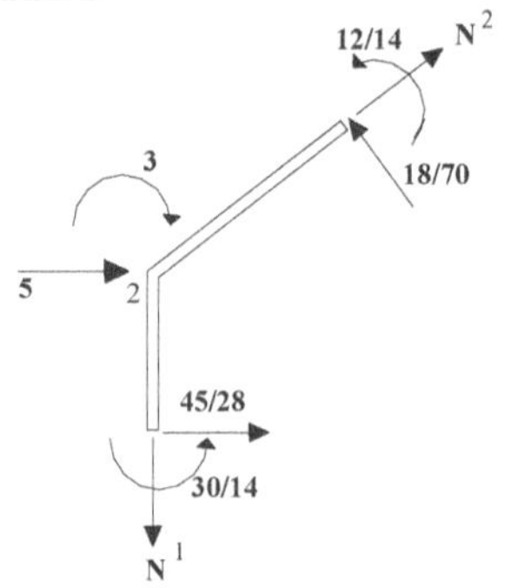

$$N^2 x0.8 = \frac{18}{70}0.6 - 5 - \frac{45}{28} \Rightarrow \underline{N^2 = -8.07}$$

$$N^1 = \frac{18}{70}x0.8 + N^2 x0.6 \Rightarrow \underline{N^1 = -4.63}$$

$$3 - \frac{12}{14} - \frac{30}{14} = 0$$

Nudo 3

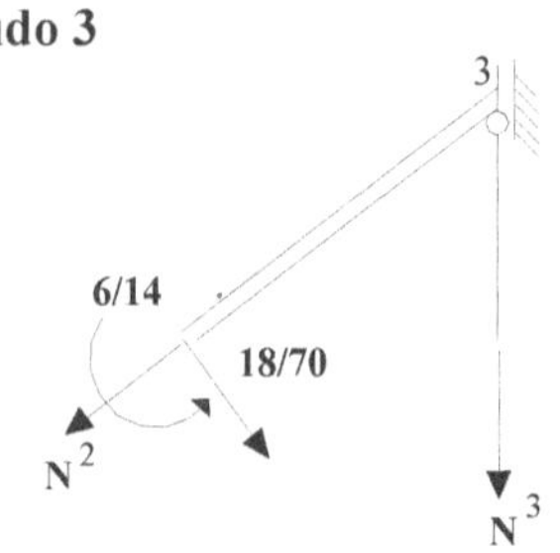

$$N^3 = -N^2 x0.6 - \frac{18}{70}x0.8 \Rightarrow \underline{N^3 = 4.63}$$

Los diagramas de esfuerzo son:

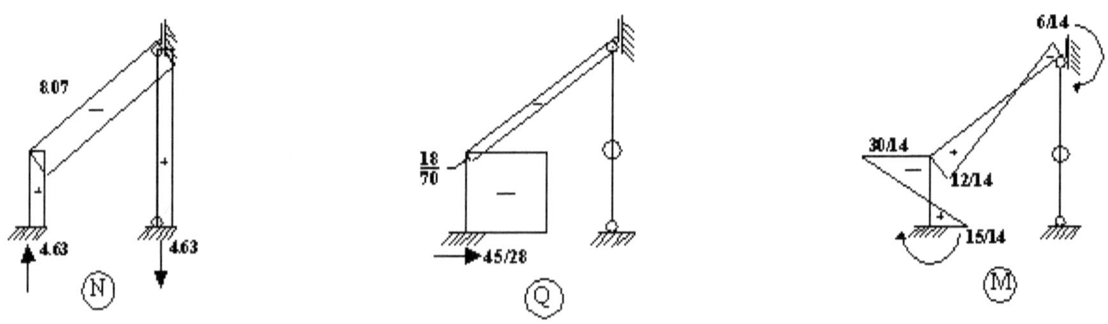

Por lo tanto los diagramas de esfuerzo de la estructura completa para el ***estado de carga simétrico*** *son:*

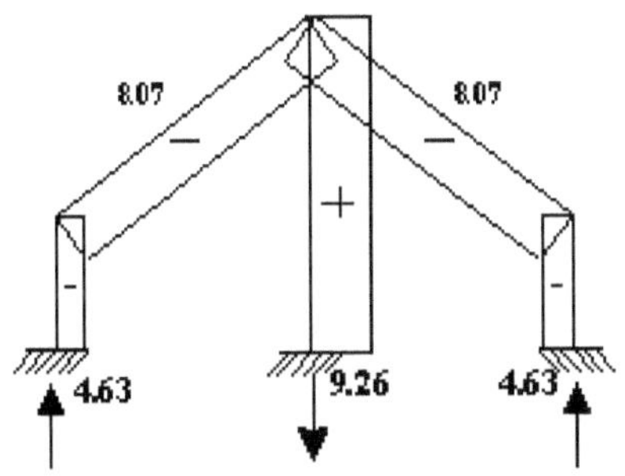

N Simétrico

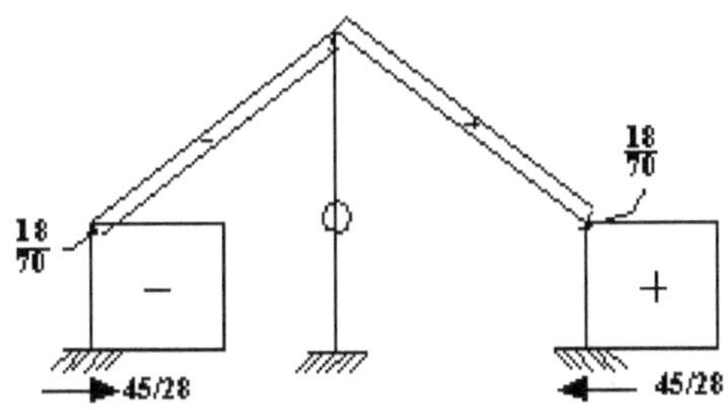

Q Simétrico

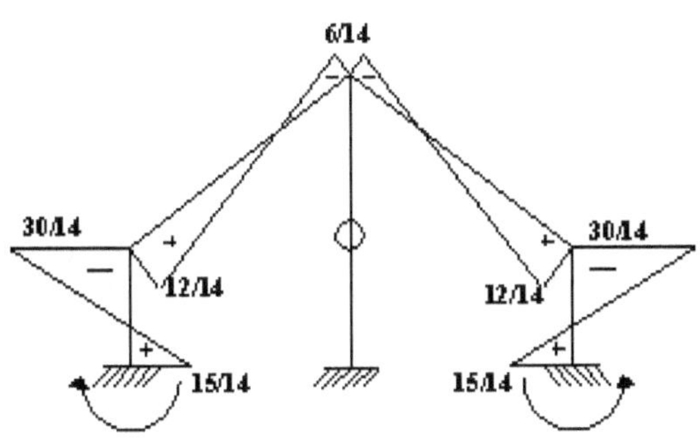

M Simétrico

b) Caso Antimétrico

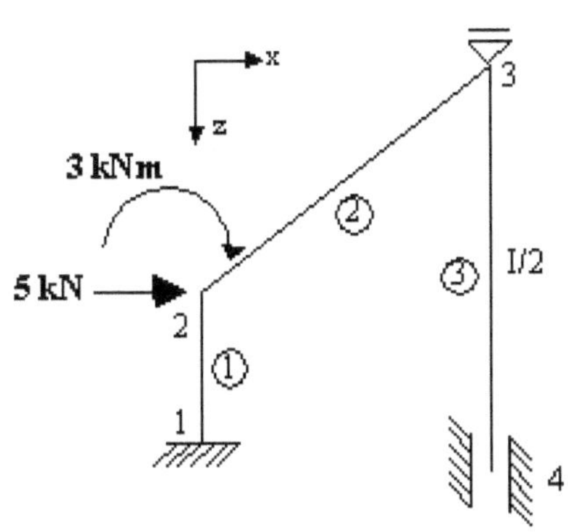

Al despreciar la deformación axial de los elementos, el nudo 4 no se puede desplazar. Por lo tanto además de los giros θ_2 y θ_3 solo existe un desplazamiento horizontal de los nudos 2 y 3. Haciendo $r_{2X} = 1$ con $\theta_2 = \theta_3 = 0$ la configuración deformada es:

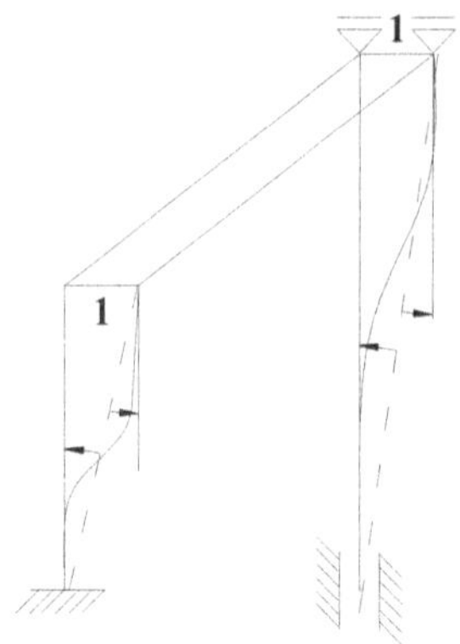

La matriz $\underline{a}$ se obtiene de la relación $\underline{v} = \underline{a}\ \underline{r}$:

$$\underbrace{\begin{bmatrix} \varphi_i^1 \\ \varphi_d^1 \\ \varphi_i^2 \\ \varphi_d^2 \\ \varphi_i^3 \\ \varphi_d^3 \end{bmatrix}}_{\underline{v}} = \underbrace{\begin{bmatrix} 1/2 & 0 & 0 \\ 1/2 & 1 & 0 \\ 0 & 1 & 0 \\ 0 & 0 & 1 \\ 1/5 & 0 & 1 \\ 1/5 & 0 & 0 \end{bmatrix}}_{\underline{a}} \underbrace{\begin{bmatrix} r_{2X} \\ \theta_2 \\ \theta_3 \end{bmatrix}}_{\underline{r}}$$

Las matrices $\underline{k}_r^j$ de los elementos son:

$$\underline{k}_r^1 = \frac{2EI}{2}\begin{bmatrix} 2 & 1 \\ 1 & 2 \end{bmatrix} \qquad \underline{k}_r^2 = \frac{2EI}{5}\begin{bmatrix} 2 & 1 \\ 1 & 2 \end{bmatrix} \qquad \underline{k}_r^3 = \frac{2EI}{10}\begin{bmatrix} 2 & 1 \\ 1 & 2 \end{bmatrix}$$

Haciendo el producto $\underline{a}^T\ \underline{k}_r\ \underline{a}$ se tiene:

$$\underline{k}_r = EI\begin{bmatrix} 2 & 1 & & & & \\ 1 & 2 & & & & \\ & & 4/5 & 2/5 & & \\ & & 2/5 & 4/5 & & \\ & & & & 4/10 & 2/10 \\ & & & & 2/10 & 4/10 \end{bmatrix} \begin{bmatrix} 1/2 & 0 & 0 \\ 1/2 & 1 & 0 \\ 0 & 1 & 0 \\ 0 & 0 & 1 \\ 1/5 & 0 & 1 \\ 1/5 & 0 & 0 \end{bmatrix} = \underline{a}$$

$$\underline{a}^T = \begin{bmatrix} 1/2 & 1/2 & 0 & 0 & 1/5 & 1/5 \\ 0 & 1 & 1 & 0 & 0 & 0 \\ 0 & 0 & 0 & 1 & 1 & 0 \end{bmatrix} \underbrace{EI\begin{bmatrix} 3/2 & 3/2 & 0 & 0 & 6/50 & 6/50 \\ 1 & 2 & 4/5 & 2/5 & 0 & 0 \\ 0 & 0 & 2/5 & 4/5 & 4/10 & 2/10 \end{bmatrix}}_{\underline{a}^T\underline{k}_r} \underbrace{EI\begin{bmatrix} 1.548 & 1.5 & 0.12 \\ & 2.8 & 0.4 \\ sim. & & 1.2 \end{bmatrix}}_{\underline{K}=\underline{a}^T\underline{k}_r\underline{a}}$$

Con el vector de cargas $\underline{R} = \begin{bmatrix} 5 \\ -3 \\ 0 \end{bmatrix}$ *el vector de desplazamientos resultante es:*

$$\underline{r} = \frac{1}{EI}\begin{bmatrix} 9.017 \\ -6.062 \\ 1.119 \end{bmatrix}$$

Los esfuerzos internos resultan de $\underline{F} = \underline{k}_r \underline{a}\ \underline{r} = (\underline{a}^T\ \underline{k}_r)^T \underline{r}$

$$\underline{F} = EI\begin{bmatrix} 3/2 & 1 & 0 \\ 3/2 & 2 & 0 \\ 0 & 4/5 & 2/5 \\ 0 & 2/5 & 4/5 \\ 6/50 & 0 & 4/10 \\ 6/50 & 0 & 2/10 \end{bmatrix} \frac{1}{EI}\begin{bmatrix} 9.017 \\ -6.062 \\ 1.119 \end{bmatrix} = \begin{bmatrix} 7.464 \\ 1.402 \\ -4.402 \\ -1.530 \\ 1.530 \\ 1.306 \end{bmatrix} = \begin{bmatrix} M_i^1 \\ M_d^1 \\ M_i^2 \\ M_d^2 \\ M_i^3 \\ M_d^3 \end{bmatrix}$$

Los esfuerzos de corte son:

$$\underline{Q}^1 = \frac{7.464 + 1.402}{2} = 4.43 \qquad \underline{Q}^2 = \frac{-4.402 - 1.53}{5} = -1.19$$

$$\underline{Q}^3 = \frac{1.53 + 1.306}{5} = 0.57$$

Los esfuerzos axiales se obtienen del equilibrio de los nudos:

Nudo 2

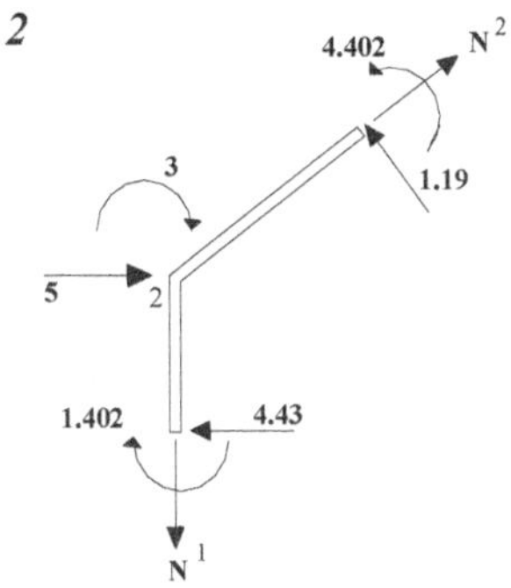

$$N^2 x0.8 = 1.19x0.6 + 4.43 - 5 \Rightarrow \underline{N^2 = 0.18}$$

$$N^1 = N^2 x0.6 + 1.19x0.8 \Rightarrow \underline{N^1 = 1.06}$$

$$1.402 + 3 - 4.402 = 0$$

Nudo 3

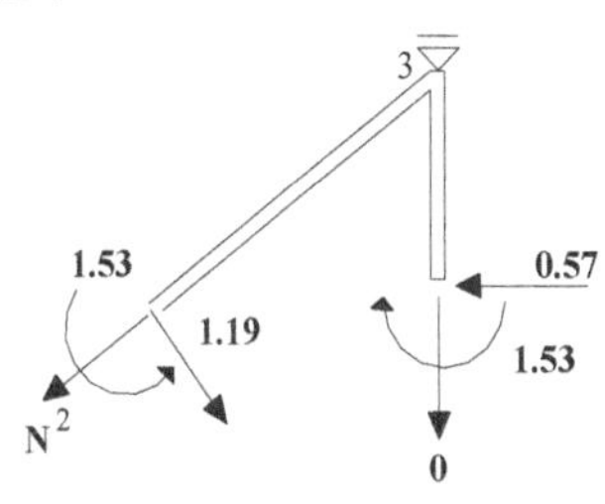

$$N^2 x0.8 + 0.57 - 1.19x0.6 = 0$$

$$1.53 - 1.53 = 0$$

Los diagramas de esfuerzo son:

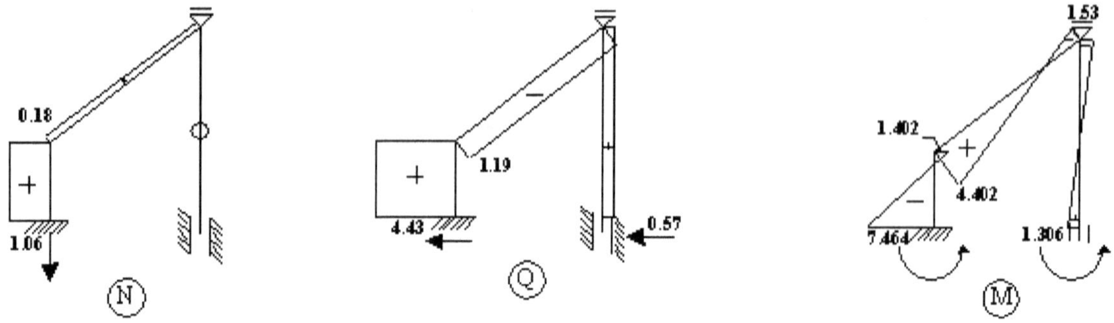

Por lo tanto los diagramas de esfuerzo de la estructura completa para el ***estado de carga antimétrico*** *son:*

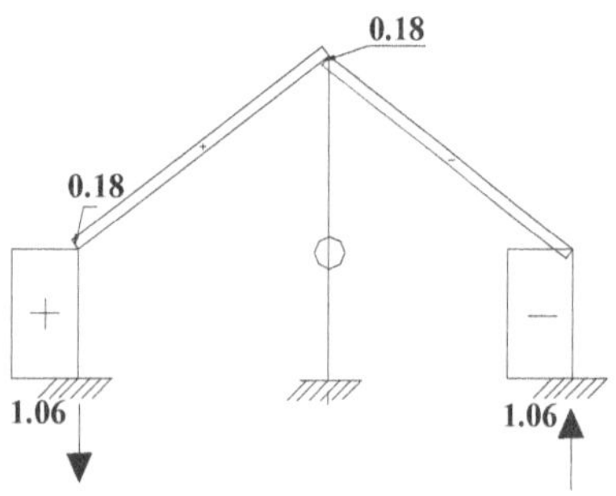

N Antimétrico

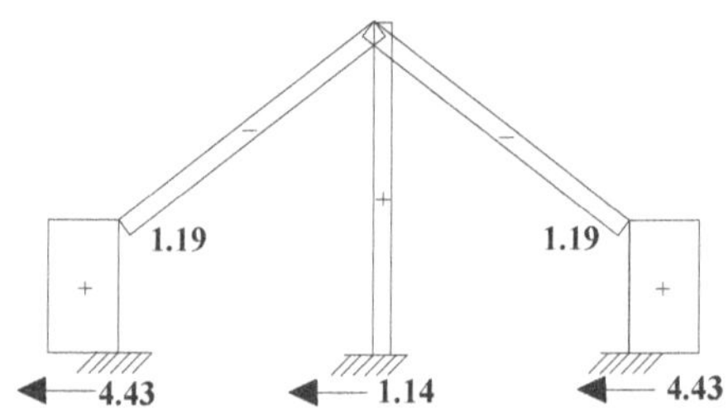

Q Antimétrico

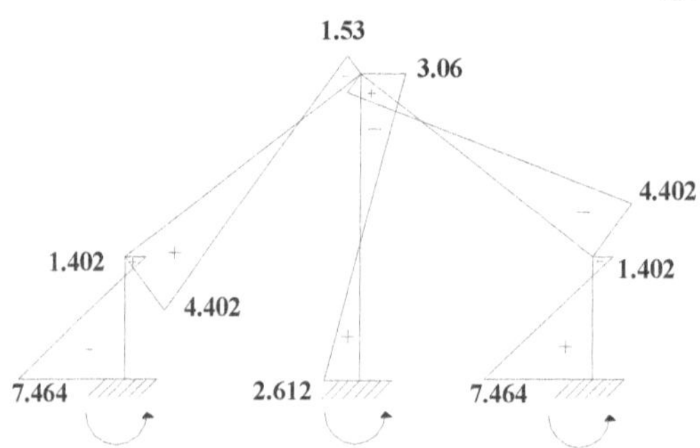

M Antimétrico

Los diagramas de esfuerzo para el estado de carga original se obtienen sumando los diagramas de los casos simétrico y antimétrico. El resultado es:

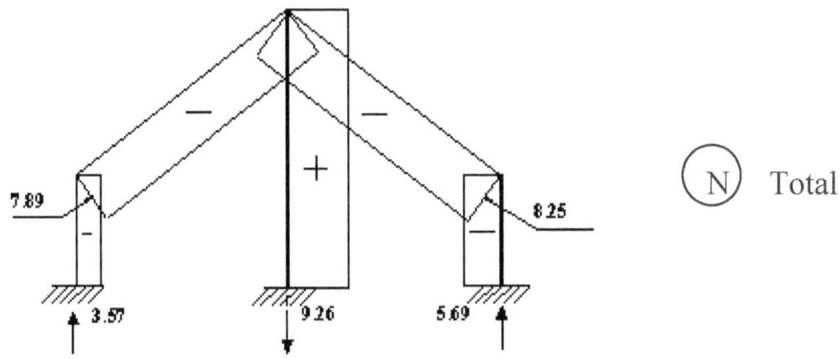

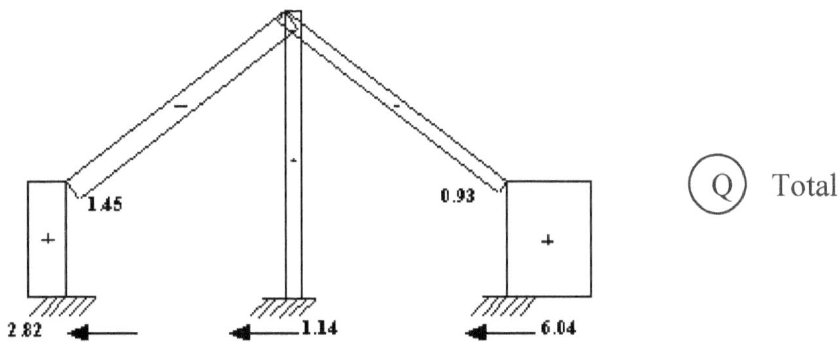

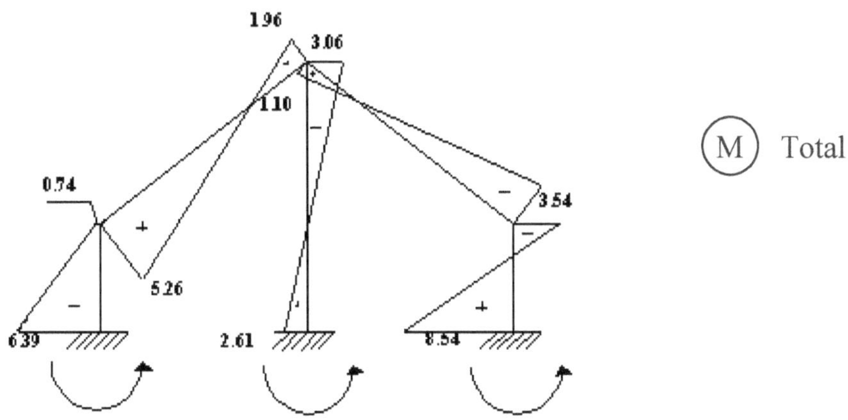

7. CASOS ESPECIALES DE CARGA

Las solicitaciones a que están afectas las estructuras no son normalmente, como se ha asumido hasta ahora, sólo cargas puntuales (fuerzas o momentos) aplicadas en los nudos. Estados de carga típicos son:

- Peso propio - Cargas de viento - Cargas de tráfico - Gradientes de temperatura - Tensiones iniciales (pretensado) - Deformaciones iniciales - Desplazamientos forzados (asentamientos de apoyos).

En este capítulo se mostrará que todos los estados de carga antes mencionados pueden analizarse mediante sistemas de cargas puntuales (fuerzas y/o momentos) aplicados en los nudos de la estructura. Por lo tanto, desde el punto de vista del análisis matricial, los estados de carga indicados pueden considerarse como **"casos especiales de carga"**.

7.1. Método de las cargas nodales equivalentes

Mediante este método las cargas de cualquier tipo que estén aplicadas a un elemento de una estructura, se suponen aplicadas a ese mismo elemento aislado y con ambos extremos empotrados. Las **reacciones** en los extremos empotrados se asumen luego como **acciones** (cambiando el signo) en los nudos de la estructura. Estas se llaman **cargas nodales equivalentes**.

Posteriormente, una vez calculados los esfuerzos internos en los elementos, y en especial en el elemento con carga entre sus nudos, como consecuencia del Principio de Superposición, los esfuerzos en dicho elemento se obtienen por la superposición de los esfuerzos debido a las cargas nodales equivalentes más los esfuerzos del elemento aislado doblemente empotrado.

Los desplazamientos se superponen de igual forma, pero, debido a que el elemento aislado se ha considerado como doblemente empotrado, este no tiene desplazamientos en los nudos, por lo que los desplazamientos nodales de la estructura real son idénticos a los obtenidos con las cargas nodales equivalentes (Fig. 7.1).

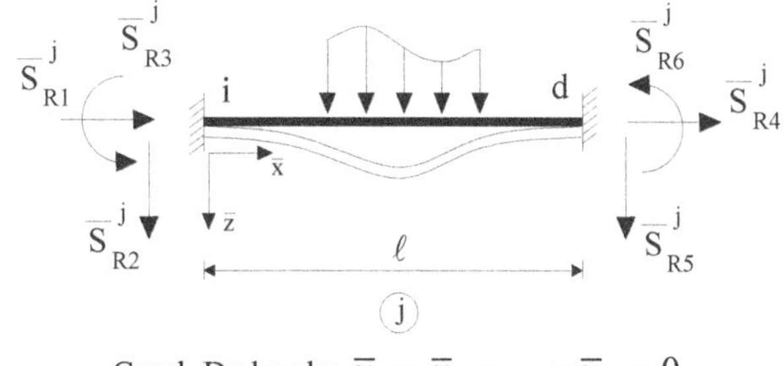

Cond. De borde: $\bar{u}_1 = \bar{u}_2 = ... = \bar{u}_6 = 0$

FIGURA 7.1. Fuerzas nodales de un elemento de viga con carga interna

Las fuerzas nodales del elemento de viga con carga y con condiciones de borde homogéneas (elemento empotrado) se almacenan en un vector $\overline{S}_R{}^j$ (corresponden a las reacciones del elemento en el sistema de coordenadas locales). El cálculo de dichas reacciones se realiza por alguno de los métodos tradicionales del análisis estructural o integrando la ecuación diferencial de la viga (Hidalgo, 1992). Las fuerzas nodales (reacciones) de un elemento doblemente empotrado bajo distintas cargas se indican en la Tabla 7.1. Si se utiliza cualquier otra tabla para determinar dichas reacciones se debe recordar la convención de signos.

Ejemplo 7.1

Determinar las fuerzas nodales $\overline{S}_R{}^j$ *de un elemento con carga distribuida constante (Fig. 7.2)*

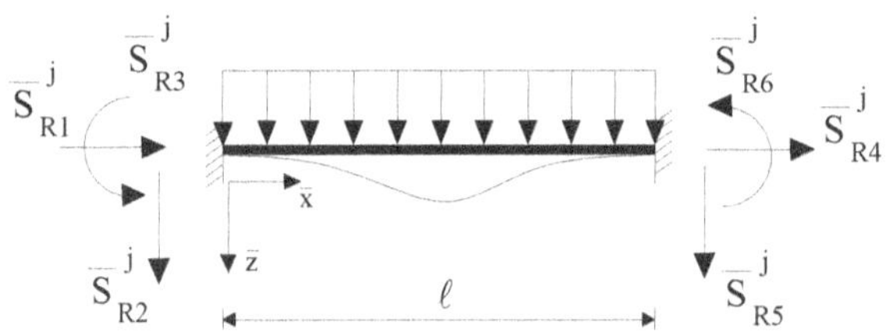

FIGURA 7.2. Elemento con carga distribuida constante

Para determinar las fuerzas nodales se recurrirá a la integración de las ecuaciones diferenciales de la viga (despreciando la deformación por esfuerzo cortante):

En sentido transversal $EI\,w^{iv}(\overline{x}) = q$

En sentido axial $EAu''(\overline{x}) = 0$

Con las condiciones de borde:

$$w(0) = w(\ell) = u(0) = u(\ell) = w'(0) = w'(\ell) = 0$$

Resulta la ecuación de la línea elástica:

$$EI\,w(\overline{x}) = \frac{q\overline{x}^4}{24} - \frac{q\ell\overline{x}^3}{12} + \frac{q\ell\overline{x}^2}{24}$$

y el desplazamiento axial:

$$EA\;u''(\overline{x}) = 0$$

De las ecuaciones anteriores se obtiene:

$$\overline{S}^j_{R1} = -N(0) = -EAu'(0) = 0 \qquad \overline{S}^j_{R4} = N(\ell) = EAu'(\ell) = 0$$

$$\overline{S}^j_{R2} = -Q(0) = EI\,w'''(0) = -q\ell/2 \qquad \overline{S}^j_{R5} = Q(\ell) = -EI\,w'''(\ell) = -q\ell/2$$

$$\overline{S}^j_{R3} = -M(0) = EI\,w''(0) = q\ell^2/12 \qquad \overline{S}^j_{R6} = M(\ell) = -EI\,w''(\ell) = -q\ell^2/12$$

Por lo tanto:

$$\underline{\overline{S}}_R^{\,j} = \begin{bmatrix} 0 \\ -q\ell/2 \\ q\ell^2/12 \\ \hdashline 0 \\ -q\ell/2 \\ -q\ell^2/12 \end{bmatrix}$$

Es importante recordar que las fuerzas nodales (reacciones) del elemento doblemente empotrado, deben realizarse en el elemento considerando todas sus características especiales. Esto es, posible variación de sus rigideces EI y EA, rótulas intermedias, etc.

Ejemplo 7.2

Determinar las fuerzas nodales $\underline{\overline{S}}_R^{\,j}$ *de un elemento con cargas distribuida constante y rótula de momento intermedia (Fig. 7.3).*

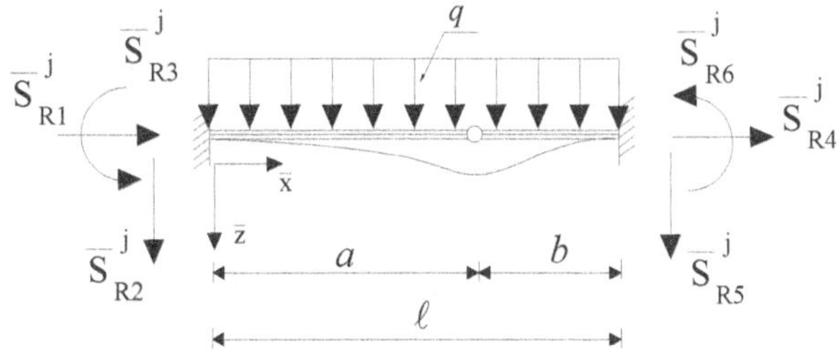

FIGURA 7.3. Elemento con rótula intermedia y carga distribuida constante

Las reacciones se obtendrán utilizando el método de las fuerzas, despreciando la deformación por esfuerzo de corte.

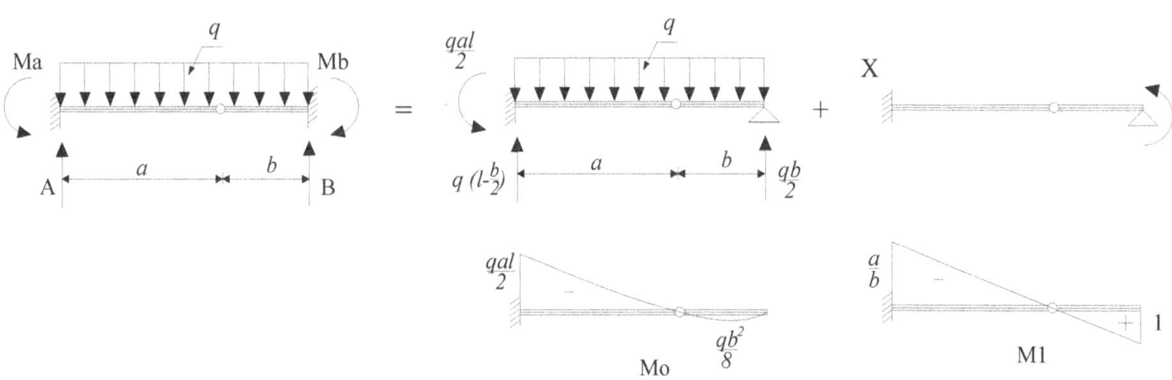

$$EI\delta_{10} = \int_0^\ell M_0 M_1 d_x = \frac{qb\ell^2}{4} - \frac{q\ell^3}{3} + \frac{q\ell^4}{8b}$$

$$EI\delta_{11} = \int_0^\ell M_1^{\,2} d_x = \frac{1}{3b^2}(a^3 + b^3)$$

$$\delta_1 = \delta_{10} + X\delta_{11} = 0 \Rightarrow$$

$$X = -\frac{\delta_{10}}{\delta_{11}} = -\frac{3a^4b + 4a^3b^2 + b^5}{8(a^3 + b^3)}q$$

Luego, las reacciones son:

$$A = q\left(\ell - \frac{b}{2}\right) + \frac{X}{b} = \frac{5a^4 + 8ab^3 + 3b^4}{8(a^3 + b^3)}q = -\overline{S}^{\,j}_{R2}$$

$$B = \frac{qb}{2} - \frac{X}{b} = \frac{3a^4 + 8a^3b + 5b^4}{8(a^3 + b^3)}q = -\overline{S}^{\,j}_{R5}$$

$$M_A = \frac{qa\ell}{2} + \frac{a}{b}X = \frac{a^5 + 4a^2b^3 + 3ab^4}{8(a^3 + b^3)}q = \overline{S}^{\,j}_{R3}$$

$$M_B = X = -\frac{\left(b^5 + 4a^3b^2 + 3a^4b\right)}{8(a^3 + b^3)}q = S^{\,j}_{R6}$$

Por lo tanto:

$$\underline{\overline{S}}_R{}^j = \begin{bmatrix} 0 \\ -(5a^4 + 8ab^3 + 3b^4) \\ (a^5 + 4a^2b^3 + 3ab^4) \\ \hdashline 0 \\ -(3a^4 + 8a^3b + 5b^4) \\ -(b^5 + 4a^3b^2 + 3a^4b) \end{bmatrix} \frac{q}{8(a^3 + b^3)}$$

Un caso particular del anterior es cuando la rótula aparece en el extremo.

Para rótula en ***extremo izquierdo*** *(* $a = 0,\ b = \ell$ *)*

$$\underline{\overline{S}}_R{}^j = \begin{bmatrix} 0 \\ -\frac{3}{8}q\ell \\ 0 \\ \hdashline 0 \\ -\frac{5}{8}q\ell \\ -q\ell^2/8 \end{bmatrix}$$

Para rótula en ***extremo derecho*** *(* $a = \ell,\ b = 0$ *)*

$$\underline{\overline{S}}_R{}^j = \begin{bmatrix} 0 \\ -\frac{5}{8}q\ell \\ q\ell^2/8 \\ \hdashline 0 \\ -\frac{3}{8}q\ell \\ 0 \end{bmatrix}$$

Una vez que se han formado los vectores $\overline{\underline{S}}_R^{\,j}$, estos se transforman a coordenadas globales:

$$\underline{S}_R^{\,j} = \underline{L}_D^{\,j}\,\overline{\underline{S}}_R^{\,j} \tag{7.1}$$

en que $\underline{L}_D^{\,j}$ es la conocida matriz de giro (Capítulo 3.4)

Después de formar los vectores $\underline{S}_R^{\,j}$ de todos los elementos de la estructura (para elementos sin carga $\underline{S}_R^{\,j} = 0$), se forma el vector $\underline{S}_R$ de la estructura:

$$\underline{S}_R = \begin{bmatrix} \underline{S}_R^{\,1} \\ \underline{S}_R^{\,2} \\ . \\ . \\ . \\ . \\ \underline{S}^{ne} \end{bmatrix}$$

(ne = número de elementos de la estructura)

Usando el vector $\underline{S}_R$ formamos un sistema de **cargas nodales equivalentes**. Estas cargas, ordenadas en un vector $\underline{R}_R$, representa un sistema **estático equivalente**, esto es:

$$\underline{C}\ \underline{S}_R + \underline{R}_R = \underline{0}$$

o bien

$$\underline{R}_R = -\underline{C}\ \underline{S}_R \tag{7.2}$$

$\underline{C}$ es la matriz de incidencia del Capítulo 4.3. Mediante el producto $-\underline{C}\ \underline{S}_R$ se obtiene en cada nudo y en cada dirección la suma de las **"acciones"** (obtenidas como las "reacciones" con signo negativo) originadas por las cargas de los elementos.

Una vez formado el vector $\underline{R}_R$, el cálculo continúa mediante el método de desplazamientos. Si suponemos que simultáneamente existe un sistema de cargas $\underline{R}$ aplicadas directamente en los nudos, entonces:

$$\underline{K}\ \underline{r} = \underline{R} + \underline{R}_R \tag{7.3}$$

Resolviendo el sistema de ecuaciones se obtiene el vector $\underline{r}$ y posteriormente usando la tabla de incidencia se determinan los desplazamientos $\underline{u}^{\,j}$ de los elementos. Las fuerzas nodales $\underline{S}^{\,j}$ de los elementos se obtienen de:

$$\underline{S}^{\,j} = \underline{k}^{\,j}\ \underline{u}^{\,j} \tag{7.4}$$

y en coordenadas locales:

$$\underline{\overline{S}}^j = (\underline{L}_D{}^j)^T \, \underline{S}^j \tag{7.5}$$

El vector $\underline{S}$ está formado entonces como:

$$\underline{S} = \begin{bmatrix} \underline{S}^1 \\ \underline{S}^2 \\ \underline{S}^3 \\ . \\ . \\ . \\ . \\ \underline{S}^{ne} \end{bmatrix} \tag{7.6}$$

(ne = número de elementos de la estructura)

Las fuerzas nodales $\underline{S}$ así obtenidas están en equilibrio con el vector de cargas $\underline{R} + \underline{R}_R$ utilizado, esto es:

$$\underline{C} \; \underline{S} = \underline{R} + \underline{R}_R \tag{7.7}$$

Reemplazando (7.2) en (7.7) se obtiene:

$$\underline{C} \; (\underline{S} + \underline{S}_R) = \underline{R} \tag{7.8}$$

Lo anterior significa que las **fuerzas nodales reales** de los elementos son:

$$\underline{S}^+ = \underline{S} + \underline{S}_R \tag{7.9}$$

Estas fuerzas nodales $\underline{S}^+$ son las que están en equilibrio con las cargas nodales $\underline{R}$ aplicadas en los nudos ($\underline{R}$ puede ser cero). Ellas también se pueden calcular en coordenadas locales:

$$\underline{\overline{S}}^{+j} = (\underline{L}_D^j)^T \, \underline{S}^{+j} = (\underline{L}_D^j)^T (\underline{S}^j + \underline{S}_R^j) \tag{7.10}$$

Para los desplazamientos nodales $\underline{r}$ no es necesario realizar ninguna modificación ya que las fuerzas nodales $\underline{S}_R{}^j$ se obtuvieron para condiciones de borde homogéneas (desplazamiento igual cero en los nudos). Sin embargo, la función de desplazamientos al interior del elemento debe ser modificada:

$$w^+(x) = w(x) + w_R(x) \tag{7.11}$$

$w^+(\bar{x})$: Línea elástica real

$w(\bar{x})$: Línea elástica obtenida con cargas nodales $\underline{R} + \underline{R}_R$

$w_R(x)$: Línea elástica del elemento doblemente empotrado con carga intermedia

De manera similar, los esfuerzos internos en cualquier punto del elemento se obtienen con la combinación similar a (7.9). Por ejemplo, si se desea determinar el momento flector:

$$M^+(\bar{x}) = M(\bar{x}) + M_R(\bar{x})$$

$M^+(\bar{x})$: Diagrama de momentos real

$M(\bar{x})$: Diagrama de momentos obtenido con carga $\underline{R} + \underline{R}_R$.

$M_R(\bar{x})$: Diagrama de momentos del elemento doblemente empotrado con carga intermedia

En la Tabla 7.1 se muestran las componentes del vector de fuerzas nodales $\underline{\bar{S}}_R{}^j$ de los tipos de carga más comunes. En dicha tabla se incorpora el estado de carga **"temperatura"**, tanto un aumento homogéneo de temperatura del elemento (sólo produce reacciones en el sentido axial del elemento doblemente empotrado) como el caso de un gradiente de temperatura entre la parte inferior y superior del elemento (sólo produce momentos de empotramiento en ambos extremos). De este modo dichas cargas también pueden ser analizadas por este método.

Es de hacer notar que las fuerzas nodales $\underline{\bar{S}}_R{}^j$ indicadas en la Tabla 7.1 son válidas para un elemento doblemente empotrado homogéneo (*E, I, A* constantes) y sin singularidades (rótulas) internas.

En resumen los pasos del Método de las Cargas Nodales Equivalentes son:

(1) Formación de los vectores $\underline{\bar{S}}_R{}^j$ y $\underline{S}_R{}^j$ para todos los elementos con carga interna.
(2) Formación del vector de carga $\underline{R}_R = -\underline{C}\ \underline{S}_R$.
(3) Cálculo de los desplazamientos nodales $\underline{r}$ de la solución de $\underline{K}\ \underline{r} = \underline{R} + \underline{R}_R$.
(4) Cálculo de las fuerzas nodales de los elementos $\underline{S}^j$, $\underline{S}^{j+}$ y $\underline{\bar{S}}^{j+}$.
(5) Cálculo de los esfuerzos internos y desplazamientos al interior de los elementos mediante superposición.

TABLA 7.1. Fuerzas nodales $\overline{S}_R$ de elemento doblemente empotrado

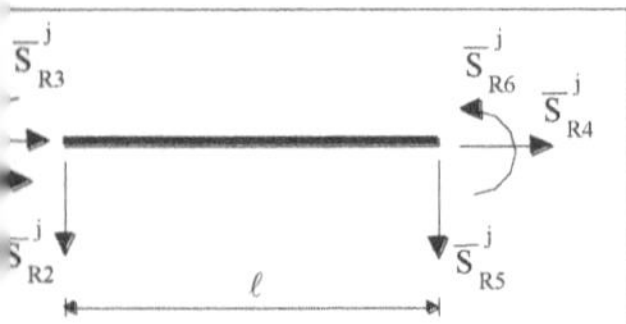	$\overline{S}_{R1}$	$\overline{S}_{R2}$	$\overline{S}_{R3}$	$\overline{S}_{R4}$	$\overline{S}_{R5}$	$\overline{S}_{R6}$
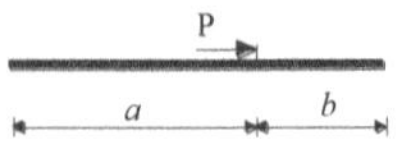	$-\frac{Pb}{\ell}$	0	0	$P\left(\frac{b}{\ell}-1\right)$	0	0
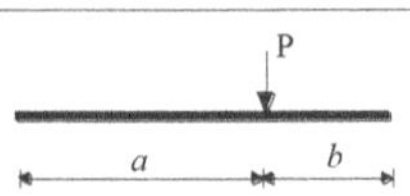	0	$-\frac{Pb^2}{\ell^2}\left(1+\frac{2a}{\ell}\right)$	$\frac{Pab^2}{\ell^2}$	0	$-\frac{Pa^2}{\ell^2}\left(1+\frac{2b}{\ell}\right)$	$-\frac{Pa^2b}{\ell^2}$
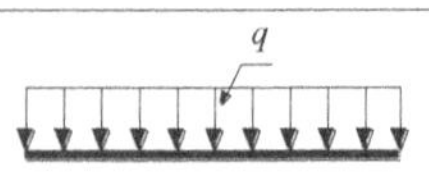	0	$-\frac{q\ell}{2}$	$\frac{q\ell^2}{12}$	0	$-\frac{q\ell}{2}$	$-\frac{q\ell^2}{12}$
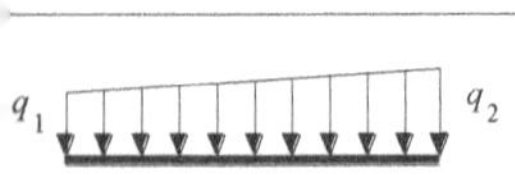	0	$-\left(\frac{q_1}{2}+\frac{3q_2}{20}\right)\ell$	$\left(\frac{q_1}{12}+\frac{q_2}{30}\right)\ell^2$	0	$-\left(\frac{q_1}{2}+\frac{7q_2}{20}\right)\ell$	$-\left(\frac{q_1}{12}+\frac{q_2}{20}\right.$
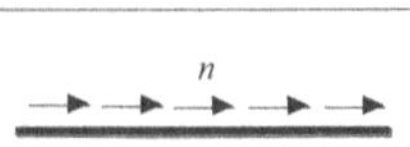	$-\frac{n\ell}{2}$	0	0	$-\frac{n\ell}{2}$	0	0
Aumento homogéneo de temperatura Δt	$EA\alpha_t\Delta t$	0	0	$-EA\alpha_t\Delta t$	0	0
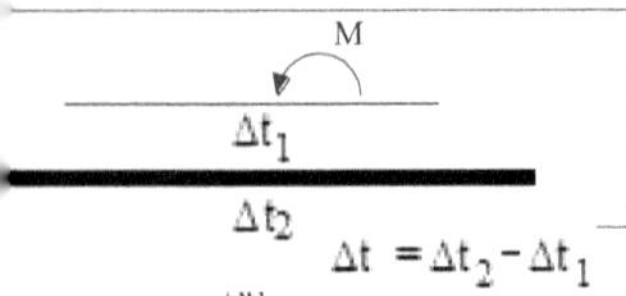	0	0	$EI\alpha_t\frac{\Delta t}{h}$	0	0	$-EI\alpha_t\frac{\Delta t}{h}$
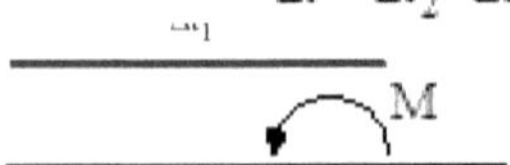	0	$-6M\frac{ab}{\ell^3}$	$\frac{Mb}{\ell^2}(3a-\ell)$	0	$6M\frac{ab}{\ell^3}$	$M\frac{a}{\ell^2}(3b-$
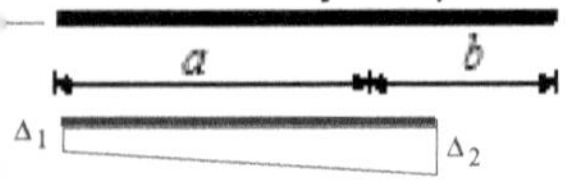	0	$\frac{-12EI}{\ell^3}(\Delta_2-\Delta_1)$	$\frac{6EI}{\ell^2}(\Delta_2-\Delta_1)$	0	$\frac{12EI}{\ell^3}(\Delta_2-\Delta_1)$	$\frac{6EI}{\ell^2}(\Delta_2-$

$\alpha_t = coef.\ dilatación\ térmica$ $\qquad$ $h = altura\ de\ la\ sección$

Ejemplo 7.3

Determinar desplazamientos y esfuerzos internos del marco indicado en la Figura 7.4. Nótese que el elemento ② de dicho marco está sometido a tres tipos de carga indicados en la Tabla 7.1: carga repartida constante q=5kN/m, aumento homogéneo de temperatura $\Delta t = (\Delta t_i + \Delta t_s)/2$ y un gradiente de temperatura $\Delta t = \Delta t_i - \Delta t_s$.

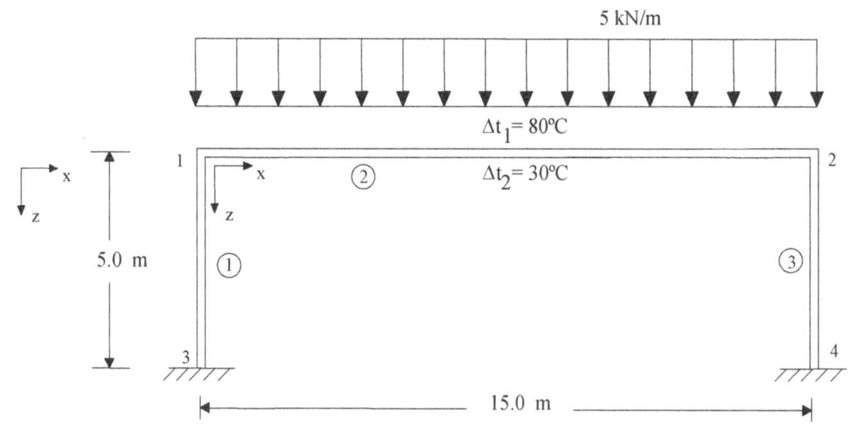

$$I = 0.194 \times 10^{-4}\, m^4$$
$$A = 0.285 \times 10^{-2}\, m^2$$
$$\alpha_t = 1.2 \times 10^{-5} \;\; 1/°C$$
$$E = 2.1 \times 10^8\, kN/m^2$$
$$h = 0.20m$$

FIGURA 7.4.- Marco con carga repartida

Con los datos indicados en la Figura 7.4 se pueden calcular mediante la Tabla 7.1 las fuerzas nodales $\overline{\underline{S}}_R^{\,2}$:

	Carga Repartida q = 5	*Temperatura homogénea Δt=55ºC*	*Gradiante temperatura Δt=-50ºC*		*Total*
$\overline{S}_{R1}$ =	*0*	*395.01*	*0*	=	*395.01* [kN]
$\overline{S}_{R2}$ =	*-37.50*	*0*	*0*	=	*-37.50* [kN]
$\overline{S}_{R3}$ =	*93.75*	*0*	*-12.22*	=	*81.53* [*kNm*]
$\overline{S}_{R4}$ =	*0*	*-395.01*	*0*	=	*-395.01* [kN]
$\overline{S}_{R5}$ =	*-37.50*	*0*	*0*	=	*-37.50* [kN]
$\overline{S}_{R6}$ =	*-93.75*	*0*	*12.22*	=	*-81.53* [*kNm*]

Asignando los grados de libertad de los nudos, la tabla de coordenadas queda:

Nudo	*x*	*z*	*Grados de libertad*		
1	*0*	*0*	*1*	*2*	*3*
2	*15*	*0*	*4*	*5*	*6*
3	*0*	*5*	*0*	*0*	*0*
4	*15*	*5*	*0*	*0*	*6*

Como el único elemento con carga intermedia es el elemento ② *el vector de cargas* $\underline{R}_R$ *se forma sólo con* $\underline{S}_R^2 = \overline{\underline{S}}_R^{\,2}$.

$$\underline{S}_R^2 = \begin{bmatrix} 395.01 \\ -37.50 \\ 81.53 \\ \hdashline -395.01 \\ -37.50 \\ -81.53 \end{bmatrix} \begin{matrix} \left.\right\} \text{Nudo 1} \\ \\ \left.\right\} \text{Nudo 2} \end{matrix} \qquad \Longrightarrow \qquad \underline{R}_R = -\underline{C}\,\underline{S}_R = \begin{bmatrix} -395.01 \\ 37.50 \\ -81.53 \\ \hdashline 395.01 \\ 37.50 \\ 81.53 \end{bmatrix} \begin{matrix} \left.\right\} \text{Nudo 1} \\ \\ \left.\right\} \text{Nudo 2} \end{matrix}$$

En la Figura 7.5 se muestra el vector de cargas nodales equivalentes resultantes en las direcciones reales en que actúa.

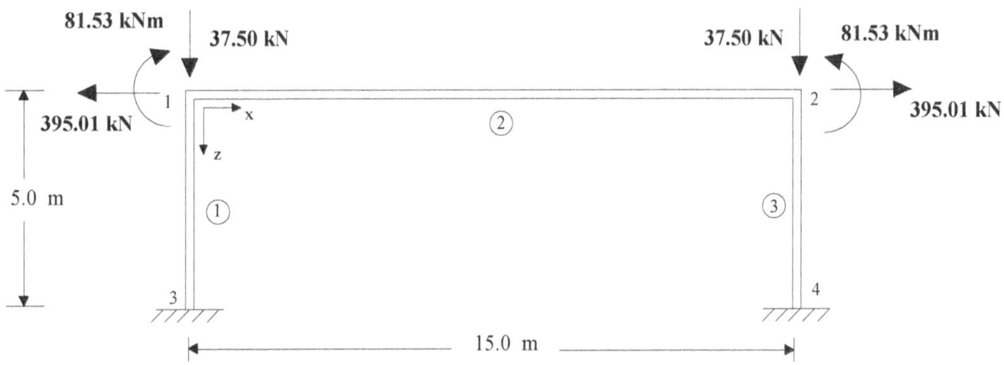

FIGURA 7.5.- Cargas nodales equivalentes aplicadas a la estructura

Como no existen cargas directamente aplicadas a los nudos entonces $\underline{R} = \underline{0}$, *por lo tanto:*

$$\underline{R} + \underline{R}_R = \begin{bmatrix} -395.01 \\ 37.50 \\ -81.53 \\ \hdashline 395.01 \\ 37.50 \\ 81.53 \end{bmatrix} \begin{matrix} \left.\right\} \text{Nudo 1} \\ \\ \left.\right\} \text{Nudo 2} \end{matrix}$$

La tabla de incidencia en término de nudos y grados de libertad queda:

Elemento	*Nudo*		*Grados de libertad*					
	i	*d*	*1*	*2*	*3*	*4*	*5*	*5*
①	*1*	*3*	*1*	*2*	*3*	*0*	*0*	*0*
②	*1*	*2*	*1*	*2*	*3*	*4*	*5*	*6*
③	*2*	*4*	*4*	*5*	*6*	*0*	*0*	*0*

La entrada de datos para el programa SMIS es:

```
START
FORMKDK13                              6
1940.                   2.1          285000.
   0.           0.             0.        5.
PRINT K13                              1
 *** MATRICES DE RIGIDEZ DE ELEMENTOS 1  y  3 ***
FORMKDK2                               6
1940.                   2.1          285000.
   0.           0.            15.        0.
PRINT K2                               1
 *** MATRIZ DE RIGIDEZ DEL ELEMENTO 2 ***
```

```
LOADLMIN    (6I6)                   3     6
     1     2     3     0     0     0
     1     2     3     4     5     6
     4     5     6     0     0     0
PRINT IN                            1     1
 *** TABLA DE INCIDENCIA (grados de libertad) ***
ZERO  K                             6     6
ADDSTFK     K13   IN                1     1
ADDSTFK     K2    IN                2     1
ADDSTFK     K13   IN                3     1
PRINT K                             1
 *** MATRIZ DE RIGIDEZ DE LA ESTRUCTURA ***
LOAD  SR2   (1F8.0)                 6     1
395.01
-37.50
81.53
-395.01
-37.50
-81.53
PRINT SR2                           1
 *** FUERZAS NODALES SR DE ELEMENTO 2 ***
DUPL  SR2   R
SCALE R                                                   -1.
PRINT R                             1
 *** VECTOR DE CARGAS Rr ***
SOLVE K     R
PRINT R                             1
 *** DESPLAZAMIENTOS r ***
FORCEMK13   IN    R     S1          1     1
FORCEMK2    IN    R     S2          2     1
FORCEMK13   IN    R     S3          3     1
PRINT S1
PRINT S2
PRINT S3
ADD   S2    SR2
PRINT S2
STOP
```

Los resultados que entrega el programa SMIS son los siguientes:

```
 START

  SMIS (REV.2.0 - 25.04.2000 - DEPTO. OOCC - ULS)

  SMIS (FECHA DE EJECUCION :21/12/2000  )

  SMIS (HORA  DE EJECUCION :18:13:28    )


 FORMKD K13
  TYPE = 6      NUMBER =  1
0  I =   0.1940E+04    SHEAR AREA =   0.0000E+00
   L =   0.5000E+01             E =   0.2100E+01
  NU =   0.0000E+00
0              CROSS-SECTIONAL AREA =   0.2850E+06
0 X1 =   0.0000E+00            Y1 =   0.0000E+00
  X2 =   0.0000E+00            Y2 =   0.5000E+01
  A  =   0.0000E+00             B =   0.0000E+00

 PRINT  K13

 *** MATRICES DE RIGIDEZ DE ELEMENTOS 1  y  3 ***

            1           2           3           4           5           6

  1  0.3911E+03  0.0000E+00  0.9778E+03  -.3911E+03  0.0000E+00  0.9778E+03
  2  0.0000E+00  0.1197E+06  0.0000E+00  0.0000E+00  -.1197E+06  0.0000E+00
  3  0.9778E+03  0.0000E+00  0.3259E+04  -.9778E+03  0.0000E+00  0.1630E+04
  4  -.3911E+03  0.0000E+00  -.9778E+03  0.3911E+03  0.0000E+00  -.9778E+03
  5  0.0000E+00  -.1197E+06  0.0000E+00  0.0000E+00  0.1197E+06  0.0000E+00
  6  0.9778E+03  0.0000E+00  0.1630E+04  -.9778E+03  0.0000E+00  0.3259E+04
```

```
  FORMKD K2
  TYPE = 6      NUMBER =  1
0  I =    0.1940E+04    SHEAR AREA =   0.0000E+00
   L =    0.1500E+02             E =   0.2100E+01
  NU =    0.0000E+00
0             CROSS-SECTIONAL AREA =   0.2850E+06
0 X1 =    0.0000E+00            Y1 =   0.0000E+00
  X2 =    0.1500E+02            Y2 =   0.0000E+00
  A  =    0.0000E+00             B =   0.0000E+00

 PRINT  K2

 *** MATRIZ DE RIGIDEZ DEL ELEMENTO 2 ***
              1           2           3           4           5           6

   1  0.3990E+05  0.0000E+00  0.0000E+00  -.3990E+05  0.0000E+00  0.0000E+00
   2  0.0000E+00  0.1449E+02  -.1086E+03  0.0000E+00  -.1449E+02  -.1086E+03
   3  0.0000E+00  -.1086E+03  0.1086E+04  0.0000E+00  0.1086E+03  0.5432E+03
   4  -.3990E+05  0.0000E+00  0.0000E+00  0.3990E+05  0.0000E+00  0.0000E+00
   5  0.0000E+00  -.1449E+02  0.1086E+03  0.0000E+00  0.1449E+02  0.1086E+03
   6  0.0000E+00  -.1086E+03  0.5432E+03  0.0000E+00  0.1086E+03  0.1086E+04

 LOADLM IN      (6I6)
 NUMER.LINEAS:   3    NUM. COLUMNAS:   6

 PRINT  IN

 *** TABLA DE INCIDENCIA (grados de libertad) ***

          1     2     3     4     5     6

   1 *    1     2     3     0     0     0
   2 *    1     2     3     4     5     6
   3 *    4     5     6     0     0     0

 ZERO   K
     6 LINEAS      6 COLUMNAS

 ADDSTF K      K13    IN
0PRIMERA LINEA :    1
 NUM. DE LINEAS:    1

 ADDSTF K      K2     IN
0PRIMERA LINEA :    2
 NUM. DE LINEAS:    1

 ADDSTF K      K13    IN
0PRIMERA LINEA :    3
 NUM. DE LINEAS:    1

 PRINT  K

 *** MATRIZ DE RIGIDEZ DE LA ESTRUCTURA ***

              1           2           3           4           5           6

   1  0.4029E+05  0.0000E+00  0.9778E+03  -.3990E+05  0.0000E+00  0.0000E+00
   2  0.0000E+00  0.1197E+06  -.1086E+03  0.0000E+00  -.1449E+02  -.1086E+03
   3  0.9778E+03  -.1086E+03  0.4346E+04  0.0000E+00  0.1086E+03  0.5432E+03
   4  -.3990E+05  0.0000E+00  0.0000E+00  0.4029E+05  0.0000E+00  0.9778E+03
   5  0.0000E+00  -.1449E+02  0.1086E+03  0.0000E+00  0.1197E+06  0.1086E+03
   6  0.0000E+00  -.1086E+03  0.5432E+03  0.9778E+03  0.1086E+03  0.4346E+04

 LOAD   SR2    (1F6.0 )
 NUMER.LINEAS:   6    NUM. COLUMNAS:   1

 PRINT  SR2

 *** FUERZAS NODALES SR DE ELEMENTO 2 ***

              1

   1  0.3950E+03
   2  -.3750E+02
   3  0.8153E+02
   4  -.3950E+03
   5  -.3750E+02
   6  -.8153E+02
```

```
DUPL    SR2     R

SCALE  R
 SCALAR = -0.1000000E+01

PRINT  R

*** VECTOR DE CARGAS Rr ***
            1

  1  -.3950E+03
  2  0.3750E+02
  3  -.8153E+02
  4  0.3950E+03
  5  0.3750E+02
  6  0.8153E+02

SOLVE  K       R
SKALAR =   0.4029110E-01

PRINT  R

*** DESPLAZAMIENTOS r ***

           1

  1  -.4705E-02
  2  0.3133E-03
  3  -.2023E-01
  4  0.4653E-02
  5  0.3133E-03
  6  0.2024E-01

FORCEM K13     IN      R      S1

FORCEM K2      IN      R      S2

FORCEM K13     IN      R      S3

PRINT  S1


           1

  1  -.2162E+02
  2  0.3750E+02
  3  -.7054E+02
  4  0.2162E+02
  5  -.3750E+02
  6  -.3757E+02

PRINT  S2


           1

  1  -.3734E+03
  2  -.1113E-02
  3  -.1099E+02
  4  0.3734E+03
  5  0.1113E-02
  6  0.1100E+02

PRINT  S3


           1

  1  0.2161E+02
  2  0.3750E+02
  3  0.7053E+02
  4  -.2161E+02
  5  -.3750E+02
  6  0.3754E+02
```

```
ADD     S2      SR2

PRINT   S2

           1

  1  0.2162E+02
  2  -.3750E+02
  3  0.7054E+02
  4  -.2161E+02
  5  -.3750E+02
  6  -.7053E+02

STOP
```

Se observa que las fuerzas nodales de los elementos debido al vector de cargas aplicadas son:

$$\underline{S}^1 = \begin{bmatrix} -21.62 \\ 37.50 \\ -70.54 \\ \hdashline 21.62 \\ -37.50 \\ -37.56 \end{bmatrix} \begin{matrix} \left.\right\} 1 \\ \\ \left.\right\} 3 \end{matrix} \qquad \underline{S}^2 = \begin{bmatrix} -373.39 \\ 0 \\ -10.99 \\ \hdashline 373.39 \\ 0 \\ 10.99 \end{bmatrix} \begin{matrix} \left.\right\} 1 \\ \\ \left.\right\} 2 \end{matrix} \qquad \underline{S}^3 = \begin{bmatrix} 21.62 \\ 37.50 \\ 70.54 \\ \hdashline -21.62 \\ -37.50 \\ 37.56 \end{bmatrix} \begin{matrix} \left.\right\} 2 \\ \\ \left.\right\} 4 \end{matrix}$$

Las fuerzas nodales del elemento ② *deben ser corregidas de acuerdo a (7.9):*

$$\underline{S}^{2+} = \underline{S}^2 + \underline{S}_R^2 = \begin{bmatrix} -373.39 \\ 0 \\ -10.99 \\ \hdashline 373.39 \\ 0 \\ 10.99 \end{bmatrix} + \begin{bmatrix} 395.01 \\ -37.50 \\ 81.53 \\ \hdashline -395.01 \\ -37.50 \\ -81.53 \end{bmatrix} = \begin{bmatrix} 21.62 \\ -37.50 \\ 70.54 \\ \hdashline -21.62 \\ -37.50 \\ -70.54 \end{bmatrix} \begin{matrix} \left.\right\} 1 \\ \\ \left.\right\} 2 \end{matrix}$$

En la Figura 7.6 se muestran las fuerzas nodales de los elementos de acuerdo a los resultados obtenidos.

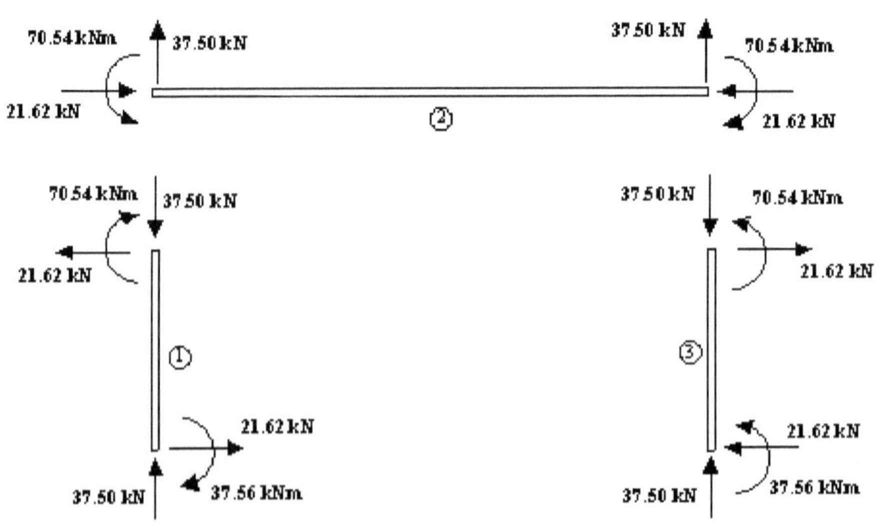

FIGURA 7.6.- Fuerzas nodales resultantes

De acuerdo a las fuerzas nodales que se muestran en la Fig. 7.6 los diagramas de esfuerzos internos: esfuerzo normal, cortante y momento flector se muestran en la Figura 7.7.

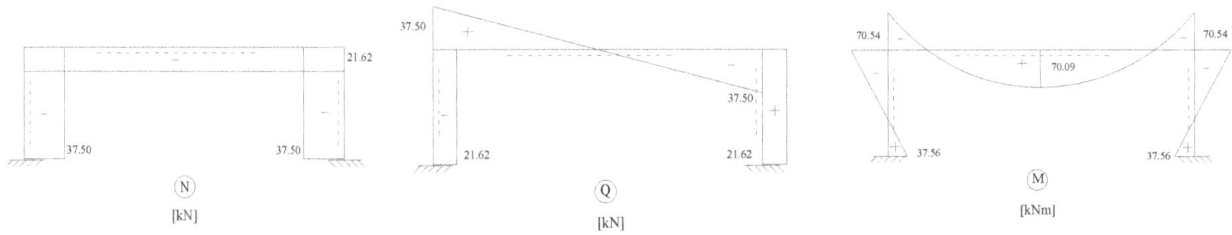

FIGURA 7.7.- Diagramas de esfuerzos internos

Para graficar los esfuerzos internos es conveniente recordar que en los nudos las fuerzas nodales han sido modificadas y son correctas. De igual forma los esfuerzos internos en el interior del elemento deben ser corregidos mediante la superposición de los esfuerzos obtenidos por las cargas nodales equivalentes y los esfuerzos del elemento doblemente empotrado.

Específicamente en el caso del diagrama de momentos, para no tener que recurrir nuevamente a los momentos nodales debido a las cargas nodales equivalentes (sin corregir), se pueden usar los momentos nodales ya corregidos y recurrir a la superposición con el diagrama de una viga simplemente apoyada.

A manera de ejemplo se puede comprobar que:

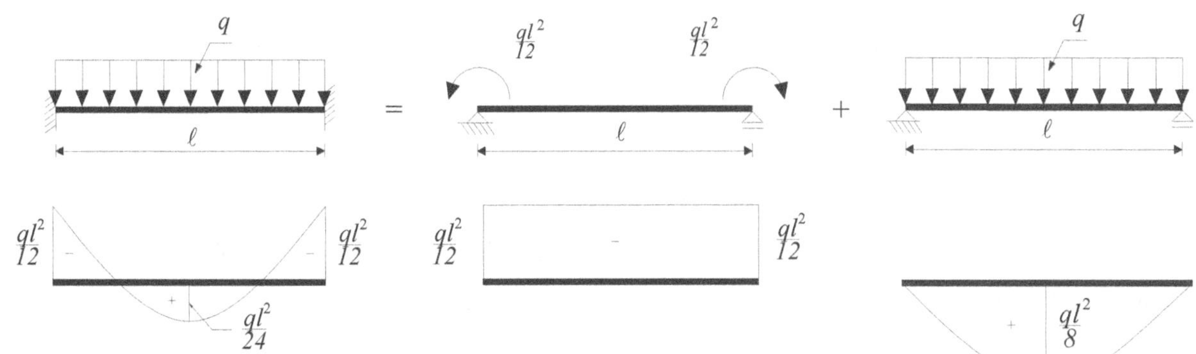

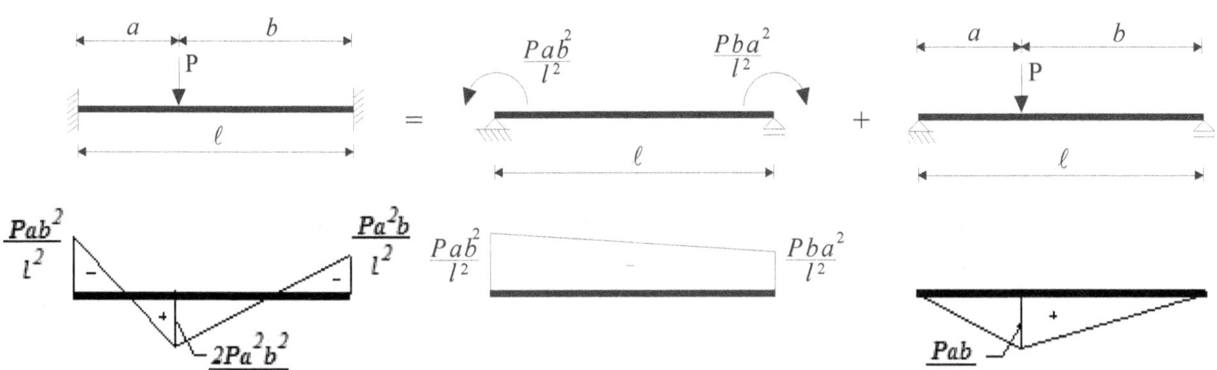

7.2. Método de las Deformaciones iniciales

Otra alternativa para considerar la carga aplicada entre los nudos de los elementos es el método de las **"deformaciones iniciales"**.

Originalmente este método fue pensado para considerar las **"deformaciones iniciales"** que tengan los elementos. Estas se pueden definir como deformaciones que se producen en el elemento aislado **apoyado isostáticamente** sin cargas en sus nudos.

Definimos como $\underline{S}_u^{\,j}$ al vector de las fuerzas nodales del elementos (j) apoyado en forma isostática y con carga intermedia. Estas fuerzas nodales representan las reacciones, por lo tanto, varias componentes son cero.

De igual forma definimos como $\underline{\bar{u}}_u^{\,j}$ al vector de los desplazamientos nodales del elemento (j) apoyado isostáticamente. Debido a los apoyos varias componentes de $\underline{\bar{u}}_u^{\,j}$ serán nulas.

Dependiendo entonces del tipo de apoyo isostático elegido determinadas componentes de los vectores $\underline{\bar{S}}_u^{\,j}$ y $\underline{\bar{u}}_u^{\,j}$ serán nulas. En el caso de deformaciones iniciales reales (temperatura, inexactitud de montaje) todas las componentes del vector $\underline{\bar{S}}_u^{\,j}$ son nulas (en un sistema isostático no se producen reacciones por temperatura o inexactitud de montaje). Lo anterior se muestra en la Figura 7.8.

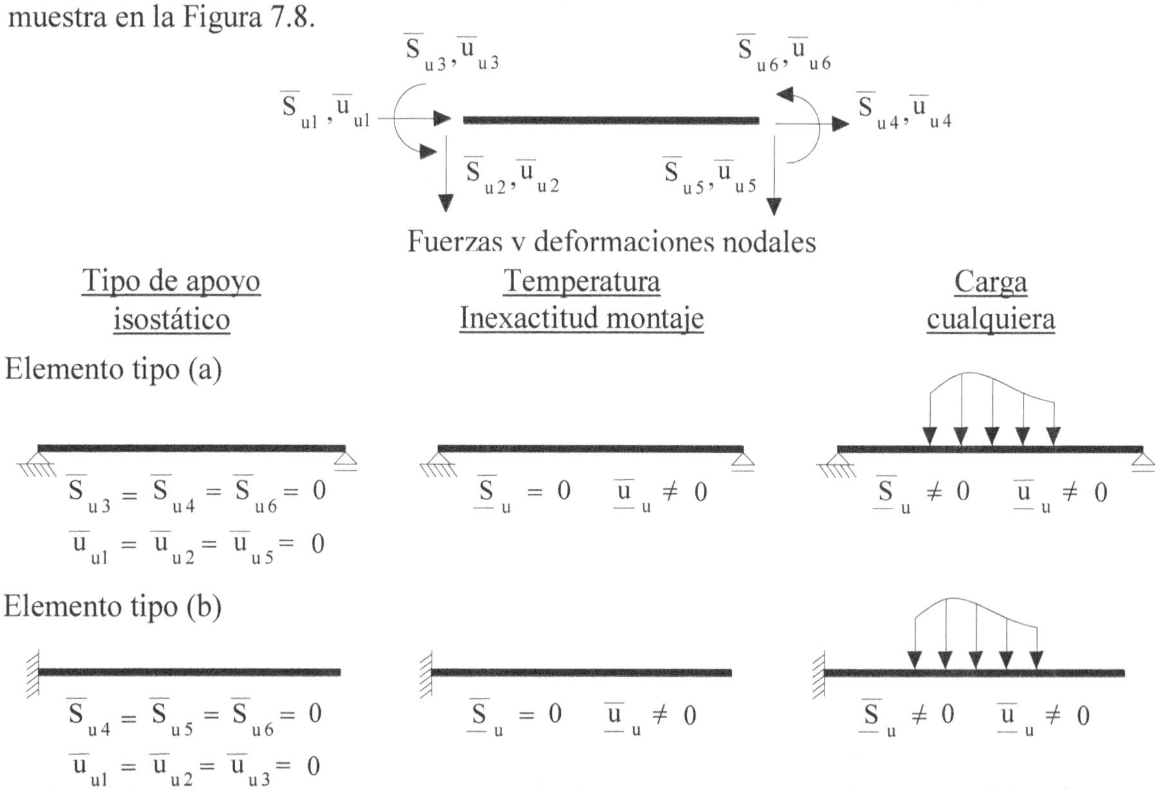

FIGURA 7.8.- Fuerzas nodales y deformaciones iniciales posibles

En la Tabla 7.2 se muestran las componentes no nulas de los vectores $\overline{\underline{S}}_u{}^j$ y $\overline{\underline{u}}_u{}^j$ para diversas cargas considerando el apoyo isostático tipo (b).

Como se indicaba anteriormente, para el caso de deformaciones iniciales propiamente tales: temperatura e inexactitud de montaje, se cumple que $\overline{\underline{S}}_u{}^j = \underline{0}$. En la deducción que sigue se considerará el caso más general con $\overline{\underline{S}}_u{}^j \neq \underline{0}$, dejando como caso especial el de la deformación inicial real.

Una vez determinadas las fuerzas nodales $\overline{\underline{S}}_u{}^j$ y $\overline{\underline{u}}_u{}^j$ de los elementos, se transforman dichos vectores a coordenadas globales mediante la matriz de giro:

$$\underline{u}_u^j = \underline{L}_D^j \, \overline{\underline{u}}_u^j \tag{7.12}$$

$$\underline{S}_u^j = \underline{L}_D^j \, \overline{\underline{S}}_u^j \tag{7.13}$$

Al conectar los elementos **deformados** a la estructura, se producirán deformaciones elásticas adicionales de los elementos $\underline{u}^j$: la estructura por una parte trata de mantener la ubicación de sus nudos y los elementos por su parte tratan de mantener su deformación inicial. Las condiciones de compatibilidad de deformaciones en los nudos se pueden escribir como:

$$\underline{u} + \underline{u}_u = \underline{C}^T \underline{r} \tag{7.14}$$

Esta compatibilidad se gráfica en la Figura 7.9.

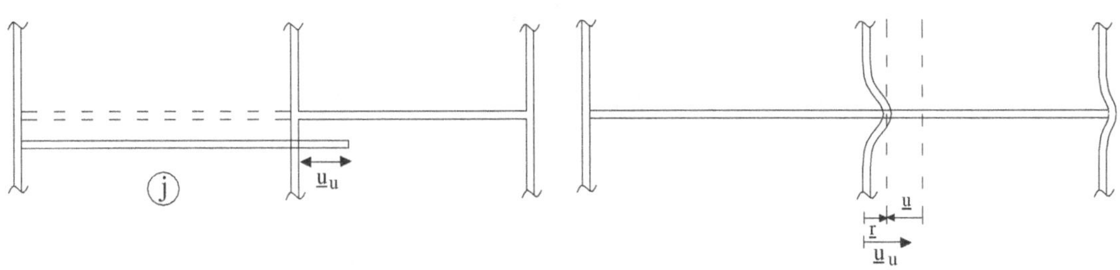

FIGURA 7.9.- Compatibilidad de deformaciones en los nudos

Las fuerzas nodales que se producen en los elementos debido a las deformaciones elásticas son:

$$\underline{S} = \underline{k} \; \underline{u} \tag{7.15}$$

La transformación "contragrediente" de la ecuación (7.14) es la relación de equilibrio:

$$\underline{R} = \underline{C} \; (\underline{S} + \underline{S}_u) \tag{7.16}$$

Combinando (7.14) y (7.15) se obtiene:

$$\underline{S} = \underline{k}\ (\underline{C}^T\ \underline{r} - \underline{u}_u) \tag{7.17}$$

Reemplazando (7.17) en (7.16) queda:

$$\underline{C}\,\underline{k}\,\underline{C}^T\ \underline{r} = \underline{R} - \underline{C}\,\underline{S}_u + \underline{C}\,\underline{k}\,\underline{u}_u \tag{7.18}$$

En que el producto $\underline{C}\ \underline{k}\ \underline{C}^T = \underline{K}$ representa a la matriz de rigidez de la estructura. Definiendo además $\underline{R}_u = -\underline{C}\ \underline{S}_u$ como el vector de las cargas nodales equivalentes debido a las reacciones $\underline{S}_u$ se obtiene:

$$\underline{K}\,\underline{r} = \underline{R} + \underline{R}_u + \underline{C}\,\underline{k}\,\underline{u}_u \tag{7.19}$$

El vector $\underline{R}$ representa a las cargas puntuales aplicadas directamente en los nudos (puede ser cero). Comparando con la ecuación (7.3) del método de las cargas nodales equivalentes se observa que:

$$\underline{R}_R = \underline{R}_u + \underline{C}\,\underline{k}\,\underline{u}_u \tag{7.20}$$

El vector $\underline{C}\ \underline{k}\ \underline{u}_u$ corresponde a las cargas nodales equivalentes debido a las deformaciones iniciales de los elementos.

Mediante la solución del sistema de ecuaciones (7.19) se determinan los desplazamientos nodales $\underline{r}$. Las fuerzas elásticas se calculan utilizando la relación (7.17). Por último las fuerzas nodales de los elementos cargados se deben corregir mediante la relación:

$$\underline{S}^+ = \underline{S} + \underline{S}_u \tag{7.21}$$

Posteriormente se pueden determinar las fuerzas nodales en coordenadas locales

$$\overline{\underline{S}}^+ = \underline{L}_D{}^T\ \underline{S}^+ = \overline{\underline{S}} + \overline{\underline{S}}_u \tag{7.22}$$

Los pasos a seguir en el método de las deformaciones iniciales se pueden resumir en:

1) Determinación de los vectores $\overline{\underline{S}}_u{}^j$ y $\overline{\underline{u}}_u{}^j$.
2) Cálculo del vector $\underline{R}_u = -\underline{C}\ \underline{S}_u$ y $\underline{C}\ \underline{k}\ \underline{u}_u$.
3) Solución del sistema $\underline{K}\ \underline{r} = \underline{R} + \underline{R}_u + \underline{C}\ \underline{k}\ \underline{u}_u$.
4) Determinación de las deformaciones elásticas de los elementos $\underline{u} = \underline{C}^T\ \underline{r} - \underline{u}_u$ y fuerzas nodales $\underline{S} = \underline{k}\ \underline{u}$.
5) Superposición de las fuerzas nodales $\underline{S}^+ = \underline{S} + \underline{S}_u$.

Tabla 7.2. Deformaciones iniciales y fuerzas nodales $\overline{S}_u$ elemento tipo b

argas	$\overline{u}_{u4}$	$\overline{u}_{u5}$	$\overline{u}_{u6}$	$\overline{S}_{u1}$	$\overline{S}_{u2}$	$\overline{S}_{u3}$
ente de temperatura Δt_1 Δt_2 $\Delta t = \Delta t_2 - \Delta t_1$	0	$-\frac{\alpha_t \Delta_t l^2}{2h}$	$\frac{\alpha_t \Delta_t l}{h}$	0	0	0
nogéneo de temperatura Δt_1 Δt_2 $\Delta t = \frac{\Delta t_1 + \Delta t_2}{2}$	$\alpha_t \Delta t \ell$	0	0	0	0	0
nogéneo de temperatura Δ	Δ	0	0	0	0	0
q_2	0	$\frac{(4q_1+11q_2)\ell^4}{120EI}$	$-\frac{(q_1+3q_2)\ell^3}{24EI}$	0	$-\frac{(q_1+q_2)\ell}{2}$	$\frac{(q_1+2q_2)}{6}$
P a b	0	$\frac{Pa^2(b+2\ell)}{6EI}$	$-\frac{Pa^2}{2EI}$	0	$-P$	Pa
P a b	$\frac{Pa}{EA}$	0	0	$-P$	0	0

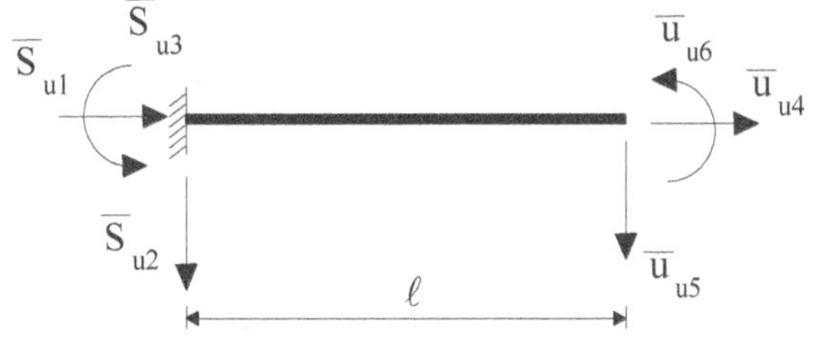

α_t = Coef. Dilatación Térmica

h = Altura de la sección

En el Ejemplo 7.4 se muestra el empleo del método de las deformaciones iniciales, utilizando la misma estructura y cargas del Ejemplo 7.3.

Ejemplo 7.4

Determinar desplazamientos y fuerzas nodales de los elementos de la estructura del Ejemplo 7.3 utilizando el método de las deformaciones iniciales.

De la Tabla 7.2 se obtienen los vectores de deformaciones iniciales y fuerzas nodales del elemento ② a los estados de carga: gradiente de temperatura, aumento homogéneo de temperatura y carga repartida:

gradiente temperatura — *aumento hom. de temperatura* — *carga repartida* — *Total*

$$\underline{u}_u^2 = \underline{\overline{u}}_u^2 = \begin{bmatrix} 0 \\ 0 \\ 0 \\ \hdashline 0 \\ 0.3375 \\ -0.0450 \end{bmatrix} + \begin{bmatrix} 0 \\ 0 \\ 0 \\ \hdashline 0.0099 \\ 0 \\ 0 \end{bmatrix} + \begin{bmatrix} 0 \\ 0 \\ 0 \\ \hdashline 0 \\ 7.76648 \\ -0.69035 \end{bmatrix} = \begin{bmatrix} 0 \\ 0 \\ 0 \\ \hdashline 0.0099 \\ 8.10398 \\ -0.73535 \end{bmatrix}$$

$$\underline{S}_u^2 = \underline{\overline{S}}_u^2 = \begin{bmatrix} 0 \\ 0 \\ 0 \\ \hdashline 0 \\ 0 \\ 0 \end{bmatrix} + \begin{bmatrix} 0 \\ 0 \\ 0 \\ \hdashline 0 \\ 0 \\ 0 \end{bmatrix} + \begin{bmatrix} 0 \\ -75 \\ 562.5 \\ \hdashline 0 \\ 0 \\ 0 \end{bmatrix} = \begin{bmatrix} 0 \\ -75 \\ 562.5 \\ \hdashline 0 \\ 0 \\ 0 \end{bmatrix}$$

El vector $\underline{R}_u = -\underline{C}\ \underline{S}_u$ *resulta:*

$$\underline{R}_u = \begin{bmatrix} 0 \\ 75 \\ -562.5 \\ \hdashline 0 \\ 0 \\ 0 \end{bmatrix} \begin{matrix} \left.\begin{matrix} \\ \\ \\ \end{matrix}\right\} \text{Nudo 1} \\ \left.\begin{matrix} \\ \\ \\ \end{matrix}\right\} \text{Nudo 2} \end{matrix}$$

Por otra parte se debe realizar el producto de la matriz de rigidez del elemento ② por las deformaciones iniciales $\underline{u}_u^{\,2}$. *El producto* $\underline{C}\ \underline{k}\ \underline{u}_u$ *no representa otra cosa que asignar los vectores* $\underline{k}^j\ \underline{u}_u^{\,j}$ *a los nudos de la estructura que corresponden al elemento* (j) . *En este caso, el elemento* ② *va del nudo 1 y al nudo 2, por lo que el vector* $\underline{k}^2\ \underline{u}_u^{\,2}$ *se sumará al vector* $\underline{R}_u$. *El resultado es el vector* $\underline{R}_R$ *(que debe ser idéntico al obtenido por el método de las cargas nodales equivalentes.*

Los datos de entrada para el programa SMIS son los siguientes:

```
START
FORMKDK13                          6
1940.                    2.1       285000.
  0.          0.               0.        5.
PRINT K13                          1
 *** MATRICES DE RIGIDEZ DE ELEMENTOS 1  y  3 ***
FORMKDK2                           6
1940.                    2.1       285000.
  0.          0.              15.        0.
PRINT K2                           1
 *** MATRIZ DE RIGIDEZ DEL ELEMENTO 2 ***
LOADLMIN    (6I6)                  3     6
     1     2     3     0     0     0
     1     2     3     4     5     6
     4     5     6     0     0     0
PRINT IN                           1     1
 *** TABLA DE INCIDENCIA (grados de libertad) ***
ZERO  K                            6     6
ADDSTFK     K13   IN               1     1
ADDSTFK     K2    IN               2     1
ADDSTFK     K13   IN               3     1
PRINT K                            1
 *** MATRIZ DE RIGIDEZ DE LA ESTRUCTURA ***
LOAD  UU2   (1F12.0)               6     1
0
0
0
0.0099
8.103976436
-0.735353461
PRINT UU2                          1
 *** DEFORMACIONES INICIALES DEL ELEMENTO 2 ***
LOAD  SU2   (1F8.0)                6     1
0
-75.
562.5
0
0
0
PRINT SU2                          1
 *** FUERZAS NODALES Su DE ELEMENTO 2 ***
DUPL  SU2   RU
SCALE RU                                                    -1.
PRINT RU                           1
 *** VECTOR DE CARGAS Ru ***
MULT  K2    UU2   K2U2
PRINT K2U2                         1
 *** VECTOR DE CARGAS C*k*Uu ***
ADD   RU    K2U2
PRINT RU                           1
 *** VECTOR DE CARGAS (Ru + C*k*Uu) ***
SOLVE K     RU
PRINT RU                           1
 *** DESPLAZAMIENTOS r ***
DUPL  RU    U2
SUB   U2    UU2
PRINT U2                           1
 *** DESPLAZAMIENTOS ELASTICOS ELEMENTO 2 ***
FORCEMK13   IN    RU    S1         1     1
MULT  K2    U2    S2
FORCEMK13   IN    RU    S3         3     1
PRINT S1
PRINT S2
PRINT S3
ADD   S2    SU2
PRINT S2
STOP
```

Los resultados que entrega el programa SMIS son:

```
0 START
  SMIS (REV.1.5 - 26.09.95 - DEPTO. OOCC - ULS)
  SMIS (FECHA DE EJECUCION :29/12/2000  )
  SMIS (HORA  DE EJECUCION : 9:23:23    )

0 FORMKD K13
  TYPE = 6      NUMBER =  1
0  I =    0.1940E+04    SHEAR AREA =   0.0000E+00
   L =    0.5000E+01             E =   0.2100E+01
  NU =    0.0000E+00
0           CROSS-SECTIONAL AREA =   0.2850E+06
0 X1 =    0.0000E+00            Y1 =   0.0000E+00
  X2 =    0.0000E+00            Y2 =   0.5000E+01
  A  =    0.0000E+00             B =   0.0000E+00

0 PRINT  K13

 *** MATRICES DE RIGIDEZ DE ELEMENTOS 1  y  3 ***

             1           2           3           4           5           6

   1  0.3911E+03  0.0000E+00  0.9778E+03  -.3911E+03  0.0000E+00  0.9778E+03
   2  0.0000E+00  0.1197E+06  0.0000E+00  0.0000E+00  -.1197E+06  0.0000E+00
   3  0.9778E+03  0.0000E+00  0.3259E+04  -.9778E+03  0.0000E+00  0.1630E+04
   4  -.3911E+03  0.0000E+00  -.9778E+03  0.3911E+03  0.0000E+00  -.9778E+03
   5  0.0000E+00  -.1197E+06  0.0000E+00  0.0000E+00  0.1197E+06  0.0000E+00
   6  0.9778E+03  0.0000E+00  0.1630E+04  -.9778E+03  0.0000E+00  0.3259E+04

0 FORMKD K2
  TYPE = 6      NUMBER =  1
0  I =    0.1940E+04    SHEAR AREA =   0.0000E+00
   L =    0.1500E+02             E =   0.2100E+01
  NU =    0.0000E+00
0           CROSS-SECTIONAL AREA =   0.2850E+06
0 X1 =    0.0000E+00            Y1 =   0.0000E+00
  X2 =    0.1500E+02            Y2 =   0.0000E+00
  A  =    0.0000E+00             B =   0.0000E+00

0 PRINT  K2

 *** MATRIZ DE RIGIDEZ DEL ELEMENTO 2 ***

             1           2           3           4           5           6

   1  0.3990E+05  0.0000E+00  0.0000E+00  -.3990E+05  0.0000E+00  0.0000E+00
   2  0.0000E+00  0.1449E+02  -.1086E+03  0.0000E+00  -.1449E+02  -.1086E+03
   3  0.0000E+00  -.1086E+03  0.1086E+04  0.0000E+00  0.1086E+03  0.5432E+03
   4  -.3990E+05  0.0000E+00  0.0000E+00  0.3990E+05  0.0000E+00  0.0000E+00
   5  0.0000E+00  -.1449E+02  0.1086E+03  0.0000E+00  0.1449E+02  0.1086E+03
   6  0.0000E+00  -.1086E+03  0.5432E+03  0.0000E+00  0.1086E+03  0.1086E+04

0 LOADLM IN      (6I6)
 NUMER.LINEAS:   3    NUM. COLUMNAS:   6

0 PRINT  IN

 *** TABLA DE INCIDENCIA (grados de libertad) ***

0           1     2     3     4     5     6

   1 *      1     2     3     0     0     0
   2 *      1     2     3     4     5     6
   3 *      4     5     6     0     0     0

0 ZERO    K
     6 LINEAS      6 COLUMNAS
0 ADDSTF K      K13    IN
0PRIMERA LINEA :    1
 NUM. DE LINEAS:    1
0 ADDSTF K      K2     IN
0PRIMERA LINEA :    2
 NUM. DE LINEAS:    1
0 ADDSTF K      K13    IN
0PRIMERA LINEA :    3
 NUM. DE LINEAS:    1
```

```
0 PRINT  K

 *** MATRIZ DE RIGIDEZ DE LA ESTRUCTURA ***

            1           2           3           4           5           6

   1  0.4029E+05  0.0000E+00  0.9778E+03  -.3990E+05  0.0000E+00  0.0000E+00
   2  0.0000E+00  0.1197E+06  -.1086E+03  0.0000E+00  -.1449E+02  -.1086E+03
   3  0.9778E+03  -.1086E+03  0.4346E+04  0.0000E+00  0.1086E+03  0.5432E+03
   4  -.3990E+05  0.0000E+00  0.0000E+00  0.4029E+05  0.0000E+00  0.9778E+03
   5  0.0000E+00  -.1449E+02  0.1086E+03  0.0000E+00  0.1197E+06  0.1086E+03
   6  0.0000E+00  -.1086E+03  0.5432E+03  0.9778E+03  0.1086E+03  0.4346E+04

0 LOAD   UU2    (1F12. 0)
 NUMER.LINEAS:   6    NUM. COLUMNAS:   1

0 PRINT  UU2

 *** DEFORMACIONES INICIALES DEL ELEMENTO 2 ***

            1

   1  0.0000E+00
   2  0.0000E+00
   3  0.0000E+00
   4  0.9900E-02
   5  0.8104E+01
   6  -.7354E+00

0 LOAD   SU2    (1F8.0 )
 NUMER.LINEAS:   6    NUM. COLUMNAS:   1

0 PRINT  SU2

 *** FUERZAS NODALES Su DE ELEMENTO 2 ***

            1

   1  0.0000E+00
   2  -.7500E+02
   3  0.5625E+03
   4  0.0000E+00
   5  0.0000E+00
   6  0.0000E+00
0 DUPL   SU2    RU
0 SCALE  RU
  SCALAR = -0.1000000E+01

0 PRINT  RU

 *** VECTOR DE CARGAS Ru ***

            1

   1  0.0000E+00
   2  0.7500E+02
   3  -.5625E+03
   4  0.0000E+00
   5  0.0000E+00
   6  0.0000E+00

0 MULT   K2     UU2    K2U2

0 PRINT  K2U2

 *** VECTOR DE CARGAS C*k*Uu ***

            1

   1  -.3950E+03
   2  -.3750E+02
   3  0.4810E+03
   4  0.3950E+03
   5  0.3750E+02
   6  0.8153E+02
```

```
0 ADD     RU      K2U2

0 PRINT  RU

 *** VECTOR DE CARGAS (Ru + C*k*Uu) ***

            1

   1  -.3950E+03
   2  0.3750E+02
   3  -.8153E+02
   4  0.3950E+03
   5  0.3750E+02
   6  0.8153E+02

0 SOLVE  K       RU
 SKALAR =    0.4029110E-01

0 PRINT  RU

 *** DESPLAZAMIENTOS r ***

            1

   1  -.4679E-02
   2  0.3133E-03
   3  -.2024E-01
   4  0.4679E-02
   5  0.3133E-03
   6  0.2024E-01

0 DUPL   RU      U2
0 SUB    U2      UU2

0 PRINT  U2

 *** DESPLAZAMIENTOS ELASTICOS ELEMENTO 2 ***

            1
   1  -.4679E-02
   2  0.3133E-03
   3  -.2024E-01
   4  -.5221E-02
   5  -.8104E+01
   6  0.7556E+00

0 FORCEM K13     IN      RU      S1
0 MULT   K2      U2      S2
0 FORCEM K13     IN      RU      S3

0 PRINT  S1

            1

   1  -.2162E+02
   2  0.3750E+02
   3  -.7053E+02
   4  0.2162E+02
   5  -.3750E+02
   6  -.3755E+02

0 PRINT  S2

            1

   1  0.2162E+02
   2  0.3750E+02
   3  -.4920E+03
   4  -.2162E+02
   5  -.3750E+02
   6  -.7053E+02
```

```
0 PRINT  S3

            1

  1  0.2162E+02
  2  0.3750E+02
  3  0.7053E+02
  4  -.2162E+02
  5  -.3750E+02
  6  0.3755E+02

0 ADD    S2      SU2

0 PRINT  S2

            1

  1  0.2162E+02
  2  -.3750E+02
  3  0.7053E+02
  4  -.2162E+02
  5  -.3750E+02
  6  -.7053E+02

0 STOP
```

Se observa que el vector $\underline{u}_{u2}$ *se ingresó con una gran cantidad de decimales. Ello es necesario para comparar con los resultados del método de las cargas nodales equivalentes. El vector* $\underline{R}_R$*, que se forma directamente en ese método, en el caso de las deformaciones iniciales se forma como* $\underline{R}_R = \underline{C}\ \underline{S}_u + \underline{C}\ \underline{k}\ \underline{u}_u$*. El vector* $\underline{S}_u$ *se forma directamente de la Tabla 7.2, de la misma forma que* $\underline{u}_u$*, pero este último vector debe ser multiplicado por la matriz de rigidez del elemento que contiene números muy grandes, por lo que para no perder precisión se deben incorporar el mayor número de decimales posible al vector* $\underline{u}_u$*. Considerando lo anterior se puede observar que los resultados de ambos métodos son idénticos.*

Ejemplo 7.5

En la estructura indicada utilizar el método de las deformaciones iniciales para:

a) Calcular los desplazamientos y esfuerzos internos debido a la carga repartida y carga puntual indicadas.
*b) Calcular la **deformación inicial** que debería tener la barra (6) para que el esfuerzo en dicha barra debido al **efecto combinado** de (a) + (b) **sea cero**.*
Nota: *Despreciar deformación axial en elementos de viga.*

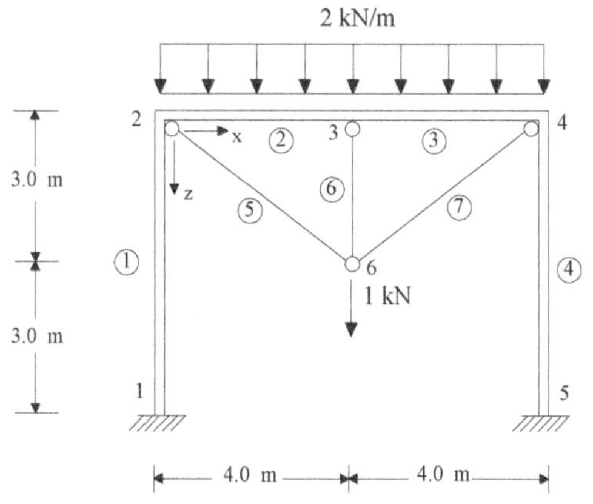

Elementos ① *al* ④ *(vigas)*
$EI = 6000\ [kNm^2]$
$EA = 1.3x10^6\ [kN]$

Elementos ⑤ *al* ⑦ *(reticulados)*
$EA = 3000\ [kN]$

La numeración de los grados de libertad y la tabla de incidencia del programa SMIS despreciando la deformación axial de los elementos de viga es:

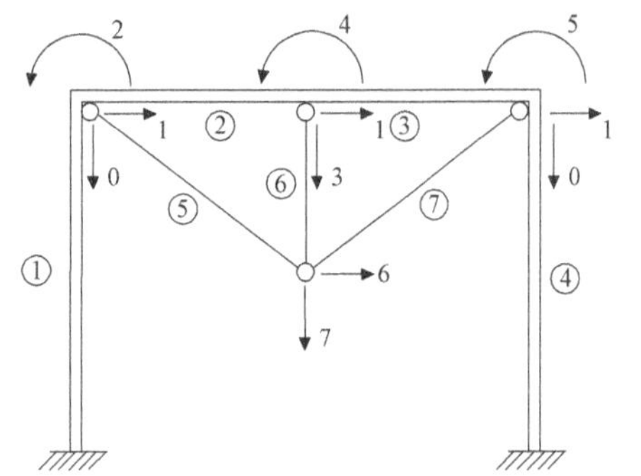

Tabla de Incidencia

Elemento	*Grados de libertad*					
①	*0*	*0*	*0*	*1*	*0*	*2*
②	*1*	*0*	*2*	*1*	*3*	*4*
③	*1*	*3*	*4*	*1*	*0*	*5*
④	*1*	*0*	*5*	*0*	*0*	*0*
⑤	*1*	*0*		*6*	*7*	
⑥	*1*	*3*		*6*	*7*	
⑦	*1*	*0*		*6*	*7*	

a) *De la Tabla 7.2 se obtienen los vectores* $\overline{\underline{u}}_u$ *y* $\overline{\underline{S}}_u$

$$\overline{\underline{u}}_u^2 = \underline{u}_u^2 = \overline{\underline{u}}_u^3 = \underline{u}_u^3 = \begin{bmatrix} 0 \\ 0 \\ 0 \\ \hdashline 0 \\ q\ell^4/8EI \\ -q\ell^3/6EI \end{bmatrix} = \frac{1}{EI}\begin{bmatrix} 0 \\ 0 \\ 0 \\ \hdashline 0 \\ 64 \\ -21.\overline{33} \end{bmatrix}$$

Se dejará el factor $\frac{1}{EI}$ *fuera de los vectores* $\underline{u}_u$ *para mejorar la precisión. Las matrices de rigidez de los elementos se formarán con el factor EI fuera de la matriz de manera que al hacer el producto* $\underline{k}\ \underline{u}_u$ *dichos factores desaparecen.*

$$\overline{\underline{S}}_u^2 = \underline{S}_u^2 = \overline{\underline{S}}_u^3 = \underline{S}_u^3 = \begin{bmatrix} 0 \\ -q\ell \\ q\ell^2/2 \\ \hdashline 0 \\ 0 \\ 0 \end{bmatrix} = \begin{bmatrix} 0 \\ -8 \\ 16 \\ \hdashline 0 \\ 0 \\ 0 \end{bmatrix}$$

Para la formación de la matriz de rigidez de los elementos de viga ① al ④ se utilizará EI = 1 (equivale a factorizar por EI) y se utilizará un valor EA ficticio de manera que:*

$$\frac{EA}{EI} = \frac{EA^*}{1} = \frac{1.3\times 10^6}{6000} \Rightarrow EA^* = 216.\overline{66}$$

Sin embargo para este problema específico en que se desprecia la deformación axial de los elementos de viga (ver tabla de incidencia), el valor de A no tiene relevancia y no incide en la matriz de rigidez de la estructura. Para la formación de la matriz de rigidez de los elementos de reticulado se utilizará también un valor EA ficticio de modo que:*

$$\frac{EA}{EI} = \frac{EA^*}{1} = \frac{3000}{6000} \Rightarrow EA^* = 0.5$$

A diferencia de los elementos de viga este valor EA si incide en la matriz de rigidez de la estructura.*

La formación del vector $\underline{R}_u$ *se realiza con los vectores* $\underline{S}_u$ *de los elementos*

$$\underline{S}_u^2 = \begin{bmatrix} 0 \\ -8 \\ \underline{16} \\ 0 \\ 0 \\ 0 \end{bmatrix} \begin{matrix} (1) \\ (0) \\ (2) \\ (1) \\ (3) \\ (4) \end{matrix} \qquad \underline{S}_u^3 = \begin{bmatrix} 0 \\ -8 \\ \underline{16} \\ 0 \\ 0 \\ 0 \end{bmatrix} \begin{matrix} (1) \\ (3) \\ (4) \\ (1) \\ (0) \\ (5) \end{matrix}$$

↑ Grados de libertad   ↑ Grados de libertad

Por lo tanto el vector $\underline{R}_u = -\underline{C}\ \underline{S}_u$ *queda:*

$$\underline{R}_u = \begin{bmatrix} 0 \\ -16 \\ 8 \\ -16 \\ 0 \\ 0 \\ 0 \end{bmatrix} \begin{matrix} (1) \\ (2) \\ (3) \\ (4) \\ (5) \\ (6) \\ (7) \end{matrix}$$

Del mismo modo se formará el vector $\underline{C}\ \underline{k}\ \underline{u}_u$ *asignando los grados de libertad del elemento* ② *al vector* $\underline{k}^2 \underline{u}_u^2$ *y los del elemento* ③ *al vector* $\underline{k}^3 \underline{u}_u^3$.

Los datos de entrada para el programa SMIS son:

```
START
FORMKDK1                          6
   1.                     1.     216.6667
  0.          6.            0.        0.
PRINT K1                          1
 *** MATRIZ DE RIGIDEZ DE ELEMENTO 1 (EI=1) ***
FORMKDK23                         6
   1.                     1.     216.6667
  0.          0.            4.        0.
PRINT K23                         1
 *** MATRICES DE RIGIDEZ DE ELEMENTOS 2 y 3 (EI=1) ***
FORMKDK4                          6
   1.                     1.     216.6667
  8.          0.            8.        6.
PRINT K4                          1
 *** MATRIZ DE RIGIDEZ DEL ELEMENTO 4 (EI=1) ***
FORMKDK5                          4
                          1.       0.5
  0.          0.            4.        3.
PRINT K5                          1
 *** MATRIZ DE RIGIDEZ ELEMENTO 5 (EI=1) ***
FORMKDK6                          4
                          1.       0.5
  4.          0.            4.        3.
PRINT K6                          1
 *** MATRIZ DE RIGIDEZ ELEMENTO 6 (EI=1) ***
```

```
FORMKDK7                        4
                           1.        0.5
   8.          0.             4.         3.
PRINT K7                        1
 *** MATRIZ DE RIGIDEZ ELEMENTO 7 (EI=1) ***
LOADLMIV    (6I6)               4     6
     0     0     0     1     0     2
     1     0     2     1     3     4
     1     3     4     1     0     5
     1     0     5     0     0     0
PRINT IV                        2     1
 *** TABLA DE INCIDENCIA (grados de libertad) ***
 *** ELEMENTOS DE VIGA ***
LOADLMIR    (4I6)               3     4
     1     0     6     7
     1     3     6     7
     1     0     6     7
PRINT IR                        2     1
 *** TABLA DE INCIDENCIA (grados de libertad) ***
 *** ELEMENTOS DE RETICULADO ***
ZERO  K                         7     7
ADDSTFK     K1    IV            1     1
ADDSTFK     K23   IV            2     2
ADDSTFK     K4    IV            4     1
ADDSTFK     K5    IR            1     1
ADDSTFK     K6    IR            2     1
ADDSTFK     K7    IR            3     1
PRINT K                         1
 *** MATRIZ DE RIGIDEZ DE LA ESTRUCTURA (EI=1) ***
LOAD  UU23  (1F8.0)             6     1
0
0
0
0.
64.
-21.3333
PRINT UU23                      1
 *** DEFORMACIONES INICIALES ELEMENTOS 2 Y 3 (EI=1) ***
LOAD  SU23                      6     1
       -8.   16.
PRINT SU23                      1
 *** FUERZAS NODALES Su ELEMENTOS 2 Y 3 ***
ZERO  RU                        7     1
LOADLMI1                        1     1
     1
PRINT I1                        1     1
 *** INDICE DE COLUMNA DE Ru PARA INSERTAR Su ***
RMVSM IV    F2                  2     1     1     6
RMVSM IV    F3                  3     1     1     6
MERGE RU    SU23  F2    I1
MERGE RU    SU23  F3    I1
SCALE RU                                               -1.
PRINT RU                        1
 *** VECTOR DE CARGAS Ru ***
LOAD  R                         7     1
                                  1.
PRINT R                         1
 *** VECTOR DE CARGAS R ***
ADD   R     RU
PRINT R                         1
 *** VECTOR DE CARGAS R + Ru ***
MULT  K23   UU23  K2U2
ZERO  CKU                       7     1
MERGE CKU   K2U2  F2    I1
MERGE CKU   K2U2  F3    I1
PRINT CKU                       1
 *** VECTOR DE CARGAS C*k*Uu ***
ADD   R     CKU
PRINT R                         1
 *** VECTOR DE CARGAS (R + Ru + C*k*Uu) ***
WRITE ME7-5                     3
K     K6    IR
SOLVE K     R
PRINT R                         1
 *** DESPLAZAMIENTOS r ***
ZERO  I6                        6     6                    1.
PRINT I6                        1
 *** MATRIZ IDENTIDAD ***
```

```
FORCEMI6    IV    R     U2         2    1
FORCEMI6    IV    R     U3         3    1
PRINT U2                           1
 *** DESPLAZAMIENTOS ELEMENTO 2 ***
PRINT U3                           1
 *** DESPLAZAMIENTOS ELEMENTO 3 ***
SUB   U2    UU23
SUB   U3    UU23
PRINT U2                           1
 *** DESPLAZAMIENTOS ELASTICOS ELEMENTO 2 ***
PRINT U3                           1
 *** DESPLAZAMIENTOS ELASTICOS ELEMENTO 3 ***
FORCEMK1    IV    R     S1         1    1
MULT  K23   U2    S2
MULT  K23   U3    S3
FORCEMK4    IV    R     S4         4    1
FORCEMK5    IR    R     S5         1    1
FORCEMK6    IR    R     S6         2    1
FORCEMK7    IR    R     S7         3    1
PRINT S1
PRINT S2
PRINT S3
PRINT S4
PRINT S5
PRINT S6
PRINT S7
ADD   S2    SU23
ADD   S3    SU23
PRINT S2                           1
 *** ESFUERZOS ELEMENTO 2 CORREGIDOS ***
PRINT S3                           1
 *** ESFUERZOS ELEMENTO 3 CORREGIDOS ***
STOP
```

Los resultados que se obtienen con el programa SMIS son:

```
 START

  SMIS (REV.3.0 - 02.01.2001 - DEPTO. OOCC - ULS)

  SMIS (FECHA DE EJECUCION :11/ 1/2001   )

  SMIS (HORA  DE EJECUCION :17: 5:51     )

 FORMKD K1
  TYPE = 6      NUMBER =  1
0  I =   0.1000E+01     SHEAR AREA =   0.0000E+00
   L =   0.6000E+01              E =   0.1000E+01
  NU =   0.0000E+00
0              CROSS-SECTIONAL AREA =   0.2167E+03
0 X1 =   0.0000E+00             Y1 =   0.6000E+01
  X2 =   0.0000E+00             Y2 =   0.0000E+00
  A  =   0.0000E+00              B =   0.0000E+00


 PRINT  K1

 *** MATRIZ DE RIGIDEZ DE ELEMENTO 1 (EI=1) ***

              1           2           3           4           5           6
    1  0.5556E-01  0.0000E+00  -.1667E+00  -.5556E-01  0.0000E+00  -.1667E+00
    2  0.0000E+00  0.3611E+02  0.0000E+00  0.0000E+00  -.3611E+02  0.0000E+00
    3  -.1667E+00  0.0000E+00  0.6667E+00  0.1667E+00  0.0000E+00  0.3333E+00
    4  -.5556E-01  0.0000E+00  0.1667E+00  0.5556E-01  0.0000E+00  0.1667E+00
    5  0.0000E+00  -.3611E+02  0.0000E+00  0.0000E+00  0.3611E+02  0.0000E+00
    6  -.1667E+00  0.0000E+00  0.3333E+00  0.1667E+00  0.0000E+00  0.6667E+00

 FORMKD K23
  TYPE = 6      NUMBER =  1
0  I =   0.1000E+01     SHEAR AREA =   0.0000E+00
   L =   0.4000E+01              E =   0.1000E+01
  NU =   0.0000E+00
0              CROSS-SECTIONAL AREA =   0.2167E+03

0 X1 =   0.0000E+00             Y1 =   0.0000E+00
  X2 =   0.4000E+01             Y2 =   0.0000E+00
  A  =   0.0000E+00              B =   0.0000E+00
```

```
PRINT  K23

*** MATRICES DE RIGIDEZ DE ELEMENTOS 2 y 3 (EI=1) ***

           1           2           3           4           5           6

   1  0.5417E+02  0.0000E+00  0.0000E+00  -.5417E+02  0.0000E+00  0.0000E+00
   2  0.0000E+00  0.1875E+00  -.3750E+00  0.0000E+00  -.1875E+00  -.3750E+00
   3  0.0000E+00  -.3750E+00  0.1000E+01  0.0000E+00  0.3750E+00  0.5000E+00
   4  -.5417E+02  0.0000E+00  0.0000E+00  0.5417E+02  0.0000E+00  0.0000E+00
   5  0.0000E+00  -.1875E+00  0.3750E+00  0.0000E+00  0.1875E+00  0.3750E+00
   6  0.0000E+00  -.3750E+00  0.5000E+00  0.0000E+00  0.3750E+00  0.1000E+01
FORMKD K4
 TYPE = 6      NUMBER =  1
0  I =    0.1000E+01    SHEAR AREA =   0.0000E+00
   L =    0.6000E+01             E =   0.1000E+01
  NU =    0.0000E+00
0            CROSS-SECTIONAL AREA =   0.2167E+03
0 X1 =    0.8000E+01            Y1 =   0.0000E+00
  X2 =    0.8000E+01            Y2 =   0.6000E+01
  A  =    0.0000E+00             B =   0.0000E+00

PRINT  K4

*** MATRIZ DE RIGIDEZ DEL ELEMENTO 4 (EI=1) ***

           1           2           3           4           5           6

   1  0.5556E-01  0.0000E+00  0.1667E+00  -.5556E-01  0.0000E+00  0.1667E+00
   2  0.0000E+00  0.3611E+02  0.0000E+00  0.0000E+00  -.3611E+02  0.0000E+00
   3  0.1667E+00  0.0000E+00  0.6667E+00  -.1667E+00  0.0000E+00  0.3333E+00
   4  -.5556E-01  0.0000E+00  -.1667E+00  0.5556E-01  0.0000E+00  -.1667E+00
   5  0.0000E+00  -.3611E+02  0.0000E+00  0.0000E+00  0.3611E+02  0.0000E+00
   6  0.1667E+00  0.0000E+00  0.3333E+00  -.1667E+00  0.0000E+00  0.6667E+00

FORMKD K5
 TYPE = 4      NUMBER =  1
0  I =    0.0000E+00    SHEAR AREA =   0.0000E+00
   L =    0.5000E+01             E =   0.1000E+01
  NU =    0.0000E+00
0            CROSS-SECTIONAL AREA =   0.5000E+00
0 X1 =    0.0000E+00            Y1 =   0.0000E+00
  X2 =    0.4000E+01            Y2 =   0.3000E+01
  A  =    0.0000E+00             B =   0.0000E+00

PRINT  K5

*** MATRIZ DE RIGIDEZ ELEMENTO 5 (EI=1) ***

           1           2           3           4

   1  0.6400E-01  0.4800E-01  -.6400E-01  -.4800E-01
   2  0.4800E-01  0.3600E-01  -.4800E-01  -.3600E-01
   3  -.6400E-01  -.4800E-01  0.6400E-01  0.4800E-01
   4  -.4800E-01  -.3600E-01  0.4800E-01  0.3600E-01


FORMKD K6
 TYPE = 4      NUMBER =  1
0  I =    0.0000E+00    SHEAR AREA =   0.0000E+00
   L =    0.3000E+01             E =   0.1000E+01
  NU =    0.0000E+00
0            CROSS-SECTIONAL AREA =   0.5000E+00
0 X1 =    0.4000E+01            Y1 =   0.0000E+00
  X2 =    0.4000E+01            Y2 =   0.3000E+01
  A  =    0.0000E+00             B =   0.0000E+00


PRINT  K6

*** MATRIZ DE RIGIDEZ ELEMENTO 6 (EI=1) ***

           1           2           3           4

   1  0.0000E+00  0.0000E+00  0.0000E+00  0.0000E+00
   2  0.0000E+00  0.1667E+00  0.0000E+00  -.1667E+00
   3  0.0000E+00  0.0000E+00  0.0000E+00  0.0000E+00
   4  0.0000E+00  -.1667E+00  0.0000E+00  0.1667E+00
```

```
 FORMKD K7
  TYPE = 4      NUMBER =  1
0  I =   0.0000E+00    SHEAR AREA =   0.0000E+00
   L =   0.5000E+01             E =   0.1000E+01
  NU =   0.0000E+00
0              CROSS-SECTIONAL AREA =   0.5000E+00
0 X1 =   0.8000E+01            Y1 =   0.0000E+00
  X2 =   0.4000E+01            Y2 =   0.3000E+01
  A  =   0.0000E+00             B =   0.0000E+00
 PRINT  K7

 *** MATRIZ DE RIGIDEZ ELEMENTO 7 (EI=1) ***

           1            2            3            4

   1  0.6400E-01  -.4800E-01  -.6400E-01  0.4800E-01
   2  -.4800E-01  0.3600E-01  0.4800E-01  -.3600E-01
   3  -.6400E-01  0.4800E-01  0.6400E-01  -.4800E-01
   4  0.4800E-01  -.3600E-01  -.4800E-01  0.3600E-01

 LOADLM IV     (6I6)
 NUMER.LINEAS:   4    NUM. COLUMNAS:   6
  PRINT  IV

 *** TABLA DE INCIDENCIA (grados de libertad) ***
 *** ELEMENTOS DE VIGA ***

          1     2     3     4     5     6

   1 *    0     0     0     1     0     2
   2 *    1     0     2     1     3     4
   3 *    1     3     4     1     0     5
   4 *    1     0     5     0     0     0

 LOADLM IR     (4I6)
 NUMER.LINEAS:   3    NUM. COLUMNAS:   4

 PRINT  IR

 *** TABLA DE INCIDENCIA (grados de libertad) ***
 *** ELEMENTOS DE RETICULADO ***

          1     2     3     4

   1 *    1     0     6     7
   2 *    1     3     6     7
   3 *    1     0     6     7

 ZERO   K
     7 LINEAS      7 COLUMNAS

 ADDSTF K      K1      IV
0PRIMERA LINEA :    1
 NUM. DE LINEAS:    1

 ADDSTF K      K23     IV
0PRIMERA LINEA :    2
 NUM. DE LINEAS:    2

 ADDSTF K      K4      IV
0PRIMERA LINEA :    4
 NUM. DE LINEAS:    1

 ADDSTF K      K5      IR
0PRIMERA LINEA :    1
 NUM. DE LINEAS:    1

 ADDSTF K      K6      IR
0PRIMERA LINEA :    2
 NUM. DE LINEAS:    1

 ADDSTF K      K7      IR
0PRIMERA LINEA :    3
 NUM. DE LINEAS:    1
```

```
PRINT  K

*** MATRIZ DE RIGIDEZ DE LA ESTRUCTURA (EI=1) ***

           1           2           3           4           5           6

  1  0.2391E+00  0.1667E+00  0.0000E+00  0.0000E+00  0.1667E+00  -.1280E+00
  2  0.1667E+00  0.1667E+01  0.3750E+00  0.5000E+00  0.0000E+00  0.0000E+00
  3  0.0000E+00  0.3750E+00  0.5417E+00  0.0000E+00  -.3750E+00  0.0000E+00
  4  0.0000E+00  0.5000E+00  0.0000E+00  0.2000E+01  0.5000E+00  0.0000E+00
  5  0.1667E+00  0.0000E+00  -.3750E+00  0.5000E+00  0.1667E+01  0.0000E+00
  6  -.1280E+00  0.0000E+00  0.0000E+00  0.0000E+00  0.0000E+00  0.1280E+00
  7  0.0000E+00  0.0000E+00  -.1667E+00  0.0000E+00  0.0000E+00  0.0000E+00

           7

  1  0.0000E+00
  2  0.0000E+00
  3  -.1667E+00
  4  0.0000E+00
  5  0.0000E+00
  6  0.0000E+00
  7  0.2387E+00

LOAD   UU23   (1F8.0 )
NUMER.LINEAS:   6    NUM. COLUMNAS:   1

PRINT  UU23

*** DEFORMACIONES INICIALES ELEMENTOS 2 Y 3 (EI=1) ***

           1

  1  0.0000E+00
  2  0.0000E+00
  3  0.0000E+00
  4  0.0000E+00
  5  0.6400E+02
  6  -.2133E+02

LOAD   SU23
NUMER.LINEAS:   6    NUM. COLUMNAS:   1

PRINT  SU23

*** FUERZAS NODALES Su ELEMENTOS 2 Y 3 ***

           1

  1  0.0000E+00
  2  -.8000E+01
  3  0.1600E+02
  4  0.0000E+00
  5  0.0000E+00
  6  0.0000E+00

ZERO   RU
    7 LINEAS      1 COLUMNAS
LOADLM I1
NUMER.LINEAS:   1    NUM. COLUMNAS:   1

PRINT  I1

*** INDICE DE COLUMNA DE Ru PARA INSERTAR Su ***

          1

  1 *     1

RMVSM  IV     F2
NUM.DE FILA :   2 NUM.DE COLUMNA:   1
    1 FILAS      6 COLUMNAS

RMVSM  IV     F3
NUM.DE FILA :   3 NUM.DE COLUMNA:   1
    1 FILAS      6 COLUMNAS
```

```
MERGE  RU      SU23   F2      I1
    6 FILAS      1 COLUMNAS
  FILAS    1   0   2   1   3   4
COLUMNAS   1

MERGE  RU      SU23   F3      I1
    6 FILAS      1 COLUMNAS
  FILAS    1   3   4   1   0   5
COLUMNAS   1

SCALE  RU
 SCALAR = -0.1000000E+01

PRINT  RU

*** VECTOR DE CARGAS Ru ***

           1

  1  0.0000E+00
  2  -.1600E+02
  3  0.8000E+01
  4  -.1600E+02
  5  0.0000E+00
  6  0.0000E+00
  7  0.0000E+00
 LOAD   R
NUMER.LINEAS:   7     NUM. COLUMNAS:   1

PRINT  R

*** VECTOR DE CARGAS R ***

           1

  1  0.0000E+00
  2  0.0000E+00
  3  0.0000E+00
  4  0.0000E+00
  5  0.0000E+00
  6  0.0000E+00
  7  0.1000E+01

ADD    R      RU

PRINT  R

*** VECTOR DE CARGAS R + Ru ***

           1

  1  0.0000E+00
  2  -.1600E+02
  3  0.8000E+01
  4  -.1600E+02
  5  0.0000E+00
  6  0.0000E+00
  7  0.1000E+01

MULT   K23    UU23   K2U2

ZERO   CKU
    7 LINEAS      1 COLUMNAS

MERGE  CKU    K2U2   F2      I1
    6 FILAS      1 COLUMNAS
  FILAS    1   0   2   1   3   4
COLUMNAS   1

MERGE  CKU    K2U2   F3      I1
    6 FILAS      1 COLUMNAS
  FILAS    1   3   4   1   0   5
COLUMNAS   1
```

```
PRINT  CKU

*** VECTOR DE CARGAS C*k*Uu ***

          1

  1  0.0000E+00
  2  0.1333E+02
  3  0.0000E+00
  4  0.1600E+02
  5  0.2667E+01
  6  0.0000E+00
  7  0.0000E+00

ADD     R       CKU

PRINT  R

*** VECTOR DE CARGAS (R + Ru + C*k*Uu) ***

          1
  1  0.0000E+00
  2  -.2667E+01
  3  0.8000E+01
  4  0.5150E-04
  5  0.2667E+01
  6  0.0000E+00
  7  0.1000E+01

WRITE  ME7-5
 Nø DE MATRICES :  3  ARCHIVO EXTERNO : ME7-5

 MATRICES : K      K6      IR


SOLVE  K      R
SKALAR =    0.2391128E-06

PRINT  R

*** DESPLAZAMIENTOS r ***

          1

  1  -.3861E-04
  2  -.1028E+02
  3  0.3859E+02
  4  0.1907E-04
  5  0.1028E+02
  6  -.3861E-04
  7  0.3114E+02

ZERO   I6
    6 LINEAS      6 COLUMNAS
 PRINT  I6

*** MATRIZ IDENTIDAD ***

          1           2           3           4           5           6

  1  0.1000E+01  0.0000E+00  0.0000E+00  0.0000E+00  0.0000E+00  0.0000E+00
  2  0.0000E+00  0.1000E+01  0.0000E+00  0.0000E+00  0.0000E+00  0.0000E+00
  3  0.0000E+00  0.0000E+00  0.1000E+01  0.0000E+00  0.0000E+00  0.0000E+00
  4  0.0000E+00  0.0000E+00  0.0000E+00  0.1000E+01  0.0000E+00  0.0000E+00
  5  0.0000E+00  0.0000E+00  0.0000E+00  0.0000E+00  0.1000E+01  0.0000E+00
  6  0.0000E+00  0.0000E+00  0.0000E+00  0.0000E+00  0.0000E+00  0.1000E+01

FORCEM I6      IV      R      U2

FORCEM I6      IV      R      U3
```

```
PRINT  U2

*** DESPLAZAMIENTOS ELEMENTO 2 ***

           1

  1  -.3861E-04
  2  0.0000E+00
  3  -.1028E+02
  4  -.3861E-04
  5  0.3859E+02
  6  0.1907E-04

PRINT  U3

*** DESPLAZAMIENTOS ELEMENTO 3 ***

           1

  1  -.3861E-04
  2  0.3859E+02
  3  0.1907E-04
  4  -.3861E-04
  5  0.0000E+00
  6  0.1028E+02

SUB    U2     UU23

SUB    U3     UU23

PRINT  U2

*** DESPLAZAMIENTOS ELASTICOS ELEMENTO 2 ***

           1

  1  -.3861E-04
  2  0.0000E+00
  3  -.1028E+02
  4  -.3861E-04
  5  -.2541E+02
  6  0.2133E+02

PRINT  U3

*** DESPLAZAMIENTOS ELASTICOS ELEMENTO 3 ***

           1

  1  -.3861E-04
  2  0.3859E+02
  3  0.1907E-04
  4  -.3861E-04
  5  -.6400E+02
  6  0.3162E+02

FORCEM K1      IV      R       S1
 MULT   K23     U2      S2

MULT   K23     U3      S3

FORCEM K4      IV      R       S4

FORCEM K5      IR      R       S5

FORCEM K6      IR      R       S6

FORCEM K7      IR      R       S7
```

```
PRINT  S1

           1

   1  0.1714E+01
   2  0.0000E+00
   3  -.3427E+01
   4  -.1714E+01
   5  0.0000E+00
   6  -.6855E+01

PRINT  S2

           1

   1  0.0000E+00
   2  0.6209E+00
   3  -.9145E+01
   4  0.0000E+00
   5  -.6209E+00
   6  0.6662E+01

PRINT  S3

           1

   1  0.0000E+00
   2  0.7379E+01
   3  -.2266E+02
   4  0.0000E+00
   5  -.7379E+01
   6  -.6855E+01

PRINT  S4

           1

   1  0.1714E+01
   2  0.0000E+00
   3  0.6855E+01
   4  -.1714E+01
   5  0.0000E+00
   6  0.3427E+01

PRINT  S5

           1

   1  -.1494E+01
   2  -.1121E+01
   3  0.1494E+01
   4  0.1121E+01

PRINT  S6

           1

   1  0.0000E+00
   2  0.1242E+01
   3  0.0000E+00
   4  -.1242E+01

PRINT  S7

           1

   1  0.1494E+01
   2  -.1121E+01
   3  -.1494E+01
   4  0.1121E+01
```

```
ADD    S2    SU23

ADD    S3    SU23

PRINT  S2

*** ESFUERZOS ELEMENTO 2 CORREGIDOS ***

           1

  1  0.0000E+00
  2  -.7379E+01
  3  0.6855E+01
  4  0.0000E+00
  5  -.6209E+00
  6  0.6662E+01

PRINT  S3

*** ESFUERZOS ELEMENTO 3 CORREGIDOS ***

           1

  1  0.0000E+00
  2  -.6209E+00
  3  -.6662E+01
  4  0.0000E+00
  5  -.7379E+01
  6  -.6855E+01

STOP
```

Nótese que una vez formadas, la matriz de rigidez de la estructura ($\underline{K}$) *la matriz del elemento ⑥* ($\underline{K}_6$) *y la tabla de incedencia de los elementos de reticulado* ($\underline{IR}$) *fueron grabadas en un archivo externo (ME7_5) para su posterior utilización en la parte (b).*

Se observa que los esfuerzos nodales de los elementos son:

$$\underline{S}^1 = \begin{bmatrix} 1.714 \\ 0 \\ -3.427 \\ \hdashline -1.714 \\ 0 \\ -6.855 \end{bmatrix} \qquad \underline{S}^{2+} = \begin{bmatrix} 0 \\ -7.379 \\ 6.855 \\ \hdashline 0 \\ -0.6209 \\ 6.662 \end{bmatrix} \qquad \underline{S}^{3+} = \begin{bmatrix} 0 \\ -0.6209 \\ -6.662 \\ \hdashline 0 \\ -7.379 \\ -6.855 \end{bmatrix}$$

$$\underline{S}^4 = \begin{bmatrix} 1.714 \\ 0 \\ 6.855 \\ \hdashline -1.714 \\ 0 \\ 3.427 \end{bmatrix} \qquad \underline{S}^5 = \begin{bmatrix} -1.494 \\ -1.121 \\ 1.494 \\ 1.121 \end{bmatrix} \qquad \underline{S}^6 = \begin{bmatrix} 0 \\ 1.242 \\ 0 \\ -1.242 \end{bmatrix} \qquad \underline{S}^7 = \begin{bmatrix} 1.494 \\ -1.121 \\ -1.494 \\ 1.121 \end{bmatrix}$$

$(N^5=1.868)$ $(N^6=-1.242)$ $(N^7=1.868)$

Nótese que en los elementos de viga (① al ④) aparece que el esfuerzo axial es cero. Ello, es una consecuencia de despreciar la deformación axial en dichos elementos. En realidad, estos elementos transmiten toda la fuerza axial que llegue a sus nudos. Dichos esfuerzos se deben calcular por equilibrio de nudos:

Nudo 2

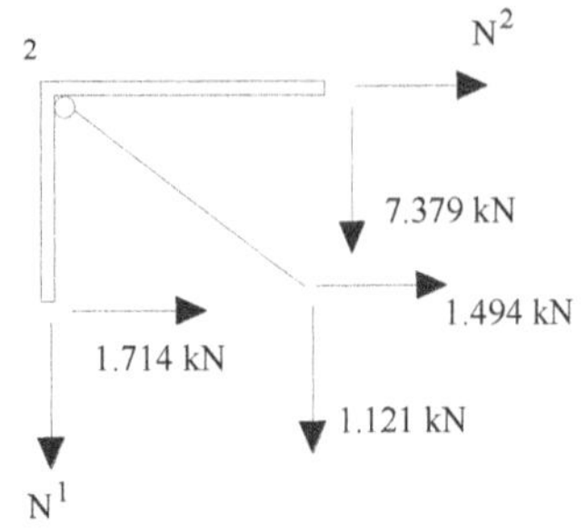

$N^1 = -(1.121+7.379) = -8.500$
$N^2 = -(1.494+1.714) = -3.208$

Nudo 4

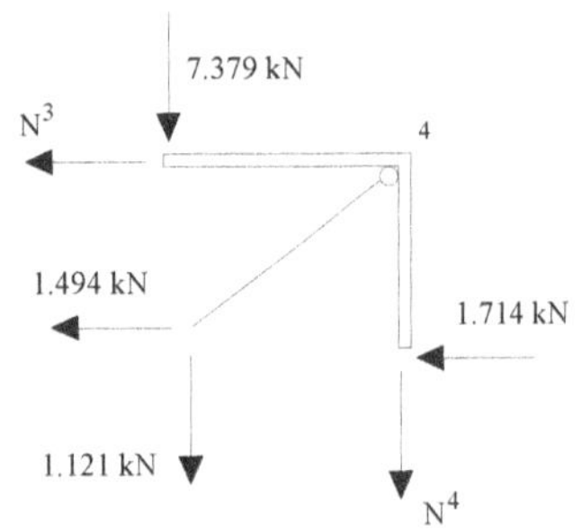

$N^3 = -(1.494+1.714) = -3.208$
$N^4 = -(1.121+7.379) = -8.500$

Se observa que el elemento (6) toma una fuerza axial de $N^6 = -1.242$ $[kN]$ (compresión) debido al efecto de las cargas.

b) Deformación inicial del elemento (6).

Asumamos una deformación inicial Δ (alargamiento) del elemento (6). Así el vector $\underline{u}_u^{\,6}$ es:

$$\underline{u}_u^{\,6} = \begin{bmatrix} 0 \\ 0 \\ - \\ 0 \\ 1 \end{bmatrix} \Delta$$

Haciendo el cálculo con $\Delta = 1$ y sin ninguna otra carga la entrada de datos del programa SMIS es:

```
START
READ  ME7-5                        3
K     K6    IR
PRINT K                            1
 *** MATRIZ DE RIGIDEZ DE LA ESTRUCTURA (EI=1) ***
PRINT K6                           1
 *** MATRIZ DE RIGIDEZ ELEMENTO 6 (EI=1) ***
PRINT IR                           2     1
 *** TABLA DE INCIDENCIA (grados de libertad) ***
 *** ELEMENTOS DE RETICULADO ***
LOAD  UU6                          4     1
                   1.
PRINT UU6                          1
 *** DEFORMACION INICIAL ELEMENTO 6 ***
MULT  K6    UU6   K6U6
ZERO  CKU                          7     1
RMVSM IR    F6                     2     1     1     4
LOADLMI1                           1     1
     1
PRINT I1                           1     1
```

```
 *** INDICE DE COLUMNA DE CKU PARA INSERTAR K6U6 ***
MERGE CKU   K6U6  F6    I1
PRINT CKU                       1
 *** VECTOR DE CARGAS R= C*k*Uu ***
SOLVE K     CKU
PRINT CKU                       1
 *** DESPLAZAMIENTOS r ***
ZERO  I4                        4      4                      1.
PRINT I4                        1
 *** MATRIZ IDENTIDAD ***
FORCEMI4    F6    CKU   U6
PRINT U6                        1
 *** DESPLAZAMIENTOS ELEMENTO 6 ***
SUB   U6    UU6
PRINT U6                        1
 *** DESPLAZAMIENTOS ELASTICOS ELEMENTO 6 ***
MULT  K6    U6    S6
PRINT S6
STOP
```

Los resultados son:

```
 START

  SMIS (REV.3.0 - 02.01.2001 - DEPTO. OOCC - ULS)
  SMIS (FECHA DE EJECUCION :11/ 1/2001  )
  SMIS (HORA  DE EJECUCION :18:14:58    )


 READ   ME7-5

 Nø DE MATRICES :  3  ARCHIVO EXTERNO : ME7-5

  MATRICES : K      K6     IR


 PRINT  K

 *** MATRIZ DE RIGIDEZ DE LA ESTRUCTURA (EI=1) ***

            1            2            3            4            5            6

   1  0.2391E+00  0.1667E+00  0.0000E+00  0.0000E+00  0.1667E+00  -.1280E+00
   2  0.1667E+00  0.1667E+01  0.3750E+00  0.5000E+00  0.0000E+00  0.0000E+00
   3  0.0000E+00  0.3750E+00  0.5417E+00  0.0000E+00  -.3750E+00  0.0000E+00
   4  0.0000E+00  0.5000E+00  0.0000E+00  0.2000E+01  0.5000E+00  0.0000E+00
   5  0.1667E+00  0.0000E+00  -.3750E+00  0.5000E+00  0.1667E+01  0.0000E+00
   6  -.1280E+00  0.0000E+00  0.0000E+00  0.0000E+00  0.0000E+00  0.1280E+00
   7  0.0000E+00  0.0000E+00  -.1667E+00  0.0000E+00  0.0000E+00  0.0000E+00

            7

   1  0.0000E+00
   2  0.0000E+00
   3  -.1667E+00
   4  0.0000E+00
   5  0.0000E+00
   6  0.0000E+00
   7  0.2387E+00

 PRINT  K6

 *** MATRIZ DE RIGIDEZ ELEMENTO 6 (EI=1) ***

            1            2            3            4

   1  0.0000E+00  0.0000E+00  -.0000E+00  -.0000E+00
   2  0.0000E+00  0.1667E+00  -.0000E+00  -.1667E+00
   3  -.0000E+00  -.0000E+00  0.0000E+00  0.0000E+00
   4  -.0000E+00  -.1667E+00  0.0000E+00  0.1667E+00
```

```
PRINT  IR

*** TABLA DE INCIDENCIA (grados de libertad) ***
*** ELEMENTOS DE RETICULADO ***

          1     2     3     4

  1 *     1     0     6     7
  2 *     1     3     6     7
  3 *     1     0     6     7

LOAD   UU6
NUMER.LINEAS:   4    NUM. COLUMNAS:   1

PRINT  UU6

*** DEFORMACION INICIAL ELEMENTO 6 ***
          1

  1  0.0000E+00
  2  0.0000E+00
  3  0.0000E+00
  4  0.1000E+01

MULT   K6     UU6    K6U6
ZERO   CKU
    7 LINEAS     1 COLUMNAS

RMVSM  IR     F6
NUM.DE FILA :   2 NUM.DE COLUMNA:   1
    1 FILAS      4 COLUMNAS

LOADLM I1
NUMER.LINEAS:   1    NUM. COLUMNAS:   1

PRINT  I1

*** INDICE DE COLUMNA DE CKU PARA INSERTAR K6U6 ***

          1

  1 *     1

MERGE  CKU    K6U6   F6     I1
    4 FILAS     1 COLUMNAS
  FILAS   1   3   6   7
COLUMNAS  1

PRINT  CKU
*** VECTOR DE CARGAS R= C*k*Uu ***

          1

  1  0.0000E+00
  2  0.0000E+00
  3  -.1667E+00
  4  0.0000E+00
  5  0.0000E+00
  6  0.0000E+00
  7  0.1667E+00

SOLVE  K      CKU
SKALAR =   0.2391128E-06

PRINT  CKU

*** DESPLAZAMIENTOS r ***

          1

  1  -.9259E-08
  2  0.4410E-01
  3  -.1960E+00
  4  0.0000E+00
  5  -.4410E-01
  6  -.9259E-08
  7  0.5615E+00
```

```
ZERO    I4
    4 LINEAS      4 COLUMNAS

PRINT  I4

*** MATRIZ IDENTIDAD ***

           1           2           3           4

  1  0.1000E+01  0.0000E+00  0.0000E+00  0.0000E+00
  2  0.0000E+00  0.1000E+01  0.0000E+00  0.0000E+00
  3  0.0000E+00  0.0000E+00  0.1000E+01  0.0000E+00
  4  0.0000E+00  0.0000E+00  0.0000E+00  0.1000E+01
 FORCEM I4      F6      CKU     U6

PRINT  U6

*** DESPLAZAMIENTOS ELEMENTO 6 ***
           1

  1  -.9259E-08
  2  -.1960E+00
  3  -.9259E-08
  4  0.5615E+00
SUB    U6     UU6

PRINT  U6

*** DESPLAZAMIENTOS ELASTICOS ELEMENTO 6 ***

           1

  1  -.9259E-08
  2  -.1960E+00
  3  -.9259E-08
  4  -.4385E+00

MULT   K6     U6     S6

PRINT  S6

           1

  1  0.0000E+00
  2  0.4042E-01
  3  0.0000E+00
  4  -.4042E-01

STOP
```

Para resolver esta parte (b) del problema se recurrió a las matrices ya formadas en la parte (a) y guardadas en el archivo ME7-5: la matriz de rigidez de la estructura $\underline{K}$, *la matriz de rigidez del elemento* (6) *y la tabla de incidencia de los elementos de reticulado* $\underline{I}\,\underline{R}$. *Como la única carga existente es la deformación inicial del elemento* (6), *el vector de carga es* $\underline{C}\ \underline{k}\ \underline{u}_u$ *formado por el vector* $\underline{k}^6\ \underline{u}_u^{\ 6}$ *ubicado en el vector* $\underline{C}\ \underline{k}\ \underline{u}_u$ *mediante la tabla de incidencia.*

Las fuerzas nodales del elemento (6) *resultan (el cálculo se hizo con* $EI = 1$ *y* $\Delta = 1$*).*

$$\underline{S}^6 = EI \begin{bmatrix} 0 \\ 0.04042 \\ 0 \\ -0.04042 \end{bmatrix} \Delta = \begin{bmatrix} 0 \\ 242.52 \\ 0 \\ -242.52 \end{bmatrix} \Delta$$

Lo anterior significa que el elemento (6) *debido a una deformación inicial* Δ *queda sometido a una fuerza axial* $N^6 = -242.52\,\Delta$.

Superponiendo los resultados de las partes (a) y (b) se obtiene que la condición para que la fuerza axial de la barra ⑥ *debido al efecto combinado sea cero es:*

$$N^6 = -1.242 - 242.52\,\Delta = 0 \quad \Rightarrow \quad \Delta = -0.0051(m)$$

Esto es la barra ⑥ *debe tener una deformación inicial negativa de 5.1 mm (ello significa que debe ser 5.1 mm más corta que su longitud de 3 m considerada en la estructura).*

Una importante aplicación del método de las deformaciones iniciales la constituye la determinación de ***Líneas de Influencia en estructuras hiperestáticas.*** Como se sabe las Líneas de Influencia para esfuerzos internos se pueden determinar utilizando el ***Principio de Müller-Breslau*** (Hidalgo, 1992, p. 308), esto es, liberando el grado de libertad asociado al esfuerzo interno y dándole una deformación unitaria. Dicha deformación unitaria se puede imponer con el método de las deformaciones iniciales. El Ejemplo 7.6 muestra dicha aplicación.

Ejemplo 7.6

Determinar la Línea de Influencia del momento flector en el extremo derecho del elemento ④ *debido a una carga unitaria móvil que se desplaza sobre los elementos* ② ④ *y* ⑥ *de la estructura indicada. Despreciar deformación axial de los elementos.*

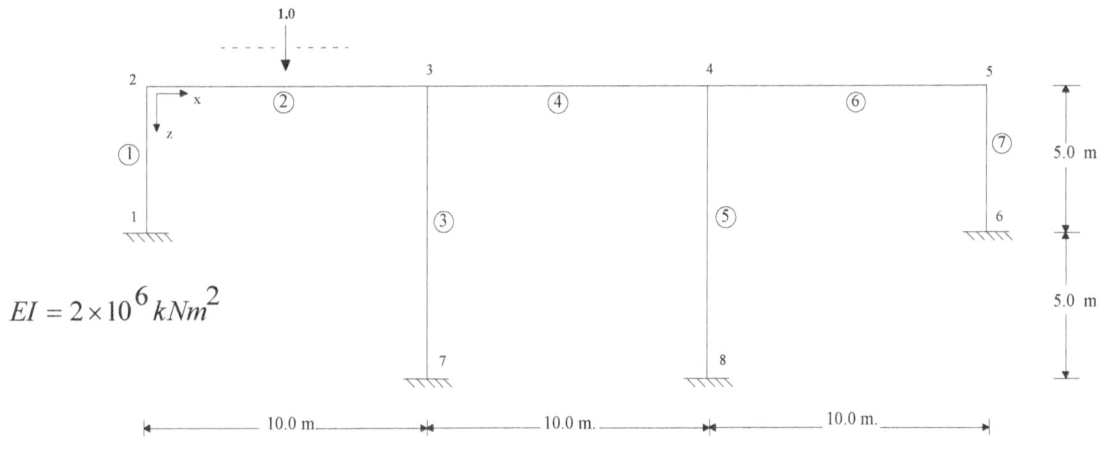

Los grados de libertad de la estructura, despreciando la deformación axial son:

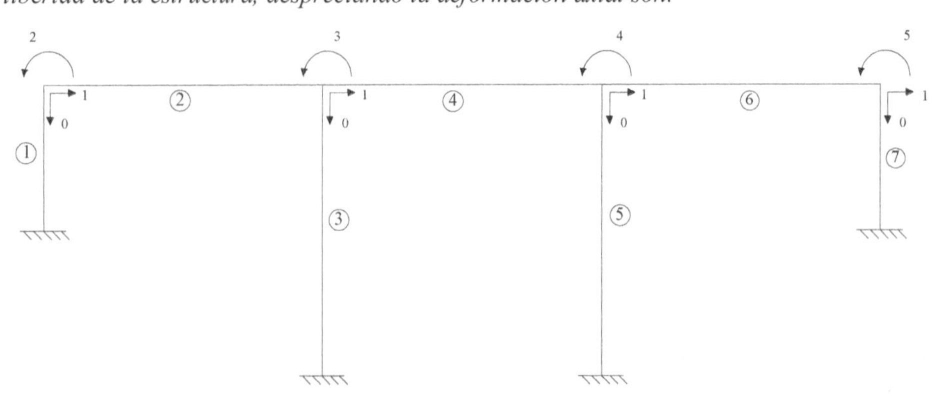

Por lo tanto la matriz de rigidez en términos de grados de libertad es:

Elemento	*Grados de libertad*					
①	*1*	*0*	*2*	*0*	*0*	*0*
②	*1*	*0*	*2*	*1*	*0*	*3*
③	*1*	*0*	*3*	*0*	*0*	*0*
④	*1*	*0*	*3*	*1*	*0*	*4*
⑤	*1*	*0*	*4*	*0*	*0*	*0*
⑥	*1*	*0*	*4*	*1*	*0*	*5*
⑦	*1*	*0*	*5*	*0*	*0*	*0*

Se debe dar una deformación unitaria asociada al momento del extremo derecho del elemento ④, esto es:

$$\underline{u}_u^4 = \begin{bmatrix} 0 \\ 0 \\ 0 \\ - \\ 0 \\ 0 \\ 1 \end{bmatrix}$$

La entrada de datos para el programa SMIS es:

```
START
FORMKDK17                              6
   2000.                  1000.         1.
   0.          0.           0.          5.
PRINT K17                              1
 *** MATRIZ DE RIGIDEZ DE ELEMENTOS 1 y 7 ***
FORMKDK246                             6
   2000.                  1000.         1.
   0.          0.          10.          0.
PRINT K246                             1
 *** MATRICES DE RIGIDEZ DE ELEMENTOS 2 , 4 y 6 ***
FORMKDK35                              6
   2000.                  1000.         1.
   10.         0.          10.         10.
PRINT K35                              1


 *** MATRIZ DE RIGIDEZ DE ELEMENTOS 3 y 5 ***
LOADLMIN     (6I6)                     7     6
       1     0     2     0     0     0
       1     0     2     1     0     3
       1     0     3     0     0     0
       1     0     3     1     0     4
       1     0     4     0     0     0
       1     0     4     1     0     5
       1     0     5     0     0     0
PRINT IN                               1     1
 *** TABLA DE INCIDENCIA (grados de libertad) ***
ZERO  K                                5     5
ADDSTFK      K17   IN                  1     1
ADDSTFK      K246  IN                  2     1
ADDSTFK      K35   IN                  3     1
ADDSTFK      K246  IN                  4     1
ADDSTFK      K35   IN                  5     1
ADDSTFK      K246  IN                  6     1
ADDSTFK      K17   IN                  7     1
PRINT K                                1
 *** MATRIZ DE RIGIDEZ DE LA ESTRUCTURA ***
```

```
LOAD  UU4                          6     1
0                             1.
PRINT UU4                          1
 *** DEFORMACION INICIAL ELEMENTO 4 ***
ZERO  CKU                          5     1
MULT  K246  UU4   K4UU4
PRINT K4UU4                        1
 *** VECTOR K4Uu4 ***
RMVSM IN    F4                     4     1     1     6
PRINT F4                           1     1
 *** INDICE DE FILAS DE CKU PARA INSERTAR k4*Uu4 ***
LOADLMI1                           1     1
     1
PRINT I1                           1     1
 *** INDICE DE COLUMNA DE CKU PARA INSERTAR k4*Uu4 ***
MERGE CKU   K4UU4 F4    I1
PRINT CKU                          1
 *** VECTOR DE CARGAS C*k*Uu ***
SOLVE K     CKU
PRINT CKU                          1
 *** DESPLAZAMIENTOS r ***
ZERO  I6                           6     6                    1.
PRINT I6                           1
 *** MATRIZ IDENTIDAD ***
FORCEMI6    IN    CKU   U2         2     1
FORCEMI6    IN    CKU   U4         4     1
FORCEMI6    IN    CKU   U6         6     1
PRINT U2                           1
 *** DESPLAZAMIENTOS ELEMENTO 2 ***
PRINT U4                           1
 *** DESPLAZAMIENTOS ELEMENTO 4 ***
PRINT U6                           1
 *** DESPLAZAMIENTOS ELEMENTO 6 ***
SUB   U4    UU4
PRINT U4                           1
 *** DESPLAZAMIENTOS ELASTICOS ELEMENTO 4 ***
STOP
```

Los resultados del programa SMIS son:

```
 START

  SMIS (REV.3.0 - 02.01.2001 - DEPTO. OOCC - ULS)

  SMIS (FECHA DE EJECUCION :15/ 1/2001  )

  SMIS (HORA  DE EJECUCION :10:33:46    )


  FORMKD K17
  TYPE = 6      NUMBER =  1
0  I =    0.2000E+04    SHEAR AREA =    0.0000E+00
   L =    0.5000E+01             E =    0.1000E+04
  NU =    0.0000E+00
0             CROSS-SECTIONAL AREA =    0.1000E+01
0 X1 =    0.0000E+00            Y1 =    0.0000E+00
  X2 =    0.0000E+00            Y2 =    0.5000E+01
  A  =    0.0000E+00             B =    0.0000E+00

 PRINT  K17

 *** MATRIZ DE RIGIDEZ DE ELEMENTOS 1 y 7 ***
            1            2            3            4            5            6

   1  0.1920E+06  -.0000E+00  0.4800E+06  -.1920E+06  0.0000E+00  0.4800E+06
   2  -.0000E+00  0.2000E+03  -.0000E+00  0.0000E+00  -.2000E+03  -.0000E+00
   3  0.4800E+06  -.0000E+00  0.1600E+07  -.4800E+06  0.0000E+00  0.8000E+06
   4  -.1920E+06  0.0000E+00  -.4800E+06  0.1920E+06  -.0000E+00  -.4800E+06
   5  0.0000E+00  -.2000E+03  0.0000E+00  -.0000E+00  0.2000E+03  0.0000E+00
   6  0.4800E+06  -.0000E+00  0.8000E+06  -.4800E+06  0.0000E+00  0.1600E+07
```

```
 FORMKD K246
  TYPE = 6      NUMBER =  1
0  I =    0.2000E+04    SHEAR AREA =    0.0000E+00
   L =    0.1000E+02             E =    0.1000E+04
  NU =    0.0000E+00
0             CROSS-SECTIONAL AREA =    0.1000E+01
0 X1 =    0.0000E+00            Y1 =    0.0000E+00
  X2 =    0.1000E+02            Y2 =    0.0000E+00
  A  =    0.0000E+00             B =    0.0000E+00

 PRINT  K246

 *** MATRICES DE RIGIDEZ DE ELEMENTOS 2 , 4 y 6 ***

           1           2           3           4           5           6

   1  0.1000E+03 -.0000E+00  0.0000E+00 -.1000E+03  0.0000E+00  0.0000E+00
   2 -.0000E+00  0.2400E+05 -.1200E+06  0.0000E+00 -.2400E+05 -.1200E+06
   3  0.0000E+00 -.1200E+06  0.8000E+06 -.0000E+00  0.1200E+06  0.4000E+06
   4 -.1000E+03  0.0000E+00 -.0000E+00  0.1000E+03 -.0000E+00 -.0000E+00
   5  0.0000E+00 -.2400E+05  0.1200E+06 -.0000E+00  0.2400E+05  0.1200E+06
   6  0.0000E+00 -.1200E+06  0.4000E+06 -.0000E+00  0.1200E+06  0.8000E+06

 FORMKD K35
  TYPE = 6      NUMBER =  1
0  I =    0.2000E+04    SHEAR AREA =    0.0000E+00
   L =    0.1000E+02             E =    0.1000E+04
  NU =    0.0000E+00
0             CROSS-SECTIONAL AREA =    0.1000E+01
0 X1 =    0.1000E+02            Y1 =    0.0000E+00
  X2 =    0.1000E+02            Y2 =    0.1000E+02
  A  =    0.0000E+00             B =    0.0000E+00

 PRINT  K35

 *** MATRIZ DE RIGIDEZ DE ELEMENTOS 3 y 5 ***

           1           2           3           4           5           6

   1  0.2400E+05 -.0000E+00  0.1200E+06 -.2400E+05  0.0000E+00  0.1200E+06
   2 -.0000E+00  0.1000E+03 -.0000E+00  0.0000E+00 -.1000E+03 -.0000E+00
   3  0.1200E+06 -.0000E+00  0.8000E+06 -.1200E+06  0.0000E+00  0.4000E+06
   4 -.2400E+05  0.0000E+00 -.1200E+06  0.2400E+05 -.0000E+00 -.1200E+06
   5  0.0000E+00 -.1000E+03  0.0000E+00 -.0000E+00  0.1000E+03  0.0000E+00
   6  0.1200E+06 -.0000E+00  0.4000E+06 -.1200E+06  0.0000E+00  0.8000E+06

 LOADLM IN      (6I6)
 NUMER.LINEAS:   7    NUM. COLUMNAS:   6

 PRINT  IN

 *** TABLA DE INCIDENCIA (grados de libertad) ***

          1     2     3     4     5     6

   1 *    1     0     2     0     0     0
   2 *    1     0     2     1     0     3
   3 *    1     0     3     0     0     0
   4 *    1     0     3     1     0     4
   5 *    1     0     4     0     0     0
   6 *    1     0     4     1     0     5
   7 *    1     0     5     0     0     0
  ZERO   K
     5 LINEAS      5 COLUMNAS
  ADDSTF K      K17     IN
0PRIMERA LINEA :    1
 NUM. DE LINEAS:    1

 ADDSTF K      K246    IN
0PRIMERA LINEA :    2
 NUM. DE LINEAS:    1

 ADDSTF K      K35     IN
0PRIMERA LINEA :    3
 NUM. DE LINEAS:    1
```

```
ADDSTF K      K246    IN
0PRIMERA LINEA :     4
 NUM. DE LINEAS:     1

 ADDSTF K      K35     IN
0PRIMERA LINEA :     5
 NUM. DE LINEAS:     1

 ADDSTF K      K246    IN
0PRIMERA LINEA :     6
 NUM. DE LINEAS:     1

 ADDSTF K      K17     IN
0PRIMERA LINEA :     7
 NUM. DE LINEAS:     1

 PRINT  K

 *** MATRIZ DE RIGIDEZ DE LA ESTRUCTURA ***

             1            2            3            4            5

   1  0.4320E+06  0.4800E+06  0.1200E+06  0.1200E+06  0.4800E+06
   2  0.4800E+06  0.2400E+07  0.4000E+06  0.0000E+00  0.0000E+00
   3  0.1200E+06  0.4000E+06  0.2400E+07  0.4000E+06  0.0000E+00
   4  0.1200E+06  0.0000E+00  0.4000E+06  0.2400E+07  0.4000E+06
   5  0.4800E+06  0.0000E+00  0.0000E+00  0.4000E+06  0.2400E+07

 LOAD   UU4
 NUMER.LINEAS:   6    NUM. COLUMNAS:   1

 PRINT  UU4

 *** DEFORMACION INICIAL ELEMENTO 4 ***

             1

   1  0.0000E+00
   2  0.0000E+00
   3  0.0000E+00
   4  0.0000E+00
   5  0.0000E+00
   6  0.1000E+01
  ZERO   CKU
     5 LINEAS     1 COLUMNAS

 MULT   K246   UU4    K4UU4

 PRINT  K4UU4

 *** VECTOR K4Uu4 ***

             1

   1  0.0000E+00
   2  -.1200E+06
   3  0.4000E+06
   4  0.0000E+00
   5  0.1200E+06
   6  0.8000E+06

 RMVSM  IN     F4
 NUM.DE FILA :   4 NUM.DE COLUMNA:   1
     1 FILAS      6 COLUMNAS

 PRINT  F4

 *** INDICE DE FILAS DE CKU PARA INSERTAR k4*Uu4 ***

           1     2     3     4     5     6

   1 *     1     0     3     1     0     4


 LOADLM I1
 NUMER.LINEAS:   1    NUM. COLUMNAS:   1
```

```
PRINT  I1

*** INDICE DE COLUMNA DE CKU PARA INSERTAR k4*Uu4 ***

          1

  1 *     1

MERGE  CKU    K4UU4  F4      I1
    6 FILAS     1 COLUMNAS
  FILAS    1   0   3   1   0   4
COLUMNAS   1

PRINT  CKU

*** VECTOR DE CARGAS C*k*Uu ***

           1

  1  0.0000E+00
  2  0.0000E+00
  3  0.4000E+06
  4  0.8000E+06
  5  0.0000E+00

SOLVE  K       CKU
SKALAR =    0.4320000E+00

PRINT  CKU

*** DESPLAZAMIENTOS r ***

           1

  1  -.7353E-01
  2  -.4817E-02
  3  0.1171E+00
  4  0.3240E+00
  5  -.3930E-01

ZERO   I6
    6 LINEAS      6 COLUMNAS

PRINT  I6
 *** MATRIZ IDENTIDAD ***

           1           2           3           4           5           6
  1  0.1000E+01  0.0000E+00  0.0000E+00  0.0000E+00  0.0000E+00  0.0000E+00
  2  0.0000E+00  0.1000E+01  0.0000E+00  0.0000E+00  0.0000E+00  0.0000E+00
  3  0.0000E+00  0.0000E+00  0.1000E+01  0.0000E+00  0.0000E+00  0.0000E+00
  4  0.0000E+00  0.0000E+00  0.0000E+00  0.1000E+01  0.0000E+00  0.0000E+00
  5  0.0000E+00  0.0000E+00  0.0000E+00  0.0000E+00  0.1000E+01  0.0000E+00
  6  0.0000E+00  0.0000E+00  0.0000E+00  0.0000E+00  0.0000E+00  0.1000E+01

FORCEM I6      IN      CKU    U2

FORCEM I6      IN      CKU    U4
 FORCEM I6      IN      CKU    U6

PRINT  U2

*** DESPLAZAMIENTOS ELEMENTO 2 ***

           1

  1  -.7353E-01
  2  0.0000E+00
  3  -.4817E-02
  4  -.7353E-01
  5  0.0000E+00
  6  0.1171E+00
```

```
PRINT  U4

*** DESPLAZAMIENTOS ELEMENTO 4 ***

           1

  1  -.7353E-01
  2  0.0000E+00
  3  0.1171E+00
  4  -.7353E-01
  5  0.0000E+00
  6  0.3240E+00

PRINT  U6

*** DESPLAZAMIENTOS ELEMENTO 6 ***

           1

  1  -.7353E-01
  2  0.0000E+00
  3  0.3240E+00
  4  -.7353E-01
  5  0.0000E+00
  6  -.3930E-01

SUB     U4      UU4

PRINT  U4


*** DESPLAZAMIENTOS ELASTICOS ELEMENTO 4 ***
           1

  1  -.7353E-01
  2  0.0000E+00
  3  0.1171E+00
  4  -.7353E-01
  5  0.0000E+00
  6  -.6760E+00

STOP
```

Del cálculo se observa que los desplazamientos de los elementos ②,④ *y* ⑥ *(lugar donde se desplaza la carga unitaria móvil) son:*

$$\underline{u}^2 = \begin{bmatrix} -0.07353 \\ 0 \\ -0.004817 \\ \hdashline -0.07353 \\ 0 \\ 0.1171 \end{bmatrix} \qquad \underline{u}^4 = \begin{bmatrix} -0.07353 \\ 0 \\ 0.1171 \\ \hdashline -0.07353 \\ 0 \\ 0.3240 \end{bmatrix} \qquad \underline{u}^6 = \begin{bmatrix} -0.07353 \\ 0 \\ 0.3240 \\ \hdashline -0.07353 \\ 0 \\ -0.0393 \end{bmatrix}$$

Los desplazamientos del elemento ④ *deben ser corregidos por las deformaciones iniciales* $\underline{u}_u^{\,4}$ *:*

$$\underline{u}^4 = \begin{bmatrix} -0.07353 \\ 0 \\ 0.1171 \\ \hdashline -0.07353 \\ 0 \\ 0.3240 \end{bmatrix} - \begin{bmatrix} 0 \\ 0 \\ 0 \\ 0 \\ 0 \\ 1 \end{bmatrix} = \begin{bmatrix} -0.07353 \\ 0 \\ 0.1171 \\ \hdashline -0.07353 \\ 0 \\ -0.6760 \end{bmatrix}$$

Utilizando las expresiones (5.38) y (5.39) para escribir la línea elástica en función de los desplazamientos nodales de los elementos, se obtiene que las Líneas de Influencia en los elementos ②, ④ *y* ⑥ *son:*

$$L_2(\bar{x}) = \left(-\bar{x} + \frac{\bar{x}^2}{5} - \frac{\bar{x}^3}{100}\right)(-0.004817) + \left(\frac{\bar{x}^2}{10} - \frac{\bar{x}^3}{100}\right)0.1171$$

$$= 10^{-3}(-1.123\bar{x}^3 + 10.747\bar{x}^2 + 4.817\bar{x})$$

$$L_4(\bar{x}) = \left(-\bar{x} + \frac{\bar{x}^2}{5} - \frac{\bar{x}^3}{100}\right)0.1171 + \left(\frac{\bar{x}^2}{10} - \frac{\bar{x}^3}{100}\right)(-0.6760)$$

$$= 10^{-3}(5.589\bar{x}^3 - 44.18\bar{x}^2 - 117.1\bar{x})$$

$$L_6(\bar{x}) = \left(-\bar{x} + \frac{\bar{x}^2}{5} - \frac{\bar{x}^3}{100}\right)0.3240 + \left(\frac{\bar{x}^2}{10} - \frac{\bar{x}^3}{100}\right)(-0.0393)$$

$$= 10^{-3}(-2.847\bar{x}^3 + 60.87\bar{x}^2 - 324.0\bar{x})$$

En la Figura 7.10 se muestra la Línea de Influencia del momento flector $S_6^{\,4}$. *De acuerdo a la convención clásica, se muestra la ordenada positiva hacia abajo para mostrar la línea elástica que corresponde al valor del momento flector* $S_6^{\,4}$ *para la carga unitaria móvil ubicada en cada posición.*

FIGURA 7.10. Línea de Influencia del momento flector a la derecha del elemento ④

7.3. Desplazamientos forzados de apoyos

Un estado de carga importante en estructuras es el de los desplazamientos forzados de los apoyos. Estos pueden ser desplazamientos propiamente tales o giros de los apoyos debidos a asentamiento del terreno de fundación o desplazamientos forzados por mecanismos de gateo durante el montaje de estructuras (Fig. 7.11).

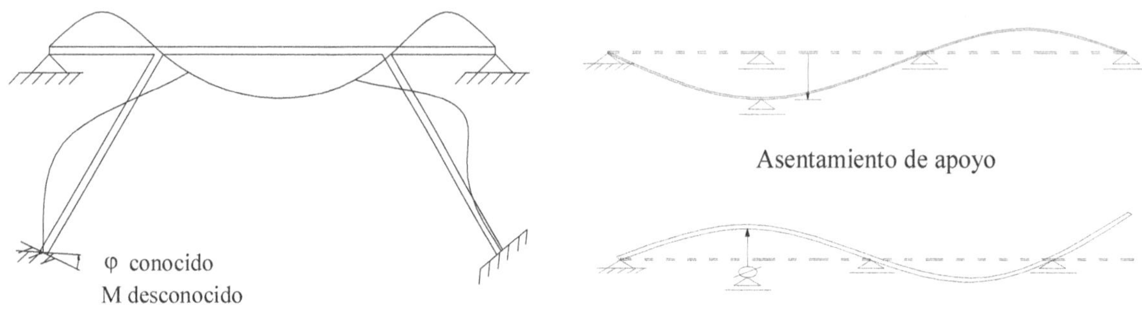

Giro forzado de empotramiento

Apoyo de montaje para gateo en viga de puente

FIGURA 7.11. Ejemplos de deformaciones forzadas

Normalmente en un estado de carga se considera sólo un desplazamiento forzado, pero, en el caso más general, podría haber un conjunto de desplazamientos forzados simultáneos en una estructura. Dicho conjunto de desplazamientos nodales forzados **(conocidos)** los juntaremos en un vector $\underline{r}_z$. Las fuerzas asociadas a dichos desplazamientos $\underline{R}_z$ son reacciones **desconocidas**.

Para plantear las ecuaciones de equilibrio del problema, consideramos como existentes (no restringidos) los grados de libertad correspondientes a los desplazamientos forzados $\underline{r}_z$. La ecuación fundamental del método de desplazamientos queda entonces como:

$$\begin{bmatrix} \underline{K}_{11} & \underline{K}_{12} \\ \underline{K}_{21} & \underline{K}_{22} \end{bmatrix} \begin{bmatrix} \underline{r} \\ \underline{r}_z \end{bmatrix} = \begin{bmatrix} \underline{R} \\ \underline{R}_z \end{bmatrix} \tag{7.23}$$

en que $\underline{K}_{11}$, $\underline{K}_{12}$, $\underline{K}_{21}$ y $\underline{K}_{22}$ son las submatrices que se obtienen de particionar la matriz de rigidez de la estructura de acuerdo a los grados de libertad $\underline{r}$ (desplazamientos libres) y $\underline{r}_z$ (desplazamientos forzados conocidos no nulos). $\underline{R}$ es el vector de cargas asociado a los grados de libertad $\underline{r}$ ($\underline{R}$ es conocido y puede ser nulo) y $\underline{R}_z$ corresponde a las reacciones en los desplazamientos forzados $\underline{r}_z$ ($\underline{R}_z$ es desconocido).

Los desplazamientos de todos los nudos de la estructura son:

$$\underline{r}^{+} = \begin{bmatrix} \underline{r} \\ \underline{r}_z \end{bmatrix} \tag{7.24}$$

en que el ordenamiento de $\underline{r}_z$ como las últimas componentes de $\underline{r}^{+}$ se realiza sólo con objeto de claridad de la exposición. De (7.23) se obtienen las siguientes relaciones:

$$\underline{K}_{11}\ \underline{r} + \underline{K}_{12}\ \underline{r}_z = R \tag{7.25}$$

$$\underline{K}_{21}\ \underline{r} + \underline{K}_{22}\ \underline{r}_z = R_z \tag{7.26}$$

Por simetría de la matriz de rigidez se cumple que:

$$\underline{K}_{21} = \underline{K}_{12}^{T} \tag{7.27}$$

En (7.25), $\underline{R}$ y $\underline{r}_z$ son conocidos, por lo tanto se puede escribir el sistema de ecuaciones:

$$\underline{K}_{11}\ \underline{r} = R^{*} \tag{7.28}$$

en que:

$$R^{*} = \underline{R} - \underline{K}_{12}\ \underline{r}_z \tag{7.29}$$

Como $\underline{R}^{*}$ es conocido, se puede resolver el sistema de ecuaciones (7.28) para calcular los desplazamientos $\underline{r}$. Una vez determinado $\underline{r}$, el vector $\underline{r}^{+}$ se forma agregando los desplazamientos forzados (conocidos) $\underline{r}_z$ de acuerdo a (7.24). Los esfuerzos internos en los elementos se determinan formando los desplazamientos nodales de los elementos

$$\underline{u} = \underline{C}^{T}\ \underline{r}^{+} \tag{7.30}$$

y multiplicando por las correspondientes matrices de rigidez de los elementos.

Si se desean conocer las reacciones correspondientes a los desplazamientos forzados, se utiliza la relación (7.26).

Ejemplo 7.7

Determinar los desplazamientos y esfuerzos internos de la estructura indicada debido a un asentamiento del apoyo 3 de 5 cm.

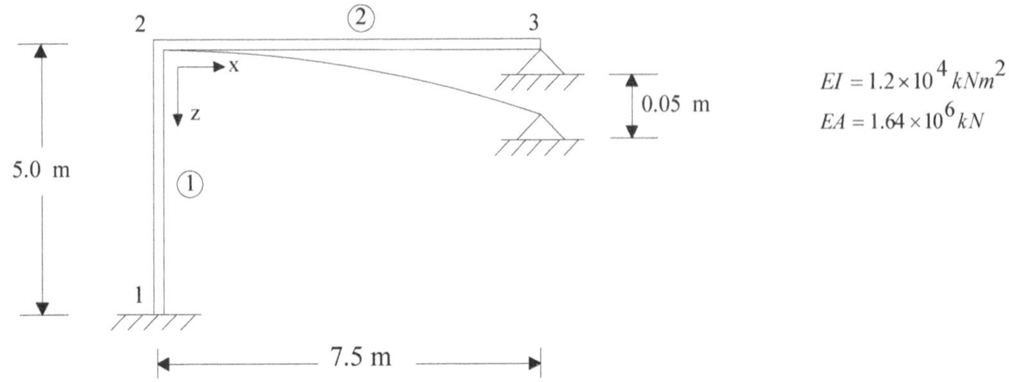

Los grados de libertad de la estructura, ***incluyendo el desplazamiento forzado****, son:*

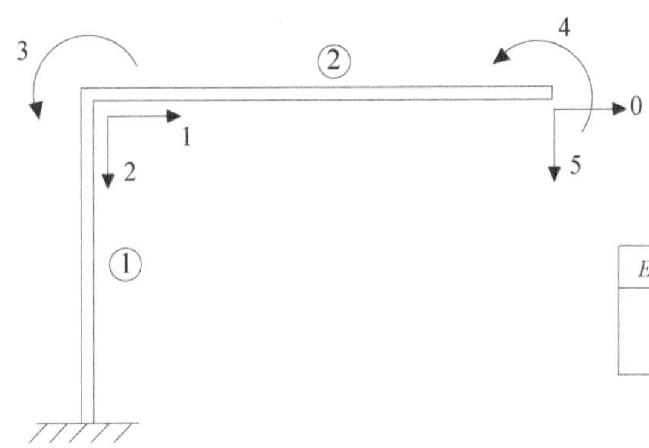

Tabla de Incidencia

Elemento	*Grados de libertad*					
①	*0*	*0*	*0*	*1*	*2*	*3*
②	*1*	*2*	*3*	*0*	*5*	*4*

Por sencillez de cálculo se deja el último grado de libertad para el desplazamiento forzado. En este caso:

$$\underline{r}_z = [r_5] = [0{,}05]$$

El archivo de entrada para el programa SMIS es:

```
START
FORMKDK1                              6
   12.                       1000.      1640.
   0.            5.           0.          0.
PRINT K1                              1
 *** MATRIZ DE RIGIDEZ DE ELEMENTO 1 ***
FORMKDK2                              6
   12.                       1000.      1640.
   0.            0.             7.5       0.
PRINT K2                              1

 *** MATRIZ DE RIGIDEZ DE ELEMENTO 2 ***
LOADLMIN     (6I6)                    2     6
      0     0     0     1     2     3
      1     2     3     0     5     4
PRINT IN                              1     1
 *** TABLA DE INCIDENCIA (grados de libertad) ***
ZERO  K                               5     5
ADDSTFK       K1     IN               1     1
ADDSTFK       K2     IN               2     1
PRINT K                               1
 *** MATRIZ DE RIGIDEZ DE LA ESTRUCTURA ***
```

```
RMVSM K     K11                 1    1    4    4
RMVSM K     K12                 1    5    4    1
RMVSM K     K21                 5    1    1    4
RMVSM K     K22                 5    5    1    1
PRINT K11                       1
 *** MATRIZ K11 ***
PRINT K12                       1
 *** MATRIZ K12 ***
PRINT K21                       1
 *** MATRIZ K21 ***
PRINT K22                       1
 *** MATRIZ K22 ***
LOAD  RZ                        1    1
0.05
PRINT RZ                        1
 *** DESPLAZAMIENTOS FORZADOS rz ***
MULT  K12   RZ    R
PRINT R                         1
 *** VECTOR K12*rz ***
SCALE R                                        -1.
SOLVE K11   R
PRINT R                         1
 *** DESPLAZAMIENTOS r ***
ZERO  R+                        5    1
STOSM R+    R                   1    1
STOSM R+    RZ                  5    1
PRINT R+                        1
 *** DESPLAZAMIENTOS r+ ***
FORCEMK1    IN    R+    S1      1    1
FORCEMK2    IN    R+    S2      2    1
PRINT S1                        1
 *** FUERZAS NODALES ELEMENTO 1 ***
PRINT S2                        1
 *** FUERZAS NODALES ELEMENTO 2 ***
MULT  K21   R     RRZ
MULT  K22   RZ    K22RZ
ADD   RRZ   K22RZ
PRINT RRZ                       1
 *** REACCION Rz ***
STOP
```

Los resultados que se obtienen son:

```
 START

  SMIS (REV.3.0 - 02.01.2001 - DEPTO. OOCC - ULS)

  SMIS (FECHA DE EJECUCION :16/ 1/2001  )

  SMIS (HORA  DE EJECUCION :12:43: 6    )


 FORMKD K1
  TYPE = 6      NUMBER =  1
0  I =   0.1200E+02    SHEAR AREA =   0.0000E+00
   L =   0.5000E+01             E =   0.1000E+04
  NU =   0.0000E+00
0           CROSS-SECTIONAL AREA =   0.1640E+04
0 X1 =   0.0000E+00            Y1 =   0.5000E+01
  X2 =   0.0000E+00            Y2 =   0.0000E+00
  A  =   0.0000E+00             B =   0.0000E+00

 PRINT  K1

 *** MATRIZ DE RIGIDEZ DE ELEMENTO 1 ***

           1           2           3           4           5           6

   1  0.1152E+04  -.0000E+00  -.2880E+04  -.1152E+04  0.0000E+00  -.2880E+04
   2  -.0000E+00  0.3280E+06  -.0000E+00  0.0000E+00  -.3280E+06  -.0000E+00
   3  -.2880E+04  -.0000E+00  0.9600E+04  0.2880E+04  0.0000E+00  0.4800E+04
   4  -.1152E+04  0.0000E+00  0.2880E+04  0.1152E+04  -.0000E+00  0.2880E+04
   5  0.0000E+00  -.3280E+06  0.0000E+00  -.0000E+00  0.3280E+06  0.0000E+00
   6  -.2880E+04  -.0000E+00  0.4800E+04  0.2880E+04  0.0000E+00  0.9600E+04
```

```
 FORMKD K2
  TYPE = 6      NUMBER =  1
0  I =     0.1200E+02    SHEAR AREA =    0.0000E+00
   L =     0.7500E+01             E =    0.1000E+04
  NU =     0.0000E+00
0             CROSS-SECTIONAL AREA =    0.1640E+04
0 X1 =     0.0000E+00            Y1 =    0.0000E+00
  X2 =     0.7500E+01            Y2 =    0.0000E+00
  A  =     0.0000E+00             B =    0.0000E+00

 PRINT  K2

 *** MATRIZ DE RIGIDEZ DE ELEMENTO 2 ***

            1            2            3            4            5            6

   1  0.2187E+06  0.0000E+00  0.0000E+00  -.2187E+06  -.0000E+00  0.0000E+00
   2  0.0000E+00  0.3413E+03  -.1280E+04  -.0000E+00  -.3413E+03  -.1280E+04
   3  0.0000E+00  -.1280E+04  0.6400E+04  -.0000E+00  0.1280E+04  0.3200E+04
   4  -.2187E+06  -.0000E+00  -.0000E+00  0.2187E+06  0.0000E+00  -.0000E+00
   5  -.0000E+00  -.3413E+03  0.1280E+04  0.0000E+00  0.3413E+03  0.1280E+04
   6  0.0000E+00  -.1280E+04  0.3200E+04  -.0000E+00  0.1280E+04  0.6400E+04

 LOADLM IN     (6I6)
 NUMER.LINEAS:   2    NUM. COLUMNAS:   6

 PRINT  IN

 *** TABLA DE INCIDENCIA (grados de libertad) ***

           1     2     3     4     5     6

   1 *     0     0     0     1     2     3
   2 *     1     2     3     0     5     4

 ZERO   K
     5 LINEAS      5 COLUMNAS

 ADDSTF K      K1      IN
0PRIMERA LINEA :     1
 NUM. DE LINEAS:     1


 ADDSTF K      K2      IN
0PRIMERA LINEA :     2
 NUM. DE LINEAS:     1


 PRINT  K

 *** MATRIZ DE RIGIDEZ DE LA ESTRUCTURA ***

            1            2            3            4            5

   1  0.2198E+06  0.0000E+00  0.2880E+04  0.0000E+00  0.0000E+00
   2  0.0000E+00  0.3283E+06  -.1280E+04  -.1280E+04  -.3413E+03
   3  0.2880E+04  -.1280E+04  0.1600E+05  0.3200E+04  0.1280E+04
   4  0.0000E+00  -.1280E+04  0.3200E+04  0.6400E+04  0.1280E+04
   5  0.0000E+00  -.3413E+03  0.1280E+04  0.1280E+04  0.3413E+03


 RMVSM  K      K11
 NUM.DE FILA :   1 NUM.DE COLUMNA:   1
     4 FILAS      4 COLUMNAS


 RMVSM  K      K12
 NUM.DE FILA :   1 NUM.DE COLUMNA:   5
     4 FILAS      1 COLUMNAS

  RMVSM  K      K21
 NUM.DE FILA :   5 NUM.DE COLUMNA:   1
     1 FILAS      4 COLUMNAS


 RMVSM  K      K22
 NUM.DE FILA :   5 NUM.DE COLUMNA:   5
     1 FILAS      1 COLUMNAS
```

```
PRINT  K11
      *** MATRIZ K11 ***

           1           2           3           4

  1  0.2198E+06  0.0000E+00  0.2880E+04  0.0000E+00
  2  0.0000E+00  0.3283E+06  -.1280E+04  -.1280E+04
  3  0.2880E+04  -.1280E+04  0.1600E+05  0.3200E+04
  4  0.0000E+00  -.1280E+04  0.3200E+04  0.6400E+04

PRINT  K12

*** MATRIZ K12 ***

           1

  1  0.0000E+00
  2  -.3413E+03
  3  0.1280E+04
  4  0.1280E+04

PRINT  K21

*** MATRIZ K21 ***

           1           2           3           4

  1  0.0000E+00  -.3413E+03  0.1280E+04  0.1280E+04

PRINT  K22

*** MATRIZ K22 ***

           1

  1  0.3413E+03

LOAD   RZ
NUMER.LINEAS:  1    NUM. COLUMNAS:  1


PRINT  RZ

*** DESPLAZAMIENTOS FORZADOS rz ***

           1

  1  0.5000E-01


MULT   K12    RZ     R

PRINT  R

*** VECTOR K12*rz ***

           1

  1  0.0000E+00
  2  -.1707E+02
  3  0.6400E+02
  4  0.6400E+02
SCALE  R
 SCALAR = -0.1000000E+01


SOLVE  K11    R
SKALAR =   0.2198187E+00
```

```
PRINT  R

*** DESPLAZAMIENTOS r ***

           1

  1  0.2919E-04
  2  0.8659E-05
  3  -.2228E-02
  4  -.8884E-02


ZERO   R+
    5 LINEAS      1 COLUMNAS


STOSM  R+      R
NUM.DE FILA :   1 NUM.DE COLUMNA:   1


STOSM  R+      RZ
NUM.DE FILA :   5 NUM.DE COLUMNA:   1


PRINT  R+

*** DESPLAZAMIENTOS r+ ***



           1

  1  0.2919E-04
  2  0.8659E-05
  3  -.2228E-02
  4  -.8884E-02
  5  0.5000E-01


FORCEM K1      IN      R+      S1


FORCEM K2      IN      R+      S2


PRINT  S1

*** FUERZAS NODALES ELEMENTO 1 ***

           1

  1  0.6382E+01
  2  -.2840E+01
  3  -.1061E+02
  4  -.6382E+01
  5  0.2840E+01
  6  -.2130E+02

PRINT  S2

*** FUERZAS NODALES ELEMENTO 2 ***

           1

  1  0.6382E+01
  2  -.2840E+01
  3  0.2130E+02
  4  -.6382E+01
  5  0.2840E+01
  6  0.1669E-05

MULT   K21     R       RRZ

MULT   K22     RZ      K22RZ

ADD    RRZ     K22RZ
```

```
PRINT  RRZ

*** REACCION Rz ***

           1

  1  0.2840E+01

STOP
```

Se observa que la reacción inducida por el descenso forzado de 5 cm en el apoyo 3 es de 2.84 kN.

Los diagramas de esfuerzos internos son:

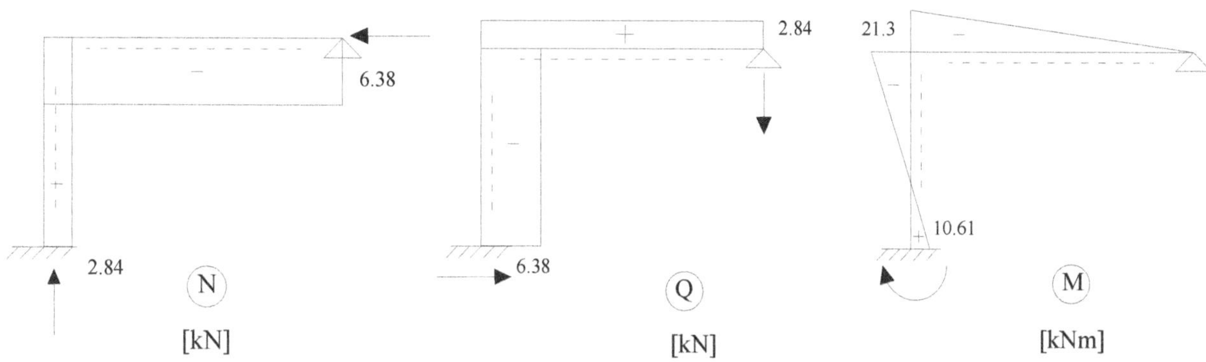

La restricción del uso del método de desplazamientos indicado para considerar *desplazamientos forzados* es que la matriz resultante $\underline{K}_{11}$ no sea singular. Ello puede suceder cuando la estructura, o la parte de ella en que se le impone un desplazamiento forzado, es isostática. En este último caso, al introducir un grado de libertad adicional con un desplazamiento forzado, la estructura o una parte de ella, se transforma en un mecanismo y se desplaza como cuerpo rígido. En la Figura 7.12 se muestran algunos de esos casos.

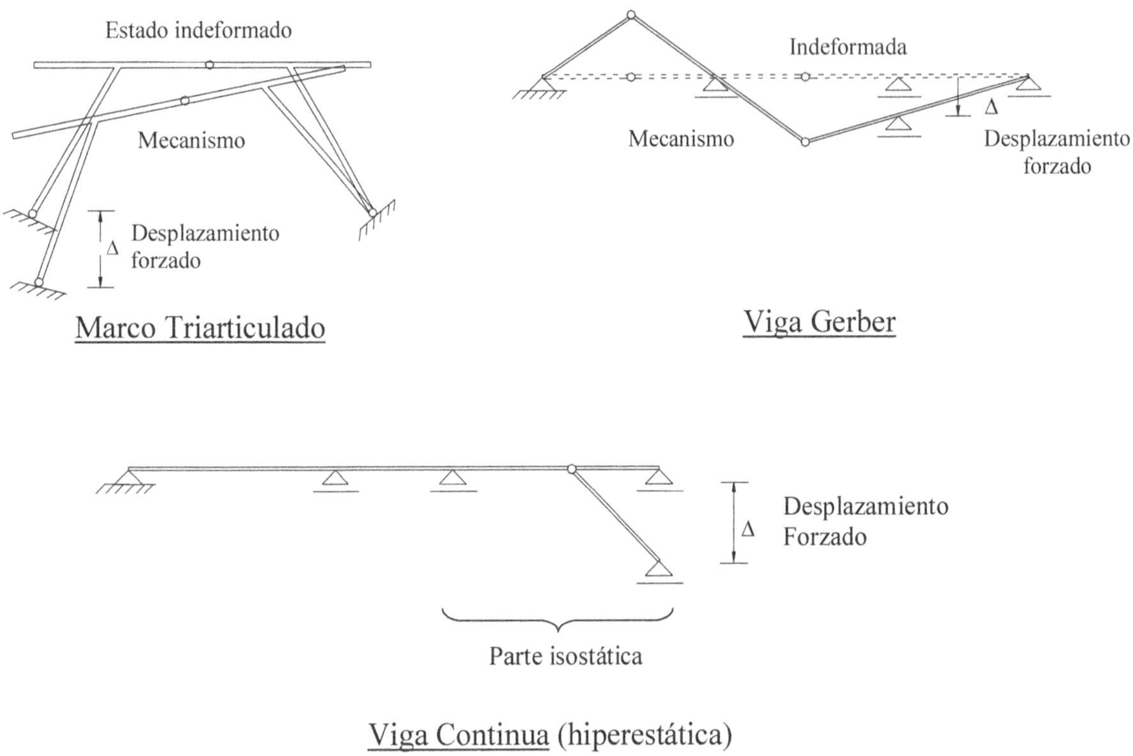

FIGURA 7.12. Desplazamientos forzados en estructuras isostáticas

Ejercicios propuestos

7.1 *Deducir los vectores* $\underline{\bar{S}}_u^{\,j}$ *y* $\underline{\bar{u}}_u^{\,j}$ *de un elemento con carga y repartida y rótula intermedia.*

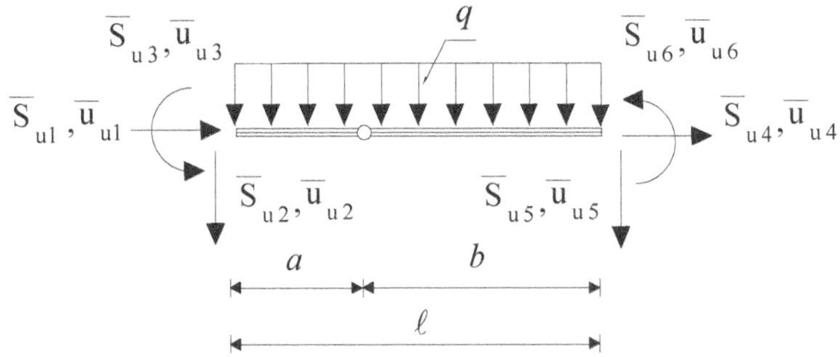

7.2 *Calcular la estructura indicada*

a) Por el método de las cargas nodales equivalentes.

b) Por el método de las deformaciones iniciales (usar resultado de Ejercicio 7.1)

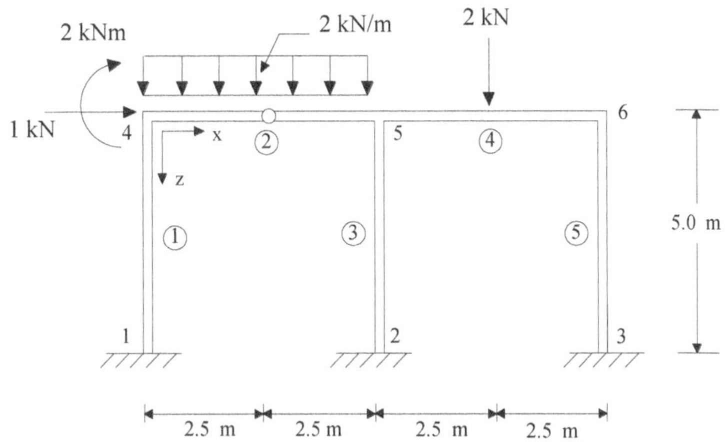

7.3 *Calcular los esfuerzos internos en la estructura del Ejercicio 7.2 debido a un asentamiento del apoyo 2 de 3 cm.*

8. ANÁLISIS SEUDO-TRIDIMENSIONAL DE EDIFICIOS

Un tipo importante de estructuras que deben calcular los ingenieros son los edificios con fines habitacionales u oficinas. La característica común de estas estructuras es que están constituidas por elementos horizontales (losas o diafragmas) que constituyen los pisos del edificio y elementos verticales (muros o columnas) que transmiten las cargas desde los diferentes pisos hasta la fundación. Las cargas a la que están sometidos los edificios son verticales (peso propio y sobrecarga) y horizontales (viento, sismo). Para este último tipo de cargas se han desarrollado los modelos seudo-tridimensionales de los edificios debido a la característica que poseen los diafragmas o losas de ser extremadamente rígidos en su plano: las deformaciones debido a cargas en el plano de los diafragmas son despreciables en relación a los desplazamientos horizontales que sufren los elementos verticales en que están apoyados los diafragmas debido a las mismas cargas. Gran parte de las ideas y deducciones de este Capítulo han sido extraídas de publicaciones de T. Guendelman (2014).

8.1. Matriz de rigidez seudo-tridimensional

Suponiendo que los diafragmas (losas) de los pisos son infinitamente rígidos en su plano, se pueden hacer consideraciones de compatibilidad de desplazamientos y equilibrio de fuerzas que permiten deducir una matriz de rigidez para relacionar las cargas horizontales y momentos torsores aplicados en cada piso con los respectivos desplazamientos y giros en planta en todos los niveles del edificio.

Debido a la rigidez en su plano de los diafragmas de piso, la posición desplazada de ellos queda absolutamente definida por el desplazamiento (en magnitud y dirección) y giro de un punto de la planta. Normalmente se toma como referencia el centro de masas de cada piso. El desplazamiento se define por sus componentes sobre 2 ejes perpendiculares contenidos en el plano de cada nivel.

Debido a la compatibilidad de desplazamientos todos los elementos verticales cuyas proyecciones en planta están un una línea, tendrán el mismo desplazamiento en la dirección de la línea. Dichas líneas se llamarán **"ejes resistentes del edificio"**. Estos "ejes resistentes" son en realidad **"planos resistentes"** cuya proyección en planta son dichos ejes. Para la formación de la matriz de rigidez seudo-tridimensional se supondrá que dichos **"planos resistentes"** toman fuerzas en su plano, despreciándose su rigidez para fuerzas perpendiculares a dicho plano.

En la Figura 8.1 se muestra un **"eje resistente"** (j) cualquiera de una planta de un **piso "*i*"** de un edificio. La posición de ese eje resistente (j) queda completamente definida por su distancia δ_{ji} a un punto G determinado (normalmente se usa como punto de referencia G el centro de masas del piso), y el ángulo α_{ji} que indica la orientación del eje (j) con respecto a un sistema de coordenadas X, Y.

Usualmente se utilizan ejes de referencia X e Y que sean paralelos en todos los pisos. En ese caso, como el eje Ⓙ representa un plano, los ángulos α_{ji} son iguales en todos los pisos. Por otra parte, si se usa como origen G del sistema de coordenadas el centro de masas de cada piso, la distancia δ_{ji} del eje Ⓙ al punto G podrá variar dependiendo de la ubicación de dicho punto en cada nivel. Este punto se desplazará si cambian las dimensiones o la distribución de masas de cada piso.

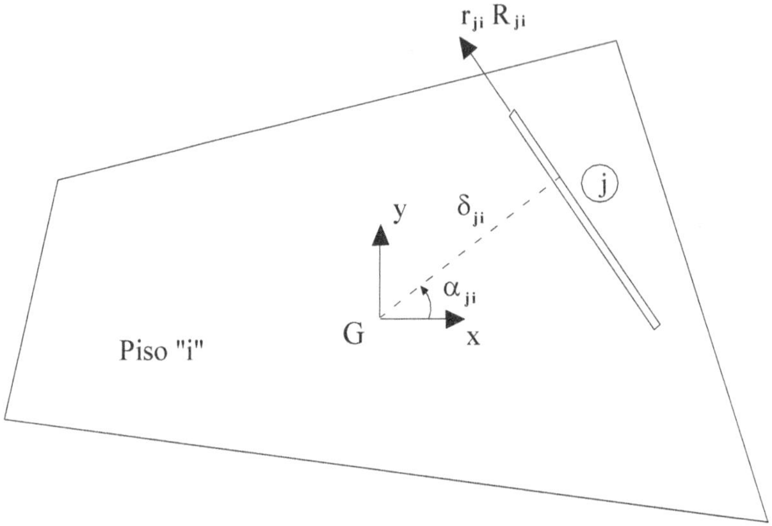

FIGURA 8.1. Ubicación de un eje resistente Ⓙ en un piso "*i*" de un edificio

Debido a las cargas aplicadas al edificio, cada eje Ⓙ sufrirá un desplazamiento r_{ji} y asumirá una parte de las cargas R_{ji} en cada nivel en la dirección y sentidos indicados en la Fig. 8.1. Recuérdese que se asume que el eje Ⓙ no asume esfuerzos perpendiculares a su plano.

Como se supone que cada diafragma "*i*" es rígido en su plano, todos los puntos del eje Ⓙ en el piso "*i*" tendrán el mismo desplazamiento r_{ji}. Por otra parte, la posición desplazada del nivel "*i*" quedará totalmente definida por los desplazamientos en dirección X e Y del punto G y del giro de la planta en torno a un eje Z perpendicular a los anteriores.

Para cada piso "*i*" llamaremos U_i, V_i y θ_i a los desplazamientos del punto G en la dirección X, Y y giro en planta respectivamente.

La condición de desplazamiento de cada nivel "*i*" como cuerpo rígido implica la compatibilidad de desplazamientos:

$$r_{ji} = -U_i sen\alpha_{ji} + V_i \cos\alpha_{ji} + \theta_i \delta_{ji} \qquad (8.1)$$

Por otra parte si llamamos R_{xi}^{j} y R_{yi}^{j} a las proyecciones de la carga R_{ji} asumida por el elemento (j) en las direcciones X e Y en el piso "i" y M_i^j al momento de la carga R_{ji} con respecto al punto G se tiene que:

$$R_{xi}^{j} = -R_{ji} sen\alpha_{ji} \tag{8.2}$$

$$R_{yi}^{j} = R_{ji} \cos\alpha_{ji} \tag{8.3}$$

$$M_i^j = R_{ji}\delta_{ji} \tag{8.4}$$

Si se escribe la compatibilidad de desplazamientos (8.1) para todos los "n" pisos del edificio se obtiene la relación matricial indicada en la Figura 8.2.

$$\underbrace{\begin{bmatrix} r_{j1} \\ r_{j2} \\ \cdot \\ \cdot \\ \cdot \\ \cdot \\ \cdot \\ r_{jn} \end{bmatrix}}_{\underline{r}_j \ (\text{nx1})} = \underbrace{\left[\begin{array}{cccc|cccc|cccc} -sen\alpha_{j1} & 0 & \cdots & 0 & \cos\alpha_{j1} & 0. & \cdots & 0 & \delta_{j1} & & & \\ 0 & -sen\alpha_{j2} & & 0 & 0 & \cos\alpha_{j2} & & 0 & 0 & \delta_{j2} & & \\ \cdot & 0 & \cdot & \cdot & \cdot & 0 & \cdot & \cdot & \cdot & & \cdot & \\ \cdot & \cdot & & \cdot & \cdot & \cdot & & \cdot & \cdot & & & \\ \cdot & \cdot & \cdot & \cdot & \cdot & \cdot & \cdot & \cdot & \cdot & & \cdot & \\ \cdot & \cdot & & \cdot & \cdot & \cdot & & \cdot & \cdot & & & \\ \cdot & \cdot & \cdot & \cdot & \cdot & \cdot & \cdot & \cdot & \cdot & & & \cdot \\ 0 & 0 & \cdots & -sen\alpha_{jn} & 0 & 0 & \cdots & \cos\alpha_{jn} & 0 & \cdots & \cdots & \delta_{jn} \end{array}\right]}_{\underline{\beta}_j \ (\text{nx3n})} \underbrace{\begin{bmatrix} U_1 \\ U_2 \\ \cdot \\ \cdot \\ \cdot \\ U_n \\ \hline V_1 \\ V_2 \\ \cdot \\ \cdot \\ \cdot \\ V_n \\ \hline \theta_1 \\ \theta_2 \\ \cdot \\ \cdot \\ \cdot \\ \theta_n \end{bmatrix}}_{\underline{r} \ (\text{3nx1})}$$

FIGURA 8.2. Matriz $\underline{\beta}_j$

Esto significa que se cumple la relación:

$$\underline{r}_j = \underline{\beta}_j \underline{r} \tag{8.5}$$

en que, como se muestra en la Figura 8.2, $\underline{r}_j$ representa a los desplazamientos del eje (j) (en la dirección del eje) en todos los pisos y su dimensión es (n x 1). Por su parte $\underline{r}$ representa a los desplazamientos de los puntos G (normalmente centros de masas) de todos los pisos ordenados de una manera especial: primero los desplazamientos de todos los pisos en la dirección X, luego los desplazamientos en la dirección Y en todos los pisos y por último los giros en planta de todos los niveles. Su dimensión es (3n x 1). La matriz $\underline{\beta}_j$ representa una **matriz de compatibilidad** de desplazamientos y su dimensión es (n x 3n), en que n es el número de pisos del edificio.

Por otra parte, si escribimos las relaciones (8.2), (8.3) y (8.4) para todos los pisos del edificio, se obtiene que:

$$\underbrace{\left[\begin{array}{c} R^j_{x1} \\ R^j_{x2} \\ \vdots \\ R^j_{xn} \\ \hdashline R^j_{y1} \\ R^j_{y2} \\ \vdots \\ R^j_{yn} \\ \hdashline M^j_1 \\ M^j_2 \\ \vdots \\ M^j_n \end{array}\right]}_{\underline{R}^{(j)}} = \underbrace{\left[\begin{array}{cccc} -sen\alpha_{j1} & 0 & \cdots & 0 \\ 0 & -sen\alpha_{j2} & & 0 \\ \vdots & & \ddots & \vdots \\ 0 & 0 & \cdots & -sen\alpha_{jn} \\ \hdashline \cos\alpha_{jn} & 0 & \cdots & 0 \\ 0 & \cos\alpha_{j2} & & 0 \\ \vdots & \vdots & \ddots & \vdots \\ 0 & 0 & \cdots & \cos\alpha_{jn} \\ \hdashline \delta_{j1} & 0 & \cdots & 0 \\ 0 & \delta_{j2} & & 0 \\ \vdots & & \ddots & \vdots \\ 0 & 0 & \cdots & \delta_{jn} \end{array}\right]}_{\underline{\beta}_j^T} \underbrace{\left[\begin{array}{c} R_{j1} \\ R_{j2} \\ \vdots \\ R_{jn} \end{array}\right]}_{\underline{R}_j}$$

(3nx1) (3nxn) (nx1)

esto es:

$$\underline{R}^{(j)} = \underline{\beta}_j^T \underline{R}_j \tag{8.6}$$

La relación (8.6) corresponde a la relación "**contragrediente**" de (8.5). $\underline{R}_j$ es el vector de las cargas R_{ji} que toma el eje ⓙ en todos los pisos en la dirección y sentido de dicho eje. A su vez $\underline{R}^{(j)}$ representa a las componentes de las cargas R_{ji} en las direcciones X e Y y a los momentos de dichas cargas c/r al punto G en todos los niveles.

En la Figura 8.3 se muestra una elevación de un eje ⓙ cualquiera en un edificio de n pisos bajo la acción sólo de cargas laterales.

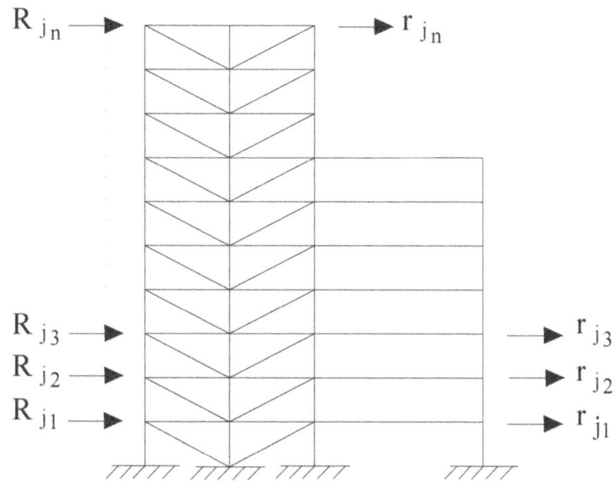

FIGURA 8.3. Elevación de un eje ⓙ cualquiera de un edificio sólo con cargas laterales

Si se forma la matriz de rigidez del eje ⓙ de acuerdo a los métodos indicados en el Capítulo 6, se tendrá una relación $\underline{K}\,\underline{r}=\underline{R}$ válida para dicho eje. Si ordenamos los grados de libertad del eje ⓙ dejando primeramente los grados de libertad laterales y a continuación los demás grados de libertad (desplazamientos verticales y giros de los nudos) se tendrá para dicho eje ⓙ:

$$\begin{bmatrix} \underline{K}_{11}^{j} & \underline{K}_{12}^{j} \\ \underline{K}_{21}^{j} & \underline{K}_{22}^{j} \end{bmatrix} \begin{bmatrix} \underline{r}_j \\ \underline{r}_{2j} \end{bmatrix} = \begin{bmatrix} \underline{R}_j \\ \underline{R}_{2j} \end{bmatrix} \tag{8.7}$$

en que $\underline{K}_{11}^{j}$, $\underline{K}_{12}^{j}$, $\underline{K}_{21}^{j}$ y $\underline{K}_{22}^{j}$ son la submatrices que se obtienen de la partición de la matriz $\underline{K}$ del eje ⓙ dejando los grados de libertad laterales $\underline{r}_j$ en primer lugar. $\underline{R}_j$ corresponde a las cargas laterales que toma el eje ⓙ, mientras que $\underline{R}_{2j}$ corresponde al vector de las cargas verticales y momentos asociados al resto de grados de libertad del eje ⓙ . Este vector proviene de las cargas verticales que están aplicadas directamente al eje ⓙ y deben ser conocidas. $\underline{r}_{2j}$ corresponde a los desplazamientos y giros de los grados de libertad del eje que no corresponden a los desplazamientos laterales.

Si asumimos preliminarmente que $\underline{R}_{2j}=\underline{0}$, esto es, no consideramos el efecto de las cargas verticales aplicadas en el eje ⓙ, entonces de (8.7) se tiene que:

$$\underline{K}_{11}^{j}\ \underline{r}_{j}+\underline{K}_{12}^{j}\ \underline{r}_{2j}=\underline{R}_{j} \tag{8.8}$$

$$\underline{K}_{21}^{j}\ \underline{r}_{j}+\underline{K}_{22}^{j}\ \underline{r}_{2j}=0 \tag{8.9}$$

de (8.9):

$$\underline{r}_{2j}=-(\underline{K}_{22}^{j})^{-1}\underline{K}_{21}^{j}\ \underline{r}_{j} \tag{8.10}$$

reemplazando (8.10) en (8.8) se obtiene:

$$[\underline{K}_{11}^{j}-\underline{K}_{12}^{j}(\underline{K}_{22}^{j})^{-1}\underline{K}_{21}^{j}]\ \underline{r}_{j}=\underline{R}_{j} \tag{8.11}$$

llamando:

$$\underline{K}_{j}=\underline{K}_{11}^{j}-\underline{K}_{12}^{j}\ (\underline{K}_{22}^{j})^{-1}\underline{K}_{21}^{j} \tag{8.12}$$

se tiene que:

$$\underline{K}_{j}\ \underline{r}_{j}=\underline{R}_{j} \tag{8.13}$$

$\underline{K}_{j}$ corresponde a la matriz de rigidez del eje ⓙ condensada a los grados de libertad laterales del eje. La dimensión de $\underline{K}_{j}$ es igual al número de pisos del edificio.

Si se considera el caso más general en que $\underline{R}_{2j}\neq\underline{0}$, esto es, suponiendo que existen cargas verticales y momentos aplicados a los grados de libertad no laterales del eje ⓙ, entonces la relación (8.9) queda:

$$\underline{K}_{21}^{j}\underline{r}_{j}+\underline{K}_{22}^{j}\underline{r}_{2j}=\underline{R}_{2j} \tag{8.14}$$

despejando $\underline{r}_{2j}$ se obtiene:

$$\underline{r}_{2j}=(\underline{K}_{22}^{j})^{-1}\underline{R}_{2j}-(\underline{K}_{22}^{j})^{-1}\underline{K}_{21}^{j}\underline{r}_{j}$$

reemplazando en (8.8):

$$[\underline{K}_{11}^{j}-\underline{K}_{12}^{j}\ (\underline{K}_{22}{}^{j})^{-1}\ \underline{K}_{21}^{j}]\ \underline{r}_{j}=\underline{R}_{j}-\underline{K}_{12}^{j}\ (\underline{K}_{22}{}^{j})^{-1}\ \underline{R}_{2j}$$

se tiene finalmente:

$$\underline{K}_{j}\ \underline{r}_{j}=\underline{R}_{j}-\underline{R}_{j}^{'} \tag{8.15}$$

en que

$$\underline{R}_{j}^{'}=\underline{K}_{12}^{j}\ (\underline{K}_{22}^{j})^{-1}\ \underline{R}_{2j} \tag{8.16}$$

$\underline{R}_j'$ representa un vector de cargas laterales equivalentes del eje (j) debido a sus cargas verticales (p. ej. peso propio y sobrecargas que actúan directamente sobre el eje).

Si consideramos las cargas laterales R_{xi}, R_{yi} y momentos torsores M_i aplicados en los puntos G de todos los pisos i, se debe cumplir que:

$$R_{xi} = \sum_{j=1}^{m} R_{xi}^{j}$$

$$R_{yi} = \sum_{j=1}^{m} R_{yi}^{j} \qquad (8.17)$$

$$M_i = \sum_{j=1}^{m} M_i^{j}$$

en que m corresponde al **número de ejes resistentes del edificio**. En forma matricial:

$$\underline{R} = \sum_{j=1}^{m} \underline{R}^{(j)} \qquad (8.18)$$

$\underline{R}$ representa al vector de cargas y momentos torsores aplicados al edificio.

$$\underline{R} = \begin{bmatrix} R_{x1} \\ \cdot \\ \cdot \\ \cdot \\ R_{xn} \\ \hline R_{y1} \\ \cdot \\ \cdot \\ \cdot \\ R_{yn} \\ \hline M_1 \\ \cdot \\ \cdot \\ \cdot \\ M_n \end{bmatrix} \qquad (8.19)$$

Reemplazando (8.6) en (8.18) se obtiene:

$$\underline{R} = \sum_{j=1}^{m} \underline{R}^{(j)} = \sum_{j=1}^{m} \underline{\beta}_j^{T} \, \underline{R}_j \qquad (8.20)$$

Si **no se consideran** las cargas verticales $\underline{R}_{2j}$ aplicadas directamente sobre los ejes, entonces reemplazando (8.13) en (8.20):

$$\underline{R} = \sum_{j=1}^{m} \underline{\beta}_j^{\,T} \underline{K}_j \underline{r}_j \tag{8.21}$$

y reemplazando (8.5) en (8.21):

$$\underline{R} = \sum_{j=1}^{m} \underline{\beta}_j^{\,T} \underline{K}_j \underline{\beta}_j \underline{r} \tag{8.22}$$

llamando:

$$\underline{K}^{(j)} = \underline{\beta}_j^{\,T} \underline{K}_j \underline{\beta}_j \tag{8.23}$$

y:

$$\underline{K} = \sum_{j=1}^{m} \underline{K}^{(j)} \tag{8.24}$$

reemplazando (8.23) y (8.24) en (8.22) se tiene que:

$$\underline{K}\,\underline{r} = \underline{R} \tag{8.25}$$

$\underline{K}$ representa a la matriz de rigidez seudo-tridimensional del edificio. Su dimensión es (3n x 3n) en que n es el número de pisos del edificio. Ella se obtiene sumando las matrices $\underline{K}^{(j)}$ de todos los ejes. La matriz $\underline{K}^{(j)}$, también de dimensión (3n x 3n), representa la contribución del eje Ⓙ a la rigidez seudo-tridimensional del edificio y se obtiene mediante el producto indicado en (8.23).

Conocido el vector de cargas $\underline{R}$ a que está sometido el edificio, la solución del sistema de ecuaciones (8.25) entrega los desplazamientos y giros de todos los pisos del edificio $\underline{r}$.

Para calcular los desplazamientos y esfuerzos internos de cada eje Ⓙ que compone el edificio se recurre primeramente a la relación.

(8.5): $\underline{r}_j = \underline{\beta}_j \, \underline{r}$

Con ella se determinan los desplazamientos laterales del eje Ⓙ en todos los pisos.

Con la expresión:

(8.13): $\underline{R}_j = \underline{K}_j \; \underline{r}_j$

se pueden determinar las cargas laterales que toma el eje Ⓙ en todos los pisos. Si se desea calcular todos los esfuerzos internos de los elementos que componen el eje Ⓙ se recurre a la relación:

(8.10): $\underline{r}_{2j} = -(\underline{K}^j_{22})^{-1} \underline{K}^j_{21} \; \underline{r}_j$

para determinar los giros y desplazamientos verticales de los nudos del eje Ⓙ. El vector que contiene todos los desplazamientos y giros de los nudos del eje Ⓙ es entonces:

$$\underline{r}^{(j)} = \begin{bmatrix} \underline{r}_j \\ \underline{r}_{2j} \end{bmatrix} \qquad (8.26)$$

Conocidos los desplazamientos y giros de todos los nudos del eje es posible determinar los esfuerzos internos de todos los elementos utilizando los procedimientos conocidos del método de desplazamientos directo.

Formalmente:

$$\underline{u} = \underline{C}^T \underline{r}^{(j)} \longrightarrow \underline{S}^p = \underline{k}^p \underline{u}^p \longrightarrow \overline{\underline{S}}^p = (\underline{L}_D{}^p)^T \underline{S}^p$$

p: elemento cualquiera

8.2.- Influencia de cargas verticales sobre ejes resistentes

Si se consideran las cargas verticales $\underline{R}_{2j}$ aplicadas directamente a cada eje, entonces, de la ecuación (8.15) se obtiene que:

$$\underline{R}_j = \underline{K}_j \underline{r}_j + \underline{R}_j^{'} \qquad (8.27)$$

en que $\underline{R}_j^{'}$ aparece definido en (8.16). Reemplazando (8.27) en (8.20) queda:

$$\underline{R} = \sum_{j=1}^{m} \beta_j^{\,T} (\underline{K}_j \underline{r}_j + \underline{R}_j^{'}) \qquad (8.28)$$

y reemplazando (8.5) en (8.28):

$$\underline{R} = \sum_{j=1}^{m} \beta_j^{\,T} \underline{K}_j \underline{\beta}_j \underline{r} + \sum_{j=1}^{m} \underline{\beta}_j^{\,T} \underline{R}_j^{'} \qquad (8.29)$$

Definiendo un vector $\underline{R}^{'}$ proveniente de las cargas verticales de los ejes:

$$\underline{R}^{'} = \sum_{j=1}^{m} \underline{\beta}_j^{\,T} \, \underline{R}_j^{'} \qquad (8.30)$$

y reemplazando las definiciones (8.23) y (8.24) en (8.29) se obtiene:

$$\underline{K} \; \underline{r} = \underline{R} - \underline{R}^{'} \qquad (8.31)$$

Esto significa que se mantiene la definición de la matriz de rigidez $\underline{K}$. Sólo se produce una modificación del vector de cargas $\underline{R}$ debido al efecto de las cargas verticales $\underline{R}^{'}$.

La expresión (8.31) es poco utilizada en la práctica pues en las estructuras de los edificios se analizan en forma separada la acción de las cargas verticales aplicadas directamente a los ejes y la acción de las cargas horizontales (normalmente solicitación sísmica) aplicadas al edificio. Sólo es interesante constatar que mirando la relación (8.31) se observa que es posible obtener desplazamientos laterales en un edificio ($\underline{r} \neq \underline{0}$) sólo debido a la acción de cargas verticales ($\underline{R}^{'} \neq \underline{0}$) y sin solicitación horizontal ($\underline{R} = \underline{0}$).

8.3. Compatibilidades Verticales

Hasta el momento sólo se ha considerado la compatibilidad de los desplazamientos laterales de los ejes resistentes originada por los diafragmas rígidos a nivel de los pisos del edificio. Sin embargo existe una compatibilidad adicional que debe ser considerada cuando 2 ejes resistentes se intersectan y por lo tanto tienen un punto en común. El desplazamiento vertical de ese punto debe ser idéntico en ambos ejes.

En la Figura 8.4 se muestran 3 ejes resistentes (j1), (j2), (j3) de un piso "i" de un edificio. Se observa que los ejes (j1) y (j2) tienen el punto A en común, mientras que el punto B es común a los ejes (j2) y (j3). Los desplazamientos verticales de los puntos A y B en todos los pisos del edificio deben ser independientes de los ejes a que pertenecen. Por lo tanto, los desplazamientos de dichos puntos se asumen como **incógnitas adicionales** en todos los pisos.

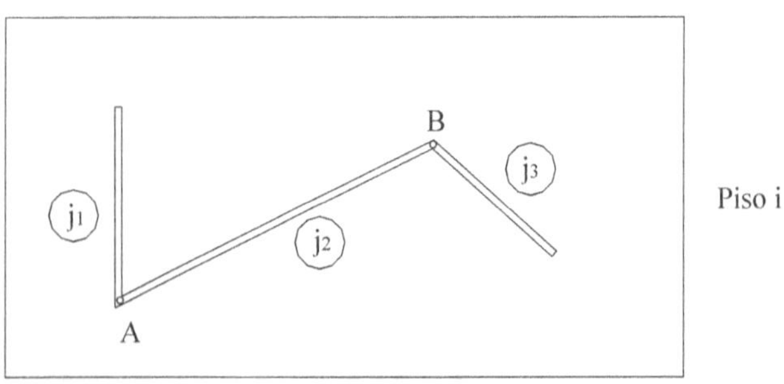

FIGURA 8.4. Puntos con compatibilidad vertical

Si se forma un vector $\underline{w}$ que contiene los desplazamientos verticales de los puntos con compatibilidad vertical (p. ej los puntos A y B) en todos los pisos del edificio y un vector $\underline{r}_{vj}$ con los desplazamientos verticales con compatibilidad vertical del eje ⓙ (p. ej. en el caso del eje(j1) corresponde a los desplazamientos verticales del punto A en todos los pisos), se tiene la siguiente relación:

$$\underline{r}_{vj} = \underline{B}_j \, \underline{w} \tag{8.32}$$

La matriz $\underline{B}_j$ es una matriz booleana (sólo contiene 0 y 1). Para el caso del ejemplo, el vector $\underline{r}_{vj}$ del eje (j1) tendría n componentes (n = n° de pisos) y el vector $\underline{w}$ tendría 2n componentes. Por lo tanto la matriz $\underline{B}_j$ para el eje(j1) tendría la dimensión (n x 2n). Análogamente para el eje(j3) también tendría la dimensión (n·x 2n), pero para el eje(j2) su dimensión sería (2n x 2n). En este último caso (eje (j2)), si los vectores $\underline{r}_{vj}$ y $\underline{w}$ se ordenan de la misma forma (p. ej. primero los desplazamientos verticales del punto A en todos los pisos y luego los del punto B en todos los pisos) la matriz $\underline{B}_j$ corresponde a la matriz identidad.

Si reunimos las relaciones (8.5) y (8.32) en una sola relación matricial, se tiene:

$$\begin{bmatrix} \underline{r}_j \\ \underline{r}_{vj} \end{bmatrix} = \begin{bmatrix} \underline{\beta}_j & \underline{0} \\ \underline{0} & \underline{B}_j \end{bmatrix} \begin{bmatrix} \underline{r} \\ \underline{w} \end{bmatrix} \tag{8.33}$$

y definiendo:

$$\underline{\tilde{r}}_j = \begin{bmatrix} \underline{r}_j \\ \underline{r}_{vj} \end{bmatrix} \tag{8.34}$$

$$\underline{\tilde{r}} = \begin{bmatrix} \underline{r} \\ \underline{w} \end{bmatrix} \tag{8.35}$$

$$\underline{\tilde{\beta}}_j = \begin{bmatrix} \underline{\beta}_j & \underline{0} \\ \underline{0} & \underline{B}_j \end{bmatrix} \tag{8.36}$$

se tiene una relación equivalente a (8.5) para un eje ⓙ con compatibilidades verticales:

$$\underline{\tilde{r}}_j = \underline{\tilde{\beta}}_j \, \underline{\tilde{r}} \tag{8.37}$$

La dimensión de la matriz $\underline{\tilde{\beta}}_j$ es bastante mayor que la de $\underline{\beta}_j$. Si n_v^j es el nº de compatibilidades verticales del eje (j) en cada piso (en el caso del ejemplo de la Figura 8.4 para los ejes (j1) y (j3) $n_v^j = 1$ mientras que para el eje (j2), $n_v^j = 2$) y por otra parte, n_v es el nº de compatibilidades verticales en cada piso del edificio (en el ejemplo $n_v = 2$), la matriz $\underline{\tilde{\beta}}_j$ tiene $(1 + n_v^j)$x n filas y $(3 + n_v)$x n columnas.

Es interesante observar que si se consideran compatibilidades verticales en un edificio, esto es, $n_v \neq 0$, las matrices $\underline{\beta}_j$ y $\underline{\tilde{\beta}}_j$ nunca son idénticas, aunque un determinado eje (j) no tenga puntos con compatibilidad vertical. En este último caso $n_v^j = 0$ y el nº de filas de $\underline{\tilde{\beta}}_j$ y $\underline{\beta}_j$ coinciden, pero $\underline{\tilde{\beta}}_j$ tiene más columnas, que en este caso son todas ceros. Esto es, en ese caso:

$$\underline{\tilde{r}}_j = \underline{r}_j = \begin{bmatrix} \underline{\beta}_j & \underline{0} \end{bmatrix} \begin{bmatrix} \underline{r} \\ \underline{w} \end{bmatrix} = \underline{\beta}_j \underline{\tilde{r}}$$

Como la relación (8.37) representa una ecuación de compatibilidad de desplazamientos, debe existir una relación "**contragrediente**" entre las fuerzas correspondientes. Ella es:

$$\underline{\tilde{R}}^{(j)} = \underline{\tilde{\beta}}_j^T \underline{\tilde{R}}_j \tag{8.38}$$

$\underline{\tilde{R}}_j$ (asociado al vector $\underline{\tilde{r}}_j$) corresponde a las cargas laterales y verticales (con compatibilidad vertical) que toma el eje (j):

$$\underline{\tilde{R}}_j = \begin{bmatrix} \underline{R}_j \\ \underline{P}_j \end{bmatrix} \tag{8.39}$$

$\underline{R}_j$ son las cargas laterales que asume el eje (j) y $\underline{P}_j$ son las cargas verticales que asume el eje (j) en los puntos con compatibilidad vertical. Estas cargas $\underline{P}_j$ se originan por la interacción entre los ejes en los puntos con compatibilidad vertical.

Por su parte, el vector $\underline{\tilde{R}}^{(j)}$ corresponde a las cargas asociadas a los desplazamientos $\underline{\tilde{r}}$. Esto es:

$$\underline{\tilde{R}}^{(j)} = \begin{bmatrix} \underline{R}^{(j)} \\ \underline{R}_v^{(j)} \end{bmatrix} \tag{8.40}$$

$\underline{R}^{(j)}$ como se indica en (8.6) representa a las componentes en la direcciones X e Y y momentos c/r al origen de coordenadas G de las cargas laterales $\underline{R}_j$ que tome el eje (j).

$\underline{R}_v^{(j)}$ corresponde a las mismas cargas verticales $\underline{P}_j$ en los puntos del eje (j) con compatibilidad vertical, pero en un vector de mayor dimensión: $\underline{P}_j$ tiene n_v^j x n componentes (n_v^j = nº de compatibilidades verticales del eje (j) en cada piso y n = nº de pisos), mientras que $\underline{R}_v^{(j)}$ tiene n_v x n componentes (n_v = nº de compatibilidades verticales totales en cada piso del edificio).

De (8.38) se observa que las relaciones entre los distintos vectores de cargas son:

$$\underline{R}^{(j)} = \underline{\beta}_j^T \underline{R}_j \tag{8.41}$$

y

$$\underline{R}_v^{(j)} = \underline{B}_j^T \underline{P}_j \tag{8.42}$$

Como se indicaba anteriormente el vector de cargas $\underline{P}_j$ representa las cargas verticales debido a la interacción del eje (j) con otro eje en los puntos con compatibilidad vertical. Ello significa que las mismas cargas deben actuar con sentido contrario en otro eje. Por lo tanto de acuerdo al principio de acción y reacción:

$$\sum_{j=1}^{m} \underline{R}_v^{(j)} = \underline{0} \tag{8.43}$$

por lo tanto:

$$\underline{\tilde{R}} = \sum_{j=1}^{m} \underline{\tilde{R}}^{(j)} = \begin{bmatrix} \sum_{j=1}^{m} \underline{R}^{(j)} \\ \underline{0} \end{bmatrix} = \begin{bmatrix} \underline{R} \\ \underline{0} \end{bmatrix} \tag{8.44}$$

En que $\underline{R}$ es el vector de cargas del edificio indicado en (8.18) y (8.19).

Por otra parte, el vector de cargas $\underline{\tilde{R}}_j$ y los respectivos desplazamientos $\underline{\tilde{r}}_j$ del eje (j) están relacionados entre sí por la relación:

$$\underline{\tilde{R}}_j = \underline{\tilde{K}}_j \, \underline{\tilde{r}}_j \tag{8.45}$$

$\underline{\tilde{K}}_j$ representa la matriz de rigidez del eje (j) condensada a los grados de libertad laterales $\underline{r}_j$ más los grados de libertad verticales con compatibilidad vertical $\underline{r}_{vj}$.

Reemplazando (8.45) y (8.37) en (8,38) se tiene:

$$\underline{\tilde{R}}^{(j)} = \underline{\tilde{\beta}}_j^T \underline{\tilde{R}}_j = \underline{\tilde{\beta}}_j^T \underline{\tilde{K}}_j \underline{\tilde{r}}_j = \underline{\tilde{\beta}}_j^T \underline{\tilde{K}}_j \underline{\tilde{\beta}}_j \underline{\tilde{r}} \tag{8.46}$$

llamando:

$$\underline{\widetilde{K}}^{(j)} = \underline{\widetilde{\beta}}_j^T \, \underline{\widetilde{K}}_j \, \underline{\widetilde{\beta}}_j \qquad (8.47)$$

se tiene que:

$$\underline{\widetilde{R}}^{(j)} = \underline{\widetilde{K}}^{(j)} \, \underline{\widetilde{r}} \qquad (8.48)$$

reemplazando (8.48) en (8.44):

$$\underline{\widetilde{R}} = \sum_{j=1}^{m} \underline{\widetilde{R}}^{(j)} = \sum_{j=1}^{m} \underline{\widetilde{K}}^{(j)} \, \underline{\widetilde{r}} \qquad (8.49)$$

llamando:

$$\underline{\widetilde{K}} = \sum_{j=1}^{m} \underline{\widetilde{K}}^{(j)} \qquad (8.50)$$

se tiene que:

$$\underline{\widetilde{K}} \, \underline{\widetilde{r}} = \underline{\widetilde{R}} \qquad (8.51)$$

La relación (8.51) es la relación entre las cargas laterales y desplazamientos del edificio cuando se consideran compatibilidades verticales. Como se observa en (8.44) el vector $\underline{\widetilde{R}}$ tiene $(3 + n_v) \times n$ componentes (n = nº de pisos; n_v = nº de compatibilidades verticales por piso), en que las primeras 3n componentes corresponden al vector $\underline{R}$ (cargas laterales y momentos torsores aplicados en todos los pisos del edificio) y las siguientes $n \times n_v$ componentes son nulas.

El vector $\underline{\widetilde{r}}$ como se indica en (8.35) está compuesto por el vector $\underline{r}$ (desplazamientos laterales y giros en planta de todos los pisos del edificio) de dimensión $(3 \times n)$ y el vector $\underline{w}$ de dimensión $(n \times n_v)$ que corresponde a los desplazamientos verticales de todos los puntos del edificio en los que se impuso la compatibilidad vertical.

La matriz de rigidez $\underline{\widetilde{K}}$ del edificio considerando compatibilidades verticales se obtiene mediante la suma indicada en (8.50). Su dimensión es igual al nº de componentes de $\underline{\widetilde{r}}$ y $\underline{\widetilde{R}}$, esto es $(3 + n_v) \times n$.

De acuerdo a la forma de los vectores $\underline{\widetilde{r}}$ y $\underline{\widetilde{R}}$, el sistema de ecuaciones (8.51) se puede escribir, subdividiendo la matriz $\underline{\widetilde{K}}$:

$$\underbrace{\begin{bmatrix} \underline{K}_{HH} & \underline{K}_{HV} \\ \underline{K}_{VH} & \underline{K}_{VV} \end{bmatrix}}_{\underline{\widetilde{K}}} \underbrace{\begin{bmatrix} \underline{r} \\ \underline{w} \end{bmatrix}}_{\underline{\widetilde{r}}} = \underbrace{\begin{bmatrix} \underline{R} \\ \underline{0} \end{bmatrix}}_{\underline{\widetilde{R}}} \qquad (8.52)$$

en que las matrices $\underline{K}_{HH}$, $\underline{K}_{HV}$, $\underline{K}_{VH}$ y $\underline{K}_{VV}$ son las submatrices que corresponden a la separación de $\underline{\tilde{r}}$ en $\underline{r}$ y $\underline{w}$.

El sistema de ecuaciones (8.52) se puede condensar a los grados de libertad $\underline{r}$:

$$\underline{K}_{HH}\ \underline{r} + \underline{K}_{HV}\ \underline{w} = \underline{R} \qquad \text{(i)}$$

$$\underline{K}_{VH}\ \underline{r} + \underline{K}_{VV}\ \underline{w} = \underline{0} \qquad \text{(ii)}$$

de (ii)

$$\underline{w} = -\underline{K}_{VV}^{-1}\ \underline{K}_{VH}\ \underline{r} \tag{8.53}$$

reemplazando en (i):

$$(\underline{K}_{HH} - \underline{K}_{HV}\ \underline{K}_{VV}^{-1}\ \underline{K}_{VH})\ \underline{r} = \underline{R}$$

llamando:

$$\underline{K}_{V} = \underline{K}_{HH} - \underline{K}_{HV}\ \underline{K}_{VV}^{-1}\ \underline{K}_{VH} \tag{8.54}$$

se tiene que:

$$\underline{K}_{V}\ \underline{r} = \underline{R} \tag{8.55}$$

La relación (8.55) corresponde a la relación entre las cargas laterales $\underline{R}$ y desplazamientos laterales y giros en planta $\underline{r}$ del edificio cuando se consideran compatibilidades verticales. La dimensión de $\underline{K}_{V}$ es (3n x 3n), en que n = nº de pisos del edificio, igual que la matriz $\underline{K}$ indicada en (8.25), pero a diferencia de esta última, incluye el efecto de las compatibilidades verticales.

La formación de las matrices $\underline{K}_{HH}$, $\underline{K}_{HV}$, $\underline{K}_{VV}$ y $\underline{K}_{VH}$ necesaria para obtener la matriz $\underline{K}_{V}$ de acuerdo a la relación (8.54), se puede simplificar considerando una partición de las matrices $\underline{\tilde{K}}_{j}$ de cada eje ⓙ.

De acuerdo a (8.45) $\underline{\tilde{K}}_{j}\ \underline{\tilde{r}}_{j} = \underline{\tilde{R}}_{j}$ en que según (8.34) y (8.39):

$$\underline{\tilde{r}}_{j} = \begin{bmatrix} \underline{r}_{j} \\ \underline{r}_{vj} \end{bmatrix} \qquad \underline{\tilde{R}}_{j} = \begin{bmatrix} \underline{R}_{j} \\ \underline{P}_{j} \end{bmatrix}$$

Por lo tanto, la matriz $\underline{\widetilde{K}}_j$ se puede particionar de modo que:

$$\begin{bmatrix} \underline{K}^j_{HH} & \underline{K}^j_{HV} \\ \underline{K}^j_{VH} & \underline{K}^j_{VV} \end{bmatrix} \begin{bmatrix} \underline{r}_j \\ \underline{r}_{vj} \end{bmatrix} = \begin{bmatrix} \underline{R}_j \\ \underline{P}_j \end{bmatrix} \tag{8.56}$$

Las matrices $\underline{K}^j_{HH}$, $\underline{K}^j_{HV}$, $\underline{K}^j_{VH}$ y $\underline{K}^j_{VV}$ son las submatrices que se obtienen de particionar la matriz $\underline{\widetilde{K}}_j$ del eje ⓙ (matriz de rigidez del eje ⓙ condensada a los grados de libertad laterales más aquellos con compatibilidad vertical), de acuerdo a los grados de libertad laterales $\underline{r}_j$ y a los grados de libertad verticales con compatibilidad vertical $\underline{r}_{vj}$.

Considerando la partición de $\underline{\widetilde{K}}_j$ indicada en (8.56) y la definición (8.36) de $\underline{\widetilde{\beta}}_j$ se tiene que de acuerdo a (8.47) la matriz $\underline{\widetilde{K}}^{(j)}$ queda:

$$\underline{\widetilde{K}}^{(j)} = \begin{bmatrix} \underline{\beta}^T_j & \underline{0} \\ \underline{0} & \underline{B}^T_j \end{bmatrix} \begin{bmatrix} \underline{K}^j_{HH} & \underline{K}^j_{HV} \\ \underline{K}^j_{VH} & \underline{K}^j_{VV} \end{bmatrix} \begin{bmatrix} \underline{\beta}_j & \underline{0} \\ \underline{0} & \underline{B}_j \end{bmatrix}$$

$$\underline{\widetilde{K}}^{(j)} = \begin{bmatrix} \underline{\beta}^T_j \ \underline{K}^j_{HH} \ \underline{\beta}_j & \underline{\beta}^T_j \ \underline{K}^j_{HV} \ \underline{B}_j \\ \underline{B}^T_j \ \underline{K}^j_{VH} \ \underline{\beta}_j & \underline{B}^T_j \ \underline{K}^j_{VV} \ \underline{B}_j \end{bmatrix} \tag{8.57}$$

Por lo tanto de acuerdo a (8.50):

$$\underline{\widetilde{K}} = \sum_{j=1}^{m} \underline{\widetilde{K}}^{(j)} = \begin{bmatrix} \sum_{j=1}^{m} \underline{\beta}^T_j \ \underline{K}^j_{HH} \ \underline{\beta}_j & \sum_{j=1}^{m} \underline{\beta}^T_j \ \underline{K}^j_{HV} \ \underline{B}_j \\ \sum_{j=1}^{m} \underline{B}^T_j \ \underline{K}^j_{VH} \ \underline{\beta}_j & \sum_{j=1}^{m} \underline{B}^T_j \ \underline{K}^j_{VV} \ \underline{B}_j \end{bmatrix} \tag{8.58}$$

Comparando con la partición de $\underline{\widetilde{K}}$ indicada en (8.52) se observa que:

$$\underline{K}_{HH} = \sum_{j=1}^{m} \underline{\beta}^T_j \ \underline{K}^j_{HH} \ \underline{\beta}_j \tag{8.59}$$

$$\underline{K}_{HV} = \sum_{j=1}^{m} \underline{\beta}^T_j \ \underline{K}^j_{HV} \ \underline{B}_j = \underline{K}^T_{VH} \tag{8.60}$$

$$\underline{K}_{VV} = \sum_{j=1}^{m} \underline{B}^T_j \ \underline{K}^j_{VV} \ \underline{B}_j \tag{8.61}$$

Las relaciones (8.59) a (8.61) son las que se utilizan para formar la matriz $\underline{K}_V$ de acuerdo a (8.55) cuando se consideran las compatibilidades verticales en un edificio.

Un caso especial ocurre con un eje (j) que no tenga puntos con compatibilidad vertical en un edificio que si tiene compatibilidades verticales. En ese caso

$$\underline{\widetilde{K}}_j = \underline{\widetilde{K}}^j_{HH} = \underline{K}_j \qquad \text{y} \qquad \underline{\widetilde{\beta}}_j = [\underline{\beta}_j \quad \underline{0}]$$

Por lo tanto:

$$\underline{\widetilde{K}}^{(j)} = \underline{\widetilde{\beta}}^T_j \, \underline{\widetilde{K}}_j \, \underline{\widetilde{\beta}}_j = \begin{bmatrix} \underline{\beta}^T_j \, \underline{K}_j \, \underline{\beta}_j & \underline{0} \\ \underline{0} & \underline{0} \end{bmatrix}$$

esto es:

$$\underline{\beta}_j^{\,T} \, \underline{K}^j_{HH} \, \underline{\beta}_j = \underline{\beta}_j^{\,T} \, \underline{K}_j \, \underline{\beta}_j$$

$$\underline{\beta}_j^{\,T} \, \underline{K}^j_{HV} \, \underline{B}_j = \underline{0} \qquad \underline{B}^T_j \, \underline{K}^j_{VH} \, \underline{\beta}_j = \underline{0} \qquad \underline{B}_j^{\,T} \, \underline{K}^j_{VV} \, \underline{B}_j = \underline{0}$$

Es evidente que la consideración de las compatibilidades verticales representa la situación real de las estructuras de los edificios cuyos ejes tengan puntos donde se intersecten y sean comunes a dos o más ejes. El inconveniente que se observa es que se aumenta considerablemente la dimensión de las matrices de los ejes y la cantidad de operaciones matriciales involucradas. A pesar de que la matriz de rigidez seudo-tridimensional $\underline{K}_V$ del edificio considerando compatibilidades verticales indicada en (8.54) y (8.55) es de la misma dimensión 3n x 3n (n = nº de pisos) que la matriz $\underline{K}$ del edificio sin compatibilidades verticales indicada en (8.24) y (8.25), existe una gran cantidad de operaciones matriciales previas para obtenerla.

Si se despreciara la compatibilidad vertical en un edificio, se estará despreciando la interacción entre los ejes y el edificio será mas flexible que en la realidad y por lo tanto sus desplazamientos serán mayores que los exactos. La magnitud de la diferencia obtenida dependerá de la diferencia de los desplazamientos verticales que se obtendría en los puntos de intersección al despreciar la compatibilidad. Si en esos puntos existen p. ej. columnas cuya rigidez axial es muy alta entonces los desplazamientos verticales serán muy pequeños y por lo tanto la compatibilidad vertical no tendrá mucha influencia en la rigidez lateral del edificio. En el trabajo de R. Vásquez (1994) se analiza el efecto de la compatibilidad vertical en el análisis sísmico de edificios.

Ejemplo 8.1

En la figura se muestra la planta (con forma de triángulo equilátero de 6 metros de lado) de un edificio de 1 piso de 3 metros de altura con losa superior. Determinar los esfuerzos que toman las vigas y columnas del edificio debido a la acción de la carga indicada aplicada en la losa superior. Resolver.

a) Sin considerar compatibilidades verticales

b) Considerando compatibilidades verticales

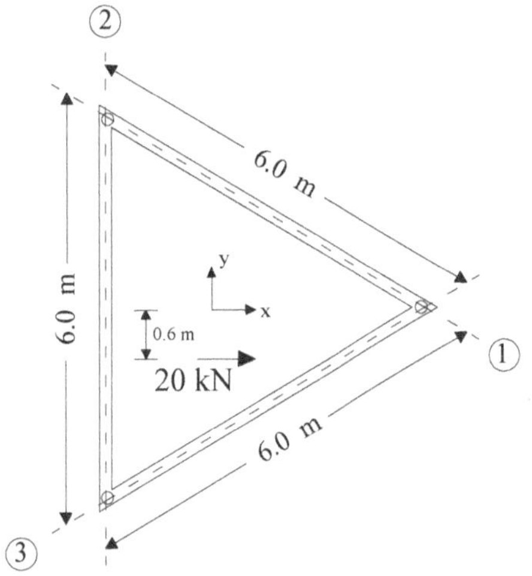

Datos:

Vigas

$EI = 14000\ kNm^2$

$EA = 1.4x10^5\ kN$

Columnas

$EI = 8000\ kNm^2$

$EA = 1.4x10^5\ kN(*)$

Nota: El origen del sistema de coordenadas G se ubica en el centroide de la planta.

(*) Se ha utilizado una rigidez axial relativamente baja para que los desplazamientos verticales de las columnas no sean despreciables y exista una influencia de la compatibilidad vertical.

Los 3 ejes resistentes son idénticos:

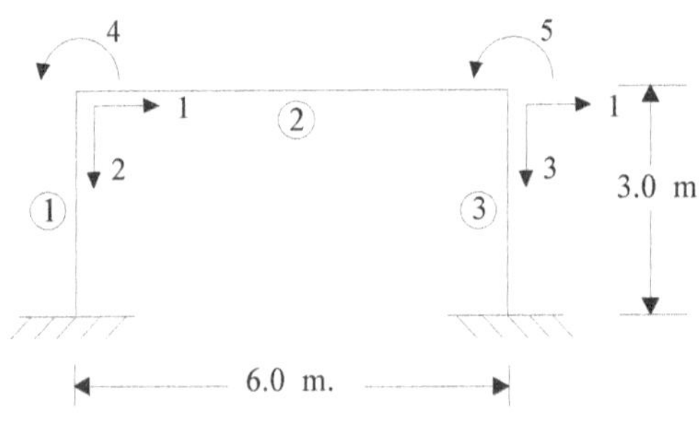

Debido a la consideración de la losa superior como diafragma rígido; el desplazamiento horizontal de ambos extremos del elemento ② es el mismo.

La tabla de incidencia en términos de grados de libertad es:

Elemento	*Grados de libertad*					
	1	*2*	*3*	*4*	*5*	*6*
①	*0*	*0*	*0*	*1*	*2*	*4*
②	*1*	*2*	*4*	*1*	*3*	*5*
③	*1*	*3*	*5*	*0*	*0*	*0*

El archivo de entrada para el programa SMIS es el siguiente:

```
START
LOADLMIN    (6I6)                    3     6
                          1     2    4
     1     2    4    1    3     5
     1     3    5
PRINT IN                             1     1
 *** TABLA DE INCIDENCIA ***
FORMKDK1                             6     1
   8.                    1000.        140.
              3.
PRINT K1                             1
 *** MATRIZ DE RIGIDEZ ELEMENTO 1 ***
FORMKDK2                             6     1
   14.                    1000.        140.
                            6.
PRINT K2                             1
 *** MATRIZ DE RIGIDEZ ELEMENTO 2 ***
FORMKDK3                             6     1
   8.                    1000.        140.
     6.                     6.          3.
PRINT K3                             1
 *** MATRIZ DE RIGIDEZ ELEMENTO 3 ***
ZERO  K                              5     5
ADDSTFK      K1    IN                1     1
ADDSTFK      K2    IN                2     1
ADDSTFK      K3    IN                3     1
PRINT K                              1
 *** MATRIZ DE RIGIDEZ SIN CONDENSAR ***
WRITE MATK                           5
K     IN    K1    K2    K3
STOP
```

El archivo de resultados del programa SMIS es:

```
START

  SMIS (REV.3.0 - 02.01.2001 - DEPTO. OOCC - ULS)

  SMIS (FECHA DE EJECUCION :28/ 5/2001  )

  SMIS (HORA  DE EJECUCION :18:26:56    )



 LOADLM IN      (6I6)
 NUMER.LINEAS:   3    NUM. COLUMNAS:   6


 PRINT  IN

 *** TABLA DE INCIDENCIA ***

            1     2     3     4     5     6
    1 *     0     0     0     1     2     4
    2 *     1     2     4     1     3     5
    3 *     1     3     5     0     0     0


 FORMKD K1
  TYPE = 6      NUMBER =  1
0  I =    0.8000E+01     SHEAR AREA =    0.0000E+00
   L =    0.3000E+01              E =    0.1000E+04
  NU =    0.0000E+00
0              CROSS-SECTIONAL AREA =    0.1400E+03
0 X1 =    0.0000E+00             Y1 =    0.3000E+01
  X2 =    0.0000E+00             Y2 =    0.0000E+00
  A  =    0.0000E+00              B =    0.0000E+00
```

```
 PRINT  K1

*** MATRIZ DE RIGIDEZ ELEMENTO 1 ***

            1           2           3           4           5           6
  1 0.3556E+04  0.0000E+00  -.5333E+04  -.3556E+04  0.0000E+00  -.5333E+04
  2 0.0000E+00  0.4667E+05  0.0000E+00  0.0000E+00  -.4667E+05  0.0000E+00
  3 -.5333E+04  0.0000E+00  0.1067E+05  0.5333E+04  0.0000E+00  0.5333E+04
  4 -.3556E+04  0.0000E+00  0.5333E+04  0.3556E+04  0.0000E+00  0.5333E+04
  5 0.0000E+00  -.4667E+05  0.0000E+00  0.0000E+00  0.4667E+05  0.0000E+00
  6 -.5333E+04  0.0000E+00  0.5333E+04  0.5333E+04  0.0000E+00  0.1067E+05
 FORMKD K2
  TYPE = 6      NUMBER =  1
0  I =     0.1400E+02    SHEAR AREA =    0.0000E+00
   L =     0.6000E+01             E =    0.1000E+04
  NU =     0.0000E+00
0              CROSS-SECTIONAL AREA =    0.1400E+03
0 X1 =     0.0000E+00            Y1 =    0.0000E+00
  X2 =     0.6000E+01            Y2 =    0.0000E+00
  A  =     0.0000E+00             B =    0.0000E+00

 PRINT  K2

*** MATRIZ DE RIGIDEZ ELEMENTO 2 ***

            1           2           3           4           5           6
  1 0.2333E+05  0.0000E+00  0.0000E+00  -.2333E+05  0.0000E+00  0.0000E+00
  2 0.0000E+00  0.7778E+03  -.2333E+04  0.0000E+00  -.7778E+03  -.2333E+04
  3 0.0000E+00  -.2333E+04  0.9333E+04  0.0000E+00  0.2333E+04  0.4667E+04
  4 -.2333E+05  0.0000E+00  0.0000E+00  0.2333E+05  0.0000E+00  0.0000E+00
  5 0.0000E+00  -.7778E+03  0.2333E+04  0.0000E+00  0.7778E+03  0.2333E+04
  6 0.0000E+00  -.2333E+04  0.4667E+04  0.0000E+00  0.2333E+04  0.9333E+04
  FORMKD K3
  TYPE = 6      NUMBER =  1
0  I =     0.8000E+01    SHEAR AREA =    0.0000E+00
   L =     0.3000E+01             E =    0.1000E+04
  NU =     0.0000E+00
0              CROSS-SECTIONAL AREA =    0.1400E+03
0 X1 =     0.6000E+01            Y1 =    0.0000E+00
  X2 =     0.6000E+01            Y2 =    0.3000E+01
  A  =     0.0000E+00             B =    0.0000E+00

 PRINT  K3

*** MATRIZ DE RIGIDEZ ELEMENTO 3 ***

            1           2           3           4           5           6
  1 0.3556E+04  0.0000E+00  0.5333E+04  -.3556E+04  0.0000E+00  0.5333E+04
  2 0.0000E+00  0.4667E+05  0.0000E+00  0.0000E+00  -.4667E+05  0.0000E+00
  3 0.5333E+04  0.0000E+00  0.1067E+05  -.5333E+04  0.0000E+00  0.5333E+04
  4 -.3556E+04  0.0000E+00  -.5333E+04  0.3556E+04  0.0000E+00  -.5333E+04
  5 0.0000E+00  -.4667E+05  0.0000E+00  0.0000E+00  0.4667E+05  0.0000E+00
  6 0.5333E+04  0.0000E+00  0.5333E+04  -.5333E+04  0.0000E+00  0.1067E+05

 ZERO   K
     5 LINEAS     5 COLUMNAS

 ADDSTF K       K1       IN
0PRIMERA LINEA :    1
 NUM. DE LINEAS:    1
  ADDSTF K       K2       IN
0PRIMERA LINEA :    2
 NUM. DE LINEAS:    1

 ADDSTF K       K3       IN
0PRIMERA LINEA :    3
 NUM. DE LINEAS:    1
```

```
PRINT  K
 *** MATRIZ DE RIGIDEZ SIN CONDENSAR ***

            1           2           3           4           5
  1  0.7111E+04  0.0000E+00  0.0000E+00  0.5333E+04  0.5333E+04
  2  0.0000E+00  0.4744E+05  -.7778E+03  -.2333E+04  -.2333E+04
  3  0.0000E+00  -.7778E+03  0.4744E+05  0.2333E+04  0.2333E+04
  4  0.5333E+04  -.2333E+04  0.2333E+04  0.2000E+05  0.4667E+04
  5  0.5333E+04  -.2333E+04  0.2333E+04  0.4667E+04  0.2000E+05

WRITE  MATK

Nø DE MATRICES :  5  ARCHIVO EXTERNO : MATK

 MATRICES : K       IN      K1      K2      K3

STOP
```

Se observa que la matriz de rigidez de los ejes sin condensar es:

$$\underline{K} = 1000 \begin{bmatrix} 7.111 & 0 & 0 & 5.333 & 5.333 \\ & 47.44 & -0.7778 & -2.333 & -2.333 \\ & & 47.44 & 2.333 & 2.333 \\ & & & 20 & 4.667 \\ \textit{Simétrica} & & & & 20 \end{bmatrix}$$

a) Sin considerar compatibilidades verticales

Se debe condensar las matrices de rigidez de los ejes al grado de libertad lateral (1). El resultado de la condensación de acuerdo a operación (8.12) es:

$$\underline{K}_j = 1000 \; [4.762] = 4762 = k \qquad (j = 1,2,3)$$

Las matrices $\underline{\beta}_j$ *de los ejes son:*

Eje (1)

$$\alpha = 60^\circ \qquad \delta = \sqrt{3} \qquad \operatorname{sen}\alpha = \frac{\sqrt{3}}{2} \qquad \cos\alpha = \frac{1}{2}$$

$$\underline{\beta}_1 = \begin{bmatrix} -\frac{\sqrt{3}}{2} & \frac{1}{2} & \sqrt{3} \end{bmatrix}$$

Eje (2)

$$\alpha = \pi \qquad \delta = \sqrt{3} \qquad \operatorname{sen}\alpha = 0 \qquad \cos\alpha = -1$$

$$\underline{\beta}_2 = \begin{bmatrix} 0 & -1 & \sqrt{3} \end{bmatrix}$$

Eje (3)

$$\alpha = -60^\circ \qquad \delta = \sqrt{3} \qquad \operatorname{sen}\alpha = -\frac{\sqrt{3}}{2} \qquad \cos\alpha = \frac{1}{2}$$

$$\underline{\beta}_3 = \begin{bmatrix} \frac{\sqrt{3}}{2} & \frac{1}{2} & \sqrt{3} \end{bmatrix}$$

Las matrices $\underline{K}^{(j)}$ *se obtienen de la relación (8.23):*

$$\underline{K}^{(1)} = \underline{\beta}_1^T \underline{K}_1 \underline{\beta}_1 = k \underline{\beta}_1^T \underline{\beta}_1 = k \begin{bmatrix} \frac{3}{4} & -\sqrt{3}/4 & -3/2 \\ & 1/4 & \sqrt{3}/2 \\ Sim. & & 3 \end{bmatrix}$$

$$\underline{K}^{(2)} = \underline{\beta}_2^T \underline{K}_2 \underline{\beta}_2 = k \underline{\beta}_2^T \underline{\beta}_2 = k \begin{bmatrix} 0 & 0 & 0 \\ & 1 & -\sqrt{3} \\ Sim. & & 3 \end{bmatrix}$$

$$\underline{K}^{(3)} = \underline{\beta}_3^T \underline{K}_3 \underline{\beta}_3 = k \underline{\beta}_3 \underline{\beta}_3 = k \begin{bmatrix} 3/4 & \sqrt{3}/4 & 3/2 \\ & 1/4 & \sqrt{3}/2 \\ Sim. & & 3 \end{bmatrix}$$

Realizando la suma indicada en (8.24) se obtiene:

$$\underline{K} = \sum_{j=1}^{3} \underline{K}^{(j)} = k \begin{bmatrix} 3/2 & 0 & 0 \\ & 3/2 & 0 \\ Sim. & & 9 \end{bmatrix} = 1000 \begin{bmatrix} 7.143 & 0 & 0 \\ 0 & 7.143 & 0 \\ Sim. & & 42.86 \end{bmatrix}$$

La matriz $\underline{K}$ *indicada corresponde a la matriz de rigidez seudo-tridimensional del edificio sin considerar las compatibilidades verticales.*

El vector de cargas, formado por la carga en dirección X, carga en dirección Y y el momento torsor aplicado en el punto G de la planta es:

$$\underline{R} = \begin{bmatrix} 20 \\ 0 \\ 12 \end{bmatrix}$$

Los desplazamientos se obtienen de la solución de $\underline{K}\ \underline{r} = \underline{R}$

$$\underline{r} = \begin{bmatrix} r_x \\ r_y \\ \theta \end{bmatrix} = \frac{1}{1000} \begin{bmatrix} 2.8 \\ 0 \\ 0.28 \end{bmatrix}$$

Los desplazamientos laterales de los ejes son:

$$\underline{r}1 = \underline{\beta}_1\ \underline{r} = -\frac{1.94}{1000} = r_1$$

$$\underline{r}2 = \underline{\beta}_2\ \underline{r} = \frac{0.485}{1000} = r_2$$

$$\underline{r}3 = \underline{\beta}_3\ \underline{r} = \frac{2.91}{1000} = r_3$$

Las cargas laterales que toman los ejes son:

$$\underline{R}_1 = \underline{K}_1\ \underline{r}_1 = k\ r_1 = -9.24\ [\text{kN}]$$

$$\underline{R}_2 = \underline{K}_2\ \underline{r}_2 = k\ r_2 = \quad 2.31\ [\text{kN}]$$

$$\underline{R}_3 = \underline{K}_3\ \underline{r}_3 = k\ r_3 = 13.86\ [\text{kN}]$$

Los signos de los desplazamientos y cargas laterales de los ejes se refieren a la convención positiva indicada en la Figura 8.1.

Para calcular los esfuerzos internos de los ejes, se debe recurrir primeramente a la relación (8.10) para determinar los desplazamientos no-laterales de los ejes. La matriz $(\underline{K}_{22}{}^{j})^{-1}\ \underline{K}_{21}{}^{j}$ *se obtiene durante el proceso de condensación de las matrices de los ejes.*

En este caso las matrices $(\underline{K}_{22}{}^{j})^{-1}\ \underline{K}_{21}{}^{j}$ *son idénticas para j = 1, 2 y 3:*

$$(\underline{K}_{22}^{j})^{-1}\underline{K}_{21}^{j} = \begin{bmatrix} 0.02131 \\ -0.02131 \\ 0.2202 \\ 0.2202 \end{bmatrix}$$

Los vectores de desplazamientos $\underline{r}_{2j}$ *de los ejes son:*

$$\underline{r}_2^{(1)} = -\left(\underline{K}_{22}{}^{1}\right)^{-1}\underline{K}_{21}{}^{1}\ \underline{r}_1 = \frac{1}{1000}\begin{bmatrix} 0.0413 \\ -0.0413 \\ 0.4273 \\ 0.4273 \end{bmatrix}$$

$$\underline{r}_2^{(2)} = -\left(\underline{K}_{22}{}^{2}\right)^{-1}\underline{K}_{21}{}^{2}\ \underline{r}_2 = \frac{1}{1000}\begin{bmatrix} -0.0103 \\ 0.0103 \\ -0.1068 \\ -0.1068 \end{bmatrix}$$

$$\underline{r}_2^{(3)} = -\left(\underline{K}_{22}{}^{3}\right)^{-1}\underline{K}_{21}{}^{3}\ \underline{r}_3 = \frac{1}{1000}\begin{bmatrix} -0.0620 \\ 0.0620 \\ -0.6409 \\ -0.6409 \end{bmatrix}$$

Por lo tanto los vectores de desplazamientos de los ejes son:

$$\underline{r}^{(1)} = \frac{1}{1000}\begin{bmatrix} -1.94 \\ \hdashline 0.0413 \\ -0.0413 \\ 0.4273 \\ 0.4273 \end{bmatrix} \qquad \underline{r}^{(2)} = \frac{1}{1000}\begin{bmatrix} 0.485 \\ \hdashline -0.0103 \\ 0.0103 \\ -0.1068 \\ -0.1068 \end{bmatrix} \qquad \underline{r}^{(3)} = \frac{1}{1000}\begin{bmatrix} 2.910 \\ \hdashline -0.0620 \\ 0.0620 \\ -0.6409 \\ -0.6409 \end{bmatrix}$$

Las operaciones $\underline{\underline{u}} = \underline{C}^T\ \underline{r}^{(j)}$ *y el cálculo de los esfuerzos* $\underline{S}^p = \underline{k}^p\ \underline{u}^p$ *para los 3 elementos (p = 1, 2 y 3) se realizan en forma automática con la operación FORCEM del programa SMIS.*

Los archivos de ingresos y salida del programa son los siguientes:

i) Datos de entrada para cálculo de desplazamientos de los ejes, sin compatibilidad vertical

```
START
READ  MATK                          1
K
PRINT K                             1
 *** MATRIZ DE RIGIDEZ SIN CONDENSAR ***
CONDENK      KJ    K121  K12T       1
PRINT KJ                            1
 *** MATRIZ CONDENSADA LATERAL ***
TRANS K      K21J
PRINT K21J                          1
 *** MATRIZ K22(inv)*K21 ***
REMARK                              3
 ***            ***
 *** CALCULO EJE 1 ***
 ***            ***
LOAD  BET1                          1     3
-.866  .5   1.732
PRINT BET1                          1
 *** MATRIZ BETA1 ***
TRMULTBET1  KJ     B1TK
MULT  B1TK  BET1  K(1)
PRINT K(1)                          1
 *** MATRIZ K(J) PARA J=1 ***
REMARK                              3
 ***            ***
 *** CALCULO EJE 2 ***
 ***            ***
LOAD  BET2                          1     3
        -1.  1.732
PRINT BET2                          1
 *** MATRIZ BETA2 ***
TRMULTBET2  KJ     B2TK
MULT  B2TK  BET2  K(2)
PRINT K(2)                          1
 *** MATRIZ K(J) PARA J=2 ***
REMARK                              3
 ***            ***
 *** CALCULO EJE 3 ***
 ***            ***
LOAD  BET3                          1     3
.866   .5   1.732
PRINT BET3                          1
 *** MATRIZ BETA3 ***
TRMULTBET3  KJ     B3TK
MULT  B3TK  BET3  K(3)
PRINT K(3)                          1
 *** MATRIZ K(J) PARA J=3 ***
REMARK                              3
 ***                     ***
 *** SUMA DE MATRICES DE EJES ***
 ***                     ***
ADD   K(1)  K(2)
ADD   K(1)  K(3)
```

```
PRINT K(1)                         1
 *** MATRIZ SEUDO-TRIDIMENSIONAL ***
REMARK                             3
 ***                         ***
 ***   CALCULO DE EDIFICIO    ***
 ***                         ***
LOAD  R                            3     1
20.         12.
PRINT R                            1
 *** VECTOR DE CARGAS ***
SOLVE K(1)  R
PRINT R                            1
 *** DESPLAZAMIENTOS DEL EDIFICIO ***
REMARK                             3
 ***                         ***
 ***   CALCULO DE EJES        ***
 ***                         ***
SCALE K21J                                                  -1.
REMARK                             3
 ***           ***
 ***   EJE 1   ***
 ***           ***
MULT  BET1  R     R1
PRINT R1                           1
 *** DESPLAZAMIENTO LATERAL EJE 1 ***
MULT  KJ    R1    RR1
PRINT RR1                          1
 *** CARGA LATERAL EJE 1 ***
MULT  K21J  R1    R21
PRINT R21
ZERO  R(1)                         5     1
STOSM R(1)  R1                     1     1
STOSM R(1)  R21                    2     1
PRINT R(1)                         1
 *** VECTOR DESPLAZAMIENTOS EJE 1 ***
REMARK                             3
 ***           ***
 ***   EJE 2   ***
 ***           ***
MULT  BET2  R     R2
PRINT R2                           1
 *** DESPLAZAMIENTO LATERAL EJE 2 ***
MULT  KJ    R2    RR2
PRINT RR2                          1
 *** CARGA LATERAL EJE 2 ***
MULT  K21J  R2    R22
PRINT R22
ZERO  R(2)                         5     1
STOSM R(2)  R2                     1     1
STOSM R(2)  R22                    2     1
PRINT R(2)                         1
 *** VECTOR DESPLAZAMIENTOS EJE 2 ***
REMARK                             3
 ***           ***
 ***   EJE 3   ***
 ***           ***
MULT  BET3  R     R3
PRINT R3                           1
 *** DESPLAZAMIENTO LATERAL EJE 3 ***
MULT  KJ    R3    RR3
PRINT RR3                          1
 *** CARGA LATERAL EJE 3 ***
MULT  K21J  R3    R23
PRINT R23
ZERO  R(3)                         5     1
STOSM R(3)  R3                     1     1
STOSM R(3)  R23                    2     1
PRINT R(3)                         1
 *** VECTOR DESPLAZAMIENTOS EJE 3 ***
WRITE DESP                         3
R(1)  R(2)  R(3)
STOP
```

ii) Resultados del cálculo de desplazamientos de los ejes, sin compatibilidad vertical

```
START

  SMIS (REV.3.0 - 02.01.2001 - DEPTO. OOCC - ULS)

  SMIS (FECHA DE EJECUCION :28/ 5/2001  )

  SMIS (HORA  DE EJECUCION :18:27:42    )


 READ   MATK

 Nø DE MATRICES :  1  ARCHIVO EXTERNO : MATK

  MATRICES : K

PRINT  K

 *** MATRIZ DE RIGIDEZ SIN CONDENSAR ***

              1           2           3           4           5
   1  0.7111E+04  0.0000E+00  0.0000E+00  0.5333E+04  0.5333E+04
   2  0.0000E+00  0.4744E+05  -.7778E+03  -.2333E+04  -.2333E+04
   3  0.0000E+00  -.7778E+03  0.4744E+05  0.2333E+04  0.2333E+04
   4  0.5333E+04  -.2333E+04  0.2333E+04  0.2000E+05  0.4667E+04
   5  0.5333E+04  -.2333E+04  0.2333E+04  0.4667E+04  0.2000E+05

 CONDEN K      KJ     K121    K12T

 PRINT  KJ

*** MATRIZ CONDENSADA LATERAL ***
              1
   1  0.4762E+04

 TRANS  K      K21J

 PRINT  K21J

 *** MATRIZ K22(inv)*K21 ***

              1
   1  0.2131E-01
   2  -.2131E-01
   3  0.2202E+00
   4  0.2202E+00

 REMARK
 ***              ***
 *** CALCULO EJE 1 ***
 ***              ***

 LOAD   BET1
 NUMER.LINEAS:   1     NUM. COLUMNAS:   3

 PRINT  BET1
*** MATRIZ BETA1 ***

              1           2           3
   1  -.8660E+00  0.5000E+00  0.1732E+01
```

```
TRMULT BET1   KJ     B1TK

MULT   B1TK   BET1   K(1)

PRINT  K(1)

*** MATRIZ K(J) PARA J=1 ***

          1           2           3
  1  0.3571E+04  -.2062E+04  -.7142E+04
  2  -.2062E+04  0.1190E+04  0.4124E+04
  3  -.7142E+04  0.4124E+04  0.1428E+05

REMARK
***              ***
*** CALCULO EJE 2 ***
***              ***

LOAD   BET2
NUMER.LINEAS:  1     NUM. COLUMNAS:  3

PRINT  BET2

*** MATRIZ BETA2 ***

          1           2           3
  1  0.0000E+00  -.1000E+01  0.1732E+01

TRMULT BET2   KJ     B2TK

MULT   B2TK   BET2   K(2)

PRINT  K(2)

*** MATRIZ K(J) PARA J=2 ***
          1           2           3
  1  0.0000E+00  0.0000E+00  0.0000E+00
  2  0.0000E+00  0.4762E+04  -.8247E+04
  3  0.0000E+00  -.8247E+04  0.1428E+05

REMARK
***              ***
*** CALCULO EJE 3 ***
***              ***

LOAD   BET3
NUMER.LINEAS:  1     NUM. COLUMNAS:  3

PRINT  BET3

*** MATRIZ BETA3 ***

          1           2           3
  1  0.8660E+00  0.5000E+00  0.1732E+01

TRMULT BET3   KJ     B3TK
 MULT   B3TK   BET3   K(3)
```

```
PRINT  K(3)

*** MATRIZ K(J) PARA J=3 ***


            1           2           3
  1  0.3571E+04  0.2062E+04  0.7142E+04
  2  0.2062E+04  0.1190E+04  0.4124E+04
  3  0.7142E+04  0.4124E+04  0.1428E+05

REMARK
***                         ***
*** SUMA DE MATRICES DE EJES ***
***                         ***

ADD    K(1)   K(2)

ADD    K(1)   K(3)

PRINT  K(1)

*** MATRIZ SEUDO-TRIDIMENSIONAL ***


            1           2           3
  1  0.7142E+04  0.0000E+00  0.0000E+00
  2  0.0000E+00  0.7143E+04  0.0000E+00
  3  0.0000E+00  0.0000E+00  0.4285E+05

REMARK
***                         ***
***   CALCULO DE EDIFICIO   ***
***                         ***

LOAD   R
NUMER.LINEAS:   3    NUM. COLUMNAS:   1

PRINT  R

*** VECTOR DE CARGAS ***


            1
  1  0.2000E+02
  2  0.0000E+00
  3  0.1200E+02

SOLVE  K(1)   R
SKALAR =    0.7142271E-02

PRINT  R

*** DESPLAZAMIENTOS DEL EDIFICIO ***


            1
  1  0.2800E-02
  2  0.0000E+00
  3  0.2800E-03

REMARK
***                         ***
***   CALCULO DE EJES       ***
***                         ***
 SCALE   K21J
 SCALAR = -0.1000000E+01
```

```
REMARK
***         ***
***   EJE 1  ***
***         ***

MULT   BET1   R      R1

PRINT  R1

*** DESPLAZAMIENTO LATERAL EJE 1 ***


          1
  1  -.1940E-02


MULT   KJ     R1     RR1

PRINT  RR1

*** CARGA LATERAL EJE 1 ***


          1
  1  -.9238E+01


MULT   K21J   R1     R21

PRINT  R21


          1
  1  0.4135E-04
  2  -.4135E-04
  3  0.4273E-03
  4  0.4273E-03


ZERO   R(1)
    5 LINEAS      1 COLUMNAS


STOSM  R(1)    R1
NUM.DE FILA :    1 NUM.DE COLUMNA:   1


STOSM  R(1)    R21
NUM.DE FILA :    2 NUM.DE COLUMNA:   1


PRINT  R(1)

*** VECTOR DESPLAZAMIENTOS EJE 1 ***


          1
  1  -.1940E-02
  2  0.4135E-04
  3  -.4135E-04
  4  0.4273E-03
  5  0.4273E-03


REMARK
***         ***
***   EJE 2  ***
***         ***

 MULT   BET2   R      R2
```

```
PRINT  R2

*** DESPLAZAMIENTO LATERAL EJE 2 ***


           1
  1  0.4850E-03


MULT   KJ      R2      RR2


PRINT  RR2

*** CARGA LATERAL EJE 2 ***


           1
  1  0.2309E+01


MULT   K21J   R2      R22


PRINT  R22


           1
  1  -.1034E-04
  2  0.1034E-04
  3  -.1068E-03
  4  -.1068E-03


ZERO   R(2)
    5 LINEAS     1 COLUMNAS


STOSM  R(2)   R2
NUM.DE FILA :   1 NUM.DE COLUMNA:   1


STOSM  R(2)   R22
NUM.DE FILA :   2 NUM.DE COLUMNA:   1


PRINT  R(2)

*** VECTOR DESPLAZAMIENTOS EJE 2 ***


           1
  1  0.4850E-03
  2  -.1034E-04
  3  0.1034E-04
  4  -.1068E-03
  5  -.1068E-03


REMARK
***            ***
***   EJE 3    ***
***            ***


MULT   BET3   R       R3


PRINT  R3

*** DESPLAZAMIENTO LATERAL EJE 3 ***


           1
  1  0.2910E-02
```

```
MULT   KJ      R3      RR3

PRINT  RR3

*** CARGA LATERAL EJE 3 ***


           1
  1  0.1386E+02


MULT   K21J   R3      R23


PRINT  R23



           1
  1  -.6202E-04
  2  0.6202E-04
  3  -.6409E-03
  4  -.6409E-03


ZERO    R(3)
    5 LINEAS      1 COLUMNAS


STOSM  R(3)   R3
NUM.DE FILA :   1 NUM.DE COLUMNA:   1


STOSM  R(3)   R23
NUM.DE FILA :   2 NUM.DE COLUMNA:   1


PRINT  R(3)

*** VECTOR DESPLAZAMIENTOS EJE 3 ***


           1
  1  0.2910E-02
  2  -.6202E-04
  3  0.6202E-04
  4  -.6409E-03
  5  -.6409E-03


WRITE  DESP

Nø DE MATRICES :  3  ARCHIVO EXTERNO : DESP

 MATRICES : R(1)   R(2)   R(3)
 STOP
```

iii) *Ingreso de datos para el cálculo de esfuerzos en los elementos de cada eje, sin compatibilidad vertical*

```
START
READ  MATK                          5
K     IN    K1    K2    K3
PRINT IN                                 1
PRINT K1
PRINT K2
PRINT K3
READ  DESP                          3
R(1)  R(2)  R(3)
PRINT R(1)
PRINT R(2)
PRINT R(3)
```

```
REMARK                                   3
 ***          ***
 ***   EJE 1  ***
 ***          ***
FORCEMK1    IN    R(1)  S1               1    1
FORCEMK2    IN    R(1)  S2               2    1
FORCEMK3    IN    R(1)  S3               3    1
PRINT S1
PRINT S2
PRINT S3
REMARK                                   3
 ***          ***
 ***   EJE 2  ***
 ***          ***
FORCEMK1    IN    R(2)  S1               1    1
FORCEMK2    IN    R(2)  S2               2    1
FORCEMK3    IN    R(2)  S3               3    1
PRINT S1
PRINT S2
PRINT S3
REMARK                                   3
 ***          ***
 ***   EJE 3  ***
 ***          ***
FORCEMK1    IN    R(3)  S1               1    1
FORCEMK2    IN    R(3)  S2               2    1
FORCEMK3    IN    R(3)  S3               3    1
PRINT S1
PRINT S2
PRINT S3
STOP
```

iv) Resultados del cálculo de esfuerzos de los elementos de cada eje, sin compatibilidad vertical

```
START

  SMIS (REV.3.0 - 02.01.2001 - DEPTO. OOCC - ULS)

  SMIS (FECHA DE EJECUCION :28/ 5/2001  )

  SMIS (HORA  DE EJECUCION :18:28: 7    )

 READ   MATK

 Nø DE MATRICES :  5  ARCHIVO EXTERNO : MATK

  MATRICES : K       IN      K1      K2      K3


 PRINT  IN


           1     2     3     4     5     6
   1 *     0     0     0     1     2     4
   2 *     1     2     4     1     3     5
   3 *     1     3     5     0     0     0


 PRINT  K1


            1           2           3           4           5           6
   1  0.3556E+04  0.0000E+00  -.5333E+04  -.3556E+04  0.0000E+00  -.5333E+04
   2  0.0000E+00  0.4667E+05  0.0000E+00  0.0000E+00  -.4667E+05  0.0000E+00
   3  -.5333E+04  0.0000E+00  0.1067E+05  0.5333E+04  0.0000E+00  0.5333E+04
   4  -.3556E+04  0.0000E+00  0.5333E+04  0.3556E+04  0.0000E+00  0.5333E+04
   5  0.0000E+00  -.4667E+05  0.0000E+00  0.0000E+00  0.4667E+05  0.0000E+00
   6  -.5333E+04  0.0000E+00  0.5333E+04  0.5333E+04  0.0000E+00  0.1067E+05
```

```
PRINT  K2
            1           2           3           4           5           6
  1  0.2333E+05  0.0000E+00  0.0000E+00  -.2333E+05  0.0000E+00  0.0000E+00
  2  0.0000E+00  0.7778E+03  -.2333E+04  0.0000E+00  -.7778E+03  -.2333E+04
  3  0.0000E+00  -.2333E+04  0.9333E+04  0.0000E+00  0.2333E+04  0.4667E+04
  4  -.2333E+05  0.0000E+00  0.0000E+00  0.2333E+05  0.0000E+00  0.0000E+00
  5  0.0000E+00  -.7778E+03  0.2333E+04  0.0000E+00  0.7778E+03  0.2333E+04
  6  0.0000E+00  -.2333E+04  0.4667E+04  0.0000E+00  0.2333E+04  0.9333E+04

PRINT  K3

            1           2           3           4           5           6
  1  0.3556E+04  0.0000E+00  0.5333E+04  -.3556E+04  0.0000E+00  0.5333E+04
  2  0.0000E+00  0.4667E+05  0.0000E+00  0.0000E+00  -.4667E+05  0.0000E+00
  3  0.5333E+04  0.0000E+00  0.1067E+05  -.5333E+04  0.0000E+00  0.5333E+04
  4  -.3556E+04  0.0000E+00  -.5333E+04  0.3556E+04  0.0000E+00  -.5333E+04
  5  0.0000E+00  -.4667E+05  0.0000E+00  0.0000E+00  0.4667E+05  0.0000E+00
  6  0.5333E+04  0.0000E+00  0.5333E+04  -.5333E+04  0.0000E+00  0.1067E+05

READ   DESP

Nø DE MATRICES :  3  ARCHIVO EXTERNO : DESP

 MATRICES : R(1)   R(2)   R(3)

PRINT  R(1)

            1
  1  -.1940E-02
  2  0.4135E-04
  3  -.4135E-04
  4  0.4273E-03
  5  0.4273E-03

PRINT  R(2)

            1
  1  0.4850E-03
  2  -.1034E-04
  3  0.1034E-04
  4  -.1068E-03
  5  -.1068E-03
 PRINT  R(3)

            1
  1  0.2910E-02
  2  -.6202E-04
  3  0.6202E-04
  4  -.6409E-03
  5  -.6409E-03

REMARK
***          ***
***   EJE 1  ***
***          ***

FORCEM K1     IN      R(1)   S1

FORCEM K2     IN      R(1)   S2

 FORCEM K3     IN      R(1)   S3
```

```
PRINT  S1
            1
  1  0.4619E+01
  2  -.1930E+01
  3  -.8068E+01
  4  -.4619E+01
  5  0.1930E+01
  6  -.5789E+01


PRINT  S2


            1
  1  0.1639E-06
  2  -.1930E+01
  3  0.5789E+01
  4  -.1639E-06
  5  0.1930E+01
  6  0.5789E+01

PRINT  S3


            1
  1  -.4619E+01
  2  -.1930E+01
  3  -.5789E+01
  4  0.4619E+01
  5  0.1930E+01
  6  -.8068E+01

REMARK
***              ***
***    EJE 2     ***
***              ***


FORCEM K1     IN     R(2)    S1
FORCEM K2     IN     R(2)    S2
FORCEM K3     IN     R(2)    S3

PRINT  S1


            1
  1  -.1155E+01
  2  0.4824E+00
  3  0.2017E+01
  4  0.1155E+01
  5  -.4824E+00
  6  0.1447E+01

PRINT  S2


            1
  1  -.4098E-07
  2  0.4824E+00
  3  -.1447E+01
  4  0.4098E-07
  5  -.4824E+00
  6  -.1447E+01
```

```
PRINT  S3


          1
  1  0.1155E+01
  2  0.4824E+00
  3  0.1447E+01
  4  -.1155E+01
  5  -.4824E+00
  6  0.2017E+01

REMARK
***           ***
***   EJE 3   ***
***           ***

FORCEM K1     IN      R(3)    S1
FORCEM K2     IN      R(3)    S2
FORCEM K3     IN      R(3)    S3

PRINT  S1


          1
  1  -.6928E+01
  2  0.2894E+01
  3  0.1210E+02
  4  0.6928E+01
  5  -.2894E+01
  6  0.8683E+01

PRINT  S2


          1
  1  0.3040E-05
  2  0.2894E+01
  3  -.8683E+01
  4  -.3040E-05
  5  -.2894E+01
  6  -.8683E+01

PRINT  S3


          1
  1  0.6928E+01
  2  0.2894E+01
  3  0.8683E+01
  4  -.6928E+01
  5  -.2894E+01
  6  0.1210E+02

STOP
```

Nótese que se usan archivos externos (MATK y DESP) para almacenar resultados intermedios).

Los esfuerzos que se obtienen para el eje (1) son:

$$\underline{S}^1 = \left[\begin{array}{c} 4.619 \\ -1.930 \\ -8.068 \\ \hdashline -4.619 \\ 1.930 \\ -5.789 \end{array}\right] \qquad \underline{S}^2 = \left[\begin{array}{c} 0 \\ -1.930 \\ 5.789 \\ \hdashline 0 \\ 1.930 \\ 5.789 \end{array}\right] \qquad \underline{S}^3 = \left[\begin{array}{c} -4.619 \\ -1.930 \\ -5.789 \\ \hdashline 4.619 \\ 1.930 \\ -8.068 \end{array}\right]$$

Para el eje (2):

$$\underline{S}^1 = \left[\begin{array}{c} -1.155 \\ 0.482 \\ 2.017 \\ \hdashline 1.155 \\ -0.482 \\ 1.447 \end{array}\right] \qquad \underline{S}^2 = \left[\begin{array}{c} 0 \\ 0.482 \\ -1.447 \\ \hdashline 0 \\ -0.482 \\ -1.447 \end{array}\right] \qquad \underline{S}^3 = \left[\begin{array}{c} 1.155 \\ 0.482 \\ 1.447 \\ \hdashline -1.155 \\ -0.482 \\ 2.017 \end{array}\right]$$

y para el eje (3):

$$\underline{S}^1 = \left[\begin{array}{c} -6.928 \\ 2.894 \\ 12.10 \\ \hdashline 6.928 \\ -2.894 \\ 8.683 \end{array}\right] \qquad \underline{S}^2 = \left[\begin{array}{c} 0 \\ 2.894 \\ -8.683 \\ \hdashline 0 \\ -2.894 \\ -8.683 \end{array}\right] \qquad \underline{S}^3 = \left[\begin{array}{c} 6.928 \\ 2.894 \\ 8.683 \\ \hdashline -6.928 \\ -2.894 \\ 12.10 \end{array}\right]$$

b) Considerando compatibilidad vertical.

Se deben condensar las matrices de rigidez de los ejes a los grados de libertad laterales y verticales (1, 2 y 3). El resultado de la condensación es:

$$\overline{\underline{K}}_j = 1000 \begin{bmatrix} 4.805 & 1.009 & -1.009 \\ & 47.0 & -0.336 \\ Sim. & & 47.0 \end{bmatrix} \qquad (j = 1,\ 2,\ 3)$$

Las matrices $\underline{\beta}_j$ *son las mismas de la parte a). Para formar las matrices* $\underline{B}_j$ *es necesario previamente definir el vector* $\underline{w}$ *de los desplazamientos verticales con compatibilidad del edificio. En este caso los puntos son 3 en la planta.*

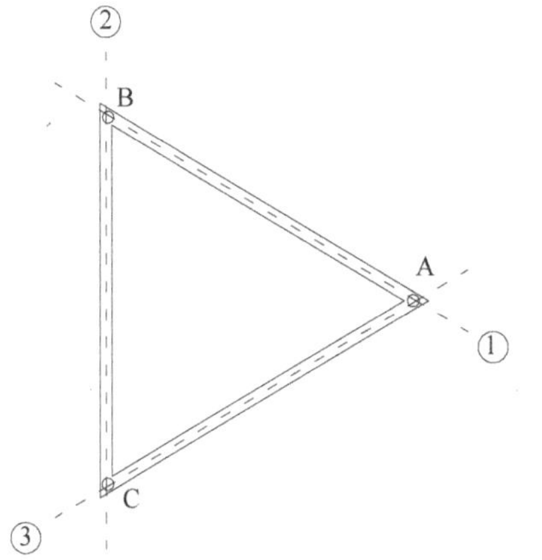

$$\underline{w} = \begin{bmatrix} w_A \\ w_B \\ w_C \end{bmatrix}$$

En cada eje, los grados de libertad 2 y 3 corresponden a las verticales. Por lo tanto las matrices $\underline{B}_j$ *son:*

Eje ①

$$\underbrace{\begin{bmatrix} r_2 \\ r_3 \end{bmatrix}}_{\underline{r}_{v1}} = \underbrace{\begin{bmatrix} 1 & 0 & 0 \\ 0 & 1 & 0 \end{bmatrix}}_{\underline{B}_1} \underbrace{\begin{bmatrix} w_A \\ w_B \\ w_C \end{bmatrix}}_{\underline{w}}$$

Eje ②

$$\underbrace{\begin{bmatrix} r_2 \\ r_3 \end{bmatrix}}_{\underline{r}_{v2}} = \underbrace{\begin{bmatrix} 0 & 1 & 0 \\ 0 & 0 & 1 \end{bmatrix}}_{\underline{B}_2} \underbrace{\begin{bmatrix} w_A \\ w_B \\ w_C \end{bmatrix}}_{\underline{w}}$$

Eje ③

$$\underbrace{\begin{bmatrix} r_2 \\ r_3 \end{bmatrix}}_{\underline{r}_{v3}} = \underbrace{\begin{bmatrix} 0 & 0 & 1 \\ 1 & 0 & 0 \end{bmatrix}}_{\underline{B}_3} \underbrace{\begin{bmatrix} w_A \\ w_B \\ w_C \end{bmatrix}}_{\underline{w}}$$

Si se particionan las matrices de rigidez $\underline{\widetilde{K}}_j$ *de acuerdo a los grados de libertad laterales y a los verticales con compatibilidad se obtiene:*

$$\underline{K}^j_{HH} = 1000\ [4.805] \qquad \underline{K}^j_{HV} = 1000\ [1.009 \quad -1.009] = \left(\underline{K}^j_{VH}\right)^T$$

$$\underline{K}^j_{VV} = 1000 \begin{bmatrix} 47.0 & -0.336 \\ Sim. & 47.0 \end{bmatrix} \qquad (j = 1, 2, 3)$$

Por lo tanto las matrices $\underline{K}_{HH}$, $\underline{K}_{HV}$ *y* $\underline{K}_{VV}$ *se obtienen de:*

$$\underline{K}_{HH}^{(1)} = \underline{\beta}_1^T \, \underline{K}_{HH}^1 \underline{\beta}_1 = 1000 \begin{bmatrix} 3.603 & -2.08 & -7.207 \\ & 1.201 & 4.161 \\ Sim. & & 14.41 \end{bmatrix}$$

$$\underline{K}_{HV}^{(1)} = \underline{\beta}_1^T \, \underline{K}_{HV}^1 \, \underline{B}1 = 1000 \begin{bmatrix} -0.874 & 0.874 & 0 \\ 0.505 & -0.505 & 0 \\ 1.748 & -1.748 & 0 \end{bmatrix}$$

$$\underline{K}_{VV}^{(1)} = \underline{B}1^T \, \underline{K}_{VV}^1 \, \underline{B}1 = 1000 \begin{bmatrix} 47.0 & -0.336 & 0 \\ & 47.0 & 0 \\ Sim. & & 0 \end{bmatrix}$$

$$\underline{K}_{HH}^{(2)} = \underline{\beta}_2^T \, \underline{K}_{HH}^2 \underline{\beta}_2 = 1000 \begin{bmatrix} 0 & 0 & 0 \\ & 4.805 & -8.322 \\ Sim. & & 14.41 \end{bmatrix}$$

$$\underline{K}_{HV}^{(2)} = \underline{\beta}_2^T \, \underline{K}_{HV}^2 \, \underline{B}2 = 1000 \begin{bmatrix} 0 & 0 & 0 \\ 0 & -1.009 & 1.009 \\ 0 & 1.748 & -1.748 \end{bmatrix}$$

$$\underline{K}_{VV}^{(2)} = \underline{B}2^T \, \underline{K}_{VV}^2 \, \underline{B}2 = 1000 \begin{bmatrix} 0 & 0 & 0 \\ & 47.0 & -0.336 \\ Sim. & & 47.0 \end{bmatrix}$$

$$\underline{K}_{HH}^{(3)} = \underline{\beta}_3^T \, \underline{K}_{HH}^3 \underline{\beta}_3 = 1000 \begin{bmatrix} 3.603 & 2.08 & 7.207 \\ & 1.201 & 4.161 \\ Sim. & & 14.41 \end{bmatrix}$$

$$\underline{K}_{HV}^{(3)} = \underline{\beta}_3^T \, \underline{K}_{HV}^3 \, \underline{B}3 = 1000 \begin{bmatrix} -0.874 & 0 & 0.874 \\ -0.505 & 0 & 0.505 \\ -1.748 & 0 & 1.748 \end{bmatrix}$$

$$\underline{K}_{VV}^{(3)} = \underline{B}3^T \, \underline{K}_{VV}^3 \, \underline{B}3 = 1000 \begin{bmatrix} 47.0 & 0 & -0.336 \\ & 0 & 0 \\ Sim. & & 47.0 \end{bmatrix}$$

Sumando los ejes se tiene:

$$\underline{K}_{HH} = \sum_{j=1}^{3} \beta_j^T \, K_{HH}{}^j \, \underline{\beta}_j = 1000 \begin{bmatrix} 7.207 & 0 & 0 \\ & 7.207 & 0 \\ Sim. & & 43.24 \end{bmatrix}$$

$$\underline{K}_{HV} = \sum_{j=1}^{3} \underline{\beta}_j^T \, \underline{K}_{HV}^j \, \underline{B}_j = 1000 \begin{bmatrix} -1.748 & 0.874 & 0.874 \\ 0 & -1.514 & 1.514 \\ 0 & 0 & 0 \end{bmatrix} = \underline{K}_{VH}^T$$

$$\underline{K}_{VV} = \sum_{j=1}^{3} \underline{B}_j^T \, \underline{K}_{VV}^j \, \underline{B}_j = 1000 \begin{bmatrix} 94.01 & -0.336 & -0.336 \\ & 94.01 & -0.336 \\ Sim. & & 94.01 \end{bmatrix}$$

Reemplazando en $\underline{K}_V = \underline{K}_{HH} - \underline{K}_{HV} \, \underline{K}_{VV}^{-1} \, \underline{K}_{VH}$

$$\underline{K}_V = 1000 \begin{bmatrix} 7.158 & 0 & 0 \\ & 7.158 & 0 \\ & & 43.24 \end{bmatrix}$$

Utilizando el vector de cargas $\underline{R}$ *de parte (a) se obtiene:*

$$\underline{r} = \frac{1}{1000} \begin{bmatrix} 2.794 \\ 0 \\ 0.278 \end{bmatrix}$$

Estos desplazamientos son levemente inferiores a los obtenidos en la parte (a).

Utilizando la relación (8.53) se determinan los desplazamientos $\underline{w}$

$$\underline{w} = \frac{1}{1000} \begin{bmatrix} 0.0518 \\ -0.0259 \\ -0.0259 \end{bmatrix}$$

Conocidos los desplazamientos $\underline{r}$ *y* $\underline{w}$*, los desplazamientos de los ejes se obtienen de la relación (8.33):*

$$\underline{r}_j = \underline{\beta}_j \, \underline{r} \qquad y \qquad \underline{r}_{vj} = \underline{B}_j \, \underline{w}$$

Los resultados que se obtienen son:

$$\underline{r}_1 = -\frac{1.939}{1000} = r_1 \qquad \underline{r}_2 = \frac{0.4807}{1000} = r_2 \qquad \underline{r}_3 = \frac{2.90}{1000} = r_3$$

$$\underline{r}_{v1} = \frac{1}{1000} \begin{bmatrix} 0.0518 \\ -0.0259 \end{bmatrix} \qquad \underline{r}_{v2} = \frac{1}{1000} \begin{bmatrix} -0.0259 \\ -0.0259 \end{bmatrix} \qquad \underline{r}_{v3} = \frac{1}{1000} \begin{bmatrix} -0.0259 \\ 0.0518 \end{bmatrix}$$

Por lo tanto los vectores $\underline{\tilde{r}}_j$ son:

$$\underline{\tilde{r}}_1 = \frac{1}{1000}\begin{bmatrix} -1.939 \\ 0.0518 \\ -0.0259 \end{bmatrix} \qquad \underline{\tilde{r}}_2 = \frac{1}{1000}\begin{bmatrix} 0.4807 \\ -0.0259 \\ -0.0259 \end{bmatrix} \qquad \underline{\tilde{r}}_3 = \frac{1}{1000}\begin{bmatrix} 2.90 \\ -0.0259 \\ 0.0518 \end{bmatrix}$$

Las cargas laterales y verticales que toman los ejes se obtienen haciendo los productos indicados en (8.45).

$$\underline{\tilde{R}}_1 = \begin{bmatrix} \underline{R}_1 \\ \underline{P}_1 \end{bmatrix} = \underline{\tilde{K}}_1 \underline{\tilde{r}}_1 = \begin{bmatrix} -9.238 \\ \hdashline 0.485 \\ 0.723 \end{bmatrix} \begin{matrix} R_1 \\ P_2 \\ P_3 \end{matrix}$$

$$\underline{\tilde{R}}_2 = \begin{bmatrix} \underline{R}_2 \\ \underline{P}_2 \end{bmatrix} = \underline{\tilde{K}}_2 \underline{\tilde{r}}_2 = \begin{bmatrix} 2.309 \\ \hdashline -0.723 \\ -1.693 \end{bmatrix} \begin{matrix} R_1 \\ P_2 \\ P_3 \end{matrix}$$

$$\underline{\tilde{R}}_3 = \begin{bmatrix} \underline{R}_3 \\ \underline{P}_3 \end{bmatrix} = \underline{\tilde{K}}_3 \underline{\tilde{r}}_3 = \begin{bmatrix} 13.86 \\ \hdashline 1.693 \\ -0.485 \end{bmatrix} \begin{matrix} R_1 \\ P_2 \\ P_3 \end{matrix}$$

Las cargas R_1, P_2 y P_3 aparecen en los ejes de la forma que se indica:

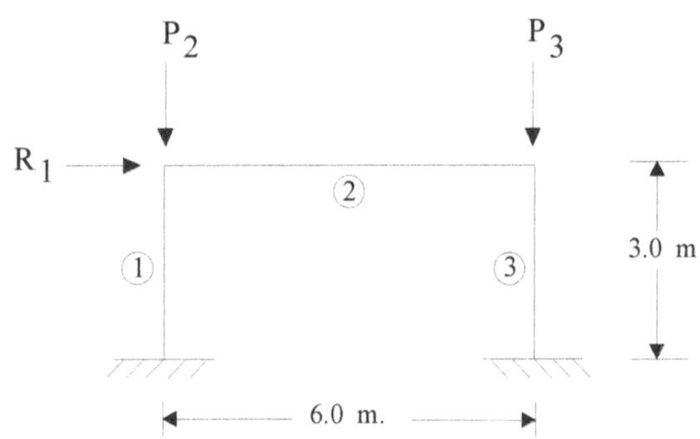

Las cargas R_1 son casi idénticas a las de la parte (a). Sin embargo, las cargas P_2 y P_3 son las fuerzas de interacción que se desprecian cuando no se considera la compatibilidad vertical.

Los esfuerzos de los elementos en cada uno de los ejes se determinan en forma similar a la parte (a). Los resultados son:

Para el eje (1):

$$\underline{S}^1 = \begin{bmatrix} 4.619 \\ -2.415 \\ -8.066 \\ \hdashline -4.619 \\ 2.415 \\ -5.791 \end{bmatrix} \quad \underline{S}^2 = \begin{bmatrix} 0 \\ -1.93 \\ 5.791 \\ \hdashline 0 \\ 1.93 \\ 5.791 \end{bmatrix} \quad \underline{S}^3 = \begin{bmatrix} -4.619 \\ -1.208 \\ -5.791 \\ \hdashline 4.619 \\ 1.208 \\ -8.066 \end{bmatrix}$$

Para el eje (2):

$$\underline{S}^1 = \begin{bmatrix} -1.155 \\ 1.208 \\ 2.009 \\ \hdashline 1.155 \\ -1.208 \\ 1.455 \end{bmatrix} \quad \underline{S}^2 = \begin{bmatrix} 0 \\ 0.485 \\ -1.455 \\ \hdashline 0 \\ -0.485 \\ -1.455 \end{bmatrix} \quad \underline{S}^3 = \begin{bmatrix} 1.155 \\ -1.208 \\ 1.455 \\ \hdashline -1.155 \\ 1.208 \\ 2.009 \end{bmatrix}$$

Para el eje (3):

$$\underline{S}^1 = \begin{bmatrix} -6.92 \\ 1.208 \\ 12.08 \\ \hdashline 6.928 \\ -1.208 \\ 8.701 \end{bmatrix} \quad \underline{S}^2 = \begin{bmatrix} 0 \\ 2.900 \\ -8.701 \\ \hdashline 0 \\ -2.900 \\ -8.701 \end{bmatrix} \quad \underline{S}^3 = \begin{bmatrix} 6.928 \\ 2.415 \\ 8.701 \\ \hdashline -6.928 \\ -2.415 \\ 12.08 \end{bmatrix}$$

Comparando los resultados de (a) y (b) se observa que la diferencia en los esfuerzos cortantes y momentos flectores de los elementos es pequeña, sin embargo se nota la importante diferencia en los esfuerzos axiales de las columnas debido al efecto de las fuerzas de interacción entre los ejes (cargas P_2 y P_3).

Los archivos de entrada y salida utilizados en el programa SMIS son los siguientes:

i) Entrada de datos para el cálculo de desplazamientos de los ejes, con compatibilidad vertical

```
START
READ  MATK                          1
K
PRINT K                             1
 *** MATRIZ DE RIGIDEZ SIN CONDENSAR ***
CONDENK     KJ    K121  K12T        3
PRINT KJ                            1
 *** MATRIZ CONDENSADA GRADOS DE LIBERTAD LATERAL Y VERTICALES ***
TRANS K     K21J
PRINT K21J                          1
 *** MATRIZ K22(inv)*K21 ***
RMVSM KJ    KHH                     1     1     1     1
RMVSM KJ    KHV                     1     2     1     2
RMVSM KJ    KVV                     2     2     2     2
PRINT KHH
PRINT KHV
PRINT KVV
```

```
REMARK                        3
 ***             ***
 *** CALCULO EJE 1 ***
 ***             ***
LOAD  BET1                    1     3
-.866  .5   1.732
PRINT BET1                    1
 *** MATRIZ BETA1 ***
LOAD  B1    (3F6.0)           2     3
 1.
       1.
PRINT B1
TRMULTBET1  KHH   B1TK
MULT  B1TK  BET1  KHH1
PRINT KHH1                    1
 *** MATRIZ KHH(J) PARA J=1 ***
TRMULTBET1  KHV   B1KV
MULT  B1KV  B1    KHV1
PRINT KHV1
TRMULTB1    KVV   B1KVV
MULT  B1KVV B1    KVV1
PRINT KVV1
REMARK                        3
 ***             ***
 *** CALCULO EJE 2 ***
 ***             ***
LOAD  BET2                    1     3
       -1.  1.732
PRINT BET2                    1
 *** MATRIZ BETA2 ***
LOAD  B2    (3F6.0)           2     3
       1.
             1.
PRINT B2
TRMULTBET2  KHH   B2TK
MULT  B2TK  BET2  KHH2
PRINT KHH2                    1
 *** MATRIZ KHH(J) PARA J=2 ***
TRMULTBET2  KHV   B2KV
MULT  B2KV  B2    KHV2
PRINT KHV2
TRMULTB2    KVV   B2KVV
MULT  B2KVV B2    KVV2
PRINT KVV2
REMARK                        3
 ***             ***
 *** CALCULO EJE 3 ***
 ***             ***
LOAD  BET3                    1     3
.866   .5   1.732
PRINT BET3                    1
 *** MATRIZ BETA3 ***
LOAD  B3    (3F6.0)           2     3
             1.
 1.
PRINT B3
TRMULTBET3  KHH   B3TK
MULT  B3TK  BET3  KHH3
PRINT KHH3                    1
 *** MATRIZ KHH(J) PARA J=3 ***
TRMULTBET3  KHV   B3KV
MULT  B3KV  B3    KHV3
PRINT KHV3
TRMULTB3    KVV   B3KVV
MULT  B3KVV B3    KVV3
PRINT KVV3
REMARK                        3
 ***                        ***
 *** SUMA DE MATRICES DE EJES ***
 ***                        ***
ADD   KHH1  KHH2
ADD   KHH1  KHH3
PRINT KHH1
ADD   KHV1  KHV2
ADD   KHV1  KHV3
PRINT KHV1
ADD   KVV1  KVV2
ADD   KVV1  KVV3
```

```
PRINT KVV1
INVERTKVV1
TRANS KHV1  KVH1
MULT  KHV1  KVV1  KK1
MULT  KK1   KVH1  KKK
SUB   KHH1  KKK
PRINT KHH1                        1
 *** MATRIZ SEUDO-TRIDIMENSIONAL ***
REMARK                            3
 ***                           ***
 ***   CALCULO DE EDIFICIO     ***
 ***                           ***
LOAD  R                           3      1
20.          12.
PRINT R                           1
 *** VECTOR DE CARGAS ***
SOLVE KHH1  R
PRINT R                           1
 *** DESPLAZAMIENTOS DEL EDIFICIO ***
TRANS KK1   KW
PRINT KW
SCALE KW                                                 -1.
MULT  KW     R     W
PRINT W
REMARK                            3
 ***                           ***
 ***   CALCULO DE EJES         ***
 ***                           ***
SCALE K21J                                               -1.
REMARK                            3
 ***            ***
 ***   EJE 1    ***
 ***            ***
MULT  BET1  R     R1
PRINT R1                          1
 *** DESPLAZAMIENTO LATERAL EJE 1 ***
MULT  B1     W     RV1
PRINT RV1
ZERO  RV                          3      1
STOSM RV     R1                   1      1
STOSM RV     RV1                  2      1
PRINT RV
MULT  KJ     RV    RR1
PRINT RR1                         1
 *** CARGAS LATERAL Y VERTICALES EJE 1 ***
MULT  K21J  RV    R21
PRINT R21
ZERO  R(1)                        5      1
STOSM R(1)  RV                    1      1
STOSM R(1)  R21                   4      1
PRINT R(1)                        1
 *** VECTOR DESPLAZAMIENTOS EJE 1 ***
REMARK                            3
 ***            ***
 ***   EJE 2    ***
 ***            ***
MULT  BET2  R     R2
PRINT R2                          1
 *** DESPLAZAMIENTO LATERAL EJE 2 ***
MULT  B2     W     RV2
PRINT RV2
ZERO  RV                          3      1
STOSM RV     R2                   1      1
STOSM RV     RV2                  2      1
PRINT RV
MULT  KJ     RV    RR2
PRINT RR2                         1
 *** CARGAS LATERAL Y VERTICALES EJE 2 ***
MULT  K21J  RV    R21
PRINT R21
ZERO  R(2)                        5      1
STOSM R(2)  RV                    1      1
STOSM R(2)  R21                   4      1
PRINT R(2)                        1
 *** VECTOR DESPLAZAMIENTOS EJE 2 ***
```

```
REMARK                           3
 ***          ***
 ***   EJE 3  ***
 ***          ***
MULT  BET3  R     R3
PRINT R3                         1
 *** DESPLAZAMIENTO LATERAL EJE 3 ***
MULT  B3    W     RV3
PRINT RV3
ZERO  RV                         3    1
STOSM RV    R3                   1    1
STOSM RV    RV3                  2    1
PRINT RV
MULT  KJ    RV    RR3
PRINT RR3                        1
 *** CARGAS LATERAL Y VERTICALES EJE 3 ***
MULT  K21J  RV    R21
PRINT R21
ZERO  R(3)                       5    1
STOSM R(3)  RV                   1    1
STOSM R(3)  R21                  4    1
PRINT R(3)                       1
 *** VECTOR DESPLAZAMIENTOS EJE 3 ***
WRITE DESPB                      3
R(1)  R(2)  R(3)
STOP
```

ii) Resultados del cálculo de desplazamiento de los ejes, con compatibilidad vertical

```
START

  SMIS (REV.3.0 - 02.01.2001 - DEPTO. OOCC - ULS)

  SMIS (FECHA DE EJECUCION : 4/ 6/2001  )

  SMIS (HORA  DE EJECUCION :12:27:58    )



 READ   MATK

 Nø DE MATRICES :  1  ARCHIVO EXTERNO : MATK

  MATRICES : K

  PRINT  K

 *** MATRIZ DE RIGIDEZ SIN CONDENSAR ***

              1           2           3           4           5
   1  0.7111E+04  0.0000E+00  0.0000E+00  0.5333E+04  0.5333E+04
   2  0.0000E+00  0.4744E+05  -.7778E+03  -.2333E+04  -.2333E+04
   3  0.0000E+00  -.7778E+03  0.4744E+05  0.2333E+04  0.2333E+04
   4  0.5333E+04  -.2333E+04  0.2333E+04  0.2000E+05  0.4667E+04
   5  0.5333E+04  -.2333E+04  0.2333E+04  0.4667E+04  0.2000E+05

 CONDEN K       KJ      K121    K12T

 PRINT  KJ

 *** MATRIZ CONDENSADA GRADOS DE LIBERTAD LATERAL Y VERTICALES ***

              1           2           3
   1  0.4805E+04  0.1009E+04  -.1009E+04
   2  0.1009E+04  0.4700E+05  -.3363E+03
   3  -.1009E+04  -.3363E+03  0.4700E+05
```

```
TRANS  K      K21J

PRINT  K21J

*** MATRIZ K22(inv)*K21 ***


             1           2          3
  1  0.2162E+00  -.9459E-01  0.9459E-01
  2  0.2162E+00  -.9459E-01  0.9459E-01


RMVSM  KJ     KHH
NUM.DE FILA :   1 NUM.DE COLUMNA:   1
    1 FILAS      1 COLUMNAS


RMVSM  KJ     KHV
NUM.DE FILA :   1 NUM.DE COLUMNA:   2
    1 FILAS      2 COLUMNAS


RMVSM  KJ     KVV
NUM.DE FILA :   2 NUM.DE COLUMNA:   2
    2 FILAS      2 COLUMNAS


PRINT  KHH


             1
  1  0.4805E+04

PRINT  KHV


             1           2
  1  0.1009E+04  -.1009E+04

PRINT  KVV


             1           2
  1  0.4700E+05  -.3363E+03
  2  -.3363E+03  0.4700E+05


REMARK
***              ***
*** CALCULO EJE 1 ***
***              ***


LOAD   BET1
NUMER.LINEAS:   1    NUM. COLUMNAS:   3


PRINT  BET1

*** MATRIZ BETA1 ***


             1           2          3
  1  -.8660E+00  0.5000E+00  0.1732E+01


LOAD   B1     (3F6.0 )
NUMER.LINEAS:   2    NUM. COLUMNAS:   3
```

```
 PRINT  B1
              1            2            3
  1  0.1000E+01  0.0000E+00  0.0000E+00
  2  0.0000E+00  0.1000E+01  0.0000E+00

TRMULT BET1   KHH    B1TK

MULT   B1TK   BET1   KHH1

PRINT  KHH1

*** MATRIZ KHH(J) PARA J=1 ***

              1            2            3
  1  0.3603E+04  -.2080E+04  -.7207E+04
  2  -.2080E+04  0.1201E+04  0.4161E+04
  3  -.7207E+04  0.4161E+04  0.1441E+05

TRMULT BET1   KHV    B1KV

MULT   B1KV   B1     KHV1

PRINT  KHV1


              1            2            3
  1  -.8738E+03  0.8738E+03  0.0000E+00
  2  0.5045E+03  -.5045E+03  0.0000E+00
  3  0.1748E+04  -.1748E+04  0.0000E+00

TRMULT B1     KVV    B1KVV

MULT   B1KVV  B1     KVV1

PRINT  KVV1


              1            2            3
  1  0.4700E+05  -.3363E+03  0.0000E+00
  2  -.3363E+03  0.4700E+05  0.0000E+00
  3  0.0000E+00  0.0000E+00  0.0000E+00
 REMARK
***             ***
*** CALCULO EJE 2 ***
***             ***

LOAD   BET2
NUMER.LINEAS:   1    NUM. COLUMNAS:   3

PRINT  BET2

*** MATRIZ BETA2 ***

              1            2            3
  1  0.0000E+00  -.1000E+01  0.1732E+01

LOAD   B2     (3F6.0 )
NUMER.LINEAS:   2    NUM. COLUMNAS:   3
```

```
PRINT  B2


           1           2           3
  1  0.0000E+00  0.1000E+01  0.0000E+00
  2  0.0000E+00  0.0000E+00  0.1000E+01

TRMULT BET2   KHH    B2TK

MULT   B2TK   BET2   KHH2
 PRINT  KHH2

*** MATRIZ KHH(J) PARA J=2 ***


           1           2           3
  1  0.0000E+00  0.0000E+00  0.0000E+00
  2  0.0000E+00  0.4805E+04  -.8322E+04
  3  0.0000E+00  -.8322E+04  0.1441E+05

TRMULT BET2   KHV    B2KV

MULT   B2KV   B2     KHV2

PRINT  KHV2


           1           2           3
  1  0.0000E+00  0.0000E+00  0.0000E+00
  2  0.0000E+00  -.1009E+04  0.1009E+04
  3  0.0000E+00  0.1748E+04  -.1748E+04

TRMULT B2     KVV    B2KVV

MULT   B2KVV  B2     KVV2

PRINT  KVV2


           1           2           3
  1  0.0000E+00  0.0000E+00  0.0000E+00
  2  0.0000E+00  0.4700E+05  -.3363E+03
  3  0.0000E+00  -.3363E+03  0.4700E+05

REMARK
***              ***
*** CALCULO EJE 3 ***
***              ***

LOAD   BET3
NUMER.LINEAS:   1     NUM. COLUMNAS:   3

PRINT  BET3

*** MATRIZ BETA3 ***


           1           2           3
  1  0.8660E+00  0.5000E+00  0.1732E+01

LOAD   B3     (3F6.0 )
NUMER.LINEAS:   2     NUM. COLUMNAS:   3
```

```
PRINT  B3


           1           2           3
  1  0.0000E+00  0.0000E+00  0.1000E+01
  2  0.1000E+01  0.0000E+00  0.0000E+00

 TRMULT BET3   KHH    B3TK

MULT   B3TK   BET3   KHH3

PRINT  KHH3

*** MATRIZ KHH(J) PARA J=3 ***

           1           2           3
  1  0.3603E+04  0.2080E+04  0.7207E+04
  2  0.2080E+04  0.1201E+04  0.4161E+04
  3  0.7207E+04  0.4161E+04  0.1441E+05

TRMULT BET3   KHV    B3KV

MULT   B3KV   B3     KHV3

PRINT  KHV3


           1           2           3
  1  -.8738E+03  0.0000E+00  0.8738E+03
  2  -.5045E+03  0.0000E+00  0.5045E+03
  3  -.1748E+04  0.0000E+00  0.1748E+04

TRMULT B3     KVV    B3KVV

MULT   B3KVV  B3     KVV3

PRINT  KVV3


           1           2           3
  1  0.4700E+05  0.0000E+00  -.3363E+03
  2  0.0000E+00  0.0000E+00  0.0000E+00
  3  -.3363E+03  0.0000E+00  0.4700E+05

REMARK
***                          ***
*** SUMA DE MATRICES DE EJES ***
***                          ***

ADD    KHH1   KHH2

ADD    KHH1   KHH3

PRINT  KHH1


           1           2           3
  1  0.7207E+04  0.0000E+00  0.0000E+00
  2  0.0000E+00  0.7207E+04  0.0000E+00
  3  0.0000E+00  0.0000E+00  0.4324E+05
```

```
ADD    KHV1   KHV2

ADD    KHV1   KHV3

PRINT  KHV1


              1           2           3
    1  -.1748E+04  0.8738E+03  0.8738E+03
    2  0.0000E+00  -.1514E+04  0.1514E+04
    3  0.0000E+00  0.0000E+00  0.0000E+00

ADD    KVV1   KVV2

ADD    KVV1   KVV3

PRINT  KVV1
              1           2           3
    1  0.9401E+05  -.3363E+03  -.3363E+03
    2  -.3363E+03  0.9401E+05  -.3363E+03
    3  -.3363E+03  -.3363E+03  0.9401E+05

INVERT KVV1
SKALAR =   0.9400601E-01

TRANS  KHV1   KVH1

MULT   KHV1   KVV1   KK1

MULT   KK1    KVH1   KKK

SUB    KHH1   KKK

PRINT  KHH1

*** MATRIZ SEUDO-TRIDIMENSIONAL ***

              1           2           3
    1  0.7158E+04  -.9537E-06  0.0000E+00
    2  -.9537E-06  0.7159E+04  0.0000E+00
    3  0.0000E+00  0.0000E+00  0.4324E+05

REMARK
***                             ***
***    CALCULO DE EDIFICIO      ***
***                             ***

LOAD   R
NUMER.LINEAS:   3    NUM. COLUMNAS:   1

PRINT  R

*** VECTOR DE CARGAS ***


              1
    1  0.2000E+02
    2  0.0000E+00
    3  0.1200E+02
  SOLVE   KHH1   R
SKALAR =   0.7158227E-02
```

```
PRINT  R

*** DESPLAZAMIENTOS DEL EDIFICIO ***


          1
  1  0.2794E-02
  2  0.3722E-12
  3  0.2775E-03

TRANS  KK1    KW

PRINT  KW


          1          2           3
  1  -.1852E-01  0.7276E-11  0.0000E+00
  2  0.9262E-02  -.1604E-01  0.0000E+00
  3  0.9262E-02  0.1604E-01  0.0000E+00

SCALE  KW
 SCALAR = -0.1000000E+01

MULT   KW      R      W

PRINT  W


          1
  1  0.5176E-04
  2  -.2588E-04
  3  -.2588E-04

REMARK
***                         ***
***   CALCULO DE EJES       ***
***                         ***

SCALE  K21J
 SCALAR = -0.1000000E+01

REMARK
***           ***
***   EJE 1   ***
***           ***
MULT   BET1   R      R1

PRINT  R1

*** DESPLAZAMIENTO LATERAL EJE 1 ***


          1
  1  -.1939E-02

MULT   B1     W      RV1

 PRINT  RV1


          1
  1  0.5176E-04
  2  -.2588E-04
```

```
ZERO   RV
    3 LINEAS      1 COLUMNAS


STOSM  RV      R1
NUM.DE FILA :    1 NUM.DE COLUMNA:   1


STOSM  RV      RV1
NUM.DE FILA :    2 NUM.DE COLUMNA:   1


PRINT  RV



          1
  1  -.1939E-02
  2  0.5176E-04
  3  -.2588E-04


MULT   KJ      RV      RR1


PRINT  RR1

*** CARGAS LATERAL Y VERTICALES EJE 1 ***


          1
  1  -.9238E+01
  2  0.4850E+00
  3  0.7227E+00


MULT   K21J   RV      R21


PRINT  R21



          1
  1  0.4266E-03
  2  0.4266E-03


ZERO   R(1)
    5 LINEAS      1 COLUMNAS


STOSM  R(1)   RV
NUM.DE FILA :    1 NUM.DE COLUMNA:   1

STOSM  R(1)   R21
NUM.DE FILA :    4 NUM.DE COLUMNA:   1


PRINT  R(1)

*** VECTOR DESPLAZAMIENTOS EJE 1 ***


          1
  1  -.1939E-02
  2  0.5176E-04
  3  -.2588E-04
  4  0.4266E-03
  5  0.4266E-03
 REMARK
***            ***
***    EJE 2   ***
***            ***


MULT   BET2   R       R2
```

```
PRINT  R2

*** DESPLAZAMIENTO LATERAL EJE 2 ***


            1
  1  0.4807E-03

MULT   B2      W       RV2

 PRINT  RV2

            1
  1  -.2588E-04
  2  -.2588E-04

ZERO   RV
    3 LINEAS      1 COLUMNAS

STOSM  RV      R2
NUM.DE FILA :    1 NUM.DE COLUMNA:   1

STOSM  RV      RV2
NUM.DE FILA :    2 NUM.DE COLUMNA:   1

PRINT  RV


            1
  1  0.4807E-03
  2  -.2588E-04
  3  -.2588E-04

MULT   KJ      RV      RR2

PRINT  RR2

*** CARGAS LATERAL Y VERTICALES EJE 2 ***

            1
  1  0.2309E+01
  2  -.7227E+00
  3  -.1693E+01

MULT   K21J    RV      R21

 PRINT  R21

            1
  1  -.1039E-03
  2  -.1039E-03

ZERO   R(2)
    5 LINEAS      1 COLUMNAS

STOSM  R(2)    RV
NUM.DE FILA :    1 NUM.DE COLUMNA:   1

 STOSM  R(2)    R21
NUM.DE FILA :    4 NUM.DE COLUMNA:   1
```

```
PRINT  R(2)

*** VECTOR DESPLAZAMIENTOS EJE 2 ***

            1
  1  0.4807E-03
  2  -.2588E-04
  3  -.2588E-04
  4  -.1039E-03
  5  -.1039E-03

REMARK
***             ***
***    EJE 3    ***
***             ***

MULT   BET3   R      R3

PRINT  R3

*** DESPLAZAMIENTO LATERAL EJE 3 ***

            1
  1  0.2900E-02

MULT   B3     W      RV3

PRINT  RV3

            1
  1  -.2588E-04
  2  0.5176E-04

ZERO   RV
    3 LINEAS      1 COLUMNAS

STOSM  RV     R3
NUM.DE FILA :   1 NUM.DE COLUMNA:   1

STOSM  RV     RV3
NUM.DE FILA :   2 NUM.DE COLUMNA:   1
 PRINT  RV

            1
  1  0.2900E-02
  2  -.2588E-04
  3  0.5176E-04

MULT   KJ     RV     RR3
 PRINT  RR3

*** CARGAS LATERAL Y VERTICALES EJE 3 ***

            1
  1  0.1386E+02
  2  0.1693E+01
  3  -.4850E+00

MULT   K21J   RV     R21
```

```
PRINT  R21


           1
  1  -.6344E-03
  2  -.6344E-03


ZERO   R(3)
    5 LINEAS     1 COLUMNAS


STOSM  R(3)   RV
NUM.DE FILA :   1 NUM.DE COLUMNA:   1


STOSM  R(3)   R21
NUM.DE FILA :   4 NUM.DE COLUMNA:   1


PRINT  R(3)

*** VECTOR DESPLAZAMIENTOS EJE 3 ***


           1
  1  0.2900E-02
  2  -.2588E-04
  3  0.5176E-04
  4  -.6344E-03
  5  -.6344E-03


WRITE  DESPB

Nø DE MATRICES :  3  ARCHIVO EXTERNO : DESPB

 MATRICES : R(1)   R(2)   R(3)

 STOP
```

iii) ***Entrada de datos para el cálculo de esfuerzos de los elementos de cada eje, con compatibilidad vertical***

```
START
READ  MATK                            5
K      IN     K1     K2     K3
PRINT IN                                    1
PRINT K1
PRINT K2
PRINT K3
READ  DESPB                           3
R(1)  R(2)  R(3)
PRINT R(1)
PRINT R(2)
PRINT R(3)
REMARK                                3
 ***           ***
 ***    EJE 1   ***
 ***           ***
FORCEMK1     IN     R(1)  S1          1     1
FORCEMK2     IN     R(1)  S2          2     1
FORCEMK3     IN     R(1)  S3          3     1
PRINT S1
PRINT S2
PRINT S3
REMARK                                3
 ***           ***
 ***    EJE 2   ***
 ***           ***
FORCEMK1     IN     R(2)  S1          1     1
FORCEMK2     IN     R(2)  S2          2     1
FORCEMK3     IN     R(2)  S3          3     1
PRINT S1
PRINT S2
```

```
PRINT S3
REMARK                              3
 ***          ***
 ***   EJE 3  ***
 ***          ***
FORCEMK1    IN     R(3)  S1         1     1
FORCEMK2    IN     R(3)  S2         2     1
FORCEMK3    IN     R(3)  S3         3     1
PRINT S1
PRINT S2
PRINT S3
STOP
```

iv) ***Resultados del cálculo de esfuerzos de los elementos de cada eje, con compatibilidad vertical***

```
START

  SMIS (REV.3.0 - 02.01.2001 - DEPTO. OOCC - ULS)

  SMIS (FECHA DE EJECUCION : 4/ 6/2001  )

  SMIS (HORA  DE EJECUCION :13: 6:33    )


 READ   MATK

 Nø DE MATRICES :  5  ARCHIVO EXTERNO : MATK

  MATRICES : K       IN      K1      K2      K3

 PRINT  IN
```

	1	2	3	4	5	6
1 *	0	0	0	1	2	4
2 *	1	2	4	1	3	5
3 *	1	3	5	0	0	0

PRINT K1

	1	2	3	4	5	6
1	0.3556E+04	0.0000E+00	-.5333E+04	-.3556E+04	0.0000E+00	-.5333E+04
2	0.0000E+00	0.4667E+05	0.0000E+00	0.0000E+00	-.4667E+05	0.0000E+00
3	-.5333E+04	0.0000E+00	0.1067E+05	0.5333E+04	0.0000E+00	0.5333E+04
4	-.3556E+04	0.0000E+00	0.5333E+04	0.3556E+04	0.0000E+00	0.5333E+04
5	0.0000E+00	-.4667E+05	0.0000E+00	0.0000E+00	0.4667E+05	0.0000E+00
6	-.5333E+04	0.0000E+00	0.5333E+04	0.5333E+04	0.0000E+00	0.1067E+05

PRINT K2

	1	2	3	4	5	6
1	0.2333E+05	0.0000E+00	0.0000E+00	-.2333E+05	0.0000E+00	0.0000E+00
2	0.0000E+00	0.7778E+03	-.2333E+04	0.0000E+00	-.7778E+03	-.2333E+04
3	0.0000E+00	-.2333E+04	0.9333E+04	0.0000E+00	0.2333E+04	0.4667E+04
4	-.2333E+05	0.0000E+00	0.0000E+00	0.2333E+05	0.0000E+00	0.0000E+00
5	0.0000E+00	-.7778E+03	0.2333E+04	0.0000E+00	0.7778E+03	0.2333E+04
6	0.0000E+00	-.2333E+04	0.4667E+04	0.0000E+00	0.2333E+04	0.9333E+04

```
PRINT  K3

             1          2          3          4          5          6
  1 0.3556E+04 0.0000E+00 0.5333E+04 -.3556E+04 0.0000E+00 0.5333E+04
  2 0.0000E+00 0.4667E+05 0.0000E+00 0.0000E+00 -.4667E+05 0.0000E+00
  3 0.5333E+04 0.0000E+00 0.1067E+05 -.5333E+04 0.0000E+00 0.5333E+04
  4 -.3556E+04 0.0000E+00 -.5333E+04 0.3556E+04 0.0000E+00 -.5333E+04
  5 0.0000E+00 -.4667E+05 0.0000E+00 0.0000E+00 0.4667E+05 0.0000E+00
  6 0.5333E+04 0.0000E+00 0.5333E+04 -.5333E+04 0.0000E+00 0.1067E+05

READ   DESPB

Nø DE MATRICES :  3  ARCHIVO EXTERNO : DESPB

 MATRICES : R(1)   R(2)   R(3)

PRINT  R(1)

             1
  1 -.1939E-02
  2 0.5176E-04
  3 -.2588E-04
  4 0.4266E-03
  5 0.4266E-03
 PRINT  R(2)

             1
  1 0.4807E-03
  2 -.2588E-04
  3 -.2588E-04
  4 -.1039E-03
  5 -.1039E-03

PRINT  R(3)
             1
  1 0.2900E-02
  2 -.2588E-04
  3 0.5176E-04
  4 -.6344E-03
  5 -.6344E-03

REMARK
***          ***
***   EJE 1  ***
***          ***

FORCEM K1     IN     R(1)   S1

FORCEM K2     IN     R(1)   S2

FORCEM K3     IN     R(1)   S3

PRINT  S1

             1
  1 0.4619E+01
  2 -.2415E+01
  3 -.8066E+01
  4 -.4619E+01
  5 0.2415E+01
  6 -.5791E+01
```

```
PRINT  S2


           1
  1  0.3278E-06
  2  -.1930E+01
  3  0.5791E+01
  4  -.3278E-06
  5  0.1930E+01
  6  0.5791E+01


PRINT  S3


           1
  1  -.4619E+01
  2  -.1208E+01
  3  -.5791E+01
  4  0.4619E+01
  5  0.1208E+01
  6  -.8066E+01


REMARK
***            ***
***    EJE 2   ***
***            ***


FORCEM K1      IN      R(2)    S1


FORCEM K2      IN      R(2)    S2


FORCEM K3      IN      R(2)    S3

PRINT  S1

           1
  1  -.1155E+01
  2  0.1208E+01
  3  0.2009E+01
  4  0.1155E+01
  5  -.1208E+01
  6  0.1455E+01


PRINT  S2


           1
  1  0.3725E-08
  2  0.4850E+00
  3  -.1455E+01
  4  -.3725E-08
  5  -.4850E+00
  6  -.1455E+01


PRINT  S3


           1
  1  0.1155E+01
  2  -.1208E+01
  3  0.1455E+01
  4  -.1155E+01
  5  0.1208E+01
  6  0.2009E+01
```

```
REMARK
***           ***
***   EJE 3   ***
***           ***


FORCEM K1     IN     R(3)    S1


FORCEM K2     IN     R(3)    S2


FORCEM K3     IN     R(3)    S3
PRINT  S1

          1
  1  -.6928E+01
  2  0.1208E+01
  3  0.1208E+02
  4  0.6928E+01
  5  -.1208E+01
  6  0.8701E+01

PRINT  S2

          1
  1  -.1669E-05
  2  0.2900E+01
  3  -.8701E+01
  4  0.1669E-05
  5  -.2900E+01
  6  -.8701E+01

PRINT  S3

          1
  1  0.6928E+01
  2  0.2415E+01
  3  0.8701E+01
  4  -.6928E+01
  5  -.2415E+01
  6  0.1208E+02

STOP
```

Ejemplo 8.2

En la figura se muestra la planta cuadrada de un edificio de 1 piso de lado a=12 (m) y altura H=6 (m). Calcular los desplazamientos del edificio y esfuerzos en los ejes resistentes debido a una carga R=5 [kN] aplicada en el centro de masas en la dirección indicada. Realizar análisis: a) Sin considerar compatibilidad vertical b) Considerando compatibilidad vertical en punto A de la planta

NOTA *: Despreciar deformación axial de los elementos.*

Ejes resistentes

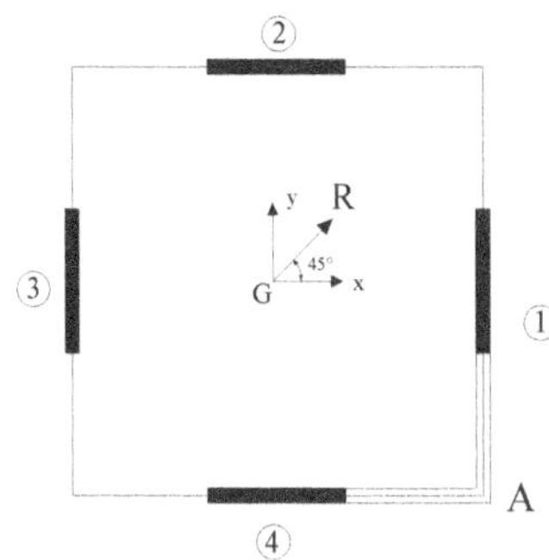

Eje ①

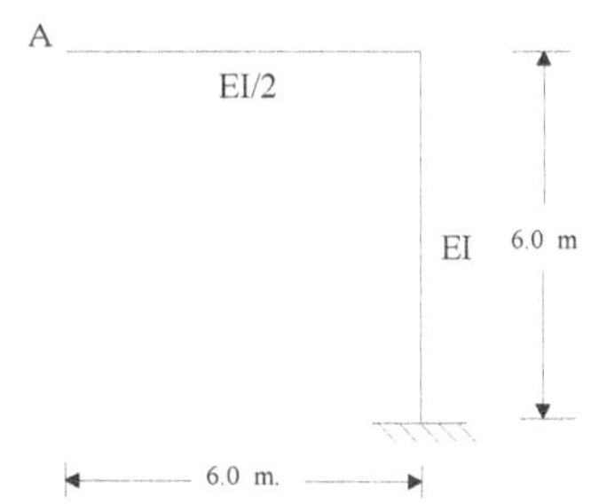

Eje ② y ③

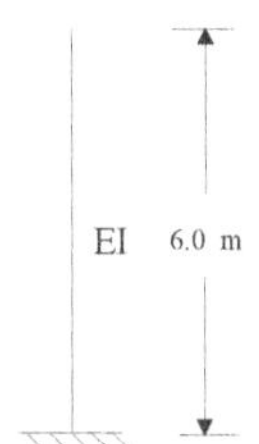

Eje ④

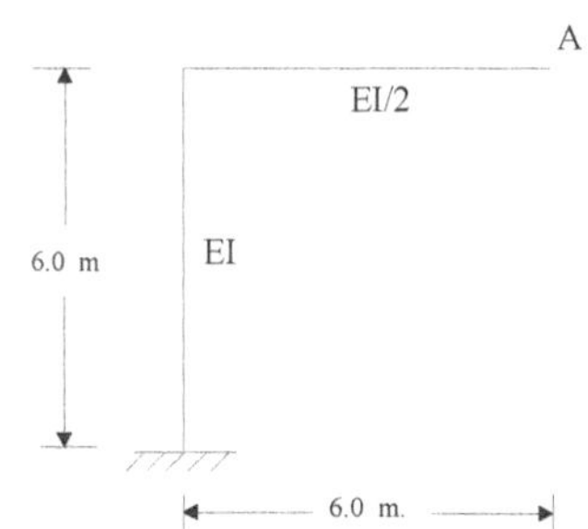

a) Sin considerar compatibilidad vertical

Los 4 ejes resistentes tienen la misma rigidez ante una carga lateral.

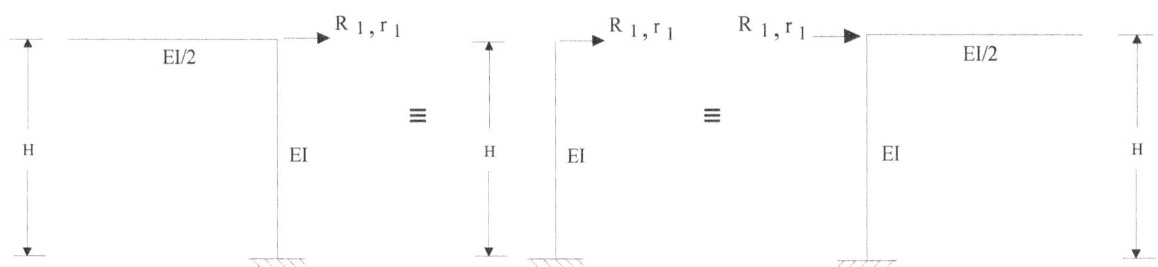

$$r_1 = \frac{H^3}{3EI} R_1 \Rightarrow \underline{K}_1 = \underline{K}_2 = \underline{K}_3 = \underline{K}_4 = k = \frac{3EI}{H^3} = \frac{EI}{72}$$

$$\underline{\beta}_j = \left[-\operatorname{sen}\alpha_j \quad \cos\alpha_j \quad \delta_j \right]$$

$$\delta_1 = \delta_2 = \delta_3 = \delta_4 = 6 \text{ (m)}$$

Eje ①

$\alpha_1 = 0 \qquad \cos\alpha_1 = 1 \qquad \operatorname{sen}\alpha_1 = 0$

$\underline{\beta}_1 = [0 \quad 1 \quad 6]$

$$\underline{K}^{(1)} = \underline{\beta}_1^T \underline{K}_1 \underline{\beta}_1 = k\underline{\beta}_1^T \underline{\beta}_1 = k\begin{bmatrix} 0 & 0 & 0 \\ 0 & 1 & 6 \\ 0 & 6 & 36 \end{bmatrix}$$

Eje ②

$\alpha_1 = \dfrac{\pi}{2} \qquad \cos\alpha_2 = 0 \qquad \operatorname{sen}\alpha_2 = 1$

$\underline{\beta}_2 = [-1 \quad 0 \quad 6]$

$$\underline{K}^{(2)} = \underline{\beta}_2^T \underline{K}_2 \underline{\beta}_2 = k\underline{\beta}_2^T \underline{\beta}_2 = k\begin{bmatrix} 1 & 0 & -6 \\ 0 & 0 & 0 \\ -6 & 0 & 36 \end{bmatrix}$$

Eje ③

$\alpha_3 = \pi \qquad \cos\alpha_3 = -1 \qquad \operatorname{sen}\alpha_3 = 0$

$\underline{\beta}_3 = [0 \quad -1 \quad 6]$

$$\underline{K}^{(3)} = \underline{\beta}_3^T \underline{K}_3 \underline{\beta}_3 = k\underline{\beta}_3^T \underline{\beta}_3 = k\begin{bmatrix} 0 & 0 & 0 \\ 0 & 1 & -6 \\ 0 & -6 & 36 \end{bmatrix}$$

Eje ④

$\alpha_4 = \dfrac{3\pi}{2} \qquad \cos\alpha_4 = 0 \qquad \operatorname{sen}\alpha_4 = -1$

$\underline{\beta}_4 = [1 \quad 0 \quad 6]$

$$\underline{K}^{(4)} = \underline{\beta}_4^T \underline{K}_4 \underline{\beta}_4 = k\underline{\beta}_4^T \underline{\beta}_4 = k\begin{bmatrix} 1 & 0 & 6 \\ 0 & 0 & 0 \\ 6 & 0 & 36 \end{bmatrix}$$

Luego:

$$\underline{K} = \sum_{j=1}^{4} \underline{K}^{(j)} = k\begin{bmatrix} 2 & 0 & 0 \\ 0 & 2 & 0 \\ 0 & 0 & 144 \end{bmatrix} = \frac{EI}{1000}\begin{bmatrix} 27.\overline{77} & 0 & 0 \\ 0 & 27.\overline{77} & 0 \\ 0 & 0 & 2000 \end{bmatrix}$$

$$\underline{R} = \begin{bmatrix} 5/\sqrt{2} \\ 5\sqrt{2} \\ 0 \end{bmatrix} \quad \Rightarrow \quad \underline{K}\,\underline{r} = \underline{R} \quad \Rightarrow \underline{r} = \frac{1}{k}\begin{bmatrix} 5/2\sqrt{2} \\ 5/2\sqrt{2} \\ 0 \end{bmatrix} = \frac{1}{EI}\begin{bmatrix} 127.28 \\ 127.28 \\ 0 \end{bmatrix}$$

Los desplazamientos laterales de los ejes son:

$$\underline{r}_1 = \underline{\beta}_1 \underline{r} = \frac{127.28}{EI} \qquad \underline{r}_2 = \underline{\beta}_2 \underline{r} = \frac{-127.28}{EI}$$

$$\underline{r}_3 = \underline{\beta}_3 \underline{r} = \frac{-127.28}{EI} \qquad \underline{r}_4 = \underline{\beta}_4 \underline{r} = \frac{127.28}{EI}$$

Las cargas y esfuerzos que asumen los ejes resistentes son:

***Eje** (1)*

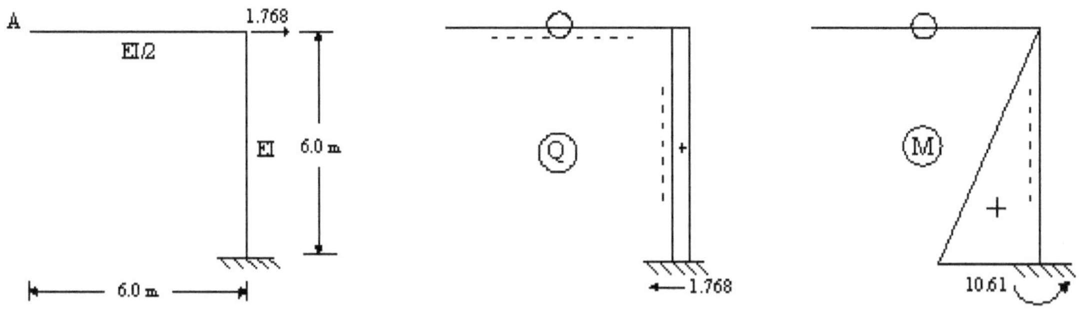

$R_1 = k\ r_1 = 5/2\sqrt{2} = 1.768$

***Eje** (2) y (3)*

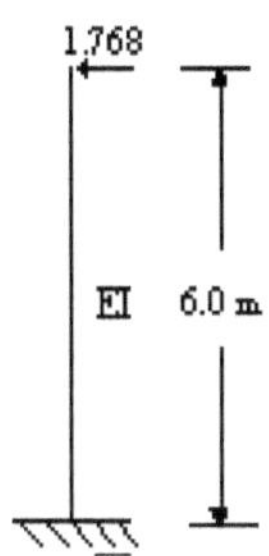

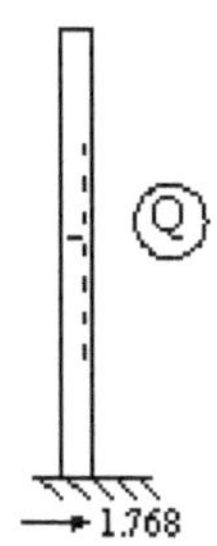

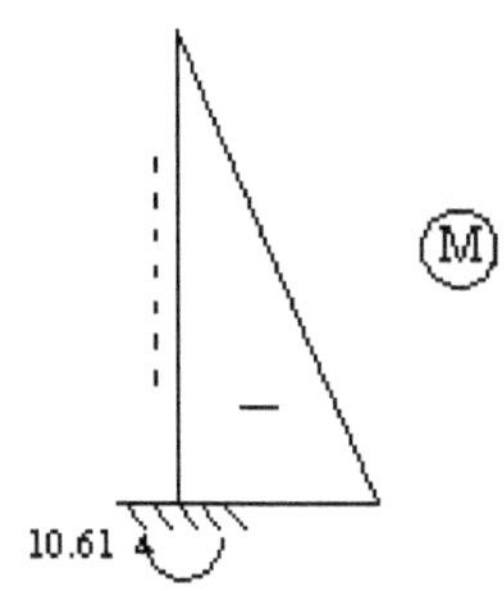

$R_1 = -5/2\sqrt{2} = -1.768$

***Eje** (4)*

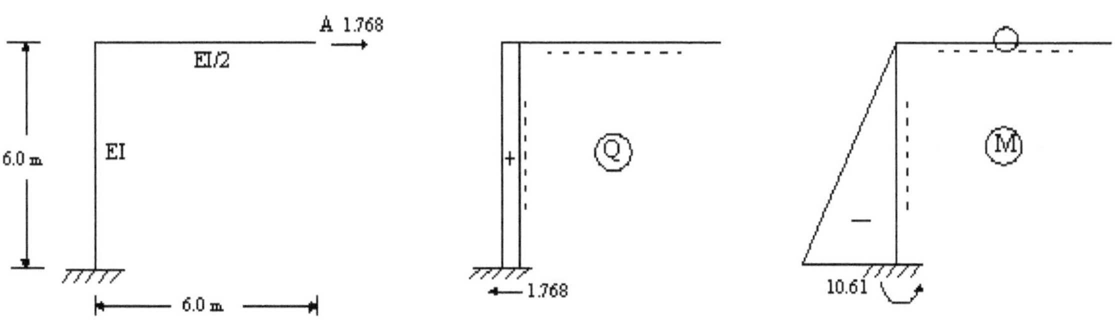

$R_1 = 5/2\sqrt{2} = 1.768$

b) Con compatibilidad vertical

Eje (1)

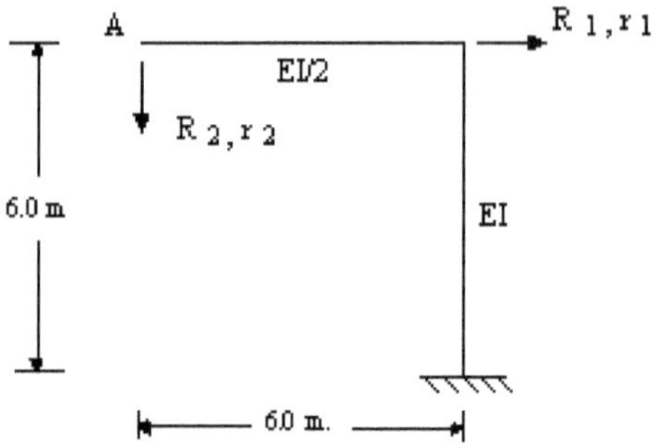

R₁=1

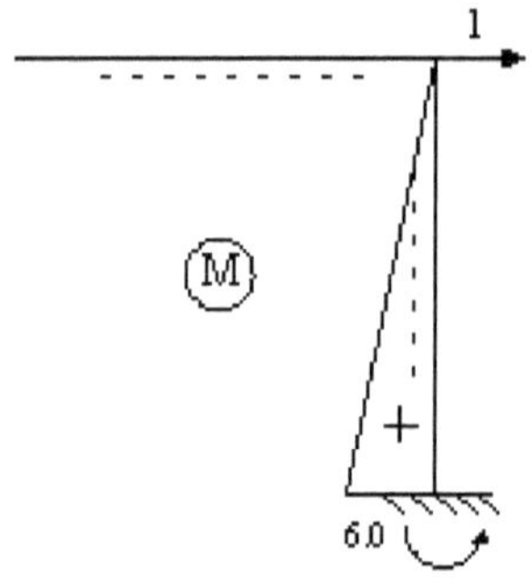

R₂=1

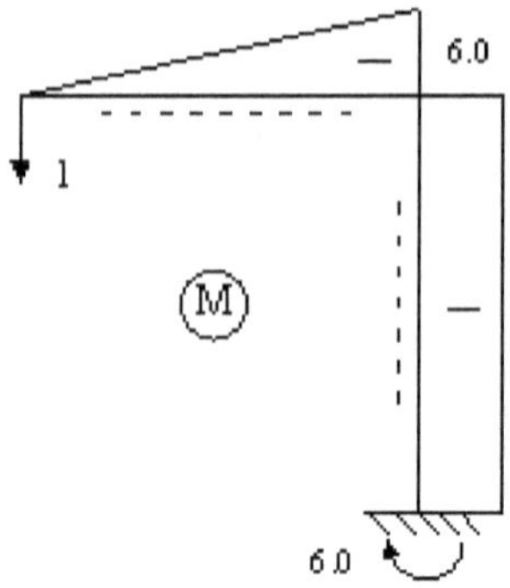

$$R_1 = 1 \;\Rightarrow\; r_{11} = \frac{6}{3EI}6^2 = \frac{72}{EI} \qquad r_{21} = -\frac{6}{2EI}6\cdot 6 = -\frac{108}{EI}$$

$$R_2 = 1 \Rightarrow r_{12} = -\frac{108}{EI} \qquad r_{22} = \frac{6}{3EI/2}(-6)^2 + \frac{6}{EI}(-6)^2 = \frac{360}{EI}$$

$$\therefore \quad \begin{bmatrix} r_1 \\ r_2 \end{bmatrix} = \frac{1}{EI}\begin{bmatrix} 72 & -108 \\ -108 & 360 \end{bmatrix}\begin{bmatrix} R_1 \\ R_2 \end{bmatrix} \Rightarrow \begin{bmatrix} R_1 \\ R_2 \end{bmatrix} = \frac{EI}{1000}\begin{bmatrix} 25.\overline{25} & 7.\overline{57} \\ 7.\overline{57} & 5.\overline{05} \end{bmatrix}\begin{bmatrix} r_1 \\ r_2 \end{bmatrix}$$

$$\therefore \quad \underline{\tilde{K}}_1 = \frac{EI}{1000}\begin{bmatrix} 25.\overline{25} & 7.\overline{57} \\ 7.\overline{57} & 5.\overline{05} \end{bmatrix}$$

Eje (2) y (3)

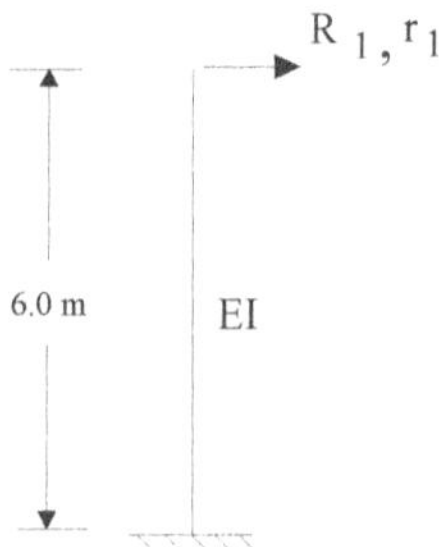

$$\underline{K}_2 = \underline{K}_3 = \frac{EI}{72}$$

Eje (4)

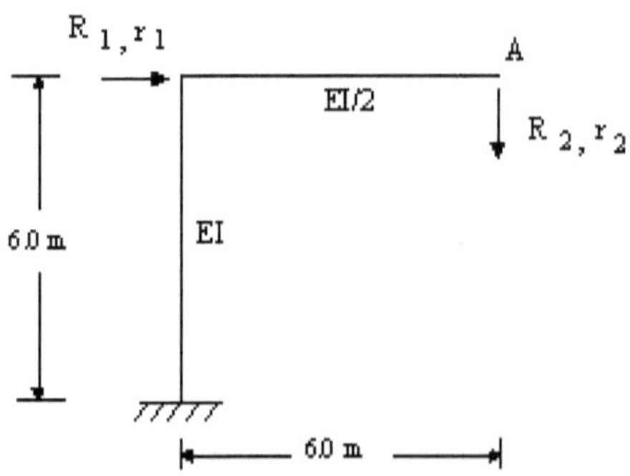

R₁=1

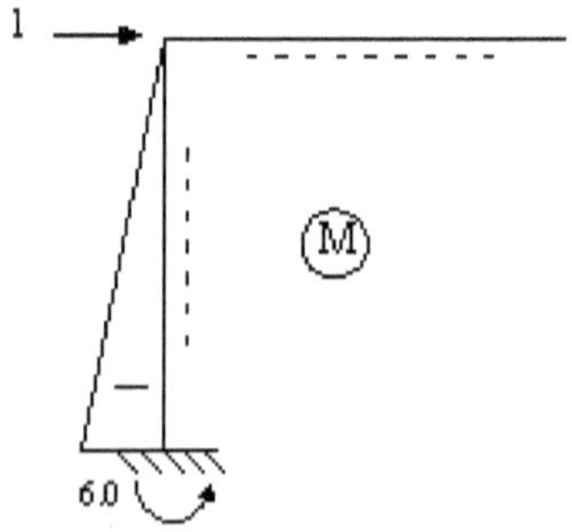

R₂=1

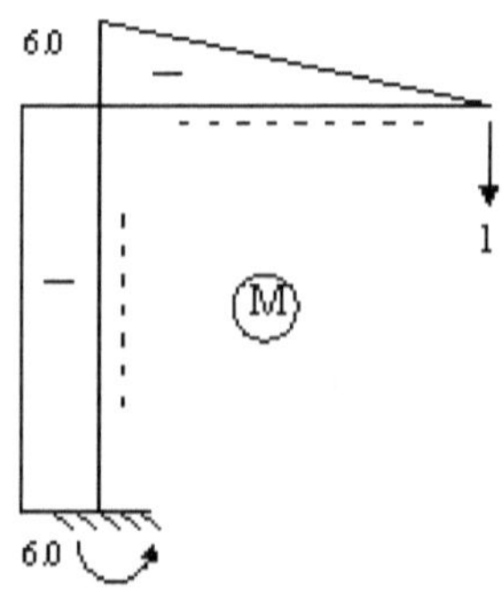

$$R_1 = 1 \Rightarrow r_{11} = \frac{72}{EI} \qquad r_{21} = \frac{108}{EI}$$

$$R_2 = 1 \Rightarrow r_{12} = \frac{108}{EI} \qquad r_{22} = \frac{360}{EI}$$

$$\therefore \qquad \underline{K}^{-1} = \frac{1}{EI}\begin{bmatrix} 72 & 108 \\ 108 & 360 \end{bmatrix} \Rightarrow \underline{\widetilde{K}}_4 = \frac{EI}{1000}\begin{bmatrix} 25.\overline{25} & -7.\overline{57} \\ -7.\overline{57} & 5.\overline{05} \end{bmatrix}$$

Matrices $\underline{\widetilde{K}}^{(j)}$

Eje ⓵

$$\underline{\beta}_1 = \begin{bmatrix} 0 & 1 & 6 \end{bmatrix} \qquad \underline{B}_1 = [1]$$

$$\underline{\widetilde{K}}_1 = \frac{EI}{1000}\begin{bmatrix} 25.\overline{25} & 7.\overline{57} \\ 7.\overline{57} & 5.\overline{05} \end{bmatrix} \qquad \Rightarrow \underline{K}_{HH}{}^{1} = \frac{EI}{1000}\left[25.\overline{25}\right]$$

$$\underline{K}_{HV}{}^{1} = \frac{EI}{1000}\left[7.\overline{57}\right] = (\underline{K}_{VH}{}^{1})^T \qquad \underline{K}_{VV}{}^{1} = \frac{EI}{1000}\left[5.\overline{05}\right]$$

$$\underline{\beta}_1{}^T \underline{K}_{HH}{}^1 \underline{\beta}_1 = \frac{EI}{1000} 25.\overline{25} \begin{bmatrix} 0 & 0 & 0 \\ 0 & 1 & 6 \\ 0 & 6 & 36 \end{bmatrix} = \frac{EI}{1000}\begin{bmatrix} 0 & 0 & 0 \\ 0 & 25.\overline{25} & 151.\overline{51} \\ 0 & 151.\overline{51} & 909.\overline{09} \end{bmatrix}$$

$$\underline{\beta}_1{}^T \underline{K}_{HV}{}^1 \underline{B}_1 = \frac{EI}{1000} \times 7.\overline{57} \begin{bmatrix} 0 \\ 1 \\ 6 \end{bmatrix} = \frac{EI}{1000}\begin{bmatrix} 0 \\ 7.\overline{57} \\ 45.\overline{45} \end{bmatrix} \qquad \underline{B}_1{}^T \underline{K}_{VV}{}^1 \underline{B}_1 = \frac{EI}{1000}\left[5.\overline{05}\right]$$

$$\therefore \qquad \underline{\widetilde{K}}^{(1)} = \frac{EI}{1000}\left[\begin{array}{ccc|c} 0 & 0 & 0 & 0 \\ 0 & 25.\overline{25} & 151.\overline{51} & 7.\overline{57} \\ 0 & 151.\overline{51} & 909.\overline{09} & 45.\overline{45} \\ \hline 0 & 7.\overline{57} & 45.\overline{45} & 5.\overline{05} \end{array}\right]$$

Eje (2)

$$\underline{\beta}_2 = [-1 \quad 0 \quad 6] \qquad \underline{K}_{HH}^{\,2} = \underline{K}_2 = \left[\frac{EI}{72}\right] = \frac{EI}{1000}[13.\overline{88}]$$

$$\underline{\beta}_2^{\,T}\,\underline{K}_2\,\underline{\beta}_2 = \frac{EI}{1000}13.\overline{88}\begin{bmatrix} 1 & 0 & -6 \\ 0 & 0 & 0 \\ -6 & 0 & 36 \end{bmatrix} = \frac{EI}{1000}\begin{bmatrix} 13.\overline{88} & 0 & -83.\overline{33} \\ 0 & 0 & 0 \\ -83.\overline{33} & 0 & 500 \end{bmatrix}$$

$$\therefore \qquad \underline{K}^{(2)} = \frac{EI}{1000}\left[\begin{array}{ccc|c} 13.\overline{88} & 0 & -83.\overline{33} & 0 \\ 0 & 0 & 0 & 0 \\ -83.\overline{33} & 0 & 500 & 0 \\ \hline 0 & 0 & 0 & 0 \end{array}\right]$$

Eje (3)

$$\underline{\beta}_3 = [0 \quad -1 \quad 6] \qquad \underline{K}_{HH}^{\,3} = \underline{K}_3 = \left[\frac{EI}{72}\right] = \frac{EI}{1000}[13.\overline{88}]$$

$$\underline{\beta}_3^{\,T}\,\underline{K}_3\,\underline{\beta}_3 = \frac{EI}{1000}13.\overline{88}\begin{bmatrix} 0 & 0 & 0 \\ 0 & 1 & -6 \\ 0 & -6 & 36 \end{bmatrix} = \frac{EI}{1000}\begin{bmatrix} 0 & 0 & 0 \\ 0 & 13.\overline{88} & -83.\overline{33} \\ 0 & -83.\overline{33} & 500 \end{bmatrix}$$

$$\therefore \qquad \underline{K}^{(3)} = \frac{EI}{1000}\left[\begin{array}{ccc|c} 0 & 0 & 0 & 0 \\ 0 & 13.\overline{88} & -83.\overline{33} & 0 \\ 0 & -83.\overline{33} & 500 & 0 \\ \hline 0 & 0 & 0 & 0 \end{array}\right]$$

Eje (4)

$$\underline{\beta}_4 = [1 \quad 0 \quad 6] \qquad \underline{\beta}_4 = [1]$$

$$\underline{\tilde{K}}_4 = \frac{EI}{1000}\begin{bmatrix} 25.\overline{25} & -7.\overline{57} \\ -7.\overline{57} & 5.\overline{05} \end{bmatrix} \qquad \Rightarrow \underline{K}_{HH}^{\,4} = \frac{EI}{1000}[25.\overline{25}]$$

$$\underline{K}_{HV}^{\,4} = \frac{EI}{1000}[-7.\overline{57}] = (\underline{K}_{VH}^{\,4})^T \qquad \underline{K}_{VV}^{\,4} = \frac{EI}{1000}[5.\overline{05}]$$

$$\underline{\beta}_4^{\,T}\,\underline{K}_{HH}^{\,4}\,\underline{\beta}_4 = \frac{EI}{1000}25.\overline{25}\begin{bmatrix} 1 & 0 & 6 \\ 0 & 0 & 0 \\ 6 & 0 & 36 \end{bmatrix} = \frac{EI}{1000}\begin{bmatrix} 25.\overline{25} & 0 & 151.\overline{51} \\ 0 & 0 & 0 \\ 151.\overline{51} & 0 & 909.\overline{09} \end{bmatrix}$$

$$\underline{\beta}_4^{\,T}\,\underline{K}_{HV}^{\,4}\,\underline{B}_4 = \frac{EI}{1000}\left(-7.\overline{57}\right)\begin{bmatrix}1\\0\\6\end{bmatrix} = \frac{EI}{1000}\begin{bmatrix}-7.\overline{57}\\0\\-45.\overline{45}\end{bmatrix} \qquad \underline{B}_4^{\,T}\,\underline{K}_{VV}^{\,4}\,\underline{B}_4 = \frac{EI}{1000}\left[5.\overline{05}\right]$$

$$\therefore \qquad \underset{\sim}{K}^{(4)} = \frac{EI}{1000}\left[\begin{array}{ccc|c}25.\overline{25} & 0 & 151.\overline{51} & -7.\overline{57}\\ 0 & 0 & 0 & 0\\ 151.\overline{51} & 0 & 909.\overline{09} & -45.\overline{45}\\ \hline -7.\overline{57} & 0 & -45.\overline{45} & 5.\overline{05}\end{array}\right]$$

En resumen:

$$\underline{K}_{HH} = \sum_{j=1}^{4}\underline{\beta}_j^{\,T}\,\underline{K}_{HH}^{\,j}\,\underline{\beta}_j = \frac{EI}{1000}\begin{bmatrix}39.\overline{14} & 0 & 68.\overline{18}\\ & 39.\overline{14} & 68.\overline{18}\\ \text{Sim.} & & 2818.\overline{18}\end{bmatrix}$$

$$\underline{K}_{HV} = \sum_{j=1}^{4}\underline{\beta}_j^{\,T}\,\underline{K}_{HV}^{\,j}\,\underline{B}_j = \frac{EI}{1000}\begin{bmatrix}-7.\overline{57}\\ 7.\overline{57}\\ 0\end{bmatrix}$$

$$\underline{K}_{VV} = \sum_{j=1}^{4}\underline{B}_j^{\,T}\,\underline{K}_{VV}^{\,j}\,\underline{B}_j = \frac{EI}{1000}\left[10.\overline{10}\right]$$

$$\therefore \qquad \underset{\sim}{K} = \frac{EI}{1000}\left[\begin{array}{ccc|c}39.\overline{14} & 0 & 68.\overline{18} & -7.\overline{57}\\ & 39.\overline{14} & 68.\overline{18} & 7.\overline{57}\\ & & 2818.\overline{18} & 0\\ \hline \text{Sim.} & & & 10.\overline{10}\end{array}\right]$$

$$\underline{K}_{VV}^{-1} = \frac{1000}{EI}\left[\frac{1}{10.\overline{10}}\right] \qquad \underline{K}_{V} = \underline{K}_{HH} - \underline{K}_{HV}\,\underline{K}_{VV}^{-1}\,\underline{K}_{VH} = \frac{EI}{1000}\begin{bmatrix}33.45\overline{95} & 5.68\overline{18} & 68.\overline{18}\\ & 33.45\overline{95} & 68.\overline{18}\\ \text{Sim.} & & 2818.\overline{18}\end{bmatrix}$$

$$\underline{R} = \begin{bmatrix}5/\sqrt{2}\\ 5/\sqrt{2}\\ 0\end{bmatrix} \quad \Rightarrow \quad \underline{r} = \frac{1}{EI}\begin{bmatrix}98.64\\ 98.64\\ -4.77\end{bmatrix}$$

Se observa que la estructura es más rígida al considerar la compatibilidad vertical en el punto A. Los elementos de la matriz de rigidez son mayores que en el caso (a) y los desplazamientos son menores. Además el sistema deja de ser simétrico: la carga no sólo produce un desplazamiento del centro de masas G en la dirección de la carga (como sucede en el caso (a)) sino que además se produce un giro de la planta en el sentido horario. Esto se debe a que debido a la compatibilidad vertical en A, los ejes (1) y (4) son más rígidos que los ejes (2) y (3).

Usando la relación (8.53):

$$\underline{w} = -\underline{K}_{VV}^{-1}\,\underline{K}_{VH}\,\underline{r} = -\frac{1}{10.\overline{10}}\begin{bmatrix}-7.\overline{57} & 7.\overline{57} & 0\end{bmatrix}\cdot\frac{1}{EI}\begin{bmatrix}98.64\\ 98.64\\ -4.77\end{bmatrix} = \underline{0}$$

Esto significa que el punto A no se desplaza verticalmente para la carga aplicada.

***Eje** (1)*

$$\underline{r}_1 = \underline{\beta}\,\underline{r} = \begin{bmatrix}0 & 1 & 6\end{bmatrix}\frac{1}{EI}\begin{bmatrix}98.64\\ 98.64\\ -4.77\end{bmatrix} = \frac{1}{EI}\begin{bmatrix}70.02\end{bmatrix}$$

$$\underline{r}_{V1} = \underline{B}_1\,\underline{w} = \begin{bmatrix}0\end{bmatrix}$$

$$\therefore \qquad \tilde{\underline{r}}_1 = \frac{1}{EI}\begin{bmatrix}70.02\\ 0\end{bmatrix}$$

$$\tilde{\underline{R}}_1 = \tilde{\underline{K}}_1 = \tilde{\underline{r}}_1 = \frac{EI}{1000}\begin{bmatrix}25.\overline{25} & 7.\overline{57}\\ 7.\overline{57} & 5.\overline{05}\end{bmatrix}\frac{1}{EI}\begin{bmatrix}70.02\\ 0\end{bmatrix} = \begin{bmatrix}1.768\\ 0.530\end{bmatrix} = \begin{bmatrix}R_1\\ R_2\end{bmatrix}$$

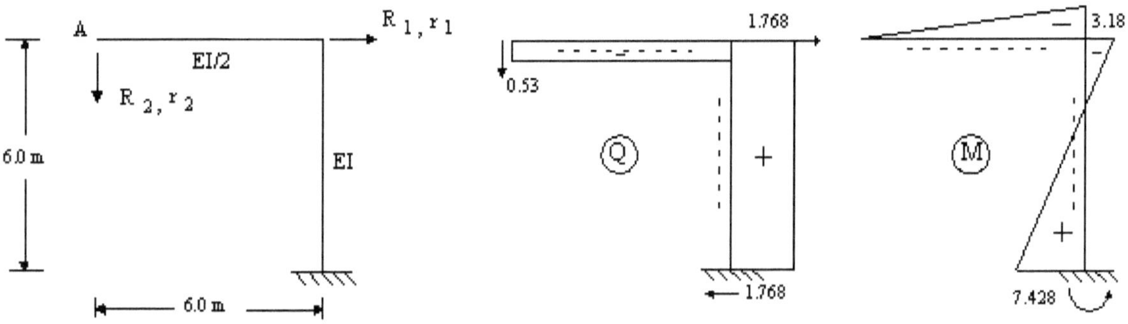

***Eje** (2)*

$$\underline{r}_2 = \underline{\beta}_2\,\underline{r} = \begin{bmatrix}-1 & 0 & 6\end{bmatrix}\frac{1}{EI}\begin{bmatrix}98.64\\ 98.64\\ -4.77\end{bmatrix} = \frac{1}{EI}\begin{bmatrix}-127.26\end{bmatrix}$$

$$\underline{R}_2 = \underline{K}_2\,\underline{r}_2 = \begin{bmatrix}\frac{EI}{72}\end{bmatrix}\frac{1}{EI}\begin{bmatrix}-127.26\end{bmatrix} = \begin{bmatrix}-1.768\end{bmatrix} = \begin{bmatrix}R_1\end{bmatrix}$$

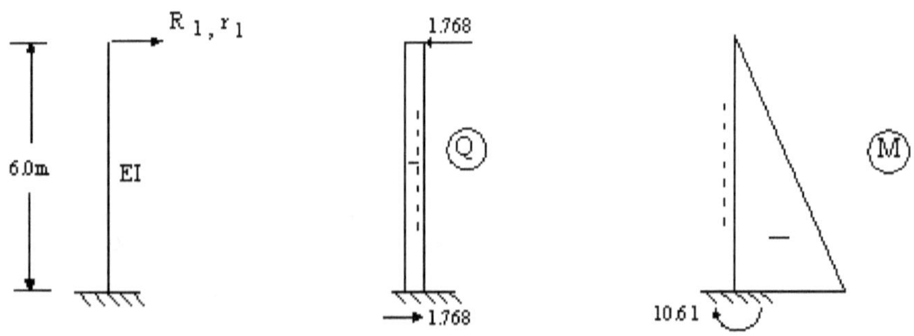

Eje ③

$$\underline{r}_3 = \underline{\beta}_3\ \underline{r} = \begin{bmatrix} 0 & -1 & 6 \end{bmatrix} \frac{1}{EI} \begin{bmatrix} 98.64 \\ 98.64 \\ -4.77 \end{bmatrix} = \frac{1}{EI} \begin{bmatrix} -127.26 \end{bmatrix}$$

$$\underline{R}_3 = \underline{K}_3\ \underline{r}_3 = \begin{bmatrix} \frac{EI}{72} \end{bmatrix} \frac{1}{EI} \begin{bmatrix} -127.26 \end{bmatrix} = \begin{bmatrix} -1.768 \end{bmatrix} = \begin{bmatrix} R_1 \end{bmatrix}$$

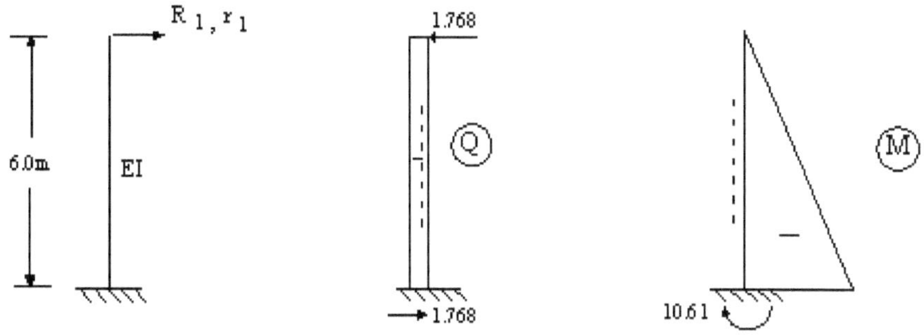

Eje ④

$$\underline{r}_4 = \underline{\beta}_4\ \underline{r} = \begin{bmatrix} 1 & 0 & 6 \end{bmatrix} \frac{1}{EI} \begin{bmatrix} 98.64 \\ 98.64 \\ -4.77 \end{bmatrix} = \frac{1}{EI} \begin{bmatrix} 70.02 \end{bmatrix}$$

$$\underline{r}_{V4} = \underline{B}_4\ w = \begin{bmatrix} 0 \end{bmatrix}$$

$$\therefore \qquad \underline{\tilde{r}}_4 = \frac{1}{EI} \begin{bmatrix} 70.02 \\ 0 \end{bmatrix}$$

$$\underline{\tilde{R}}_4 = \underline{\tilde{K}}_4\, \underline{\tilde{r}}_4 = \frac{EI}{1000} \begin{bmatrix} 25.\overline{25} & -7.\overline{57} \\ -7.\overline{57} & 5.\overline{05} \end{bmatrix} \frac{1}{EI} \begin{bmatrix} 70.02 \\ 0 \end{bmatrix} = \begin{bmatrix} 1.768 \\ -0.530 \end{bmatrix} = \begin{bmatrix} R_1 \\ R_2 \end{bmatrix}$$

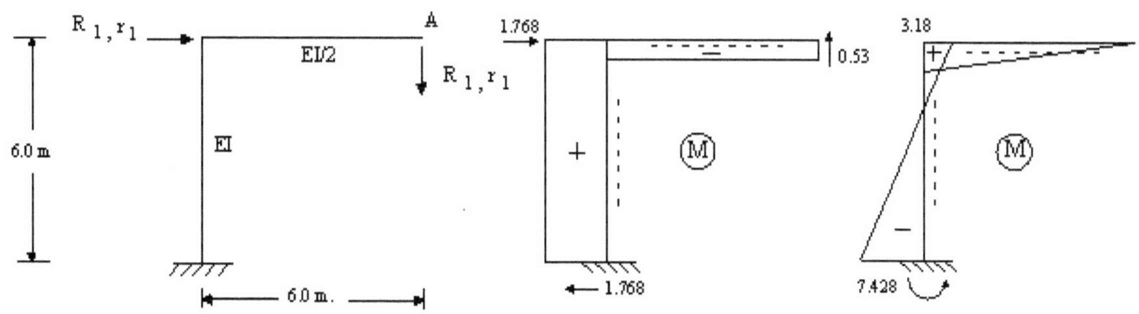

Al comparar los esfuerzos que absorben los ejes resistentes se observa que el esfuerzo cortante en los elementos verticales (columnas) son iguales en ambos casos. Sin embargo el momento flector en la base de las columnas de los ejes con compatibilidad vertical disminuye cuando se considera dicha compatibilidad. También se observa que al no considerar la compatibilidad vertical, se está despreciando los importantes esfuerzos (cortantes y momento flector) que toman las vigas que se conectan al punto con compatibilidad vertical (punto A).

Ejemplo 8.3

Calcular desplazamientos del edificio de 2 pisos indicado y los esfuerzos que toman los ejes resistentes debido a una carga de 5 kN aplicada en el piso superior. El edificio tiene dos pisos de 3 metros de altura con losa superior y la planta tiene forma de un triángulo equilátero de 12 metros de lado. Los ejes resistentes (1) y (3) están conectados mediante vigas al punto A común en ambos pisos. Realizar el análisis:

a) Despreciando la compatibilidad vertical en los puntos A.
b) Considerando la compatibilidad vertical.

Nota: *Despreciar deformación por esfuerzo de corte y deformación axial de los elementos.*

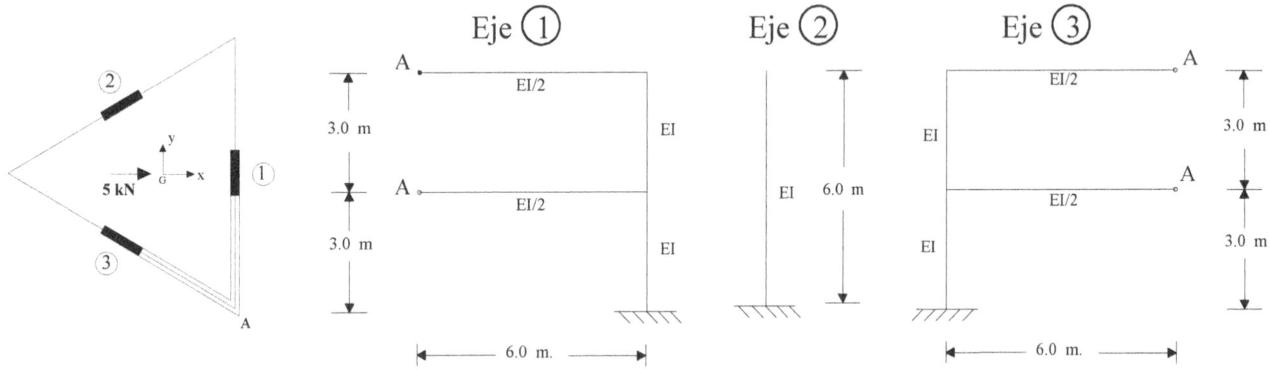

a) Despreciando la compatibilidad vertical

Al despreciar la compatibilidad vertical, los 3 ejes son idénticos al ***Eje (2)***

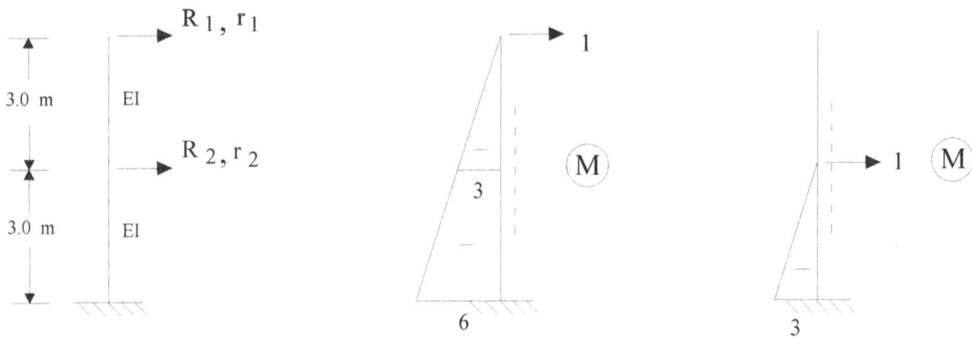

$$f_{11} = \frac{1 \times 6^3}{3EI} = \frac{72}{EI} \qquad f_{22} = \frac{1 \times 3^3}{3EI} = \frac{9}{EI} \qquad f_{12} = \frac{3}{6EI}(3+12)\,3 = \frac{22.5}{EI}$$

$$\therefore \quad \underline{K}^{-1} = \frac{1}{EI}\begin{bmatrix} 72 & 22.5 \\ 22.5 & 9 \end{bmatrix} \quad \Rightarrow \quad \underline{K}_1 = \underline{K}_2 = \underline{K}_3 = \frac{EI}{1000}\begin{bmatrix} 63.492 & -158.73 \\ -158.73 & 507.937 \end{bmatrix}$$

$$\underline{\beta}_j = \left[\begin{array}{cc|cc|cc} -sen\alpha_{j1} & 0 & \cos\alpha_{j1} & 0 & \delta_{j1} & 0 \\ 0 & -sen\alpha_{j2} & 0 & \cos\alpha_{j2} & 0 & \delta_{j2} \end{array}\right]$$

Para todos los ejes se tiene que: $\delta_{j1} = \delta_{j2} = 12\cos 30/3 = 2\sqrt{3}$ $\quad j = 1, 2, 3$

Eje (1)

$\alpha_{11} = \alpha_{12} = 0 \qquad sen\alpha_{11} = sen\alpha_{12} = 0 \qquad \cos\alpha_{11} = \cos\alpha_{12} = 1$

$$\underline{\beta}_1 = \begin{bmatrix} 0 & 0 & 1 & 0 & 2\sqrt{3} & 0 \\ 0 & 0 & 0 & 1 & 0 & 2\sqrt{3} \end{bmatrix} \qquad \underline{K}_1 = \frac{EI}{1000}\begin{bmatrix} 63.492 & -158.73 \\ -158.73 & 507.937 \end{bmatrix}$$

$$\underline{K}^{(1)} = \underline{\beta}_1^T \underline{K}_1 \underline{\beta}_1 = \frac{EI}{1000}\begin{bmatrix} 0 & 0 & 0 & 0 & 0 & 0 \\ & 0 & 0 & 0 & 0 & 0 \\ & & 63.492 & -158.73 & 219.9 & -549.9 \\ & & & 507.9 & -549.9 & 1760 \\ & & & & 761.9 & -1905 \\ Sim. & & & & & 6095 \end{bmatrix}$$

Eje (2)

$\alpha_{21} = \alpha_{22} = 120° \qquad sen\alpha_{21} = sen\alpha_{22} = \sqrt{3}/2 \qquad \cos\alpha_{21} = \cos\alpha_{22} = -1/2$

$$\underline{\beta}_2 = \begin{bmatrix} -\sqrt{3}/2 & 0 & -1/2 & 0 & 2\sqrt{3} & 0 \\ 0 & -\sqrt{3}/2 & 0 & -1/2 & 0 & 2\sqrt{3} \end{bmatrix} \qquad \underline{K}_2 = \underline{K}_1$$

$$\underline{K}^{(2)} = \underline{\beta}_2^T \underline{K}_2 \underline{\beta}_2 = \frac{EI}{1000}\begin{bmatrix} 47.62 & -119.0 & 27.49 & -68.73 & -190.5 & 476.2 \\ & 381.0 & -68.73 & 219.9 & 476.2 & -1524 \\ & & 15.87 & -39.68 & -110.0 & 274.9 \\ & & & 127.0 & 274.9 & -879.8 \\ & & & & 761.9 & -1905 \\ Sim. & & & & & 6095 \end{bmatrix}$$

Eje (3)

$\alpha_{31} = \alpha_{32} = 240° \qquad sen\alpha_{31} = sen\alpha_{32} = -\sqrt{3}/2 \qquad \cos\alpha_{31} = \cos\alpha_{32} = -1/2$

$$\underline{\beta}_3 = \begin{bmatrix} \sqrt{3}/2 & 0 & -1/2 & 0 & 2\sqrt{3} & 0 \\ 0 & \sqrt{3}/2 & 0 & -1/2 & 0 & 2\sqrt{3} \end{bmatrix} \qquad \underline{K}_3 = \underline{K}_2 = \underline{K}_1$$

$$\underline{K}^{(3)} = \underline{\beta}_3^T \underline{K}_3 \underline{\beta}_3 = \frac{EI}{1000}\begin{bmatrix} 47.62 & -119.0 & -27.49 & 68.73 & 190.5 & -476.2 \\ & 381.0 & 68.73 & -219.9 & -476.2 & 1524 \\ & & 15.87 & -39.68 & -110.0 & 274.9 \\ & & & 127.0 & 274.9 & -879.8 \\ & & & & 761.9 & -1905 \\ Sim. & & & & & 6095 \end{bmatrix}$$

Luego:

$$\underline{K} = \sum_{j=1}^{3} \underline{K}^{(j)} = \frac{EI}{1000} \begin{bmatrix} 95.24 & -238.1 & 0 & 0 & 0 & 0 \\ & 761.9 & 0 & 0 & 0 & 0 \\ & & 95.24 & -238.1 & 0 & 0 \\ & & & 761.9 & 0 & 0 \\ & & & & 2286 & -5714 \\ Sim. & & & & & 18290 \end{bmatrix}$$

$$\underline{R} = \begin{bmatrix} R_{x1} \\ R_{x2} \\ R_{y1} \\ R_{y2} \\ M_1 \\ M_2 \end{bmatrix} = \begin{bmatrix} 5 \\ 0 \\ 0 \\ 0 \\ 0 \\ 0 \end{bmatrix} \qquad \underline{K}\,\underline{r} = \underline{R} \Rightarrow \underline{r} = \frac{1}{EI} \begin{bmatrix} 240 \\ 75 \\ 0 \\ 0 \\ 0 \\ 0 \end{bmatrix}$$

Los desplazamientos laterales de los ejes son:

$$\underline{r}_1 = \underline{\beta}_1 \underline{r} = \frac{1}{EI}\begin{bmatrix} 0 \\ 0 \end{bmatrix} \qquad \underline{r}_2 = \underline{\beta}_2 \underline{r} = \frac{1}{EI}\begin{bmatrix} -207.85 \\ -64.95 \end{bmatrix} \qquad \underline{r}_3 = \underline{\beta}_3 \underline{r} = \frac{1}{EI}\begin{bmatrix} 207.85 \\ 64.95 \end{bmatrix}$$

Las cargas laterales que toman los ejes son:

$$\underline{R}1 = \underline{K}1\,\underline{r}1 = \begin{bmatrix} 0 \\ 0 \end{bmatrix} \qquad \underline{R}2 = \underline{K}2\,\underline{r}2 = \begin{bmatrix} -2.89 \\ 0 \end{bmatrix} \qquad \underline{R}3 = \underline{K}3\,\underline{r}3 = \begin{bmatrix} 2.89 \\ 0 \end{bmatrix}$$

Los diagramas de esfuerzo de los ejes son:

Eje (1)

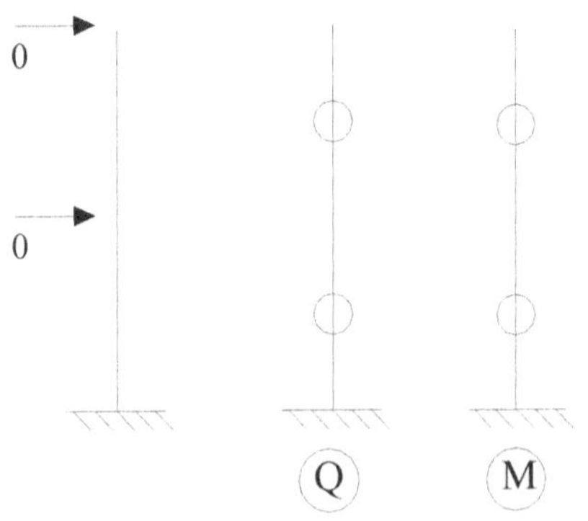

Eje (2) = Eje (3) * (-1)

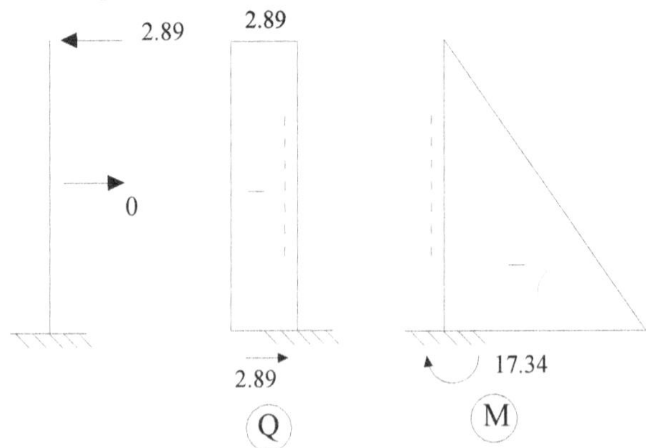

b) Considerando compatibilidad vertical

Eje (1)

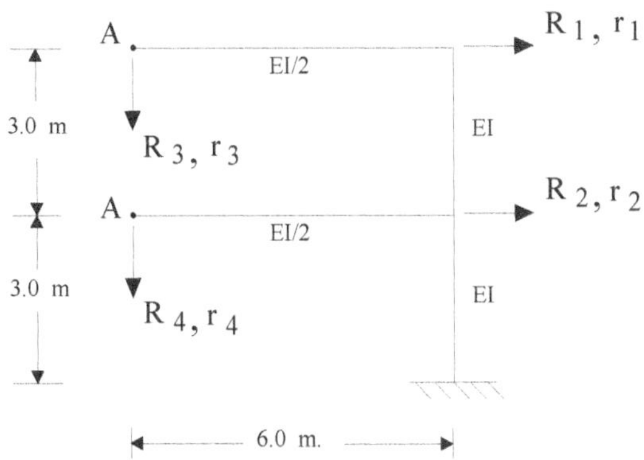

Matriz de rigidez (usando SMIS)

$$\tilde{\underline{K}}_1 = \frac{EI}{1000}\begin{bmatrix} 107.2 & -204.8 & 14.98 & 6.101 \\ & 578.3 & -19.41 & 4.437 \\ & & 5.731 & 0.277 \\ Sim. & & & 6.286 \end{bmatrix}$$

Eje (2)

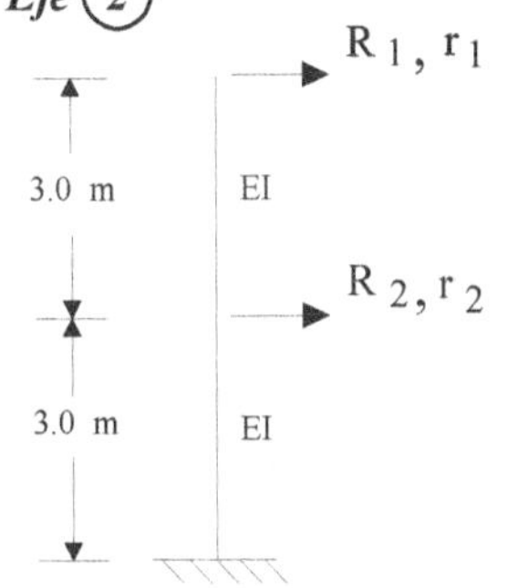

- igual a caso (a)

$$\underline{K}_2 = \frac{EI}{1000}\begin{bmatrix} 63.492 & -158.73 \\ Sim. & 507.937 \end{bmatrix}$$

Eje (3)

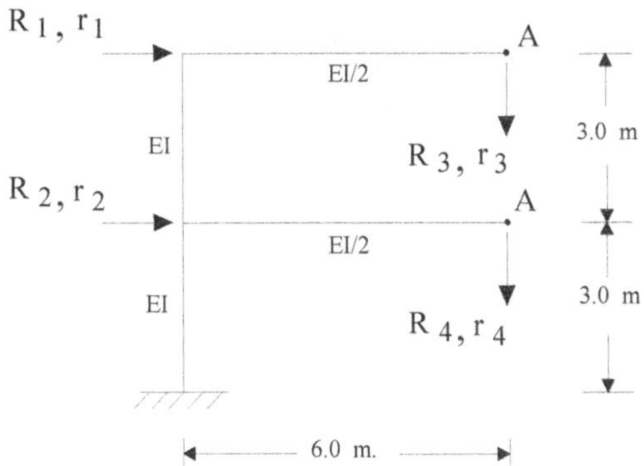

Matriz de rigidez (usando SMIS)

$$\tilde{\underline{K}}_3 = \frac{EI}{1000}\begin{bmatrix} 107.2 & -204.8 & -14.98 & -6.101 \\ & 578.3 & 19.41 & -4.437 \\ & & 5.731 & 0.277 \\ Sim. & & & 6.286 \end{bmatrix}$$

Las matrices $\underline{\beta}_j$ *son idénticas al caso (a).*

Definiendo $\underline{w} = \begin{bmatrix} w_{A1} \\ w_{A2} \end{bmatrix}$ *En que* w_{A1} *= desplazamiento vertical pto. A piso superior*

w_{A2} *= desplazamiento vertical pto. A piso inferior*

con $\underline{r}_{vj} = \begin{bmatrix} r_3 \\ r_4 \end{bmatrix}_j$ $\qquad j = 1, 3$

Se obtiene que:

$$\underbrace{\begin{bmatrix} r_3 \\ r_4 \end{bmatrix}_j}_{\underline{r}_{vj}} = \underbrace{\begin{bmatrix} 1 & 0 \\ 0 & 1 \end{bmatrix}}_{\underline{B}_j} \underbrace{\begin{bmatrix} w_{A1} \\ w_{A2} \end{bmatrix}}_{\underline{w}}$$

Por lo tanto $\underline{B}_1 = \underline{B}_3 = \begin{bmatrix} 1 & 0 \\ 0 & 1 \end{bmatrix}$

Entonces se tiene que:

Eje (1)

$$\underline{K}^1_{HH} = \frac{EI}{1000}\begin{bmatrix} 107.2 & -204.8 \\ Sim. & 578.3 \end{bmatrix} \qquad \underline{K}^1_{HV} = \frac{EI}{1000}\begin{bmatrix} 14.98 & 6.101 \\ -19.41 & 4.437 \end{bmatrix} = \left(\underline{K}^1_{VH}\right)^T$$

$$\underline{K}^1_{VV} = \frac{EI}{1000}\begin{bmatrix} 5.731 & 0.277 \\ Sim. & 6.286 \end{bmatrix} \qquad \beta_1^T\ \underline{K}^1_{HH}\ \underline{\beta}_1 = \frac{EI}{1000}\begin{bmatrix} 0 & 0 & 0 & 0 & 0 & 0 \\ & 0 & 0 & 0 & 0 & 0 \\ & & 107.2 & -204.8 & 371.5 & -709.6 \\ & & & 578.3 & -709.6 & 2003 \\ & & & & 1287 & -2458 \\ Sim. & & & & & 6940 \end{bmatrix}$$

$$\beta_1^T\ \underline{K}^1_{HV}\ \underline{B}_1 = \underline{\beta}_1^T\ \underline{K}^1_{HV} = \frac{EI}{1000}\begin{bmatrix} 0 & 0 \\ 0 & 0 \\ 14.98 & 6.101 \\ -19.41 & 4.437 \\ 51.88 & 21.13 \\ -67.25 & 15.37 \end{bmatrix} \qquad \underline{B}_1^T\ \underline{K}^1_{VV}\ \underline{B}_1 = \underline{K}^1_{VV} = \frac{EI}{1000}\begin{bmatrix} 5.731 & 0.277 \\ Sim. & 6.286 \end{bmatrix}$$

Eje (2)

Igual a parte (a):

$$\beta_2^T\ \underline{K}_2\ \underline{\beta}_2 = \frac{EI}{1000}\begin{bmatrix} 47.62 & -119.0 & 27.49 & -68.73 & -190.5 & 476.2 \\ & 381.0 & -68.73 & 219.9 & 476.2 & -1524 \\ & & 15.87 & -39.68 & -110.0 & 274.9 \\ & & & 127.0 & 274.9 & -879.8 \\ & & & & 761.9 & -1905 \\ Sim. & & & & & 6095 \end{bmatrix}$$

$$\left(=\beta_2^T\ \underline{K}^2_{HH}\ \underline{\beta}_2\right)$$

Eje ③

$$\underline{K}^3_{HH} = \frac{EI}{1000}\begin{bmatrix} 107.2 & -204.8 \\ Sim. & 578.3 \end{bmatrix} \qquad \underline{K}^3_{HV} = \frac{EI}{1000}\begin{bmatrix} -14.98 & -6.101 \\ 19.41 & -4.437 \end{bmatrix} = \left(\underline{K}^3_{HV}\right)^T$$

$$\underline{K}^3_{VV} = \frac{EI}{1000}\begin{bmatrix} 5.731 & 0.277 \\ Sim. & 6.286 \end{bmatrix} \qquad \beta^T_3\,\underline{K}^3_{HH}\,\underline{\beta}_3 = \frac{EI}{1000}\begin{bmatrix} 80.42 & -153.6 & -46.43 & 88.70 & 321.7 & -614.5 \\ & 433.7 & 88.70 & -250.4 & -614.5 & 1735 \\ & & 26.81 & -51.21 & -185.7 & 354.8 \\ & & & 144.6 & 354.8 & -1002 \\ & & & & 1287 & -2458 \\ Sim. & & & & & 6940 \end{bmatrix}$$

$$\underline{\beta}^T_3\,\underline{K}^3_{HV}\,\underline{B}_3 = \underline{\beta}^T_3\,\underline{K}^3_{HV} = \frac{EI}{1000}\begin{bmatrix} -12.97 & -5.284 \\ 16.81 & -3.843 \\ 7.488 & 3.050 \\ -9.706 & 2.219 \\ -51.88 & -21.13 \\ 67.25 & -15.37 \end{bmatrix} \qquad \underline{B}^T_3\,\underline{K}^3_{VV}\,\underline{B}_3 = \underline{K}^3_{VV} = \frac{EI}{1000}\begin{bmatrix} 5.731 & 0.277 \\ Sim. & 6.286 \end{bmatrix}$$

Luego:

$$\underline{K}_{HH} = \sum_{j=1}^{3}\underline{\beta}^T_j\,\underline{K}^j_{HH}\,\underline{\beta}_j = \frac{EI}{1000}\begin{bmatrix} 128.0 & -272.7 & -18.94 & 19.97 & 131.2 & -138.3 \\ & 814.7 & 19.97 & -30.47 & -138.3 & 211.1 \\ & & 149.9 & -295.7 & 75.75 & -79.87 \\ & & & 849.9 & -79.87 & 121.9 \\ & & & & 3335 & -6821 \\ Sim. & & & & & 19970 \end{bmatrix}$$

$$\underline{K}_{HV} = \sum_{j=1}^{3}\underline{\beta}^T_j\,\underline{K}^j_{HV}\,\underline{B}_j = \frac{EI}{1000}\begin{bmatrix} -12.97 & -5.284 \\ 16.81 & -3.843 \\ 22.46 & 9.151 \\ -29.12 & 6.653 \\ 0 & 0 \\ 0 & 0 \end{bmatrix} = \underline{K}^T_{VH} \qquad \underline{K}_{VV} = \sum_{j=1}^{3}\underline{B}^T_j\,\underline{K}^j_{VV}\,\underline{B}_j = \frac{EI}{1000}\begin{bmatrix} 11.46 & 0.5546 \\ Sim. & 12.57 \end{bmatrix}$$

$$\therefore \qquad \underline{K}_V = \underline{K}_{HH} - \underline{K}_{HV}\;\underline{K}^{-1}_{VV}\;\underline{K}_{VH} = \frac{EI}{1000}\begin{bmatrix} 111.6 & -255.4 & 9.469 & -9.984 & 131.2 & -138.3 \\ & 788.3 & -9.984 & 15.23 & -138.3 & 211.1 \\ & & 100.7 & -243.9 & 75.75 & -79.87 \\ & & & 770.7 & -79.87 & 121.9 \\ & & & & 3335 & -6821 \\ Sim. & & & & & 19970 \end{bmatrix}$$

Con el vector de carga:

$$\underline{R} = \begin{vmatrix} 5 \\ \underline{0} \\ 0 \\ \underline{0} \\ 0 \\ 0 \end{vmatrix} \qquad \underline{K}_V \; \underline{r} = \underline{R} \qquad \Rightarrow \qquad \underline{r} = \frac{1}{EI} \begin{vmatrix} 204.0 \\ \underline{64.76} \\ -20.76 \\ \underline{-5.910} \\ -11.99 \\ -3.412 \end{vmatrix}$$

Se observa que la estructura es más rígida al considerar la compatibilidad vertical: Los elementos de la matriz de rigidez $\underline{K}_V$ *son superiores a los de la matriz* $\underline{K}$ *de la parte (a) y los desplazamientos* $\underline{r}$ *son inferiores en el caso (b) comparado con el caso (a).*

Los desplazamientos $\underline{w}$ *se obtiene usando la relación (8.53):* $\underline{w} = -\underline{K}_{VV}^{-1} \; \underline{K}_{VH} \; \underline{r} = \dfrac{1}{EI}\begin{bmatrix} 155.9 \\ 116.9 \end{bmatrix}$

Los desplazamientos de los ejes son:

Eje ***(1)***

$$\underline{r}1 = \underline{\beta}_1 \; \underline{r} = \frac{1}{EI}\begin{bmatrix} -62.29 \\ -17.73 \end{bmatrix} = \begin{bmatrix} r_1 \\ r_2 \end{bmatrix} \qquad \underline{r}_{v1} = \underline{B}1 \; \underline{w} = \underline{w} = \frac{1}{EI}\begin{bmatrix} 155.9 \\ 116.9 \end{bmatrix} = \begin{bmatrix} r_3 \\ r_4 \end{bmatrix}$$

Por lo tanto:

$$\underline{\tilde{r}}_1 = \frac{1}{EI}\begin{bmatrix} -62.29 \\ -17.73 \\ 155.9 \\ 116.9 \end{bmatrix} = \begin{bmatrix} r_1 \\ r_2 \\ r_3 \\ r_4 \end{bmatrix}$$

Eje ***(2)***

$$\underline{r}2 = \underline{\beta}_2 \; \underline{r} = \frac{1}{EI}\begin{bmatrix} -207.8 \\ -64.95 \end{bmatrix} = \begin{bmatrix} r_1 \\ r_2 \end{bmatrix}$$

Eje ***(3)***

$$\underline{r}3 = \underline{\beta}_3 \; \underline{r} = \frac{1}{EI}\begin{bmatrix} 145.6 \\ 47.22 \end{bmatrix} = \begin{bmatrix} r_1 \\ r_2 \end{bmatrix} \qquad \underline{r}_{v3} = \underline{B}3 \; \underline{w} = \underline{w} = \frac{1}{EI}\begin{bmatrix} 155.9 \\ 116.9 \end{bmatrix} = \begin{bmatrix} r_3 \\ r_4 \end{bmatrix}$$

Por lo tanto:

$$\underline{\tilde{r}}_3 = \frac{1}{EI}\begin{bmatrix} 145.6 \\ 47.22 \\ 155.9 \\ 116.9 \end{bmatrix} = \begin{bmatrix} r_1 \\ r_2 \\ r_3 \\ r_4 \end{bmatrix}$$

Los esfuerzos que toman los ejes son:

***Eje** ①*

$$\underline{\tilde{R}}_1 = \underline{\tilde{K}}_1\ \underline{\tilde{r}}_1 = \begin{bmatrix} 0 \\ 0 \\ 0.337 \\ 0.319 \end{bmatrix} = \begin{bmatrix} R_1 \\ R_2 \\ R_3 \\ R_4 \end{bmatrix}$$

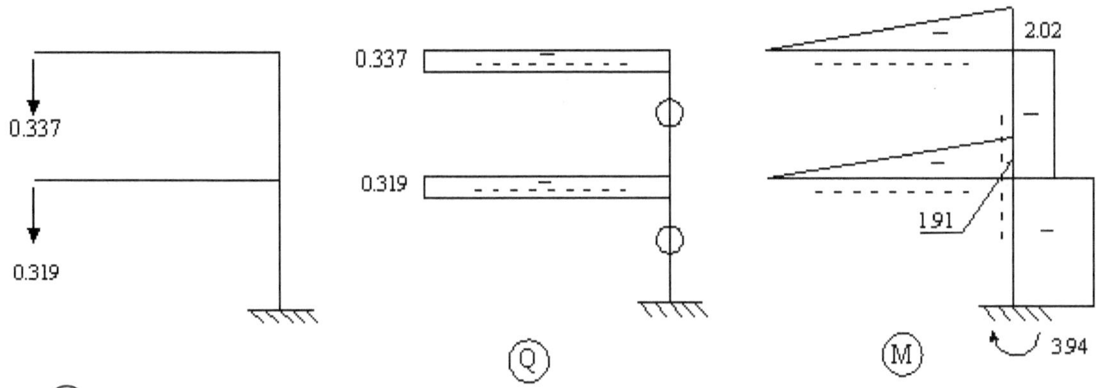

***Eje** ②*

$$\underline{R}_2 = \underline{K}_2\, \underline{r}_2 = \begin{bmatrix} -2.89 \\ 0 \end{bmatrix}$$

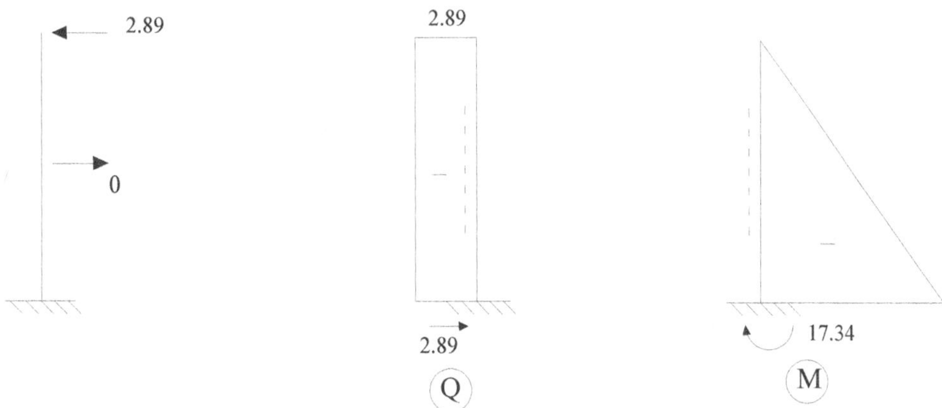

***Eje** ③*

$$\underline{\tilde{R}}_3 = \underline{\tilde{K}}_3\ \underline{\tilde{r}}_3 = \begin{bmatrix} 2.89 \\ 0 \\ -0.337 \\ -0.319 \end{bmatrix} = \begin{bmatrix} R_1 \\ R_2 \\ R_3 \\ R_4 \end{bmatrix}$$

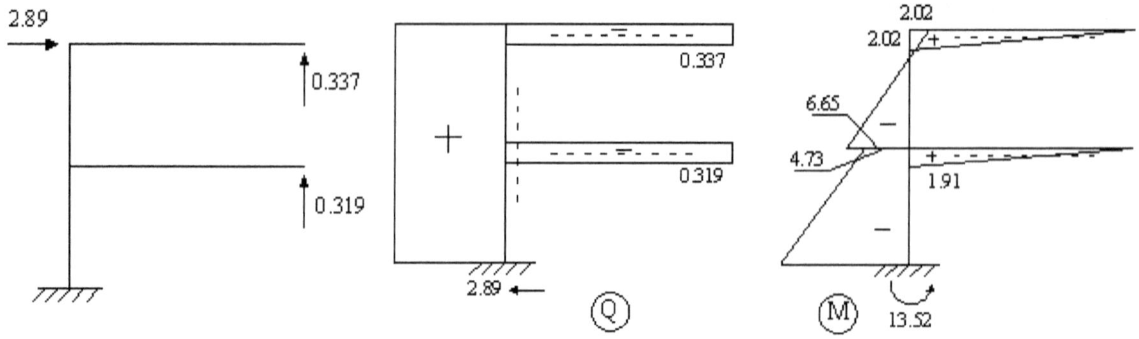

Los archivos de entrada de datos y resultados del programa SMIS son los siguientes:

i) Ingreso de datos sin compatibilidad vertical

```
START
FORMK K34                          4     1
   1.0                    3.        1.
PRINT K34
LOADLMIN    (4I6)                  2     4
     2     4     1     3
     0     0     2     4
PRINT IN                                 1
ZERO  K                            4     4
ADDSTFK     K34   IN               1     2
PRINT K
CONDENK     KCON  KK1   KK2        2
SCALE KCON                                          1000.
PRINT KCON
LOAD  BET1  (6F12.0)               2     6
                        1.                    3.464101615
                                    1.                    3.464101615
PRINT BET1
TRMULTBET1  KCON  BTK
MULT  BTK   BET1  K(1)
PRINT K(1)
LOAD  BET2  (6F12.0)               2     6
-.8660254038            -.5                   3.464101615
            -.8660254038            -.5                   3.464101615
PRINT BET2
TRMULTBET2  KCON  BTK
MULT  BTK   BET2  K(2)
PRINT K(2)
LOAD  BET3  (6F12.0)               2     6
 .8660254038            -.5                   3.464101615
             .8660254038            -.5                   3.464101615
PRINT BET3
TRMULTBET3  KCON  BTK
MULT  BTK   BET3  K(3)
PRINT K(3)
ADD   K(1)  K(2)
ADD   K(1)  K(3)
PRINT K(1)
LOAD  R                            6     1
  5.
PRINT R
SOLVE K(1)  R
SCALE R                                             1000.
PRINT R
STOP
```

ii) Resultados del cálculo sin compatibilidad vertical

```
 START

  SMIS (REV.3.0 - 02.01.2001 - DEPTO. OOCC - ULS)

  SMIS (FECHA DE EJECUCION :11/ 6/2001  )

  SMIS (HORA  DE EJECUCION :14:10:28    )


 FORMK  K34
  TYPE = 4      NUMBER =  1
0 I =   0.1000E+01      SHEAR AREA =    0.0000E+00      L =   0.3000E+01      E =   0.1000E+01      CROSS-
SECTIONAL AREA =   0.0000E+00


 PRINT  K34

            1           2           3           4
   1  0.4444E+00  -.6667E+00  -.4444E+00  -.6667E+00
   2  -.6667E+00  0.1333E+01  0.6667E+00  0.6667E+00
   3  -.4444E+00  0.6667E+00  0.4444E+00  0.6667E+00
   4  -.6667E+00  0.6667E+00  0.6667E+00  0.1333E+01


 LOADLM IN      (4I6)
 NUMER.LINEAS:   2    NUM. COLUMNAS:   4

PRINT  IN


           1     2     3     4
   1 *     2     4     1     3
   2 *     0     0     2     4


 ZERO   K
     4 LINEAS     4 COLUMNAS


 ADDSTF K      K34    IN
OPRIMERA LINEA :    1
 NUM. DE LINEAS:    2


 PRINT  K


            1           2           3           4
   1  0.4444E+00  -.4444E+00  0.6667E+00  0.6667E+00
   2  -.4444E+00  0.8889E+00  -.6667E+00  0.0000E+00
   3  0.6667E+00  -.6667E+00  0.1333E+01  0.6667E+00
   4  0.6667E+00  0.0000E+00  0.6667E+00  0.2667E+01


 CONDEN K      KCON   KK1    KK2

 SCALE  KCON
  SCALAR =  0.1000000E+04


 PRINT  KCON


            1           2
   1  0.6349E+02  -.1587E+03
   2  -.1587E+03  0.5079E+03


 LOAD   BET1   (6F12. 0)
 NUMER.LINEAS:   2    NUM. COLUMNAS:   6
```

```
PRINT  BET1

            1           2           3           4           5           6
  1  0.0000E+00  0.0000E+00  0.1000E+01  0.0000E+00  0.3464E+01  0.0000E+00
  2  0.0000E+00  0.0000E+00  0.0000E+00  0.1000E+01  0.0000E+00  0.3464E+01

TRMULT BET1    KCON    BTK

MULT   BTK     BET1   K(1)

PRINT  K(1)

            1           2           3           4           5           6
  1  0.0000E+00  0.0000E+00  0.0000E+00  0.0000E+00  0.0000E+00  0.0000E+00
  2  0.0000E+00  0.0000E+00  0.0000E+00  0.0000E+00  0.0000E+00  0.0000E+00
  3  0.0000E+00  0.0000E+00  0.6349E+02  -.1587E+03  0.2199E+03  -.5499E+03
  4  0.0000E+00  0.0000E+00  -.1587E+03  0.5079E+03  -.5499E+03  0.1760E+04
  5  0.0000E+00  0.0000E+00  0.2199E+03  -.5499E+03  0.7619E+03  -.1905E+04
  6  0.0000E+00  0.0000E+00  -.5499E+03  0.1760E+04  -.1905E+04  0.6095E+04

LOAD   BET2   (6F12. 0)
NUMER.LINEAS:   2    NUM. COLUMNAS:   6
PRINT  BET2

            1           2           3           4           5           6
  1  -.8660E+00  0.0000E+00  -.5000E+00  0.0000E+00  0.3464E+01  0.0000E+00
  2  0.0000E+00  -.8660E+00  0.0000E+00  -.5000E+00  0.0000E+00  0.3464E+01

TRMULT BET2    KCON    BTK

MULT   BTK     BET2   K(2)

PRINT  K(2)

            1           2           3           4           5           6
  1  0.4762E+02  -.1190E+03  0.2749E+02  -.6873E+02  -.1905E+03  0.4762E+03
  2  -.1190E+03  0.3810E+03  -.6873E+02  0.2199E+03  0.4762E+03  -.1524E+04
  3  0.2749E+02  -.6873E+02  0.1587E+02  -.3968E+02  -.1100E+03  0.2749E+03
  4  -.6873E+02  0.2199E+03  -.3968E+02  0.1270E+03  0.2749E+03  -.8798E+03
  5  -.1905E+03  0.4762E+03  -.1100E+03  0.2749E+03  0.7619E+03  -.1905E+04
  6  0.4762E+03  -.1524E+04  0.2749E+03  -.8798E+03  -.1905E+04  0.6095E+04

LOAD   BET3   (6F12. 0)
NUMER.LINEAS:   2    NUM. COLUMNAS:   6

PRINT  BET3

            1           2           3           4           5           6
  1  0.8660E+00  0.0000E+00  -.5000E+00  0.0000E+00  0.3464E+01  0.0000E+00
  2  0.0000E+00  0.8660E+00  0.0000E+00  -.5000E+00  0.0000E+00  0.3464E+01

TRMULT BET3    KCON    BTK

MULT   BTK     BET3   K(3)

PRINT  K(3)

            1           2           3           4           5           6
  1  0.4762E+02  -.1190E+03  -.2749E+02  0.6873E+02  0.1905E+03  -.4762E+03
  2  -.1190E+03  0.3810E+03  0.6873E+02  -.2199E+03  -.4762E+03  0.1524E+04
  3  -.2749E+02  0.6873E+02  0.1587E+02  -.3968E+02  -.1100E+03  0.2749E+03
  4  0.6873E+02  -.2199E+03  -.3968E+02  0.1270E+03  0.2749E+03  -.8798E+03
  5  0.1905E+03  -.4762E+03  -.1100E+03  0.2749E+03  0.7619E+03  -.1905E+04
  6  -.4762E+03  0.1524E+04  0.2749E+03  -.8798E+03  -.1905E+04  0.6095E+04

ADD    K(1)   K(2)

ADD    K(1)   K(3)
```

```
 PRINT  K(1)


             1           2           3           4           5           6
   1  0.9524E+02  -.2381E+03  0.0000E+00  0.0000E+00  0.0000E+00  0.0000E+00
   2  -.2381E+03  0.7619E+03  0.0000E+00  0.0000E+00  0.0000E+00  0.0000E+00
   3  0.0000E+00  0.0000E+00  0.9524E+02  -.2381E+03  0.0000E+00  0.0000E+00
   4  0.0000E+00  0.0000E+00  -.2381E+03  0.7619E+03  0.0000E+00  0.0000E+00
   5  0.0000E+00  0.0000E+00  0.0000E+00  0.0000E+00  0.2286E+04  -.5714E+04
   6  0.0000E+00  0.0000E+00  0.0000E+00  0.0000E+00  -.5714E+04  0.1829E+05

 LOAD   R
 NUMER.LINEAS:   6    NUM. COLUMNAS:   1
PRINT  R


             1
   1  0.5000E+01
   2  0.0000E+00
   3  0.0000E+00
   4  0.0000E+00
   5  0.0000E+00
   6  0.0000E+00

 SOLVE  K(1)   R
 SKALAR =    0.9523804E-04

SCALE  R
  SCALAR =  0.1000000E+04


 PRINT  R


             1
   1  0.2400E+03
   2  0.7500E+02
   3  0.0000E+00
   4  0.0000E+00
   5  0.0000E+00
   6  0.0000E+00

STOP
```

iii) Ingreso de datos con compatibilidad vertical

```
START
REMARK                                   3
 ***           ***
 ***   EJE 1   ***
 ***           ***
FORMK K12                                4     1
   0.5                              6.          1.
PRINT K12
FORMK K34                                4     1
   1.0                              3.          1.
PRINT K34
LOADLMIN     (4I6)                       4     4
     3     5     0     6
     4     7     0     8
     2     8     1     6
     0     0     2     8
PRINT IN                                       1
ZERO  K                                  8     8
ADDSTFK      K12   IN                    1     2
ADDSTFK      K34   IN                    3     2
PRINT K
CONDENK      KC1   KK1   KK2             4
SCALE KC1                                                1000.
PRINT KC1
RMVSM KC1    KHH1                        1     1     2     2
RMVSM KC1    KHV1                        1     3     2     2
RMVSM KC1    KVV1                        3     3     2     2
PRINT KHH1
PRINT KHV1
```

```
PRINT KVV1
LOAD  BET1  (6F12.0)             2    6
                        1.                        3.464101615
                                    1.                        3.464101615
PRINT BET1
ZERO  B1                         2    2                        1.
PRINT B1
TRMULTBET1  KHH1  BTK
MULT  BTK   BET1  KHH-1
PRINT KHH-1
TRMULTBET1  KHV1  KHV-1
PRINT KHV-1
REMARK                           3
 ***          ***
 ***   EJE 2  ***
 ***          ***
LOADLMIN    (4I6)                2    4
     2     4     1     3
     0     0     2     4
PRINT IN                              1
ZERO  K                          4    4
ADDSTFK     K34   IN             1    2
PRINT K
CONDENK     KC2   KK1   KK2      2
SCALE KC2                                          1000.
PRINT KC2
LOAD  BET2  (6F12.0)             2    6
-.8660254038            -.5                       3.464101615
            -.8660254038            -.5                       3.464101615
PRINT BET2
TRMULTBET2  KC2   BTK
MULT  BTK   BET2  KHH-2
PRINT KHH-2
REMARK                           3
 ***          ***
 ***   EJE 3  ***
 ***          ***
LOADLMIN    (4I6)                4    4
     0     5     3     6
     0     7     4     8
     2     7     1     5
     0     0     2     7
PRINT IN                              1
ZERO  K                          8    8
ADDSTFK     K12   IN             1    2
ADDSTFK     K34   IN             3    2
PRINT K
CONDENK     KC3   KK1   KK2      4
SCALE KC3                                          1000.
PRINT KC3
RMVSM KC3   KHH3                 1    1    2    2
RMVSM KC3   KHV3                 1    3    2    2
RMVSM KC3   KVV3                 3    3    2    2
PRINT KHH3
PRINT KHV3
PRINT KVV3
LOAD  BET3  (6F12.0)             2    6
 .8660254038            -.5                       3.464101615
             .8660254038            -.5                       3.464101615
PRINT BET3
TRMULTBET3  KHH3  BTK
MULT  BTK   BET3  KHH-3
PRINT KHH-3
TRMULTBET3  KHV3  KHV-3
PRINT KHV-3
REMARK                           3
 ***                                                  ***
 ***   MATRIZ DE RIGIDEZ SEUDOTRIDIMENSIONAL          ***
 ***                                                  ***
ADD   KHH-1 KHH-2
ADD   KHH-1 KHH-3
PRINT KHH-1
ADD   KHV-1 KHV-3
PRINT KHV-1
ADD   KVV1  KVV3
PRINT KVV1
INVERTKVV1
TRANS KHV-1 KVH
```

```
MULT  KVV1  KVH   KV1K
MULT  KHV-1 KV1K  KHS
SUB   KHH-1 KHS
PRINT KHH-1
LOAD  R                         6     1
  5.
PRINT R
SOLVE KHH-1 R
SCALE R                                          1000.
PRINT R
SCALE KV1K                                        -1.
MULT  KV1K  R     W
PRINT W
MULT  BET1  R     R1
PRINT R1
MULT  BET2  R     R2
PRINT R2
MULT  BET3  R     R3
PRINT R3
ZERO  RR1                       4     1
STOSM RR1   R1                  1     1
STOSM RR1   W                   3     1
PRINT RR1
ZERO  RR3                       4     1
STOSM RR3   R3                  1     1
STOSM RR3   W                   3     1
PRINT RR3
SCALE KC1                                         .001
SCALE KC2                                         .001
SCALE KC3                                         .001
MULT  KC1   RR1   RF1
MULT  KC2   R2    RF2
MULT  KC3   RR3   RF3
PRINT RF1
PRINT RF2
PRINT RF3
STOP
```

iv) Resultados del cálculo con compatibilidad vertical

```
START

  SMIS (REV.3.0 - 02.01.2001 - DEPTO. OOCC - ULS)

  SMIS (FECHA DE EJECUCION :13/ 6/2001  )

  SMIS (HORA  DE EJECUCION :14: 8:21    )


 REMARK
 ***          ***
 ***   EJE 1  ***
 ***          ***


 FORMK  K12
  TYPE = 4      NUMBER =  1
0 I =   0.5000E+00     SHEAR AREA =   0.0000E+00     L =   0.6000E+01     E =   0.1000E+01     CROSS-
SECTIONAL AREA =   0.0000E+00


 PRINT  K12


            1          2          3          4
   1 0.2778E-01  -.8333E-01  -.2778E-01  -.8333E-01
   2 -.8333E-01  0.3333E+00  0.8333E-01  0.1667E+00
   3 -.2778E-01  0.8333E-01  0.2778E-01  0.8333E-01
   4 -.8333E-01  0.1667E+00  0.8333E-01  0.3333E+00


 FORMK  K34
  TYPE = 4      NUMBER =  1
0 I =   0.1000E+01     SHEAR AREA =   0.0000E+00     L =   0.3000E+01     E =   0.1000E+01     CROSS-
SECTIONAL AREA =   0.0000E+00
```

```
 PRINT  K34

             1           2           3           4
   1  0.4444E+00  -.6667E+00  -.4444E+00  -.6667E+00
   2  -.6667E+00  0.1333E+01  0.6667E+00  0.6667E+00
   3  -.4444E+00  0.6667E+00  0.4444E+00  0.6667E+00
   4  -.6667E+00  0.6667E+00  0.6667E+00  0.1333E+01

  LOADLM IN      (4I6)
 NUMER.LINEAS:   4     NUM. COLUMNAS:   4

 PRINT  IN

             1     2     3     4
   1 *       3     5     0     6
   2 *       4     7     0     8
   3 *       2     8     1     6
   4 *       0     0     2     8

 ZERO   K
     8 LINEAS      8 COLUMNAS

 ADDSTF K       K12     IN
0PRIMERA LINEA :     1
 NUM. DE LINEAS:     2

 ADDSTF K       K34     IN
0PRIMERA LINEA :     3
 NUM. DE LINEAS:     2

 PRINT  K

             1           2           3           4           5           6
   1  0.4444E+00  -.4444E+00  0.0000E+00  0.0000E+00  0.0000E+00  0.6667E+00
   2  -.4444E+00  0.8889E+00  0.0000E+00  0.0000E+00  0.0000E+00  -.6667E+00
   3  0.0000E+00  0.0000E+00  0.2778E-01  0.0000E+00  -.8333E-01  -.8333E-01
   4  0.0000E+00  0.0000E+00  0.0000E+00  0.2778E-01  0.0000E+00  0.0000E+00
   5  0.0000E+00  0.0000E+00  -.8333E-01  0.0000E+00  0.3333E+00  0.1667E+00
   6  0.6667E+00  -.6667E+00  -.8333E-01  0.0000E+00  0.1667E+00  0.1667E+01
   7  0.0000E+00  0.0000E+00  0.0000E+00  -.8333E-01  0.0000E+00  0.0000E+00
   8  0.6667E+00  0.0000E+00  0.0000E+00  -.8333E-01  0.0000E+00  0.6667E+00
             7           8
   1  0.0000E+00  0.6667E+00
   2  0.0000E+00  0.0000E+00
   3  0.0000E+00  0.0000E+00
   4  -.8333E-01  -.8333E-01
   5  0.0000E+00  0.0000E+00
   6  0.0000E+00  0.6667E+00
   7  0.3333E+00  0.1667E+00
   8  0.1667E+00  0.3000E+01

CONDEN K        KC1     KK1     KK2

 SCALE  KC1
  SCALAR =  0.1000000E+04

 PRINT  KC1

             1           2           3           4
   1  0.1072E+03  -.2048E+03  0.1498E+02  0.6101E+01
   2  -.2048E+03  0.5783E+03  -.1941E+02  0.4437E+01
   3  0.1498E+02  -.1941E+02  0.5731E+01  0.2773E+00
   4  0.6101E+01  0.4437E+01  0.2773E+00  0.6286E+01
```

```
RMVSM  KC1     KHH1
NUM.DE FILA :    1 NUM.DE COLUMNA:    1
    2 FILAS        2 COLUMNAS


RMVSM  KC1     KHV1
NUM.DE FILA :    1 NUM.DE COLUMNA:    3
    2 FILAS        2 COLUMNAS


RMVSM  KC1     KVV1
NUM.DE FILA :    3 NUM.DE COLUMNA:    3
    2 FILAS        2 COLUMNAS


PRINT  KHH1


          1          2
 1  0.1072E+03  -.2048E+03
 2  -.2048E+03  0.5783E+03


PRINT  KHV1


          1          2
 1  0.1498E+02  0.6101E+01
 2  -.1941E+02  0.4437E+01


PRINT  KVV1


          1          2
 1  0.5731E+01  0.2773E+00
 2  0.2773E+00  0.6286E+01


LOAD   BET1   (6F12. 0)
NUMER.LINEAS:   2    NUM. COLUMNAS:    6


PRINT  BET1


          1          2          3          4          5          6
 1  0.0000E+00  0.0000E+00  0.1000E+01  0.0000E+00  0.3464E+01  0.0000E+00
 2  0.0000E+00  0.0000E+00  0.0000E+00  0.1000E+01  0.0000E+00  0.3464E+01


ZERO   B1
    2 LINEAS       2 COLUMNAS


PRINT  B1


          1          2
 1  0.1000E+01  0.0000E+00
 2  0.0000E+00  0.1000E+01


TRMULT BET1    KHH1    BTK


MULT   BTK     BET1    KHH-1

 PRINT  KHH-1


          1          2          3          4          5          6
 1  0.0000E+00  0.0000E+00  0.0000E+00  0.0000E+00  0.0000E+00  0.0000E+00
 2  0.0000E+00  0.0000E+00  0.0000E+00  0.0000E+00  0.0000E+00  0.0000E+00
 3  0.0000E+00  0.0000E+00  0.1072E+03  -.2048E+03  0.3715E+03  -.7096E+03
 4  0.0000E+00  0.0000E+00  -.2048E+03  0.5783E+03  -.7096E+03  0.2003E+04
 5  0.0000E+00  0.0000E+00  0.3715E+03  -.7096E+03  0.1287E+04  -.2458E+04
 6  0.0000E+00  0.0000E+00  -.7096E+03  0.2003E+04  -.2458E+04  0.6940E+04
```

```
TRMULT BET1    KHV1    KHV-1

PRINT  KHV-1

            1           2
  1 0.0000E+00 0.0000E+00
  2 0.0000E+00 0.0000E+00
  3 0.1498E+02 0.6101E+01
  4 -.1941E+02 0.4437E+01
  5 0.5188E+02 0.2113E+02
  6 -.6725E+02 0.1537E+02

REMARK
***           ***
***   EJE 2   ***
***           ***

LOADLM IN      (4I6)
NUMER.LINEAS:   2    NUM. COLUMNAS:   4

PRINT  IN

          1     2     3     4
  1 *     2     4     1     3
  2 *     0     0     2     4

ZERO   K
    4 LINEAS      4 COLUMNAS

ADDSTF K       K34     IN
0PRIMERA LINEA :     1
 NUM. DE LINEAS:     2

PRINT  K

            1           2           3           4
  1 0.4444E+00 -.4444E+00 0.6667E+00 0.6667E+00
  2 -.4444E+00 0.8889E+00 -.6667E+00 0.0000E+00
  3 0.6667E+00 -.6667E+00 0.1333E+01 0.6667E+00
  4 0.6667E+00 0.0000E+00 0.6667E+00 0.2667E+01

CONDEN K       KC2     KK1     KK2

SCALE  KC2
 SCALAR =  0.1000000E+04
PRINT  KC2

            1           2
  1 0.6349E+02 -.1587E+03
  2 -.1587E+03 0.5079E+03

LOAD   BET2   (6F12. 0)
NUMER.LINEAS:   2    NUM. COLUMNAS:   6

PRINT  BET2

            1           2           3           4           5           6
  1 -.8660E+00 0.0000E+00 -.5000E+00 0.0000E+00 0.3464E+01 0.0000E+00
  2 0.0000E+00 -.8660E+00 0.0000E+00 -.5000E+00 0.0000E+00 0.3464E+01

TRMULT BET2    KC2     BTK
```

```
MULT   BTK    BET2  KHH-2

PRINT  KHH-2


           1          2          3          4          5          6
  1 0.4762E+02 -.1190E+03 0.2749E+02 -.6873E+02 -.1905E+03 0.4762E+03
  2 -.1190E+03 0.3810E+03 -.6873E+02 0.2199E+03 0.4762E+03 -.1524E+04
  3 0.2749E+02 -.6873E+02 0.1587E+02 -.3968E+02 -.1100E+03 0.2749E+03
  4 -.6873E+02 0.2199E+03 -.3968E+02 0.1270E+03 0.2749E+03 -.8798E+03
  5 -.1905E+03 0.4762E+03 -.1100E+03 0.2749E+03 0.7619E+03 -.1905E+04
  6 0.4762E+03 -.1524E+04 0.2749E+03 -.8798E+03 -.1905E+04 0.6095E+04

REMARK
***          ***
***   EJE 3  ***
***          ***

LOADLM IN      (4I6)
NUMER.LINEAS:   4    NUM. COLUMNAS:   4

PRINT  IN


           1     2     3     4
   1 *     0     5     3     6
   2 *     0     7     4     8
   3 *     2     7     1     5
   4 *     0     0     2     7

ZERO    K
    8 LINEAS      8 COLUMNAS

 ADDSTF K      K12     IN
0PRIMERA LINEA :    1
 NUM. DE LINEAS:    2


 ADDSTF K      K34     IN
0PRIMERA LINEA :    3
 NUM. DE LINEAS:    2


 PRINT  K


           1          2          3          4          5          6
  1 0.4444E+00 -.4444E+00 0.0000E+00 0.0000E+00 0.6667E+00 0.0000E+00
  2 -.4444E+00 0.8889E+00 0.0000E+00 0.0000E+00 -.6667E+00 0.0000E+00
  3 0.0000E+00 0.0000E+00 0.2778E-01 0.0000E+00 0.8333E-01 0.8333E-01
  4 0.0000E+00 0.0000E+00 0.0000E+00 0.2778E-01 0.0000E+00 0.0000E+00
  5 0.6667E+00 -.6667E+00 0.8333E-01 0.0000E+00 0.1667E+01 0.1667E+00
  6 0.0000E+00 0.0000E+00 0.8333E-01 0.0000E+00 0.1667E+00 0.3333E+00
  7 0.6667E+00 0.0000E+00 0.0000E+00 0.8333E-01 0.6667E+00 0.0000E+00
  8 0.0000E+00 0.0000E+00 0.0000E+00 0.8333E-01 0.0000E+00 0.0000E+00
           7          8
  1 0.6667E+00 0.0000E+00
  2 0.0000E+00 0.0000E+00
  3 0.0000E+00 0.0000E+00
  4 0.8333E-01 0.8333E-01
  5 0.6667E+00 0.0000E+00
  6 0.0000E+00 0.0000E+00
  7 0.3000E+01 0.1667E+00
  8 0.1667E+00 0.3333E+00
```

```
CONDEN K      KC3    KK1    KK2

SCALE  KC3
 SCALAR =  0.1000000E+04

 PRINT  KC3

           1          2          3          4
  1  0.1072E+03  -.2048E+03  -.1498E+02  -.6101E+01
  2  -.2048E+03  0.5783E+03  0.1941E+02  -.4437E+01
  3  -.1498E+02  0.1941E+02  0.5731E+01  0.2773E+00
  4  -.6101E+01  -.4437E+01  0.2773E+00  0.6286E+01

RMVSM  KC3    KHH3
NUM.DE FILA :   1 NUM.DE COLUMNA:   1
    2 FILAS       2 COLUMNAS


RMVSM  KC3    KHV3
NUM.DE FILA :   1 NUM.DE COLUMNA:   3
    2 FILAS       2 COLUMNAS


RMVSM  KC3    KVV3
NUM.DE FILA :   3 NUM.DE COLUMNA:   3
    2 FILAS       2 COLUMNAS


PRINT  KHH3


           1          2
  1  0.1072E+03  -.2048E+03
  2  -.2048E+03  0.5783E+03


PRINT  KHV3



           1          2
  1  -.1498E+02  -.6101E+01
  2  0.1941E+02  -.4437E+01


PRINT  KVV3


           1          2
  1  0.5731E+01  0.2773E+00
  2  0.2773E+00  0.6286E+01

 LOAD   BET3   (6F12. 0)
NUMER.LINEAS:  2    NUM. COLUMNAS:   6


PRINT  BET3


           1          2          3          4          5          6
  1  0.8660E+00  0.0000E+00  -.5000E+00  0.0000E+00  0.3464E+01  0.0000E+00
  2  0.0000E+00  0.8660E+00  0.0000E+00  -.5000E+00  0.0000E+00  0.3464E+01

TRMULT BET3   KHH3   BTK


MULT   BTK    BET3   KHH-3
```

```
PRINT  KHH-3

          1          2          3          4          5          6
  1 0.8042E+02 -.1536E+03 -.4643E+02 0.8870E+02 0.3217E+03 -.6145E+03
  2 -.1536E+03 0.4337E+03 0.8870E+02 -.2504E+03 -.6145E+03 0.1735E+04
  3 -.4643E+02 0.8870E+02 0.2681E+02 -.5121E+02 -.1857E+03 0.3548E+03
  4 0.8870E+02 -.2504E+03 -.5121E+02 0.1446E+03 0.3548E+03 -.1002E+04
  5 0.3217E+03 -.6145E+03 -.1857E+03 0.3548E+03 0.1287E+04 -.2458E+04
  6 -.6145E+03 0.1735E+04 0.3548E+03 -.1002E+04 -.2458E+04 0.6940E+04

TRMULT BET3  KHV3   KHV-3
PRINT  KHV-3

          1          2
  1 -.1297E+02 -.5284E+01
  2 0.1681E+02 -.3843E+01
  3 0.7488E+01 0.3050E+01
  4 -.9706E+01 0.2219E+01
  5 -.5188E+02 -.2113E+02
  6 0.6725E+02 -.1537E+02

REMARK
***                                     ***
***   MATRIZ DE RIGIDEZ SEUDOTRIDIMENSIONAL   ***
***                                     ***

ADD     KHH-1  KHH-2

ADD     KHH-1  KHH-3

PRINT  KHH-1

          1          2          3          4          5          6
  1 0.1280E+03 -.2727E+03 -.1894E+02 0.1997E+02 0.1312E+03 -.1383E+03
  2 -.2727E+03 0.8147E+03 0.1997E+02 -.3047E+02 -.1383E+03 0.2111E+03
  3 -.1894E+02 0.1997E+02 0.1499E+03 -.2957E+03 0.7575E+02 -.7987E+02
  4 0.1997E+02 -.3047E+02 -.2957E+03 0.8499E+03 -.7987E+02 0.1219E+03
  5 0.1312E+03 -.1383E+03 0.7575E+02 -.7987E+02 0.3335E+04 -.6821E+04
  6 -.1383E+03 0.2111E+03 -.7987E+02 0.1219E+03 -.6821E+04 0.1997E+05

ADD     KHV-1  KHV-3


PRINT  KHV-1

          1          2
  1 -.1297E+02 -.5284E+01
  2 0.1681E+02 -.3843E+01
  3 0.2246E+02 0.9151E+01
  4 -.2912E+02 0.6656E+01
  5 0.0000E+00 0.1907E-05
  6 -.7629E-05 0.0000E+00

 ADD     KVV1    KVV3

PRINT  KVV1

          1          2
  1 0.1146E+02 0.5546E+00
  2 0.5546E+00 0.1257E+02


INVERT KVV1
SKALAR =    0.1146237E-04
```

```
TRANS  KHV-1  KVH

MULT   KVV1   KVH    KV1K

MULT   KHV-1  KV1K   KHS
SUB    KHH-1  KHS

PRINT  KHH-1

            1           2           3           4           5           6
  1  0.1116E+03  -.2554E+03  0.9469E+01  -.9984E+01  0.1312E+03  -.1383E+03
  2  -.2554E+03  0.7883E+03  -.9984E+01  0.1523E+02  -.1383E+03  0.2111E+03
  3  0.9469E+01  -.9984E+01  0.1007E+03  -.2439E+03  0.7575E+02  -.7987E+02
  4  -.9984E+01  0.1523E+02  -.2439E+03  0.7707E+03  -.7987E+02  0.1219E+03
  5  0.1312E+03  -.1383E+03  0.7575E+02  -.7987E+02  0.3335E+04  -.6821E+04
  6  -.1383E+03  0.2111E+03  -.7987E+02  0.1219E+03  -.6821E+04  0.1997E+05

LOAD   R
NUMER.LINEAS:   6     NUM. COLUMNAS:   1

PRINT  R

            1
  1  0.5000E+01
  2  0.0000E+00
  3  0.0000E+00
  4  0.0000E+00
  5  0.0000E+00
  6  0.0000E+00

SOLVE  KHH-1  R
SKALAR =    0.1116393E-03

SCALE  R
 SCALAR =   0.1000000E+04

PRINT  R

            1
  1  0.2040E+03
  2  0.6476E+02
  3  -.2076E+02
  4  -.5910E+01
  5  -.1199E+02
  6  -.3412E+01

SCALE  KV1K
 SCALAR = -0.1000000E+01

MULT   KV1K   R      W

PRINT  W

            1
  1  0.1559E+03
  2  0.1169E+03

MULT   BET1   R      R1
```

```
 PRINT  R1

          1
  1  -.6229E+02
  2  -.1773E+02


MULT   BET2   R      R2


PRINT  R2


          1
  1  -.2078E+03
  2  -.6495E+02


MULT   BET3   R      R3


PRINT  R3


          1
  1  0.1456E+03
  2  0.4722E+02


ZERO   RR1
    4 LINEAS     1 COLUMNAS


STOSM  RR1    R1
NUM.DE FILA :   1 NUM.DE COLUMNA:   1


STOSM  RR1    W
NUM.DE FILA :   3 NUM.DE COLUMNA:   1


PRINT  RR1


          1
  1  -.6229E+02
  2  -.1773E+02
  3  0.1559E+03
  4  0.1169E+03


ZERO   RR3
    4 LINEAS     1 COLUMNAS


STOSM  RR3    R3
NUM.DE FILA :   1 NUM.DE COLUMNA:   1


STOSM  RR3    W
NUM.DE FILA :   3 NUM.DE COLUMNA:   1


PRINT  RR3


          1
  1  0.1456E+03
  2  0.4722E+02
  3  0.1559E+03
  4  0.1169E+03

 SCALE  KC1
 SCALAR =  0.1000000E-02


SCALE  KC2
 SCALAR =  0.1000000E-02
```

```
SCALE  KC3
 SCALAR =  0.1000000E-02

MULT   KC1    RR1    RF1

MULT   KC2    R2     RF2

MULT   KC3    RR3    RF3

PRINT  RF1

         1
  1  -.2980E-06
  2  0.5960E-07
  3  0.3372E+00
  4  0.3194E+00

PRINT  RF2

         1
  1  -.2887E+01
  2  -.3815E-05

PRINT  RF3

         1
  1  0.2887E+01
  2  -.2980E-06
  3  -.3372E+00
  4  -.3194E+00

STOP
```

8.4. Diafragmas Flexibles

El análisis seudo-tridimensional mostrado en los capítulos anteriores se basa en la suposición de que los diafragmas (losas) son infinitamente rígidos en su plano. Esta suposición es correcta en el caso de que los diafragmas sean homogéneos (sin grandes aberturas) y de dimensiones similares en ambos sentidos (plantas relativamente cuadradas).

Existen situaciones en que debido a condiciones arquitectónicas los diafragmas no cumplen con la condición anterior. En la Figura 8.5 se muestran plantas de edificios con alas alargadas en que se debería considerar la flexibilidad de dichas alas.

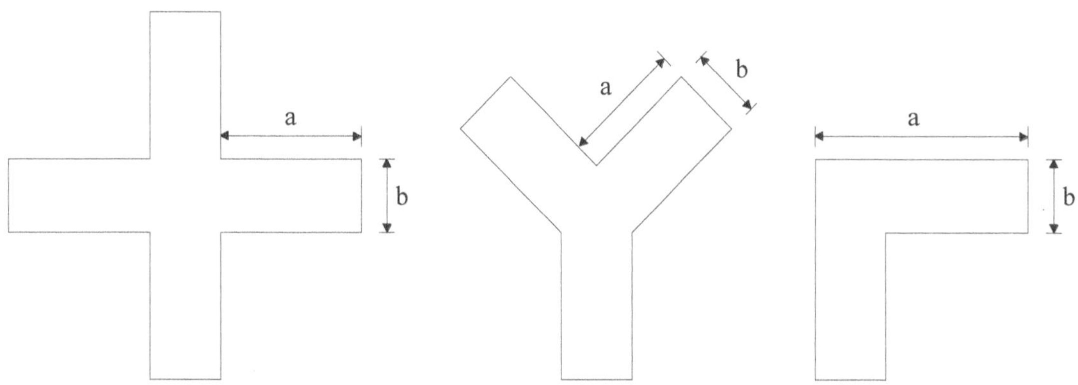

FIGURA 8.5. Plantas de edificios con alas alargadas (a > b)

En la Figura 8.6 se muestra el caso de una planta rectangular alargada, que se aleja demasiado de una forma cuadrada, por lo que también se debería consideran su flexibilidad.

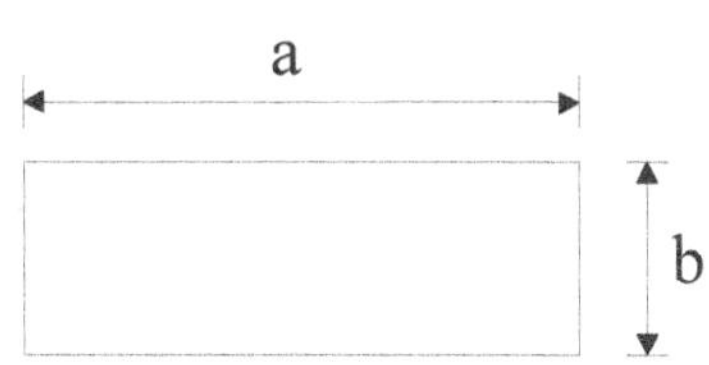

FIGURA 8.6. Planta rectangular alargada (a > 4b)

Por otra parte en la Figura 8.7 se muestra una planta de un diafragma con una abertura demasiado grande, de manera que la conexión entre los bordes de la abertura no se puede considerar infinitamente rígida.

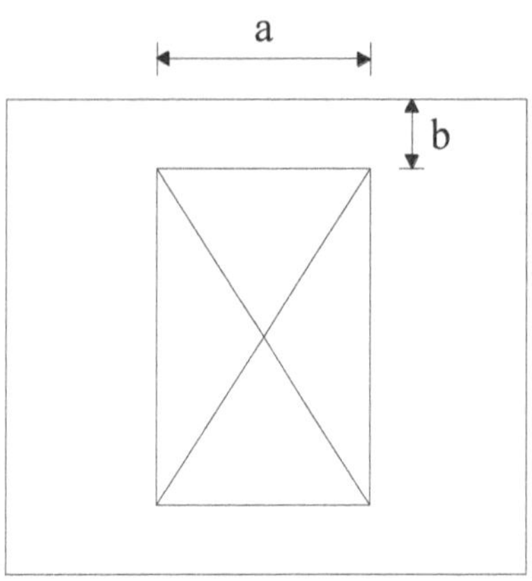

FIGURA 8.7. Diafragma con abertura (a > b)

También es posible encontrar edificios formados por 2 o más bloques cuyas losas aparecen conectadas por un pasillo como se muestra en la Figura 8.8. En dichos casos se debe considerar la flexibilidad de la losa en el estrangulamiento.

FIGURA 8.8. Diafragmas unidos por pasillo

Para considerar la flexibilidad de la losa en los casos mostrados, Guendelman (1980) propone utilizar **"elementos de enlace"**, que consideren la flexibilidad del diafragma en su plano en los sectores que sea necesario. Este elemento tiene una función de unir los sectores de diafragmas que sí se pueden considerar infinitamente rígidos en su plano.

De esta manera los modelos de los diafragmas indicados en la Figura 8.5 utilizando los elementos de enlace se muestra en la Figura 8.9.

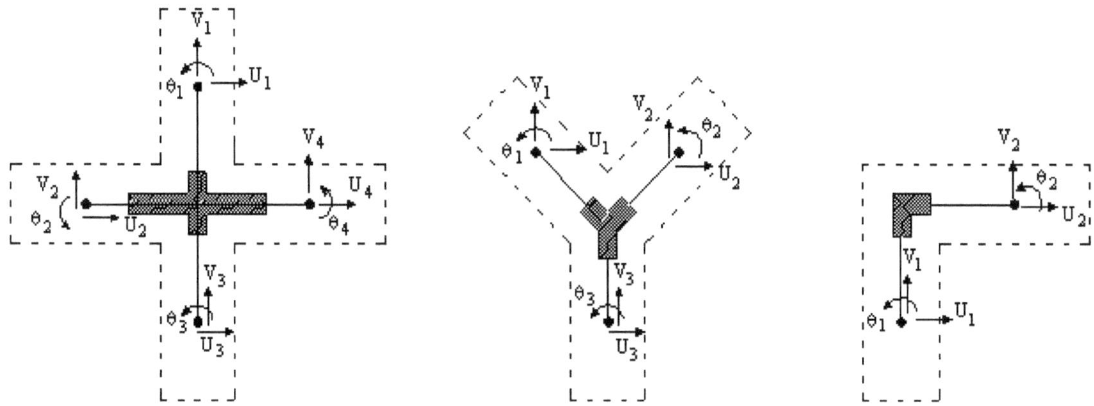

FIGURA 8.9. Modelo de diafragmas con alas alargadas

En el caso de la planta rectangular alargada de la Figura 8.6, un posible modelo se muestra en la Figura 8.10.

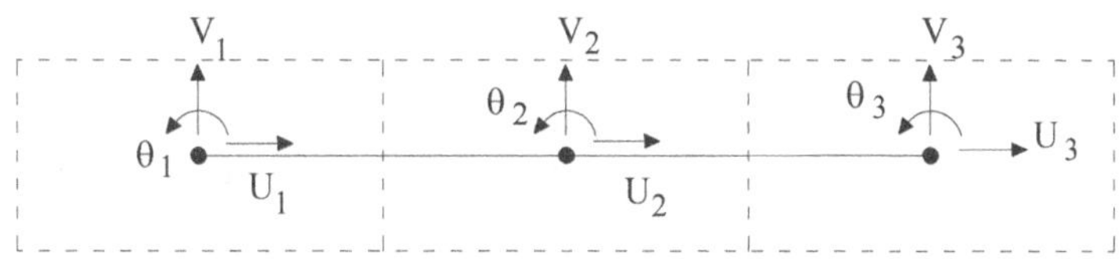

FIGURA 8.10. Modelo de planta rectangular alargada

Para el caso del diafragma con abertura de la Figura 8.7, un posible modelo se muestra en la Figura 8.11.

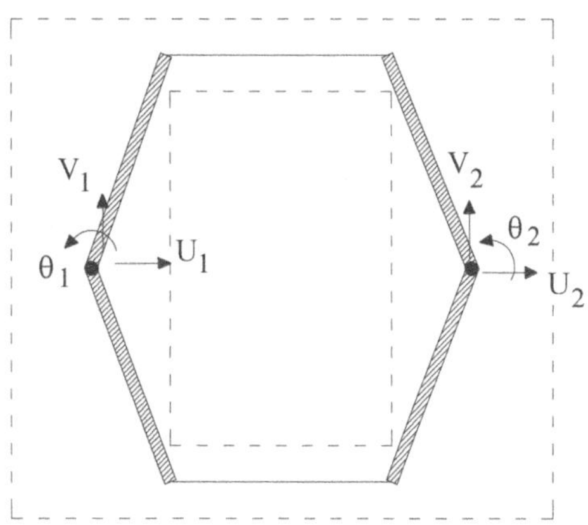

FIGURA 8.11. Modelo de diafragma con abertura

En el caso de la Figura 8.8 de los diafragmas unidos por pasillo, el modelo propuesto se muestra en la Figura 8.12.

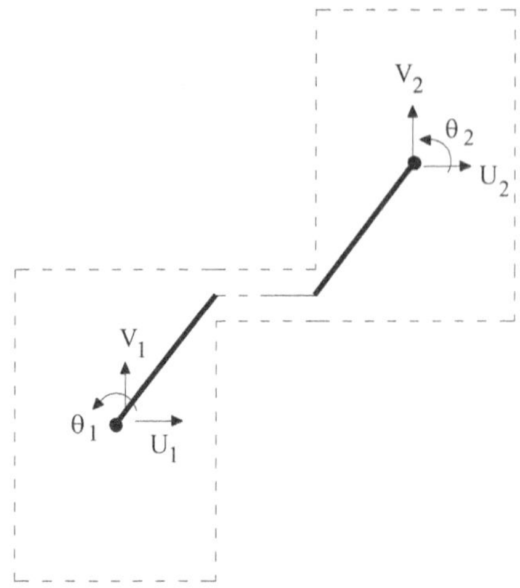

FIGURA 8.12. Modelo de diafragmas unidos por pasillo

De esta manera cada diafragma queda formado por dos o más diafragmas que se pueden considerar infinitamente rígidos en su plano, unidos por **"elementos de enlace"**, que poseen una zona infinitamente rígida y una zona flexible. En la zona flexible, las características de la sección (área, inercia), corresponden al de una viga cuyo ancho es el espesor de la losa y la altura es el ancho de la losa en ese sector.

La forma general de un elemento de enlace se muestra en la Figura 8.13. La dirección positiva de las fuerzas nodales y desplazamientos de los nudos extremos se ha hecho coincidir con la dirección positiva de los desplazamientos y cargas de piso (sistema X – Y).

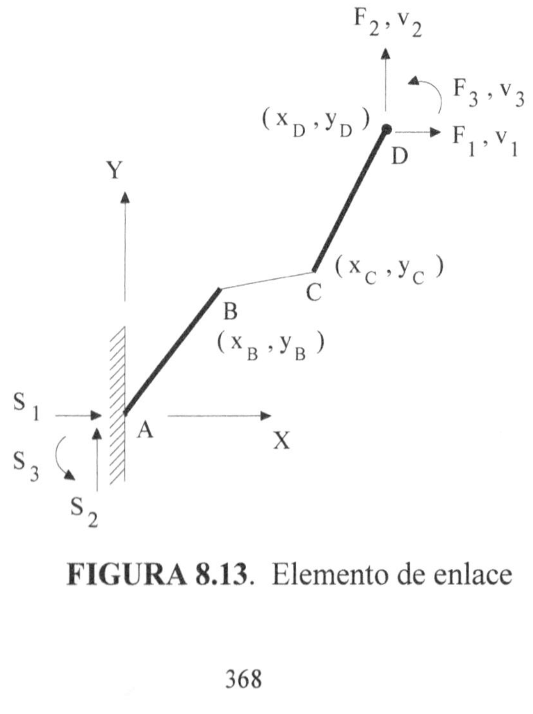

FIGURA 8.13. Elemento de enlace

Los tramos AB y CD del elemento de enlace son infinitamente rígidos, mientras que el tramo BC tiene los valores de E, I, A y área de corte de la losa en ese tramo. En este caso la esbeltez del tramo (longitud dividida por la altura) no es muy grande, por lo que se debe considerar la deformación por corte, según lo indicado en el Capítulo 5.

La deducción de la matriz de rigidez del elemento de enlace se desarrolla de acuerdo a lo indicado en el Capítulo 6. Asumiendo como fuerzas nodales linealmente independientes las fuerzas S^4, S^5, S^6 (ver Figura 8.14), la relación $\underline{S}^j = (\underline{a}^j)^T \underline{F}^j$ queda:

$$\underbrace{\begin{bmatrix} S_1 \\ S_2 \\ S_3 \\ \hline S_4 \\ S_5 \\ S_6 \end{bmatrix}}_{\underline{S}^j} = \underbrace{\begin{bmatrix} -1 & 0 & 0 \\ 0 & -1 & 0 \\ Y_D & -X_D & -1 \\ \hline 1 & 0 & 0 \\ 0 & 1 & 0 \\ 0 & 0 & 1 \end{bmatrix}}_{(\underline{a}^j)^T} \underbrace{\begin{bmatrix} F_1 \\ F_2 \\ F_3 \end{bmatrix}}_{\underline{F}^j} \tag{8.62}$$

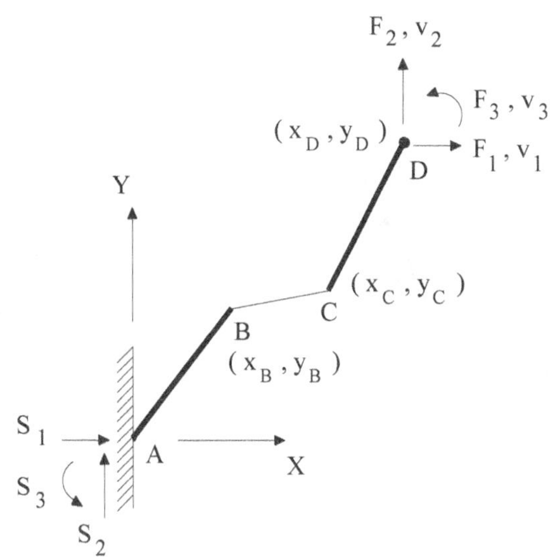

Figura 8.14.- Fuerzas nodales linealmente independientes elegidas para elemento de enlace

En las Figuras 8.15, 8.16 y 8.17 se muestran respectivamente los diagramas de esfuerzo normal, esfuerzo de corte y momento flector correspondientes a las fuerzas nodales linealmente independientes F_1=1, F_2 =1 y F_3=1

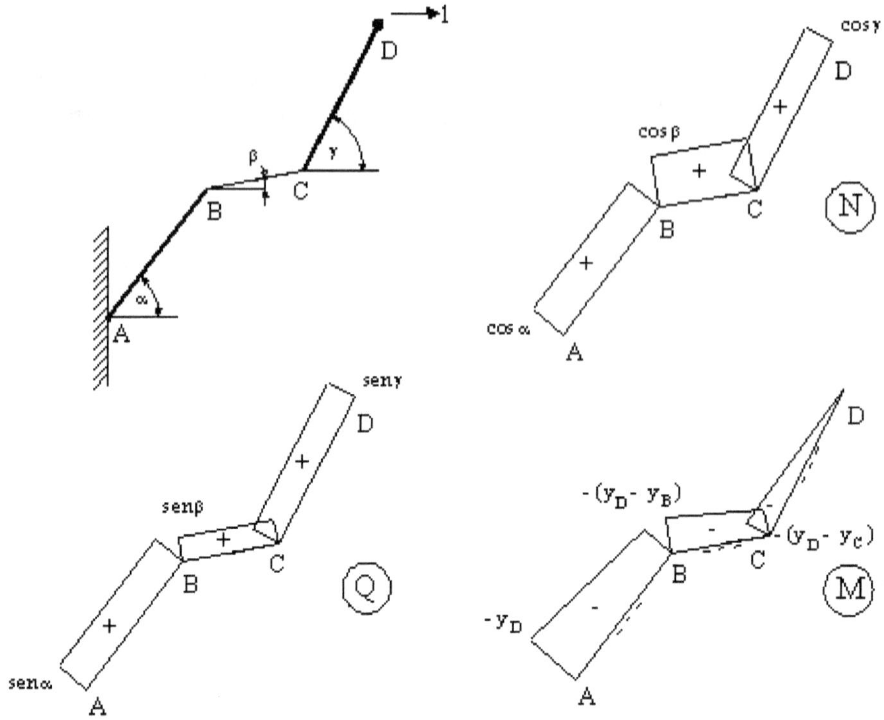

Figura 8.15.- Diagramas de esfuerzos normal, corte y momento debido a F_1=1

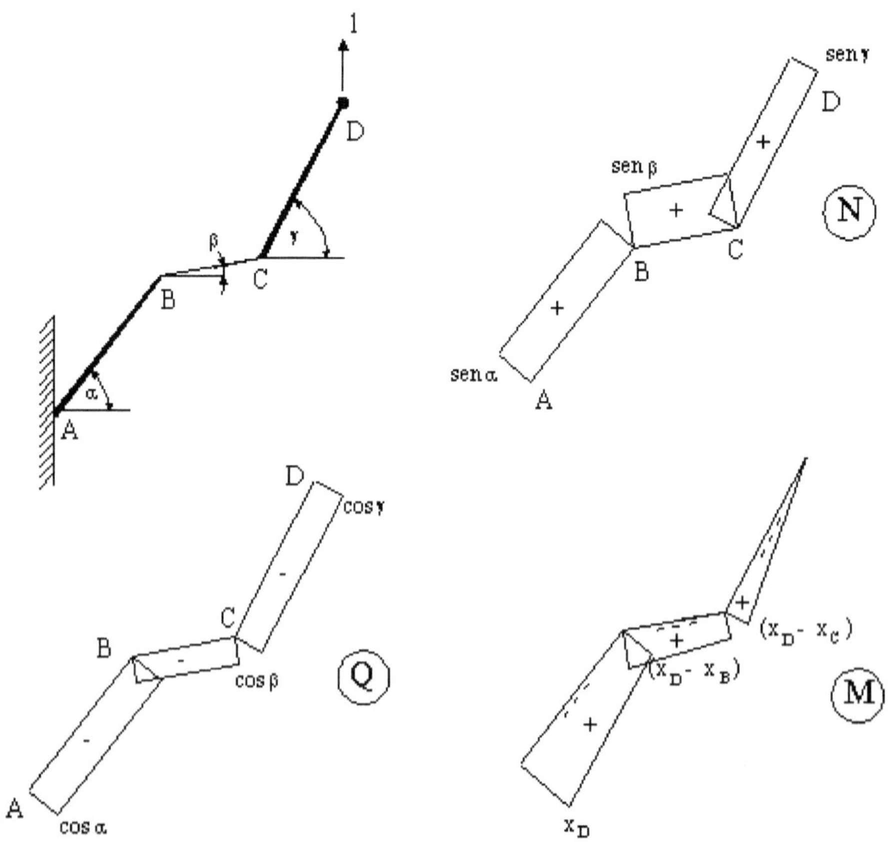

Figura 8.16.- Diagramas de esfuerzos normal, corte y momento debido a F_2=1

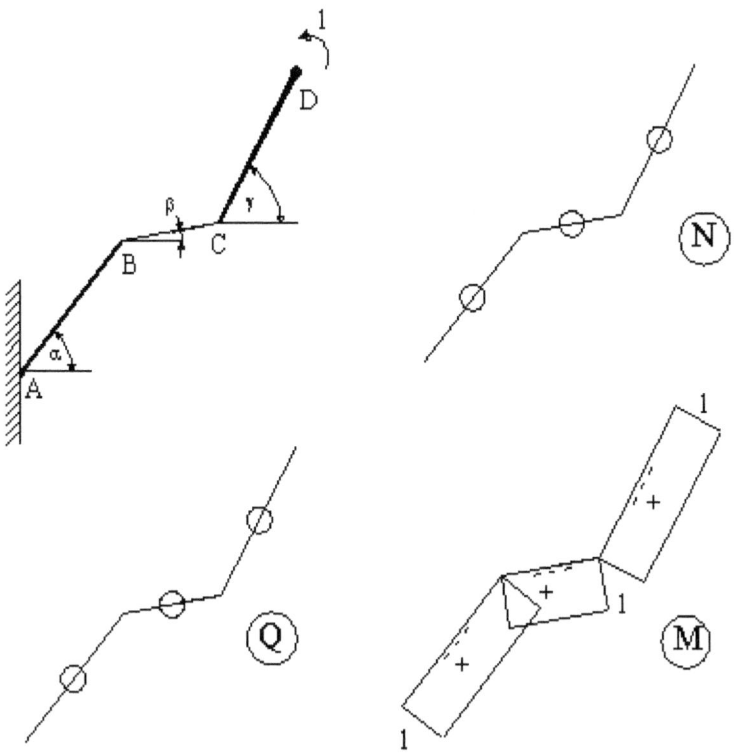

Figura 8.17. Diagramas de esfuerzos normal, corte y momento debido a $F_3=1$

En las Figuras 8.15, 8.16 y 8.17, las longitudes de los tramos y los ángulos α , β y γ quedan definidos en función de las coordenadas de los nudos B, C y D (suponiendo el origen de coordenadas en el nudo A), de la siguiente forma:

$$\ell_{AB} = \sqrt{X_B^2 + Y_B^2} \qquad \ell_{BC} = \sqrt{(X_C - X_B)^2 + (Y_C - Y_B)^2} \qquad \ell_{CD} = \sqrt{(X_D - X_C)^2 + (Y_D - Y_C)^2} \tag{8.63}$$

$$\cos\alpha = \frac{X_B}{\ell_{AB}} \qquad \cos\beta = \frac{X_C - X_B}{\ell_{BC}} \qquad \cos\gamma = \frac{X_D - X_C}{\ell_{CD}} \tag{8.64}$$

$$sen\alpha = \frac{Y_B}{\ell_{AB}} \qquad sen\beta = \frac{Y_C - Y_B}{\ell_{BC}} \qquad sen\gamma = \frac{Y_D - Y_C}{\ell_{CD}} \tag{8.65}$$

Utilizando el método de la carga unitaria y recordando que los tramos AB y CD son infinitamente rígidos, se obtienen los siguientes términos de la matriz de flexibilidad:

$$f_{11}=\frac{\ell_{BC}}{EA_{BC}}\cos^2\beta+\kappa\frac{\ell_{BC}}{GA_{BC}}sen^2\beta+\frac{\ell_{BC}}{6EI_{BC}}\{(Y_D-Y_B)[2(Y_D-Y_B)+(Y_D-Y_C)]+(Y_D-Y_C)[(Y_D-Y_B)+2(Y_D-Y_C)]\}$$

$$f_{12}=\frac{\ell_{BC}}{2EA_{BC}}sen^2\beta+\kappa\frac{\ell_{BC}}{GA_{BC}}sen^2\beta+\frac{\ell_{BC}}{6EI_{BC}}\{(Y_D-Y_B)[2(X_D-X_B)+(X_D-X_C)]+(Y_D-Y_C)[(X_D-X_B)+2(X_D-X_C)]\}$$

$$f_{13}=-\frac{\ell_{BC}}{2EI_{BC}}[(Y_D-Y_B)+(Y_D-Y_C)]$$

$$f_{22}=\frac{\ell_{BC}}{EA_{BC}}sen^2\beta+\kappa\frac{\ell_{BC}}{GA_{BC}}\cos^2\beta+\frac{\ell_{BC}}{6EI_{BC}}\{(X_D-X_B)[2(X_D-X_B)+(X_D-X_C)]+(X_D-X_C)[(X_D-X_B)+2(X_D-X_C)]\}$$

$$f_{23}=\frac{\ell_{BC}}{2EI_{BC}}[(X_D-X_B)+(X_D-X_C)]$$

$$f_{33}=\frac{\ell_{BC}}{EI_{BC}}$$

De esta manera se tiene la matriz de flexibilidad del elemento de enlace, en que se ha considerado la deformación por flexión, deformación por esfuerzo axial y deformación por esfuerzo de corte. Esta matriz es:

$$\underline{f}^j=\begin{bmatrix} f_{11} & f_{12} & f_{13} \\ & f_{22} & f_{23} \\ sim. & & f_{33} \end{bmatrix}$$

Los elementos de la matriz de rigidez reducida $\underline{k}_r^j$ se obtienen mediante inversión de la matriz anterior utilizando el método de los cofactores. De este modo, esta matriz es:

$$\underline{k}_r^j=\begin{bmatrix} k_{r11} & k_{r12} & k_{r13} \\ & k_{r22} & k_{r23} \\ sim. & & k_{r33} \end{bmatrix} \tag{8.66}$$

en que:

$$k_{r11}=\frac{cf_{11}}{\Delta} \qquad k_{r12}=-\frac{cf_{12}}{\Delta} \qquad k_{r13}=\frac{cf_{13}}{\Delta}$$

$$k_{r22}=\frac{cf_{22}}{\Delta} \qquad k_{r23}=-\frac{cf_{23}}{\Delta} \qquad k_{r33}=\frac{cf_{33}}{\Delta}$$

con:

$cf_{11} = f_{22} \cdot f_{33} - f_{23}^2$ $\quad$ $cf_{12} = f_{12} \cdot f_{33} - f_{23} \cdot f_{13}$ $\quad$ $cf_{13} = f_{12} \cdot f_{23} - f_{22} \cdot f_{13}$

$cf_{22} = f_{11} \cdot f_{33} - f_{13}^2$ $\quad$ $cf_{23} = f_{11} \cdot f_{23} - f_{12} \cdot f_{13}$ $\quad$ $cf_{33} = f_{11} \cdot f_{22} - f_{12}^2$

y $\quad \Delta = f_{11} \cdot cf_{11} - f_{12} \cdot cf_{12} + f_{13} \cdot cf_{13}$

Haciendo el producto $\underline{k}^j = (\underline{a}^j)^T \cdot \underline{k}_r^j \cdot \underline{a}^j$ con las matrices indicadas en (8.62) y (8.66) se obtiene la matriz de rigidez del elemento de enlace en coordenadas globales:

$$\underline{k}^j = \begin{bmatrix} k_{11} & k_{12} & k_{13} & k_{14} & k_{15} & k_{16} \\ & k_{22} & k_{23} & k_{24} & k_{25} & k_{26} \\ & & k_{33} & k_{34} & k_{35} & k_{36} \\ & & & k_{44} & k_{45} & k_{46} \\ & & & & k_{55} & k_{56} \\ sim. & & & & & k_{66} \end{bmatrix}$$

Donde:

$k_{11} = k_{r11}$ $\quad$ $k_{12} = k_{r12}$ $\quad$ $k_{13} = -k_{r11} Y_D + k_{r12} X_D + k_{r13}$ $\quad$ $k_{14} = -k_{r11}$ $\quad$ $k_{15} = -k_{r12}$

$k_{16} = -k_{r13}$ $\quad$ $k_{22} = k_{r22}$ $\quad$ $k_{23} = -k_{r12} Y_D + k_{r22} X_D + k_{r23}$ $\quad$ $k_{24} = -k_{r12}$ $\quad$ $k_{25} = -k_{r22}$

$k_{26} = -k_{r23}$ $\quad$ $k_{33} = X_D^2 \cdot k_{r22} + Y_D^2 \cdot k_{r11} - 2X_D Y_D \cdot k_{r12} + 2X_D \cdot k_{r23} - 2Y_D \cdot k_{r13} + k_{r33}$

$k_{34} = -k_{13}$ $\quad$ $k_{35} = -k_{23}$ $\quad$ $k_{36} = k_{r13} Y_D - k_{r23} X_D - k_{r33}$ $\quad$ $k_{44} = k_{r11}$ $\quad$ $k_{45} = k_{r12}$

$k_{46} = k_{r13}$ $\quad$ $k_{55} = k_{r22}$ $\quad$ $k_{56} = k_{r23}$ $\quad$ $k_{66} = k_{r33}$

Esta matriz ha sido incluida en el programa SMIS. La instrucción se llama ENLACE y es similar a la instrucción FORMKD, entregándose como datos los valores E, ν, I, A, A_Q del tramo flexible y las coordenadas X e Y de los nudos B, C y D.

Ejemplo 8.4

En la figura se muestra la planta de un edificio de 1 piso con losa superior formado por dos plantas rectangulares unidas por un pasillo. Determinar los esfuerzos que toman los ejes resistentes del edificio debido a la acción de las cargas indicadas aplicadas a nivel de la losa superior en los centros de masa de ambos cuerpos. Resolver:

a) *Sin considerar la flexibilidad del elemento de enlace (pasillo)*

b) *Considerando la flexibilidad del elemento de enlace*

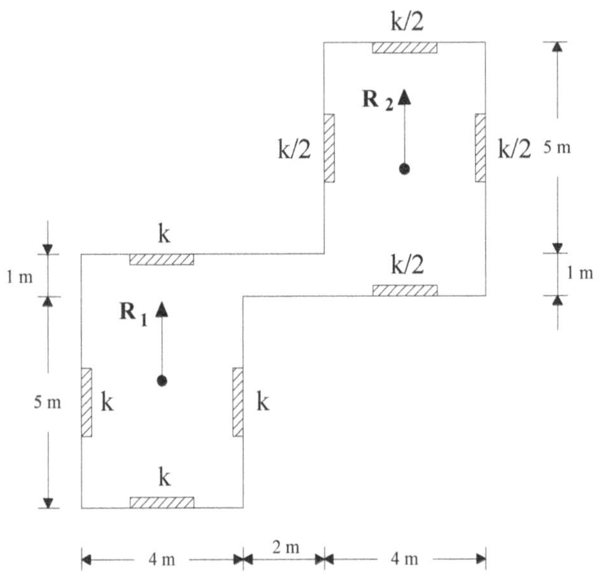

$$R_1 = R_2 = 10\ [kN]$$

$$k = 2 \cdot 10^4\ [kN/m]$$

a) Sin considerar elemento de enlace (suponiendo todo el diafragma como infinitamente rígido)

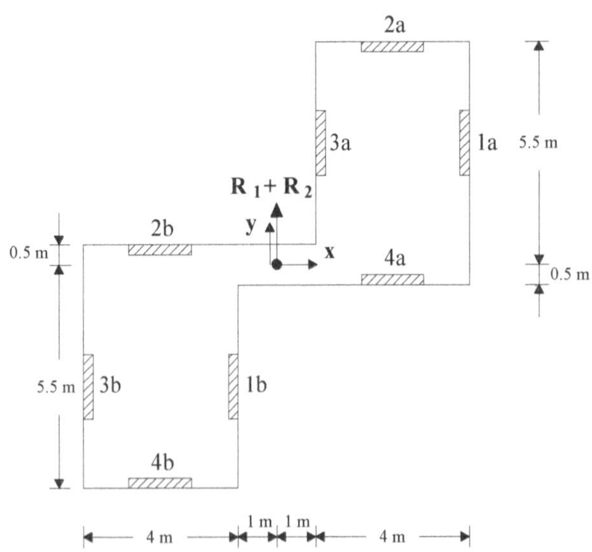

Eje (1a)

$\alpha_j = 0°$ $\delta_j = 5.0$ $\text{sen}\alpha_j = 0$ $\cos\alpha_j = 1$

$$\underline{\beta}_{1a} = \begin{bmatrix} 0 & 1 & 5 \end{bmatrix}$$

Eje (2a)

$\alpha_j = \frac{\pi}{2}$ $\delta_j = 5.5$ $\text{sen}\alpha_j = 1$ $\cos\alpha_j = 0$

$$\underline{\beta}_{2a} = \begin{bmatrix} -1 & 0 & 5.5 \end{bmatrix}$$

Eje (3a)

$\alpha_j = 0°$ $\delta_j = 1$ $\text{sen}\alpha_j = 0$ $\cos\alpha_j = 1$

$$\underline{\beta}_{3a} = \begin{bmatrix} 0 & 1 & 1 \end{bmatrix}$$

Eje (4a)

$\alpha_j = -\frac{\pi}{2}$ $\delta_j = 0.5$ $\text{sen}\alpha_j = -1$ $\cos\alpha_j = 0$

$$\underline{\beta}_{4a} = \begin{bmatrix} 1 & 0 & 0.5 \end{bmatrix}$$

Eje (1b)

$\alpha_j = \pi$ $\delta_j = 1.0$ $\text{sen}\alpha_j = 0$ $\cos\alpha_j = -1$

$$\underline{\beta}_{1b} = \begin{bmatrix} 0 & -1 & 1 \end{bmatrix}$$

Eje (2b)

$\alpha_j = \frac{\pi}{2}$ $\delta_j = 0.5$ $\text{sen}\alpha_j = 1$ $\cos\alpha_j = 0$

$$\underline{\beta}_{2b} = \begin{bmatrix} -1 & 0 & 0.5 \end{bmatrix}$$

Eje (3b)

$\alpha_j = \pi$ $\delta_j = 5.0$ $\text{sen}\alpha_j = 0$ $\cos\alpha_j = -1$

$$\underline{\beta}_{3b} = \begin{bmatrix} 0 & -1 & 5 \end{bmatrix}$$

Eje (4b)

$\alpha_j = -\frac{\pi}{2}$ $\delta_j = 5.5$ $\text{sen}\alpha_j = -1$ $\cos\alpha_j = 0$

$$\underline{\beta}_{4b} = \begin{bmatrix} 1 & 0 & 5.5 \end{bmatrix}$$

Las matrices $\underline{K}^{(j)}$ se obtienen de la relación (8.23):

$$\underline{K}^{(1a)} = \underline{\beta}_{1a}^T \underline{K}_{1a} \underline{\beta}_{1a} = \frac{k}{2} \underline{\beta}_{1a}^T \underline{\beta}_{1a} = \frac{k}{2} \begin{bmatrix} 0 & 0 & 0 \\ & 1 & 5 \\ sim. & & 25 \end{bmatrix}$$

$$\underline{K}^{(2a)} = \underline{\beta}_{2a}^T \underline{K}_{2a} \underline{\beta}_{2a} = \frac{k}{2} \underline{\beta}_{2a}^T \underline{\beta}_{2a} = \frac{k}{2} \begin{bmatrix} 1 & 0 & -5.5 \\ & 0 & 0 \\ sim. & & 30.25 \end{bmatrix}$$

$$\underline{K}^{(3a)} = \underline{\beta}_{3a}^T \underline{K}_{3a} \underline{\beta}_{3a} = \frac{k}{2} \underline{\beta}_{3a}^T \underline{\beta}_{3a} = \frac{k}{2} \begin{bmatrix} 0 & 0 & 0 \\ & 1 & 1 \\ sim. & & 1 \end{bmatrix}$$

$$\underline{K}^{(4a)} = \underline{\beta}_{4a}^T \underline{K}_{4a} \underline{\beta}_{4a} = \frac{k}{2} \underline{\beta}_{4a}^T \underline{\beta}_{4a} = \frac{k}{2} \begin{bmatrix} 1 & 0 & 0.5 \\ & 0 & 0 \\ sim. & & 0.25 \end{bmatrix}$$

$$\underline{K}^{(1b)} = \underline{\beta}_{1b}^T \underline{K}_{1b} \underline{\beta}_{1b} = k\, \underline{\beta}_{1b}^T \underline{\beta}_{1b} = k \begin{bmatrix} 0 & 0 & 0 \\ & 1 & -1 \\ sim. & & 1 \end{bmatrix}$$

$$\underline{K}^{(2b)} = \underline{\beta}_{2b}^T \underline{K}_{2b} \underline{\beta}_{2b} = k\, \underline{\beta}_{2b} \underline{\beta}_{2b} = k \begin{bmatrix} 1 & 0 & -0.5 \\ & 0 & 0 \\ sim. & & 0.25 \end{bmatrix}$$

$$\underline{K}^{(3b)} = \underline{\beta}_{3b}^T \underline{K}_{3b} \underline{\beta}_{3b} = k\, \underline{\beta}_{3b}^T \underline{\beta}_{3b} = k \begin{bmatrix} 0 & 0 & 0 \\ & 1 & -5 \\ sim. & & 25 \end{bmatrix}$$

$$\underline{K}^{(4b)} = \underline{\beta}_{4b}^T \underline{K}_{4b} \underline{\beta}_{4b} = k\, \underline{\beta}_{4b}^T \underline{\beta}_{4b} = k \begin{bmatrix} 1 & 0 & 5.5 \\ & 0 & 0 \\ sim. & & 30.25 \end{bmatrix}$$

Realizando la suma indicada en (8.24) se obtiene:

$$\underline{K} = \sum_{j=1}^{8} \underline{K}^{(j)} = k \begin{bmatrix} 3 & 0 & 2.5 \\ & 3 & -3 \\ sim. & & 84.75 \end{bmatrix} = 2x10^4 \begin{bmatrix} 3 & 0 & 2.5 \\ 0 & 3 & -3 \\ sim. & & 84.75 \end{bmatrix}$$

La matriz $\underline{K}$ indicada corresponde a la matriz de rigidez seudo-tridimensional del edificio considerando el diafragma que conecta todos los ejes como infinitamente rígido.

El vector de cargas, formado por la carga en dirección X, carga en dirección Y y el momento torsor aplicado en el punto G de la planta es:

$$\underline{R} = \begin{bmatrix} 0 \\ R_1 + R_2 \\ 0 \end{bmatrix} = \begin{bmatrix} 0 \\ 20 \\ 0 \end{bmatrix}$$

Los desplazamientos se obtienen de la solución de:

$$\underline{K}\,\underline{r} = \underline{R} \Rightarrow \quad \underline{r} = \begin{bmatrix} r_x \\ r_y \\ \theta \end{bmatrix} = \frac{1}{k}\begin{bmatrix} -0.209205 \\ 6.91771 \\ 0.251046 \end{bmatrix}$$

Los desplazamientos laterales de los ejes se obtienen pre-multiplicando el vector $\underline{r}$ por las respectivas matrices $\underline{\beta}_j$ y las cargas laterales multiplicando dichos desplazamientos por la rigidez lateral de cada eje (en este caso k o k/2).

Eje (1a)

$$\underline{r}_{1a} = 8.17294/\,k \qquad \Rightarrow \qquad \underline{R}_{1a} = \frac{8.17294}{2} = 4.08647\ [\mathrm{kN}]$$

Eje (2a)

$$\underline{r}_{2a} = 1.589958/\,k \qquad \Rightarrow \qquad \underline{R}_{2a} = \frac{1.589958}{2} = 0.794979\ [kN]$$

Eje (3a)

$$\underline{r}_{3a} = 7.168756/\,k \qquad \Rightarrow \qquad \underline{R}_{3a} = \frac{7.168756}{2} = 3.584378\ [kN]$$

Eje (4a)

$$\underline{r}_{4a} = -0.083682/\,k \qquad \Rightarrow \qquad \underline{R}_{4a} = \frac{-0.083682}{2} = -0.041841\ [kN]$$

Eje (1b)

$$\underline{r}_{1b} = -6.666664/\,k \qquad \Rightarrow \qquad \underline{R}_{1b} = -6.666664[kN]$$

Eje (2b)

$$\underline{r}_{2b} = 0.334728/\,k \qquad \Rightarrow \qquad \underline{R}_{2b} = 0.334728\ [kN]$$

Eje (3b)

$$\underline{r}_{3b} = -5.66248/\,k \qquad \Rightarrow \qquad \underline{R}_{3b} = -5.66248\ [kN]$$

Eje (4b)

$$\underline{r}_{4b} = 1.171548/\,k \qquad \Rightarrow \qquad \underline{R}_{4b} = 1.171548\ [kN]$$

Los signos de los desplazamientos y cargas laterales de los ejes se refieren a la convención positiva indicada en la Figura 8.1. La distribución de la carga por eje considerando el diafragma rígido es entonces:

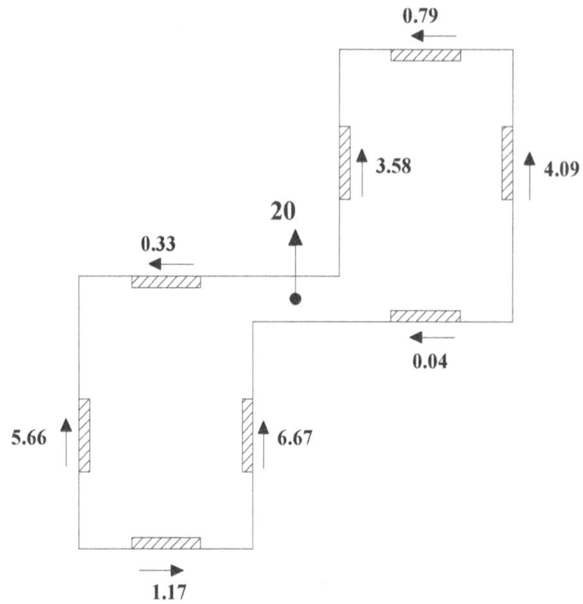

Se puede visualizar que se cumple el equilibrio de fuerzas tanto en la dirección X, como en la dirección Y.

b) Considerando elemento de enlace

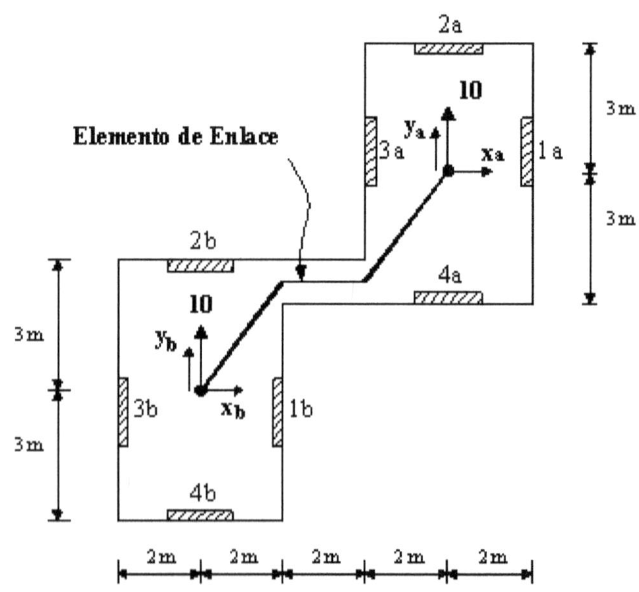

Eje (1a)

$\alpha_j = 0°$ $\delta_j = 2.0$ $\text{sen}\alpha_j = 0$ $\cos\alpha_j = 1$

$\underline{\beta}_{1a} = \begin{bmatrix} 0 & 1 & 2 \end{bmatrix}$

Eje (2a)

$\alpha_j = \frac{\pi}{2}$ $\delta_j = 3.0$ $\text{sen}\alpha_j = 1$ $\cos\alpha_j = 0$

$\underline{\beta}_{2a} = \begin{bmatrix} -1 & 0 & 3 \end{bmatrix}$

Eje (3a)

$\alpha_j = \pi$ $\delta_j = 2.0$ $\text{sen}\alpha_j = 0$ $\cos\alpha_j = -1$

$\underline{\beta}_{3a} = \begin{bmatrix} 0 & -1 & 2 \end{bmatrix}$

Eje (4a)

$\alpha_j = -\frac{\pi}{2}$ $\delta_j = 3.0$ $\text{sen}\alpha_j = -1$ $\cos\alpha_j = 0$

$\underline{\beta}_{4a} = \begin{bmatrix} 1 & 0 & 3 \end{bmatrix}$

Eje (1b)

$\alpha_j = 0°$ $\delta_j = 2.0$ $\text{sen}\alpha_j = 0$ $\cos\alpha_j = 1$

$\underline{\beta}_{1b} = \begin{bmatrix} 0 & 1 & 2 \end{bmatrix}$

Eje (2b)

$\alpha_j = \frac{\pi}{2}$ $\delta_j = 3.0$ $\text{sen}\alpha_j = 1$ $\cos\alpha_j = 0$

$\underline{\beta}_{2b} = \begin{bmatrix} -1 & 0 & 3 \end{bmatrix}$

Eje (3b)

$\alpha_j = \pi$ $\delta_j = 2.0$ $\text{sen}\alpha_j = 0$ $\cos\alpha_j = -1$

$\underline{\beta}_{3b} = \begin{bmatrix} 0 & -1 & 2 \end{bmatrix}$

Eje (4b)

$\alpha_j = -\frac{\pi}{2}$ $\delta_j = 3.0$ $\text{sen}\alpha_j = -1$ $\cos\alpha_j = 0$

$\underline{\beta}_{4b} = \begin{bmatrix} 1 & 0 & 3 \end{bmatrix}$

Las matrices $\underline{K}^{(j)}$ *se obtienen de la relación (8.23):*

$$\underline{K}^{(1a)} = \underline{\beta}_{1a}^{T}\,\underline{K}_{1a}\,\underline{\beta}_{1a} = \frac{k}{2}\,\underline{\beta}_{1a}^{T}\,\underline{\beta}_{1a} = \frac{k}{2}\begin{bmatrix} 0 & 0 & 0 \\ & 1 & 2 \\ sim. & & 4 \end{bmatrix}$$

$$\underline{K}^{(2a)} = \underline{\beta}_{2a}^{T}\,\underline{K}_{2a}\,\underline{\beta}_{2a} = \frac{k}{2}\,\underline{\beta}_{2a}^{T}\,\underline{\beta}_{2a} = \frac{k}{2}\begin{bmatrix} 1 & 0 & -3 \\ & 0 & 0 \\ sim. & & 9 \end{bmatrix}$$

$$\underline{K}^{(3a)} = \underline{\beta}_{3a}^{T}\,\underline{K}_{3a}\,\underline{\beta}_{3a} = \frac{k}{2}\,\underline{\beta}_{3a}^{T}\,\underline{\beta}_{3a} = \frac{k}{2}\begin{bmatrix} 0 & 0 & 0 \\ & 1 & -2 \\ sim. & & 4 \end{bmatrix}$$

$$\underline{K}^{(4a)} = \underline{\beta}_{4a}^{T}\,\underline{K}_{4a}\,\underline{\beta}_{4a} = \frac{k}{2}\,\underline{\beta}_{4a}^{T}\,\underline{\beta}_{4a} = \frac{k}{2}\begin{bmatrix} 1 & 0 & 3 \\ & 0 & 0 \\ sim. & & 9 \end{bmatrix}$$

$$\underline{K}^{(1b)} = \underline{\beta}_{1b}^{T}\,\underline{K}_{1b}\,\underline{\beta}_{1b} = k\,\underline{\beta}_{1b}^{T}\,\underline{\beta}_{1b} = k\begin{bmatrix} 0 & 0 & 0 \\ & 1 & 2 \\ sim. & & 4 \end{bmatrix}$$

$$\underline{K}^{(2b)} = \underline{\beta}_{2b}^{T}\,\underline{K}_{2b}\,\underline{\beta}_{2b} = k\,\underline{\beta}_{2b}\,\underline{\beta}_{2b} = k\begin{bmatrix} 1 & 0 & -3 \\ & 0 & 0 \\ sim. & & 9 \end{bmatrix}$$

$$\underline{K}^{(3b)} = \underline{\beta}_{3b}^{T}\,\underline{K}_{3b}\,\underline{\beta}_{3b} = k\,\underline{\beta}_{3b}^{T}\,\underline{\beta}_{3b} = k\begin{bmatrix} 0 & 0 & 0 \\ & 1 & -2 \\ sim. & & 4 \end{bmatrix}$$

$$\underline{K}^{(4b)} = \underline{\beta}_{4b}^{T}\,\underline{K}_{4b}\,\underline{\beta}_{4b} = k\,\underline{\beta}_{4b}^{T}\,\underline{\beta}_{4b} = k\begin{bmatrix} 1 & 0 & 3 \\ & 0 & 0 \\ sim. & & 9 \end{bmatrix}$$

Realizando la suma indicada en (8.24) se obtiene:

Para la parte (a)

$$\underline{K}^{(a)} = \sum_{j=1}^{4} \underline{K}^{(ja)} = k\begin{bmatrix} 1 & 0 & 0 \\ & 1 & 0 \\ sim. & & 13 \end{bmatrix} = 2x10^4 \begin{bmatrix} 1 & 0 & 0 \\ 0 & 1 & 0 \\ sim. & & 13 \end{bmatrix}$$

Para la parte (b)

$$\underline{K}^{(b)} = \sum_{j=1}^{4} \underline{K}^{(jb)} = k\begin{bmatrix} 2 & 0 & 0 \\ & 2 & 0 \\ sim. & & 26 \end{bmatrix} = 2x10^4 \begin{bmatrix} 2 & 0 & 0 \\ 0 & 2 & 0 \\ sim. & & 26 \end{bmatrix}$$

La matriz $\underline{K}$ indicada corresponde a la matriz de rigidez seudo-tridimensional de cada módulo del edificio sin considerar las compatibilidades verticales.

El vector de desplazamientos y el vector de cargas del edificio tienen ahora 6 componentes aplicado en el punto G de cada planta.

$$\underline{r} = \begin{vmatrix} r_{xa} \\ r_{ya} \\ \theta_a \\ \hdashline r_{xb} \\ r_{yb} \\ \theta_b \end{vmatrix} \qquad \underline{R} = \begin{bmatrix} 0 \\ R_1 \\ 0 \\ \hdashline 0 \\ R_2 \\ 0 \end{bmatrix} = \begin{bmatrix} 0 \\ 10 \\ 0 \\ \hdashline 0 \\ 10 \\ 0 \end{bmatrix}$$

Si no se considera el elemento de enlace, entonces la matriz de rigidez del sistema sería:

$$\underline{K} = k \begin{bmatrix} 1 & 0 & 0 & & & \\ & 1 & 0 & & \underline{0} & \\ & & 13 & & & \\ \hline & & & 2 & 0 & 0 \\ & \underline{0} & & & 2 & 0 \\ & & & & & 26 \end{bmatrix} \begin{matrix} r_{xa} \\ r_{ya} \\ \theta_a \\ r_{xb} \\ r_{yb} \\ \theta_b \end{matrix} \qquad (i)$$

(columnas: r_{xa}, r_{ya}, θ_a, r_{xb}, r_{yb}, θ_b)

El elemento de enlace tiene las siguientes características:

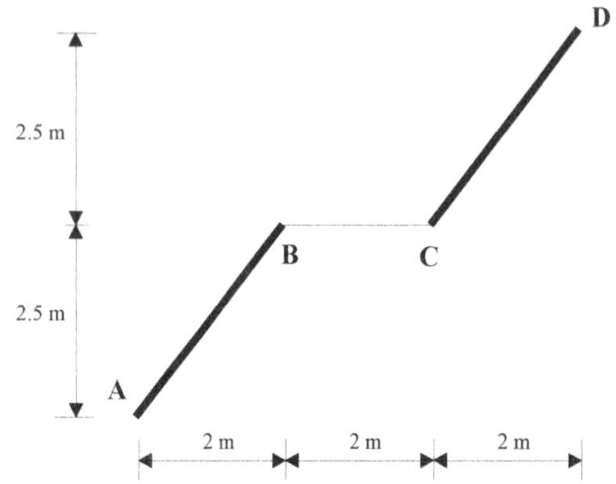

Tramo Flexible (BC)

$$E = 2x10^7 \ \frac{kN}{m^2} \qquad I = \frac{1}{12} * 0.1 * 1^3 = 0.008\overline{33} \ m^4 \qquad A = 0.1 * 1 = 0.1 \ m^2$$

$$\nu = 0.3 \qquad A_Q = 0.08\overline{33} \ m^2$$

La matriz de rigidez del elemento de enlace se forma con el programa SMIS. El resultado es:

$$\underline{KE} = 10^4 * \left[\begin{array}{ccc|ccc} 100 & \sim 0 & -250 & -100 & \sim 0 & -250 \\ & 23.19 & 69.57 & \sim 0 & -23.19 & 69.57 \\ & & 842 & 250 & -69.57 & 825.4 \\ \hline & & & 100 & \sim 0 & 250 \\ & & & & 23.19 & -69.57 \\ & & & & & 842.0 \end{array}\right] \qquad (ii)$$

Sumando ambas matrices (i) y (ii) se obtiene la matriz de rigidez del edificio.

$$\underline{K} = 10^4 * \left[\begin{array}{ccc|ccc} 102 & \sim 0 & -250 & -100 & \sim 0 & -250 \\ & 25.19 & 69.57 & \sim 0 & -23.19 & 69.57 \\ & & 868 & 250 & -69.57 & 825.4 \\ \hline & & & 104 & \sim 0 & 250 \\ & & & & 27.19 & -69.57 \\ & & & & & 894.0 \end{array}\right]$$

Resolviendo el sistema de ecuaciones $\underline{K}\ \underline{r} = \underline{R}$ *se obtiene:*

$$\underline{r} = \begin{bmatrix} r_{xa} \\ r_{ya} \\ \theta_a \\ \hdashline r_{xb} \\ r_{yb} \\ \theta_b \end{bmatrix} = 10^{-4}\begin{bmatrix} -0.4142 \\ 3.90 \\ -0.1553 \\ \hdashline 0.2071 \\ 3.05 \\ -0.0965 \end{bmatrix} = \frac{1}{k}\begin{bmatrix} -0.8283 \\ 7.80 \\ -0.3106 \\ \hdashline 0.4142 \\ 6.10 \\ -0.193 \end{bmatrix} \begin{matrix} \left.\right\} \underline{r}_a \\ \\ \left.\right\} \underline{r}_b \end{matrix}$$

Los desplazamientos y fuerzas por eje son:

Para la parte (a) con: $\underline{r}_a = \dfrac{1}{k}\begin{bmatrix} -0.8283 \\ 7.80 \\ -0.3106 \end{bmatrix}$

***Eje** (1a)*

$\underline{r}_{1a} = 7.1788/k \quad \Rightarrow \quad \underline{R}_{1a} = \dfrac{7.1788}{2} = 3.5894\ [kN]$

***Eje** (2a)*

$\underline{r}_{2a} = -0.1035/k \quad \Rightarrow \quad \underline{R}_{2a} = \dfrac{-0.1035}{2} = -0.05175\ [kN]$

***Eje** (3a)*

$\underline{r}_{3a} = -8.4212/k \quad \Rightarrow \quad \underline{R}_{3a} = \dfrac{-8.4212}{2} = -4.2106\ [kN]$

***Eje** (4a)*

$\underline{r}_{4a} = -1.7601/k \quad \Rightarrow \quad R_{4a} = \dfrac{-1.7601}{2} = -0.8805\ [\mathrm{kN}]$

Para la parte (b) con: $\underline{r}_b = \dfrac{1}{k}\begin{bmatrix} 0.4142 \\ 6.10 \\ -0.193 \end{bmatrix}$

***Eje** (1b)*

$\underline{r}_{1b} = 5.714/k \quad \Rightarrow \quad \underline{R}_{1b} = 5.714\,[kN]$

***Eje** (2b)*

$\underline{r}_{2b} = -0.9932/k \quad \Rightarrow \quad \underline{R}_{2b} = -0.9932\ [kN]$

Eje (3b)

$\underline{r}_{3b} = -6.486 / k \quad \Rightarrow \quad \underline{R}_{3b} = -6.486\ [kN]$

Eje (4b)

$\underline{r}_{4b} = -0.1648 / k \quad \Rightarrow \quad \underline{R}_{4b} = -0.1648 [kN]$

La distribución de la carga por eje considerando la flexibilidad del elemento de enlace (diafragma flexible) es entonces:

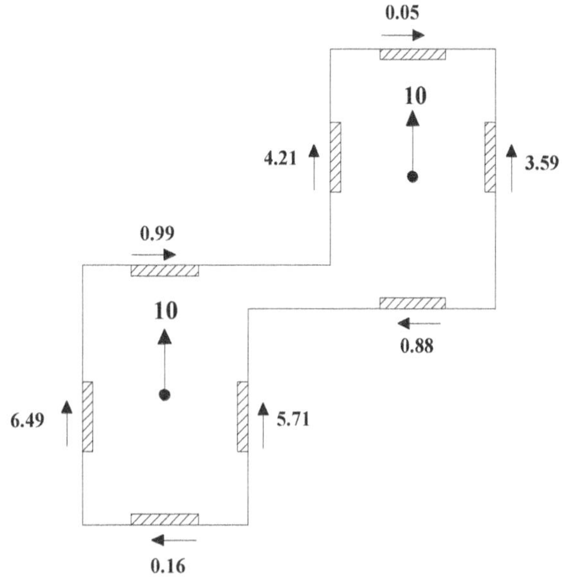

Se puede visualizar que se cumple el equilibrio de fuerzas tanto en la dirección X, como en la dirección Y.

Por su parte el elemento de enlace toma los siguientes esfuerzos:

$$\underline{S}_E = \underline{k}_E\ \underline{r} = \begin{bmatrix} 0.8283 \\ 2.20 \\ 4.038 \\ \hdashline -0.8283 \\ -2.20 \\ 5.018 \end{bmatrix}$$

Esto es:

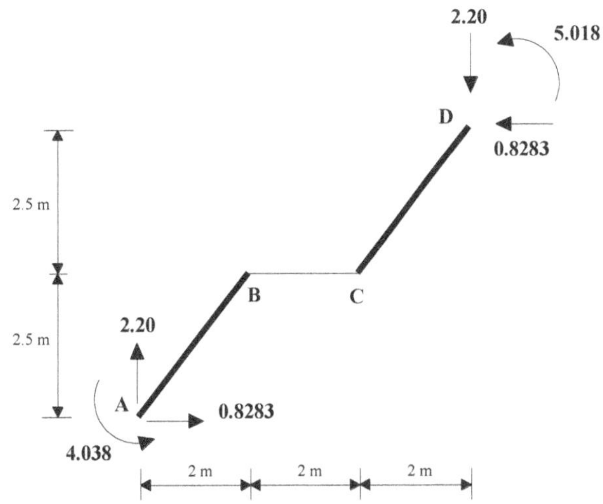

No son de despreciar entonces los esfuerzos que toma el tramo flexible BC:

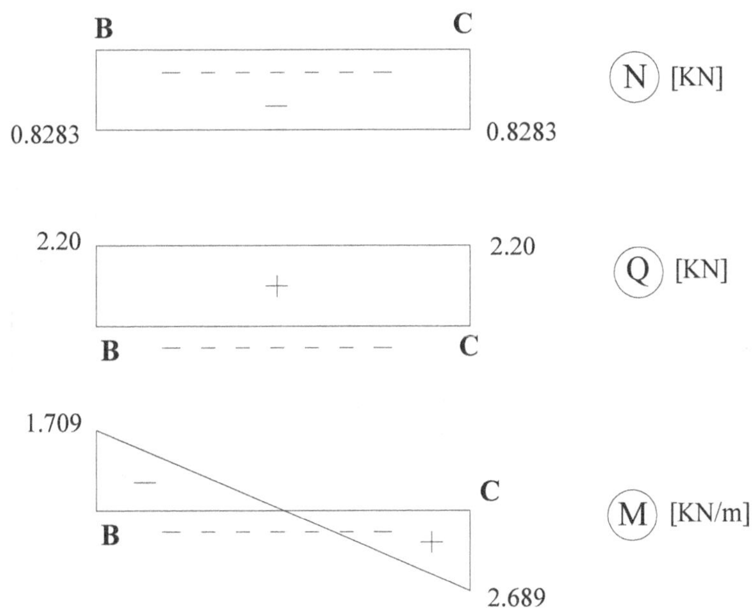

Ejercicios propuestos

8.1 *La planta del edificio indicado es un hexágono regular de lados iguales a 4 metros. El edificio es de 1 piso de 3 metros de altura con losa superior. Calcular los desplazamientos que experimenta el edificio y las cargas que toman los ejes resistentes (1) al (6) al aplicar las siguientes cargas:*

a) *Carga en dirección X de* $5[kN]$
b) *Carga en dirección Y de* $5[kN]$
c) *Carga a) con una excentricidad* $e_y = 0.40\ [m]$
d) *Carga b) con una excentricidad* $e_x = 0.40\ [m]$

Datos: *Espesor de los muros* $= 0.20\ [m]$
$E = 2000\ [\mathrm{kN/cm^2}]$

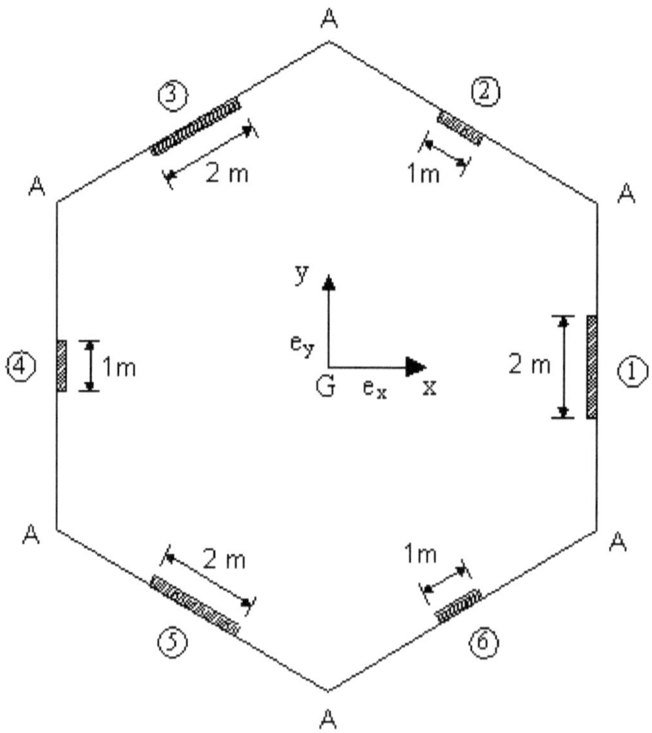

8.2 *Resolver el Ejemplo 8.1 considerando que el edificio tiene 2 pisos de 3 metros de altura con losa superior, con ambas plantas idénticas y con la carga* $\mathrm{R} = 5[\mathrm{kN}]$ *aplicada en el nivel superior. Realizar análisis con y sin consideración de la compatibilidad vertical en los puntos A de intersección de los ejes.*

9. ANÁLISIS NO LINEAL DE ESTRUCTURAS

La hipótesis fundamental de los capítulos anteriores es que las deformaciones de los elementos y por lo tanto los desplazamientos nodales son relativamente pequeños. El descartar esa suposición conlleva dos implicancias para el análisis estructural: por una parte, al considerar grandes deformaciones se debería considerar que el comportamiento del material ya no es lineal, esto es, puede variar el módulo de elasticidad y por otra parte, al considerar grandes desplazamientos ya no es válida la suposición de plantear el equilibrio de la estructura en forma independiente de su estado deformado. Esta última consideración que implica que ya no es válida la ecuación diferencial de un elemento de viga (5.35), es la que será analizada en este capítulo. La consideración de la no-linealidad del material se puede realizar en forma similar a lo que se explica en el análisis incremental.

9.1. Ecuación diferencial de la viga en estado deformado

En la Figura 9.1 se muestra un elemento infinitesimal de viga en estado deformado. A diferencia del caso no deformado, los esfuerzos N y Q (definidos en la dirección del eje neutro y su perpendicular respectivamente) no coinciden con la coordenadas locales $\bar{x}$ y $\bar{z}$. Para ello se definen los esfuerzos H y V en las direcciones $\bar{x}$ y $\bar{z}$ respectivamente.

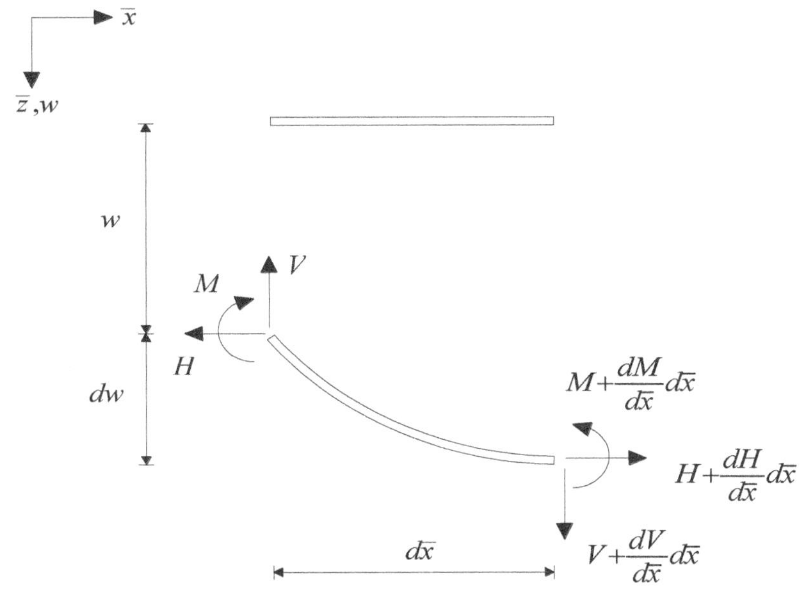

Figura 9.1. Elemento infinitesimal de viga en estado deformado

Sin considerar cargas repartidas, las ecuaciones de equilibrio que se obtienen son:

$$\frac{dH}{d\bar{x}}d\bar{x}=0 \quad \Rightarrow \quad H = cte \qquad \text{(i)}$$

$$\frac{dV}{d\bar{x}}d\bar{x}=0 \quad \Rightarrow \quad V = cte \qquad \text{(ii)}$$

$$\frac{dM}{d\bar{x}}d\bar{x}= V\,d\bar{x}-H\,dw \qquad \text{(iii)}$$

Por lo tanto, de (iii) se tiene que:

$$\frac{dM}{d\bar{x}}=V-H\frac{dw}{d\bar{x}} \qquad \text{(iv)}$$

Nótese que (iv) representa la gran diferencia con la ecuación de equilibrio en estado indeformado en el que se cumplía $\frac{dM}{d\bar{x}}=Q$

De la ecuación (iv) y considerando que H y V son constantes se tiene que:

$$\frac{d^2M}{d\bar{x}^2}=-H\frac{d^2w}{d\bar{x}^2} \qquad \text{(v)}$$

En comparación con el caso indeformado se debe recordar que sin carga repartida se cumplía:

$$\frac{d^2M}{dx^2}=0$$

Introduciendo la relación momento curvatura válida en cualquier sección de la viga:

$$M(\bar{x})=-EI\frac{d^2w}{d\bar{x}^2} \qquad \text{(vi)}$$

Suponiendo $EI = cte.$ e introduciendo (vi) en (v) se obtiene:

$$EI\,w^{iv}(\bar{x})-H\,w^{ii}(\bar{x})=0 \qquad (9.1)$$

La relación (9.1) representa la ecuación diferencial de equilibrio de una viga en estado deformado sin carga repartida. En comparación, dicha ecuación diferencial en estado indeformado es $EI\,w^{iv}(\bar{x})=0$.

Definiendo un coeficiente κ de manera que:

$$\kappa^2 = \frac{H}{EI} \tag{9.2}$$

Se tiene que la ecuación diferencial (9.1) queda:

$$w^{iv}(\bar{x}) + \kappa^2 w^{ii}(\bar{x}) = 0 \tag{9.3}$$

La solución de la ecuación diferencial (9.3) depende del factor κ.

Si $\kappa^2 > 0$ (elemento en comprensión)

$$w(\bar{x}) = C_1 + C_2\bar{x} + C_3 cos(\kappa\bar{x}) + C_4 sen(\kappa\bar{x}) \tag{9.4}$$

Si $\kappa^2 < 0$ (elemento en tracción)

$$w(\bar{x}) = \tilde{C}_1 + \tilde{C}_2\bar{x} + \tilde{C}_3 cosh(\kappa_o\bar{x}) + \tilde{C}_4 senh(\kappa_o\bar{x}) \tag{9.5}$$

con $\kappa_o^2 = -\kappa^2$

Las constantes $C_1,....C_4$ o bien $\tilde{C}_1,....\tilde{C}_4$ se pueden expresar en función de los desplazamientos y giros de ambos extremos de la viga $\bar{u}_2$, $\bar{u}_3$, $\bar{u}_5$ y $\bar{u}_6$. Se recuerda que los desplazamientos $\bar{u}_1$ y $\bar{u}_4$ corresponden a los desplazamientos en la dirección axial y no están relacionados con el desplazamiento transversal $w(\bar{x})$. En la Figura 9.2 se muestran los desplazamientos $\bar{u}_2$, $\bar{u}_3$, $\bar{u}_5$ y $\bar{u}_6$.

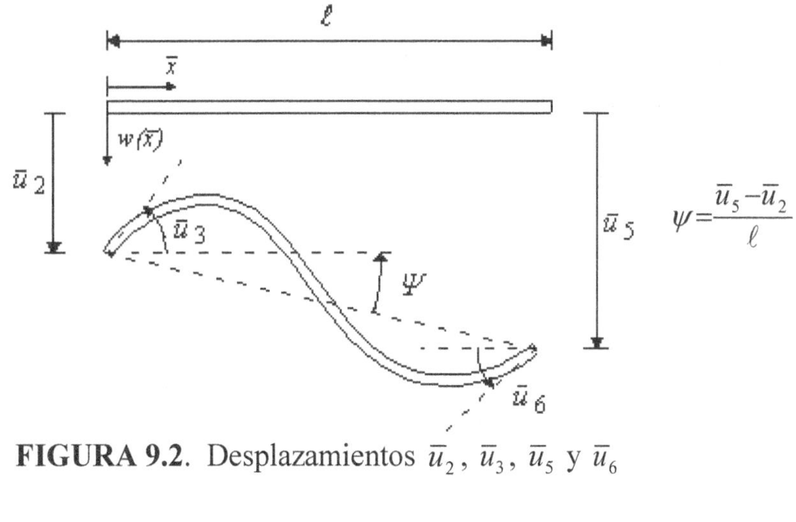

FIGURA 9.2. Desplazamientos $\bar{u}_2$, $\bar{u}_3$, $\bar{u}_5$ y $\bar{u}_6$

De la Figura 9.2 se observa que:

$$w(0) = \bar{u}_2 \qquad w'(0) = -\bar{u}_3 \qquad w(\ell) = \bar{u}_5 \qquad w'(\ell) = -\bar{u}_6 \tag{9.6}$$

Reemplazando la expresión (9.4) en las condiciones de borde (9.6) se obtiene la relación entre las constantes C_1,....C_4 y los desplazamientos nodales $\bar{u}_2,....\bar{u}_6$ para el caso del elemento comprimido. Dicha relación es:

$$\begin{bmatrix} 1 & 0 & 1 & 0 \\ 0 & 1 & 0 & \kappa \\ 1 & \ell & \cos\kappa\ell & sen\kappa\ell \\ 0 & 1 & -\kappa\, sen\kappa\ell & \kappa\cos\kappa\ell \end{bmatrix} \begin{bmatrix} C_1 \\ C_2 \\ C_3 \\ C_4 \end{bmatrix} = \begin{bmatrix} \bar{u}_2 \\ -\bar{u}_3 \\ \bar{u}_5 \\ -\bar{u}_6 \end{bmatrix} \tag{9.7}$$

La solución de este sistema de ecuaciones se puede obtener con el programa Maple V, Versión 5.1. El resultado es:

$$\left.\begin{aligned}
C_1 &= \frac{[\kappa(1\text{-}cos\,\kappa\ell)\text{-}\kappa^2\ell\, sen\,\kappa\ell]\bar{u}_2+(sen\,\kappa\ell-\kappa\ell\, cos\,\kappa\ell)\bar{u}_3+\kappa(1-cos\kappa\ell)\bar{u}_5+(\kappa\ell-sen\;\kappa\ell)\bar{u}_6}{2\kappa\;(1\text{-}cos\,\kappa\ell)-\kappa\ell\; sen\;\kappa\ell} \\
C_2 &= \frac{\kappa\, sen\kappa\ell\;\bar{u}_2-(1-cos\kappa\ell)\bar{u}_3-\kappa\, sen\kappa\ell\;\bar{u}_5-(1-cos\kappa\ell)\bar{u}_6}{2(1-cos\kappa\ell)-\kappa\,\ell sen\kappa\ell} \\
C_3 &= \frac{\kappa(1-cos\,\kappa\ell)\bar{u}_2-(sen\,\kappa\ell-\kappa\ell\, cos\,\kappa\ell)\bar{u}_3-\kappa(1-cos\,\kappa\ell)\bar{u}_5-(\kappa\ell-sen\;\kappa\ell)\bar{u}_6}{2\kappa(1-cos\,\kappa\ell)-\kappa^2\ell\, sen\,\kappa\ell} \\
C_4 &= \frac{-\kappa\, sen\,\kappa\ell\;\bar{u}_2+(\kappa\ell\, sen\,\kappa\ell+cos\,\kappa\ell-1)\bar{u}_3+\kappa\, sen\,\kappa\ell\;\bar{u}_5+(1-cos\,\kappa\ell)\;\bar{u}_6}{2\kappa(1-cos\,\kappa\ell)-\kappa^2\ell\, sen\,\kappa\ell}
\end{aligned}\right\} \tag{9.8}$$

Análogamente se obtienen las constantes $\tilde{C}_1,....\tilde{C}_4$ para el caso de tracción reemplazando (9.5) en las condiciones de borde (9.6)

9.2.- Matriz de rigidez no lineal

En la Figura 9.3 se indican las fuerzas nodales del elemento deformado sometido a una fuerza axial N.

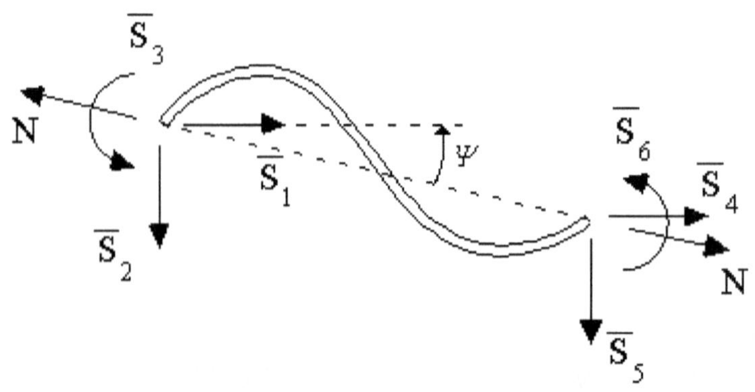

FIGURA 9.3. Fuerzas nodales en elemento deformado con fuerza axial.

Para ángulos ψ pequeños ($\cos\psi \approx 1$, $\text{sen}\,\psi \approx \text{tg}\,\psi = \psi$) se cumple que:

$$\left.\begin{array}{ll} \bar{S}_1 = -N & \bar{S}_4 = N \\ \bar{S}_3 = -M(0) = EI\,w''(0) & \bar{S}_6 = M(\ell) = -EI\,w''(\ell) \\ \bar{S}_2 = -N\psi - \dfrac{\bar{S}_3+\bar{S}_6}{\ell} & \bar{S}_5 = N\psi + \dfrac{\bar{S}_3+\bar{S}_6}{\ell} \end{array}\right\} \quad (9.9)$$

con $\psi = \dfrac{\bar{u}_5-\bar{u}_2}{\ell}$

Para el caso de compresión, de la relación (9.4) se obtiene que:

$$w''(\bar{x}) = -\kappa^2 C_3 \cos(\kappa\bar{x}) - \kappa^2 C_4 sen(\kappa\bar{x}) \quad (9.10)$$

Por lo que se deduce que:

$$\bar{S}_3 = -EI\,\kappa^2 C_3 \quad (9.11)$$

$$\bar{S}_6 = EI\,\kappa^2 C_3\; cos(\kappa\ell) + EI\,\kappa^2 C_4\; sen(\kappa\ell) \quad (9.12)$$

Reemplazando las expresiones de c_3 y c_4 de (9.8) y definiendo:

$$\left.\begin{array}{l} \phi_1 = \dfrac{sen(\kappa\,\ell) - \kappa\,\ell cos(\kappa\,\ell)}{2\,[1-cos(\kappa\,\ell)] - \kappa\,\ell\, sen(\kappa\,\ell)}\kappa\, EI \\ \phi_2 = \dfrac{\kappa\,\ell - sen(\kappa\,\ell)}{2\,[1-cos(\kappa\,\ell)] - \kappa\,\ell sen(\kappa\,\ell)}\kappa\, EI \end{array}\right\} \quad (9.13)$$

y

$$\phi_3 = \frac{\kappa(1-cos\kappa\,\ell)}{2\,[1-cos(\kappa\,\ell)] - \kappa\,\ell sen(\kappa\,\ell)}\kappa\, EI = \frac{\phi_1+\phi_2}{\ell} \quad (9.14)$$

se obtiene:

$$\left.\begin{array}{l} \bar{S}_3 = -\phi_3\,\bar{u}_2 + \phi_1\,\bar{u}_3 + \phi_3\,\bar{u}_5 + \phi_2\,\bar{u}_6 \\ \bar{S}_6 = -\phi_3\,\bar{u}_2 + \phi_2\,\bar{u}_3 + \phi_3\,\bar{u}_5 + \phi_1\,\bar{u}_6 \end{array}\right\} \quad (9.15)$$

Con las relaciones (9.9) se obtienen los restantes esfuerzos nodales:

$$\overline{S}_2 = -N\psi - \frac{\overline{S}_3 + \overline{S}_6}{\ell}$$

$$= -N\frac{\overline{u}_5 - \overline{u}_2}{\ell} + \frac{2\phi_3}{\ell}\overline{u}_2 - \phi_3\,\overline{u}_3 - \frac{2\phi_3}{\ell}\overline{u}_5 - \phi_3\,\overline{u}_6$$

$$= \left(\frac{2\phi_3 + N}{\ell}\right)\overline{u}_2 - \phi_3\,\overline{u}_3 - \left(\frac{2\phi_3 + N}{\ell}\right)\overline{u}_5 - \phi_3\,\overline{u}_6$$

Llamando:

$$\phi_4 = \frac{2\phi_3 + N}{\ell} = \frac{2}{\ell}\phi_3 - \frac{\kappa^2 EI}{\ell} \tag{9.16}$$

Queda:

$$\overline{S}_2 = \phi_4\,\overline{u}_2 - \phi_3\,\overline{u}_3 - \phi_4\,\overline{u}_5 - \phi_3\,\overline{u}_6 \tag{9.17}$$

Por lo tanto:

$$\overline{S}_5 = -\overline{S}_2 = -\phi_4\,\overline{u}_2 + \phi_3\,\overline{u}_3 + \phi_4\,\overline{u}_5 + \phi_3\,\overline{u}_6 \tag{9.18}$$

Por otra parte, la fuerza axial N se puede determinar de los desplazamientos axiales:

$$N = \frac{EA}{\ell}(\overline{u}_4 - \overline{u}_1)$$

y reemplazando en (9.9) se tiene:

$$\overline{S}_1 = -\frac{EA}{\ell}(\overline{u}_4 - \overline{u}_1) \qquad \text{y} \qquad \overline{S}_4 = \frac{EA}{\ell}(\overline{u}_4 - \overline{u}_1) \tag{9.19}$$

Resumiendo las relaciones (9.15) y (9.17) - (9.19) en una ecuación matricial se obtiene que para un elemento ⓙ:

$$\underline{\overline{S}}^j = \underline{\overline{k}}_F{}^j\,\underline{\overline{u}}^j \tag{9.20}$$

en que $\underline{\overline{S}}^j$ y $\underline{\overline{u}}^j$ corresponden respectivamente a los vectores de las fuerzas nodales y los desplazamientos nodales en coordenadas locales. La matriz $\underline{\overline{k}}_F{}^j$ es:

$$\underline{\bar{k}}_F{}^j = \begin{bmatrix} \frac{EA}{\ell} & 0 & 0 & -\frac{EA}{\ell} & 0 & 0 \\ & \phi_4 & -\phi_3 & 0 & -\phi_4 & -\phi_3 \\ & & \phi_1 & 0 & \phi_3 & \phi_2 \\ & & & \frac{EA}{\ell} & 0 & 0 \\ & & & & \phi_4 & \phi_3 \\ Sim. & & & & & \phi_1 \end{bmatrix} \tag{9.21}$$

La matriz $\underline{\bar{k}}_F{}^j$ es la matriz de rigidez no-lineal en coordenadas locales de un elemento de viga plana. Esta matriz depende linealmente del valor *EA* del elemento, pero es altamente no-lineal en su dependencia del valor *EI* y del esfuerzo axial a que esta sometido el elemento. Los valores fundamentales que aparecen en la matriz son ϕ_1 y ϕ_2 que se indican en (9.13) los cuales dependen del valor *EI* y de funciones trigonométricas de κ que a su vez depende no-linealmente del esfuerzo axial y el valor *EI*. Los valores ϕ_3 y ϕ_4 se calculan con los valores ϕ_1 y ϕ_2 usando las relaciones (9.14) y (9.16).

La deducción anterior se ha realizado para el caso del elemento comprimido, sin embargo, se puede hacer la misma deducción para el elemento traccionado. En forma más sencilla basta reemplazar la relación válida para el caso de tracción (N > 0):

$$\kappa^2 = -\frac{N}{EI} = -\kappa_0{}^2 \qquad \text{con} \qquad \kappa_0{}^2 = \frac{N}{EI}$$

Por lo tanto $\kappa = i\,\kappa_0$

Reemplazando las relaciones:

$$cos(\kappa\,\ell) = cos(i\kappa_o\ell) = cosh(\kappa_o\ell)$$

$$sen(\kappa\,\ell) = sen(i\kappa_o\ell) = isenh(\kappa_o\ell)$$

en (9.13) se obtiene:

$$\left.\begin{aligned} \tilde{\phi}_1 &= \frac{senh(\kappa_0\ell) - \kappa_0\ell cosh(\kappa_0\ell)}{2\,[cosh(\kappa_0\ell) - 1] - \kappa_0\ell senh(\kappa_0\ell)}\kappa_0 EI \\ \tilde{\phi}_2 &= \frac{\kappa_0\ell - senh(\kappa_0\ell)}{2\,[cosh(\kappa_0\ell) - 1] - \kappa_0\ell senh(\kappa_0\ell)}\kappa_0 EI \end{aligned}\right\} \tag{9.22}$$

Con la expresiones (9.22) se determinan los valores $\tilde{\phi}_3$ y $\tilde{\phi}_4$ usando las expresiones idénticas a (9.14) y (9.16):

$$\tilde{\phi}_3 = \frac{\tilde{\phi}_1 + \tilde{\phi}_2}{\ell} \qquad \text{y} \qquad \tilde{\phi}_4 = \frac{2}{\ell^2}(\tilde{\phi}_1 + \tilde{\phi}_2) + \frac{N}{\ell} \tag{9.23}$$

Usando entonces las expresiones (9.22) y (9.23) para calcular $\tilde{\phi}_1,...,\tilde{\phi}_4$ y reemplazando en (9.21) los valores de $\phi_1,...,\ \phi_4$ por los correspondientes $\tilde{\phi}_1,...,\tilde{\phi}_4$, se obtiene la matriz de rigidez no-lineal para el caso de **tracción**.

Una importante comprobación se puede realizar con la matriz $\underline{\bar{k}}_F{}^j$ indicada en (9.21), tanto para el caso de comprensión, como en el caso de tracción. Dicha comprobación consiste en constatar que a medida que el esfuerzo axial disminuye ($N \to 0$), dicha matriz debe tender a la matriz de rigidez en coordenadas locales del elemento en estado indeformado.

Para lo anterior se puede verificar (con el programa Maple V, Versión 5.1) los siguientes límites:

$$\left.\begin{aligned} \lim_{N\to 0}\phi_1 &= \lim_{N\to 0}\tilde{\phi}_1 = \frac{4EI}{\ell} \\ \lim_{N\to 0}\phi_2 &= \lim_{N\to 0}\tilde{\phi}_2 = \frac{2EI}{\ell} \end{aligned}\right\} \tag{9.24}$$

Con (9.24) y las relaciones (9.14), (9.16) y (9.23) se obtiene:

$$\lim_{N\to 0}\phi_3 = \lim_{N\to 0}\tilde{\phi}_3 = \frac{6EI}{\ell^2} \qquad\qquad \lim_{N\to 0}\phi_4 = \lim_{N\to 0}\tilde{\phi}_4 = \frac{12EI}{\ell^3} \tag{9.25}$$

Por lo tanto, se cumple que:

$$\lim_{N\to 0}\underline{\bar{k}}_F^j = \underline{\bar{k}}^j = \begin{bmatrix} \frac{EA}{\ell} & 0 & 0 & -\frac{EA}{\ell} & 0 & 0 \\ & \frac{12EI}{\ell^3} & -\frac{6EI}{\ell^2} & 0 & -\frac{12EI}{\ell^3} & -\frac{6EI}{\ell^2} \\ & & \frac{4EI}{\ell} & 0 & \frac{6EI}{\ell^2} & \frac{2EI}{\ell} \\ & & & \frac{EA}{\ell} & 0 & 0 \\ & & & & \frac{12EI}{\ell^3} & \frac{6EI}{\ell^2} \\ Sim. & & & & & \frac{4EI}{\ell} \end{bmatrix} \tag{9.26}$$

Las matrices $\overline{\underline{k}}_F{}^j$ de los elementos se pueden transformar a coordenadas globales mediante el producto:

$$\underline{k}_F^j = \underline{L}_D^j \ \overline{\underline{k}}_F^j (\underline{L}_D^j)^T \qquad (9.27)$$

Con las matrices $\underline{k}_F{}^j$ de todos los elementos se puede formar la matriz de rigidez de la estructura mediante el método directo indicado en el Capítulo 6. Formalmente.

$$\underline{K}_F = \underline{C}\, diag\{\underline{k}_F^j\} \underline{C}^T \qquad (9.28)$$

Es interesante comprobar las diferencias entre las matrices $\overline{\underline{k}}_F{}^j$ para los casos de compresión, tracción y la matriz $\overline{\underline{k}}^j$ para el estado indeformado. Esto se muestra en el siguiente ejemplo.

Ejemplo 9.1

Formar las matrices $\overline{\underline{k}}^j$ y $\overline{\underline{k}}_F{}^j$ del elemento indicado para el caso de una fuerza axial N = -100 $[kN]$ y N = 100 $[kN]$.

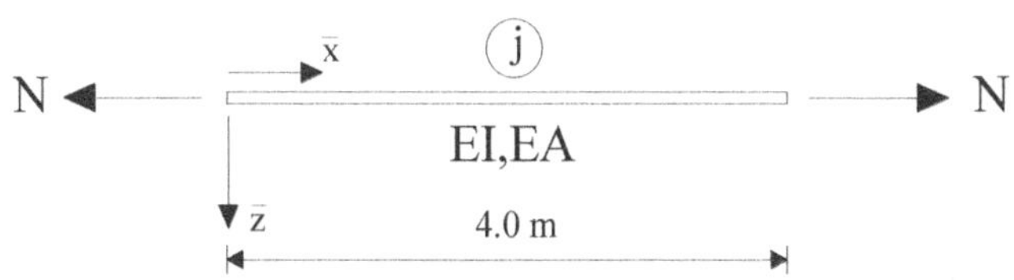

$$EI = 945[\mathrm{kNm}^2]$$
$$EA = 5.46\times 10^5 [kN]$$
$$\frac{EA}{EI} = 578[1/m^2]$$

a) En estado indeformado (N=0)

$$\overline{\underline{k}}^j = EI\begin{bmatrix} 145 & 0 & 0 & -145 & 0 & 0 \\ & 0.1875 & -0.375 & 0 & -0.1875 & -0.375 \\ & & 1.0 & 0 & 0.375 & 0.5 \\ & & & 145 & 0 & 0 \\ & & & & 0.1875 & 0.375 \\ Sim. & & & & & 1.0 \end{bmatrix}$$

b) Para el caso de compresión $N = -100\ [kN]$

$$\kappa = \sqrt{\frac{100}{945}} = 0.3253$$

$$\bar{\underline{k}}_F^j = EI \begin{bmatrix} 145 & 0 & 0 & -145 & 0 & 0 \\ & 0.156 & -0.364 & 0 & -0.156 & -0.364 \\ & & 0.942 & 0 & 0.364 & 0.515 \\ & & & 145 & 0 & 0 \\ & & & & 0.156 & 0.364 \\ Sim. & & & & & 0.942 \end{bmatrix}$$

c) Para el caso en tracción $N = 100\ [kN]$

$$\kappa_0 = \sqrt{\frac{100}{945}} = 0.3253$$

$$\bar{\underline{k}}_F^j = EI \begin{bmatrix} 145 & 0 & 0 & -145 & 0 & 0 \\ & 0.219 & -0.385 & 0 & -0.219 & -0.385 \\ & & 1.055 & 0 & 0.385 & 0.487 \\ & & & 145 & 0 & 0 \\ & & & & 0.219 & 0.385 \\ Sim. & & & & & 1.055 \end{bmatrix}$$

Se observa que el elemento es más rígido para el caso de tracción que en el estado indeformado. A su vez este último es más rígido que en el caso comprimido. Lo anterior se puede observar en los desplazamientos que se muestran en el ejemplo siguiente.

Ejemplo 9.2

Calcular los desplazamientos que se producen en el extremo de la viga indicada en el Ejemplo 9.1, para la carga indicada y el extremo izquierdo empotrado.

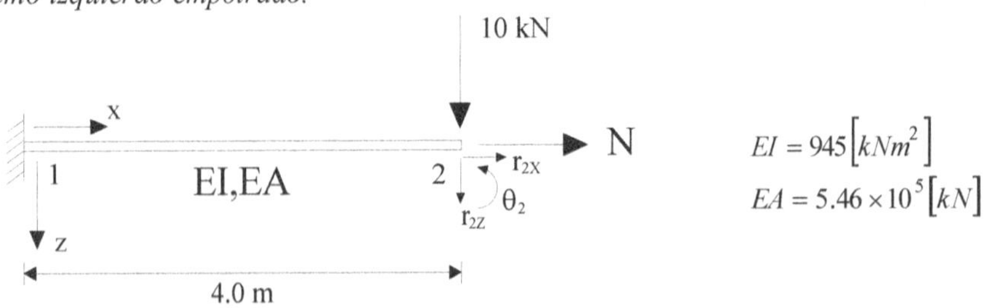

El desplazamiento, axial es independiente y se puede calcular directamente de:

$$\frac{EA}{\ell} r_{2x} = R_{2x} = N \quad \Rightarrow \quad r_{2x} = \frac{N\ell}{EA}$$

Los desplazamientos r_{2Z} y θ_2 dependen de la fuerza axial

a) Estado indeformado ($N = 0$)

$$\underline{K} = EI \begin{bmatrix} 0.1875 & 0.375 \\ 0.375 & 1.0 \end{bmatrix} \qquad \underline{R} = \begin{bmatrix} 10 \\ 0 \end{bmatrix}$$

$$\underline{K}\,\underline{r} = \underline{R} \;\Rightarrow\; \underline{r} = \frac{1}{EI} \begin{bmatrix} 213.33 \\ -80 \end{bmatrix} \begin{matrix} r_{2Z} \\ \theta_2 \end{matrix}$$

b) Caso comprimido, $N = -100\ [kN]$

$$\underline{K}_F = EI \begin{bmatrix} 0.156 & 0.364 \\ 0.364 & 0.942 \end{bmatrix} \qquad \underline{R} = \begin{bmatrix} 10 \\ 0 \end{bmatrix}$$

$$\underline{K}_F\,\underline{r} = \underline{R} \;\Rightarrow\; \underline{r} = \frac{1}{EI} \begin{bmatrix} 651.63 \\ -251.80 \end{bmatrix}$$

c) Caso traccionado, $N = 100\ [kN]$

$$\underline{K}_F = EI \begin{bmatrix} 0.219 & 0.385 \\ 0.385 & 1.055 \end{bmatrix} \qquad \underline{R} = \begin{bmatrix} 10 \\ 0 \end{bmatrix}$$

$$\underline{K}_F\,\underline{r} = \underline{R} \;\Rightarrow\; \underline{r} = \frac{1}{EI} \begin{bmatrix} 127.39 \\ -46.49 \end{bmatrix}$$

Se observa que los desplazamientos del caso (c) son inferiores al del caso (a) y estos a su vez son inferiores al del caso (b). Esto es:

$$\delta_{(tracción)} < \delta_{(indeformado)} < \delta_{(compresión)}$$

9.3.- Inestabilidad elástica

Si se tiene una estructura sometida a un vector de cargas $\underline{R}$, se puede calcular las fuerzas axiales de todos los elementos suponiendo un estado indeformado. Esto es, llamando $\underline{F}_1$ a un vector de las fuerzas axiales de todos los elementos.

$$\underline{K}\,\underline{r} = \underline{R} \quad \Rightarrow \quad \underline{r} \quad \Rightarrow \quad \underline{F}_1 \tag{9.29}$$

Conociendo las fuerzas axiales de todos los elementos se puede plantear el siguiente problema:

$$\underline{K}_F(\lambda \underline{F}_1)\underline{r} = \lambda \underline{R} \tag{9.30}$$

que permite calcular los desplazamientos $\underline{r}$ a partir del estado deformado. Sin embargo, se debe considerar que incluso para $\lambda = 1$ los sistemas de ecuaciones (9.29) y (9.30) son muy diferentes debido a que las matrices $\underline{K}$ y $\underline{K}_F$ sólo coinciden para el caso $\lambda = 0$, esto es, en todas las barras se debe cumplir que $N = \lambda F_1 = 0$.

Como se indicaba anteriormente, a medida que aumenta la compresión en los elementos, estos se hacen más flexibles, por lo que se puede llegar a un factor λ que haga que la matriz $\underline{K}_F(\lambda \underline{F}_1)$ se haga singular. El menor valor λ que produce una singularidad en esa matriz es el factor de amplificación de las cargas que produce **"inestabilidad elástica"** en la estructura. Se define como:

$$\lambda_k = \min\left\{\lambda \,/\, det\left[\underline{K}_F(\lambda \underline{F}_1)\right] = 0, \lambda > 0\right\} \tag{9.31}$$

El uso práctico de estas ecuaciones se reduce a sistemas sencillos por la complejidad de la matriz $\underline{K}_F(\lambda \underline{F}_1)$ y el cálculo de su determinante.

Ejemplo 9.3

Determinar la carga crítica de la columna de la figura.

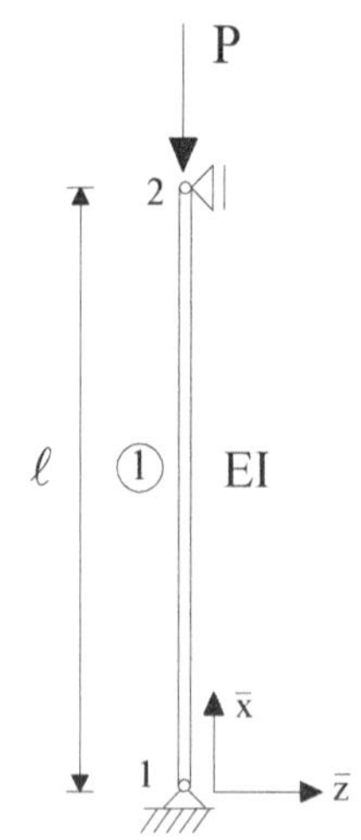

En el sistema de coordenadas locales $\bar{x}$, $\bar{z}$, $\underline{K}_F = \underline{\bar{k}}_F^{1}$ con los grados de libertad θ_1 y θ_2 (giros de los nudos 1 y 2)

$$\underline{K}_F = \begin{matrix} & \theta_1 & \theta_2 \\ \theta_1 & \phi_1 & \phi_2 \\ \theta_2 & \phi_2 & \phi_1 \end{matrix} \qquad \text{con } N = \lambda F_1 = -P$$

Por lo tanto $F_1 = -1$ y $\lambda = P$

$$det\left[\underline{K}_F(\lambda \underline{F}_1)\right] = det\begin{bmatrix} \phi_1 & \phi_2 \\ \phi_2 & \phi_1 \end{bmatrix} = 0$$

$\phi_1^2 - \phi_2^2 = 0 \qquad \Rightarrow \qquad (\phi_1 + \phi_2)(\phi_1 - \phi_2) = 0$

Reemplazando (9.13) se obtiene: $(2\,sen\,\kappa\ell - \kappa\ell - \kappa\ell\,cos\,\kappa\ell)(\kappa\ell - \kappa\ell\,cos\,\kappa\ell) = 0$

Las raíces del primer paréntesis son $\kappa\ell = \pi$, 3π , 5π ,... El segundo paréntesis se anula para $\kappa\ell = 2\pi$, 4π ,...

Por lo tanto $\kappa_k * \ell = \pi$

$$\kappa_k \ell = \pi \qquad \Rightarrow \qquad \kappa_k^2 = \left(\frac{\pi}{\ell}\right)^2 = -\frac{N}{EI} = \frac{P_k}{EI}$$

Luego $$P_k = \left(\frac{\pi}{\ell}\right)^2 EI \qquad \text{(Euler -2)}$$

Ejemplo 9.4

Determinar la expresión para obtener la carga crítica de la columna de la figura.

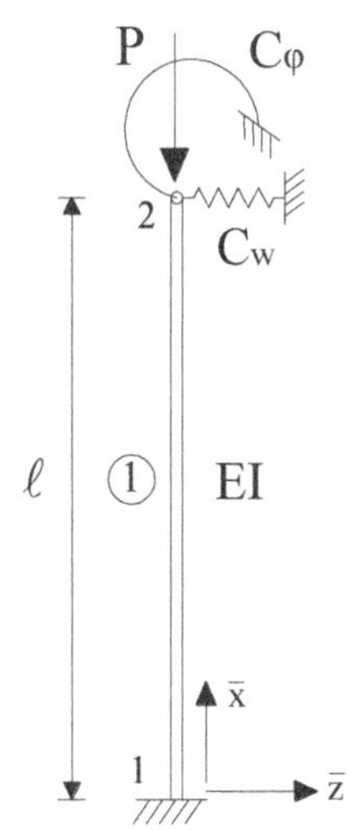

La matriz $\underline{K}_F$ *en este caso es:*

$$\underline{K}_F = \begin{matrix} & r_2 & \theta_2 \\ r_2 & \phi_4 + C_w & \phi_3 \\ \theta_2 & \phi_3 & \phi_1 + C_\varphi \end{matrix}$$

con $N = \lambda F_1 = -P$
$(F_1 = -1, \lambda = P)$

en que r_2 *y* θ_2 *son el desplazamiento lateral y el giro del nudo 2.*

$$Det\left[\underline{K}_F(\lambda \underline{F}_1)\right]=det\begin{bmatrix}\phi_4+C_w & \phi_3\\ \phi_3 & \phi_1+C_\varphi\end{bmatrix}$$

$$=(\phi_4+C_w)(\phi_1+C_\varphi)-\phi_3^2=0$$

Reemplazando (9.14) y (9.16): $\left[\frac{2}{\ell^2}(\phi_1+\phi_2)-\frac{P}{\ell}+C_w\right](\phi_1+C_\varphi)-(\phi_1+\phi_2)^2/\ell^2=0$

Luego $\left[2(\phi_1+\phi_2)-P\ell+C_w\ell^2\right](\phi_1+C_\varphi)-(\phi_1+\phi_2)^2=0$

Para distintos valores de C_w y C_φ se puede obtener entonces la carga crítica P_k.

Con $\kappa^2=\frac{P}{EI}$, $C_w'=\frac{C_w}{EI}$ *y* $C_\varphi'=\frac{C_\varphi}{EI}$

Se tiene que dividiendo por (EI)²: $\left[2\frac{(\phi_1+\phi_2)}{EI}-\kappa^2\ell-C_w'\ell^2\right]\left(\frac{\phi_1}{EI}+C_\varphi'\right)-\left(\frac{\phi_1+\phi_2}{EI}\right)^2=0$

Entre los diferentes casos de C_w y C_φ se distinguen los siguientes:

a) ***Euler - 1*** *($C_w = C_\varphi = 0$)*

En este caso: $\left[2\frac{(\phi_1+\phi_2)}{EI}-\kappa^2\ell\right]\frac{\phi_1}{EI}-\left(\frac{\phi_1+\phi_2}{EI}\right)^2=0$

dividiendo por κ^2: $Det=\left[2\frac{(\phi_1+\phi_2)}{\kappa EI}-\kappa\ell\right]\frac{\phi_1}{\kappa EI}-\left(\frac{\phi_1+\phi_2}{\kappa EI}\right)^2=0$

$\kappa\ell$	Det
0.01	128068
1	6.93
2	-1.64
1.5708	-0.00002

$$\kappa\ell \approx 1.57008 \Rightarrow \kappa^2=\frac{2.467}{\ell^2}$$

Por lo tanto: $P_k=\kappa^2 EI=\frac{2,467}{\ell^2}EI\approx\left(\frac{\pi}{2\ell}\right)^2 EI$

b) ***Euler - 3*** *($C_\varphi = 0,\ C_w = \infty$)*

Dividiendo por C_w': $\left[2\frac{(\phi_1+\phi_2)}{C_w' EI}-\frac{\kappa^2\ell}{C_w'}-\ell^2\right]\left(\frac{\phi_1}{EI}+C_\varphi'\right)-\frac{1}{C_w'}\left(\frac{\phi_1+\phi_2}{EI}\right)^2=0$

Haciendo: $C_w' = \dfrac{C_w}{EI} = \infty$ y $C_\varphi' = \dfrac{C_\varphi}{EI} = 0$

$$-\ell^2 \frac{\phi_1}{\mathrm{EI}} = 0 \quad \Rightarrow \quad \phi_1 = 0$$

$$\therefore \ sen\kappa\,\ell - \kappa\,\ell\ cos\kappa\,\ell = 0 \quad \Rightarrow \quad tg\kappa\,\ell = \kappa\,\ell$$

$$\therefore \ \kappa\,\ell = 4.487 \quad \Rightarrow \quad P_k = \kappa^2 EI = \frac{(4.487)^2}{\ell^2} EI \approx \frac{2.04\pi^2}{\ell^2} EI$$

c) ***Euler - 4*** $(C_\varphi = C_w = \infty)$

Del caso anterior se tiene que para $C_w' \rightarrow \infty$

$$-\ell^2\left(\frac{\phi_1}{\mathrm{EI}} + c_\varphi'\right) = 0 \quad \Rightarrow \quad \phi_1 = -c_\varphi' EI$$

$$Si\ C_\varphi' \rightarrow \infty \quad \Rightarrow \quad \phi_1 \rightarrow \infty$$

Por lo tanto: $2\,(1 - cos\kappa\,\ell) - \kappa\,\ell sen\kappa\,\ell = 0 \quad \Rightarrow \quad \kappa\,\ell = 2\pi$

Luego: $P_k = \kappa^2 EI = \dfrac{4\pi^2}{\ell^2} EI$

9.4.- Matriz de rigidez geométrica

La matriz de rigidez no lineal de un elemento $\underline{\bar{k}}_F^{\,j}$ indicada en (9.21) es una función altamente no lineal ya que depende de los parámetros, ϕ_1 y ϕ_2 (o $\tilde{\phi}_1$ y $\tilde{\phi}_2$ para el caso de tracción). Estas son funciones trascendentales de κ, de acuerdo a (9.13) para el caso de comprensión o (9.22) para el caso de tracción. A su vez el coeficiente κ es una función no lineal del esfuerzo axial H = N según (9.2).

Una posibilidad de linealizar el problema es hacer uso de la serie de Taylor y despreciar los términos de orden superior:

$$\underline{\bar{k}}_F^{\,j}(N) = \underline{\bar{k}}_F^{\,j}(N_0) + (N - N_0)\frac{d}{dN}\underline{\bar{k}}_F^{\,j}(N_0) + \mathrm{Resto} \tag{9.32}$$

Despreciando el resto, nos quedaría $\underline{\bar{k}}_F{}^j$ como una función lineal en *N*. Si se elige $N_0 = 0$ para el desarrollo de la serie de Taylor se tiene que:

$$\underline{\bar{k}}_F^j \approx \lim_{N_0 \to 0} \underline{\bar{k}}_F^j(N_0) + N \lim_{N_0 \to 0} \frac{d}{dN} \underline{\bar{k}}_F^j(N_0) \tag{9.33}$$

De (9.26) se sabe que: $\lim_{N_0 \to 0} \underline{\bar{k}}_F^j(N_0) = \underline{\bar{k}}^j$

Definiendo:

$$\underline{\bar{k}}_g{}^j = \lim_{N_0 \to 0} \frac{d}{dN} \underline{\bar{k}}_F^j(N_0) \tag{9.34}$$

Se tiene que:

$$\underline{\bar{k}}_F^j(N) \approx \underline{\bar{k}}^j + N \underline{\bar{k}}_g^j \tag{9.35}$$

Con la expresión (9.35) tenemos expresada la matriz de rigidez no lineal $\underline{\bar{k}}_F{}^j(N)$ como una suma de la matriz de rigidez $\underline{\bar{k}}^j$ (independiente de *N*) más *N* veces otra matriz $\underline{\bar{k}}_g{}^j$ (también independiente de *N*).

La matriz $\underline{\bar{k}}_g{}^j$, que es independiente de *N*, se llama matriz de rigidez geométrica del elemento (j) (en coordenadas locales).

Para deducir la matriz $\underline{\bar{k}}_g{}^j$ es necesario obtener el límite indicado en (9.34) utilizando la expresión de la matriz $\underline{\bar{k}}_F{}^j$ indicada en (9.21). Por lo tanto, es necesario obtener los siguientes límites:

$$\lim_{N_0 \to 0} \frac{d\phi_1}{dN}(N_0) \qquad \text{y} \qquad \lim_{N_0 \to 0} \frac{d\phi_2}{dN}(N_0)$$

en que $\kappa^2 = -\frac{N}{EI}$ $\quad\Rightarrow\quad$ $dN = -2EI\,\kappa\, d\kappa$

Por lo tanto $\frac{d}{dN}(\ ) = -\frac{1}{2EI\kappa}\frac{d}{d\kappa}(\ )$

Haciendo la derivación y los límites se obtiene que:

$$\left.\begin{aligned} &\lim_{N_0\to 0}\frac{d\phi_1}{dN}(N_0)=\frac{2}{15}\ell \\ &\lim_{N_0\to 0}\frac{d\phi_2}{dN}(N_0)=-\frac{1}{30}\ell \end{aligned}\right\} \tag{9.36}$$

Reemplazando en (9.14) y (9.16)

$$\left.\begin{aligned} &\lim_{N_0\to 0}\frac{d\phi_3}{dN}(N_0)=\frac{1}{\ell}\left(\frac{2}{15}\ell-\frac{1}{30}\ell\right)=\frac{1}{10} \\ &\lim_{N_0\to 0}\frac{d\phi_4}{dN}(N_0)=\frac{2}{\ell^2}\left(\frac{2}{15}\ell-\frac{1}{30}\ell\right)+\frac{1}{\ell}=\frac{6}{5\ell} \end{aligned}\right\} \tag{9.37}$$

Reemplazando los límites (9.36) y (9.37) en (9.34) se obtiene:

$$\underline{\bar{k}}_g^{\,j}=\left[\begin{array}{ccc|ccc} 0 & 0 & 0 & 0 & 0 & 0 \\ & \dfrac{6}{5\ell} & \dfrac{1}{10} & 0 & -\dfrac{6}{5\ell} & \dfrac{1}{10} \\ & & \dfrac{2\ell}{15} & 0 & -\dfrac{1}{10} & -\dfrac{\ell}{30} \\ \hline & & & 0 & 0 & 0 \\ & & & & \dfrac{6}{5\ell} & -\dfrac{1}{10} \\ \mathit{Simétrica} & & & & & \dfrac{2\ell}{15} \end{array}\right] \tag{9.38}$$

La matriz $\underline{\bar{k}}_g^{\,j}$ en coordenadas locales se puede transformar a coordenadas globales mediante la conocida matriz de giro del elemento:

$$\underline{k}_g^j=\underline{L}_D^j\,\underline{\bar{k}}_g^{\,j}\,(\underline{L}_D^j)^T \tag{9.39}$$

Análogamente al caso lineal, se puede formar la matriz de rigidez geométrica de la estructura formalmente mediante el producto:

$$\underline{K}_g=\underline{C}\,diag\;\{\underline{k}_g^j\}\,\underline{C}^T \tag{9.40}$$

La operación (9.40) representa la formación de la matriz de rigidez geométrica de la estructura $\underline{K}_g$ a partir de las matrices $\underline{k}_g{}^j$ de los elementos. En la práctica nunca se realiza la operación indicada en (9.40) sino que se forma la matriz $\underline{K}_g$ directamente usando la Tabla de Incidencia y las matrices $\underline{k}_g{}^j$ de los elementos (método directo).

De acuerdo a la relación (9.35) la matriz de rigidez no lineal de un elemento (j) está formada por:

$$\underline{k}_F^j(N) = \underline{k}^j + N^j \underline{k}_g^j \tag{9.41}$$

en que N es la fuerza axial (negativa para los elementos en compresión) del elemento (j). Por lo tanto, si se quiere formar la matriz de rigidez no lineal de la estructura, es necesario conocer las fuerzas axiales de todos los elementos.

Un caso especial lo constituye el problema de la "**inestabilidad elástica**" de la estructura. En este caso se trata de encontrar el factor λ que amplifica el vector de cargas de la estructura: $\lambda\ \underline{R}$, de manera que la estructura se haga inestable. Se pueden calcular las fuerzas axiales de los elementos debido a un factor $\lambda = 1$.

Llamando $F_1{}^j$ a la fuerza axial del elemento (j) debido a un vector de cargas $\lambda\ \underline{R}$ sobre la estructura con $\lambda = 1$, entonces:

$$\underline{k}_F^j(F_1{}^j) = \underline{k}^j + F_1{}^j \underline{k}_g^j = \underline{k}^j + \underline{k}_{g1}^j \tag{9.42}$$

$$\text{con} \quad \underline{k}_{g1}^j = F_1{}^j \underline{k}_g^j \tag{9.43}$$

Para un vector de cargas $\lambda\ \underline{R}$ con $\lambda \neq 1$, la fuerza axial N del elemento (j) será $\lambda\ F_1{}^j$, por lo tanto:

$$\underline{\mathrm{k}}_{\mathrm{F}}^{\mathrm{j}}(\mathrm{N}) = \underline{\mathrm{k}}_{\mathrm{F}}^{\mathrm{j}}(\lambda\ \mathrm{F}_1^{\mathrm{j}}) = \underline{\mathrm{k}}^{\mathrm{j}} + \lambda\ \mathrm{F}_1{}^{\mathrm{j}} \underline{\mathrm{k}}_{\mathrm{g}}^{\mathrm{j}} = \underline{\mathrm{k}}^{\mathrm{j}} + \lambda\ \underline{\mathrm{k}}_{\mathrm{g1}}^{\mathrm{j}} \tag{9.44}$$

llamando:

$$\underline{K}_g{}^1 = \underline{C}\ diag\ \{\underline{k}_{g1}^j\}\ \underline{C}^T \tag{9.45}$$

la matriz de rigidez no lineal para un vector de cargas $\lambda\ \underline{R}$ está dada por:

$$\underline{K}_F(\lambda\ \underline{R}) = \underline{K} + \lambda\ \underline{K}_g{}^1 \tag{9.46}$$

La "**inestabilidad elástica**" de la estructura (pandeo) se producirá para el factor λ que haga que la matriz $\underline{K}_F(\lambda\ \underline{R})$ sea singular, en forma similar a lo indicado en (9.31):

$$\lambda_k = \min\ \{\lambda / \det[\underline{K}_F(\lambda\ \underline{R})] = 0, \lambda > 0\} \tag{9.47}$$

La solución que entrega (9.47) es una aproximación a la entregada por la relación (9.31) utilizando la matriz $\underline{K}_F$ exacta. Ello se debe a que la relación (9.46) es una "aproximación" a la matriz $\underline{K}_F(\lambda\,\underline{R})$. La ventaja de (9.47) utilizando (9.46) es que el problema se simplifica enormemente. En efecto la relación

$$det[\underline{K}_F(\lambda\,\underline{R})]=det[\underline{K}+\lambda\,\underline{K}_g^1]=0 \qquad (9.48)$$

es equivalente a encontrar la solución no trivial de:

$$[\underline{K}+\lambda\,\underline{K}_g^{\,1}]\underline{\phi}=0 \qquad (9.49)$$

La solución no trivial ($\underline{\phi} \neq \underline{0}$) se encuentra sólo para el caso de que se cumple (9.48).

La relación (9.49) corresponde a un problema de valores propios, para el cual existen algoritmos estándar de solución. Los valores λ son los valores propios (factores de carga crítica de pandeo), mientras que $\underline{\phi}$ son los vectores propios (formas de pandeo).

Ejemplo 9.5

Resolver el problema del Ejemplo 9.3 utilizando la matriz de rigidez geométrica.

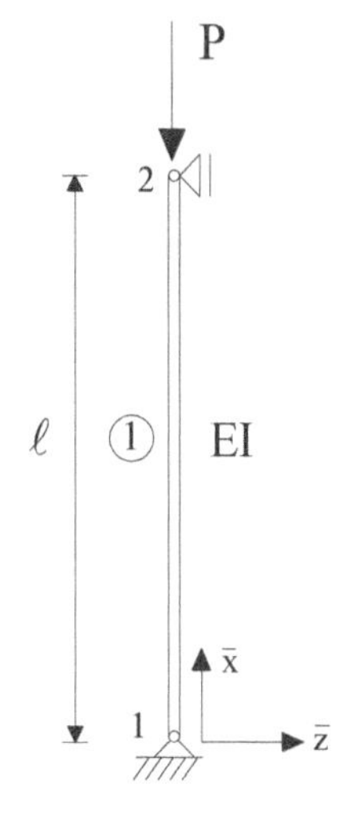

Con $N = \lambda\,F_1 = -P \quad \Rightarrow \quad F_1 = -1 \quad y \quad \lambda = P$

Para los grados de libertad θ_1 *y* θ_2

$$\underline{K} = \frac{2EI}{\ell}\begin{bmatrix} 2 & 1 \\ 1 & 2 \end{bmatrix} \qquad \underline{K}_g^{\,1} = (-1)\begin{bmatrix} 2\ell/15 & -\ell/30 \\ -\ell/30 & 2\ell/15 \end{bmatrix}$$

De (9.48)

$$det\left\{\frac{2EI}{\ell}\begin{bmatrix}2 & 1\\ 1 & 2\end{bmatrix}-\lambda\begin{bmatrix}2\ell/15 & -\ell/30\\ -\ell/30 & 2\ell/15\end{bmatrix}\right\}=0$$

Con: $\lambda^*=\dfrac{\lambda\,\ell^2}{2EI}$

$$det\begin{bmatrix}2-\frac{2}{15}\lambda^* & 1+\frac{\lambda^*}{30}\\ 1+\frac{\lambda^*}{30} & 2-\frac{2}{15}\lambda^*\end{bmatrix}=0$$

$$\left(2-\frac{2}{15}\lambda^*\right)^2-\left(1+\frac{\lambda^*}{30}\right)^2=0$$

$$\frac{1}{60}\lambda^{*2}-\frac{3}{5}\lambda^*+3=0 \quad\Rightarrow\quad \lambda^*=\begin{cases}6\\30\end{cases}$$

$$\therefore \qquad \lambda_k^*=6 \quad\Rightarrow\quad \lambda_k=\frac{2EI}{\ell^2}6=\frac{12EI}{\ell^2}$$

La anterior es una solución aproximada a la exacta encontrada en (9.3) que corresponde a $\lambda_h=\pi^2 EI/\ell^2\approx 9.87\,EI/\ell^2$ *(21.6% de error)*

Ejemplo 9.6

Resolver el problema del Ejemplo 9.5 subdividiendo el elemento en 2 partes.

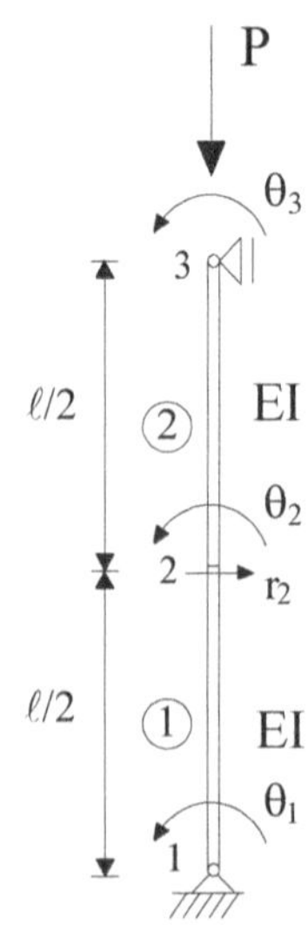

En ambos elementos $N=\lambda\ F_1=-P$*, esto es,* $F_1=-1$ *y* $\lambda=P$

Las matrices de rigidez de los elementos (sin la componente axial) son:

$$\underline{k}^1=\underline{k}^2=\frac{2EI}{\ell_1}\begin{bmatrix} 6/\ell_1^2 & -3/\ell_1 & -6/\ell_1^2 & -3/\ell_1 \\ & 2 & 3/\ell_1 & 1 \\ & & 6/\ell_1^2 & 3/\ell_1 \\ Sim. & & & 2 \end{bmatrix}=\frac{4EI}{\ell}\begin{bmatrix} 24/\ell^2 & -6/\ell & -24/\ell^2 & -6/\ell \\ & 2 & 6/\ell & 1 \\ & & 24/\ell^2 & 6/\ell \\ Sim. & & & 2 \end{bmatrix}$$

$$\left(\ell_1=\frac{\ell}{2}\right)$$

$$\underline{k}_{g1}^1=\underline{k}_{g1}^2=-\begin{bmatrix} 6/5\ell_1 & -1/10 & -6/5\ell_1 & -1/10 \\ & 2\ell_1/15 & 1/10 & -\ell_1/30 \\ & & 6/5\ell_1 & 1/10 \\ Sim. & & & 2\ell_1/15 \end{bmatrix}=-\begin{bmatrix} 12/5\ell & -1/10 & -12/5\ell & -1/10 \\ & \ell/15 & 1/10 & -\ell/60 \\ & & 12/5\ell & 1/10 \\ & & & \ell/15 \end{bmatrix}$$

Para los grados de libertad θ_1, r_2, θ_2 *y* θ_3 *las matrices de la estructura son:*

$$\underline{K}=\frac{4EI}{\ell}\begin{array}{c} \\ \theta_1 \\ r_2 \\ \theta_2 \\ \theta_3 \end{array}\begin{array}{c} \begin{array}{cccc} \theta_1 & r_2 & \theta_2 & \theta_3 \end{array} \\ \begin{bmatrix} 2 & 6/\ell & 1 & 0 \\ & 24/\ell^2*2 & (6/\ell-6/\ell) & -6/\ell \\ & & 2+2 & 1 \\ Sim. & & & 2 \end{bmatrix}\end{array}=\frac{4EI}{\ell}\begin{bmatrix} 2 & 6/\ell & 1 & 0 \\ & 48/\ell^2 & 0 & -6/\ell \\ & & 4 & 1 \\ Sim. & & & 2 \end{bmatrix}$$

$$\underline{K}_g^1=-\begin{array}{c} \\ \theta_1 \\ r_2 \\ \theta_2 \\ \theta_3 \end{array}\begin{array}{c} \begin{array}{cccc} \theta_1 & r_2 & \theta_2 & \theta_3 \end{array} \\ \begin{bmatrix} \ell/15 & 1/10 & -\ell/60 & 0 \\ & 12/5\ell*2 & 1/10-1/10 & -1/10 \\ & & \ell/15*2 & -\ell/60 \\ Sim. & & & \ell/15 \end{bmatrix}\end{array}=-\begin{bmatrix} \ell/15 & 1/10 & -\ell/60 & 0 \\ & 24/5\ell & 0 & -1/10 \\ & & 2\ell/15 & -\ell/60 \\ Sim. & & & \ell/15 \end{bmatrix}$$

Con $\lambda^*=\dfrac{\lambda\ell}{4EI}$ *se obtiene que:*

$$Det\left[\underline{K}+\lambda\,\underline{K}_g\right]=Det\begin{bmatrix} 2-\lambda^*\ell/15 & 6/\ell-\lambda^*/10 & 1+\lambda^*\ell/60 & 0 \\ & 48/\ell^2-\lambda^*24/5\ell & 0 & -6/\ell+\lambda^*/10 \\ & & 4-\lambda^**2\ell/15 & 1+\lambda^*\ell/60 \\ simétrica & & & 2-\lambda^*\ell/15 \end{bmatrix}=0$$

Iterando se obtiene:

$\lambda^*\ell$	*Det*
0	*144*
1	*75*
2	*21.27*
3	*-19.2375*
→2.486	*-0.0015≈0*

Luego $\lambda^*\ell\approx 2.486=\dfrac{\lambda\ell^2}{4EI}$

Por lo tanto $\lambda\approx 9.944\dfrac{EI}{\ell^2}$

Este resultado $\lambda=9.944\ EI/\ell^2$ *es bastante mejor que el del ejemplo 9.5* ($\lambda=12\ EI/\ell^2$) *y se aproxima bien al resultado exacto con sólo 0.7% de error* ($\lambda=\pi^2 EI/\ell^2=9.87\ EI/\ell^2$).

9.5. Matrices no-lineales de elementos con rótula

Para diversos problemas con elementos que posean rótulas de momento flector es conveniente derivar las matrices de rigidez no lineales que consideren dicha condición de rótula. Por simplicidad sólo se desarrollarán las matrices de elementos con rótula de momento en el extremo de la barra.

9.5.1. Matrices no-lineales exactas para elementos con rótula

Para un elemento de viga con rótula de momentos en el **extremo izquierdo** se debe cumplir (ver (9.15)) que:

$$\bar{S}_3=-\phi_3\,\bar{u}_2+\phi_1\,\bar{u}_3+\phi_3\,\bar{u}_5+\phi_2\,\bar{u}_6=0 \tag{9.50}$$

de esta relación se obtiene que:

$$\bar{u}_3=\frac{\phi_3}{\phi_1}(\bar{u}_2-\bar{u}_5)-\frac{\phi_2}{\phi_1}\bar{u}_6 \tag{9.51}$$

reemplazando (9.51) en (9.17) se obtiene:

$$\bar{S}_2=\phi_4\bar{u}_2-\phi_3\left[\frac{\phi_3}{\phi_1}(\bar{u}_2-\bar{u}_5)-\frac{\phi_2}{\phi_1}\bar{u}_6\right]-\phi_4\bar{u}_5-\phi_3\bar{u}_6$$

$$\bar{S}_2=(\phi_4-\frac{\phi_3^2}{\phi_1})\bar{u}_2-(\phi_4-\frac{\phi_3^2}{\phi_1})\bar{u}_5-(\phi_3-\frac{\phi_2\phi_3}{\phi_1})\bar{u}_6 \tag{9.52}$$

reemplazando (9.51) en (9.18):

$$\bar{S}_5=-\bar{S}_2=-(\phi_4-\frac{\phi_3^2}{\phi_1})\bar{u}_2+(\phi_4-\frac{\phi_3^2}{\phi_1})\bar{u}_5+(\phi_3-\frac{\phi_2\phi_3}{\phi_1})\bar{u}_6 \tag{9.53}$$

reemplazando (9.51) en (9.15):

$$\bar{S}_6=-\phi_3\bar{u}_2+\phi_2\left[\frac{\phi_3}{\phi_1}(\bar{u}_2-\bar{u}_5)-\frac{\phi_2}{\phi_1}\bar{u}_6\right]+\phi_3\bar{u}_5+\phi_1\bar{u}_6$$

$$\bar{S}_6=-(\phi_3-\frac{\phi_2\phi_3}{\phi_1})\bar{u}_2+(\phi_3-\frac{\phi_2\phi_3}{\phi_1})\bar{u}_5+(\phi_1-\frac{\phi_2^2}{\phi_1})\bar{u}_6 \tag{9.54}$$

Resumiendo las relaciones (9.50) y (9.52) a (9.54) en la matriz $\underline{\bar{k}}_F{}^j$ se observa que para el caso de una viga con rótula de momento en el extremo izquierdo:

$$\underline{\bar{k}}_F{}^j = \begin{bmatrix} \frac{EA}{\ell} & 0 & 0 & -\frac{EA}{\ell} & 0 & 0 \\ & (\phi_4 - \frac{\phi_3^2}{\phi_1}) & 0 & 0 & -(\phi_4 - \frac{\phi_3^2}{\phi_1}) & -(\phi_3 - \frac{\phi_2\phi_3}{\phi_1}) \\ & & & 0 & 0 & 0 \\ & & & \frac{EA}{\ell} & 0 & 0 \\ & & & & (\phi_4 - \frac{\phi_3^2}{\phi_1}) & (\phi_3 - \frac{\phi_2\phi_3}{\phi_1}) \\ Simétrica & & & & & (\phi_1 - \frac{\phi_2^2}{\phi_1}) \end{bmatrix} \tag{9.55}$$

Análogamente se puede derivar la matriz $\underline{\bar{k}}_F{}^j$ para un elemento de viga con rótula en su **extremo derecho**. En este caso, de (9.15):

$$\bar{S}_6 = -\phi_3\,\bar{u}_2 + \phi_2\,\bar{u}_3 + \phi_3\,\bar{u}_5 + \phi_1\,\bar{u}_6 = 0 \tag{9.56}$$

por lo tanto:

$$\bar{u}_6 = \frac{\phi_3}{\phi_1}(\bar{u}_2 - \bar{u}_5) - \frac{\phi_2}{\phi_1}\bar{u}_3 \tag{9.57}$$

Realizando los reemplazos en (9.17), (9.18) y (9.15):

$$\bar{S}_2 = \phi_4\bar{u}_2 - \phi_3\bar{u}_3 - \phi_4\bar{u}_5 - \phi_3\left[\frac{\phi_3}{\phi_1}(\bar{u}_2 - \bar{u}_5) - \frac{\phi_2}{\phi_1}\bar{u}_3\right]$$

$$\bar{S}_2 = (\phi_4 - \frac{\phi_3^2}{\phi_1})\bar{u}_2 - (\phi_3 - \frac{\phi_2\phi_3}{\phi_1})\bar{u}_3 - (\phi_4 - \frac{\phi_3^2}{\phi_1})\bar{u}_5 \tag{9.58}$$

$$\bar{S}_3 = -\phi_3\bar{u}_2 + \phi_1\bar{u}_3 + \phi_3\bar{u}_5 + \phi_2\left[\frac{\phi_3}{\phi_1}(\bar{u}_2 - \bar{u}_5) - \frac{\phi_2}{\phi_1}\bar{u}_3\right]$$

$$\bar{S}_3 = -(\phi_3 - \frac{\phi_2\phi_3}{\phi_1})\bar{u}_2 + (\phi_1 - \frac{\phi_2^2}{\phi_1})\bar{u}_3 + (\phi_3 - \frac{\phi_2\phi_3}{\phi_1})\bar{u}_5 \tag{9.59}$$

$$\bar{S}_5 = -\bar{S}_2 = -(\phi_4 - \frac{\phi_3^2}{\phi_1})\bar{u}_2 + (\phi_3 - \frac{\phi_2\phi_3}{\phi_1})\bar{u}_3 + (\phi_4 - \frac{\phi_3^2}{\phi_1})\bar{u}_5 \tag{9.60}$$

Resumiendo las relaciones (9.56) y (9.58) a (9.60) en la matriz $\overline{\underline{k}}_F{}^j$ se observa que para un elemento de viga con rótula en su **extremo derecho** se obtiene:

$$\overline{\underline{k}}_F{}^j = \begin{bmatrix} \frac{EA}{\ell} & 0 & 0 & -\frac{EA}{\ell} & 0 & 0 \\ & (\phi_4 - \frac{\phi_3^2}{\phi_1}) & -(\phi_3 - \frac{\phi_2\phi_3}{\phi_1}) & 0 & -(\phi_4 - \frac{\phi_3^2}{\phi_1}) & 0 \\ & & (\phi_1 - \frac{\phi_2^2}{\phi_1}) & 0 & (\phi_3 - \frac{\phi_2\phi_3}{\phi_1}) & 0 \\ & & & \frac{EA}{\ell} & 0 & 0 \\ & & & & (\phi_4 - \frac{\phi_3^2}{\phi_1}) & 0 \\ Simétrica & & & & & 0 \end{bmatrix} \tag{9.61}$$

Ejemplo 9.7

Resolver el problema del Ejemplo 9.3 utilizando la matriz de rigidez no-lineal $\overline{\underline{k}}_F{}^j$ para elemento con rótula en el extremo izquierdo.

En este caso la única incógnita es el giro θ_2. Por lo tanto:

$$\underline{K}_F = \left[(\phi_1 - \frac{\phi_2^2}{\phi_1}) \right] \qquad con \qquad N = \lambda\ F_1 = -P$$

$$\left(F_1 = -1, \quad \lambda = P\right)$$

$$det\left[\underline{K}_F\left(\lambda F_1\right)\right] = det\left[\left(\phi_1 - \frac{\phi_2^2}{\phi_1}\right)\right] = 0$$

$$\therefore\ (\phi_1 + \phi_2)(\phi_1 - \phi_2) = 0$$

Lo cual entrega la misma solución del Ejemplo 9.3, $P_k = \left(\frac{\pi}{\ell}\right)^2 EI$ *, que corresponde al caso Euler-2.*

Una interesante comprobación a realizar con las matrices $\overline{\underline{k}}_F{}^j$ de los elementos con rótula indicados es que deben converger a los correspondientes elementos lineales cuando $N \rightarrow 0$.

En efecto, utilizando el programa MAPLE se comprueban fácilmente los siguientes límites:

$$\lim_{N\to 0}\left(\phi_4 - \frac{\phi_3^{\,2}}{\phi_1}\right) = \frac{3EI}{\ell^3}$$

$$\lim_{N\to 0}\left(\phi_3 - \frac{\phi_2\phi_3}{\phi_1}\right) = \frac{3EI}{\ell^2}$$

$$\lim_{N\to 0}\left(\phi_1 - \frac{\phi_2^{\,2}}{\phi_1}\right) = \frac{3EI}{\ell}$$

Reemplazando los correspondientes límites en la matriz $\underline{\bar{k}}_F^{\,j}$ se observa que la matriz resultante es la matriz de rigidez lineal de un elemento con rótula en un extremo.

9.5.2. Matriz de rigidez geométrica para elementos con rótula

Haciendo la misma aproximación en Serie de Taylor realizada en el Capítulo 9.4, pero utilizando las matrices de rigidez no lineales para elementos con rótula se tiene que:

$$\underline{\bar{k}}_F^{\,j} \approx \underline{\bar{k}}^{\,j} + N\underline{\bar{k}}_g^{\,j} \tag{9.62}$$

En que en este caso $\underline{\bar{k}}^{\,j}$ es la matriz de rigidez lineal para un elemento con rótula.

La matriz $\underline{\bar{k}}_g^{\,j}$ se obtiene de la misma forma indicada en (9.34), pero utilizando la correspondiente matriz $\underline{\bar{k}}_F^{\,j}$ de un elemento con rótula.

Análogamente a lo que se indica en el Capítulo 9.4, se debe considerar que:

$$\kappa^2 = -\frac{N}{EI} \qquad \Rightarrow \qquad 2EI\,\kappa\, d\kappa = -d\,N$$

Por lo tanto: $\dfrac{d}{dN}(\;) = -\dfrac{1}{2EI\,\kappa}\dfrac{d}{d\,\kappa}(\;)$

Utilizando el programa MAPLE se obtienen los siguientes límites:

$$\lim_{N\to 0}\frac{d}{dN}\left(\phi_4 - \frac{\phi_3^{\,2}}{\phi_1}\right) = \frac{6}{5\ell}$$

$$\lim_{N \to 0} \frac{d}{dN}(\phi_3 - \frac{\phi_2 \phi_3}{\phi_1}) = \frac{1}{5}$$

$$\lim_{N \to 0} \frac{d}{dN}(\phi_1 - \frac{\phi_2^{\,2}}{\phi_1}) = \frac{\ell}{5}$$

Por lo tanto, las respectivas matrices de rigidez geométricas para elementos con rótula son:

- Elemento con **rótula a la izquierda**:

$$\overline{\underline{k}}_g^{\,j} = \begin{bmatrix} 0 & 0 & 0 & 0 & 0 & 0 \\ & 6/5\ell & 0 & 0 & -6/5\ell & -1/5 \\ & & 0 & 0 & 0 & 0 \\ & & & 0 & 0 & 0 \\ & & & & 6/5\ell & 1/5 \\ \textit{Simétrica} & & & & & \ell/5 \end{bmatrix} \tag{9.63}$$

- Elemento con **rótula a la derecha**:

$$\overline{\underline{k}}_g^{\,j} = \begin{bmatrix} 0 & 0 & 0 & 0 & 0 & 0 \\ & 6/5\ell & -1/5 & 0 & -6/5\ell & 0 \\ & & \ell/5 & 0 & 1/5 & 0 \\ & & & 0 & 0 & 0 \\ & & & & 6/5\ell & 0 \\ \textit{Simétrica} & & & & & 0 \end{bmatrix} \tag{9.64}$$

Ejemplo 9.8

Resolver el problema del Ejemplo 9.5 utilizando la matriz de rigidez geométrica con rótula.

Con $N = \lambda F_1 = -P \quad \Rightarrow \quad F_1 = -1 \quad$ y $\quad \lambda = P$

Utilizando un elemento con rótula a la izquierda, la única incógnita que queda es el giro θ_2. *Por lo tanto:*

$$\underline{K} = \frac{2EI}{\ell}\left[\frac{3}{2}\right] \qquad \underline{K}_g^{\,1} = (-1)\left[\frac{\ell}{5}\right]$$

De (9.48): $$Det\left[\underline{K} + \lambda \underline{K}_g^{\,1}\right] = Det\left[\frac{3EI}{\ell} - \lambda\frac{\ell}{5}\right] = 0$$

$$\therefore \quad \lambda_k = 15\frac{EI}{\ell^2}$$

Esta solución tiene un 51,9 % de error con respecto a la solución exacta $\left(\pi^2 EI / \ell^2\right)$.

Ejemplo 9.9

Resolver el problema del Ejemplo 9.6 utilizando matrices de rigidez geométricas con rótula.

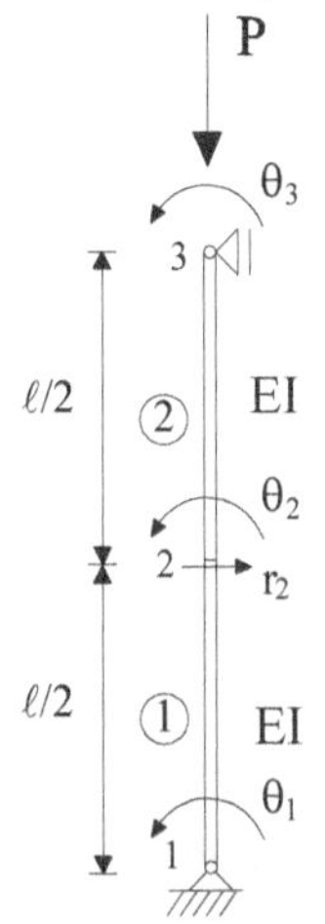

En ambos elementos $N = \lambda\, F_1 = -P$, *por lo tanto,* $F_1 = -1$ *y* $\lambda = P$.

Utilizando las matrices de rigidez lineal y geométrica con rótula a la izquierda para el elemento (1) *y con rótula a la derecha para el elemento* (2), *las incógnitas que quedan son sólo* r_2 *y* θ_2. *Por lo tanto:*

$$\underline{K} = \frac{2EI}{\ell_1}\begin{array}{c} \\ r_2 \\ \theta_2 \end{array}\begin{array}{c} \begin{array}{cc} r_2 & \theta_2 \end{array} \\ \begin{bmatrix} \dfrac{3}{2\ell_1^{\,2}}\cdot 2 & \dfrac{3}{2\ell_1}-\dfrac{3}{2\ell_1} \\ & \dfrac{3}{2}\cdot 2 \end{bmatrix}\end{array} = \frac{4EI}{\ell}\begin{bmatrix} \dfrac{12}{\ell^2} & 0 \\ 0 & 3 \end{bmatrix}$$

Con $\ell_1 = \dfrac{\ell}{2}$

$$\underline{K}_g^{\,1} = (-1)\begin{array}{c} \\ r_2 \\ \theta_2 \end{array}\begin{array}{c} \begin{array}{cc} r_2 & \theta_2 \end{array} \\ \begin{bmatrix} \dfrac{6}{5\ell_1}\cdot 2 & \dfrac{1}{5}-\dfrac{1}{5} \\ & \dfrac{\ell_1}{5}\cdot 2 \end{bmatrix}\end{array} = -\begin{bmatrix} \dfrac{24}{5\ell} & 0 \\ 0 & \dfrac{\ell}{5} \end{bmatrix}$$

De (9.48:)
$$Det\left[\underline{K} + \lambda\,\underline{K}_g^{\,1}\right] = Det\left[\frac{4EI}{\ell}\begin{bmatrix} 12/\ell^2 & 0 \\ 0 & 3 \end{bmatrix} - \lambda\begin{bmatrix} 24/5\ell & 0 \\ 0 & \ell/5 \end{bmatrix}\right] = 0$$

Con $\lambda^* = \dfrac{\lambda\,\ell}{4EI}$
$$Det\begin{bmatrix} \dfrac{12}{\ell^2} - \dfrac{24}{5\ell}\lambda^* & 0 \\ 0 & 3 - \dfrac{\ell}{5}\lambda^* \end{bmatrix} = 0$$

$$\left(\frac{12}{\ell^2} - \frac{24}{5\ell}\lambda^*\right)\left(3 - \frac{\ell}{5}\lambda^*\right) = 0 \Rightarrow \begin{cases} \lambda_1^* = \dfrac{60}{24\ell} \\ \lambda_2^* = \dfrac{15}{\ell} \end{cases}$$

Por lo tanto: $\lambda_k = \lambda^* \cdot \frac{4EI}{\ell} = \frac{60}{24\ell} \cdot \frac{4EI}{\ell} = \frac{10EI}{\ell^2}$

Esta solución presenta sólo un 1,3% de error c/r a la solución exacta $\left(\pi^2 EI/\ell^2\right) = 9.87\,EI/\ell^2$.

Ejemplo 9.10

Determinar la carga crítica de pandeo de la columna indicada usando a) matriz no lineal exacta y b) matriz de rigidez geométrica.

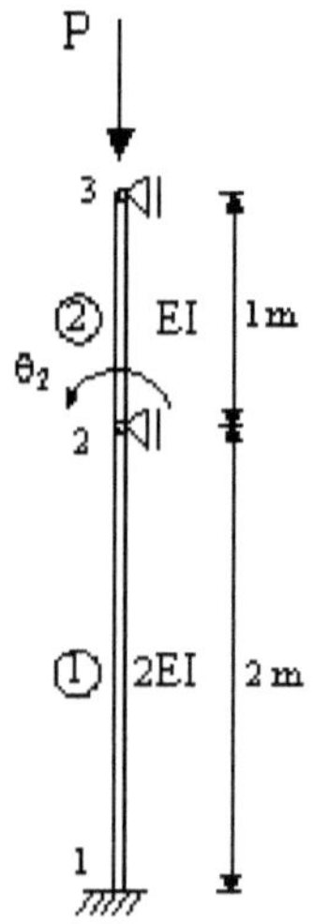

En ambos elementos $N = \lambda F_1 = -P$, *por lo tanto,* $F_1 = -1$ *y* $\lambda = P$.

Se utilizará la matriz con rótula a la derecha para el elemento ②*, por lo cual la única incógnita que queda es el giro* θ_2.

a) ***Matriz no lineal exacta***

Elemento ① : $\ell_1 = 2 \quad \kappa_1^2 = \frac{\lambda}{EI_1} = \frac{\lambda}{2EI} = \frac{1}{2}\kappa^2$ *en que* $\kappa^2 = \frac{\lambda}{EI} \Rightarrow \kappa_1 = \frac{\kappa}{\sqrt{2}}$

Por conveniencia definiremos: $\Omega_1 = \frac{\phi_1}{EI}$ *y* $\Omega_2 = \frac{\phi_2}{EI}$

Por lo tanto Ω_1 *y* Ω_2 *son funciones solo de* κ *y* ℓ.

$$\bar{\underline{k}}_F^{\,1} = EI_1\left[\frac{\phi_1}{EI_1}\right] = 2EI\left[\Omega_1\left(\ell_1 = 2, \kappa_1 = \frac{\kappa}{\sqrt{2}}\right)\right]$$

Elemento ② *con rótula a la derecha*

$$\ell_2 = 1 \qquad \kappa_2^{\,2} = \frac{\lambda}{EI_2} = \frac{\lambda}{EI} = \kappa^2$$

$$\underline{\bar{k}}_F^{\,2} = EI_2\left[\frac{\phi_1}{EI_2} - \frac{(\phi_2 / EI_2)^2}{\phi_1 / EI_2}\right] = EI\left[\Omega_1(\ell_2 = 1, \kappa_2 = \kappa) - \frac{[\Omega_2(\ell_2 = 1, \kappa_2 = \kappa)]^2}{\Omega_1(\ell_2 = 1, \kappa_2 = \kappa)}\right]$$

Por lo tanto:

$$\underline{K}_F = EI\left[2\Omega_1(\ell_1 = 2,\ \kappa_1 = \kappa/\sqrt{2}) + \Omega_1(\ell_2 = 1, \kappa_2 = \kappa) - \frac{[\Omega_2(\ell_2 = 1, \kappa_2 = \kappa)]^2}{\Omega_1(\ell_2 = 1, \kappa_2 = \kappa)}\right]$$

Iterando se tiene que:

κ	$Det\ (\underline{K}_F)/EI$
0,1	*6,99*
1	*6,52*
3	*1,06*
4	*-14,43*
3,162	*-0,0029 ~ 0*

Luego $\kappa = 3{,}162 \Rightarrow \kappa^2 \approx 10$

$\therefore\ P_k = 10\,EI$

b) ***Con matriz de rigidez geométrica***

Elemento ① *(sólo grado de libertad* θ_2*)*

$$\underline{k}^1 = \frac{2*(2EI)}{2}[2] = 2EI\,[2] \qquad \underline{k}_g^{\,1} = (-1)\left[\frac{2*2}{15}\right] = -\left[\frac{4}{15}\right]$$

Elemento ②*, rótula derecha (sólo grado de libertad* θ_2*)*

$$\underline{k}^2 = \frac{2EI}{1}\left[\frac{3}{2}\right] = 2EI\left[\frac{3}{2}\right] \qquad \underline{k}_g^{\,2} = (-1)\left[\frac{1}{5}\right] = -\left[\frac{1}{5}\right]$$

$$\underline{K} = 2EI\,[2 + 3/2] = 2EI\,[7/2] = EI\,[7] \qquad \underline{K}_g^{\,1} = -\left[\frac{4}{15} + \frac{1}{5}\right] = -\left[\frac{7}{15}\right]$$

De (9.48):

$$Det\left[\underline{K} + \lambda\,\underline{K}_g^{\,1}\right] = Det\left|\,EI\,[7] - \lambda\left[\frac{7}{15}\right]\right| = 0$$

$$\therefore\ \lambda_k = P_k = 15\ EI$$

Esta solución aproximada muestra un error de un 50% c/r a la exacta, pero evidentemente es mucho más sencillo de obtener y puede mejorarse subdividiendo los elementos como se muestra en el ejemplo siguiente.

Ejemplo 9.11

Calcular la carga crítica de pandeo de la columna del Ejemplo 9.10 usando la matriz de rigidez geométrica y subdividiendo elementos.

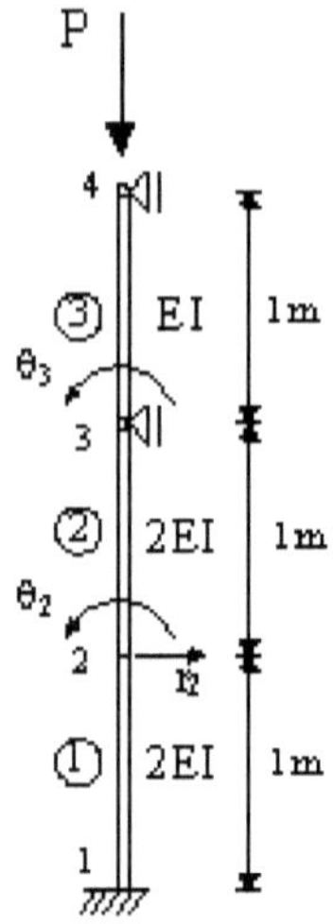

En los 3 elementos $N = \lambda F_1 = -P$, *esto es,* $F_1 = -1$ *y* $\lambda = P$.

Elemento ① *y* ②

$$\underline{k}^1 = \underline{k}^2 = \frac{2 \cdot 2EI}{1}\begin{bmatrix} 6/1 & -3/1 & -6/1 & -3/1 \\ & 2 & 3/1 & 1 \\ & & 6/1 & 3/1 \\ Sim. & & & 2 \end{bmatrix}$$

$$\underline{k}_g{}^1 = \underline{k}_g{}^2 = (-1)\begin{bmatrix} 6/5 \cdot 1 & -1/10 & -6/5 \cdot 1 & -1/10 \\ & 2 \cdot 1/15 & 1/10 & -1/30 \\ & & 6/5 \cdot 1 & 1/10 \\ Sim. & & & 2 \cdot 1/15 \end{bmatrix}$$

Elemento ③ *con rótula derecha (sólo giro* θ_3*)*

$$\underline{k}^3 = \frac{2EI}{1}[3/2] = 4EI[3/4] \qquad \underline{k}_g{}^3 = (-1)[1/5]$$

Matrices de la estructura *(grados de libertad* r_2, θ_2, θ_3*)*

$$\underline{K} = 4EI \begin{array}{c} \\ r_2 \\ \theta_2 \\ \theta_3 \end{array}\begin{array}{c} \begin{array}{ccc} r_2 & \theta_2 & \theta_3 \end{array} \\ \begin{vmatrix} 6+6 & 3-3 & -3 \\ & 2+2 & 1 \\ Sim. & & 2+\frac{3}{4} \end{vmatrix}\end{array} = 4EI\begin{vmatrix} 12 & 0 & -3 \\ & 4 & 1 \\ Sim. & & \frac{11}{4} \end{vmatrix}$$

$$\underline{K}_g^{\,1}=(-1)\begin{array}{c} \\ r_2 \\ \theta_2 \\ \theta_3 \end{array}\begin{array}{c} \begin{array}{ccc} r_2 & \theta_2 & \theta_3 \end{array} \\ \begin{bmatrix} \frac{6}{5}+\frac{6}{5} & \frac{1}{10}-\frac{1}{10} & -\frac{1}{10} \\ & \frac{2}{15}+\frac{2}{15} & -\frac{1}{30} \\ Sim. & & \frac{2}{15}+\frac{1}{5} \end{bmatrix}\end{array} = (-1)\begin{bmatrix} \frac{12}{5} & 0 & -\frac{1}{10} \\ & \frac{4}{15} & -\frac{1}{30} \\ Sim. & & \frac{1}{3} \end{bmatrix}$$

de $\text{Det}\left[\underline{K}+\lambda\,\underline{K}_g^{\,1}\right]=0$ *y haciendo* $\lambda^* = \dfrac{\lambda}{4EI}$ *se tiene:*

$$\text{Det}\begin{bmatrix} 12-\frac{12}{5}\lambda^* & 0 & -3+\frac{1}{10}\lambda^* \\ 0 & 4-\frac{4}{15}\lambda^* & 1+\frac{1}{30}\lambda^* \\ -3+\frac{1}{10}\lambda^* & 1+\frac{1}{30}\lambda^* & \frac{11}{4}-\frac{1}{3}\lambda^* \end{bmatrix}=0$$

Iterando se obtiene:

λ^*	*Det*
0	*84*
1	*45*
2	*17*
3	*-2,26*
2.851	*0,0075~0*

Luego $\lambda^* = 2{,}851$

$\lambda_k = P_k = 11{,}4\,EI$

Esta solución presenta sólo un 14 % de error.

Nota: *Si se aumenta la subdivisión en elementos más pequeños la solución mejora notablemente. Por ejemplo si se subdivide en 6 elementos de 0.5 m de longitud el resultado es* $\lambda_k = 10.04\ EI$ *lo que representa sólo un 0.4% de error (este análisis se realizó con el programa SMIS).*

9.5.3. Matriz de rigidez no lineal para reticulados

Un elemento de reticulado (o biela) se puede concebir como un elemento de viga que posee rótula en ambos extremos. Por ello, la matriz de rigidez no lineal de dicho elemento se puede deducir de las matrices indicadas en el Capítulo 9.5.1 considerando una condición adicional de rótula en el otro extremo.

Partiendo del elemento con rótula en el **extremo izquierdo** se tenía:

(9.52) : $$\overline{S}_2=(\phi_4-\frac{\phi_3^{\,2}}{\phi_1})\overline{u}_2-(\phi_4-\frac{\phi_3^{\,2}}{\phi_1})\overline{u}_5-(\phi_3-\frac{\phi_2\phi_3}{\phi_1})\overline{u}_6$$

(9.53) : $$\overline{S}_5=-\overline{S}_2$$

Introduciendo la condición adicional de rótula en el extremo **derecho**, se tienen que de acuerdo a (9.54):

$$\overline{S}_6 = -(\phi_3 - \frac{\phi_2\phi_3}{\phi_1})\overline{u}_2 + (\phi_3 - \frac{\phi_2\phi_3}{\phi_1})\overline{u}_5 + (\phi_1 - \frac{\phi_2^{\;2}}{\phi_1})\overline{u}_6 = 0$$

despejando $\overline{u}_6$ se tiene que:

$$\overline{u}_6 = \frac{(\phi_3 - \frac{\phi_2\phi_3}{\phi_1})}{(\phi_1 - \frac{\phi_2^{\;2}}{\phi_1})}(\overline{u}_2 - \overline{u}_5) = \frac{(\phi_1\phi_3 - \phi_2\phi_3)}{(\phi_1^{\;2} - \phi_2^{\;2})}(\overline{u}_2 - \overline{u}_5) \tag{9.65}$$

Reemplazando las expresiones ϕ_1, ϕ_2, ϕ_3 y ϕ_4 (mediante el programa Maple) se obtiene que:

$$\overline{u}_6 = \frac{1}{\ell}(\overline{u}_2 - \overline{u}_5) \tag{9.66}$$

Introduciendo (9.66) en (9.52) y (9.53) se obtiene:

$$\overline{S}_2 = k_2\overline{u}_2 - k_2\overline{u}_5 \tag{9.67}$$

$$\overline{S}_5 = -k_2\overline{u}_2 + k_2\overline{u}_5 \tag{9.68}$$

Con

$$k_2 = \phi_4 - \frac{\phi_3^{\;2}}{\phi_1} - (\phi_3 - \frac{\phi_2\phi_3}{\phi_1}) * \frac{1}{\ell} \tag{9.69}$$

Reemplazando las expresiones $\phi_1, \ldots. \phi_4$ se obtiene que

$$k_2 = -\frac{\kappa^2 EI}{\ell} \tag{9.70}$$

introduciendo la expresión $\kappa^2 = -N / EI$ se obtiene que:

$$k_2 = \frac{N}{\ell} \tag{9.71}$$

Por lo tanto, reemplazando (9.71) en (9.67) y (9.68) se tiene:

$$\overline{S}_2=\frac{N}{\ell}\overline{u}_2-\frac{N}{\ell}\overline{u}_5$$
$$\overline{S}_5=-\frac{N}{\ell}\overline{u}_2+\frac{N}{\ell}\overline{u}_5 \qquad (9.72)$$

Considerando que en el elemento de reticulado los momentos $\overline{S}_3$ y $\overline{S}_6$ no están definidos y la relación entre las fuerzas y desplazamientos axiales está dada por:

$$\overline{S}_1=-\overline{S}_4=\frac{EA}{\ell}\left(\overline{u}_1-\overline{u}_4\right)$$

Se obtiene que la relación entre desplazamientos nodales y fuerzas nodales en un elemento de reticulado cuando se considera el equilibrio en estado deformado esta dada por:

$$\begin{bmatrix}\overline{S}_1\\ \overline{S}_2\\ \overline{S}_4\\ \overline{S}_5\end{bmatrix}=\begin{bmatrix}\frac{EA}{\ell} & 0 & -\frac{EA}{\ell} & 0\\ & \frac{N}{\ell} & 0 & -\frac{N}{\ell}\\ & & \frac{EA}{\ell} & 0\\ Sim. & & & \frac{N}{\ell}\end{bmatrix}\begin{bmatrix}\overline{u}_1\\ \overline{u}_2\\ \overline{u}_4\\ \overline{u}_5\end{bmatrix} \qquad (9.73)$$

Esto es la matriz de rigidez no-lineal para el elemento de reticulado es:

$$\underline{\overline{k}}_F{}^j=\begin{bmatrix}\frac{EA}{\ell} & 0 & -\frac{EA}{\ell} & 0\\ & \frac{N}{\ell} & 0 & -\frac{N}{\ell}\\ & & \frac{EA}{\ell} & 0\\ Sim. & & & \frac{N}{\ell}\end{bmatrix} \qquad (9.74)$$

Esta matriz se puede separar en 2 partes.

$$\underline{\overline{k}}_F{}^j=\underline{\overline{k}}^j+N\underline{\overline{k}}_g{}^j \qquad (9.75)$$

en que:

$$\underline{\bar{k}}^j = \frac{EA}{\ell}\begin{bmatrix} 1 & 0 & -1 & 0 \\ & 0 & 0 & 0 \\ & & 1 & 0 \\ Sim. & & & 0 \end{bmatrix} \tag{9.76}$$

es la matriz de rigidez lineal del elemento de reticulado en coordenadas locales (comparar con Anexo B para elementos de reticulado con $c = 1, s = 0$) y

$$\underline{\bar{k}}_g{}^j = N\begin{bmatrix} 0 & 0 & 0 & 0 \\ & \frac{1}{\ell} & 0 & -\frac{1}{\ell} \\ & & 0 & 0 \\ Sim. & & & \frac{1}{\ell} \end{bmatrix} \tag{9.77}$$

es la parte no-lineal de la matriz de rigidez del elemento de reticulado. Esta última matriz es equivalente a la matriz de rigidez geométrica del elemento. En el Anexo B se indican las matrices $\underline{k}^j$ y $\underline{k}_g{}^j$ del elemento de reticulado en coordenadas globales.

El resultado obtenido para el elemento de reticulado se entiende gráficamente en la Figura 9.4. Allí se muestra la barra de reticulado en estado indeformado A – B y en estado deformado A' – B'.

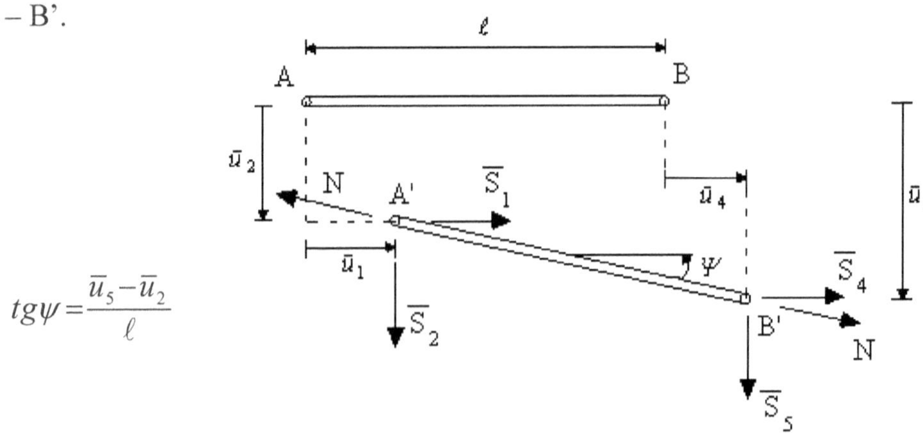

FIGURA 9.4. Barra de reticulado en estado deformado

Para deformaciones pequeñas se tiene que: $N = \frac{EA}{\ell}(\bar{u}_4 - \bar{u}_1)$

$$\bar{S}_1 = -N\cos\psi \approx -N \qquad \bar{S}_2 = -Ntg\psi \approx -N\frac{\bar{u}_5-\bar{u}_2}{\ell}$$

$$\bar{S}_4 = N\cos\psi \approx N \qquad \bar{S}_5 = Ntg\psi \approx N\frac{\bar{u}_5-\bar{u}_2}{\ell}$$

Las relaciones anteriores son las que aparecen en la matriz $\underline{\bar{k}}_F{}^j$ en (9.74).

Ejemplo 9.12

Determinar la carga crítica de pandeos del reticulado plano de la figura. Ambos elementos tienen igual EA.

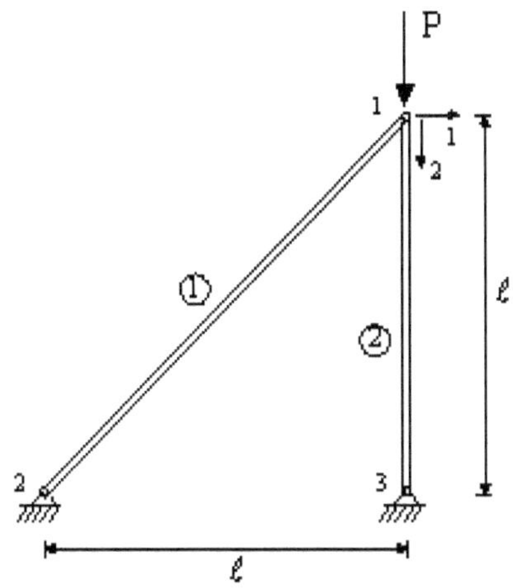

De acuerdo al Anexo B se tiene que las matrices de los elementos son:

Elemento ① $\left(c = -1/\sqrt{2} \quad s = 1/\sqrt{2} \quad \ell = \sqrt{2}\ell\right)$

$$\underline{k}^1 = \frac{EA}{\sqrt{2}\ell}\begin{bmatrix} 1/2 & -1/2 & -1/2 & 1/2 \\ & 1/2 & 1/2 & -1/2 \\ & & 1/2 & -1/2 \\ Sim. & & & 1/2 \end{bmatrix}$$

Con: $N = F_1 = 0 \quad \Rightarrow \quad \underline{k}_g^{\,1} = \underline{0}$

Elemento ② $\left(c = 0 \quad s = 1 \quad \ell = \ell\right)$

$$\underline{k}^2 = \frac{EA}{\ell}\begin{bmatrix} 0 & 0 & 0 & 0 \\ & 1 & 0 & -1 \\ & & 0 & 0 \\ Sim. & & & 1 \end{bmatrix}$$

Con: $N = -P = \lambda\ F_1 \quad \Rightarrow \quad \lambda = P \quad F_1 = -1$

$$\underline{k}_g^{\,2} = -\frac{1}{\ell}\begin{bmatrix} 1 & 0 & -1 & 0 \\ & 0 & 0 & 0 \\ & & 1 & 0 \\ \text{Sim.} & & & 0 \end{bmatrix}$$

La Tabla de Incidencia en término de grados de libertad es:

Elemento	*1*	*2*	*3*	*4*
①	*1*	*2*	*0*	*0*
②	*1*	*2*	*0*	*0*

Así, se obtienen las matrices de la estructura:

$$\underline{K} = \frac{EA}{\ell}\begin{bmatrix} \frac{1}{2\sqrt{2}} & -\frac{1}{2\sqrt{2}} \\ -\frac{1}{2\sqrt{2}} & \frac{1}{2\sqrt{2}}+1 \end{bmatrix} = \frac{EA}{2\sqrt{2}\ell}\begin{bmatrix} 1 & -1 \\ -1 & (1+2\sqrt{2}) \end{bmatrix}$$

$$\underline{K}_g{}^1 = -\frac{1}{\ell}\begin{bmatrix} 1 & 0 \\ 0 & 0 \end{bmatrix}$$

de $\quad \text{Det}\left[\underline{K} + \lambda\ \underline{K}_g{}^1\right] = 0 \quad$ *se tiene:* $\quad \text{Det}\left\{\frac{EA}{2\ell\sqrt{2}}\begin{bmatrix} 1 & -1 \\ -1 & 1+2\sqrt{2} \end{bmatrix} - \frac{\lambda}{\ell}\begin{bmatrix} 1 & 0 \\ 0 & 0 \end{bmatrix}\right\} = 0$

Con $\quad \lambda^* = \frac{\lambda\ 2\sqrt{2}}{EA} \qquad \text{Det}\begin{bmatrix} 1-\lambda^* & -1 \\ -1 & 1+2\sqrt{2} \end{bmatrix} = 0 \quad \Rightarrow \quad \left(1+2\sqrt{2}\right)\left(1-\lambda^*\right)-1 = 0$

$$\lambda^* = \frac{2\sqrt{2}}{1+2\sqrt{2}}$$

Luego: $\quad \lambda = P^* = \frac{EA}{2\sqrt{2}}\lambda^* = \frac{1}{1+2\sqrt{2}}EA = \frac{2\sqrt{2}-1}{7}EA$

9.6. Análisis no lineal

De acuerdo a lo visto en los capítulos anteriores si se desea calcular una estructura sometida a un estado de carga $\underline{R}$ considerando grandes deformaciones, esto es, considerando el equilibrio en estado deformado, se debe resolver el sistema de ecuaciones:

$$\underline{K}_F\left(\underline{N}\right)\ \underline{r} = \underline{R} \tag{9.78}$$

Para el caso que se utilice la matriz de rigidez no lineal exacta, o bien:

$$\left[\underline{K} + \underline{K}_g\left(\underline{N}\right)\right]\ \underline{r} = \underline{R} \tag{9.79}$$

para el caso que se utilice la aproximación con la matriz de rigidez geométrica.

En las ecuaciones anteriores, el vector $\underline{N}$ representa las fuerzas axiales de todos los elementos de la estructura, que deben ser conocidos para poder formar las respectivas matrices $\underline{K}_F$ ó $\underline{K}_g$. Sin embargo, dichas fuerzas axiales de los elementos dependen de los desplazamientos nodales de la estructura:

$$N^j = \left(\frac{EA}{\ell}\right)_j (\overline{u}_4^j - \overline{u}_1^j) \tag{9.80}$$

esto es, el vector $\underline{N}$ depende de los desplazamientos nodales $\underline{r}$. Por lo tanto, las relaciones (9.78) y (9.79) se pueden escribir como:

$$\underline{K}_F(\underline{r})\ \underline{r} = \underline{R} \tag{9.81}$$

$$[\underline{K} + \underline{K}_g(\underline{r})]\ \underline{r} = \underline{R} \tag{9.82}$$

Las ecuaciones (9.81) y (9.82) son relaciones no lineales que no se pueden resolver directamente, sino mediante una aproximación numérica. El método más conocido es el **Newton - Raphson**.

En adelante nos referiremos a la solución de la ecuación (9.82) que es la más utilizada en la práctica. Sin embargo, el método podría ser aplicado de igual forma para la solución numérica de la ecuación (9.81).

9.6.1.- Solución por método de Newton - Raphson

Se trata de resolver el sistema no - lineal (9.82)

$$[\underline{K} + \underline{K}_g(\underline{r})]\ \underline{r} = \underline{R}$$

Primeramente, es recomendable realizar el cálculo del factor de pandeo resolviendo:

$$[\underline{K}+\lambda \underline{K}_g^{\,1}(\underline{F}_1)]\underline{r}=\lambda \underline{R} \tag{9.83}$$

En que $\underline{F}_1$ representa al vector de las fuerzas axiales de los elementos debido al vector de cargas $\underline{R}$ y se calcula en forma aproximada de la relación:

$$\underline{K}\ \underline{r} = \underline{R} \quad \Rightarrow \quad \underline{r} \quad \Rightarrow \quad \underline{F}_1$$

El parámetro λ se obtiene de la condición (9.48)

$$\det[\underline{K}+\lambda\ \underline{K}_g^{\,1}]=0$$

Una vez conocido el factor λ que produce la inestabilidad del sistema, se puede estimar la importancia del comportamiento no - lineal de la estructura. Si el factor λ es mucho mayor a 1 (por ejemplo 10), ello significa que el comportamiento no - lineal será despreciable y bastará con un análisis lineal. Si dicho factor es sólo un poco superior a 1 (por ejemplo 1.2) ello significa que el comportamiento no - lineal es muy importante y es probable que no pueda aplicarse toda la carga indicada en el vector $\underline{R}$, pues se producirán desplazamientos excesivos de la estructura. Si el factor λ es inferior a 1, ello indica que la carga representada en el vector $\underline{R}$ no puede aplicarse a la estructura.

Dependiendo del factor λ, supongamos que no sea muy superior a 1 (ya que en ese caso no sería necesario el análisis no - lineal), es conveniente dividir el vector de cargas $\underline{R}$ en incrementos:

$$\underline{R} = \sum_{i=1}^{n} \Delta \underline{R}_i \tag{9.84}$$

En que n es el número de incrementos $\Delta \underline{R}_i$ (iguales o distintos) en que se dividirá el vector de cargas $\underline{R}$.

Las iteraciones a realizar se indican en el diagrama de flujo de la Tabla 9.1. De acuerdo a lo que se muestra en dicho diagrama, en (1) comienza la interacción para cada incremento de carga $\Delta\underline{R}_i$. En (2) se resuelve el sistema de ecuaciones con la matriz de rigidez $\underline{K} + \underline{K}_g\left(\underline{r}^r\right)$ en que al comienzo, cuando $\left(\underline{r}^r\right) = \underline{0}$ la matriz $\underline{K}_g(\underline{0}) = \underline{0}$. En (3) se modifican los desplazamientos y en (4) se realiza un producto matricial, después de haber modificado la matriz $\underline{K}_g\left(\underline{r}^\nu\right)$ a la matriz $K_g\left(\underline{r}^{\nu+1}\right)$.

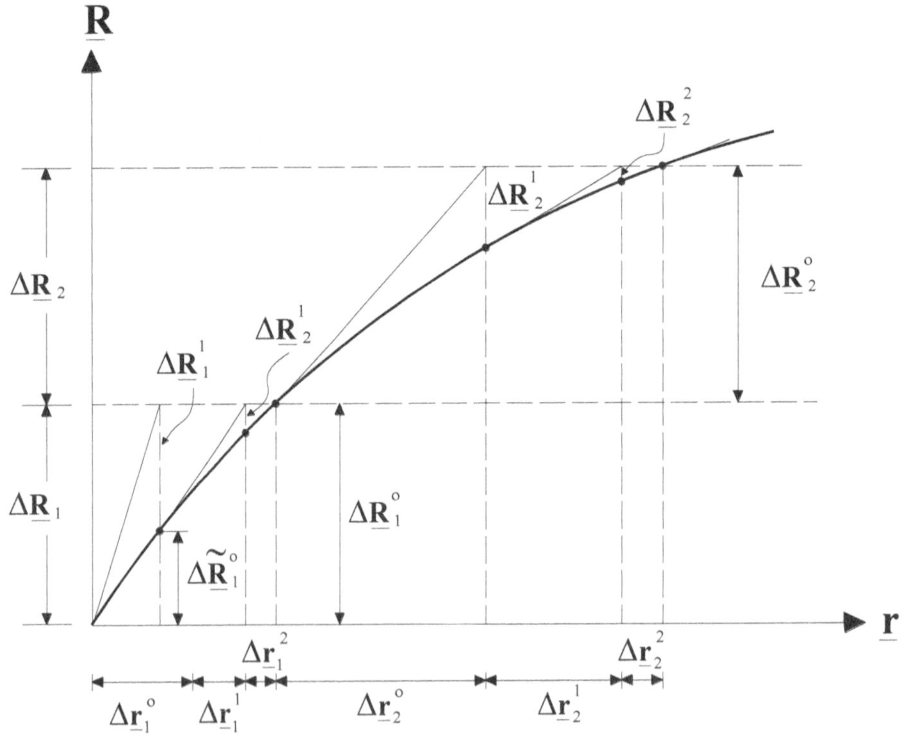

Figura 9.5.- Análisis no - lineal iterativo mediante método de Newton - Raphson

Tabla 9.1.- Diagrama de flujo de análisis no - lineal mediante Método de Newton–Raphson

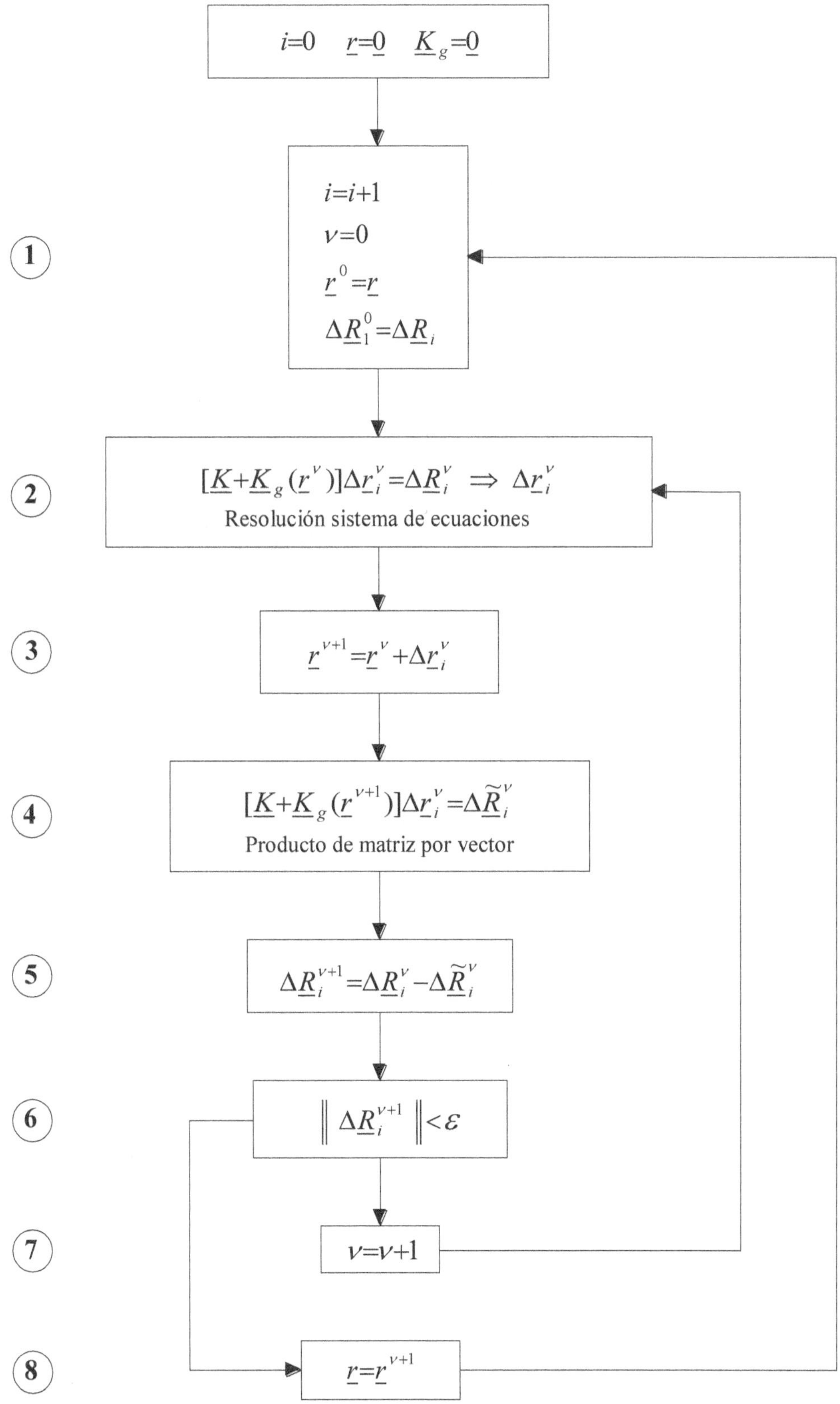

En esta etapa, si los desplazamientos acumulados son importantes en relación a las longitudes de los elementos, es necesario corregir las coordenadas de los nudos sumándole los desplazamientos respectivos. En este caso, se deberá formar nuevamente la matriz de rigidez $\underline{K}$ que depende de las coordenadas de los nudos. En (5) se calcula la diferencia de los vectores de carga que se utiliza para la nueva iteración a partir de (2), o bien, se inicia un nuevo incremento de carga en (1). En la Figura 9.5 se muestra en forma esquemática el set de iteraciones e incrementos. En el ejemplo siguiente se muestra el resultado del análisis no lineal de una columna con carga axial y lateral.

Ejemplo 9.13

Realizar un análisis no - lineal de la columna indicada y comparar con el análisis lineal. Discretizar en 8 elementos.

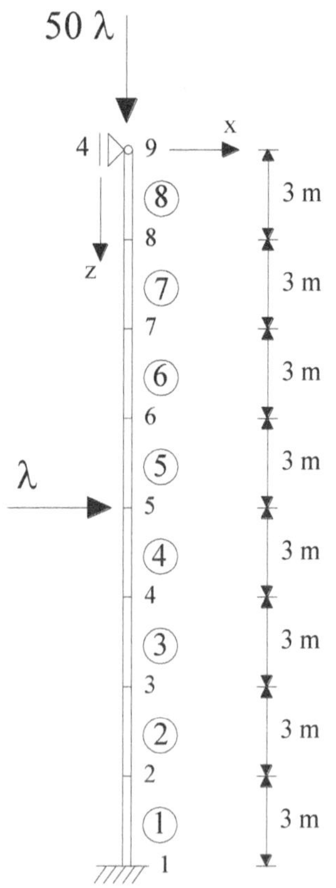

$E = 2{,}1 \times 10^8 \left[kN/m^2\right]$

$I = 1{,}94 \times 10^{-5} \left[m^4\right]$

$A = 2{,}85 \text{ X } 10^{-3} \left[m^2\right]$

La carga crítica de pandeo es (Euler 3):

$$P_k = 2{,}04 \frac{EI\pi^2}{\ell^2} = 142{,}4 \left[kN\right]$$

Por lo tanto:

$\lambda_k = 2.848$

A continuación, se muestran los archivos de entrada y salida del análisis incremental no-lineal realizado con el programa SMIS. La matriz de rigidez geométrica de los elementos de viga se forma con la instrucción FORMKG, que es similar a la instrucción FORMKD para formar las matrices de rigidez elástica de los elementos. Para formar las matrices K y Kg de la estructura se emplea la misma instrucción ADDSTF con la misma matriz de incidencia.

El archivo de entrada del programa SMIS es:

```
START
FORMKDK1                              6
     1.94E-5                       2.1E8      2.85E-3
                                        3.
PRINT K1
LOADLMIN    (6I6)                     8      6
     0     0     0     1     0     2
     1     0     2     3     0     4
     3     0     4     5     0     6
     5     0     6     7     0     8
     7     0     8     9     0    10
     9     0    10    11     0    12
    11     0    12    13     0    14
    13     0    14     0     0    15
PRINT IN                                     1
ZERO  K                              15     15
ADDSTFK      K1     IN                1      8
FORMKGKG1                             6
-50.
                                        3.
PRINT KG1
ZERO  KG                             15     15
ADDSTFKG     KG1   IN                 1      8
LOAD  R      (15F4.0)                15      1
                         1.
PRINT R
DUPL  R      RR
DUPL  K      KK
DUPL  KG     KGG
SCALE RR                                                 .5
SCALE KGG                                                .5
ADD   KK     KGG
SOLVE KK     RR
RMVSM RR     R5X                      7      1      1      1
PRINT R5X                             1
 ***  r5x  para  lambda = 0.5  ***
DUPL  R      RR
DUPL  K      KK
DUPL  KG     KGG
SCALE RR                                                 1.
SCALE KGG                                                1.
ADD   KK     KGG
SOLVE KK     RR
RMVSM RR     R5X                      7      1      1      1
PRINT R5X                             1
 ***  r5x  para  lambda = 1.0  ***
DUPL  R      RR
DUPL  K      KK
DUPL  KG     KGG
SCALE RR                                                 1.5
SCALE KGG                                                1.5
ADD   KK     KGG
SOLVE KK     RR
RMVSM RR     R5X                      7      1      1      1
PRINT R5X                             1
 ***  r5x  para  lambda = 1.5  ***
DUPL  R      RR
DUPL  K      KK
DUPL  KG     KGG
SCALE RR                                                 2.0
SCALE KGG                                                2.0
ADD   KK     KGG
SOLVE KK     RR
RMVSM RR     R5X                      7      1      1      1
PRINT R5X                             1
 ***  r5x  para  lambda = 2.0  ***
DUPL  R      RR
DUPL  K      KK
DUPL  KG     KGG
SCALE RR                                                 2.5
SCALE KGG                                                2.5
ADD   KK     KGG
SOLVE KK     RR
RMVSM RR     R5X                      7      1      1      1
```

```
PRINT R5X                      1
 ***  r5x  para  lambda = 2.5  ***
DUPL  R     RR
DUPL  K     KK
DUPL  KG    KGG
SCALE RR                                        2.6
SCALE KGG                                       2.6
ADD   KK    KGG
SOLVE KK    RR
RMVSM RR    R5X                7     1     1     1
PRINT R5X                      1
 ***  r5x  para  lambda = 2.6  ***
DUPL  R     RR
DUPL  K     KK
DUPL  KG    KGG
SCALE RR                                        2.7
SCALE KGG                                       2.7
ADD   KK    KGG
SOLVE KK    RR
RMVSM RR    R5X                7     1     1     1
PRINT R5X                      1
 ***  r5x  para  lambda = 2.7  ***
DUPL  R     RR
DUPL  K     KK
DUPL  KG    KGG
SCALE RR                                        2.8
SCALE KGG                                       2.8
ADD   KK    KGG
SOLVE KK    RR
RMVSM RR    R5X                7     1     1     1
PRINT R5X                      1
 ***  r5x  para  lambda = 2.8  ***
STOP
```

Se observa que el factor λ se ha incrementado en factores de 0.5 en 0.5 hasta el valor 2.5 y luego en factores de 0.1 hasta 2.8.

El archivo de resultados del programa SMIS es:

```
START

 SMIS (REV.3.0 - 02.01.2001 - DEPTO. OOCC - ULS)

 SMIS (FECHA DE EJECUCION :17/ 7/2003  )

 SMIS (HORA  DE EJECUCION :15:54: 5    )

FORMKD K1
 TYPE = 6      NUMBER =  1
0  I =    0.1940E-04    SHEAR AREA =    0.0000E+00
   L =    0.3000E+01             E =    0.2100E+09
  NU =    0.0000E+00
0            CROSS-SECTIONAL AREA =    0.2850E-02
0 X1 =    0.0000E+00            Y1 =    0.0000E+00
  X2 =    0.0000E+00            Y2 =    0.3000E+01
  A  =    0.0000E+00             B =    0.0000E+00

PRINT  K1

           1           2           3           4           5           6
  1  0.1811E+04  0.0000E+00  0.2716E+04  -.1811E+04  -.0000E+00  0.2716E+04
  2  0.0000E+00  0.1995E+06  -.0000E+00  -.0000E+00  -.1995E+06  -.0000E+00
  3  0.2716E+04  -.0000E+00  0.5432E+04  -.2716E+04  0.0000E+00  0.2716E+04
  4  -.1811E+04  -.0000E+00  -.2716E+04  0.1811E+04  0.0000E+00  -.2716E+04
  5  -.0000E+00  -.1995E+06  0.0000E+00  0.0000E+00  0.1995E+06  0.0000E+00
  6  0.2716E+04  -.0000E+00  0.2716E+04  -.2716E+04  0.0000E+00  0.5432E+04

LOADLM IN      (6I6)
NUMER.LINEAS:   8    NUM. COLUMNAS:   6
```

```
 PRINT  IN

           1     2     3     4     5     6
   1 *     0     0     0     1     0     2
   2 *     1     0     2     3     0     4
   3 *     3     0     4     5     0     6
   4 *     5     0     6     7     0     8
   5 *     7     0     8     9     0    10
   6 *     9     0    10    11     0    12
   7 *    11     0    12    13     0    14
   8 *    13     0    14     0     0    15

 ZERO   K
    15 LINEAS    15 COLUMNAS

 ADDSTF K       K1      IN
0PRIMERA LINEA :    1
 NUM. DE LINEAS:    8

 FORMKG KG1
  TYPE = 6      NUMBER =  1
0 F1 =   -0.5000E+02
0 X1 =    0.0000E+00              Y1 =    0.0000E+00
  X2 =    0.0000E+00              Y2 =    0.3000E+01

 PRINT  KG1

            1           2           3           4           5           6
   1 -.2000E+02  0.0000E+00  -.5000E+01  0.2000E+02  -.0000E+00  -.5000E+01
   2 0.0000E+00  -.0000E+00  0.0000E+00  -.0000E+00  0.0000E+00  0.0000E+00
   3 -.5000E+01  0.0000E+00  -.2000E+02  0.5000E+01  -.0000E+00  0.5000E+01
   4 0.2000E+02  -.0000E+00  0.5000E+01  -.2000E+02  0.0000E+00  0.5000E+01
   5 -.0000E+00  0.0000E+00  -.0000E+00  0.0000E+00  -.0000E+00  -.0000E+00
   6 -.5000E+01  0.0000E+00  0.5000E+01  0.5000E+01  -.0000E+00  -.2000E+02

 ZERO   KG
    15 LINEAS    15 COLUMNAS

 ADDSTF KG      KG1     IN
0PRIMERA LINEA :    1
 NUM. DE LINEAS:    8

 LOAD   R       (15F4. 0)
 NUMER.LINEAS:  15     NUM. COLUMNAS:   1

 PRINT  R

            1
   1 0.0000E+00
   2 0.0000E+00
   3 0.0000E+00
   4 0.0000E+00
   5 0.0000E+00
   6 0.0000E+00
   7 0.1000E+01
   8 0.0000E+00
   9 0.0000E+00
  10 0.0000E+00
  11 0.0000E+00
  12 0.0000E+00
  13 0.0000E+00
  14 0.0000E+00
  15 0.0000E+00

 DUPL   R       RR

 DUPL   K       KK

 DUPL   KG      KGG

 SCALE  RR
  SCALAR =  0.5000000E+00

 SCALE  KGG
  SCALAR =  0.5000000E+00

 ADD    KK      KGG
```

```
 SOLVE  KK      RR
 SKALAR =   0.3601334E-02

 RMVSM  RR      R5X
 NUM.DE FILA :   7 NUM.DE COLUMNA:   1
     1 FILAS      1 COLUMNAS

PRINT  R5X

 ***  r5x  para  lambda = 0.5  ***

           1
   1  0.1853E-01

 DUPL   R       RR

 DUPL   K       KK

 DUPL   KG      KGG

 SCALE  RR
  SCALAR =  0.1000000E+01

 SCALE  KGG
  SCALAR =  0.1000000E+01

 ADD    KK      KGG

 SOLVE  KK      RR
 SKALAR =   0.3581334E-02

 RMVSM  RR      R5X
 NUM.DE FILA :   7 NUM.DE COLUMNA:   1
     1 FILAS      1 COLUMNAS

 PRINT  R5X
      **  r5x  para  lambda = 1.0  ***

           1
   1  0.4642E-01

 DUPL   R       RR

 DUPL   K       KK

 DUPL   KG      KGG

 SCALE  RR
  SCALAR =  0.1500000E+01

 SCALE  KGG
  SCALAR =  0.1500000E+01

 ADD    KK      KGG

 SOLVE  KK      RR
 SKALAR =   0.3561334E-02

 RMVSM  RR      R5X
 NUM.DE FILA :   7 NUM.DE COLUMNA:   1
     1 FILAS      1 COLUMNAS

 PRINT  R5X


 ***  r5x  para  lambda = 1.5  ***

           1
   1  0.9386E-01

 DUPL   R       RR

 DUPL   K       KK

 DUPL   KG      KGG
```

```
SCALE  RR
 SCALAR =  0.2000000E+01

SCALE  KGG
 SCALAR =  0.2000000E+01

ADD    KK     KGG

SOLVE  KK     RR
SKALAR =  0.3541334E-02

RMVSM  RR     R5X
NUM.DE FILA :   7 NUM.DE COLUMNA:   1
    1 FILAS      1 COLUMNAS

PRINT  R5X

***  r5x  para  lambda = 2.0  ***

          1
  1  0.1947E+00

DUPL   R      RR

DUPL   K      KK

DUPL   KG     KGG

SCALE  RR
 SCALAR =  0.2500000E+01

SCALE  KGG
 SCALAR =  0.2500000E+01

ADD    KK     KGG

SOLVE  KK     RR
SKALAR =  0.3521333E-02

RMVSM  RR     R5X
NUM.DE FILA :   7 NUM.DE COLUMNA:   1
    1 FILAS      1 COLUMNAS

PRINT  R5X

***  r5x  para  lambda = 2.5  ***

          1
  1  0.5727E+00

DUPL   R      RR

DUPL   K      KK

DUPL   KG     KGG

SCALE  RR
 SCALAR =  0.2600000E+01

SCALE  KGG
 SCALAR =  0.2600000E+01

ADD    KK     KGG

SOLVE  KK     RR
SKALAR =  0.3517334E-02

RMVSM  RR     R5X
NUM.DE FILA :   7 NUM.DE COLUMNA:   1
    1 FILAS      1 COLUMNAS

PRINT  R5X

***  r5x  para  lambda = 2.6  ***

          1
  1  0.8240E+00
```

```
DUPL   R       RR

DUPL   K       KK

DUPL   KG      KGG

SCALE  RR
 SCALAR =  0.2700000E+01

SCALE  KGG
 SCALAR =  0.2700000E+01

ADD    KK      KGG

SOLVE  KK      RR
SKALAR =   0.3513333E-02

RMVSM  RR      R5X
NUM.DE FILA :   7 NUM.DE COLUMNA:   1
    1 FILAS       1 COLUMNAS

PRINT  R5X

***  r5x  para  lambda = 2.7  ***
              1
  1  0.1396E+01

DUPL   R       RR

DUPL   K       KK

DUPL   KG      KGG

SCALE  RR
 SCALAR =  0.2800000E+01

SCALE  KGG
 SCALAR =  0.2800000E+01

ADD    KK      KGG

SOLVE  KK      RR
SKALAR =   0.3509334E-02

RMVSM  RR      R5X
NUM.DE FILA :   7 NUM.DE COLUMNA:   1
    1 FILAS       1 COLUMNAS

PRINT  R5X

***  r5x  para  lambda = 2.8  ***

              1
  1  0.3987E+01

STOP
```

En el gráfico de la Figura 9.6 en abscisas se lleva el desplazamiento horizontal r_{5x} *del nudo 5 y en ordenadas el factor* λ. *Se observa que no se alcanza a graficar el desplazamiento para el factor* λ=2.8 *pues el desplazamiento correspondiente es demasiado grande (* r_{5x} =3.987)

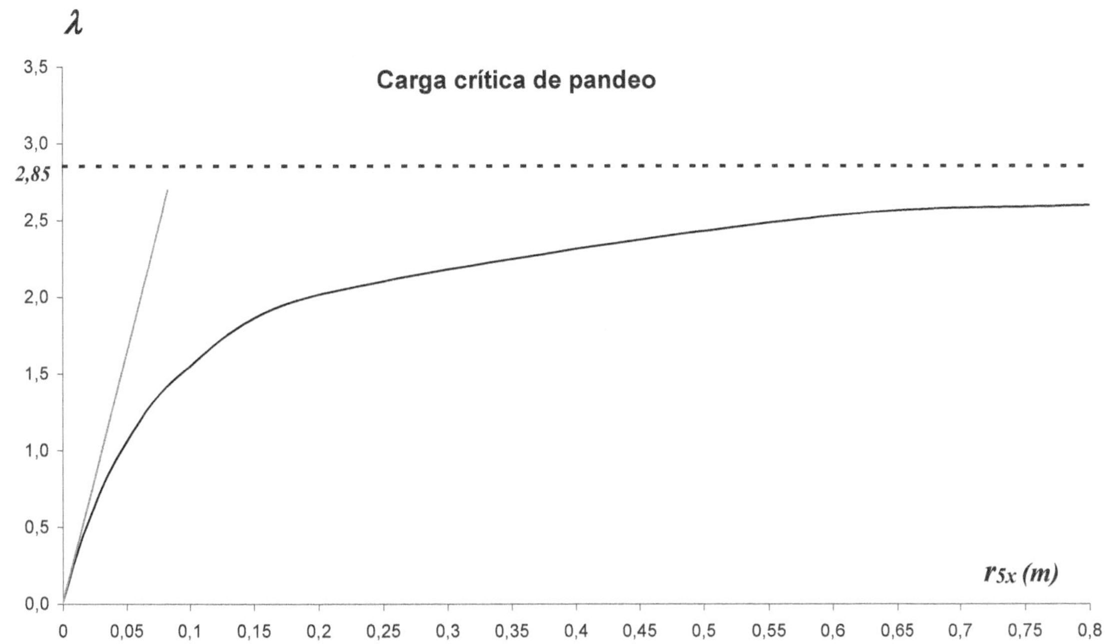

Figura 9.6. Carga crítica de pandeo

10. REFERENCIAS

10.1. Referencias

Gere – Timoshenko, "Mecánica de Materiales". Grupo Editorial Iberoamérica, México, 1986.

Guendelman, T., "Análisis Estático y Dinámico de Estructuras". Editorial Universidad de La Serena, La Serena, 2014

Hidalgo, P., "Análisis Estructural". Ediciones Universidad Católica de Chile, Santiago de Chile, 1992.

Lawo, M., Thierauf, G., "Stabtragwerke. Matrizenmethoden der Statik und Dynamik", Teil 1: Statik. Editorial Vieweg und Sohn, Braunschweig / Wiesbaden, 1980.

Maple V, "First Leaves: A Tutorial Introduction to Maple V". Springer – Verlag, New York, 1993.

Ortiz Berrocal, L. "Elasticidad". Mc Graw – Hill, España, 1998.

Strang, G., "Álgebra Lineal y sus aplicaciones". Addison Wesley Iberoamericana, 1986.

Vásquez, R., "Estudio comparativo de diferentes modelos pseudo – tridimensionales para el análisis sísmico de edificios". Memoria para optar al título de Ingeniero Civil, Universidad de La Serena, 1994.

10.2. Referencias históricas

Argyris, J.H., "Die Matrizentheorie der Statik". Ingenieur Archiv 25, 1957.

Castigliano, A., "Intorno ad una proprieta dei sistema elastici". Atti della Academia delle Scienze di Torino, 1875.

Cross, H., "Analysis of Continuous Frames by Distributing Fixed- End Moments". Transactions of the American Society of Civil Engineering, Vol. 56, 1930.

Maxwell, C., "On the calculations of the equilibrium and stiffness of frames". Philosophical Magazine, Vol. 27, 1864.

Menabrea, F., "Nouveau principe sur la distribution des tensions dans les systèmes élastiques". Comptes rendus, 1958.

Mohr, O., "Beiträge zur Theorie der Holz – und Eisenkonstruktionen". Zeitschrift der Architekten – und Ingenieurverbandes zu Hannover, 1860.

Müller – Breslau, H., "Die graphische Statik der Baukonstruktionen". Vol. I, II, III, Leipzig, 1892.

Müller – Breslau, H., "Die neueren Methodem der Festigheitslehre und Statik der Baukonstruktionen". Cuarta edición aumentada y corregida, Leipzig, 1913.

Navier, C. L. M. H., "Résumées des leçons données à l'école des ponts et chaussées". Mémoires de l'académie des Sciences, Paris, 1827.

Ritter, A., "Elementare Theorie und Berechnung eiserner Dach – und Brüchenkonstruktionen". Hannover, 1863.

ANEXO A. ÁLGEBRA MATRICIAL

A.1.- NOTACIÓN Y DEFINICIONES

Una **matriz** es un arreglo rectangular de símbolos o cantidades numéricas ordenadas en filas y columnas. El arreglo se encierra entre paréntesis cuadrados, de manera que si tiene n filas y m columnas la matriz se representa como:

$$\underline{A} = \begin{bmatrix} a_{11} & a_{12} & a_{13} & . & . & . & a_{1j} & . & . & . & a_{1m} \\ a_{21} & a_{22} & a_{23} & . & . & . & a_{2j} & . & . & . & a_{2m} \\ a_{31} & a_{32} & a_{33} & . & . & . & a_{3j} & . & . & . & a_{3m} \\ . & . & . & . & . & . & . & . & . & . & . \\ . & . & . & . & . & . & . & . & . & . & . \\ . & . & . & . & . & . & . & . & . & . & . \\ a_{1} & a_{2} & a_{3} & . & . & . & a_{ij} & . & . & . & a_{im} \\ . & . & . & . & . & . & . & . & . & . & . \\ . & . & . & . & . & . & . & . & . & . & . \\ . & . & . & . & . & . & . & . & . & . & . \\ a_{n1} & a_{n2} & a_{n3} & . & . & . & a_{nj} & . & . & . & a_{nm} \end{bmatrix} \qquad (A.1)$$

En que cada elemento, por ejemplo a_{ij}, tiene 2 índices, el primero indica la fila (i) y el segundo indica la columna (j), donde se ubica el elemento en la matriz. Una matriz con n filas y m columnas se define como una matriz de orden n x m. El símbolo $\underline{A}$ representa el arreglo completo y se subraya para indicar que se trata de una matriz.

A.1.1.- Matriz fila y Matriz columna

Si $n=1$ la matriz $\underline{A}$ se reduce a una fila:

$$\underline{A} = \lfloor a_{11} \quad a_{12} \quad .. \quad a_{1j} \quad .. \quad a_{1m} \rfloor \qquad (A.2)$$

y se le llama **matriz fila**.

En forma análoga, si $m = 1$ la matriz $\underline{A}$ queda:

$$\underline{A} = \begin{bmatrix} a_{11} \\ a_{12} \\ \vdots \\ a_{i1} \\ \vdots \\ a_{n1} \end{bmatrix} \qquad \text{(A.3)}$$

Y se le llama **matriz columna**. A este tipo de matrices también se les da el nombre de **vector** y usualmente se denominan en letras minúsculas ($\underline{a}$). El orden de una matriz fila con m componentes es *1 x m* y el de una matriz columna o vector con n componentes es *n x 1*.

A.1.2.- Matriz nula (matriz cero)

Si **todos** los elementos de una matriz son iguales a cero, la matriz se llama **matriz nula** o **matriz cero** y se escribe $\underline{0}$. En álgebra matricial la matriz cero cumple la misma función que el cero en el álgebra ordinaria.

A.1.3.- Matriz cuadrada

Si $m = n$, la matriz $\underline{A}$ posee igual número de filas y columnas y se llama matriz cuadrada. Las matrices cuadradas ocupan un rol importante en el álgebra matricial pues sólo ellas (si sus elementos cumplen ciertas condiciones) pueden tener inversas.

A.1.4.- Matriz diagonal

Una matriz diagonal es una matriz cuadrada cuyos elementos fuera de la diagonal principal son nulos. Esto significa que $a_{ij} = 0$ para $i \neq j$ y no todos los a_{ii} son nulos.

A.1.5.- Matriz identidad

Es una matriz diagonal especial en que todos los elementos de una diagonal son iguales a uno. Normalmente se utiliza el símbolo $\underline{I}_n$ para una matriz identidad de orden *n*:

$$\underline{I}_n = \lfloor I_{ij} \rfloor$$

en que: $I_{ii} = 1$ y $I_{ij} = 0$ para $i = 1,2,...,n,\ j = 1,2,...,n$

A.1.6.- Matriz de permutaciones

Es una matriz identidad en la que se han permutado (intercambiado) filas o columnas.

$$\underline{I}_4 = \begin{bmatrix} 1 & & & \\ & 1 & & \\ & & 1 & \\ & & & 1 \end{bmatrix} \qquad \underline{P}_4 = \begin{bmatrix} & 1 & & \\ 1 & & & \\ & & 1 & \\ & & & 1 \end{bmatrix} \tag{A.4}$$

A.1.7.- Matriz simétrica

Es una matriz cuadrada en que los elementos sobre la diagonal principal son iguales a los elementos ubicados bajo dicha diagonal. Esto es:

$$a_{ij} = a_{ji} \qquad i = 1,2,...,n \ , \ j = 1,2,...,n$$

A.1.8.- Matriz Triangular (superior o inferior)

Una matriz triangular superior es una matriz cuadrada especial en que todos los elementos bajo la diagonal principal son nulos. En forma análoga se define la matriz triangular inferior, en la que los elementos sobre la diagonal son nulos.

Llamando $\underline{U}$ ("upper") a la matriz triangular superior y $\underline{L}$ ("lower") a la matriz triangular inferior, estas son de la forma:

$$\underline{U} = \begin{bmatrix} \ddots & - & - & - \\ & \ddots & - & - \\ & \underline{0} & \ddots & - \\ & & & \ddots \end{bmatrix} \qquad \underline{L} = \begin{bmatrix} \ddots & & & \\ - & \ddots & \underline{0} & \\ - & - & \ddots & \\ - & - & - & \ddots \end{bmatrix} \tag{A.5}$$

A.1.9.- Matriz de banda

Matriz de banda o bandeada es una matriz cuadrada en la que sus elementos se agrupan alrededor de la diagonal principal.

$$\underline{A} = \begin{bmatrix} a_{11} & a_{12} & a_{13} & \ddots & 0 & 0 & 0 & .. & .. & .. & 0 \\ a_{21} & a_{22} & a_{23} & a_{24} & \ddots & 0 & 0 & .. & .. & .. & 0 \\ a_{31} & a_{32} & a_{33} & a_{34} & a_{35} & \ddots & 0 & .. & .. & .. & 0 \\ \ddots & a_{42} & a_{43} & a_{44} & a_{45} & a_{46} & \ddots & 0 & .. & .. & \\ 0 & \ddots & a_{53} & a_{54} & a_{55} & a_{56} & a_{57} & \ddots & & & \\ 0 & 0 & \ddots & & & \ddots & & & \ddots & & \\ 0 & 0 & & \ddots & & & \ddots & & & \ddots & \\ 0 & .. & & & \ddots & & & \ddots & & & \ddots \\ .. & .. & & & & \ddots & & & \ddots & & \\ .. & .. & & & & & \ddots & & & \ddots & \\ 0 & 0 & 0 & & & & & \ddots & & & \ddots \end{bmatrix} \tag{A.6}$$

Un caso especial lo constituyen las matrices de banda simétricas. En ese caso sólo es necesario conocer los elementos de la diagonal y de la parte superior (o inferior) de la banda por lo que usualmente se almacena la mitad del ancho de banda. La matriz de rigidez de una estructura, cuyos nudos han sido numerados en forma adecuada (poca diferencia de numeración de los nudos de cada elemento) es una matriz bandeada simétrica.

A.1.10.- Hipermatriz

Es una matriz cuyos elementos son matrices:

$$\underline{A} = \begin{bmatrix} \underline{A}_{11} & \underline{A}_{12} \\ \underline{A}_{21} & \underline{A}_{22} \end{bmatrix} \tag{A.7}$$

También se puede llamar a $\underline{A}$ simplemente **matriz** en cuyo caso $\underline{A}_{11}, \underline{A}_{12}, \underline{A}_{21}$ y $\underline{A}_{22}$ se denominan **submatrices.**

La hipermatriz también se puede originar de una **partición** de una matriz. Por ejemplo:

$$\underline{A} = \left[\begin{array}{cc|c} a_{11} & a_{12} & a_{13} \\ a_{21} & a_{22} & a_{23} \\ \hline a_{31} & a_{32} & a_{33} \end{array}\right] = \begin{bmatrix} \underline{A}_{11} & \underline{A}_{12} \\ \underline{A}_{21} & \underline{A}_{22} \end{bmatrix} \tag{A.8}$$

en que:

$$\underline{A}_{11} = \begin{bmatrix} a_{11} & a_{12} \\ a_{12} & a_{22} \end{bmatrix} \qquad \underline{A}_{12} = \begin{bmatrix} a_{13} \\ a_{23} \end{bmatrix}$$

$$\underline{A}_{21} = \begin{bmatrix} a_{31} & a_{32} \end{bmatrix} \qquad \underline{A}_{22} = \begin{bmatrix} a_{33} \end{bmatrix}$$

A.1.11.- Matriz hiperdiagonal

Es una hipermatriz diagonal, esto es, una matriz diagonal en que los elementos de la diagonal son matrices:

$$diag\{\underline{a}_j\} = \begin{bmatrix} \underline{a}_1 & & & & \\ & \underline{a}_2 & & & \\ & & \underline{a}_3 & & \\ & & & \ddots & \\ & & & & \underline{a}_n \end{bmatrix} \qquad \text{(A.9)}$$

A.2.- Igualdad

Dos matrices son iguales si son del mismo orden *(n x m)* y todos sus elementos son idénticos:

$$\underline{A} = \underline{B} \quad \Leftrightarrow \quad a_{ij} = b_{ij} \qquad i = 1,2,...,n \quad , \quad j = 1,2,...,m \qquad \text{(A.10)}$$

A.3.- Operaciones

A.3.1.- Suma

Una matriz $\underline{C}$ *(n x m)* se llama suma de dos matrices $\underline{A}$ *(n x m)* y $\underline{B}$ *(n x m)* si se cumple que:

$$\underline{C} = \underline{A} + \underline{B} \quad \Leftrightarrow \quad c_{ij} = a_{ij} + b_{ij} \quad i = 1,2,...,n \quad , \quad j = 1,2,...,m \qquad \text{(A.11)}$$

Ejemplo:

$$\underline{A} = \begin{bmatrix} 3 & 2 \\ 0 & 4 \\ 5 & 2 \end{bmatrix} \qquad \underline{B} = \begin{bmatrix} 1 & 6 \\ 2 & 3 \\ 1 & -2 \end{bmatrix} \qquad \underline{C} = \begin{bmatrix} 4 & 8 \\ 2 & 7 \\ 6 & 0 \end{bmatrix}$$

A.3.2.- Resta

En forma similar a la suma la resta se define como:

$$\underline{C} = \underline{A} - \underline{B} \quad \Leftrightarrow \quad c_{ij} = a_{ij} - b_{ij} \quad i = 1,2,...,n \quad , \quad j = 1,2,...,m \tag{A.12}$$

Ejemplo: Con las matrices $\underline{A}$ y $\underline{B}$ del ejemplo anterior se tiene que $\underline{C}$ sería.

$$\underline{C} = \begin{bmatrix} 2 & -4 \\ -2 & 1 \\ 4 & 4 \end{bmatrix}$$

A.3.3.- Transposición de una matriz

La matriz transpuesta de una matriz $\underline{A}$ es aquella formada a partir de la matriz $\underline{A}$ intercambiando sus filas y columnas:

$$\underline{B} = \underline{A}^T \quad \Leftrightarrow \quad b_{ij} = a_{ji} \quad i = 1,2,...,m \quad , \quad j = 1,2,...,n \tag{A.13}$$

Ejemplo:

$$\underline{A} = \begin{bmatrix} a_{11} & a_{12} & a_{13} \\ a_{21} & a_{22} & a_{23} \end{bmatrix} \quad \Rightarrow \quad \underline{A}^T = \begin{bmatrix} a_{11} & a_{21} \\ a_{12} & a_{22} \\ a_{13} & a_{23} \end{bmatrix}$$

De este modo si la matriz $\underline{A}$ es de orden *n x m*, entonces la matriz $\underline{A}^T$ es de orden *m x n*. Es de hacer notar que se cumple la siguiente relación:

$$\left(\underline{A}^T\right)^T = \underline{A} \tag{A.14}$$

Para matrices **simétricas** se cumple que:

$$\underline{A}^T = \underline{A} \tag{A.15}$$

A.3.4.- Multiplicación de una matriz por un escalar

Si λ es un número escalar cualquiera entonces y si $\underline{C}$ y $\underline{A}$ son dos matrices del mismo orden *(n x m)*

$$\underline{C} = \lambda \underline{A} \qquad \Leftrightarrow \qquad c_{ij} = \lambda a_{ij} \qquad i = 1,2,...,n \quad , \qquad j = 1,2,...,m \qquad \text{(A.16)}$$

A.3.5.- Multiplicación entre matrices

Dos matrices $\underline{A}$ y $\underline{B}$ pueden ser multiplicadas entre sí sólo si el número de columnas de $\underline{A}$ es igual al número de filas de $\underline{B}$. En este caso se dice que las matrices son conformadas para la multiplicación. En caso contrario la operación de multiplicación no está definida.

La multiplicación de dos matrices $\underline{A}$ *(n x p)* y $\underline{B}$ *(p, m)* entrega una matriz $\underline{C}$ *(n x m)* cuyos elementos se calculan de la siguiente forma.

$$c_{ij} = \sum_{k=1}^{p} a_{ik} b_{kj} \qquad i = 1,2,...,n \quad , \qquad j = 1,2,...,m \qquad \text{(A.17)}$$

en que a_{ik} y b_{kj} son elementos de la matriz $\underline{A}$ y $\underline{B}$ respectivamente.

Ejemplo:

$$\begin{bmatrix} 1 & 2 & 3 \\ 4 & 5 & 6 \\ 3 & 1 & 2 \end{bmatrix} \begin{bmatrix} 1 & 3 \\ 2 & -1 \\ 7 & 1 \end{bmatrix} = \begin{bmatrix} 26 & 4 \\ 56 & 13 \\ 19 & 10 \end{bmatrix}$$

La multiplicación de matrices es asociativa y distributiva, manteniendo el orden de la multiplicación:

$$\underline{A}(\underline{B}\,\underline{C}) = (\underline{A}\,\underline{B})\underline{C} = \underline{A}\,\underline{B}\,\underline{C} \qquad \text{(A.18)}$$

$$\underline{A}(\underline{B} + \underline{C}) = \underline{A}\,\underline{B} + \underline{A}\,\underline{C} \qquad \text{(A.19)}$$

La multiplicación de matrices en general **no es conmutativa**. Si $\underline{A}$ y $\underline{B}$ son matrices rectangulares en que la operación $\underline{A}\,\underline{B}$ esta definida, la operación $\underline{B}\,\underline{A}$ ni siquiera está definida. Para matrices $\underline{A}$ y $\underline{B}$, cuadradas en general.

$$\underline{A}\,\underline{B} \neq \underline{B}\underline{A} \qquad \text{(A.20)}$$

Si $\underline{A}$ es una matriz cuadrada de orden n y $\underline{I}$ es la matriz identidad de orden n se cumple que

$$\underline{A}\,\underline{I} = \underline{I}\,\underline{A} = \underline{A} \tag{A.21}$$

En el producto $\underline{A}\ \underline{B}$ se pude decir que $\underline{B}$ está premultiplicada por $\underline{A}$, o bien que $\underline{A}$ está post - multiplicada por $\underline{B}$.

La operación de multiplicación de matrices puede ser extendida a matrices particionadas en submatrices, siempre que estas sean conformadas para la multiplicación:

$$\underline{A}\ \underline{B} = \begin{bmatrix} \underline{A}_{11} & \underline{A}_{12} \\ \underline{A}_{21} & \underline{A}_{22} \end{bmatrix} \begin{bmatrix} \underline{B}_{11} & \underline{B}_{12} \\ \underline{B}_{21} & \underline{B}_{22} \end{bmatrix} = \begin{bmatrix} \underline{A}_{11}\underline{B}_{11} + \underline{A}_{12}\underline{B}_{21} & \underline{A}_{11}\underline{B}_{12} + \underline{A}_{12}\underline{B}_{22} \\ \underline{A}_{21}\underline{B}_{11} + \underline{A}_{22}\underline{B}_{21} & \underline{A}_{21}\underline{B}_{12} + \underline{A}_{22}\underline{B}_{22} \end{bmatrix}$$

A.3.6.- Transpuesta de un producto de matrices

Si $\underline{A}$ y $\underline{B}$ son dos matrices conformes para la multiplicación (el producto $\underline{A}\ \underline{B}$ está definido) entonces se cumple que:

$$(\underline{A}\underline{B})^T = \underline{B}^T\ \underline{A}^T \tag{A.22}$$

Por extensión:

$$(\underline{A}\underline{B}\underline{C}\ \ldots\ \underline{H})^T = \underline{H}^T \ldots\ \underline{C}^T\ \underline{B}^T\ \underline{A}^T \tag{A.23}$$

A.3.7.- Casos especiales de productos de matrices

Si $\underline{a}$ y $\underline{b}$ son dos **matrices columnas** que usualmente se denominan **vectores** entonces existen 2 productos especiales entre ellos:

a) Producto escalar:

Si los 2 vectores $\underline{a}$ y $\underline{b}$ son del mismo orden n el producto $\underline{a}^T\ \underline{b}$ es un número escalar.

$$\lambda = \underline{a}^T\ \underline{b} = \underline{b}^T\ \underline{a} = \sum_{i=1}^{n} a_i b_i \tag{A.24}$$

Dos vectores $\underline{a}$ y $\underline{b}$ de orden n son **ortogonales** si se cumple que:

$$\lambda = \underline{a}^T\ \underline{b} = \underline{b}^T\ \underline{a} = 0 \tag{A.25}$$

La **norma de un vector** se obtiene mediante el producto escalar:

$$\|a\| = \underline{a}^T\ \underline{a} = \sum_{i=1}^{n} a_i^2 \tag{A.26}$$

b) Producto diádico

El producto de un vector $\underline{a}$ de orden n y la transpuesta de un vector $\underline{b}$ de orden m es una matriz *(nxm)* de la forma:

$$\underline{a}\underline{b}^T = \begin{bmatrix} a_1 \\ a_2 \\ a_3 \\ . \\ . \\ . \\ a_n \end{bmatrix} \begin{bmatrix} b_1 & b_2 & b_3 & . & . & . & b_m \end{bmatrix} = \begin{bmatrix} a_1b_1 & a_1b_2 & . & . & . & a_1b_m \\ a_2b_1 & & & & & \\ . & & & & & \\ . & & & & & \\ . & & & & & \\ a_nb_1 & a_nb_2 & . & . & . & a_nb_m \end{bmatrix} \tag{A.27}$$

El producto diádico **no es conmutativo**:

$$\underline{a}\underline{b}^T \neq \underline{b}^T\underline{a}$$

A.3.8.- Determinante de una matriz

El determinante de una matriz se define sólo para matrices cuadradas.

$$|\underline{A}| = \begin{vmatrix} a_{11} & a_{12} & . & . & . & a_{1n} \\ a_{21} & a_{22} & . & . & . & a_{2n} \\ . & & & & & \\ . & & & & & \\ . & & & & & \\ a_{n1} & a_{n1} & . & . & . & a_{nn} \end{vmatrix} \tag{A.28}$$

y se define formalmente como:

$$|\underline{A}| = \sum \pm \left(a_{1i} \quad a_{2j} \quad a_{3k} \quad . \; . \; . \right) \tag{A.29}$$

en que los índices de las filas aparecen en el orden normal *(1, 2, 3, ... n)* mientras que los índices de las columnas *i, j, k,...* aparecen como permutaciones del orden normal. El signo positivo o negativo depende de si el orden *i, j, k* se obtuvo mediante un número par o impar de permutaciones del orden natural. La suma se extiende por $n!$ permutaciones.

Ejemplo:

$$\begin{vmatrix} a_{11} & a_{12} \\ a_{21} & a_{22} \end{vmatrix} = a_{11}a_{22} - a_{12}a_{21}$$

A.3.8.1.- Propiedades de los determinantes

a) El determinante de una matriz es idéntico al de su transpuesta:

$$|\underline{A}| = |\underline{A}^T| \quad \text{(A.30)}$$

b) Al intercambiar 2 filas o columnas de una matriz $\underline{A}$ cambia el signo del determinante

c) Si dos filas o dos columnas de una matriz son idénticas el determinante es cero

d) Si todos los elementos de una fila o columna de una matriz son cero entonces su determinante es cero.

e) Al multiplicar los elementos de una fila o columna de una matriz $\underline{A}$ por un factor c entonces el determinante es $c\underline{A}$.

f) Al modificar una matriz $\underline{A}$ sumándole a una fila (o columnas) otra fila (o columnas) multiplicada por un constante, no cambia el determinante.

g) De las propiedades anteriores se deduce que si dos filas (o columnas) de una matriz $\underline{A}$ son linealmente dependientes entonces su determinante es cero.

h) El determinante de un producto de matrices es igual al producto de los determinantes:

$$|\underline{A}\underline{B}| = |\underline{A}||\underline{B}| \quad \text{(A.31)}$$

A.3.8.2.- Menores y Cofactores

El primer **"menor"** de un determinante $\underline{A}$ correspondiente al elemento a_{ij} se define como el determinante de la matriz obtenida eliminando la fila i y la columna j de la matriz $\underline{A}$. Por lo tanto si $\underline{A}$ es un polinomio de orden n, entonces el primer "menor" es de orden n–1. Esta definición puede ser extendida eliminando s filas y s columnas de la matriz, hablándose en dicho caso de un menor de orden n–s. El primer menor correspondiente al elemento a_{ij} se denomina M_{ij}. Si el primer menor M_{ij} se multiplica por $(-1)^{i+j}$, el resultado se llama **"cofactor"** de a_{ij} y se designa como A_{ij}:

$$A_{ij} = (-1)^{i+j} M_{ij} \tag{A.32}$$

A.3.8.3.- Cálculo del determinante por cofactores

Se puede demostrar que el determinante de una matriz $|\underline{A}|$ puede ser calculado utilizando los elementos de una fila (o columna) cualquiera y sus correspondientes cofactores.

$$|\underline{A}| = a_{i1}A_{i1} + a_{i2}A_{i2} + \ldots + a_{in}A_{in} = \sum_{j=1}^{n} a_{ij}A_{ij} \tag{A.33}$$

o bien

$$|\underline{A}| = a_{1j}A_{1j} + a_{2j}A_{2j} + \ldots + a_{nj}A_{nj} = \sum_{i=1}^{n} a_{ij}A_{ij} \tag{A.34}$$

Ejemplo:

$$\begin{vmatrix} a_{11} & a_{12} & a_{13} \\ a_{21} & a_{22} & a_{23} \\ a_{31} & a_{32} & a_{33} \end{vmatrix} = a_{11}\begin{vmatrix} a_{22} & a_{23} \\ a_{32} & a_{33} \end{vmatrix} - a_{21}\begin{vmatrix} a_{12} & a_{13} \\ a_{32} & a_{33} \end{vmatrix} + a_{31}\begin{vmatrix} a_{12} & a_{13} \\ a_{22} & a_{23} \end{vmatrix} =$$

$$a_{11}(a_{22}a_{33} - a_{23}a_{32}) - a_{21}(a_{12}a_{33} - a_{13}a_{32}) + a_{31}(a_{12}a_{23} - a_{13}a_{22})$$

En forma más general se puede comprobar que:

$$\sum_{j=1}^{n} a_{ij}A_{kj} = \begin{cases} |\underline{A}| & si\ i = k \\ 0 & si\ i \neq k \end{cases} \tag{A.35}$$

$$\sum_{j=1}^{n} a_{ij}A_{ik} = \begin{cases} |\underline{A}| & si\ j = k \\ 0 & si\ j \neq k \end{cases} \tag{A.36}$$

A.3.8.4.- Determinante de una matriz triangular

De (A.33) y (A.34) se deduce fácilmente que para el caso de matrices triangulares superiores e inferiores se cumple que el determinante es igual al producto de los elementos de la diagonal:

$$|\underline{L}| = \ell_{11}\ell_{22}\ldots\ell_{nn} = \sum_{i=1}^{n} \ell_{ii} \tag{A.37}$$

$$|\underline{U}| = u_{11}u_{22}\ldots u_{nn} = \sum_{i=1}^{n} u_{ii} \tag{A.38}$$

En que $\underline{L}$ es una matriz triangular inferior y $\underline{U}$ es una matriz triangular superior.

A.3.9.- Matriz adjunta y matriz inversa

Se define como **matriz adjunta** $\hat{\underline{A}}$ de una matriz cuadrada $\underline{A}$ a la matriz transpuesta de la matriz de los cofactores, esto es:

$$\left|\hat{\underline{A}}\right| = \begin{bmatrix} A_{11} & A_{21} & A_{31} & . & . & . & A_{n1} \\ A_{12} & A_{22} & . & . & . & . & A_{n2} \\ A_{13} & A_{23} & . & . & . & . & A_{n3} \\ . & & & & & & \\ . & & & & & & \\ . & & & & & & \\ A_{1n} & A_{2n} & . & . & . & . & A_{nn} \end{bmatrix} \quad \text{(A.39)}$$

En que A_{ij} representan a los cofactores de la matriz $\underline{A}$ de acuerdo a la definición (A.32)

El producto de una matriz $\underline{A}$ por su adjunta $\hat{\underline{A}}$ es:

$$\left|\underline{B}\right| = \underline{A}\hat{\underline{A}} \quad \text{(A.40)}$$

En que de acuerdo a la fórmula (A.17) de la multiplicación de matrices, los elementos de la matriz $\underline{B}$ son:

$$b_{ij} = \sum_{k=1}^{n} a_{ik} A_{jk} \quad \text{(A.41)}$$

En que los subíndices j,k de la matriz $\hat{\underline{A}}$ aparecen permutados debido a su definición (A.39).

Comparando (A.41) con (A.35) y (A.36) se deduce que:

$$b_{ij} = \begin{cases} \left|\underline{A}\right| & si \;\; i = j \\ 0 & si \;\; i \neq j \end{cases} \quad \text{(A.42)}$$

Por lo tanto la matriz $\underline{B}$ es una matriz diagonal en que dichos elementos de la diagonal son iguales a $\left|\underline{A}\right|$, esto es:

$$\underline{B} = \underline{A}\underline{\hat{A}} = |\underline{A}|\underline{I} \tag{A.43}$$

En que $\underline{I}$ es la matriz identidad de orden n (mismo orden de $\underline{A}$). Como $|\underline{A}|$ es un escalar, la relación (A.43) se puede dividir por $|\underline{A}|$ quedando:

$$\frac{\underline{A}\underline{\hat{A}}}{|\underline{A}|} = \underline{I} \tag{A.44}$$

Definiendo una matriz $\underline{A}^{-1}$:

$$\underline{A}^{-1} = \frac{\underline{\hat{A}}}{|\underline{A}|} \tag{A.45}$$

Se observa que:

$$\underline{A}\underline{A}^{-1} = \underline{I} \tag{A.46}$$

La matriz $\underline{A}^{-1}$ se define como **matriz inversa** de la matriz $\underline{A}$. Por lo tanto el producto de una matriz por su inversa es igual a la matriz identidad. De la definición (A.45) se observa que si $|\underline{A}| = 0$ no existe la inversa de la matriz $\underline{A}$ y en dicho caso se dice que la matriz es **singular**. Si $|\underline{A}| \neq 0$ existe la matriz inversa y se dice que la matriz es **no singular** o **regular.**

Si se hubiera partido formando el producto $\underline{B}=\underline{\hat{A}}\,\underline{A}$ se habría llegado al mismo resultado por lo tanto se cumple que:

$$\underline{A}\,\underline{A}^{-1}=\underline{A}^{-1}\,\underline{A}=\underline{I}$$

Ejemplo:

$$\underline{A}=\begin{bmatrix} 3 & 2 & 1 \\ 2 & 3 & 2 \\ 1 & 2 & 3 \end{bmatrix} \qquad |\underline{A}|=3(9-4)-2(6-2)+1(4-3)=8$$

$$\underline{\hat{A}}=\begin{bmatrix} (9-4) & -(6-2) & (4-3) \\ -(6-2) & (9-1) & -(6-2) \\ (4-3) & -(6-2) & (9-4) \end{bmatrix}=\begin{bmatrix} 5 & -4 & 1 \\ -4 & 8 & -4 \\ 1 & -4 & 5 \end{bmatrix}$$

Por lo tanto:
$$\underline{A}^{-1}=\frac{1}{8}\begin{bmatrix} 5 & -4 & 1 \\ -4 & 8 & -4 \\ 1 & -4 & 5 \end{bmatrix}=\begin{bmatrix} \frac{5}{8} & -\frac{1}{2} & \frac{1}{8} \\ -\frac{1}{2} & 1 & -\frac{1}{2} \\ \frac{1}{8} & -\frac{1}{2} & \frac{5}{8} \end{bmatrix}$$

Haciendo el producto $\underline{A}\,\underline{A}^{-1}$ se comprueba que:

$$\begin{bmatrix} 3 & 2 & 1 \\ 2 & 3 & 2 \\ 1 & 2 & 3 \end{bmatrix}\begin{bmatrix} \frac{5}{8} & -\frac{1}{2} & \frac{1}{8} \\ -\frac{1}{2} & 1 & -\frac{1}{2} \\ \frac{1}{8} & -\frac{1}{2} & \frac{5}{8} \end{bmatrix}=\begin{bmatrix} 1 & 0 & 0 \\ 0 & 1 & 0 \\ 0 & 0 & 1 \end{bmatrix}$$

A.3.10.- Inversa de un producto de matrices

En forma análoga a la transposición de un producto de matrices (A.23), también se cumple para la inversión de un producto de matrices:

$$(\underline{A}\,\underline{B}\,\underline{C}\,...\underline{H})^{-1}=\underline{H}^{-1}...\underline{C}^{-1}\,\underline{B}^{-1}\,\underline{A}^{-1} \qquad \text{(A.47)}$$

A.3.11.- Matriz definida positiva

Una matriz cuadrada $\underline{A}$ se llama **"matriz definida positiva"** si se cumple que para cualquier **vector** $\underline{X}$:

$$\underline{X}^T\,\underline{A}\,\underline{X}>0 \text{ para todo } \underline{X}\neq\underline{0} \qquad \text{(A.48)}$$

Ejemplo:

$$\begin{bmatrix} x_1 & x_2 \end{bmatrix}\begin{bmatrix} 1 & \alpha \\ \beta & 2 \end{bmatrix}\begin{bmatrix} x_1 \\ x_2 \end{bmatrix}=x_1^2+(\alpha+\beta)x_1x_2+2x_2^2>0$$

Esta condición se cumple para todo $x_1,\ x_2\neq 0$, sólo si $\alpha=\beta=0$. En dicho caso la ecuación:

$$x_1^2+2x_2^2=cte>0$$

representa la ecuación de una **elipse** en el plano $x_1,\ x_2$.

Se puede demostrar que si $\underline{A}$ es una matriz definida positiva, la función $\underline{X}^T \underline{A}\,\underline{X}=cte$ es una **función convexa**, como en el ejemplo de la elipse.

Las matrices definidas positivas tienen la importante propiedad de que son **regulares** (no singulares). La matriz de rigidez de una estructura $\underline{K}$ tiene dicha propiedad debido a que la energía de deformación de una estructura representada por:

$$\underline{U}=\frac{1}{2}\underline{r}^T \underline{K}\,\underline{r}>0 \text{ para todo } \underline{r}\neq\underline{0}$$

en que $\underline{r}$ representa un desplazamiento cualquiera de la estructura y la **energía de deformación U es siempre positiva** (al deformar una estructura esta **acumula energía**).

A.3.12.- Rango de una matriz

Se dice que una matriz $\underline{A}$ de orden $n \times m$ tiene **rango *r*** si contiene por lo menos una submatriz cuadrada de orden $r \times r$ cuyo determinante es distinto de cero, mientras que el determinante de cualquier submatriz cuadrada de orden $(r+1)\times(r+1)$ es cero. Es evidente que el rango r de una matriz $\underline{A}$ de orden $n \times m$ puede ser a lo sumo igual al menor de los valores de n y m.

En el caso de la matriz de equilibrio de una estructura $\underline{a}^T$ con n filas y m columnas en que $n \leq m$ el rango r de dicha matriz es igual a n ya que todas las filas (corresponden a ecuaciones de equilibrio) son linealmente independientes.

Una matriz cuadrada $\underline{A}$ de orden $n \times m$ tendrá un rango $r<n$ sí y sólo sí el determinante de $\underline{A}$ es cero.

A.4.- Solución de Sistemas de Ecuaciones

Un sistema de n ecuaciones lineales con n incógnitas $x_1, x_1, \ldots x_n$ es de la forma:

$$\begin{array}{l} a_{11}x_1 + a_{12}x_2 + \ \ldots\ + a_{1n}x_n \ = \ b_1 \\ a_{21}x_1 + a_{22}x_2 + \ \ldots\ + a_{2n}x_n \ = \ b_2 \\ \ldots \\ \ldots \\ \ldots \\ a_{n1}x_1 + a_{n2}x_2 + \ \ldots\ + a_{nn}x_n \ = \ b_n \end{array} \tag{A.49}$$

En forma matricialmente queda:

$$\underline{A}\underline{x}=\underline{B} \tag{A.50}$$

en que $\underline{A}$ es la matriz de coeficientes

$$\underline{A}=\begin{bmatrix} a_{11} & a_{12} & \dots & a_{1n} \\ a_{21} & a_{22} & \dots & a_{2n} \\ \dots & & & \\ a_{n1} & a_{n2} & \dots & a_{nn} \end{bmatrix} \tag{A.51}$$

el vector $\underline{x}$ es el vector de las **incógnitas** y $\underline{B}$ es el vector de la **"parte derecha"** del sistema de ecuaciones (en estructuras usualmente el **"vector de cargas"**)

$$\underline{x}=\begin{bmatrix} x_1 \\ x_2 \\ . \\ x_n \end{bmatrix} \qquad \underline{B}=\begin{bmatrix} b_1 \\ b_2 \\ . \\ b_n \end{bmatrix} \tag{A.52}$$

El sistema de ecuaciones (A.50) tendrá solución sólo si el determinante de $\underline{A}$ no es cero, esto es, la matriz $\underline{A}$ tiene inversa. Premultiplicando (A.50) por la matriz $\underline{A}^{-1}$ se tiene que:

$$\underline{A}^{-1}\underline{A}\ \underline{x}=\underline{A}^{-1}\underline{B} \qquad \Rightarrow \qquad \underline{x}=\underline{A}^{-1}\underline{B} \tag{A.53}$$

En general no es necesario invertir la matriz $\underline{A}$ para resolver el sistema de ecuaciones (A.50). Es mucho más rápido aplicar un algoritmo directo. El más conocido es el algoritmo de Gauss.

A.4.1.- Algoritmo de Gauss

Se utiliza para resolver el sistema de ecuaciones (A.50) en el que la matriz $\underline{A}$ es cuadrada y no-singular. Es un algoritmo especialmente apropiado para cálculos manuales.

El punto de partida es el sistema de ecuaciones detallado en (A.49). Primeramente se realiza un **intercambio de filas** para asegurar que el elemento a_{11} resultante sea el mayor elemento en valor absoluto en la primera columna. Si el elemento a_{11} resultante es **cero** significa que la matriz $\underline{A}$ es singular y se detiene el algoritmo.

Con $a_{11} \neq 0$, la primera fila se va multiplicando sucesivamente por los factores:

$$c_{i1} = \frac{a_{i1}}{a_{11}} \qquad\qquad i = 2,3,...n$$

y dicha fila modificada se resta de la correspondiente fila *i*. De ese modo aparece una nueva fila *i* modificada en que desaparece la primera columna, ya que:

$$a_{i1} - a_{11}\frac{a_{i1}}{a_{11}} = 0 \qquad\qquad i = 2,3,...n$$

los demás elementos quedan:

$$a'_{ij} = a_{ij} - a_{1j}\frac{a_{i1}}{a_{11}} \qquad\qquad b'_i = b_i - b_1\frac{a_{i1}}{a_{11}}$$

$$i = 2,3,...n \qquad , \quad j = 2,3,...n$$

De este modo el sistema de ecuaciones queda:

$$\begin{aligned}
a_{11}x_1 + a_{12}x_2 + a_{13}x_3 + \; ... \; + a_{1n}x_n &= b_1 \\
a'_{22}x_2 + a'_{23}x_3 + \; ... \; + a'_{2n}x_n &= b'_2 \\
a'_{32}x_2 + a'_{33}x_3 + \; ... \; + a'_{3n}x_n &= b'_3 \\
... & \\
... & \\
... & \\
a'_{n2}x_2 + a'_{n3}x_3 + \; ... \; + a'_{nn}x_n &= b'_n
\end{aligned}$$

Posteriormente se repite el proceso de eliminación a partir de la segunda fila. Nuevamente se intercambian las filas de manera que el elemento a'_{22} sea el mayor en valor absoluto de toda segunda columna (exceptuando el elemento de la primera fila). Nuevamente, si el elemento a'_{22} resultante es cero, la matriz $\underline{A}$ es singular y se detiene el algoritmo.

Si $a'_{22} \neq 0$ se repite el procedimiento anterior multiplicando sucesivamente la segunda fila por los factores $c_{i2} = \frac{a'_{i2}}{a'_{22}}$

restando dicha fila modificada a las correspondientes filas *i*. De ese modo, a partir de la tercera fila desaparece la segunda columna ya que:

$$a'_{i2} - a'_{22}\frac{a'_{i2}}{a'_{22}} = 0 \qquad\qquad i = 3,4,...n$$

La eliminación se continúa en forma similar hasta que finalmente la matriz $\underline{A}$ ha sido transformada en una matriz triangular superior. Denominando u_{ij} a los elementos de la matriz $\underline{A}$ modificados y d_i a los elementos de la parte derecha.

$$\begin{aligned}
u_{11}x_1 + u_{12}x_2 + u_{13}x_3 + \;....\; & +u_{1n}x_n = d_1 \\
u_{22}x_2 + u_{23}x_3 + \;....\; & +u_{2n}x_n = d_2 \\
u_{33}x_3 + \;....\; & +u_{3n}x_n = d_3 \\
.... \quad & \quad .... \\
u_{n-1,n-1}x_{n-1} & + u_{n-1,n}x_n = d_{n-1} \\
& u_{nn}x_n = d_n
\end{aligned}$$

La solución del sistema de ecuaciones de esta forma es elemental haciendo un cálculo desde atrás (últimas incógnitas) hacia delante (primeras incógnitas) en forma sucesiva:

$$x_n = \frac{d_n}{u_{nn}} \Rightarrow x_{n-1} = \frac{(d_{n-1} - u_{n-1,n}x_n)}{u_{n-1,n-1}} \Rightarrow \;...\; \Rightarrow x_1 = \frac{(d_1 - \sum_{r=2}^{n} u_{1r}x_r)}{u_{11}}$$

Por otra parte, de acuerdo a (A.38), el determinante de $\underline{A}$ se obtiene como:

$$det(\underline{A}) = u_{11}\,u_{22}\,u_{33}\;...u_{nn}$$

A.4.2.- Algoritmo de Cholesky

Se utiliza para resolver el sistema de ecuaciones (A.50) cuando la matriz $\underline{A}$ es simétrica y definida positiva. Es un algoritmo especialmente apropiado para su programación.

Como primer paso se realiza una **"descomposición"** de la matriz en un producto de una matriz triangular inferior por una matriz triangular superior, esto es:

$$\underline{A}=\underline{L}\ \underline{L}^T \tag{A.54}$$

en que $\underline{L}$ es una matriz triangular inferior.

Se puede demostrar fácilmente que los elementos de la matriz $\underline{L}$ se pueden calcular sucesivamente utilizando las siguientes expresiones:

$$\begin{aligned} \ell_{ii} &= (a_{ii}-\sum_{k=1}^{i-1}\ell_{ik}^2)^{1/2} & \\ \ell_{ij} &= (a_{ij}-\sum_{k=1}^{j-1}\ell_{ik}\ell_{jk})/\ell_{jj} & i>j \\ \ell_{ij} &= 0 & i<j \end{aligned} \tag{A.55}$$

El cálculo de $\underline{L}$ se hace por columnas (partiendo con $j=1$ e $i=j,\ldots n$)

En seguida se forma:

$$\underline{L}\ \underline{L}^T\ \underline{x}=\underline{B} \tag{A.56}$$

y definiendo:

$$\underline{L}^T\ \underline{x}=\underline{y} \tag{A.57}$$

se tiene que

$$\underline{L}\ \underline{y}=\underline{B} \tag{A.58}$$

El sistema de ecuaciones (A.58) se resuelve fácilmente debido a que $\underline{L}$ es una matriz triangular inferior:

$$y_i=(b_i-\sum_{j=1}^{i-1}\ell_{ik}y_j)/\ell_{ii} \qquad i=1,2,\ldots n \tag{A.59}$$

El paso anterior es un cálculo **"hacia delante"**, esto es, partiendo desde las primeras incógnitas hacia las últimas.

El tercer paso corresponde a un cálculo **"hacia atrás"** de las incógnitas, esto es, partiendo de (A.57), así se obtiene:

$$x_i = (y_i - \sum_{j=i+1}^{n} \ell_{ji} x_j)/\ell_{ii} \qquad i=1, 2, ...n \qquad \text{(A.60)}$$

en que se parte con $i=n$, siguiendo con $i=n-1$ hasta llegar a $i=1$.

Ejemplo:

$$\begin{bmatrix} 1 & 0 & 2 \\ 0 & 4 & 6 \\ 2 & 6 & 14 \end{bmatrix} \begin{bmatrix} x_1 \\ x_2 \\ x_3 \end{bmatrix} = \begin{bmatrix} 2 \\ -1 \\ 5 \end{bmatrix}$$

Primer paso: descomposición

$$\ell_{11}=\sqrt{a_{11}}=1$$
$$\ell_{21}=a_{21}/\ell_{11}=0/1=0$$
$$\ell_{31}=a_{31}/\ell_{11}=2/1=2$$
$$\ell_{22}=\sqrt{a_{22}-\ell_{21}^2}=\sqrt{4}=2$$
$$\ell_{32}=(a_{32}-\ell_{31}\ell_{21})/\ell_{22}=(6-0)/2=3$$
$$\ell_{33}=\sqrt{a_{33}-\ell_{31}^2-\ell_{32}^2}=\sqrt{14-4-9}=1$$

Luego:

$$\underline{L}=\begin{bmatrix} 1 & 0 & 0 \\ 0 & 2 & 0 \\ 2 & 3 & 1 \end{bmatrix}$$

Segundo paso, cálculo **"hacia adelante"**:

$$y_1 = b_1 / \ell_{11} = 2/1 = 2$$
$$y_2 = (b_2 - \ell_{21} y_1) / \ell_{22} = (-1 - 0 \cdot 2)/2 = -1/2$$
$$y_3 = (b_3 - \ell_{31} y_1 - \ell_{32} y_2) / \ell_{33} = (5 - 2 \cdot 2 - 3(-1/2))/1 = 5/2$$

Tercer paso, cálculo **"hacia atrás"**:

$$x_3=y_3/\ell_{33}=5/2/1=5/2$$
$$x_2=(y_2-\ell_{32}x_3)/\ell_{22}=(-1/2-3\cdot 5/2)/2=-4$$
$$x_1=(y_1-\ell_{21}x_2-\ell_{31}x_3)/\ell_{11}=(2-0\cdot(-4)-2\cdot 5/2)/1=-3$$

A.4.3.- Inversión de una matriz simétrica y definida positiva

Si $\underline{A}$ es una matriz simétrica y definida positiva, se puede utilizar el algoritmo de Cholesky para su descomposición:

$$\underline{A}=\underline{L}\;\underline{L}^T$$

Luego se calcula la inversa de la matriz triangular inferior $\underline{L}$.

Llamando $\underline{L}^*=\underline{L}^{-1}$ se tiene que los elementos de la matriz inversa $\underline{L}^*$ se calcula fácilmente de:

$$\begin{aligned} &\ell^*_{ii}=1/\ell_{ii} & & \\ &\ell^*_{ij}=(-\sum_{k=j}^{i-1}\ell_{ik}\ell^*_{kj})/\ell_{ii} & i>j & \qquad\qquad (A.61) \\ &\ell^*_{ij}=0 & i<j & \end{aligned}$$

Considerando que para cualquier matriz $\underline{A}$ no singular se cumple que:

$$(\underline{A}^T)^{-1}=\frac{\hat{\underline{A}}^T}{|\underline{A}|}=(\underline{A}^{-1})^T \qquad (A.62)$$

También se cumple para $\underline{L}$:

$$(\underline{L}^T)^{-1}=(\underline{L}^{-1})^T \qquad (A.63)$$

La inversa de la matriz $\underline{A}$ se obtiene según (A.47):

$$\underline{A}^{-1}=(\underline{L}\,\underline{L}^T)^{-1}=(\underline{L}^{-1})^T\,\underline{L}^{-1} \qquad (A.64)$$

Ejemplo:

Para la matriz $\underline{A}$ del ejemplo anterior

$$\underline{A}=\begin{bmatrix}1 & 0 & 2\\ 0 & 4 & 6\\ 2 & 6 & 14\end{bmatrix} \qquad \Rightarrow \qquad \underline{L}=\begin{bmatrix}1 & 0 & 0\\ 0 & 2 & 0\\ 2 & 3 & 1\end{bmatrix}$$

$\ell^*_{11}=1/\ell_{11}=1/1=1 \qquad \ell^*_{22}=1/\ell_{22}=1/2 \qquad \ell^*_{33}=1/\ell_{33}=1/1=1$

$\ell^*_{21}=-\ell_{21}\cdot\ell^*_{11}/\ell_{11}=-0\cdot1/1=0$

$\ell^*_{31}=(-\ell_{31}\cdot\ell^*_{11}-\ell_{32}\cdot\ell^*_{21})/\ell_{33}=(-2\cdot1-3\cdot0)/1=-2$

$\ell^*_{32}=-\ell_{32}\cdot\ell^*_{22}/\ell_{33}=(-3\cdot1/2)/1=-3/2$

Luego:

$$\underline{L}^{-1}=\begin{bmatrix}1 & 0 & 0\\ 0 & 1/2 & 0\\ -2 & -3/2 & 1\end{bmatrix}$$

Por lo tanto:

$$\underline{A}^{-1}=\begin{bmatrix}1 & 0 & -2\\ 0 & 1/2 & -3/2\\ 0 & 0 & 1\end{bmatrix}\begin{bmatrix}1 & 0 & 0\\ 0 & 1/2 & 0\\ -2 & -3/2 & 1\end{bmatrix}=\begin{bmatrix}5 & 3 & -2\\ 3 & 10/4 & -3/2\\ -2 & -3/2 & 1\end{bmatrix}$$

A.5.- Problema de valores propios

A.5.1.- Problema estándar de valores propios

Si $\underline{A}$ es una matriz cuadrada de orden n, el problema

$$\underline{A}\underline{x}=\lambda\underline{x} \tag{A.65}$$

se denomina **"problema estándar de valores propios"** de la matriz $\underline{A}$. El factor λ es un valor escalar llamado **"valor propio"** mientras que el vector $\underline{x}$ asociado a λ se llama **"vector propio"**. El problema (A.65) se puede escribir también como:

$$(\underline{A}-\lambda\underline{I})\underline{x}=0 \tag{A.66}$$

Una solución no trivial a este problema es sólo posible si la matriz $(\underline{A}-\lambda\underline{I})$ es singular (en caso contrario la única solución posible es $\underline{x}=0$), por lo tanto se debe cumplir que

$$det(\underline{A}-\lambda\underline{I})=0 \tag{A.67}$$

Si se expande el determinante indicado en (A.67) para una matriz $\underline{A}$ de orden n se obtiene:

$$\lambda^n+a_1\lambda^{n-1}+a_2\lambda^{n-2}+\ ...+a_n=0 \tag{A.68}$$

La ecuación (A.68) se conoce como ecuación característica de $\underline{A}$. Dicha ecuación posee n raíces $\lambda_1, \lambda_2, ...\lambda_n$ que son los **valores característicos** o **valores propios** de la matriz $\underline{A}$.

Algunas propiedades de los **valores propios** son las siguientes:

a) Para cada **valor propio** λ_i existe un **vector propio** $\underline{x}_i$ correspondiente. Como el sistema de ecuaciones (A.66) es homogéneo y la matriz $(\underline{A}-\lambda_i \underline{I})$ es singular, el vector $\underline{x}_i$ no aparece determinado en forma única, sino que sólo se determina la relación entre sus componentes. Esto es, si $\underline{x}_i$ es el vector propio correspondiente a λ_i, el vector $\alpha \underline{x}_i$ (en que α es un escalar cualquiera $\neq 0$) también representa al mismo **vector propio.**

b) La suma de los valores propios de una matriz $\underline{A}$ es igual a su **"traza"**:

$$\sum_{i=1}^{n} \lambda_i = traza(\underline{A}) \tag{A.69}$$

en que la **traza** de la matriz $\underline{A}$ se define como la suma de los elementos de su diagonal:

$$traza(\underline{A}) = \sum_{i=1}^{n} a_{ii} \tag{A.70}$$

c) El producto de los valores propios de $\underline{A}$ es igual a su determinante:

$$\prod_{i=1}^{n} \lambda_i = \lambda_1\ \lambda_2\ \lambda_3\ ...\lambda_n = det(\underline{A}) \tag{A.71}$$

d) Los vectores propios correspondientes a distintos valores propios son linealmente independientes.

Ejemplo:

Sea $\underline{A} = \begin{bmatrix} 2 & 1 \\ 2 & 3 \end{bmatrix}$

Los valores propios se determinan de la condición (A.67):

$$det(\underline{A}-\lambda\underline{I}) = det\begin{bmatrix} 2-\lambda & 1 \\ 2 & 3-\lambda \end{bmatrix} = 0$$

La ecuación característica resulta ser: $\lambda^2 - 5\lambda + 4 = 0$

Las raíces de la ecuación son: $\lambda_1 = 1$ y $\lambda_2 = 4$

Comprobación de (A.69): $\sum_{i=1}^{2} \lambda_i = 1+4=5=a_{11}+a_{22}$

Comprobación de (A.71): $\prod_{i=1}^{2} \lambda_i = 1 \cdot 4 = det(\underline{A}) = 2 \cdot 3 - 4 = 4$

Reemplazando $\lambda_1 = 1$ en (A.66):

$$\begin{bmatrix} 2-1 & 1 \\ 2 & 3-1 \end{bmatrix} \begin{bmatrix} x_{11} \\ x_{21} \end{bmatrix} = \begin{bmatrix} 0 \\ 0 \end{bmatrix}$$

en que x_{11} y x_{21} son las componentes del vector propio $\underline{x}_1$ (el primer índice indica la componente, el segundo índice el vector propio)

Las ecuaciones resultantes son:

$$x_{11} + x_{21} = 0$$
$$2x_{11} + 2x_{21} = 0$$

Son linealmente dependientes y el único resultado que se obtiene es: $x_{21} = -x_{11}$

Esto es, el vector $\underline{x}_1$ se puede escribir como: $\underline{x}_1 = x_{11} \begin{bmatrix} 1 \\ -1 \end{bmatrix}$

en que x_{11} es un escalar cualquiera.

En forma similar reemplazando $\lambda_2 = 4$ en (A.66) se obtiene:

$$\begin{bmatrix} -2 & 1 \\ 2 & -1 \end{bmatrix} \begin{bmatrix} x_{12} \\ x_{22} \end{bmatrix} = \begin{bmatrix} 0 \\ 0 \end{bmatrix}$$

en que x_{12} y x_{22} son las componentes del vector propio $\underline{x}_2$, las ecuaciones resultantes:

$$-2x_{12} + x_{22} = 0$$
$$2x_{12} - x_{22} = 0$$

Son también linealmente dependientes y el resultado que se obtiene es: $x_{22}=2x_{12}$

Esto es, el vector $\underline{x}_2$ se puede escribir como: $\underline{x}_2=x_{12}\begin{bmatrix}1\\2\end{bmatrix}$

en que x_{12} es un escalar cualquiera.

A.5.2.- Problema general de valores propios

Si $\underline{A}$ y $\underline{B}$ son dos matrices cuadradas, el problema

$$\underline{A}\underline{x}=\lambda\underline{B}\underline{x} \tag{A.72}$$

o su equivalente

$$(\underline{A}-\lambda\underline{B})\underline{x}=0 \tag{A.73}$$

se denomina "**problema general de valores propios**". La ecuación característica de este problema se obtiene de:

$$det(\underline{A}-\lambda\underline{B})=0 \tag{A.74}$$

Si cualquiera de las matrices $\underline{A}$ ó $\underline{B}$ es no singular, por ejemplo si $\underline{B}$ es no singular, la ecuación (A.73) se puede premultiplicar por $\underline{B}^{-1}$ resultando

$$(\underline{B}^{-1}\underline{A}-\lambda\underline{I})\underline{x}=0 \tag{A.75}$$

que corresponde al problema estándar de valores propios de la matriz $\underline{B}^{-1}\underline{A}$. Por lo tanto, las propiedades a), b), c) y d) de los valores propios del problema estándar, también son válidas para el problema general.

Sin embargo, numéricamente no es recomendable transformar el problema (A.73) en el problema (A.75), debido a que se destruyen posibles características adecuadas de la matriz $\underline{A}$. Por ejemplo, si $\underline{A}$ es una matriz simétrica, la matriz $\underline{B}^{-1}\underline{A}$ ya no lo es. Por otra parte, si la matriz $\underline{A}$ es una matriz de banda, la matriz $\underline{B}^{-1}\underline{A}$ pierde la estructura de banda de la matriz $\underline{A}$.

Para matrices $\underline{A}$ y $\underline{B}$ **simétricas** existen las siguientes propiedades adicionales de los valores propios:

a) Si $\underline{A}$ y $\underline{B}$ son simétricas los valores propios λ_i son todos números reales.

b) Si $\underline{A}$ y $\underline{B}$ son simétricas y $\underline{A}$ ó $\underline{B}$ es definida positiva, los valores propios λ_i son todos positivos.

El programa SMIS contiene la operación EIGEN que determina los valores y vectores propios del problema general (A.72) $\underline{A}\underline{x}=\lambda\underline{B}\underline{x}$ en que $\underline{A}$ es una matriz simétrica y $\underline{B}$ es una matriz diagonal. Este cálculo es típico en la determinación de las frecuencias propias y modos de vibrar de una estructura. En este caso, la matriz $\underline{A}$ corresponde a la matriz de rigidez de la estructura (simétrica y definida positiva) y $\underline{B}$ corresponde a la matriz de masas de la estructura cuando se utiliza el modelo de masas concentradas.

Para utilizar la operación EIGEN para el caso en que $\underline{A}$ sea una matriz simétrica y definida positiva (por ejemplo la matriz de rigidez) y $\underline{B}$ una matriz simétrica cualquiera (por ejemplo la matriz de masas consistente de una estructura para el problema de frecuencias propias y modos de vibrar, o bien, la matriz de rigidez geométrica de la estructura para el caso del problema del pandeo) es necesario realizar algunas operaciones previas para realizar la operación.

i) Se descompone la matriz $\underline{A}$ mediante el algoritmo de Cholesky:

$$\underline{A}=\underline{L}\ \underline{L}^T$$

y se reemplaza en (A.72) quedando:

$$\underline{L}\ \underline{L}^T\ \underline{x}=\lambda\underline{B}\underline{x} \qquad (A.76)$$

ii) Definiendo:

$$\underline{y}=\underline{L}^T\ \underline{x} \qquad (A.77)$$

se tiene que:

$$\underline{x}=(\underline{L}^{-1})^T\ \underline{y} \qquad (A.78)$$

Reemplazando (A.77) y (A.78) en (A.76) queda:

$$\underline{L}\ \underline{y} = \lambda \underline{B}\ (\underline{L}^{-1})^T\ \underline{y} \tag{A.79}$$

premultiplicando (A.79) por $\underline{L}^{-1}$ se tiene que:

$$\underline{I}\ \underline{y} = \lambda\ \underline{L}^{-1}\underline{B}\ (\underline{L}^{-1})^T\ \underline{y} \tag{A.80}$$

iii) Definiendo:

$$\underline{\tilde{A}} = \underline{L}^{-1}\ \underline{B}\ (\underline{L}^{-1})^T \tag{A.81}$$

$$\underline{\tilde{\lambda}} = 1/\lambda \tag{A.82}$$

se tiene que:

$$\underline{\tilde{A}}\,\underline{y} = \underline{\tilde{\lambda}}\,\underline{y} \tag{A.83}$$

Esta ecuación representa el problema estándar de valores propios en que la matriz $\underline{\tilde{A}}$ definida en (A.81) es simétrica. Este problema puede ser resuelto por la operación EIGEN que resuelve (A.72). La matriz $\underline{A}$ en este caso corresponde a $\underline{\tilde{A}}$ mientras que $\underline{B}$ es la matriz unitaria.

Al resolver el problema (A.83) se obtienen los valores propios $\underline{\tilde{\lambda}}$ y vectores propios $\underline{y}$. Para obtener los valores y vectores propios del problema original (A.72) se deben utilizar las relaciones (A.78) y (A.82):

$$\lambda = 1/\underline{\tilde{\lambda}} \qquad\qquad \underline{x} = (\underline{L}^{-1})^T\ \underline{y}$$

ANEXO B. CATÁLOGO DE ELEMENTOS

B.1.- ELEMENTO RETICULADO PLANO

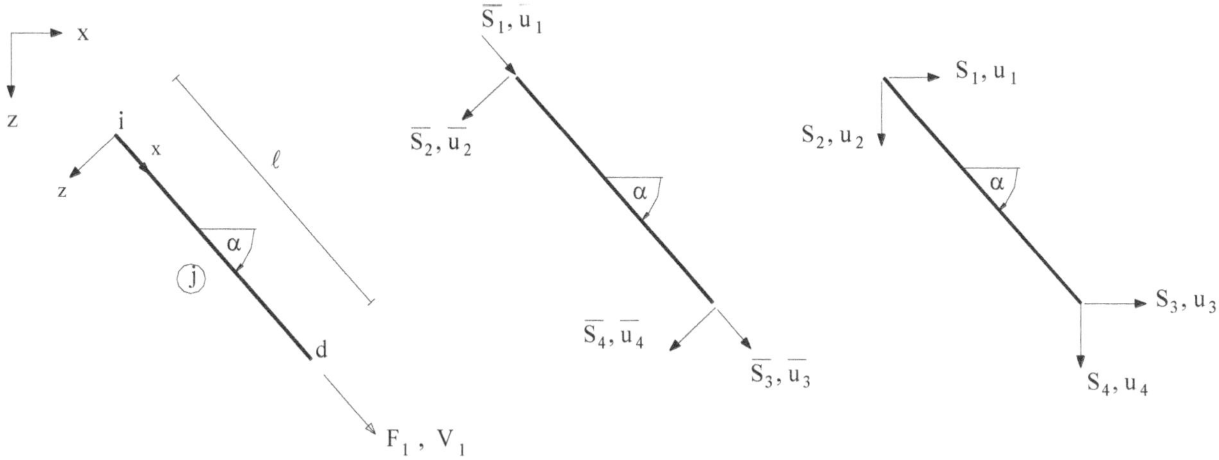

$$\underline{T}^j = \begin{bmatrix} -1 \\ 0 \\ \hdashline 1 \\ 0 \end{bmatrix} \qquad \underline{L}_D^j = \begin{bmatrix} c & -s & 0 & 0 \\ s & c & 0 & 0 \\ \hline 0 & 0 & c & -s \\ 0 & 0 & s & c \end{bmatrix} \qquad (\underline{a}^j)^T = \begin{bmatrix} -c \\ -s \\ \hdashline c \\ s \end{bmatrix}$$

$$\underline{f}^j = \left[\frac{\ell}{EA}\right] \qquad \underline{k}_r^j = \left[\frac{EA}{\ell}\right] \qquad \underline{k}^j = \frac{EA}{\ell}\begin{bmatrix} c^2 & cs & -c^2 & -cs \\ & s^2 & -cs & -s^2 \\ \hline & sim & c^2 & cs \\ & & & s^2 \end{bmatrix}$$

$$\underline{k}_g^j = \frac{F_1}{\ell}\begin{bmatrix} s^2 & -sc & -s^2 & sc \\ & c^2 & sc & -c^2 \\ \hline & Sim. & s^2 & -sc \\ & & & c^2 \end{bmatrix}$$

$c = \cos\alpha = (x_d - x_i)/\ell$
$s = \text{sen}\,\alpha = (z_d - z_i)/\ell$

B.2.- ELEMENTO DE RETICULADO ESPACIAL

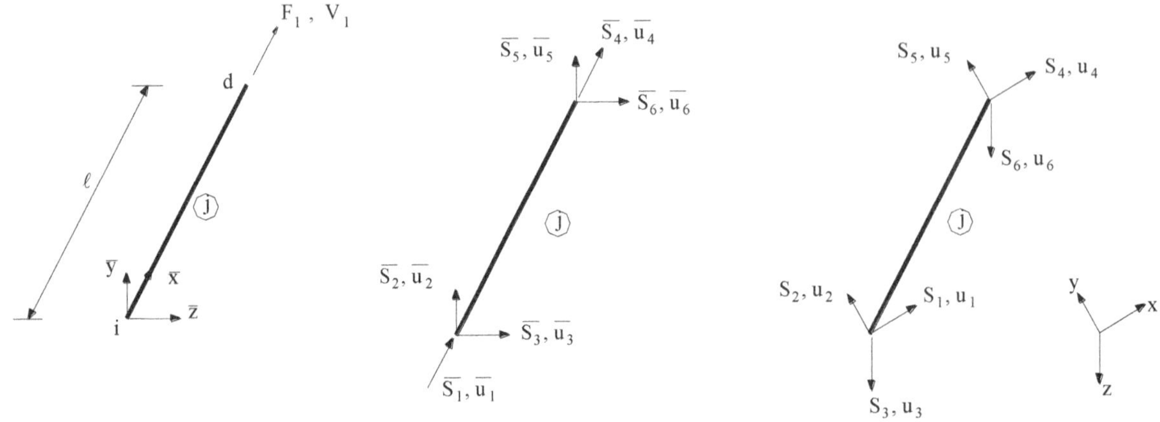

$$\underline{T}^j = \begin{bmatrix} -1 \\ 0 \\ 0 \\ \hdashline 1 \\ 0 \\ 0 \end{bmatrix} \qquad \underline{L}_D^j = \left[\begin{array}{ccc:ccc} c_{11} & c_{21} & c_{31} & & & \\ c_{12} & c_{22} & c_{32} & & \underline{0} & \\ c_{13} & c_{23} & c_{33} & & & \\ \hdashline & & & c_{11} & c_{21} & c_{31} \\ & \underline{0} & & c_{12} & c_{22} & c_{32} \\ & & & c_{13} & c_{23} & c_{33} \end{array}\right] \qquad (\underline{a}^j)^T = \begin{bmatrix} -c_{11} \\ -c_{12} \\ -c_{13} \\ \hdashline c_{11} \\ c_{12} \\ c_{13} \end{bmatrix}$$

$$\underline{f}^j = \left[\frac{\ell}{EA}\right] \qquad \underline{k}_r^j = \left[\frac{EA}{\ell}\right]$$

$$\underline{k}^j = \frac{EA}{\ell}\left[\begin{array}{ccc:ccc} c_{11}^2 & c_{11}c_{12} & c_{11}c_{13} & -c_{11}^2 & -c_{11}c_{12} & -c_{11}c_{13} \\ & c_{12}^2 & c_{12}c_{13} & -c_{12}c_{11} & -c_{12}^2 & -c_{12}c_{13} \\ & & c_{13}^2 & -c_{13}c_{11} & -c_{13}c_{12} & -c_{13}^2 \\ \hdashline & & & c_{11}^2 & c_{11}c_{12} & c_{11}c_{13} \\ & Sim. & & & c_{12}^2 & c_{12}c_{13} \\ & & & & & c_{13}^2 \end{array}\right] \qquad c_{ij} = \cos\alpha_{ij}$$

B.3.- ELEMENTO DE VIGA ESPACIAL

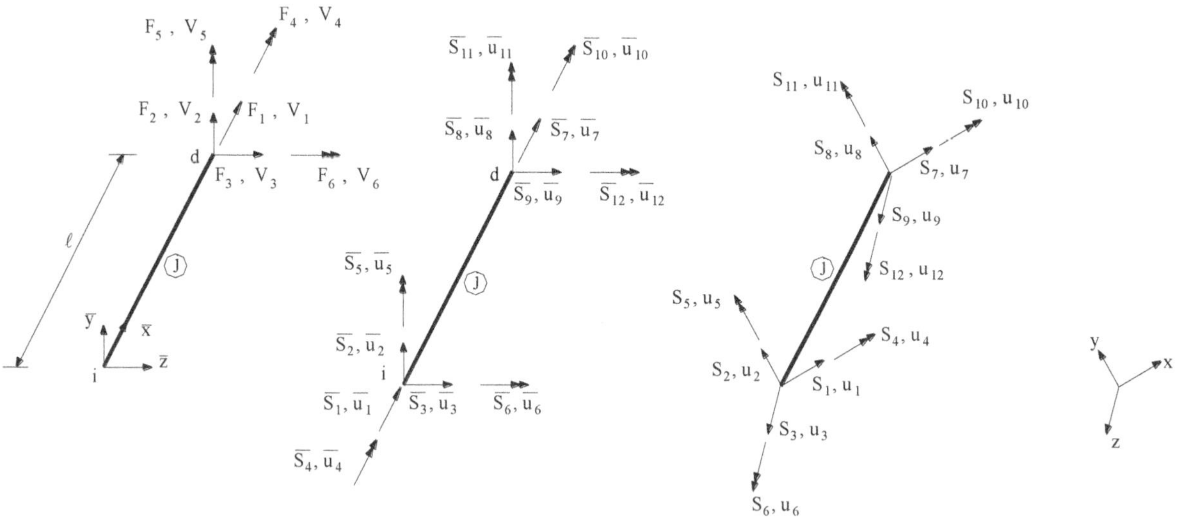

$$
\underline{T}^j = \left[\begin{array}{cccccc}
-1 & 0 & 0 & 0 & 0 & 0 \\
0 & -1 & 0 & 0 & 0 & 0 \\
0 & 0 & -1 & 0 & 0 & 0 \\
0 & 0 & 0 & -1 & 0 & 0 \\
0 & 0 & \ell & 0 & -1 & 0 \\
0 & -\ell & 0 & 0 & 0 & -1 \\
\hdashline
1 & & & & & \\
& 1 & & & \underline{0} & \\
& & 1 & & & \\
& & & 1 & & \\
& \underline{0} & & & 1 & \\
& & & & & 1
\end{array}\right]
\qquad
\underline{L}_D^j = \left[\begin{array}{cccccc:cccccc}
c_{11} & c_{21} & c_{31} & & & & & & & & & \\
c_{12} & c_{22} & c_{32} & & & & & & & & & \\
c_{13} & c_{23} & c_{33} & & & & & & \underline{0} & & & \\
& & & c_{11} & c_{21} & c_{31} & & & & & & \\
& & & c_{12} & c_{22} & c_{32} & & & & & & \\
& & & c_{13} & c_{23} & c_{33} & & & & & & \\
\hdashline
& & & & & & c_{11} & c_{21} & c_{31} & & & \\
& & & & & & c_{12} & c_{22} & c_{32} & & & \\
& & & & & & c_{13} & c_{23} & c_{33} & & & \\
& & & \underline{0} & & & & & & c_{11} & c_{21} & c_{31} \\
& & & & & & & & & c_{12} & c_{22} & c_{32} \\
& & & & & & & & & c_{13} & c_{23} & c_{33}
\end{array}\right]
$$

$$c_{ij} = \cos \alpha_{ij}$$

$$
(\underline{a}^j)^T = \left[\begin{array}{ccc:ccc}
-c_{11} & -c_{21} & -c_{31} & & & \\
-c_{12} & -c_{22} & -c_{32} & & \underline{0} & \\
-c_{13} & -c_{23} & -c_{33} & & & \\
0 & -\ell c_{31} & -\ell c_{21} & -c_{11} & -c_{21} & -c_{31} \\
0 & -\ell c_{32} & \ell c_{22} & -c_{12} & -c_{22} & -c_{32} \\
0 & -\ell c_{33} & \ell c_{23} & -c_{13} & -c_{23} & -c_{33} \\
\hdashline
c_{11} & c_{21} & c_{31} & & & \\
c_{12} & c_{22} & c_{32} & & \underline{0} & \\
c_{13} & c_{23} & c_{33} & & & \\
 & & & c_{11} & c_{21} & c_{31} \\
 & \underline{0} & & c_{12} & c_{22} & c_{32} \\
 & & & c_{13} & c_{23} & c_{33}
\end{array}\right]
\qquad
\underline{f}^j = \left[\begin{array}{ccc:ccc}
\frac{\ell}{EA} & 0 & 0 & 0 & 0 & 0 \\
 & \frac{\ell^3}{3EI_z} & 0 & 0 & 0 & \frac{\ell^2}{2EI_z} \\
 & & \frac{\ell^3}{3EI_y} & 0 & -\frac{\ell^2}{2EI_y} & 0 \\
\hdashline
 & & & \frac{\ell}{GI_t} & 0 & 0 \\
 & Sim. & & & \frac{\ell}{EI_y} & \\
 & & & & & \frac{\ell}{EI_z}
\end{array}\right]
$$

$$
\underline{k}_r{}^j = \left[\begin{array}{ccc:ccc}
\frac{EA}{\ell} & 0 & 0 & 0 & 0 & 0 \\
 & \frac{12EI_z}{\ell^3} & 0 & 0 & 0 & \frac{-6EI_z}{\ell^2} \\
 & & \frac{12EI_y}{\ell^3} & 0 & \frac{6EI_y}{\ell^2} & 0 \\
\hdashline
 & & & \frac{GI_t}{\ell} & 0 & 0 \\
 & sim & & & \frac{4EI_y}{\ell} & 0 \\
 & & & & & \frac{4EI_z}{\ell}
\end{array}\right]
\qquad
\underline{k}^j = (\underline{a}^j)^T * \underline{k}_r^j * \underline{a}^j
$$

$$
\underline{\bar{k}}^{j} = \left[\begin{array}{cccccc|cccccc}
\frac{EA}{\ell} & 0 & 0 & 0 & 0 & 0 & -\frac{EA}{\ell} & 0 & 0 & 0 & 0 & 0 \\
 & \frac{12EI_z}{\ell^3} & 0 & 0 & 0 & \frac{6EI_z}{\ell^2} & 0 & -\frac{12EI_z}{\ell^3} & 0 & 0 & 0 & \frac{6EI_z}{\ell^2} \\
 & & \frac{12EI_y}{\ell^3} & 0 & -\frac{6EI_y}{\ell^2} & 0 & 0 & 0 & -\frac{12EI_y}{\ell^3} & 0 & -\frac{6EI_y}{\ell^2} & 0 \\
 & & & \frac{GI_t}{\ell} & 0 & 0 & 0 & 0 & 0 & -\frac{GI_t}{\ell} & 0 & 0 \\
 & & & & \frac{4EI_y}{\ell} & 0 & 0 & 0 & \frac{6EI_y}{\ell^2} & 0 & \frac{2EI_y}{\ell} & 0 \\
 & & & & & \frac{4EI_z}{\ell} & 0 & -\frac{6EI_z}{\ell^2} & 0 & 0 & 0 & \frac{2EI_z}{\ell} \\
\hline
 & & & & & & \frac{EA}{\ell} & 0 & 0 & 0 & 0 & 0 \\
 & & & & & & & \frac{12EI_z}{\ell^3} & 0 & 0 & 0 & -\frac{6EI_z}{\ell^2} \\
 & & & & & & & & \frac{12EI_y}{\ell^3} & 0 & \frac{6EI_y}{\ell^2} & 0 \\
 & & \underline{sim.} & & & & & & & \frac{GI_t}{\ell} & 0 & 0 \\
 & & & & & & & & & & \frac{4EI_y}{\ell} & 0 \\
 & & & & & & & & & & & \frac{4EI_z}{\ell}
\end{array}\right]
$$

B.4.- ELEMENTO DE GRILLA (Tipo a)

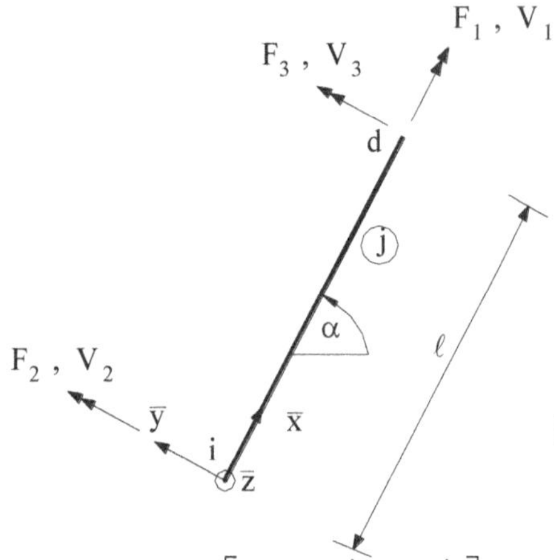

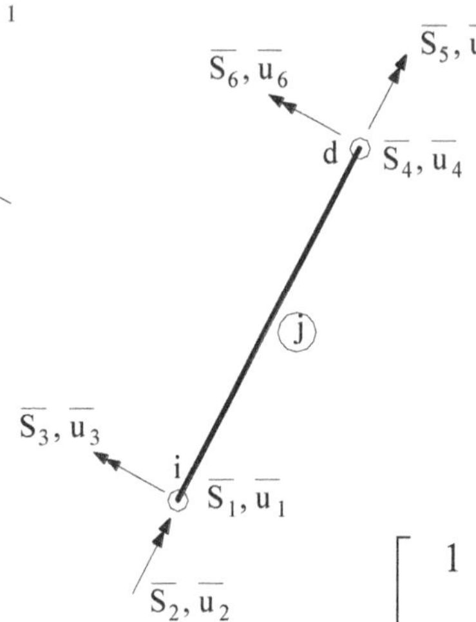

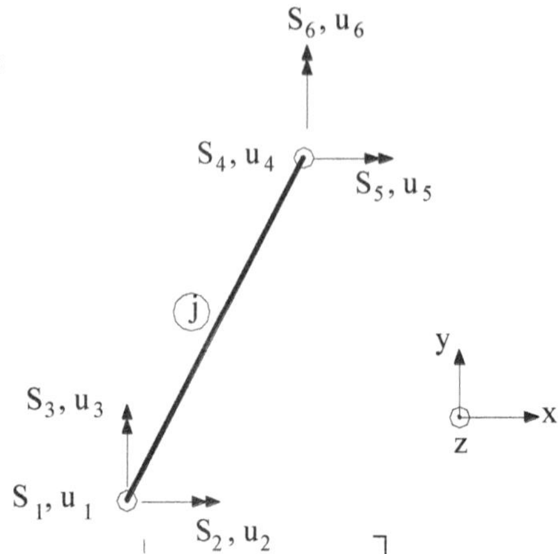

$$\underline{T}^j = \begin{bmatrix} 0 & -1/\ell & -1/\ell \\ -1 & 0 & 0 \\ 0 & 1 & 0 \\ \hdashline 0 & 1/\ell & 1/\ell \\ 1 & 0 & 0 \\ 0 & 0 & 1 \end{bmatrix}$$

$$\underline{L}_D^j = \left[\begin{array}{ccc:ccc} 1 & & & & & \\ & c & -s & & \underline{0} & \\ & s & c & & & \\ \hdashline & & & 1 & & \\ & \underline{0} & & & c & -s \\ & & & & s & c \end{array}\right]$$

$$\left(\underline{a}^j\right)^T = \begin{bmatrix} 0 & -1/\ell & -1/\ell \\ -c & -s & 0 \\ -s & c & 0 \\ \hdashline 0 & 1/\ell & 1/\ell \\ c & 0 & -s \\ s & 0 & c \end{bmatrix}$$

$$\underline{f}^j = \begin{bmatrix} \dfrac{\ell}{GI_T} & 0 & 0 \\ 0 & \dfrac{\ell}{3EI_y} & -\dfrac{\ell}{6EI_y} \\ 0 & -\dfrac{\ell}{6EI_y} & \dfrac{\ell}{3EI_y} \end{bmatrix}$$

$$\underline{k}_r{}^j = \begin{bmatrix} \dfrac{GI_T}{\ell} & 0 & 0 \\ 0 & \dfrac{4EI_y}{\ell} & \dfrac{2EI_y}{\ell} \\ 0 & \dfrac{2EI_y}{\ell} & \dfrac{4EI_y}{\ell} \end{bmatrix}$$

$$
\underline{\overline{k}}^{j} = \frac{2EI_y}{\ell}
\left[\begin{array}{ccc|ccc}
\frac{6}{\ell^2} & 0 & -\frac{3}{\ell} & -\frac{6}{\ell^2} & 0 & -\frac{3}{\ell} \\
 & \frac{GI_T}{2EI_y} & 0 & 0 & -\frac{GI_T}{2EI_y} & 0 \\
 & & 2 & \frac{3}{\ell} & 0 & 1 \\
\hline
 & & & \frac{6}{\ell^2} & 0 & \frac{3}{\ell} \\
 & & & & \frac{GI_T}{2EI_y} & 0 \\
Sim. & & & & & 2
\end{array}\right]
$$

$$
\underline{k}^{j} =
\left[\begin{array}{ccc|ccc}
12c_1/\ell^2 & 6c_1 s/\ell & -6c_1 c/\ell & -12c_1/\ell^2 & 6c_1 s/\ell & -6c_1 c/\ell \\
 & 4c_1 s^2 + c_2 c^2 & (-4c_1 + c_2)sc & -6c_1 s/\ell & 2c_1 s^2 - c_2 c^2 & (-2c_1 - c_2)sc \\
 & & 4c_1 c^2 + c_2 s^2 & 6c_1 c/\ell & (-2c_1 - c_2)sc & 2c_1 c^2 - c_2 s^2 \\
\hline
 & & & 12c_1/\ell^2 & -6c_1 s/\ell & 6c_1 c/\ell \\
 & Sim. & & & 4c_1 s^2 + c_2 c^2 & (-4c_1 + c_2)sc \\
 & & & & & 4c_1 c^2 + c_2 s^2
\end{array}\right]
$$

$c_1 = E\,I_y\,/\,\ell$ $\qquad$ $c_2 = G\,I_t\,/\,\ell$

B.5.- ELEMENTO DE GRILLA (Tipo b)

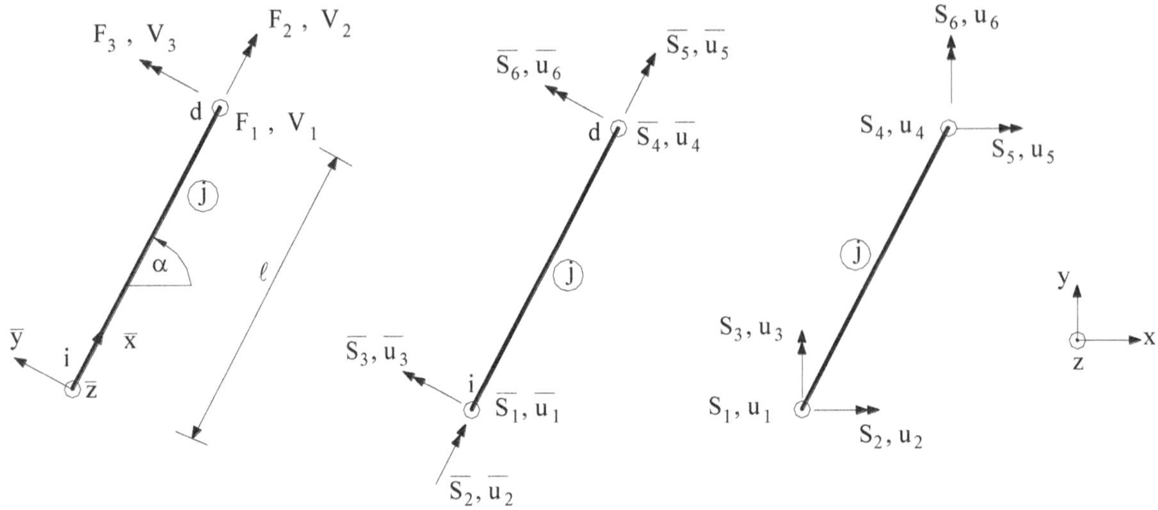

$$\underline{T}^j = \left[\begin{array}{ccc} -1 & 0 & 0 \\ 0 & -1 & 0 \\ \ell & 0 & -1 \\ \hline 1 & 0 & 0 \\ 0 & 1 & 0 \\ 0 & 0 & 1 \end{array}\right]$$

$$\underline{L}_D^j = \left[\begin{array}{ccc|ccc} 1 & & & & & \\ & c & -s & & \underline{0} & \\ & s & c & & & \\ \hline & & & 1 & & \\ & \underline{0} & & & c & -s \\ & & & & s & c \end{array}\right]$$

$$(\underline{a}^j)^T = \left[\begin{array}{ccc} -1 & 0 & 0 \\ -\ell s & -c & s \\ \ell c & -s & -c \\ \hline 1 & 0 & 0 \\ 0 & c & -s \\ 0 & s & c \end{array}\right]$$

$$c = \cos\alpha = (xd - xi)/\ell$$

$$s = \operatorname{sen}\alpha = (yd - yi)/\ell$$

$$\underline{f}^j = \begin{bmatrix} \dfrac{\ell^3}{3EI_y} & 0 & \dfrac{-\ell^2}{2EI_y} \\ 0 & \dfrac{\ell}{GI_t} & 0 \\ \dfrac{-\ell^2}{2EI_y} & 0 & \dfrac{\ell}{EI_y} \end{bmatrix}$$

$$\underline{k}_r^j = \begin{bmatrix} \dfrac{12EI_y}{\ell^3} & 0 & \dfrac{6EI_y}{\ell^2} \\ 0 & \dfrac{GI_t}{\ell} & 0 \\ \dfrac{6EI_y}{\ell^2} & 0 & \dfrac{4EI_y}{\ell} \end{bmatrix}$$

$$\underline{k}^j = \left[\begin{array}{ccc|ccc} 12c_1/\ell^2 & 6c_1 s/\ell & -6c_1 c/\ell & -12c_1/\ell^2 & 6c_1 s/\ell & -6c_1 c/\ell \\ & 4c_1 s^2 + c_2 c^2 & (-4c_1 + c_2)sc & -6c_1 s/\ell & 2c_1 s^2 - c_2 c^2 & (-2c_1 - c_2)sc \\ & & 4c_1 c^2 + c_2 s^2 & 6c_1 c/\ell & (-2c_1 - c_2)sc & 2c_1 c^2 - c_2 s^2 \\ \hline & & & 12c_1/\ell^2 & -6c_1 s/\ell & 6c_1 c/\ell \\ & Sim. & & & 4c_1 s^2 + c_2 c^2 & (-4c_1 + c_2)sc \\ & & & & & 4c_1 c^2 + c_2 s^2 \end{array}\right]$$

$c_1 = E\,I_y\,/\,\ell$ $\qquad$ $c_2 = G\,I_t\,/\,\ell$

en coordenadas locales c = 1 y s = 0

$$\underline{\bar{k}}^j = \frac{2EI_y}{\ell}\left[\begin{array}{ccc|ccc} \frac{6}{\ell^2} & 0 & -\frac{3}{\ell} & -\frac{6}{\ell^2} & 0 & -\frac{3}{\ell} \\ & \frac{GI_T}{2EI_y} & 0 & 0 & -\frac{GI_T}{2EI_y} & 0 \\ & & 2 & \frac{3}{\ell} & 0 & 1 \\ \hline & & & \frac{6}{\ell^2} & 0 & \frac{3}{\ell} \\ & & & & \frac{GI_T}{2EI_y} & 0 \\ Sim. & & & & & 2 \end{array}\right]$$

B.6.- ELEMENTO DE VIGA PLANA (Tipo a)

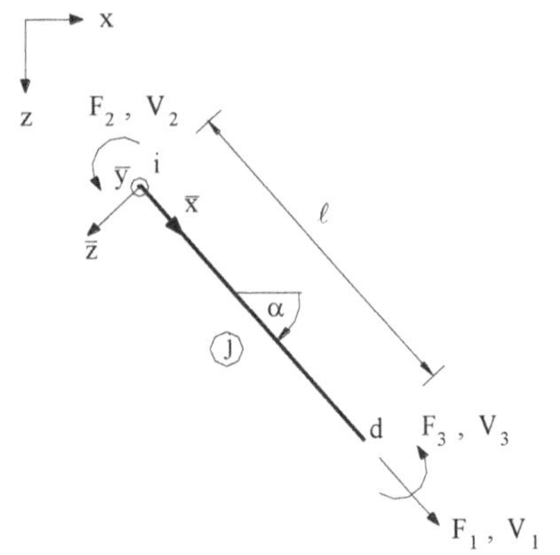

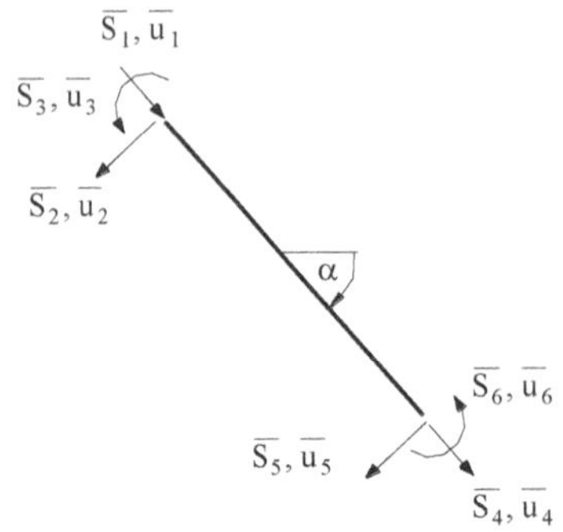

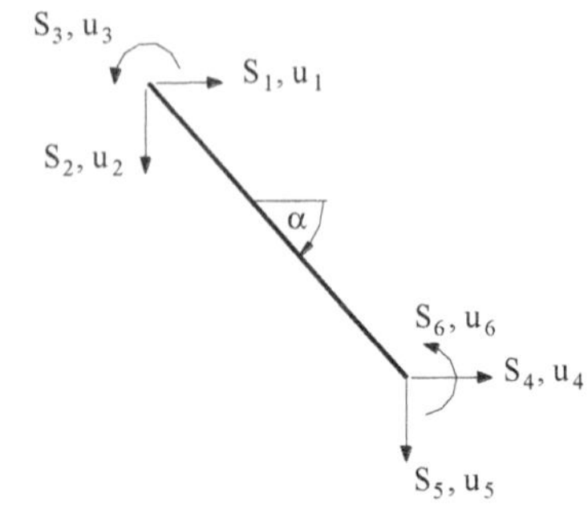

$$\underline{T}^j = \left[\begin{array}{ccc} -1 & 0 & 0 \\ 0 & -1/\ell & -1/\ell \\ 0 & 1 & 0 \\ \hline 1 & 0 & 0 \\ 0 & 1/\ell & 1/\ell \\ 0 & 0 & 1 \end{array}\right] \qquad \underline{L}_D^j = \left[\begin{array}{ccc|ccc} c & -s & 0 & & & \\ s & c & 0 & & \underline{0} & \\ 0 & 0 & 1 & & & \\ \hline & & & c & -s & 0 \\ & \underline{0} & & s & c & 0 \\ & & & 0 & 0 & 1 \end{array}\right]$$

$$(\underline{a}^j)^T = \left[\begin{array}{ccc} -c & s/\ell & s/\ell \\ -s & -c/\ell & -c/\ell \\ 0 & 1 & 0 \\ \hline c & -s/\ell & -s/\ell \\ s & c/\ell & c/\ell \\ 0 & 0 & 1 \end{array}\right]$$

$$c = \cos\alpha = (x_d - x_i)/\ell$$
$$s = \operatorname{sen}\alpha = (z_d - z_i)/\ell$$

$$\underline{f}^j = \begin{bmatrix} \dfrac{\ell}{EA} & 0 & 0 \\ 0 & \dfrac{\ell}{3EI_y} & \dfrac{-\ell}{6EI_y} \\ 0 & \dfrac{-\ell}{6EI_y} & \dfrac{\ell}{3EI_y} \end{bmatrix} \qquad \underline{k}_r^{\,j} = \begin{bmatrix} \dfrac{EA}{\ell} & 0 & 0 \\ 0 & \dfrac{4EI_y}{\ell} & \dfrac{2EI_y}{\ell} \\ 0 & \dfrac{2EI_y}{\ell} & \dfrac{4EI_y}{\ell} \end{bmatrix}$$

$$\underline{k}^j = \frac{2EI_y}{\ell}\left[\begin{array}{ccc|ccc} 6s^2/\ell^2+c_1c^2 & -6sc/\ell^2+c_1sc & 3s/\ell & -6s^2/\ell^2-c_1c^2 & 6sc/\ell^2-c_1sc & 3s/\ell \\ & 6c^2/\ell^2+c_1s^2 & -3c/\ell & 6sc/\ell^2-c_1sc & -6c^2/\ell^2-c_1s^2 & -3c/\ell \\ & & 2 & -3s/\ell & 3c/\ell & 1 \\ \hline & & & 6s^2/\ell^2+c_1c^2 & -6sc/\ell^2+c_1sc & -3s/\ell \\ & Sim. & & & 6c^2/\ell^2+c_1s^2 & 3c/\ell \\ & & & & & 2 \end{array}\right]$$

$c_1 = A / 2\, I_y$

$$\underline{k}_g^j = F_1\left[\begin{array}{ccc|ccc} \frac{6s^2}{5\ell} & -\frac{6sc}{5\ell} & \frac{s}{10} & -\frac{6s^2}{5\ell} & \frac{6sc}{5\ell} & \frac{s}{10} \\ & \frac{6c^2}{5\ell} & -\frac{c}{10} & \frac{6sc}{5\ell} & -\frac{6c^2}{5\ell} & -\frac{c}{10} \\ & & \frac{2\ell}{15} & -\frac{s}{10} & \frac{c}{10} & -\frac{\ell}{30} \\ \hline & & & \frac{6s^2}{5\ell} & -\frac{6sc}{5\ell} & -\frac{s}{10} \\ & Sim & & & \frac{6c^2}{5\ell} & \frac{c}{10} \\ & & & & & \frac{2\ell}{15} \end{array}\right]$$

en coordenadas locales $c = 1$, $s = 0$

$$\overline{\underline{k}}^j = \frac{2EI_y}{\ell}\left[\begin{array}{ccc|ccc} \frac{A}{2I_y} & 0 & 0 & -\frac{A}{2I_y} & 0 & 0 \\ & \frac{6}{\ell^2} & -\frac{3}{\ell} & 0 & -\frac{6}{\ell^2} & -\frac{3}{\ell} \\ & & 2 & 0 & \frac{3}{\ell} & 1 \\ \hline & & & \frac{A}{2I_y} & 0 & 0 \\ & sim. & & & \frac{6}{\ell^2} & \frac{3}{\ell} \\ & & & & & 2 \end{array}\right] \qquad \overline{\underline{k}}_g^{\,j} = F_1\left[\begin{array}{ccc|ccc} 0 & 0 & 0 & 0 & 0 & 0 \\ & \frac{6}{5\ell} & -\frac{1}{10} & 0 & -\frac{6}{5\ell} & -\frac{1}{10} \\ & & \frac{2\ell}{15} & 0 & \frac{1}{10} & -\frac{\ell}{30} \\ \hline & & & 0 & 0 & 0 \\ & sim. & & & \frac{6}{5\ell} & \frac{1}{10} \\ & & & & & \frac{2\ell}{15} \end{array}\right]$$

B.7.- ELEMENTO DE VIGA PLANA (Tipo b)

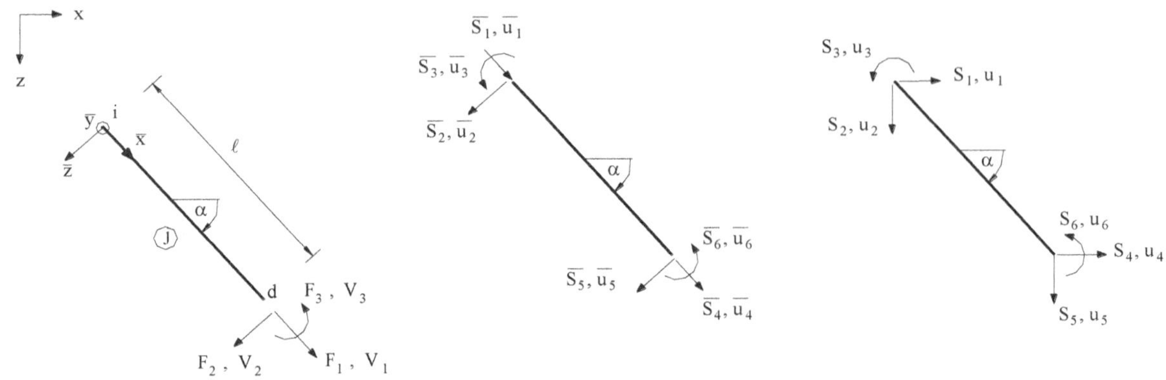

$$\underline{T}^j = \left[\begin{array}{ccc} -1 & 0 & 0 \\ 0 & -1 & 0 \\ 0 & \ell & -1 \\ \hdashline 1 & 0 & 0 \\ 0 & 1 & 0 \\ 0 & 0 & 1 \end{array}\right] \qquad \underline{L}_D{}^j = \left[\begin{array}{ccc:ccc} c & -s & 0 & & & \\ s & c & 0 & & \underline{0} & \\ 0 & 0 & 1 & & & \\ \hdashline & & & c & -s & 0 \\ & \underline{0} & & s & c & 0 \\ & & & 0 & 0 & 1 \end{array}\right]$$

$$(\underline{a}^j)^T = \left[\begin{array}{ccc} -c & s & 0 \\ -s & -c & 0 \\ 0 & \ell & -1 \\ \hdashline c & -s & 0 \\ s & c & 0 \\ 0 & 0 & 1 \end{array}\right]$$

$$c = \cos\alpha = (x_d - x_i)/\ell$$
$$s = \operatorname{sen}\alpha = (z_d - z_i)/\ell$$

$$\underline{f}^j = \begin{bmatrix} \dfrac{\ell}{EA} & 0 & 0 \\ 0 & \dfrac{\ell^3}{3EI_y} & \dfrac{-\ell^2}{2EI_y} \\ 0 & \dfrac{-\ell^2}{2EI_y} & \dfrac{\ell}{EI_y} \end{bmatrix} \qquad \underline{k}_r{}^j = \begin{bmatrix} \dfrac{EA}{\ell} & 0 & 0 \\ 0 & \dfrac{12EI_y}{\ell^3} & \dfrac{6EI_y}{\ell^2} \\ 0 & \dfrac{6EI_y}{\ell^2} & \dfrac{4EI_y}{\ell} \end{bmatrix}$$

$$\underline{k}^j = \frac{2EI_y}{\ell}\left[\begin{array}{ccc|ccc} 6s^2/\ell^2+c_1c^2 & -6sc/\ell^2+c_1sc & 3s/\ell & -6s^2/\ell^2-c_1c^2 & 6sc/\ell^2-c_1sc & 3s/\ell \\ & 6c^2/\ell^2+c_1s^2 & -3c/\ell & 6sc/\ell^2-c_1sc & -6c^2/\ell^2-c_1s^2 & -3c/\ell \\ & & 2 & -3s/\ell & 3c/\ell & 1 \\ \hline & & & 6s^2/\ell^2+c_1c^2 & -6sc/\ell^2+c_1sc & -3s/\ell \\ & Sim. & & & 6c^2/\ell^2+c_1s^2 & 3c/\ell \\ & & & & & 2 \end{array}\right]$$

$c_1 = A / 2\, I_y$

$$\underline{k}_g^j = F_1\left[\begin{array}{ccc|ccc} \frac{6s^2}{5\ell} & -\frac{6sc}{5\ell} & \frac{s}{10} & -\frac{6s^2}{5\ell} & \frac{6sc}{5\ell} & \frac{s}{10} \\ & \frac{6c^2}{5\ell} & -\frac{c}{10} & \frac{6sc}{5\ell} & -\frac{6c^2}{5\ell} & -\frac{c}{10} \\ & & \frac{2\ell}{15} & -\frac{s}{10} & \frac{c}{10} & -\frac{\ell}{30} \\ \hline & & & \frac{6s^2}{5\ell} & -\frac{6sc}{5\ell} & -\frac{s}{10} \\ & Sim & & & \frac{6c^2}{5\ell} & \frac{c}{10} \\ & & & & & \frac{2\ell}{15} \end{array}\right]$$

en coordenadas locales c = 1, s = 0

$$\overline{\underline{k}}^j = \frac{2EI_y}{\ell}\left[\begin{array}{ccc|ccc} \frac{A}{2I_y} & 0 & 0 & -\frac{A}{2I_y} & 0 & 0 \\ & \frac{6}{\ell^2} & -\frac{3}{\ell} & 0 & -\frac{6}{\ell^2} & -\frac{3}{\ell} \\ & & 2 & 0 & \frac{3}{\ell} & 1 \\ \hline & & & \frac{A}{2I_y} & 0 & 0 \\ & sim. & & & \frac{6}{\ell^2} & \frac{3}{\ell} \\ & & & & & 2 \end{array}\right] \qquad \overline{\underline{k}}_g{}^j = F_1\left[\begin{array}{ccc|ccc} 0 & 0 & 0 & 0 & 0 & 0 \\ & \frac{6}{5\ell} & -\frac{1}{10} & 0 & -\frac{6}{5\ell} & -\frac{1}{10} \\ & & \frac{2\ell}{15} & 0 & \frac{1}{10} & -\frac{\ell}{30} \\ \hline & & & 0 & 0 & 0 \\ & sim. & & & \frac{6}{5\ell} & \frac{1}{10} \\ & & & & & \frac{2\ell}{15} \end{array}\right]$$

B.8.- ELEMENTO DE VIGA CON RÓTULA (Tipo (a) con a ≠ 0)

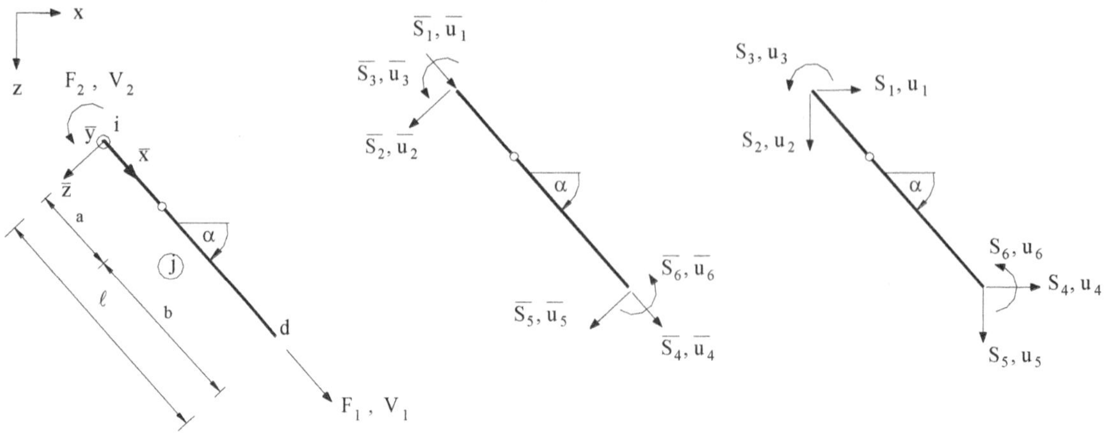

$$\underline{T}^j = \left[\begin{array}{cc} -1 & 0 \\ 0 & -1/a \\ 0 & 1 \\ \hdashline 1 & 0 \\ 0 & 1/a \\ 0 & b/a \end{array}\right] \qquad \underline{L_D}^j = \left[\begin{array}{ccc:ccc} c & -s & 0 & & & \\ s & c & 0 & & \underline{0} & \\ 0 & 0 & 1 & & & \\ \hdashline & & & c & -s & 0 \\ & \underline{0} & & s & c & 0 \\ & & & 0 & 0 & 1 \end{array}\right]$$

$$(\underline{a}^j)^T = \left[\begin{array}{cc} -c & s/a \\ -s & -c/a \\ 0 & 1 \\ \hdashline c & -s/a \\ s & c/a \\ 0 & b/a \end{array}\right]$$

$$c = \cos\alpha = (x_d - x_i)/\ell$$
$$s = \operatorname{sen}\alpha = (z_d - z_i)/\ell$$

$$\underline{f}^j = \frac{\ell}{6EI_y}\begin{bmatrix} \frac{6I_y}{A} & 0 \\ 0 & \frac{2a}{\ell}(1+\frac{b^3}{a^3}) \end{bmatrix} \qquad \underline{k}_r^j = \frac{6EI_y}{\ell}\begin{bmatrix} \frac{A}{6I_y} & 0 \\ 0 & \frac{\ell a^2}{2(a^3+b^3)} \end{bmatrix}$$

$$\underline{k}^j = \frac{2EI_y}{\ell}\left[\begin{array}{ccc|ccc} \eta c^2+\lambda s^2 & (\eta-\lambda)sc & a\lambda s & -\eta c^2-\lambda s^2 & -(\eta-\lambda)sc & b\lambda s \\ & \eta s^2+\lambda c^2 & -a\lambda c & -(\eta-\lambda)sc & -\eta s^2-\lambda c^2 & -b\lambda c \\ & & a^2\lambda & -a\lambda s & a\lambda c & ab\lambda \\ \hline & & & \eta c^2+\lambda s^2 & (\eta-\lambda)sc & -b\lambda s \\ & \text{sim.} & & & \eta s^2+\lambda c^2 & b\lambda c \\ & & & & & b^2\lambda \end{array}\right]$$

$$\lambda = \frac{3\ell}{2(a^3+b^3)} \qquad \eta = \frac{A}{2I_y}$$

en coordenadas locales c = 1, s = 0

$$\overline{\underline{k}}^j = \frac{2EI_y}{\ell}\left[\begin{array}{ccc|ccc} \eta & 0 & 0 & -\eta & 0 & 0 \\ & \lambda & -a\lambda & 0 & -\lambda & -b\lambda \\ & & a^2\lambda & 0 & a\lambda & ab\lambda \\ \hline & & & \eta & 0 & 0 \\ & \text{sim.} & & & \lambda & b\lambda \\ & & & & & b^2\lambda \end{array}\right]$$

B.9.- ELEMENTO DE VIGA CON RÓTULA (Tipo (b) con b ≠ 0)

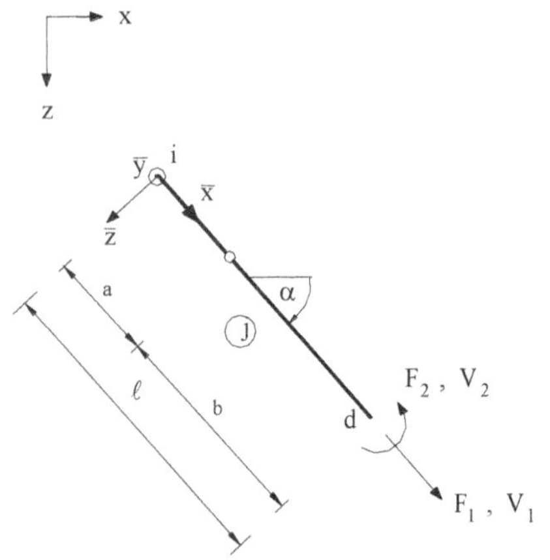

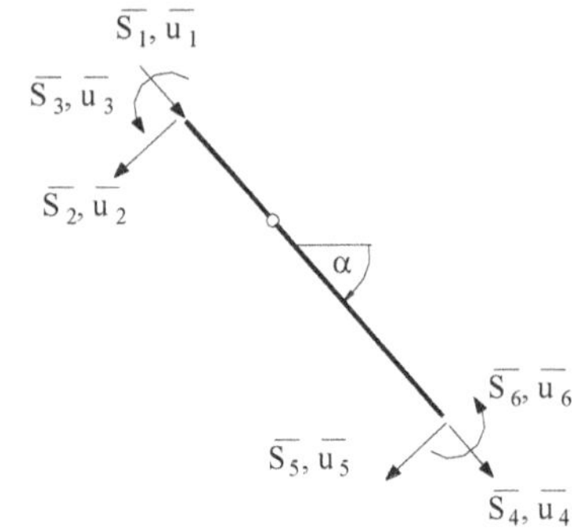

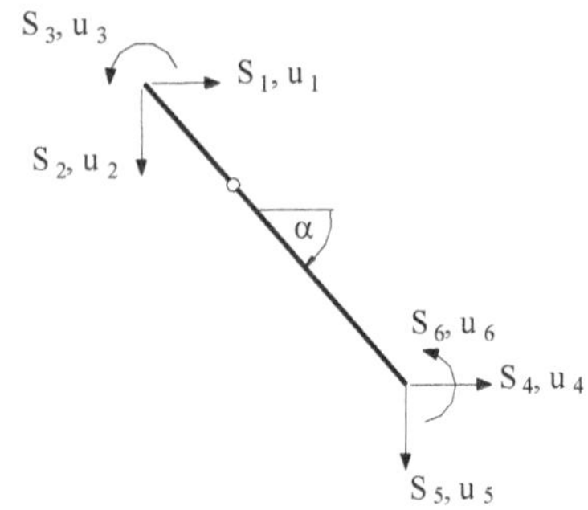

$$\underline{T}^{j} = \begin{bmatrix} -1 & 0 \\ 0 & -1/b \\ 0 & a/b \\ \hline 1 & 0 \\ 0 & 1/b \\ 0 & 1 \end{bmatrix} \qquad \underline{L_D}^{j} = \begin{bmatrix} c & -s & 0 & & & \\ s & c & 0 & & \underline{0} & \\ 0 & 0 & 1 & & & \\ \hline & & & c & -s & 0 \\ & \underline{0} & & s & c & 0 \\ & & & 0 & 0 & 1 \end{bmatrix}$$

$$(\underline{a}^{j})^{T} = \begin{bmatrix} -c & s/b \\ -s & -c/b \\ 0 & a/b \\ \hline c & -s/b \\ s & c/b \\ 0 & 1 \end{bmatrix}$$

$c = \cos\alpha = (x_d - x_i)/\ell$

$s = \mathrm{sen}\,\alpha = (z_d - z_i)/\ell$

$$\underline{f}^{j} = \frac{\ell}{6EI_y}\begin{bmatrix} \dfrac{6I_y}{A} & 0 \\ 0 & \dfrac{2b}{\ell}\left(1+\dfrac{a^3}{b^3}\right) \end{bmatrix} \qquad \underline{k}_r^{j} = \frac{6EI_y}{\ell}\begin{bmatrix} \dfrac{A}{6I_y} & 0 \\ 0 & \dfrac{\ell b^2}{2(a^3+b^3)} \end{bmatrix}$$

$$
\underline{k}^j = \frac{2EI_y}{\ell}\left[\begin{array}{ccc:ccc}
\eta c^2+\lambda s^2 & (\eta-\lambda)sc & a\lambda s & -\eta c^2-\lambda s^2 & -(\eta-\lambda)sc & b\lambda s \\
 & \eta s^2+\lambda c^2 & -a\lambda c & -(\eta-\lambda)sc & -\eta s^2-\lambda c^2 & -b\lambda c \\
 & & a^2\lambda & -a\lambda s & a\lambda c & ab\lambda \\
\hdashline
 & & & \eta c^2+\lambda s^2 & (\eta-\lambda)sc & -b\lambda s \\
 & \text{sim.} & & & \eta s^2+\lambda c^2 & b\lambda c \\
 & & & & & b^2\lambda
\end{array}\right]
$$

$$
\lambda = \frac{3\ell}{2(a^3+b^3)} \qquad \eta = \frac{A}{2I_y}
$$

en coordenadas locales c = 1, s = 0

$$
\underline{\bar{k}}^j = \frac{2EI_y}{\ell}\left[\begin{array}{ccc:ccc}
\eta & 0 & 0 & -\eta & 0 & 0 \\
 & \lambda & -a\lambda & 0 & -\lambda & -b\lambda \\
 & & a^2\lambda & 0 & a\lambda & ab\lambda \\
\hdashline
 & & & \eta & 0 & 0 \\
 & \text{sim.} & & & \lambda & b\lambda \\
 & & & & & b^2\lambda
\end{array}\right]
$$

B.10.- ELEMENTO RESORTE EN EL PLANO

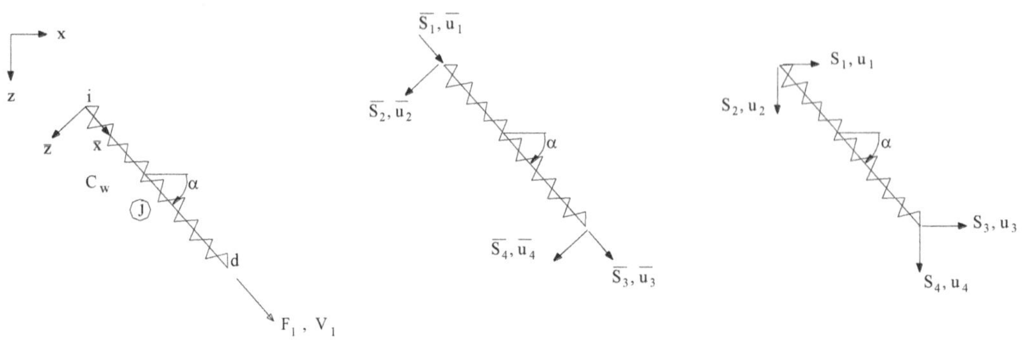

$$\underline{T}^j = \begin{bmatrix} -1 \\ 0 \\ \hdashline 1 \\ 0 \end{bmatrix} \qquad \underline{L}_D^j = \begin{bmatrix} c & -s & \vdots & 0 & 0 \\ s & c & \vdots & 0 & 0 \\ \hdashline 0 & \underline{0} & \vdots & c & -c \\ 0 & 0 & \vdots & s & c \end{bmatrix} \qquad (\underline{a}^j)^T = \begin{bmatrix} -c \\ -s \\ \hdashline c \\ s \end{bmatrix}$$

$$\underline{f}^j = \left[\frac{1}{C_w} \right] \qquad \underline{k}_r^j = [C_w]$$

$c = \cos\alpha = (x_d - x_i) / \ell$
$s = \operatorname{sen}\alpha = (z_d - z_i) / \ell$

$$\underline{k}^j = C_w \begin{bmatrix} c^2 & cs & \vdots & -c^2 & -cs \\ & s^2 & \vdots & -cs & -s^2 \\ \hdashline & Sim & \vdots & c^2 & cs \\ & & \vdots & & s^2 \end{bmatrix}$$

C_w es la constante del resorte (rigidez)

B.11.- ELEMENTO RESORTE DE GIRO

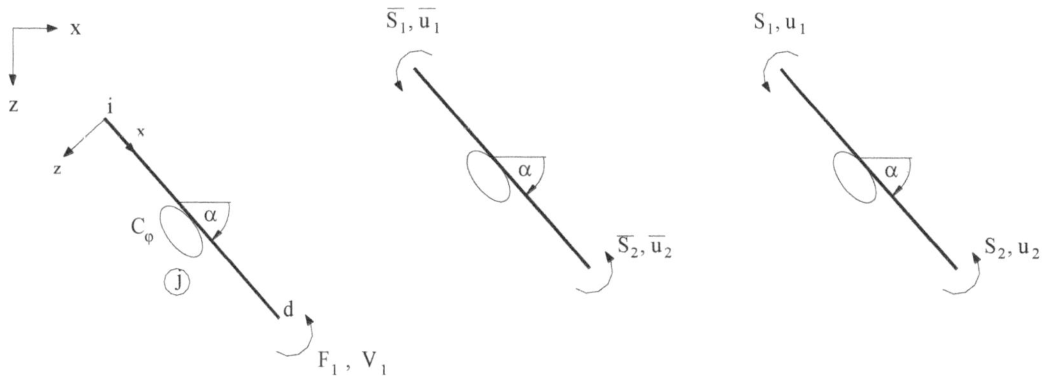

$$\underline{T}^j = \begin{bmatrix} -1 \\ \hline 1 \end{bmatrix} \qquad \underline{L}_D^j = \left[\begin{array}{c|c} 1 & 0 \\ \hline 0 & 1 \end{array}\right] \qquad (\underline{a}^j)^T = \begin{bmatrix} -1 \\ \hline 1 \end{bmatrix}$$

$$\underline{f}^j = \left[1/C_\varphi \right] \qquad \underline{k}_r^j = \left[C_\varphi \right]$$

$$\underline{k}^j = C_\varphi \left[\begin{array}{c|c} 1 & -1 \\ \hline -1 & 1 \end{array}\right]$$

C_φ = es la constante (rigidez) al giro del resorte

ANEXO C. PROGRAMA SMIS

C.1.- INTRODUCCIÓN

La idea básica del programa-lenguaje SMIS, es la entrada de datos en forma de palabras y números que permiten al programa identificar y ejecutar una determinada operación mediante el nombre entregado por el usuario. Por ejemplo, si el usuario escribe la palabra MULT el programa reconoce la operación para multiplicar dos matrices y llama a la subrutina correspondiente.

La versión original de este programa escrito en lenguaje FORTRAN fue desarrollada por E. Wilson en 1963 en la Universidad de California en Berkeley. El programa fue con el transcurso de los años instalado y desarrollado en numerosas universidades, institutos de investigación y oficinas de ingeniería en el mundo.

Un desarrollo importante del programa fue realizado en Alemania en la Universidad de Bochum entre los años 1971 y 1980, donde el autor tuvo la oportunidad de participar /1/. Es de esa versión, que originalmente era para grandes computadores, que se desarrolló en el año 1985 en el Departamento de Obras Civiles de la Universidad de La Serena este programa para computadores personales (PC) en ambiente DOS.

Con el avance de los años, esa versión fue siendo modificada modernizándola e introduciéndole nuevas operaciones, pero siempre en ambiente DOS y en lenguaje FORTRAN 77. En el año 2005 se desarrolló una nueva versión del programa (SMIS-W) usando FORTRAN 90 y FORTRAN 95 bajo ambiente Windows /2/.

Existen en la presente versión 69 instrucciones que realizan todas las operaciones del álgebra matricial y en especial las empleadas para el análisis estructural estático y dinámico que son usadas en los cursos de Análisis Matricial de Estructuras e Ingeniería Antisísmica /3/.

La versión que se describe en este anexo corresponde a la antigua versión en ambiente DOS, sin embargo, en lo fundamental las instrucciones de la versión SMIS-W son las mismas que las aquí descritas, sin necesidad de respetar los formatos del FORTRAN 77. El programa SMIS-W dentro de sus menús tiene como ayuda un manual similar al que aquí se muestra.

C.2.- ENTRADA DE DATOS

La entrada de datos al programa SMIS, es en forma de líneas separadas en columnas como se indica en la Figura 1, que emula las antiguas tarjetas perforadas usadas en el pasado como única forma de ingresar información al computador. Los nombres allí indicados tienen los siguientes significados.

OPER A partir de la columna 1 hacia la derecha, nombre de la operación que se desea realizar (máximo 6 letras).

F1 A partir de la columna 7 hacia la derecha, nombre de una matriz (máximo 6 letras), si la operación indicada en OPER lo requiere.

F2 Igual que F1, pero a partir de la columna 13

F3 Igual que F1, pero a partir de la columna 19

F4 Igual que F1, pero a partir de la columna 25

N1 Número entero escrito de la columna 36 hacia la izquierda (máximo 6 cifras), si la operación indicada en OPER la requiere.

N2 Igual que N1, pero a partir de la columna 42 hacia la izquierda

N3 Igual que N1, pero a partir de la columna 48 hacia la izquierda

N4 Igual que N1, pero a partir de la columna 54 hacia la izquierda

S1 Número real entre las columnas 55 a 60, si la operación OPER lo requiere.

S2 Número real entre las columnas 61 a 66, si la operación OPER lo requiere.

El grupo de datos de entrada debe llevar al comienzo la operación START (en las columnas asignadas como OPER). Además, esta operación puede ser incluida adicionalmente en otra parte de la entrada de datos lo que hace al programa comenzar de nuevo borrando toda la información (matrices) generada hasta ese momento. Nótese que al ingresar datos numéricos, si se deja un espacio vacío, el programa asume el valor 0.

Al final de la entrada de datos debe ir la operación STOP que detiene la ejecución del programa. Las primeras veces que se utiliza el programa SMIS es conveniente imprimir la hoja con la Figura C.1 y escribir las instrucciones y datos en dicha hoja, para respetar los formatos de entrada, y luego ingresar los datos a un archivo. Alternativamente, el programa SMIS-W tiene la opción de "insertar instrucción formateada", que cumple el mismo objetivo.

C.3.- OPERACIONES (OPER) POSIBLES EN SMIS

Los símbolos (-) y (+), usados más adelante significan lo siguiente:

(-) **La matriz correspondiente debe haber sido definida anteriormente.**

(+) **La matriz es generada por la operación realizada.**

C.3.1.- OPERACIONES MATRICIALES DE TIPO GENERAL

ADD Suma de dos matrices.
F1= Nombre de la primera matriz (-).
F2= Nombre de la segunda matriz (-).
La suma de ambas matrices (F1+F2) queda almacenada en F1.

DELETE Borrar una matriz dc la memoria.
F1= Nombre de la matriz que debe ser borrada de la memoria (-).

DUPL Duplicar una matriz.
F1= Nombre de la matriz que debe ser duplicada (-).
F2= Nombre de la matriz que será generada y cuyos elementos son idénticos con los de F1 (+)

EXRC Intercambiar filas y/o columnas de una matriz.
F1= Nombre de la matriz cuyas filas y/o columnas deben ser intercambiadas (-).
F2= Nombre de una matriz-fila (tipo "integer") que indica el intercambio (permutaciones) de columnas (-).
F3= Nombre de una matriz-fila (tipo "integer") que indica el intercambio (permutaciones) de filas (-).
La matriz resultante queda almacenada en F1.

LOAD Entrar una matriz del tipo "real".
F1= Nombre de la matriz que será entrada (+).
N1= Número de la fila de la matriz F1.
N2= Número de columnas.
Los elementos de la matriz F1 deben ser entregados a partir de la siguiente línea en un formato FORTRAN 12F6.0. Si se quiere cambiar el formato de entrada, por ejemplo a 6E12.5, debe escribirse este nuevo formato a partir de la columna 13 y cerrado entre paréntesis (6E12.5).

LOADLM Entrar una matriz del tipo "integer".
Igual que LOAD, con la diferencia que los elementos de la matriz son del tipo "integer".
Los valores de estos elementos deben ser entregados a partir de la siguiente línea en formato 12I6. El cambio de formato se realiza en forma análoga a LOAD.

LPLOT Realizar un "ploteo" de la matriz a escala logarítmica" (ver PLOT).
F1= Nombre de la matriz de cuyas filas se hará un "ploteo" a escala logarítmica. Esta matriz puede contener un máximo de nueve filas (-)
N1= Número de las líneas siguientes que contiene un texto como título del "ploteo".

MULT Multiplicación de dos matrices.
F1= Nombre de la primera matriz (-).
F2= Nombre de la segunda matriz (-).
F3= Nombre de la matriz que contiene el producto F1*F2 (+).

PLOT Realizar un "ploteo" de la matriz.
F1= Nombre de la matriz de cuyas filas se hará un "ploteo". Esta matriz puede tener un máximo de nueve filas (-).
N1= Número de líneas que siguen a continuación con un texto como título "ploteo" a realizar.
Los elementos de la matriz F1 son llevados a un gráfico X-Y. En el eje X se lleva el número de la columna y en el eje Y el valor relativo de los elementos con respecto al mayor elemento de la matriz. Cada fila (máximo 9) se grafica por separado. Si se quiere una escala logarítmica del eje Y se debe ocupar la operación LPLOT.

PRINT Imprimir una matriz.
F1= Nombre de la matriz a imprimir (-).
N1= Número de las líneas de texto que vienen a continuación y serán impresas como título de la matriz .
N2= 1 Elementos de la matriz F1 son del tipo "integer"
0 Elementos de la matriz F1 son del tipo "real".

REMARK Imprimir un texto comentario.
N1= Número de líneas que siguen a continuación y que se imprimirán como texto comentario.

START Iniciar programa (borra todas las matrices).

STOP Terminar ejecución del programa.

SUB Restar dos matrices.
F1= Nombre de la primera matriz (minuendo) (-).
F2= Nombre de la segunda matriz (subtraendo) (-).
El resultado (F1-F2) queda almacenado en la matriz F1.

TRANS Transponer una matriz.
F1= Nombre de la matriz a transponer (-).
F2= Nombre de la matriz transpuesta ($F2=F1^T$) (+).

TRFORM Formar una matriz rectangular a partir de una matriz bandeada o a la inversa.
F1= Nombre de la matriz simétrica bandeada.
F2= Nombre de la matriz rectangular que contiene la mitad de la banda de la matriz F1.
N2= 0 : se supone que F2 es conocida y se genera F1.
≠0 : se supone que F1 es conocida, se genera F2.

ANEXO C: PROGRAMA SMIS

R	F1	F2	F3	F4	N1	N2	N3	N4	S1	S2	
6	7 12	13 18	19 24	25 30	31 36	37 42	43 48	49 54	55 60	61 66	67

FIGURA Nº C.1

TRMULT Multiplicación de dos matrices transponiendo previamente la primera de ellas.
F1= Nombre de la primera matriz (-).
F2= Nombre de la segunda matriz (-).
F3= Nombre de la matriz que contiene el producto de la transpuesta de la primera por la segunda (F3=F1 *F2) (+).

C.3.2.- OPERACIONES CON ARCHIVOS EXTERNOS

READ Leer matrices desde un archivo externo (generado con la operación WRITE).
F1= Nombre del archivo externo.
N1= Número de matrices a leer.
En la línea siguiente deben aparecer los nombres de las N1 matrices a leer en formato 12A6, esto es, un máximo de 12 matrices con nombres de hasta 6 letras.

WRITE Escribir matrices en un archivo externo en forma binaria.
F1= Nombre del archivo externo.
N1= Número de matrices a escribir.
En la línea siguiente deben aparecer los nombres de las N1 matrices a escribir (ver instrucción READ)

C.3.3.- OPERACIONES CON SUB-MATRICES

ADDSM Sumar una sub-matriz F2 a partir de cierta fila y columna de una matriz F1.
F1= Nombre de la matriz en la cual una sub-matriz será sumada (-).
F2= Nombre de la sub-matriz (-).
N1,N2 Número de la fila y columna de la matriz F1 donde se sumará el primer elemento de la sub-matriz F2.

DELRC Reducción de una matriz eliminando filas y/o columnas.
F1= Nombre de la matriz que será reducida (-).
F2= Nombre de la matriz reducida (+).
F3= Nombre de una matriz-fila (tipo "integer") que contiene los números de las filas de la matriz F1 que serán eliminadas (-).
F4= Nombre de una matriz-fila (tipo "integer") que contiene los números de las columnas de la matriz F1 que serán eliminadas (-).

MERGE Sumar o introducir una sub-matriz F2 en determinadas filas y columnas de F1.
F1= Nombre de la matriz en la cual será sumada o introducida una sub-matriz F2 (-).
F2= Nombre de la sub-matriz que será sumada o introducida en F1 (-).
F3= Nombre de una matriz-fila (tipo "integer") que indica las filas de la matriz F1 donde se sumarán o introducirán las respectivas filas de F2 (-).

F4= Nombre de una matriz-fila (tipo "integer") que indica las columnas de la matriz F1 donde se sumarán o introducirán las respectivas columnas de F2 (-).

N1= 0 : los elementos de la sub-matriz F2 serán sumados a los de la matriz F1.
≠0 : los elementos de la sub-matriz F2 reemplazarán a los de la matriz F1.

RMVSM Formar una sub-matriz F2 a partir de cierta fila y columna de una matriz F1.
F1= Nombre de la matriz de la cual se extraerá una sub-matriz F2 (-).
F2= Nombre de la sub-matriz (+).
N1,N2 Número de la fila y columna de la matriz F1 que contiene el primer elemento de la sub-matriz F2.
N3,N4 Número de filas y columnas de la matriz F2.

STOSM Introducir una sub-matriz a partir de cierta fila y columna de una matriz F1. Esta operación es idéntica a ADDSM (F1, F2, N1 y N2, tienen igual significado) con la diferencia de que los elementos correspondientes de la matriz F1 son reemplazados (en lugar de sumados) por los elementos de la sub-matriz F2.

C.3.4.- OPERACIONES CON MATRICES DIAGONALES

DGADD Suma de una matriz cuadrada con una matriz diagonal.
F1= Nombre de una matriz cuadrada (-).
F2= Nombre de una matriz-fila, la cual contiene los elementos de la diagonal de una matriz diagonal (-).
El resultado de esta operación (F1+F2) queda almacenada en F1.

DGMPY Multiplicación de dos matrices diagonales.
F1,F2 Nombre de dos matrices-fila que contienen los elementos de las diagonales de las respectivas matrices diagonales (-).
El resultado de esta operación (F1*F2) queda almacenado en F1.

DGPOST Multiplicación de una matriz cualquiera por una matriz diagonal.
F1= Nombre de una matriz cualquiera (rectangular) (-).
F2= Nombre de una matriz-fila que contiene los elementos de la diagonal de una matriz-diagonal (-).
El resultado del producto (F1*F2) queda almacenado en F1.

DGPRE Multiplicación de una matriz diagonal por una matriz cualquiera.
F1 y F2 igual que en DGPOST.
El resultado del producto (F2*F1) queda almacenado en F1.

DGSUB Resta de una matriz cualquiera y una matriz diagonal.
F1 y F2 igual que en DGADD. El resultado de la resta (F1-F2) queda almacenado en F1.

IDADD Similar a DGADD, en que los elementos de la matriz diagonal son todos iguales.
F1= Nombre de una matriz cuadrada (-).
N4, S1 Con estos valores se forma un escalar $k=S1*10^{N4}$.
El resultado de esta operación F1+k*I (en que I es la matriz identidad) queda almacenado en F1.

RMVDG Formación de una matriz de una fila a partir de la diagonal de una matriz cuadrada.
F1= Nombre de una matriz cuadrada (-).
F2= Nombre de una matriz-fila que contendrá los elementos de la diagonal de F1 (+).

STODG Introducción de una matriz de una fila en la diagonal de una matriz cuadrada.
F1= Nombre de una matriz cuadrada (-).
F2= Nombre de una matriz-fila cuyos elementos reemplazarán a los elementos de la diagonal de la matriz F1 (-). El resultado de esta operación queda almacenado en F1.

C.3.5.- OPERACIONES CON LOS ELEMENTOS DE LAS MATRICES

ENVEL Determinación del mayor valor absoluto de cada fila de una matriz.
F1= Nombre de la matriz de la cual se quiere determinar el mayor valor absoluto de cada fila
F2= Nombre de una matriz-columna en la que se almacenarán los valores obtenidos (+).
N1= Número de líneas que siguen a continuación y se imprimirán como texto.

INVEL Formación de una matriz con los valores recíprocos de sus elementos.
F1= Nombre de la matriz cuyos elementos serán reemplazados por sus valores recíprocos (-)

LOG Formación de una matriz con los logaritmos de sus elementos.
F1= Nombre de la matriz cuyos elementos serán reemplazados por sus logaritmos naturales (-)

MSCALE Multiplicación de una matriz por un escalar obtenido de otra matriz.
F1= Nombre de la matriz que será multiplicada por un escalar (-).
F2= Nombre de la matriz cuyo primer elemento será tomado como escalar (-).

MTXMAP Obtener elementos de una matriz que sean mayores que un escalar k dado.
F1= Nombre de la matriz que será examinada (-).
N1= Número de líneas que siguen a continuación y se imprimirán como texto.

N4,S1 El escalar k se forma como $k = S1*10^{N4}$
La matriz F1 se imprime en forma simbólica de manera que * (asterisco) identifica a elementos cuyo valor absoluto es mayor que k, mientras que • (punto) identifica a los elementos con valor absoluto menor o igual a k

SCALE Multiplicación de una matriz por un escalar k dado.
F1= Nombre de la matriz que será multiplicada por un escalar k (-).
N4, S1 El escalar se forma como $k = S1*10^{N4}$

SELECT Seleccionar determinados elementos de una matriz-fila o matriz-columna.
F1= Nombre de una matriz-fila o matriz-columna.
Los elementos pueden ser del tipo "real" o "integer" (-).
F2= Nombre de una matriz-fila que almacenará los elementos de F1 seleccionados (+).
N1,N2 Se seleccionará cada N1 elementos de la matriz F1 partiendo del elemento N2.

SQREL Formación de una matriz con la raíz cuadrada de sus elementos (también sirve para elevar al cuadrado los elementos).
F1= Nombre de la matriz (-).
N3= 0 (o vacío) Saca la raíz cuadrada de los elementos
N3= 1 Eleva al cuadrado los elementos

SYMCHK Comprobación de la simetría de una matriz.
F1= Nombre de la matriz a examinar. Se aceptará un margen de error ε
N4,S1 Se forma $\varepsilon = k*S1*10^{N4}$, en que k es el primer elemento de la matriz F1
Si no se indican los valores para N4 y S1, el programa asume $\varepsilon = k*10^{-6}$

ZERO Formación automática de una matriz (caso especial matriz llena con ceros).
F1= Nombre de la matriz a formar (+).
N1= Número de filas de la matriz F1.
N2= Número de columnas de la matriz F1.
S1= Valor de los elementos fuera de la diagonal (sólo para matriz cuadrada).
S2= Valor de los elementos en la diagonal (sólo para matriz cuadrada).
Si no se indican S1 y S2 se llena una matriz llena de ceros. En el caso $N1 \neq N2$ (matriz rectangular) no debe indicarse valores S1 y S2.

C.3.6.- SOLUCIÓN DE SISTEMAS DE ECUACIONES

BASOL1 Descomposición triangular de una matriz simétrica bandeada.
F1= Nombre de la matriz rectangular que contiene la mitad de la banda de una matriz bandeada A (de la diagonal hacia el lado). La primera columna de F1 corresponde a la diagonal principal de A, la segunda columna de F1 contiene la segunda diagonal de A y así sucesivamente. La matriz F1 puede ser

entrada directamente mediante LOAD o bien ser generada a partir de una matriz bandeada A mediante la operación TRFORM.
Después de la descomposición F1 contiene la banda de la matriz triangular superior obtenida por CHOLESKY. Si durante la descomposición se detecta un elemento de la diagonal $a_{ii} < \varepsilon$ se indica "matriz singular".

N4,S1 Se forma $\varepsilon = k * S1*10^{N4}$, siendo k el primer elemento de la matriz F1.
Si no se indican los valores para N4 y S1, el programa asume $\varepsilon = k*10^{-6}$

BASOL2 Solución sistema de ecuaciones con matriz simétrica bandeada (previamente triangularizada con BASOL1).

F1= Nombre de la matriz que contiene la banda de la matriz triangular superior (-).

F2= Nombre de la parte derecha del sistema de ecuaciones (-). Al finalizar la operación, F2 contiene la solución del sistema de ecuaciones.

CHOL1 Descomposición triangular de una matriz simétrica positiva definida mediante Cholesky

F1= Nombre de una matriz simétrica, positiva definida (-).

F2= Nombre de la matriz triangular superior que se origina mediante la descomposición por Cholesky (+).

N4,S1 Se forma $\varepsilon = k * S1*10^{N4}$, siendo k el primer elemento de la matriz F1.
Si no se indican los valores para N4 y S1, el programa asume $\varepsilon = k*10^{-6}$
El programa utiliza automáticamente la operación SYMCHK para verificar la simetría de F1 usando el margen de error ε. Por otra parte verifica si la matriz F1 es positiva definida mediante $|a_{ii}| < \varepsilon$

CHOL2 Resolución de sistema de ecuaciones para matriz triangular inferior.
Primera fase de solución sistema de ecuaciones mediante Cholesky.

F1= Nombre de una matriz triangular inferior. Puede ser obtenida por transposición de la matriz triangular superior obtenida con CHOL1. Una vez finalizada la operación CHOL2 la matriz F1 contiene la inversa de la matriz original (-).

F2= Nombre de la matriz que contiene la parte derecha del sistema de ecuaciones. Después de CHOL2, la matriz F2 contiene la solución del sistema de ecuaciones. Si no se indica una matriz F2 solo se realiza la inversión de la matriz F1.

N4,S1 Se forma $\varepsilon = k * S1*10^{N4}$, siendo k el primer elemento de la matriz F1. Si no se indican los valores para N4 y S1, el programa asume $\varepsilon = k*10^{-6}$
CHOL2 realiza los siguientes controles:
a) Si algún elemento a_{ij} de la matriz F1 ubicada sobre la diagonal es tal que $|a_{ij}| > \varepsilon$, se interrumpe la ejecución con el mensaje: *** Matrices son incompatibles ***
b) Si algún elemento a_{ii} de la diagonal de F1 es tal que $|a_{ii}| < \varepsilon$, se interrumpe la ejecución con el mensaje: *** Matriz no es positiva definida ***

CHOL3 Resolución de un sistema de ecuaciones para una matriz triangular superior. Segunda fase sistema de ecuaciones mediante Cholesky.

F1= Nombre de la matriz triangular superior. Puede obtenerse con CHOL1. Al terminar la operación CHOL3 la matriz F1 contiene la inversa de la matriz original (-).

F2= Nombre de la parte derecha del sistema de ecuaciones. Puede ser obtenida mediante CHOL2. Luego de la operación CHOL3, la matriz F2 contiene la solución del sistema de ecuaciones. Si no se indica una matriz F2, la operación CHOL3 splo realiza la inversión de la matriz F1.

N4,S1 Se forma $\varepsilon = k * S1*10^{N4}$, siendo k el primer elemento de la matriz F1. Si no se indican los valores para N4 y S1, el programa asume $\varepsilon = k*10^{-6}$. Los controles son similares a CHOL2.

INVERT Inversión de una matriz no singular.

F1= Nombre de la matriz que se quiere invertir. Después de la operación INVERT; F1 contiene la inversa e la matriz original (-).

N4,S1 Se forma $\varepsilon = k* S1*10^{N4}$, en que k es primer elemento de la matriz F1. Si no se indican los valores para N4 y S1, el programa asume $\varepsilon = k*10^{-6}$. La inversión se realiza mediante Gauss usando pivote por líneas e intercambiando columnas. Si alguno de estos elementos resulta $< \varepsilon$ entonces se interrumpe la ejecución con el mensaje: *** Matriz es singular ***

INVSYM Inversión de una matriz simétrica.

F1= Nombre de la matriz simétrica (-).

N4,S1 Se forma $\varepsilon = k* S1*10^{N4}$, en que k es primer elemento de la matriz F1
Si no se indican los valores para N4 y S1, el programa asume $\varepsilon = k*10^{-6}$. La inversión se realiza mediante Gauss sin intercambio de filas o columnas. Si algún elemento de la diagonal de F1 es $< \varepsilon$, entonces se interrumpe la ejecución con el mensaje *** Matriz es singular ***

PSINV Pseudo-inversión de una matriz rectangular con filas linealmente independientes.

F1= Nombre de la matriz rectangular con n filas y m columnas en que m > n (equivalente a la matriz $\underline{a}^T$ en /2/). Una vez realizada la operación PSINV en F1 quedan los elementos de la matriz pseudo-inversa (-).

F2= Nombre de una matriz-fila que contiene los números de las columnas de F1 elegidas como redundantes (incógnitas hiperestáticas en /2/).

F3= Nombre de una matriz que contiene los elementos de la matriz $\underline{b}_0$ (ver /2/) (+).

F4= Nombre de una matriz que contiene los elementos de la matriz $\underline{b}_x$ (ver /2/) (+).

SOLVE Solución de un sistema de ecuaciones.

F1= Nombre de una matriz cuadrada no-singular. Los elementos de esta matriz se pierden durante la ejecución de esta operación (-).

F2= Nombre de una matriz que contiene la "parte derecha" del sistema de ecuaciones. Si existen varias "partes derechas", la matriz F1 posee varias columnas. Después de la operación SOLVE, F2 contiene la solución del sistema de ecuaciones (-).

N4,S1 Similar a INVERT.

C.3.7.- OPERACIONES MATRICIALES PARA ANÁLISIS ESTRUCTURAL

ADDSTF Inclusión de la matriz de rigidez de un elemento $\underline{k}_j$, en la matriz de rigidez global de la estructura $\underline{K}$.

F1= Nombre de la matriz de rigidez $\underline{K}$. Antes de la primera llamada de ADDSTF, F1 debe estar definida (p.ej. usando la operación ZERO) (-).
Se distinguen dos casos:
Caso 1: F1 es cuadrada (no necesariamente simétrica). Todos los elementos de F2 se incluyen en F1 sin importar una posible simetría.
Caso 2: F1 es rectangular. Se supone que representa una matriz bandeada almacenada como se indica en BASOL1.

F2= Nombre de la matriz $\underline{k}_j$ que será incluida en F1.
Esta matriz debe ser cuadrada y en el Caso 2 simétrica (-).

F3= Nombre de una matriz-fila con cuya ayuda la matriz F2 se incluirá en F1.
Sus elementos deben ser enteros positivos (ver LOADLM) (-). Si el número de columnas de F2 y F3 no coinciden se interrumpe la ejecución con el mensaje: *** Matrices son incompatibles ***
Los elementos de la matriz F3 representan la relación entre los desplazamientos de los nudos del elemento y los desplazamientos de los nudos de la estructura en coordenadas globales (tabla de incidencia).
Si una misma matriz F2 debe ser incluida en distintas partes de F1, puede repetirse la operación ADDSTF con distintos F3. **Otra posibilidad es la siguiente:**

F3= Nombre de una matriz de varias filas, cuyos elementos son enteros positivos. Cada fila de F3 representa una inclusión de F2 en F1. Los enteros N1 y N2 indican cuales filas de F3 se usarán para incluir F2 en F1 (-).

N1= Número de la primera fila de F3 que se usará para incluir F2 en F1. Si no se indican, se asume N1=1.

N2= Cantidad de filas de F3 a partir de la fila N1 que se usarán para incluir F2 en F1 (número de inclusiones).

CONDEN Condensación estática de la matriz de rigidez $\underline{K}$

$$\underline{K} = \begin{bmatrix} \underline{K}_{11} & \underline{K}_{12} \\ \underline{K}_{21} & \underline{K}_{22} \end{bmatrix} \qquad \underline{K}_{cond} = \underline{K}_{11} - \underline{K}_{12} * \underline{K}_{22}^{-1} * \underline{K}_{21}$$

F1= Nombre de la matriz de rigidez K que será condensada. Después de la operación CONDEN la matriz F1 ya no contiene los elementos de la matriz de rigidez K (-)

F2= Nombre de la matriz de rigidez condensada (K) (+).

F3= Nombre de la matriz que contiene el producto $\underline{K}_{12} * \underline{K}_{22}^{-1} * \underline{K}_{21}$ (+).

F4= Nombre de la matriz que contiene $\underline{K}_{21}$ (+).

N1= Dimensión de la Sub-matriz cuadrada $\underline{K}_{11}$

N4,S1 Se forma $\varepsilon = k^* \, S1 * 10^{N4}$, en quc k es primer elemento de la matriz F1
Si no se indican los valores para N4 y S1, el programa asume $\varepsilon = k*10^{-6}$. Si durante la condensación alguno de los elementos resulta < ε entonces se interrumpe la ejecución con el mensaje: *** Matriz es singular ***

ENLACE Formación de la matriz de rigidez de un elemento de enlace para análisis seudo- tridimensional. El elemento tiene 2 extremos (AB y CD) infinitamente rígidos con una zona intermedia (BC) flexible. Se deben ingresar las propiedades del tramo flexible y las coordenadas de los nudos A, B, C y D que definen el elemento (tomando como origen el nudo inicial A).

F1= Nombre de la matriz de rigidez del elemento de enlace a formar (+)
A continuación se deben ingresar 2 líneas con datos:
Primera línea:

Columna:	1-12	Momento de Inercia I
	13-24	Área de Corte $A_Q = A/\kappa$
	25-36	Módulo de Elasticidad E
	37-48	Área de la Sección A
	49-60	Módulo de Poisson ν

Segunda línea:

Columna	1-12	Coordenada X del nudo B.
	13-24	Coordenada Y del nudo B.
	25-36	Coordenada X del nudo C.
	37-48	Coordenada Y del nudo C.
	49-60	Coordenada X del nudo D.
	61-72	Coordenada Y del nudo D.

De esta forma la línea con la operación ENLACE debe ser seguida por 2 líneas con datos.

Nota: Recuerde que las propiedades del tramo flexible corresponden a una viga que representa un tramo de losa. Esa viga tiene un ancho que corresponde al espesor de la losa. La deformación por corte es en este caso importante y debe ser considerada.

FORCEM Determinación de las fuerzas nodales de los elementos $\underline{S}j$.

F1= Nombre de la matriz de rigidez del elemento (-).

F2= Nombre de una matriz de una o varias filas cuyos elementos son enteros positivos y con cuya ayuda se incluyó la matriz de rigidez del elemento F1 en la matriz de rigidez de la estructura (véase matriz F3 en la operación ADDSTF) (-).

F3= Nombre del vector de desplazamientos de los nudos de la estructura ($\underline{r}$) obtenido de la resolución del sistema de ecuaciones $\underline{K} * \underline{r} = \underline{R}$. El número de columnas de F3 corresponde al número de estados de carga analizados (número de columnas de $\underline{R}$) (-).

F4= Nombre de la matriz que contiene los esfuerzos nodales del elemento en coordenadas globales ($\underline{S}j$) (+).

N1,N2 Similar a ADDSTF respecto a la matriz F2.

FORMK Formación de la matriz de rigidez reducida $\underline{k}_r^j$ de un elemento de viga tipo (a) como se indica en (2) con o sin consideración de esfuerzo normal, o bien la matriz de rigidez $\underline{k}_j$ del elemento en coordenadas locales sin considerar el esfuerzo normal y posterior almacenamiento en la matriz hiper-diagonal $\underline{k}_r$ o $\underline{k}$ respectivamente.

F1= Nombre de la matriz hiperdiagonal que almacenará las matrices de rigidez de los elementos (según Capítulo 6). F1=diag{ $\underline{k}_r^j$ } o bien F1=diag{ $\underline{k}_j$ }.

N1=2 forma la matriz de rigidez reducida $\underline{k}_r^j$ de un elemento despreciando la deformación axial.

N1=3 forma la matriz de rigidez reducida $\underline{k}_r^j$ de un elemento con deformación axial.

N1=4 forma la matriz de rigidez $\underline{k}_j$ de un elemento en coordenadas locales despreciando la deformación axial.

N2= Parámetro que indica la cantidad de matrices de rigidez que se formarán y almacenarán en F1. Se deben entregar N2 líneas con los datos necesarios para formar las matrices de los elementos (para la matriz de solo un elemento, N2=1, luego se necesita una línea a continuación). Los datos son los siguientes:

Columna	1-12	Momento de Inercia I
	13-24	Área de Corte A_Q
	25-36	Largo L
	37-48	Módulo de Elasticidad E
	49-60	Área de la Sección

Si N1=2 o N1=4 no se considera el área de la sección. Si no se quiere considerar deformación por corte se debe indicar A_Q=0.

FORMKD Formación de la matriz de rigidez en coordenadas globales $\underline{k}^j$ de un elemento de viga plana con extremos rígidos (cachos rígidos) como se indica en Capítulo 6.

F1= Nombre de la matriz $\underline{k}^j$ a formar (+).

N1= Indicador del tipo de matriz a formar:

N1 =6 matriz de rigidez de viga plana con extremos rígidos

N1 =4 matriz de rigidez de un reticulado (biela) plano

A continuación se deben ingresar 2 líneas con datos:

Primera línea:

Columna	1-12	Momento de Inercia I (no se necesita si N1=4)
	13-24	Área de Corte $A_Q = A/\kappa$ (no se necesita si N1=4), si $A_Q = 0$, se desprecia deformación por esfuerzo de corte
	25-36	Módulo de Elasticidad E
	37-48	Área de la Sección A
	49-60	Módulo de Poisson ν (solo si N1≠4 y $A_Q \neq 0$)

Segunda línea:

Columna	1-12	Coordenada X del nudo izquierdo
	13-24	Coordenada Z del nudo izquierdo
	25-36	Coordenada X del nudo derecho
	37-48	Coordenada Z del nudo derecho
	49-60	Longitud tramo rígido izquierdo
	61-72	Longitud tramo rígido derecho

De esta forma la línea con la operación FORMKD debe ser seguida por 2 líneas con datos.

FORMKR Formación de la matriz de rigidez en coordenadas globales $\underline{k}_j$ de un elemento de viga plana con rótula de momento flector como se indica en Capítulo 6.

F1= Nombre de la matriz de rigidez en coordenadas globales $\underline{k}_j$ (6x6) de un elemento de viga con rótula de momento flector en su interior. (+)

N1= 6 (solo es posible matriz de rigidez de viga plana)

A continuación se deben ingresar 2 líneas con datos:

Primera línea:

Columna	1-12	Momento de Inercia I
	13-24	Area de Corte $A_Q = A/\kappa$
	25-36	Módulo de Elasticidad E.
	37-48	Area de la Sección A.
	49-60	Módulo de Poisson ν (solo si $A_Q \neq 0$)

Segunda línea:

Columna	1-12	Coordenada X del nudo izquierdo
	13-24	Coordenada Z del nudo izquierdo
	25-36	Coordenada X del nudo derecho
	37-48	Coordenada Z del nudo derecho
	49-60	Distancia desde nudo izquierdo a la rótula
	61-72	Distancia desde rótula al nudo derecho

De esta forma la línea con la operación FORMKR debe ser seguida por 2 líneas con datos.

Nota: Si se desea despreciar la deformación por corte, se debe indicar A_Q=0.

FORMKG Formación de la matriz de rigidez geométrica en coordenadas globales $\underline{k}_g$ de un elemento de viga plana o reticulado plano como se indica en /2/.

F1= Nombre de la matriz de rigidez geométrica $\underline{k}_g$ que se formará (+).

N1= Parámetro que indica el tipo de matriz $\underline{k}_g$ que se quiere formar.

N1=4 matriz de rigidez geométrica en coordenadas globales de un elemento de reticulado plano en el plano X-Z según /2/.

N1=6 matriz de rigidez geométrica en coordenadas globales de un elemento de viga plana.

A continuación se deben ingresar 2 líneas con datos:

Primera línea:

Columna	1-12	Fuerza axial del elemento (debe ser negativa, esto es, de compresión)

Segunda línea:

Columna	1-12	Coordenada X del nudo izquierdo
	13-24	Coordenada Z del nudo izquierdo
	25-36	Coordenada X del nudo derecho
	37-48	Coordenada Z del nudo derecho

De esta forma la línea con la operación FORMKG debe ser seguida por 2 líneas con datos.

FORMF Formación de la matriz de flexibilidad $\underline{f}$ según /2/ de un elemento tipo (a).

F1= Nombre de la matriz de flexibilidad de la estructura f donde se almacenarán las matrices de flexibilidad de los elementos de viga tipo (a) según /2/ : $\underline{f}$= diag{ $\underline{f}_j$ } (+).

N1= Parámetro para considerar o no deformación axial:

N1=0 Se considera deformación axial.

N1≠0 No se considera deformación axial.

N2= Parámetro que indica la cantidad de matrices de flexibilidad $\underline{f}_j$ que se formarán y almacenarán en F1.

A continuación deben seguir N2 líneas con datos para formar las matrices $\underline{f}_j$:

Columna	1-12	Momento de Inercia I
	13-24	Largo L
	25-36	Módulo de Elasticidad E
	37-48	Área de la Sección A

Nota: Si no se considera deformación axial (N1≠0) la información sobre el área A no es utilizada.

FORMT Formación de la matriz de equilibrio $(\underline{a}_j)^T$ de un elemento de reticulado plano o viga plana tipo (a) según /2/.

F1= Nombre de la matriz de equilibrio de un elemento (j) en coordenadas globales $(\underline{a}_j)^T$ según /2/.

N1= Parámetro que indica el tipo de elemento para el cual se formará la matriz $(\underline{a}_j)^T$.

N1=4 formación de la matriz $(\underline{a}_j)^T$ para un elemento de reticulado plano.

N1=6 formación de la matriz $(\underline{a}_j)^T$ para un elemento de viga plana tipo (a) (ver /2/).

Después de la línea con la operación FORMT debe seguir una línea con datos:

Columna	1-12	Coordenada X del nudo izquierdo
	13-24	Coordenada Z del nudo izquierdo
	25-36	Coordcnada X del nudo derecho
	37-48	Coordenada Z del nudo derecho

SLOPED Formación de la matriz de rigidez en coordenadas locales k de un elemento de viga plana sin considerar deformación axial.

F1= Nombre de la matriz de rigidez $\underline{k}_j$ de un elemento de viga plana (j) en coordenadas locales despreciando la deformación axial (+).

Después de la operación SLOPED debe seguir una línea con los siguientes datos:

Columna	1-12	Rigidez a flexión del elemento EI
	13-24	Largo del elemento L

TRUSS Formación de la matriz de rigidez en coordenadas globales $\underline{k}_j$ de un elemento de reticulado espacial.

F1= Nombre de la matriz de rigidez $\underline{k}_j$ del elemento de reticulado espacial en coordenadas globales que se va a formar (+).

F2= Nombre de una matriz para almacenamientos internos del programa (+).

F3= Nombre de la matriz que contiene la tabla de coordenadas de la estructura. El número de filas es igual al número de nudos de la estructura y el número de columnas es 3 (por cada nudo: coordenadas X, Y, Z) (-).

Después de cada operación TRUSS debe seguir una línea con datos:

Columna	1- 6	Número del nudo izquierdo
	7-12	Número del nudo derecho
	13-24	Módulo de elasticidad E
	25-36	Área de la sección A

C.3.8.- OPERACIONES MATRICIALES PARA ANÁLISIS DINÁMICO

EIGEN Solución del problema de valores propios $\underline{A}\,\underline{X} = \lambda\,\underline{B}\,\underline{X}$.

F1= Nombre de una matriz simétrica $\underline{A}$ (-).

F2= Nombre de una matriz-fila que contiene los elementos de la diagonal de una matriz diagonal $\underline{B}$. El número de columnas de F2 debe coincidir con el número de filas y columnas de F1 (-).

F3= Nombre de una matriz donde se almacenarán los vectores propios $\underline{X}$. Cada fila de la matriz F3 corresponde a un vector propio. El ordenamiento de los vectores propios en F3 corresponde al ordenamiento de los valores propios en F4. Los vectores propios aparecen normalizados de manera que $\underline{X}^T\,\underline{B}\,\underline{X} = \underline{I}$ (matriz identidad) (+).

F4= Nombre de una matriz-fila donde se almacenarán los valores propios λ. El orden en que aparecen los valores propios depende del valor de N1.

N1= Número de valores y vectores propios que se quiere determinar. El ordenamiento de los valores propios depende del signo de N1. Si N1 es positivo los valores propios se ordenarán de mayor a menor (en valor absoluto). Si N1 es negativo se ordenarán de menor a mayor.

EIGKX Determinación de los valores propios de una matriz compleja $\underline{A} = \underline{B} + i\,\underline{C}$.

F1= Nombre de una matriz que contiene la parte real $\underline{B}$ de una matriz compleja $\underline{A}$. Después de la operación EIGKX, F1 contiene en su diagonal la parte real de los valores propios de la matriz compleja $\underline{A}$ (-).

F2= Nombre de la matriz que contiene la parte imaginaria $\underline{C}$ de una matriz compleja $\underline{A}$. Luego de la operación EIGKX, F2 contiene en su diagonal la parte imaginaria de los valores propios de la matriz compleja $\underline{A}$ (-).

F3= Nombre de una matriz en que se almacenará la parte real de los vectores propios (por columnas) (+).

F4= Nombre de una matriz en que se almacenará la parte imaginaria de los vectores propios (por columnas) (+).

FUNGN Determinación de las ordenadas de una función mediante interpolación.

F1= Nombre de una matriz de dos columnas que define una función por sus pares de valores abscisa X_i y ordenada Y_i. En la primera columna deben estar almacenados los X_i y en la segunda columna los correspondientes Y_i. Los pares de valores deben estar ordenados de modo que $X_{i+1} > X_i$ (-).

F2= Nombre de una matriz-fila en que se almacenarán la ordenadas interpoladas para valores equidistantes de abscisa, partiendo de la abcisa X_i. El primer valor almacenado en F2 es por lo tanto Y_i (+).

N1= Parámetro que indica la cantidad de intervalos a calcular.

S1= Intervalo de abscisa en que se determinarán las ordenadas.

Nota: En el caso de que $X_{i+1} < X_i$ o bien $X_{max} - X_{min} < N1*S1$ se termina la ejecución con el mensaje: *** Matrices son incompatibles ***

RESPON Integración paso a paso de un sistema de n ecuaciones diferenciales desacopladas en análisis dinámico modal (ver /3/):

$$\ddot{Y}_i + 2\xi_i\omega_i\dot{Y}_i + \omega_i Y_i = a_i F(t)$$

con las condiciones de borde $\dot{Y}_i(o) = Y_i(0) = 0$

F1= Nombre de una matriz-fila (1 x n) donde están almacenados los n valores propios ωi (i= 1,2,...,n) (-).

F2= Nombre de una matriz-columna (n x 1) donde están almacenados los n coeficientes a_i (-).

F3= Nombre de la matriz que contiene la excitación $\underline{F}(t)$.
La matriz F3 debe ser de dimensión de n x p en que p es el número de puntos en que está definida la función. Cada línea representa la función excitante de la respectiva ecuación diferencial. Si la función excitante es la misma para

todas las n ecuaciones (caso de análisis modal de estructuras), se debe declarar la matriz F3 como matriz-fila con p columnas. Los elementos de F3 son las ordenadas de la función $\underline{F}(t)$ a intervalos fijos Δt (se puede determinar con FUNGN) (-).

F4= Nombre de la matriz que contiene la "respuesta". El tipo de "respuesta" depende de N2 (+).

N1= Parámetro para determinar el intervalo en que se quiere saber la "respuesta". N1 debe ser tal que (p-1)/N1 sea entero. Si N1=1 se imprimirá la "respuesta" para cada intervalo que se haya calculado.

N2= Parámetro que indica el tipo de respuesta a imprimir:
N2=0 desplazamiento $Y_i(t)$
N2=1 velocidad $\overset{\circ}{Y}_i(t)$
N2=2 aceleración $\overset{\circ\circ}{Y}_i(t)$

S1= Valor de amortiguamiento respecto al amortiguamiento crítico ξ.

S2= Intervalo de integración Δt elegido para la solución de la ecuación diferencial. Este intervalo debe ser menor o igual que el intervalo de la función $\underline{F}(t)$ y menor que el periodo más corto de los valores propios.

C.4.- REFERENCIAS

/1/ **MISS-SMIS**, Ein Matrizeninterpretationssystem der Strukturmechanik für Praxis, Forschung und Lehre. Institut für Konstruktiven Ingenieurbau Ruhr-Universität Bochum, Germany, Technical Reports N° 77-5, 1977.

/2/ **SMIS-W: Actualización del programa SMIS al ambiente Windows**. Memoria para optar al título de Ingeniero Civil, Alejandro Muñoz F., Universidad de La Serena, 2005.

/3/ **INGENIERÍA ANTISÍSMICA**, Apuntes de Clases, Mario Durán L., Universidad de La Serena, 1990.

SOBRE EL AUTOR

Mario Durán Lillo nació en Santiago en 1947. Realizó sus estudios secundarios en el Instituto Nacional entre 1959 a 1963 y luego estudió Ingeniería Civil en la Universidad de Chile entre 1964 y 1969.

Entre 1970 y 1973 trabaja en CAP Minería en Vallenar como Ingeniero de Proyectos. En 1973 obtiene una beca del Servicio Alemán de Intercambio Académico, DAAD, para estudios de postgrado en la Universidad de Bochum, Alemania. En 1974, después de rendir exámenes de suficiencia, se le reconoce el título de Diplom-Ingenieur, requisito para realizar estudios de doctorado. En 1975 renuncia a la beca del DAAD, al ser contratado como Profesor Asistente en la cátedra de Mecánica y Estructuras del Profesor Georg Thierauf en la Universidad de Essen, donde se desempeña hasta 1980. En 1979 obtiene su grado de Doktor-Ingenieur en dicha universidad. Luego de una corta estadía de 6 meses en la Universidad Técnica del Estado en Santiago, regresa a Alemania donde se desempeña como Ingeniero especialista en Dinámica de Estructuras en la empresa de ingeniería Zerna, Schultz und Partner en Bochum entre 1981 y 1984.

En 1983 gana un concurso para un cargo académico para el Área de Estructuras del Departamento de Ingeniería en Obras Civiles de la Universidad de La Serena, asumiendo el cargo en marzo de 1984. Ese mismo año es jerarquizado como Profesor Titular de la universidad.

Ha sido responsable de la dictación de innumerables asignaturas del área de Estructuras, tales como Mecánica I, Mecánica de Sólidos I y II, Análisis Estructural I y II, Ingeniería Antisísmica y Elementos Finitos generando apuntes para varias de esas asignaturas que han servido de apoyo a la enseñanza en esas materias para varias generaciones de estudiantes. Su área de investigación ha sido la Ingeniería Sísmica, especialmente en el comportamiento no-lineal de estructuras siendo activo miembro de la Asociación Chilena de Sismología en Ingeniería Antisísmica, Achisina.

Ha ocupado importantes cargos en la universidad, tales como, Director de Departamento en varias oportunidades, Decano de la Facultad de Ingeniería, Consejero Académico y Miembro de la Junta Directiva.

www.ingramcontent.com/pod-product-compliance
Lightning Source LLC
LaVergne TN
LVHW082158051026
849532LV00012B/3623